AutoCAD 工程应用精解丛书

AutoCAD 快速自学宝典
（2017 中文版）

北京兆迪科技有限公司　编著

机 械 工 业 出 版 社

本书是从零开始全面、系统学习 AutoCAD 2017 直至精通的实用书籍，内容包括 AutoCAD 的安装与设置、二维图形的绘制、尺寸标注与编辑、三维实体对象的创建与修改、文字与表格的创建、标注尺寸、图层的使用与管理、图块及其属性、使用辅助工具和命令、参数化设计、轴测图的绘制、光栅图像的使用，以及图形输入/输出和 Internet 功能、样板文件及图形创建综合实例等。

本书附带 1 张多媒体 DVD 学习光盘，内容为多个具有针对性的实例教学视频，并进行了详细的语音讲解。另外，光盘还包含本书所有的教案文件、范例文件、练习素材文件以及 AutoCAD 2017 软件的配置和模板文件。为了使读者更快、更深入地理解软件中的概念、命令和功能，本书运用了大量的实例进行讲解，并在每一章后安排了思考题和涵盖了机械、建筑和电气等领域的练习题。在写作方式上，本书紧贴 AutoCAD 的实际操作界面进行讲解，使初学者能够尽快地上手。

本书可作为广大工程技术人员的 AutoCAD 自学教程和参考书，也可作为大中专院校学生和各类培训学校学员的 CAD/CAM 课程上课及上机练习教材。

图书在版编目（CIP）数据

AutoCAD 快速自学宝典：2017 中文版 / 北京兆迪科技有限公司编著. —9 版. —北京：机械工业出版社，2017.1
(AutoCAD 工程应用精解丛书)
ISBN 978-7-111-55716-6

Ⅰ. ①A… Ⅱ. ①北… Ⅲ. ①AutoCAD 软件—教材
Ⅳ. ①TP391.72

中国版本图书馆 CIP 数据核字（2016）第 310980 号

机械工业出版社（北京市百万庄大街 22 号 邮政编码：100037）
策划编辑：丁 锋 责任编辑：丁 锋
责任校对：佟瑞鑫 封面设计：张 静
责任印制：李 飞
北京铭成印刷有限公司印刷
2017 年 4 月第 9 版第 1 次印刷
184mm×260 mm · 24.75 印张 · 454 千字
0001—3000 册
标准书号：ISBN 978-7-111-55716-6
ISBN 978-7-89386-104-8（光盘）
定价：59.90 元（含 1DVD）

凡购本书，如有缺页、倒页、脱页，由本社发行部调换

电话服务	网络服务
服务咨询热线：010-88361066	机工官网：www.cmpbook.com
读者购书热线：010-68326294	机工官博：weibo.com/cmp1952
010-88379203	金 书 网：www.golden-book.com
封面无防伪标均为盗版	教育服务网：www.cmpedu.com

前　言

AutoCAD 是由美国 Autodesk 公司开发的一套通用的计算机辅助设计软件，被广泛应用于机械、建筑、纺织、轻工、电子、土木工程、冶金、造船、石油化工、航天、气象等领域。随着 AutoCAD 的普及，它在国内许多大中专院校里已成为学习工程类专业的必修课程，也成为工程技术人员必备的技术。本书是从零开始全面、系统学习 AutoCAD 2017 直至精通的实用书籍，其特色如下：

- 内容全面、实用，涵盖了软件的安装、设置、绘图、标注、编辑及打印全过程。一些初学者学完了 AutoCAD 基本功能命令后，在绘制符合要求的工程图时依然感到无从下手。针对这种情况，本书在第 17 章介绍了几种典型的机械、建筑、电气、园艺等图样的详细创建过程。通过这一章的学习，初学者可快速了解并掌握一些图形的创建过程、方法和思路。
- 讲解详细，条理清晰，保证自学的读者能独立学习和运用 AutoCAD 软件。
- 写法独特，采用 AutoCAD 2017 软件中真实的对话框和按钮等进行讲解，使初学者能够直观、准确地操作软件，从而大大提高学习效率。
- 附加值高，本书附带 1 张多媒体 DVD 学习光盘，内容为大量具有针对性实例的教学视频，并进行了详细的语音讲解，可以帮助读者轻松、高效地学习。
- 随书附赠光盘部分视频内容操作蓝本为低版本软件，由于软件使用的延续性，不会影响读者的学习与使用。

本书由北京兆迪科技有限公司编著，参加编写的人员有詹友刚、王焕田、刘静、雷保珍、刘海起、魏俊岭、任慧华、詹路、冯元超、刘江波、周涛、段进敏、赵枫、邵为龙、侯俊飞、龙宇、施志杰、詹棋、高政、孙润、李倩倩、黄红霞、尹泉、李行、詹超、尹佩文、赵磊、王晓萍、陈淑童、周攀、吴伟、王海波、高策、冯华超、周思思、黄光辉、党辉、冯峰、詹聪、平迪、管璇、王平、李友荣。本书已经多次校对，如有疏漏之处，恳请广大读者予以指正。

电子邮箱：zhanygjames@163.com　　咨询电话：010-82176248，010-82176249。

编　者

读者购书回馈活动：

活动一：本书“随书光盘”中含有该“读者意见反馈卡”的电子文档，请认真填写本反馈卡，并 E-mail 给我们。E-mail: 兆迪科技 zhanygjames@163.com，丁锋 fengfener@qq.com。

活动二：扫一扫右侧二维码，关注兆迪科技官方公众微信（或搜索公众号 zhaodikeji），参与互动，也可进行答疑。

凡参加以上活动，即可获得兆迪科技免费奉送的价值 48 元的在线课程一门，同时有机会获得价值 780 元的精品在线课程。在线课程网址见本书“随书光盘”中的“读者意见反馈卡”的电子文档。

本 书 导 读

为了能更好地学习本书的知识，请您先仔细阅读下面的内容。

写作环境

本书使用的操作系统为 Windows 7 专业版，系统主题采用 Windows 经典主题。

本书采用的写作蓝本是 AutoCAD 2017 中文版。

光盘使用

为方便读者练习，特将本书所用到的素材文件、练习文件、实例文件、模板文件和视频文件等放入随书附赠的光盘中，读者在学习过程中可以打开这些实例文件进行操作和练习。在光盘的 AutoCAD2017.1 目录下共有 3 个子目录。

（1）system_file 子目录：包含 AutoCAD 的配置和模板文件。

（2）work 子目录：包含本书讲解中所用到的文件。

（3）video 子目录：包含本书讲解中所有的视频文件（含语音讲解），学习时，直接双击某个视频文件即可播放。

光盘中带有“ok”扩展名的文件或文件夹表示已完成的实例。

建议读者在学习本书前，先将随书光盘中的所有文件复制到计算机硬盘的 D 盘中。

相比于老版本的软件，AutoCAD 2017 在功能、界面和操作上变化极小，经过简单的设置后，几乎与老版本完全一样（书中已介绍设置方法）。因此，对于软件新老版本操作完全相同的内容部分，光盘中仍然使用老版本的视频讲解，对于绝大部分读者而言，并不影响软件的学习。

本书约定

- 本书中一些操作（包括鼠标操作）的简略表述意义如下。
  - ☑ 单击：将鼠标光标移至某位置处，然后按一下鼠标的左键。
  - ☑ 双击：将鼠标光标移至某位置处，然后连续快速地按两次鼠标的左键。
  - ☑ 右击：将鼠标光标移至某位置处，然后按一下鼠标的右键。
  - ☑ 单击中键：将鼠标光标移至某位置处，然后按一下鼠标的中键。
  - ☑ 滚动中键：只是滚动鼠标的中键，不能按中键。
  - ☑ 拖动：将鼠标光标移至某位置处，然后按下鼠标的左键不放，同时移动鼠标，将选取的某位置处的对象移动到指定的位置后再松开鼠标的左键。
  - ☑ 选择某一点：将鼠标光标移至绘图区某点处，单击以选取该点，或者在命令行输入某一点的坐标。
  - ☑ 选择某对象：将鼠标光标移至某对象上，单击以选取该对象。

- 本书中的操作步骤分为 Task、Stage 和 Step 三个级别，说明如下：
  - ☑ 对于一般的软件操作，每个操作步骤均以 Step 字符开始。
  - ☑ 每个 Step 操作视其复杂程度，其下面可含有多级子操作，例如 Step1 下可能包含（1）、（2）和（3）等子操作，（1）子操作下可能包含①、②和③等子操作，①子操作下可能包含 a）、b）和 c）等子操作。
  - ☑ 如果操作较复杂，需要几个大的操作步骤才能完成，则每个大的操作冠以 Stage1、Stage2 和 Stage3 等，Stage 级别的操作下再分 Step1、Step2 和 Step3 等操作。
  - ☑ 对于多个任务的操作，每个任务都冠以 Task1、Task2 和 Task3 等，每个 Task 操作下则可包含 Stage 和 Step 级别的操作。
- 因为已经建议读者将随书光盘中的所有文件复制到计算机硬盘的 D 盘中，所以在打开光盘文件时，书中所述的路径均以 D:开始。

技术支持

本书是根据北京兆迪科技有限公司为国内外一些著名公司（含国外独资和合资公司）编写的培训案例整理而成的，具有很强的实用性，其主编和参编人员均来自北京兆迪科技有限公司。该公司专门从事 CAD/CAM/CAE 技术的研究、开发、咨询及产品设计与制造服务，并提供 AutoCAD、Catia、UG、Ansys、Adams 等软件的专业培训及技术咨询。读者在学习本书的过程中如果遇到问题，可通过访问该公司的网站 http://www.zalldy.com 来获得技术支持。

咨询电话：010-82176248，010-82176249。

随书附赠光盘资源网络领取方法：

1. 扫码关注“机工汽车”微信订阅号。

2. 在公众号菜单栏输入界面中输入五位书号（完整书号中斜体下画线 5 位数字）。例如：

   书名：《SoildWorks 工程图教程（2016 中文版）》

   完整书号：封四右下角条形码 ISBN：978-7-111-*53903*-2

3. 获得资源下载地址。
   点击微信公众号菜单栏——粉丝互动——工程软件——获得帮助及相关书籍介绍。

目　录

第 1 章 AutoCAD 导入

本章提要 本章主要讲述了 AutoCAD 的入门基础知识，对 AutoCAD 的功能、安装过程、用户界面、基本操作方式及设置等进行了简明的介绍。通过对本章的学习，读者可对 AutoCAD 有一个全局性的了解，为以后各章的深入学习和熟练掌握打下一个良好的基础。

1.1 计算机绘图与 AutoCAD 简介

1.1.1 计算机绘图的概念

计算机绘图是 20 世纪 60 年代发展起来的新兴学科。随着计算机图形学理论及技术的发展，计算机绘图技术也迅速发展起来。将图形与数据建立起相互对应的关系，把数字化了的图形信息经过计算机存储、处理，然后通过输出设备将图形显示或打印出来，这个过程就是计算机绘图。

计算机绘图是由计算机绘图系统来完成的。计算机绘图系统由软件系统和硬件系统组成，其中，软件是计算机绘图系统的关键，而硬件设备则为软件的正常运行提供了基础保障和运行环境。随着计算机硬件功能的不断提高、软件系统的不断完善，目前计算机绘图已广泛应用于各个领域。

1.1.2 AutoCAD 简述

AutoCAD 具有功能强大、易于掌握、使用方便、体系结构开放等特点，能够绘制平面图形与三维图形、进行图形的渲染以及打印输出图样。用 AutoCAD 绘图，速度快、精度高，而且便于进行个性化设计。

AutoCAD 具有良好的用户界面，可通过交互式菜单或命令行方便地进行各种操作。它的多文档设计环境，让非计算机专业人员能够很快地学会使用，进而在不断实践的过程中更好地掌握它的各种应用和开发技巧，不断提高工作效率。

AutoCAD 具有广泛的适应性，这就为它的普及创造了条件。AutoCAD 自问世至今，已被广泛地应用于机械、建筑、电子、冶金、地质、土木工程、气象、航天、造船、石油化工、纺织和轻工等领域，深受广大技术人员的欢迎。

1.1.3 AutoCAD 2017 新功能概述

AutoCAD 2017 添加了一些新功能，在某些方面使用起来更加方便，更加人性化，主要包括移植功能、PDF 增强功能、光标增强功能、中心标记和中心线命令和其他的增强功能等。简要介绍如下。

- 移植功能：新的移植界面将 AutoCAD 自定义设置组织为您可以从中生成移植摘要报告的组和类别，更易于管理。
- PDF 增强功能：可以将几何图形、填充、光栅图像和 TrueType 文字从 PDF 文件输入到当前图形中。PDF 数据可以来自当前图形中附着的 PDF，也可以来自指定的任何 PDF 文件。数据精度受限于 PDF 文件的精度和支持的对象类型的精度。
- 光标增强功能：使用 CURSORTYPE 系统变量可调整光标类型，AutoCAD 的十字光标或 Windows 箭头光标。
- 增加了中心标记和中心线命令：可以创建与圆弧和圆关联的中心标记，以及与选定的直线和多段线线段关联的中心线。
- 其他的增强功能：已针对渲染视觉样式（尤其是内含大量包含边和镶嵌面的小块的模型）改进了 3DORBIT 的性能和可靠性；二维平移和缩放操作的性能已得到改进；线型的视觉质量已得到改进；通过跳过对内含大量线段的多段线的几何图形中心（GCEN）计算，从而改进了对象捕捉的性能。

1.2 中文版 AutoCAD 2017 的安装

1.2.1 使用单机中文版 AutoCAD 2017 软件的系统要求

- 操作系统：不能在 Windows XP 系统上安装，推荐使用 Windows 7 或 Windows Vista 系统。
- 说明：要安装 AutoCAD，用户必须具有管理员权限或由系统管理员授予更高权限。
- Web 浏览器：Microsoft Internet Explorer 6.0 Service Pack 1（或更高版本）。
- 处理器：Pentium Ⅳ 2.2GHz 或更高主频。
- 内存：512 MB 以上。
- 显卡：最低要求 1024 × 768 VGA 真彩色。
- 硬盘：安装占用空间 3GB。

1.2.2 单机中文版 AutoCAD 2017 软件的安装

对于单机中文版的 AutoCAD 2017，在各种操作系统下的安装过程基本相同，下面仅以 Windows 7 为例说明安装过程。

Step1. 将 AutoCAD 2017 的安装光盘放入光驱内（如果已将系统安装文件复制到硬盘上，可双击系统安装目录下的 Setup.exe 文件）。

Step2. 系统显示“安装初始化”界面。等待数秒后，在系统弹出图 1.2.1 所示的“AutoCAD 2017”界面（一）中单击“安装”按钮。

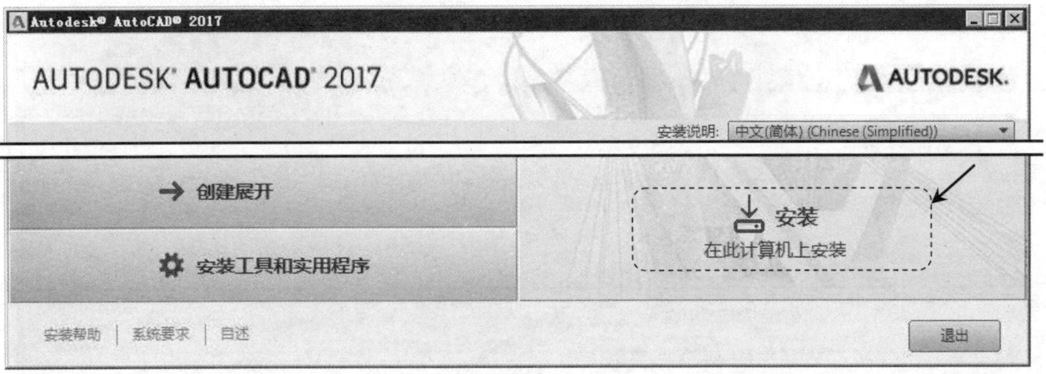

图 1.2.1 “AutoCAD 2017”界面（一）

Step3. 系统弹出“AutoCAD 2017”界面（二），在 国家或地区: 下拉列表中选择 China 选项，选中 我接受 单选项，单击对话框中的 下一步 按钮。

Step4. 系统弹出“AutoCAD 2017”界面（三），采用系统默认的安装配置，单击对话框中的 安装 按钮，此时系统显示“安装进度”界面。

Step5. 系统继续安装 AutoCAD 2017 软件，经过几分钟后，AutoCAD 2017 软件安装完成，系统弹出“安装完成”界面，单击该对话框中的 完成 按钮。

Step6. 启动中文版 AutoCAD 2017。在 AutoCAD 安装完成后，系统将在 Windows 的“开始”菜单中创建一个菜单项，并在桌面上创建一个快捷图标。当第一次启动 AutoCAD 2017 时，系统要求进行初始设置，具体操作如下。

双击 Windows 桌面上的 AutoCAD 2017 软件快捷图标来启动；或者从 开始 菜单依次选择 所有程序 → Autodesk → AutoCAD 2017 - 简体中文 (Simplified Chinese) → AutoCAD 2017 - 简体中文 (Simplified Chinese) 命令来启动软件。

Step7. 在系统弹出的“Autodesk”界面中单击**输入序列号**类型，然后在弹出的“Autodesk 许可”界面中单击 激活(A) 按钮，此时系统弹出“Autodesk 许可-激活选项”界面（一）。

Step8. 在系统弹出的“Autodesk 许可-激活选项”界面（一）中将序列号和产品密钥输入对应的文本框中，然后单击 下一步 按钮，此时系统弹出“Autodesk 许可-激活选项”界面（二）。

Step9. 激活中文版 AutoCAD 2017。

（1）在图 1.2.2 所示的“Autodesk 许可-激活选项”界面（二）选中 我具有 Autodesk 提供的激活码 单选项，在其下方的文本框中输入软件激活码并单击 下一步 按钮。

（2）系统弹出“Autodesk 许可-激活完成”界面，表明 AutoCAD 2017 软件已被激活，单击该界面中的 完成 按钮。至此便完成了 AutoCAD 2017 的激活，以后启动 AutoCAD 2017 时无需再激活。

（3）启动 AutoCAD 2017 后打开“Autodesk Exchange”界面，关闭该界面后系统进入 AutoCAD 2017 的使用界面。

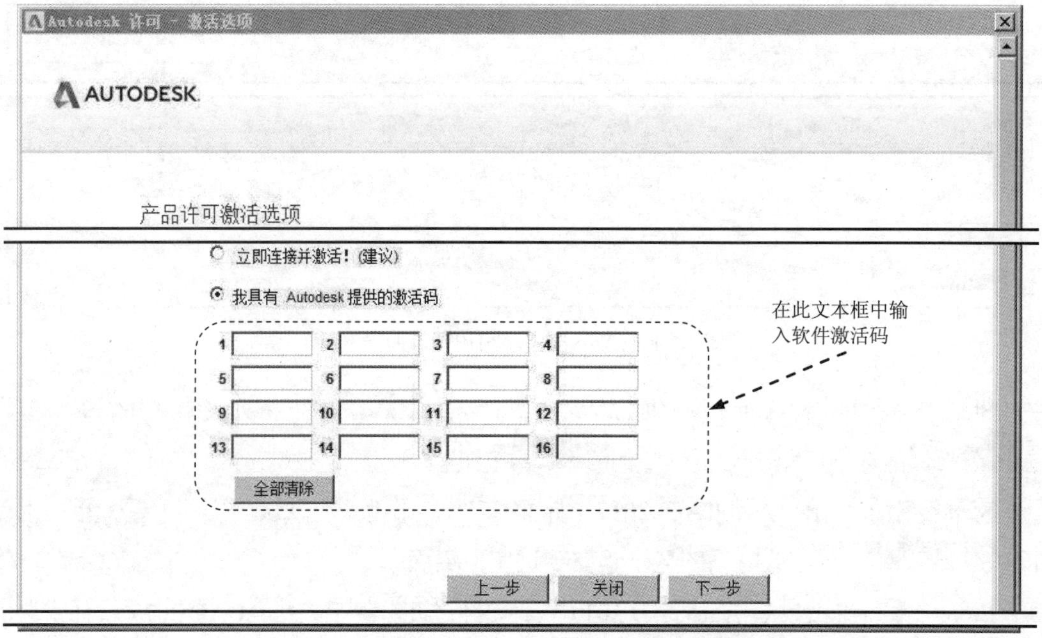

图 1.2.2 “Autodesk 许可-激活选项”界面（二）

1.3 AutoCAD 的启动与退出

1.3.1 AutoCAD 的启动

启动 AutoCAD 的方法有如下四种。

方法一：双击桌面上 AutoCAD 快捷方式图标。

方法二：单击桌面上 AutoCAD 快捷方式图标，然后右击，在系统弹出的快捷菜单中选择 打开(O) 命令。

方法三：双击已有的 AutoCAD 图形文件。

方法四：从开始菜单中，通过依次选择下拉菜单 所有程序 → Autodesk → AutoCAD 2017 - 简体中文 (Simplified Chinese) → AutoCAD 2017 - 简体中文 (Simplified Chinese) 命令，可以启动 AutoCAD 2017。

1.3.2 AutoCAD 的退出

退出 AutoCAD 的方法有如下三种。

方法一：在 AutoCAD 主标题栏中，单击“关闭”按钮☒。

方法二：从 文件(F) 下拉菜单中，选择 退出(X) Ctrl+Q 命令。

方法三：在命令行中，输入命令 EXIT 或 QUIT，然后按 Enter 键。

在退出 AutoCAD 时，如果还没有对某个打开的图形保存最近的更改，系统将提示是否要将更改保存到当前的图形中，单击 是(Y) 按钮将退出 AutoCAD 并保存更改；单击 否(N) 按钮将退出 AutoCAD 而不保存更改；单击 取消 按钮将不退出 AutoCAD，维持现有的状态。

1.4 中文版 AutoCAD 2017 的工作界面

中文版 AutoCAD 2017 的工作界面如图 1.4.1 所示，该工作界面中包括标题栏、快速访问工具栏、信息中心、菜单浏览器与菜单栏等几个部分，下面将分别进行介绍。

1.4.1 标题栏

AutoCAD 2017 的标题栏位于工作界面的最上方，其功能是显示 AutoCAD 2017 的程序图标以及当前所操作文件的名称。还可以通过单击标题栏最右侧的按钮，来实现 AutoCAD 2017 窗口的最大化、最小化和关闭的操作。

1.4.2 快速访问工具栏

AutoCAD 2017 有快速访问工具栏的功能，其位置在标题栏的左侧。通过快速访问工具栏能够进行一些 AutoCAD 的基础操作，默认的有“新建”“打开”“保存”“另存为”“打印”和“放弃”等命令，其初始状态如图 1.4.2 所示。

用户还可以为快速访问工具栏添加命令按钮。在快速访问工具栏上右击，在系统弹出的图 1.4.3 所示的快捷菜单中选择 自定义快速访问工具栏(C) 命令，系统将弹出“自定义用户界面”对话框，如图 1.4.4 所示。在该对话框的 命令 列表框中找到要添加的命令后将其拖到“快速访问”工具栏，即可为该工具栏添加对应的命令按钮。图 1.4.5 所示即为添加命令按钮后的快速访问工具栏。

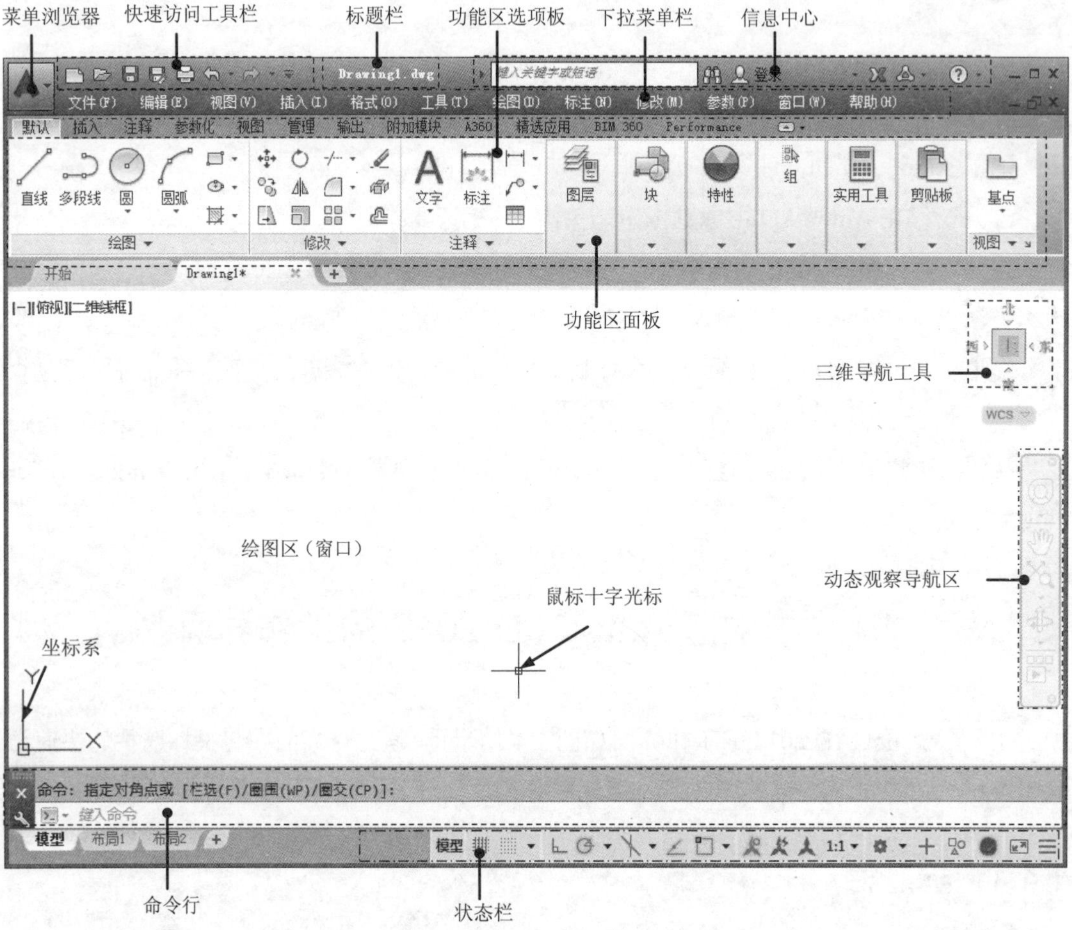

图 1.4.1　中文版 AutoCAD 2017 的工作界面

图 1.4.2　快速访问工具栏的初始状态

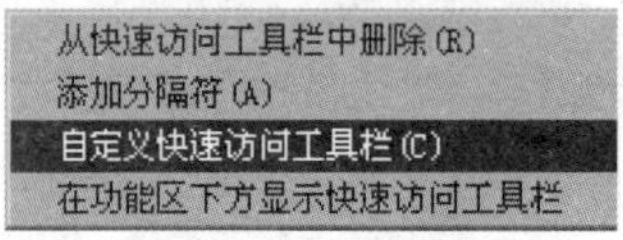

图 1.4.3　快捷菜单

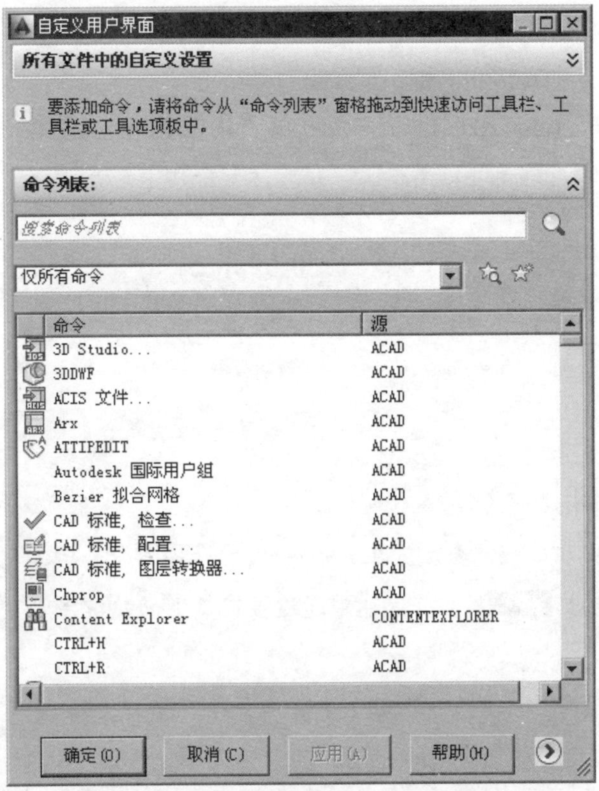

图 1.4.4 “自定义用户界面”对话框

图 1.4.5 添加命令按钮后的快速访问工具栏

1.4.3 信息中心

信息中心位于标题栏的右上侧，如图 1.4.6 所示。信息中心提供了一种便捷的方法，可以在“帮助”系统中搜索主题、登录到 Autodesk 360、打开 Autodesk Exchange、保持连接，并显示“帮助”菜单的选项。它还可以显示产品通告、更新和通知。

图 1.4.6 信息中心

1.4.4 菜单浏览器与菜单栏

单击菜单浏览器，系统会将菜单浏览器展开，如图 1.4.7 所示。

在 AutoCAD 2017 中，AutoCAD 将菜单栏全部集成到了菜单浏览器中。其左侧的列显示全部根菜单，将光标放在某一项上，会在右侧显示出对应的菜单。

AutoCAD 默认没有将菜单栏显示出，用户可以通过在“快速访问工具栏”中单击▾按钮，在系统弹出的列表中选择 显示菜单栏 命令，即可将菜单栏显示出来。AutoCAD 的菜单栏如图 1.4.7 所示，由 文件(F)、编辑(E)、视图(V)、插入(I)、格式(O)、工具(T)、绘图(D)、标注(N)、修改(M)、参数(P)、窗口(W)、帮助(H)和 Express 下拉菜单组成。若要显示某个下拉菜单，可直接单击其菜单名称，也可以同时按下 Alt 键和显示在该菜单名后边的热键字符。例如，要显示文件(F)下拉菜单，可同时按下 Alt 键和 F 键。

注意：将菜单栏显示出后，在以后打开 AutoCAD 时，菜单栏也将一并显示，用户无需再次操作。本书在以后章节介绍命令操作时，都是通过单击菜单栏选择命令。

图 1.4.7 显示菜单栏

在使用下拉菜单命令时，应注意以下几点。

- 带有▸符号的命令，表示该命令下还有子命令。
- 命令后带下划线的字母对应的是热键（如文件(F)下拉菜单中的新建(N)...命令后的字母 N）。在打开某个下拉菜单（如文件(F)）后，也可通过按键盘上的热键字母（如 N）来启动相应的命令。
- 命令后若带有组合键，表示直接按组合键即可执行该菜单命令（如下拉菜单文件(F)中新建(N)...命令，可直接使用组合键 Ctrl+N）。
- 命令后带有...符号，表示选择该命令系统弹出一个对话框。
- 命令呈现灰色，表示该命令在当前不可使用。
- 如果将鼠标光标停留在下拉菜单中的某个命令上，系统会在屏幕的最下方显示该命令的解释或说明。

1.4.5 功能区选项板与功能区面板

功能区选项板是一种特殊的选项卡，位于绘图区的上方，用于显示与基于任务的工作空间关联的按钮和控件，在 AutoCAD 2017 的初始状态下有 12 个功能选项卡：默认、插入、注释、参数化、视图、管理、输出、附加模块、A360、精选应用、BIM 360 和 Performance。每个功能选项卡都包含若干个面板，每个面板又包含了许多的命令按钮，如图 1.4.8 所示。

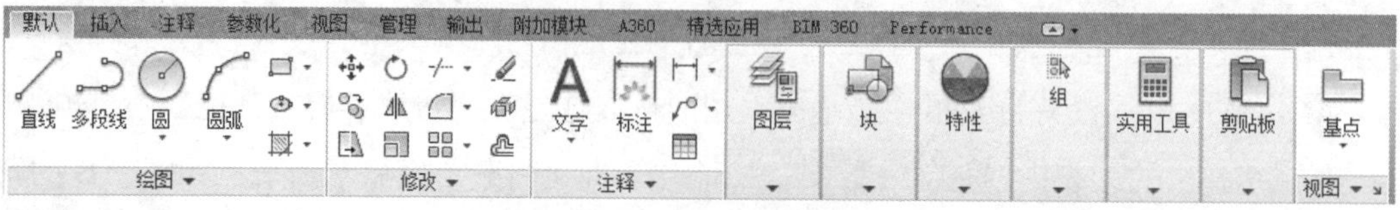

图 1.4.8 功能选项卡和面板

有的面板中没有足够的空间显示所有的按钮，用户在使用时可以单击下方的三角按钮，展开折叠区域，显示其他相关的命令按钮。如果某个按钮后面有三角按钮，则表明该按钮下面还有其他的命令按钮，单击该三角按钮，系统弹出折叠区的命令按钮。

此外，单击面板选项卡右侧的按钮，系统将会弹出图 1.4.9 所示的快捷菜单。在该快捷菜单中选择 最小化为选项卡 命令，选项卡区域将最小化为选项卡，如图 1.4.10 所示；选择 最小化为面板标题 命令，选项卡区域将最小化为面板标题，如图 1.4.11 所示；选择 最小化为面板按钮 命令，选项卡区域将最小化为面板按钮，如图 1.4.12 所示；若选择 循环浏览所有项 命令后连续单击按钮，可在图 1.4.9 及图 1.4.10～图 1.4.12 所示的显示样式之间切换。

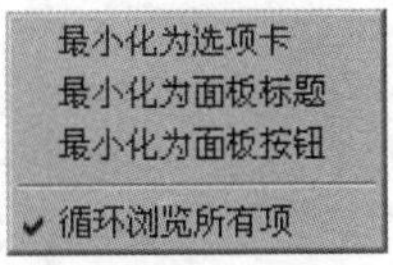

图 1.4.9 快捷菜单

图 1.4.10 最小化为选项卡

图 1.4.11 最小化为面板标题

图 1.4.12 最小化为面板按钮

1.4.6 绘图区

绘图区是用户绘图的工作区域（图 1.4.1），它占据了屏幕的绝大部分空间，用户绘制的任何内容都将显示在这个区域中。可以根据需要关闭一些工具栏或缩小界面中的其他窗口，以增大绘图区。

绘图区中除了显示当前的绘图结果外，还可显示当前坐标系，该坐标系包括类型、坐标原点及 X 轴、Y 轴、Z 轴的方向。在绘图区下部有一系列选项卡的标签，这些标签可引导用户查看图形的布局视图。

1.4.7 ViewCube 动态观察

ViewCube 工具（图 1.4.13）直观反映了图形在三维空间内的方向，是模型在二维模型空间或三维视觉样式中处理图形时的一种导航工具。使用 ViewCube 工具，可以方便地调整模型的视点，使模型在标准视图和等轴测视图间切换。

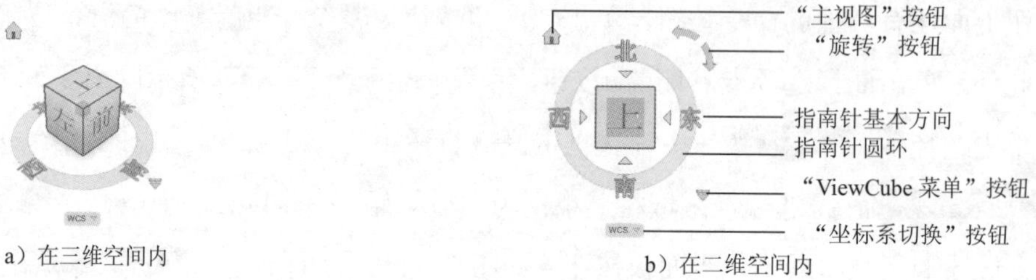

图 1.4.13　ViewCube 工具

1．ViewCube 工具的显示与隐藏

在系统默认状态下，ViewCube 工具显示在界面的右上角。当 ViewCube 工具不显示时，可通过以下几种方法将其显示：

- 使用下拉菜单 视图(V) → 显示(L) ▸ → ViewCube(V) ▸ → 开(O) 命令。
- 在功能区面板“视图”选项板“视口工具”区域单击“ViewCube”按钮。
- 在命令行中输入命令 NAVVCUBE 后按 Enter 键，在命令行 输入选项 [开(ON)/关(OFF)/设置(S)] <ON>: 的提示下输入命令 ON 并按 Enter 键（或在命令行中输入命令 NAVVCUBEDISPLAY 后按 Enter 键，再输入数值 3 按 Enter 键）。

显示 ViewCube 工具后不处于活动状态，将鼠标移动到其上时，ViewCube 工具上的按钮会加亮显示，此时 ViewCube 工具处于活动状态，可根据需要调整视点。

2．ViewCube 工具的菜单及功能

在图 1.4.13 所示的 ViewCube 工具中，各按钮功能如下。

- “主视图”按钮：单击该按钮可将模型视点恢复至随模型一起保存的主视图方位，右击该按钮，系统会弹出图 1.4.14 所示的“ViewCube”菜单。
- “旋转”按钮：分为顺时针和逆时针两个按钮，单击任意按钮，模型可绕当前图形的轴心旋转 90°。
- 指南针：单击指南针上的基本方向可将模型进行旋转，同时也可以拖动指南针的一个基本方向或拖动指南针圆环使模型绕轴心点以交互方式旋转。
- “ViewCube 菜单”按钮：单击该按钮，系统弹出图 1.4.14 所示的“ViewCube”菜单。使用“ViewCube”菜单可恢复和定义模型的主视图，在视图投影模式之间切换，以及更改交互行为和 ViewCube 工具的外观。

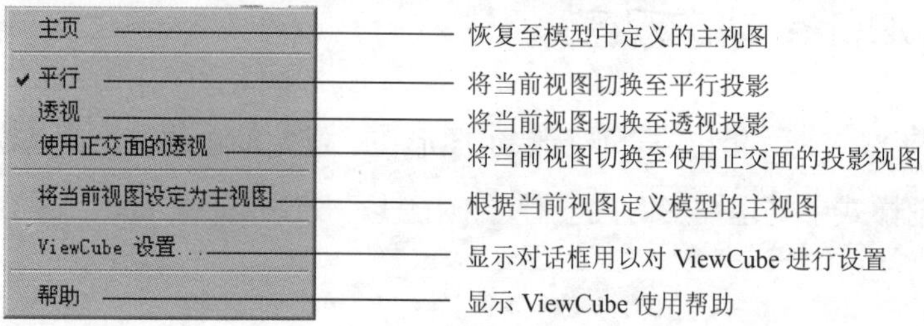

图 1.4.14　“ViewCube”菜单

- “坐标系切换”按钮：单击该按钮，在系统弹出的下拉列表中可以快速地切换坐标系或新建坐标系。

3. ViewCube 工具的设置

用户可以在“ViewCube 设置”对话框中根据不同的需要设置 ViewCube 的可见性和显示特性以达到 ViewCube 三维导航的最佳效果。可以使用以下几种方式打开“ViewCube 设置”对话框：

- 使用下拉菜单 视图(V) → 显示(L) ▸ → ViewCube(V) ▸ → 设置(S) 命令。
- 右击“主视图”按钮，在系统弹出的“ViewCube”菜单中选择 ViewCube 设置... 命令。
- 单击“ViewCube 菜单”按钮，在系统弹出的“ViewCube”菜单中选择 ViewCube 设置... 命令。

“ViewCube 设置”对话框中各选项说明如下。

- 屏幕位置(O): 下拉列表：在该下拉列表中选择一选项可指定 ViewCube 在屏幕中的位置。
- ViewCube 大小(V): 选项：用以控制 ViewCube 的大小显示。
- 不活动时的不透明度(I): 选项：指定 ViewCube 在不活动时显示透明度的百分比。
- ☑ 显示 UCS 菜单(M) 复选框：当选中该复选框时，在 ViewCube 下方显示 UCS 按钮，单击该按钮可显示 UCS 菜单。
- ☑ 捕捉到最近的视图(S) 复选框：若选中此复选框，当通过拖动 ViewCube 更改视图时将当前视图调整为接近的预设视图。
- ☑ 视图更改后进行范围缩放(Z) 复选框：在选中此复选框的情况下，指定视图更改后强制模型布满当前视口。
- ☑ 切换视图时使用视图转场(W) 复选框：当选中此复选框后，在切换视图时使用视图转场效果。
- ☑ 将 ViewCube 设置为当前 UCS 的方向(R) 复选框：当选中此复选框后，根据模型当前的 UCS 或 WCS 设置 ViewCube 的方向。
- ☑ 保持场景正立(K) 复选框：当选中此复选框后，保持场景正立；取消选中时将视点倒立。
- ☑ 在 ViewCube 下方显示指南针(C) 复选框：选中此复选框时在 ViewCube 的下方显示指南针，反之则不显示。

1.4.8 命令行与文本窗口

命令行如图 1.4.15 所示，命令行用于输入 AutoCAD 命令或查看命令提示和消息，它位于绘图区的下面。

命令行通常显示三行信息，拖动位于命令行左边的滚动条可查看以前的提示信息。用户可以根据需要改变命令行的大小，使其显示多于三行或少于三行的信息（拖动命令行和绘图区之间的分隔边框进行调整），还可以将命令行拖移至其他位置，使其由固定状态变为浮动状态。当命令行处于浮动状态时，可调整其宽度。

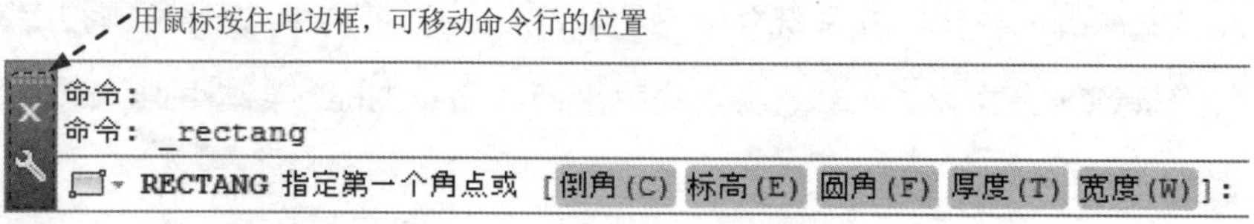

图 1.4.15 命令行

文本窗口是记录 AutoCAD 命令的窗口，是放大的“命令行窗口”，它记录了已执行的命令，也可以在其中输入新命令。此窗口的打开可以通过选择下拉菜单 视图(V) → 显示(L) → 文本窗口(T) Ctrl+F2 命令（或在命令行中输入命令 TEXTSCR）来实现，同样也可以通过快捷键 Ctrl+F2 或者 F2 实现。

与命令行不同，文本窗口总是显示为单独的窗口，文本窗口具有自己的滚动条，窗口的大小可以调整、最小化，或在不需要时全部关闭。

注意：按 F2 键可在图形窗口和文本窗口之间来回进行切换。另外，还可在文本窗口和 Windows 剪贴板之间剪切、复制和粘贴文本，多数 Windows 常用的 Ctrl 组合键和光标键也能在文本窗口中使用。

1.4.9 状态栏

状态栏位于屏幕的底部，它用于显示当前鼠标光标的坐标位置，以及控制与切换各种 AutoCAD 模式的状态，如图 1.4.16 所示。

坐标显示区可显示当前光标的 X、Y、Z 坐标，当移动鼠标光标时，坐标也随之不断更新。默认情况下，“坐标显示”不显示在状态栏上。要在状态栏上显示坐标，请从状态栏的“自定义”按钮选择“坐标”。

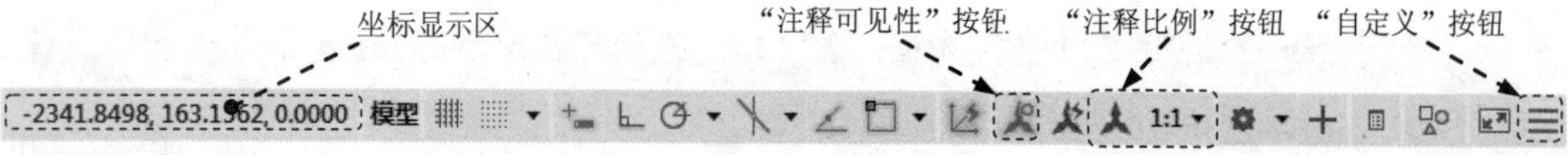

图 1.4.16 状态栏

注释性是指用于对图形加以注释的特性，注释比例是与模型空间、布局视口和模型视图一起保存的设置，用户可以根据比例的设置对注释内容进行相应的缩放。单击“注释比例”按钮，可以从系统弹出的菜单中选择需要的注释比例，也可以自定义注释比例。

单击注释可见性按钮，当显示为时，将显示所有比例的注释性对象；显示时，仅显示当前比例的注释性对象。

单击“自定义”按钮，系统会弹出图 1.4.17 所示的下拉菜单，在下拉菜单中可设置在状态栏中显示的快捷按钮命令，单击下拉菜单中的某个命令会以的形式显示，表示在状态栏中处于显示状态，再次单击即可取消显示。下拉菜单中的命令较多，可根据需要自行设定。

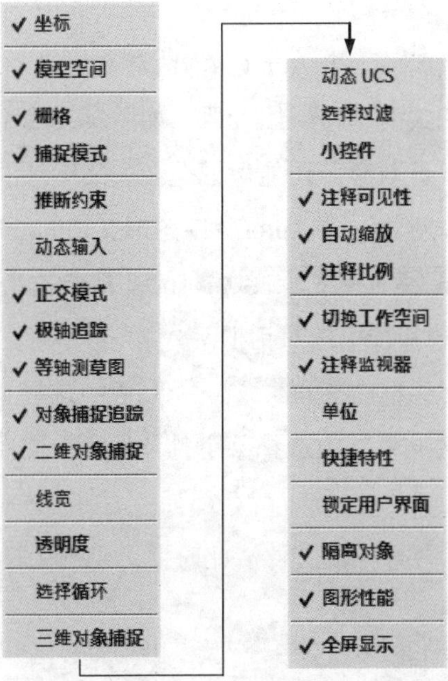

图 1.4.17 “自定义”下拉菜单

另外，当鼠标光标在工具栏或菜单命令上停留片刻时，会显示有关的信息，如命令的解释等。

注意：用户还可以通过单击状态栏中的切换工作空间按钮，在系统弹出的快捷菜单中选择要切换的工作空间。

1.4.10 对话框与快捷菜单

在选择 AutoCAD 的某些命令后，系统会弹出一个对话框，在对话框中可以方便地进行输入数值、设定参数和选择选项等操作。例如，在选择下拉菜单 插入(I) → 块(B)... 命令后，系统会弹出“插入”对话框。

另外，当在绘图区、工具栏、状态栏、“模型”与“布局”标签以及对话框内的一些区域右击时，系统会弹出快捷菜单，菜单中显示的命令与右击的对象和当前的工作状态相关，可以从中快速选择一些对于右击对象的操作命令。例如，选择绘制矩形命令后，在绘图区中右击，系统将弹出快捷菜单。

1.5 图形文件管理

1.5.1 新建 AutoCAD 图形文件

在实际的产品设计中，当新建一个 AutoCAD 图形文件时，往往要使用一个样板文件，样板文件中通常包含与绘图相关的一些通用设置，如图层、线型、文字样式等。利用样板文件创建新图形不仅能提高设计效率，还能保证企业产品图形的一致性，有利于实现产品设计的标准化。使用样板文件新建一个 AutoCAD 图形文件的一般操作步骤如下：

Step1. 选择下拉菜单 文件(F) → 新建(N)... 命令，或单击“快速访问工具栏”中的“新建”按钮，系统会弹出“选择样板”对话框。

Step2. 在“选择样板”对话框的 文件类型(T): 下拉列表中选择某种样板文件类型（*.dwt、*.dwg 或 *.dws），然后在有关文件夹中选择某个具体的样板文件，此时在右侧的 预览 区域将显示出该样板的预览图像。

Step3. 单击 打开(O) 按钮，打开样板文件，此时便可以利用样板来创建新图形了。

1.5.2 打开 AutoCAD 图形文件

打开图形文件的操作步骤如下：

Step1. 选择下拉菜单 文件(F) → 打开(O)... 命令，或单击“快速访问工具栏”中的打开按钮，此时系统弹出“选择文件”对话框，如图 1.5.1 所示。

Step2. 在“选择文件”对话框的文件列表中，选择需要打开的图形文件，在右侧的 预览 区域中将显示出该图形的预览图像。在默认的情况下，打开的图形文件的类型为 dwg 类型。用户可以在图 1.5.1 所示的 文件类型(T): 下拉列表中选择相应类型。

Step3. 选择打开方式。用户可以在打开方式列表中选择以 打开(O)、以只读方式打开(R)、局部打开(P) 或 以只读方式局部打开(T) 四种方式打开图形文件（图 1.5.1）。当以 打开(O) 或 局部打开(P) 方式打开图形时，用户可以对图形文件进行编辑；如果以 以只读方式打开(R) 或 以只读方式局部打开(T) 方式打开图形，用户则无法对图形文件进行编辑。另外，使用 局部打开(P) 方式可以只打开图形文件的一个部分，它只是加载以前保存的视图以及特定图层上所包含的几何要素。例如，当打开文件 D:\AutoCAD 2017.1\work\ch01.05\zoom.dwg 时，单击 打开(O) 按钮，AutoCAD 将只加载处于该层上的几何要素。文件被打开以后，如果用户希望再加载其他视图或其他图层上的几何要素，可通过在命令行中输入命令 PARTIALOAD 来实现。在处理大的图形文件时，局部打开操作能改善 AutoCAD 的性能。

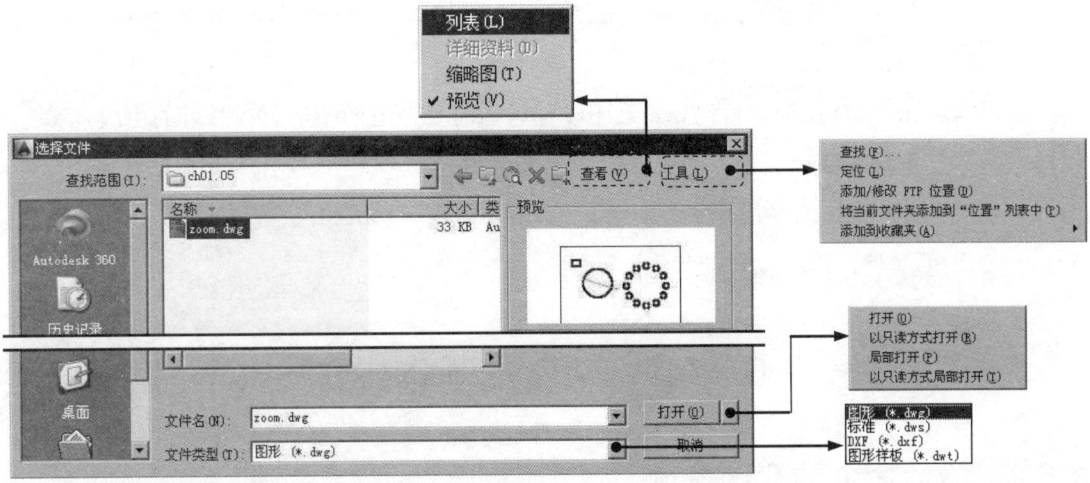

图 1.5.1 “选择文件”对话框

1.5.3 保存 AutoCAD 图形文件

在设计过程中应经常保存图形，方法是选择下拉菜单 文件(F) → 保存(S) 命令，或单击“保存”按钮，这样可确保在出现电源故障或其他意外时不致丢失重要的文件。当新建了一个图形文件并对其进行保存时，系统会弹出“图形另存为”对话框，提示用户给出文件名及文件类型。在默认情况下，文件以“AutoCAD 2017 图形（ *.dwg)”格式保存，也可以在 文件类型(T): 下拉列表中选择其他格式。在打开一个已保存的图形文件并对其进行了修改后，再次使用 保存(S) 命令保存时，系统将不再弹出对话框而立即保存该文件。另外，如果想要在保存对原文件所做修改的同时不更改原文件，可选择下拉菜单 文件(F) → 另存为(A)... 命令，以另一个文件名来保存该文件。

说明：在保存 AutoCAD 图形文件时，文件中的一些设置（例如层、文字样式、标注样式等的设置）连同图形一起保存，所以打开已保存的文件后，无需对这些要素进行重新设置。另外，图形中插入的块也随同图形文件一起保存。

1.5.4 退出 AutoCAD 图形文件

退出 AutoCAD 与退出 AutoCAD 图形文件是不同的，退出 AutoCAD 将会退出所有的图形文件，反之则不成立。要退出 AutoCAD 图形文件，除了退出 AutoCAD 外，还可执行下列操作之一：

- 选择下拉菜单 窗口(W) → 关闭(O) 命令（或在命令行输入命令 CLOSE 并按 Enter 键），关闭当前激活的图形文件而不退出 AutoCAD。
- 选择下拉菜单 窗口(W) → 全部关闭(L) 命令（或在命令行输入命令 CLOSEALL 并按 Enter 键），关闭所有打开的图形文件而不退出 AutoCAD。
- 选择下拉菜单 文件(F) → 关闭(C) 命令，关闭当前激活的图形文件并退出 AutoCAD。

在退出 AutoCAD 图形文件时，如果还没有对当前要退出的图形保存最近的更改，系统将提示是否要将更改保存到当前的图形中：单击 是(Y) 按钮将退出该 AutoCAD 图形文件并保存更改；单击 否(N) 按钮则退出后不保存更改；单击 取消 按钮将不退出 AutoCAD 图形文件，维持现有的状态。

1.6 AutoCAD 的基本操作

1.6.1 激活命令的几种途径

在 AutoCAD 中，大部分的绘图、编辑操作都可以通过 AutoCAD 的“命令”来完成，所以操作的第一步是获取（激活）相应的命令。一般来说，获取 AutoCAD 命令有如下几种途径：

- 单击工具栏中的命令按钮。例如，要绘制一条直线，可单击其命令按钮 直线。
- 从下拉菜单栏选择命令。例如，打开 绘图(D) 下拉菜单，然后选择其中的 直线(L) 命令（本教程将这一操作简述为“选择下拉菜单 绘图(D) → 直线(L) 命令”），即可激活绘制直线的命令。
- 在命令行输入命令的字符并按 Enter 键。
  ☑ 在命令行输入命令。例如在命令行输入直线命令字符 LINE 后按 Enter 键，就可以进行直线的绘制。
  ☑ 在命令行输入命令的缩写字母。例如直线命令 LINE 的缩写为 L，可在命令行输入字母 L 并按 Enter 键，以激活直线的绘制命令。

说明：用户还可以通过编辑 AutoCAD 程序参数文件 acad.pgp，定义自己的 AutoCAD 命令缩写。

- 单击鼠标右键，从系统弹出的快捷菜单中选择命令选项。
- 重复执行命令。系统执行完成某个命令后，如果需要连续执行该命令，按一下 Enter 键或空格键即可。

- 嵌套命令。指系统在执行某一命令时可以插入执行其他的命令，待命令执行完后还能恢复到原命令执行状态，且不影响原命令的执行。

1.6.2 结束或退出命令的几种方法

AutoCAD 的大部分命令在完成操作后即可正常自动退出，但是在某些情形下需要强制退出：一是因为有些命令不能自动退出，例如，在激活直线命令 LINE 并完成了所要求的直线绘制后，系统并不能自动退出该命令；二是在执行某个命令的过程中，如果不需要继续操作，则可中途退出命令。每个命令强制退出的方法各不相同，但一般可采用下列方法之一：

- 按 Esc 键。
- 在绘图区右击，从系统弹出的快捷菜单中选择确认(E)（或取消(C)）命令。
- 当某个命令正在执行时，如果单击工具栏中的某个按钮或某个下拉菜单命令，此时正在执行的那个命令就会退出。例如，在用直线命令 LINE 绘制了所需的线段之后未退出直线命令，此时如果单击工具栏中的“矩形”命令按钮，或者选择下拉菜单绘图(D) → 矩形(G)命令，则正在执行的直线命令 LINE 自动退出。

1.6.3 “命令行”操作

命令行的作用不仅在于通过它可以激活 AutoCAD 的命令，更重要的是它为用户与 AutoCAD 交流提供了一个很好的“窗口”，所以在执行命令时，要注意命令行的提示并对提示作出响应。当命令行中显示命令:提示符时，表明系统处于待命状态。在用户输入一个命令或从菜单、工具栏选择一个命令后，命令行将提示用户应进行的操作，用户响应后，命令行接着提示下一步的操作，直到命令完成或被中止。例如，在选择下拉菜单绘图(D) → 直线(L)命令后，命令行提示line 指定第一点:，在此提示下必须在绘图区某处单击以指定直线的第一点；然后命令行提示指定下一点或 [放弃(U)]:，此时必须在绘图区指定直线的另一端点，指定端点后即可按 Enter 键结束命令。

当命令行的提示中有许多选项时，一般会有一个默认的 AutoCAD 命令，命令行中会提示不同的信息，而且同一个命令在不同的情况下其提示信息也不同。当需要选择系统默认的命令（即在尖括号中的选项）时，只需按 Enter 键即可选择默认选项；如要选择其他选项，可以输入该选项后面括号中的字母并按 Enter 键。例如，选择下拉菜单绘图(D) → 修订云线(V)命令后，命令行的提示为指定起点或 [弧长(A)/对象(O)/样式(S)] <对象>:，此时尖括号中是对象，直接按 Enter 键即可选择默认的对象(O)选项；如果在命令行输入字母

A（大小写都可以）并按 Enter 键，则可选择弧长(A)选项；当然也可以直接在绘图区中选取一点，以响应提示中指定起点的要求。

1.6.4 透明地使用命令

有些命令可以在其他命令已被激活的情况下使用，这样的命令称为透明命令。例如绘制直线时，用户可能会使用命令 PAN 在屏幕上移动图形来选择直线的终点。在其他命令被激活的情况下，还可更改一些绘图工具的设置，例如栅格的开或关。

当一个命令正处在激活状态，而此时又从工具栏或菜单启动其他命令，系统即自动将新命令作为透明命令来启动。如果该命令不能用作透明命令，则将终止已激活的命令，而启用新命令。

若要通过在命令行输入命令字符的方式来透明地使用命令，则需在命令字符前加单引号。例如，若要在绘制直线时使用命令'pan，可按图 1.6.1 所示输入命令'pan 并按 Enter 键，则命令行中的提示信息前将会显示双尖括号，表示该命令正在透明地使用。

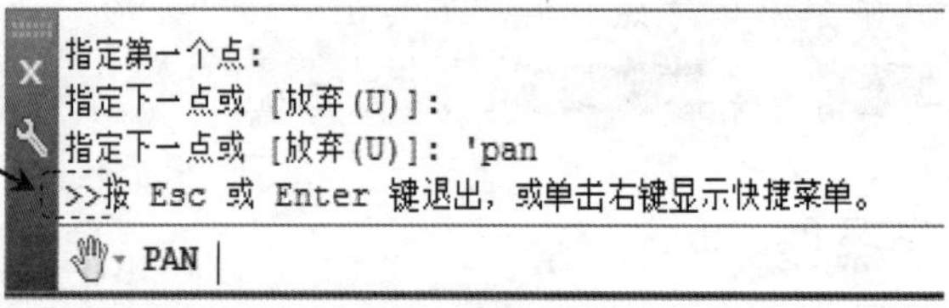

图 1.6.1 命令行提示

1.6.5 命令的重复、放弃与重做

在使用 AutoCAD 系统进行产品设计时，要进行大量的命令操作，这必然要涉及命令的重复、放弃或重做。

1. 重复命令

重复命令即重复执行上一个命令，可以按 Enter 键或空格键，这是最简便的重复使用命令的方法。例如选择下拉菜单 绘图(D) → 直线(L) 命令绘制了一段直线后，按 Esc 键可退出直线命令，如果紧接着还要使用 直线(L) 命令绘制其他线段，则无需再选择下拉菜单 绘图(D) → 直线(L) 命令，可直接按 Enter 键或空格键以激活直线命令。

要使用重复命令，还可以在绘图区右击，从系统弹出的快捷菜单中选择重复该命令。

2. 放弃命令

此处的“放弃命令”应理解为放弃前面命令所完成的操作结果。最简单的放弃命令的方法就是单击“放弃”按钮（或在命令行输入字母 U 并按 Enter 键）来放弃单个操作。如果要放弃前面进行的多步操作，必须在命令行输入命令 UNDO 并按 Enter 键，命令行提示输入要放弃的操作数目或 [自动(A)/控制(C)/开始(BE)/结束(E)/标记(M)/后退(B)] <1>:。在此提示下可以输入要放弃的操作数目，例如要放弃最近的六个操作，应输入数值 6 并按 Enter 键；也可以选择提示中的标记(M)选项来标记一个操作，然后选择后退(B)选项放弃在标记的操作之后执行的所有操作；还可以选择开始(BE)选项和结束(E)选项来放弃一组预先定义的操作。执行放弃命令后，命令行中将显示放弃的命令或系统变量设置。

3. 重做命令

重做命令是指重做（找回）使用 UNDO 命令放弃的最后一个操作，方法是单击“重做”按钮（或者选择下拉菜单 编辑(E) → 重做(R) Line 命令，或者在命令行输入命令 REDO 并按 Enter 键）。

1.6.6 鼠标的功能与操作

在默认情况下，鼠标光标（简称为光标）处于标准模式（呈十字交叉线形状），十字交叉线的交叉点是光标的实际位置。当移动鼠标时，光标在屏幕上移动；当光标移动到屏幕上的不同区域，其形状也会相应地发生变化。如将光标移至菜单选项、工具栏或对话框内时，它会变成一个箭头。另外，光标的形状会随当前激活的命令的不同而变化（图 1.6.2）。例如激活直线命令后，当系统提示指定一个点时，光标将显示为十字交叉线，可以在绘图区选取点；而当命令行提示选取对象时，光标则显示为小方框（又称选取框），用于选取图形中的对象。

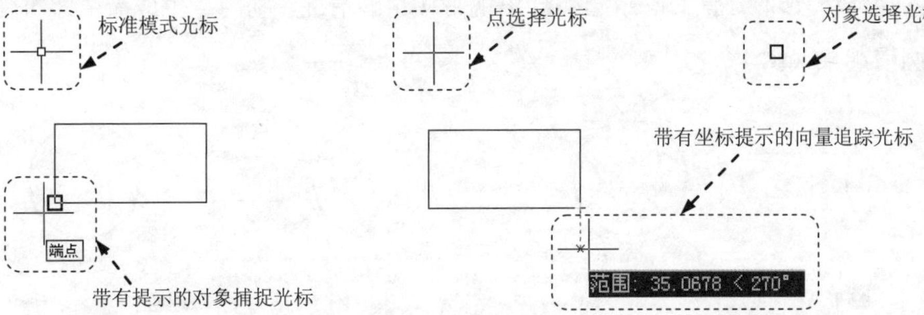

图 1.6.2　光标的模式

在 AutoCAD 中，鼠标按钮定义如下。

- 左键：也称为选取键（或选择键），用于在绘图区中选取所需要的点，或者选取对象、工具栏按钮和菜单命令等。
- 中键：用于缩放和平移视图。

- 右键：右击时，系统可根据当前绘图状态弹出相应的快捷菜单。右键的单击功能可以修改，方法是选择下拉菜单 工具(T) → 选项(N)... 命令，在“选项”对话框的 用户系统配置 选项卡中，单击 自定义右键单击(I)... 按钮，在系统弹出的“自定义右键单击”对话框中进行所需的设置。

1.6.7 获取联机帮助

AutoCAD 有完善的联机帮助系统。使用联机帮助系统可以获取任何 AutoCAD 命令或主题的帮助。若要进入 AutoCAD 联机帮助系统，可按 F1 键或执行下列操作之一：

- 在信息中心右侧单击“帮助”按钮 ? 。
- 从 帮助(H) 下拉菜单中选择 帮助(H) 命令。
- 在命令行中，输入命令 HELP，然后按 Enter 键。

在没有激活任何命令时，第一次访问联机帮助系统，系统将显示“目录”选项卡；如果已使用过帮助系统，下次查看帮助时系统则会调用最后使用过的选项卡；当激活某个命令时访问帮助系统，系统将会显示有关该命令的信息。

1.7 重新绘制和重新生成图形

在创建图形时，有时为了突出屏幕图形显示的完美性，要用到重新绘制或重新生成图形的命令来刷新屏幕图形的显示。例如在屏幕上指定一点时，完成命令后可能会有小标记遗留在屏幕上（当系统变量 BLIPMODE 打开时），此时可以通过重画命令去掉这些元素（图 1.7.1）；再如缩放图形时，有的圆或圆弧会出现带棱角的情况，利用重生成命令即可使圆或圆弧变得圆滑起来（图 1.7.2）。

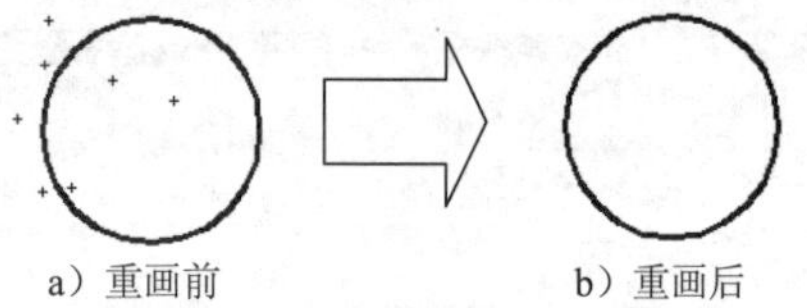

a）重画前　　b）重画后

图 1.7.1　重画操作

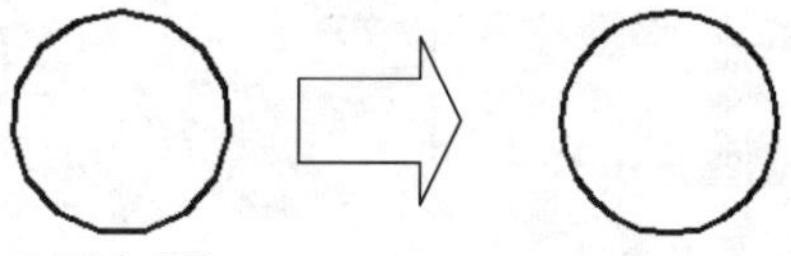

a）重生成前　　b）重生成后

图 1.7.2　重生成操作

图形对象的信息以浮点数值形式保存在数据库中，这种保存方式可以保证有较高的精度。重新绘制图形命令（即重画命令）只是刷新屏幕的显示，并不从数据库中重新生成图形。但有时则必须把浮点数据转换成适当的屏幕坐标来重新计算或重新生成图形，这就要使用重新生成命令。有些命令可以自动地重新生成整个图形，并且重新计算屏幕坐标，当图形重新生成时，它也被重新绘制，重新生成比重新绘制需要更多的处理时间。

要重新绘制图形可选择下拉菜单 视图(V) → 重画(R) 命令（或者在命令行输入命令'REDRAWALL，然后按 Enter 键）。

要重新生成图形可选择下拉菜单 视图(V) → 重生成(G) 命令（或者在命令行输入命令 REGEN 或字母 RE，然后按 Enter 键）。

注意：有些命令在某些条件下会自动强迫 AutoCAD 重新生成图形。然而对于大的图形来说，重新生成图形可能是一个较长的过程，因此可利用 REGENAUTO 命令控制是否自动重新生成图形。如要关闭图形的自动重新生成功能，可以在命令行输入 REGENAUTO，然后将“自动重新生成命令”设成 OFF（关闭）。

1.8 缩放与平移视图

在 AutoCAD 中，视图是指按一定的比例、观察位置来显示图形的全部或部分区域。缩放视图就是放大或缩小图形的显示比例，从而改变对象的外观视觉效果，但是并不改变图形的真实尺寸；平移视图就是移动图形的显示位置，以便清楚地观察图形的各个部分。

1.8.1 用鼠标对图形进行缩放与移动

对于中键可以滚动的三键鼠标，滚动鼠标中键可以缩放图形；按住中键不放，同时移动鼠标，则可以移动图形。读者可以打开文件 D:\AutoCAD2017.1\work\ch01.08\zoom.dwg 进行缩放与移动练习。

注意：

- 使用鼠标中键对绘图区中的图形所进行的缩放和移动，并不会改变图形的真实大小和位置，而只是改变图形的视觉大小和位置。
- 操作鼠标中键之所以可缩放和移动绘图区中的图形，从本质上说，是因为缩放或移动了 AutoCAD 绘图区的显示范围。
- AutoCAD 绘图区的显示范围可以放大到非常大，也可以缩小到非常小，所以在 AutoCAD 绘图区中绘制的对象可以很大（如轮船），也可以很小（例如机械手表中的某个小零件）。
- 屏幕上显示的图元的视觉大小并不是该图元的真实大小。当绘图区的显示范围放大很大时，在屏幕上看起来非常小的图元，其真实尺寸也许很大；与此相同，当绘图区的显示范围缩至很小时，屏幕上看起来非常大的图元，其真实尺寸也许很小。

- 由于系统设置的单位和比例不同，在同样的缩放系数下，相同视觉大小的对象代表的真实大小也就不相同。

1.8.2 用缩放命令对图形进行缩放

通过在命令行输入命令 ZOOM，或者选择下拉菜单 视图(V) → 缩放(Z) 命令中的相应子命令（图 1.8.1 是视图缩放的菜单命令），均可以方便地缩放视图。下面将介绍如何使用 ZOOM 命令进行图形的缩放。

为了便于学习 ZOOM 命令，首先打开文件 D:\AutoCAD2017.1\work\ch01.08\zoompan.dwg。

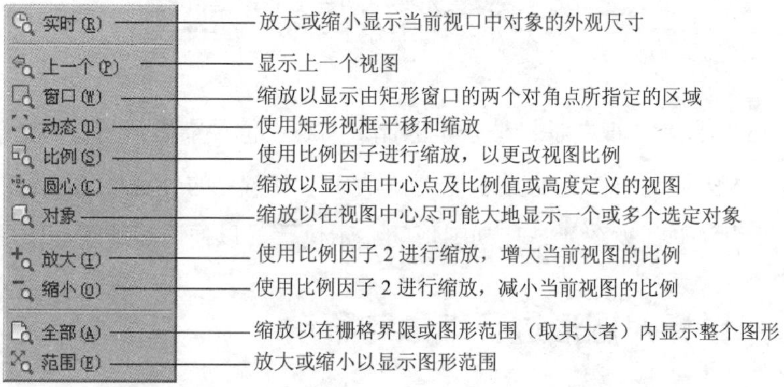

图 1.8.1 “缩放”子菜单

在命令行输入命令 ZOOM 并按 Enter 键后，命令行的提示如图 1.8.2 所示。下面分别介绍该提示中的各选项。

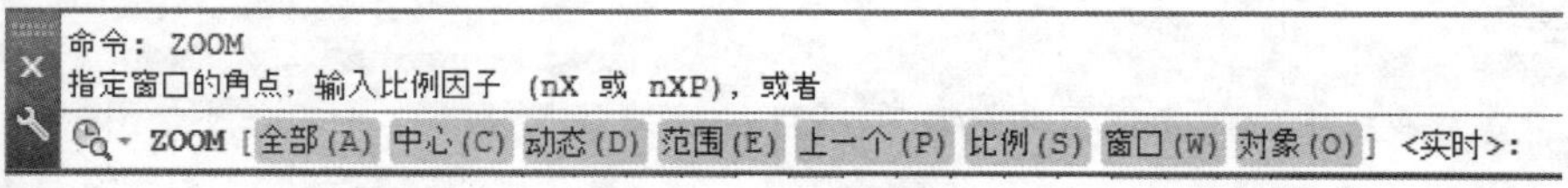

图 1.8.2 命令行提示

➢ 指定窗口的角点选项

该选项通过给出一个窗口来缩放视图，它与图 1.8.1 中的 窗口(W) 命令是等效的。

在图 1.8.2 中的命令行提示下，在图形中指定一点作为窗口的第一角点；命令行接着提示指定对角点:，在此提示下，在图形中指定另一点作为窗口的对角点，如图 1.8.3a 所示。此时系统便将以这两个角点确定的矩形窗口中的图形放大，使其占满整个绘图区。完成操作后，绘图区的显示如图 1.8.3b 所示。

➢ 输入比例因子 (nX 或 nXP)选项

该选项通过输入一个比例因子来缩放视图，它与图 1.8.1 中的 比例(S) 命令是等效的。

在图 1.8.2 中的提示下，在命令行输入一个比例值（如 0.5）并按 Enter 键，图形将按该比例值进行绝对缩放，即相对于实际尺寸进行缩放。如果在比例值后面加 X（如 0.5X），图形将进行相对缩放，即相对于当前显示图形的大小进行缩放；如果在比例值后面加 XP，则图形相对于图纸空间进行缩放。

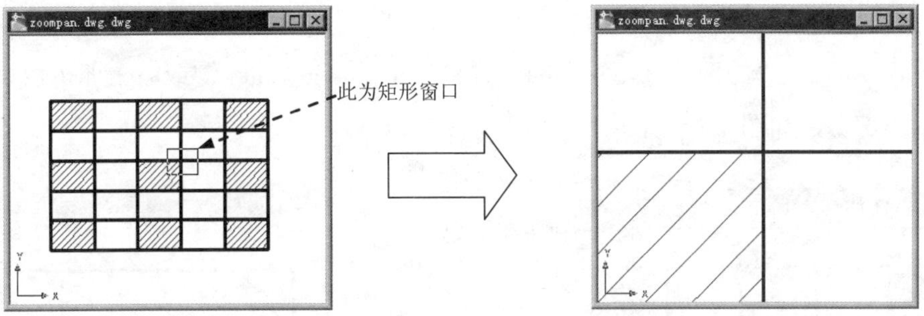

a）缩放前　　b）缩放后

图 1.8.3　使用“窗口”选项缩放图形

➢ 全部(A)选项

该选项与图 1.8.1 中的 全部(A) 命令是等效的。

在图 1.8.2 中的提示下输入字母 A 并按 Enter 键，系统立即将绘图区中的全部图形显示在屏幕上，如果所有对象都在由 LIMITS 命令设置的图形界限之内，则显示图形界限内的所有内容；如果图形对象超出了该图形界限，则扩大显示范围以显示所有图形。

➢ 中心(C)选项

该选项通过重设图形的显示中心和缩放倍数，使得在改变视图缩放的比例后，位于显示中心的部分仍保留在中心位置，它与图 1.8.1 中的 圆心(C) 命令是等效的。

在图 1.8.2 中的提示下输入字母 C 并按 Enter 键；命令行提示指定中心点:，在图形区选择一点作为中心点（图 1.8.4a）；命令行接着提示输入比例或高度，输入一个带 X 的比例值（如 0.6X），或者直接输入一个高度值（如 260）。这样系统将显示的图形调整到该比例的大小，或将显示区域调整到相应高度，并相应地缩放所显示的图形。图 1.8.4b 所示是指定中心点，并设置缩放比例为 3X 后的结果。

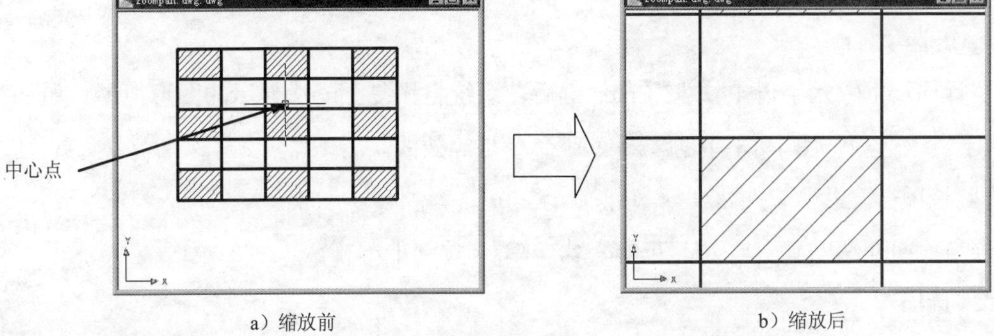

a）缩放前　　b）缩放后

图 1.8.4　使用“中心（C）”选项缩放图形

➢ 动态(D)选项

该选项可动态地缩放图形，它与图 1.8.1 中的 动态(D) 命令是等效的。

在图 1.8.2 的提示下输入字母 D 并按 Enter 键，此时绘图区中出现一个中心带有×号的矩形选择方框（此时的状态为平移状态），将×号移至目标部位并单击，即切换到缩放状态，此时矩形框中的×号消失，而在右边框显示一个方向箭头→，拖动鼠标可调整方框的大小（即调整视口的大小）。调整好矩形框的位置和大小后，按 Enter 键或右击即可放大查看方框中的细节部分，如图 1.8.5 所示。

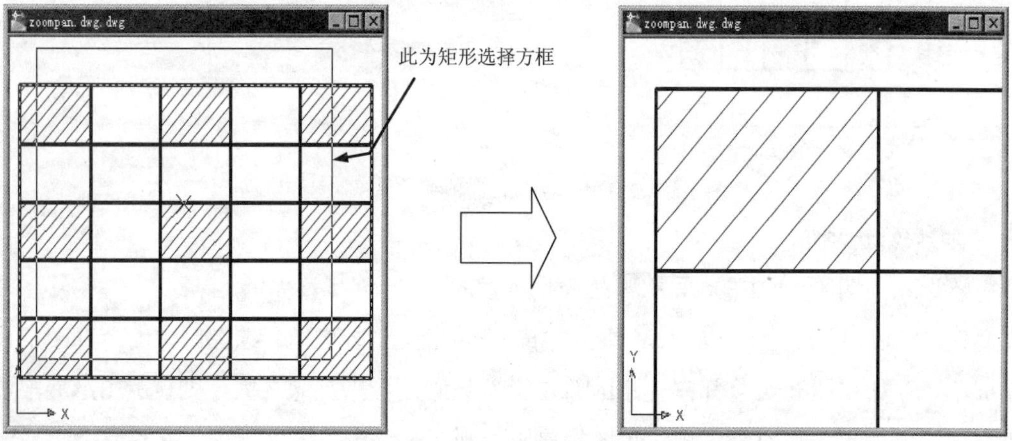

a）缩放前　　b）缩放后

图 1.8.5　使用“动态（D）”选项缩放图形

注意：动态缩放图形时，绘图区中还会出现另外两个虚线矩形框，其中蓝色框表示图纸的范围，该范围是用 LIMITS 命令设置的绘图界限或者是图形实际占据的区域，绿色方框表示当前在屏幕上显示出的图形区域。

➢ 范围(E)选项

在命令行提示下输入字母 E 并按 Enter 键，可以在屏幕上尽可能大地显示所有图形对象，它与全部(A)选项不同的是，这种缩放方式以图形的范围为显示界限，而不考虑由 LIMITS 命令设置的图形界限。范围(E)选项与图 1.8.1 中的 范围(E) 命令是等效的。

➢ 上一个(P)选项

在命令行提示下输入字母 P 并按 Enter 键后，系统将恢复上一次显示的图形视图，如图 1.8.6 所示。该选项与图 1.8.1 中的 上一个(P) 命令是等效的。

➢ 比例(S)选项

该选项与前面介绍的输入比例因子 (nX 或 nXP)选项功能一样。

➢ 窗口(W)选项

该选项与前面介绍的指定窗口的角点 选项功能一样。

➢ 对象(O)选项

在命令行提示下输入字母 O 并按 Enter 键后，将尽可能大地显示一个或多个选定的对象，并使其位于绘图区的中心。该选项与图 1.8.1 中的对象命令是等效的。

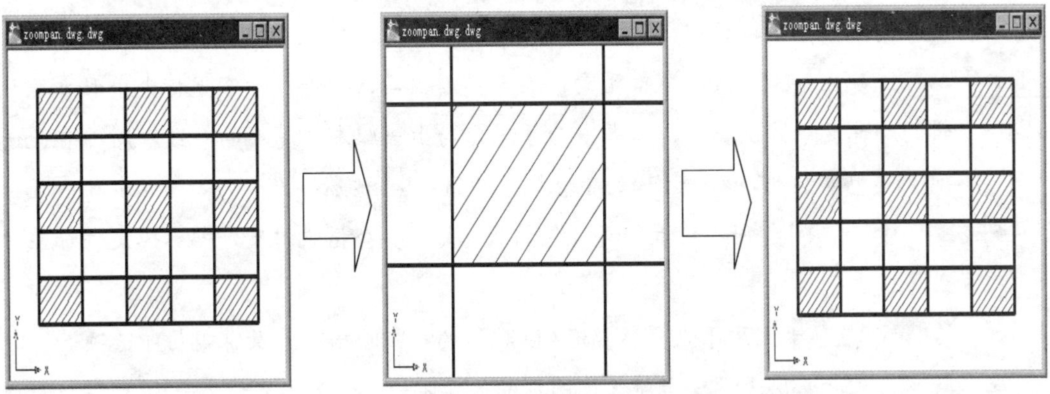

a）原视图　　b）放大后的视图　　c）恢复上一个视图

图 1.8.6　使用“上一个（P）”选项缩放图形

➢ <实时>选项

<实时>选项为默认选项，在命令行提示下直接按 Enter 键即执行该选项。此时绘图区出现一类似于放大镜的小标记，并且命令行显示 按 Esc 或 Enter 键退出，或单击右键显示快捷菜单。。此时按住鼠标左键并向上拖动鼠标，可放大图形对象；向下拖动鼠标，则缩小图形对象；滚动鼠标的中键也可以实现缩放图形，按 Esc 键或 Enter 键即结束缩放操作。

1.8.3　用平移命令对图形进行移动

通过在命令行输入 PAN 命令，或者选择下拉菜单视图(V) → 平移(P) ▸命令中的相应子命令，均可激活平移视图命令。

当激活平移视图命令时，光标变成手形。按住鼠标左键并移动鼠标，可将图形拖动到所需位置，松开左键则停止视图平移，再次按住鼠标可继续进行图形的拖移。在平移(P) ▸菜单中还可以使用点(P)命令，通过指定基点和位移值来平移视图。

注意：使用平移命令平移视图时，视图的显示比例不变。

1.9　AutoCAD 的绘图环境设置

1.9.1　设置绘图选项

选择下拉菜单工具(T) → 选项(N)...命令，系统弹出“选项”对话框。该对话框中包含文件、显示、打开和保存、打印和发布、系统、用户系统配置、绘图、三维建模、选择集和配置等

10 个选项卡，下面对这些选项卡中部分选项进行说明。

- 文件选项卡：用于确定 AutoCAD 搜索支持文件、驱动程序文件、菜单文件和其他文件的路径等。
- 显示选项卡：用于设置窗口元素、显示精度、显示性能、十字光标大小和参照编辑的颜色度等显示属性，本书中为了保持与上一版本主题界面一致，所以在此选项卡窗口元素区域配色方案(M):的下拉列表中选择明选项。
- 打开和保存选项卡：用于设置保存文件格式、文件安全措施以及外部参照文件加载方式等。
- 打印和发布选项卡：用于设置 AutoCAD 默认的打印输出设备及常规打印选项等。
- 系统选项卡：用于设置当前三维图形的显示特性，设置定点设备、OLE 特性对话框的显示控制、所有警告信息的显示控制、网络连接检查、启动对话框的显示控制以及是否允许长符号名等。
- 用户系统配置选项卡：用于设置是否使用快捷菜单、插入对象比例以及坐标数据输入的优先级等。
- 绘图选项卡：用于设置自动捕捉、自动捕捉标记的颜色和大小以及靶框大小等。
- 三维建模选项卡：用于设置在三维建模环境中十字光标、在视口中的显示工具及三维对象的显示等。
- 选择集选项卡：用于设置选择集模式、选取框以及夹点的大小等。
- 配置选项卡：用于系统配置文件的创建、重命名和删除等操作。

1.9.2 设置图形单位

AutoCAD 被广泛地应用于各个领域，如机械行业、电气行业、建筑行业以及科学实验等，而这些领域对坐标、距离和角度的要求各不相同，同时西方国家习惯使用英制单位，如英寸、英尺等，而我国则习惯于使用米制单位，如米、毫米等。因此，在开始创建图形前，首先要根据项目和标注的不同要求决定使用何种单位制及其相应的精度。

可以通过选择下拉菜单格式(O) → 0.0 单位(U)...命令（或在命令行中输入命令 UNITS 后按 Enter 键）来完成单位的设置。执行命令后，系统弹出“图形单位”对话框，在该对话框中可完成如下设置。

1. 设置长度类型及精度

在长度选项组中，可以分别选择类型(T):和精度(P):下拉列表中的选项值来设置图形单位的长度类型和精度。默认的长度类型为“小数”，精度是精确到小数点后四位。

2. 设置角度类型及精度

在角度选项组中，可以分别选择类型(Y):和精度(N):下拉列表中的选项值来设置图形单位的角度类型和精度。默认的角度类型为“十进制度数”，精度取为整数。通常情况下，角度以逆时针方向为正方向，若选中☑顺时针(C)复选框，则以顺时针方向为正方向。

当在长度和角度选项组中设置了长度及角度的类型与精度后，在输出样例选项组中将显示它们对应的样例。

3. 设置缩放比例

插入时的缩放单位选项组的用于缩放插入内容的单位:下拉列表用来控制使用工具选项板将块插入当前图形的测量单位，默认设置为“毫米”。

4. 设置方向

在“图形单位”对话框中，如果单击方向(D)...按钮，则可在系统弹出的“方向控制”对话框中，通过选中⊙东(E)、⊙北(N)、⊙西(W)、⊙南(S)或⊙其他(O)单选项来设置基准角度（0°）的方向。当选中⊙其他(O)单选项时，可以单击角度(A):前的按钮，然后在绘图区中选取两个点来确定基准角度的0°方向。在默认情况下，基准角度0°的方向是指向右（即⊙东(E)）方向。

1.9.3 设置图形界限

图形界限表示图形周围的一条不可见的边界。设置图形界限可确保以特定的比例打印时，创建的图形不会超过特定的图纸空间的大小。

图形界限由两个点确定，即左下角点和右上角点。例如，可以设置一张图纸的左下角点的坐标为（0,0），右上角点的坐标为（420,297），则该图纸的大小为420×297。在中文版AutoCAD 2017中，用户设置图形界限的操作步骤如下。

Step1. 打开随书光盘中的文件D:\AutoCAD2017.1\work\ch01.09\limits.dwg。

Step2. 选择下拉菜单格式(O) → 图形界限(I)命令。

Step3. 在命令行指定左下角点或 [开(ON)/关(OFF)] <0.0000,0.0000>:的提示下按Enter键，即采用默认的左下角点（0,0）。

Step4. 在命令行指定右上角点的提示下，输入图纸右上角点坐标（420,297）并按Enter键。完成后，打开“栅格”，可看到栅格点充满整个由对角点（0,0）和（420,297）构成的矩形区域，由此证明图形界限设置有效。

Step5. 选择下拉菜单文件(F) → 另存为(A)...命令，将文件改名保存为limits_ok.dwg。

注意：

- 坐标值的输入说明。本步操作中，在指定右上角点时，坐标（420,297）的输入规则是先输入 X 轴坐标值420，再输入英文逗号,，然后输入 Y 轴坐标值297，在命令行中的显示为指定右上角点 <100.0000,90.0000>: 420,297。本书中所有坐标点（包括笛卡儿坐标、极坐标、柱坐标等）的表述都在坐标值外加了括号，但输入时均须按照上面的规则。
- 即使在图形中设置了图形界限，也可以将图元绘制在图形界限以外，但如果是根据设计要求而设置了正确的图形界限，建议还是将图元绘制在图形界限以内。

当启动 LIMITS 命令时，第一个提示还有两个选项：开(ON)和关(OFF)。这两个选项决定用户能否在图形界限之外指定一点。如果选择开(ON)，将打开界限检查，从而避免图形超出图形界限；如选择关(OFF)选项（默认值），AutoCAD 禁止界限检查，此时用户可以在图形界限之外绘制对象或选定点。

1.9.4 工作空间

工作空间主要由菜单栏、选项板和功能区控制面板等组成。AutoCAD 2017 提供了“草图与注释”“三维基础”和“三维建模”三种工作空间。用户可通过状态栏中的下拉列表来选择工作空间，并且在选择工作空间后还可以更改。“草图与注释”工作空间是二维图形的绘制，“三维基础”与“三维建模”工作空间是三维模型的绘制。

1.10 思考与练习

1. 什么是计算机绘图？计算机绘图系统的硬件组成和软件组成是什么？
2. AutoCAD 2017 的主要功能有哪些？
3. 如何打开和退出 AutoCAD 2017 中文版？
4. AutoCAD 2017 中文版的工作界面包括哪几部分？它们分别具有什么作用？
5. 激活命令的方法有哪些？
6. 重新绘制和重新生成图形的区别是什么？
7. 图形的缩放有几种方法？缩放视图会不会改变图形的实际尺寸？
8. 图形的平移方式主要有哪些？

第 2 章 创建图形（基础）

本章提要 本章针对 AutoCAD 中的基本二维图形（包括线对象、多边形对象、圆弧对象、点对象等）的创建方法及创建过程进行了详尽的讲解。

特别提示：为了使初学者更好、更快地学习 AutoCAD，建议读者在以后的学习中，在每次启动 AutoCAD 后，应先创建一个新文件，并使用随书光盘提供的模板文件，具体操作步骤如下。

（1）选择下拉菜单 文件(F) → 新建(N)... 命令，系统弹出“选择样板”对话框。

（2）在“选择样板”对话框中，先选择 文件类型(T): 下拉列表中的“图形（*.dwg）”文件类型，然后选择随书光盘中的任一模板文件，如 D:\AutoCAD2017.1\system_file\Part_temp_A3.dwg，最后单击 打开(O) 按钮。

2.1 创建线对象

2.1.1 绘制直线

直线是用得最多的图形要素，大多数的常见图形都是由直线段组成的。下面以图 2.1.1 所示的两条直线段为例，说明绘制直线命令操作方法。

注意：以下的操作环境是在 AutoCAD 2017 界面下将菜单栏显示的状态，其操作方法是在“自定义快速访问工具栏”中单击 ▾ 按钮，在系统弹出的列表中选择 显示菜单栏 命令。

Step1. 选择下拉菜单 绘图(D) → 直线(L) 命令，如图 2.1.2 所示。

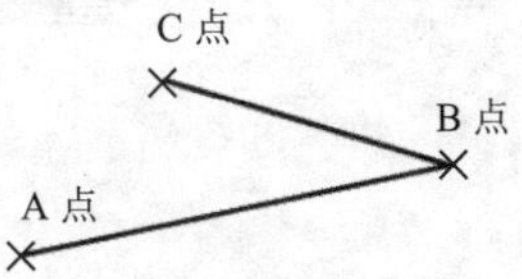

图 2.1.1 绘制两条直线段

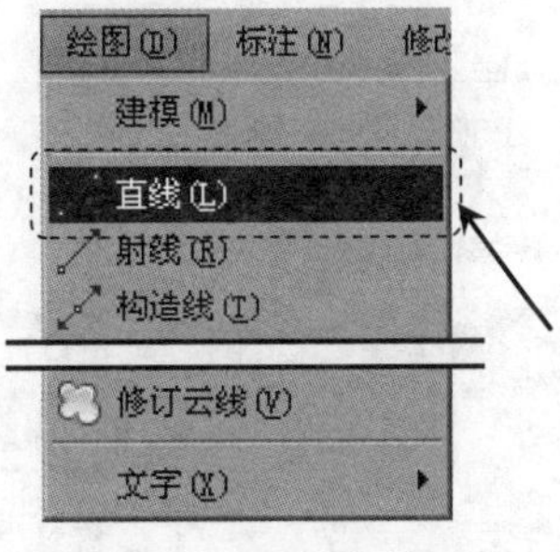

图 2.1.2 下拉菜单

说明：进入直线命令还有两种方法。

方法一：单击 默认 选项卡下“绘图”面板中的“直线”命令按钮，如图 2.1.3 所示。

方法二：在命令行中输入命令 LINE，并按 Enter 键，如图 2.1.4 所示。注意：AutoCAD 很多命令可以采用简化输入法（即输入命令的第一个字母或前两个字母），比如命令 LINE 就可以直接输入字母 L（不分大小写），并按 Enter 键。

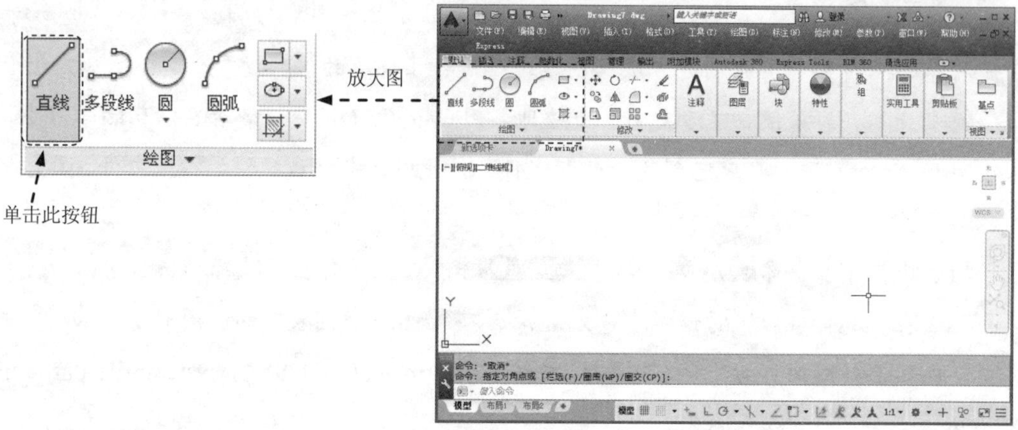

图 2.1.3 选择命令按钮

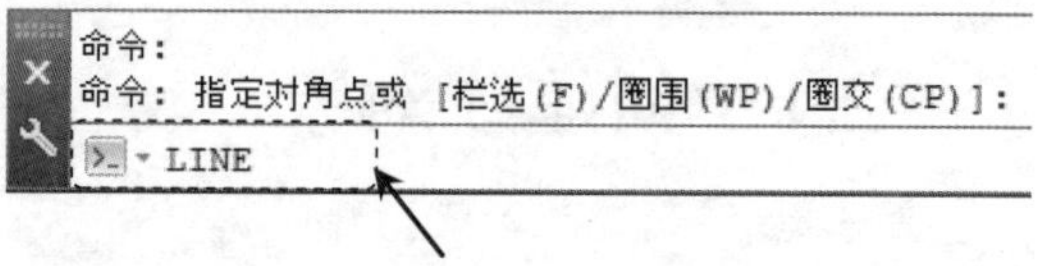

图 2.1.4 在命令行中输入命令

Step2. 指定第一点。在命令行 line 指定第一点: 提示下，将鼠标光标移至绘图区中的某点——A 点处，然后单击鼠标以指定 A 点作为第一点。此时如果移动鼠标，可看到当前鼠标光标的中心与 A 点间有一条“连线”，如图 2.1.5a 所示；这条线随着鼠标光标的移动可拉长或缩短，并可绕着 A 点转动，如图 2.1.5b 和图 2.1.5c 所示，一般形象地称这条“连线”为“皮筋线”。

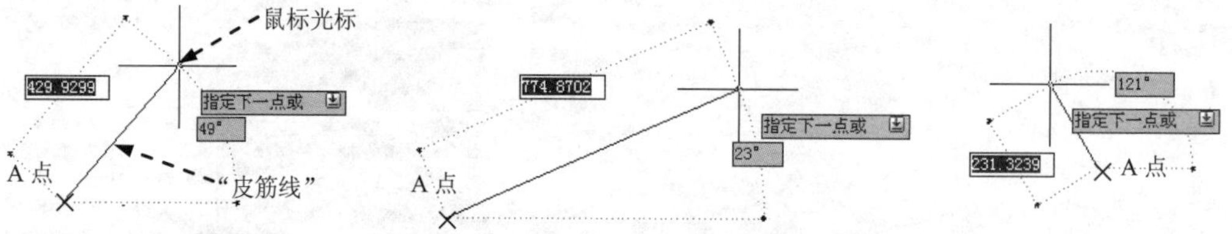

a）指定第一点　　b）拉长“皮筋线”　　c）缩短“皮筋线”

图 2.1.5 指定第一点与“皮筋线”

Step3. 指定第二点。在命令行 指定下一点或 [放弃(U)]: 的提示下，将鼠标光标移至绘图区的另一点——B 点处并单击，这样系统便绘制一条线段 AB。此时如果移动鼠标，可看到在 B 点与鼠标光标之间产生一条“皮筋线”，移动鼠标光标可调整“皮筋线”的长短及位置，以确定下一线段。

说明：

- 在命令行指定下一点或 [放弃(U)]:的提示下，如果输入字母 U 后按 Enter 键，则执行放弃(U)选项，取消已确定的线段第一点，以便重新确定第一点位置。
- 在命令行指定下一点或 [放弃(U)]:的提示下，如果按 Enter 键，则结束直线命令。
- “皮筋线”是一条操作过程中的临时虚构线段，它始终是当前鼠标光标的中心点与前一个指定点的连线。通过“皮筋线”可从屏幕上看到当前鼠标光标所在位置点与前一个指定点的关系，并且在状态栏的坐标显示区可查看到“皮筋线”的精确长度以及与 X 轴的精确角度（参见第 3 章的 3.1.2 节），这对于图形的绘制是相当有帮助的。在以后学习圆、多段线等许多命令时，也同样会出现“皮筋线”。

Step4. 指定第三点。系统在命令行接着提示指定下一点或 [放弃(U)]:，将鼠标光标移至绘图区的第三位置点——C 点处并单击，这样系统便绘制一条线段 BC。

说明：在命令行指定下一点或 [放弃(U)]:的提示下，如果输入字母 U 后按 Enter 键，则执行放弃(U)选项，取消已确定的线段第二点和线段 AB，以便重新确定第二点位置。

Step5. 完成线段的绘制。系统在命令行继续提示指定下一点或 [闭合(C)/放弃(U)]:，按 Enter 键结束直线命令的操作。

说明：

- 在命令行指定下一点或 [闭合(C)/放弃(U)]:的提示下，可继续选择一系列端点，这样便可绘制出由更多直线段组成的折线，所绘出的折线中的每一条直线段都是一个独立的对象，即可以对任何一条线段进行编辑操作。
- 在命令行指定下一点或 [闭合(C)/放弃(U)]:的提示下，如果输入字母 C 后按 Enter 键，则执行闭合(C)选项，系统便在第一点和最后一点间自动创建直线，形成闭合图形。
- 许多 AutoCAD 的命令在执行过程中，提示要求指定一点，例如，上面操作中的提示 line 指定第一点:和指定下一点或 [放弃(U)]:，对类似这样提示的响应是在绘图区选取某一点，一般可将鼠标移至绘图区的该位置点处并单击，也可以在命令行输入点的坐标。
- 在 AutoCAD 2017 中，如果按下状态栏中的按钮，则系统处于动态数据输入方式，此时在激活某个命令（如直线命令）时，用户可以动态输入坐标或长度值，直线命令的动态数据输入方式如图 2.1.6 所示。
- 要结束直线命令的操作，还可以按空格键，或者在绘图区中右击，系统弹出图 2.1.7 所示的快捷菜单，选择该快捷菜单中的确认(E)（或取消(C)）命令以结束操作，还可以直接按 Esc 键。

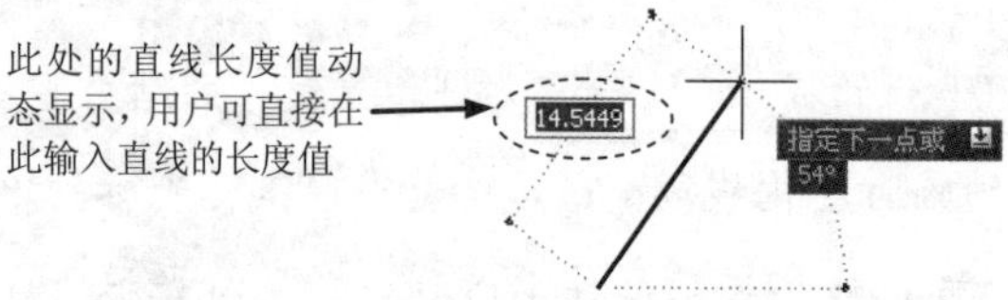

图 2.1.6　直线命令的动态数据输入方式

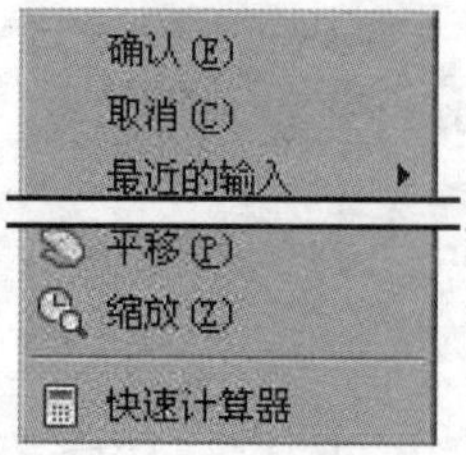

图 2.1.7　快捷菜单

2.1.2　绘制射线

射线是由指定点沿指定方向所发出的直线。在绘图过程中，射线一般用做辅助线。绘制射线时，首先要选择射线的起点，然后确定其方向。下面说明绘制射线的一般操作步骤。

Step1. 选择下拉菜单 绘图(D) → 射线(R) 命令（或在命令行中输入命令 RAY 并按 Enter 键）。

Step2. 指定射线的起点。在命令行 _ray 指定起点: 提示下，移动鼠标光标，在屏幕上选取任意一点——点 A 作为射线的起点。

Step3. 指定射线的方向。

（1）在命令行 指定通过点: 的提示下，将鼠标光标移至屏幕上的任意位置，并单击以选取一点来确定射线的方向，此时系统便绘制出一条射线。

（2）在命令行 指定通过点: 提示下，可以绘制多条以点 A 为起始点、方向不同的射线。

Step4. 按 Enter 键以结束射线命令的执行。

2.1.3　绘制构造线

构造线是一条通过指定点的无限长的直线，该点被认定为构造线概念上的中点。可以使用多种方法指定构造线的方向。在绘图过程中，构造线一般用做辅助线。

1. 绘制水平构造线

水平构造线的方向是水平的（即与当前坐标系的 X 轴的夹角为 0°）。下面说明水平构造线绘制的一般操作步骤。

Step1. 选择下拉菜单 绘图(D) → 构造线(T) 命令。

说明：进入构造线绘制命令还有两种方法。

方法一：单击 默认 选项卡“绘图”面板中的 绘图 ▾ 按钮，在展开的工具栏中单击“构造线”命令按钮。

方法二：在命令行中输入命令 XLINE 后，按 Enter 键。

Step2. 选择构造线类型。在图 2.1.8 所示的命令行的提示下输入字母 H，然后按 Enter 键。

说明：AutoCAD 提供的操作十分灵活，当系统提示多个选择项时，用户既可以通过键盘输入要执行的选择项，也可以右击，从系统弹出的快捷菜单中确定选择项，如图 2.1.9 所示。在本例中，可以从图 2.1.9 所示的快捷菜单中选择水平(H)命令。

Step3. 指定构造线的中点。在命令行指定通过点：的提示下，在屏幕上的任意位置点——点 A 处单击，系统便在绘图区中绘出通过该点的水平构造线，如图 2.1.10 所示。

注意：在绘制构造线时，需将“对象捕捉”打开，以精确地选取相关的点。

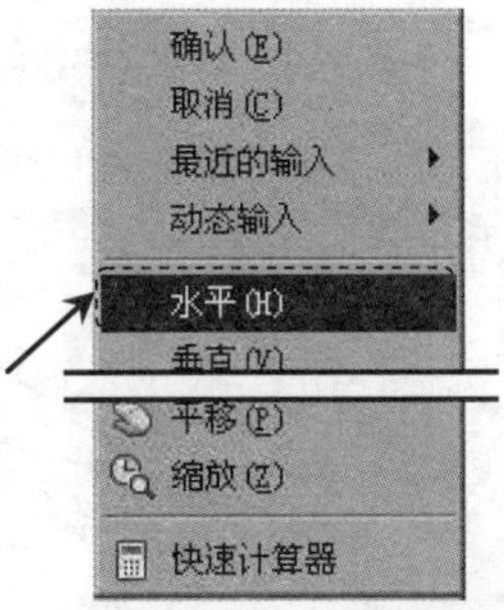

图 2.1.9 快捷菜单

图 2.1.8 命令行提示

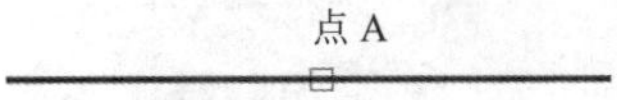

图 2.1.10 绘出水平构造线

Step4. 完成构造线的绘制。命令行继续提示指定通过点：，此时可按空格键或 Enter 键结束命令的执行。

说明：如果在命令行指定通过点：提示下继续指定位置点，则可以绘出多条水平构造线。

2. 绘制垂直构造线

垂直构造线的方向是竖直的（即与当前坐标系的 X 轴的夹角为 90°）。下面说明垂直构造线绘制的一般操作步骤：选择下拉菜单绘图(D) → 构造线(T)命令；在图 2.1.8 所示的命令行提示下，输入字母 V（即选择垂直(V)选项绘制垂直构造线）后按 Enter 键；选择任意位置点——点 A 作为通过点；按 Enter 键完成绘制。

3. 绘制带角度的构造线

第一种情况：绘制与参照对象成指定角度的构造线。下面以图 2.1.11 为例进行说明。

Step1. 选择下拉菜单绘图(D) → 直线(L)命令，绘制一条直线作为参照直线。

Step2. 选择下拉菜单绘图(D) → 构造线(T)命令。

Step3. 在图 2.1.8 所示的命令行提示下，输入字母 A 后按 Enter 键。

Step4. 选择构造线的参照对象。

（1）在命令行输入构造线的角度 (0) 或 [参照(R)]:的提示下，输入字母 R 后按 Enter

键，表示要绘制与某一已知参照成指定角度的构造线。

（2）在命令行选择直线对象：的提示下，选取前面创建的直线为参照。

Step5. 定义构造线的角度。

（1）在命令行输入构造线的角度 <0>：的提示下，输入角度值 15 后按 Enter 键。

（2）命令行提示指定通过点：，将鼠标光标移至屏幕上的任意位置点——点 A（图 2.1.12）并单击，即在绘图区中绘出经过该点且与指定直线成 15° 角的构造线。

（3）系统命令行继续提示指定通过点：，在此提示下继续选择位置点，可绘制出多条与指定直线成 15° 角的平行构造线，直至按 Enter 键结束命令。

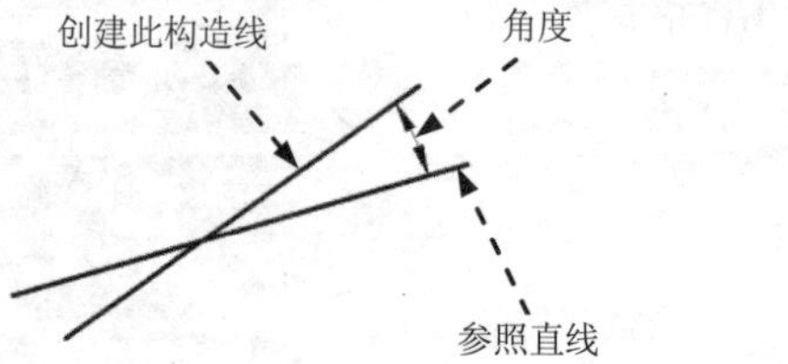

图 2.1.11 绘制带“角度”的构造线

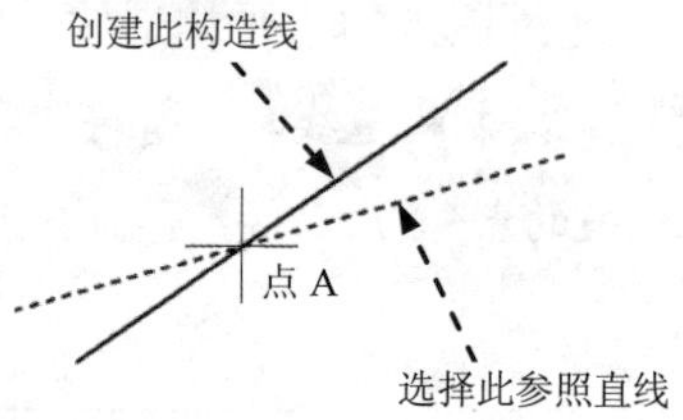

图 2.1.12 指定通过点

第二种情况：绘制与当前坐标系的 X 轴正方向成指定角度的构造线。下面以图 2.1.13 为例进行说明。

Step1. 选择下拉菜单 绘图(D) → 构造线(T) 命令。

Step2. 在图 2.1.8 所示的命令行提示下，输入字母 A 后按 Enter 键。

Step3. 在命令行输入构造线的角度 (0) 或 [参照(R)]：的提示下，输入角度值 15 后按 Enter 键；在命令行指定通过点：的提示下，选择任意位置点——点 A（图 2.1.14），此时即在绘图区中绘出经过点 A 且与 X 轴正方向成 15° 角的构造线。

Step4. 按 Enter 键结束命令。

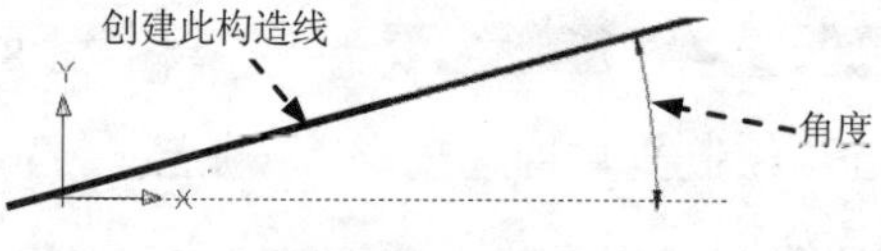

图 2.1.13 指定“角度”的构造线

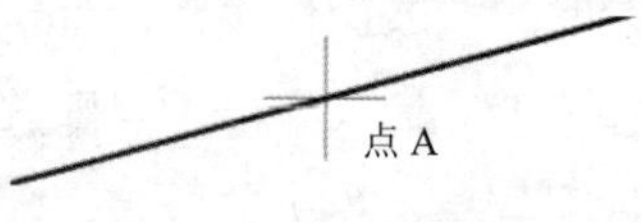

图 2.1.14 指定点

4. 绘制二等分构造线

二等分构造线是指通过角的顶点且平分该角的构造线。

下面以图 2.1.15 和图 2.1.16 所示为例，说明绘制二等分构造线的一般操作步骤。

Step1. 首先创建图 2.1.15 所示的两条直线。

Step2. 选择下拉菜单 绘图(D) → 构造线(T) 命令。

Step3. 在图 2.1.8 所示的命令行提示下，输入字母 B 后按 Enter 键。

Step4. 定义角的顶点。在命令行指定角的顶点：的提示下，选取两条直线的交点（即点

A）作为角的顶点。

Step5. 定义角的起点。在命令行指定角的起点：的提示下，选取第一条直线上的任意一点作为角的起点。

Step6. 定义角的端点。在命令行指定角的端点：的提示下，选取第二条直线上的任意一点作为角的端点。此时系统便绘制出经过两条直线的交点且平分其夹角的构造线，如图2.1.16所示。

Step7. 按Enter键结束操作。

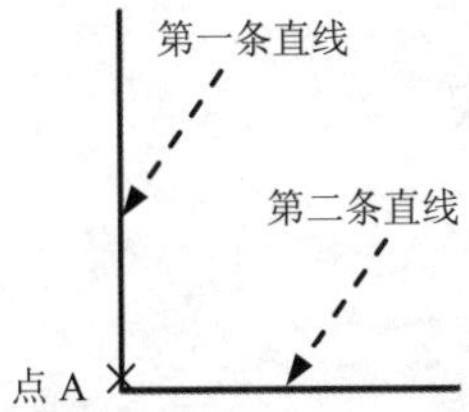

图2.1.15 绘制“二等分”构造线（一）

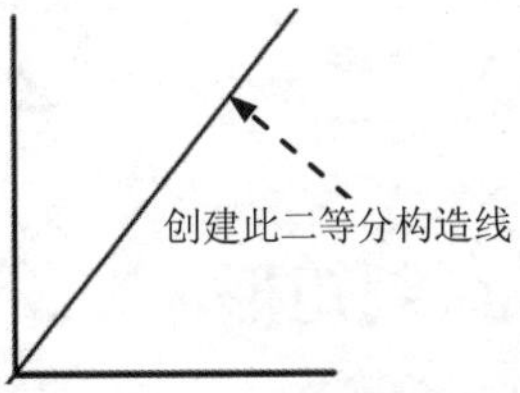

图2.1.16 绘制“二等分”构造线（二）

5．绘制偏移构造线

偏移构造线是指与指定直线平行的构造线。下面以图2.1.17为例，说明绘制偏移构造线的一般操作步骤。

Step1. 选择下拉菜单 绘图(D) → 直线(L) 命令，绘制一条直线作为参照直线，如图2.1.18所示。

Step2. 选择下拉菜单 绘图(D) → 构造线(T) 命令。

Step3. 在图2.1.8所示的命令行提示下，输入字母O后按Enter键。

Step4. 当命令行提示指定偏移距离或 [通过(T)] <通过>:时，可根据不同的选项进行操作。

情况一：直接输入偏移值。

（1）在命令行中输入偏移值150，按Enter键确认。

（2）在命令行选择直线对象：的提示下，选取参照直线。

（3）在命令行指定向哪侧偏移：的提示下，选取参照直线下方的某一点——点A以指定偏移方向，如图2.1.19所示。此时系统便绘制出图2.1.17所示的偏移构造线。

（4）按Enter键结束命令。

情况二：指定点进行偏移。

（1）在命令行中输入字母T后按Enter键。

（2）在命令行选择直线对象：的提示下，选取参照直线。

（3）在命令行指定通过点：的提示下，选取将要通过的某一点——点B。此时系统便绘制出与指定直线平行并通过 B 点的构造线；按 Enter 键结束命令。

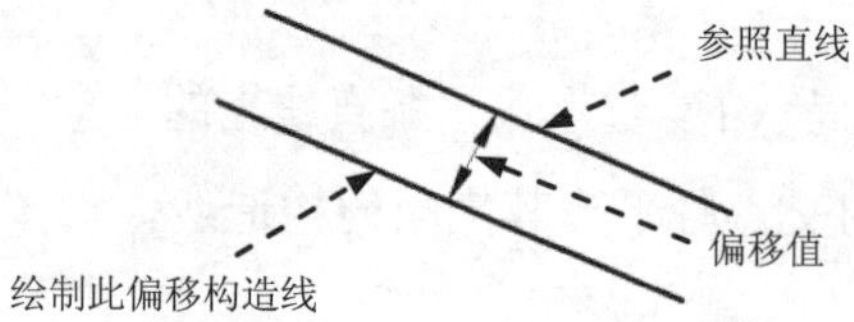

图 2.1.17 绘制“偏移”构造线

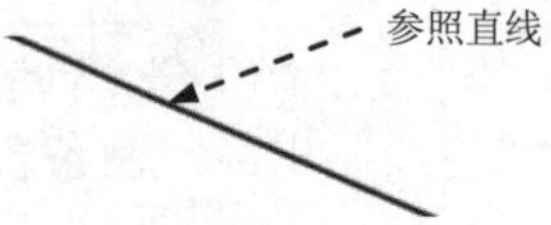

图 2.1.18 绘制参照直线

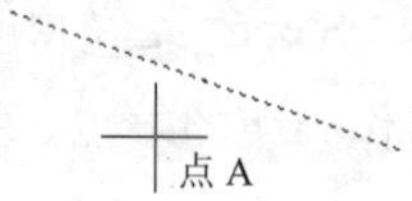

图 2.1.19 指定偏移方向

2.2 创建多边形对象

2.2.1 绘制矩形

1. 绘制普通矩形

可根据矩形的长和宽或矩形的两个对角点的位置来绘制一个矩形。下面以图 2.2.1 为例来说明普通矩形绘制的一般操作步骤。

方法一：指定两个对角点。

Step1. 选择下拉菜单 绘图(D) → 矩形(G) 命令。

说明：进入矩形绘制命令还有两种方法。

（1）单击 默认 选项卡下“绘图”面板中的“矩形”命令按钮。

（2）在命令行中输入命令 RECTANG 后按 Enter 键。

Step2. 指定矩形的第一角点。在图 2.2.2 所示的命令行提示信息下，将鼠标光标移至绘图区中的某一点——点 A 处，并单击以指定矩形的第一个角点，此时移动鼠标，就会有一个临时矩形从该点延伸到光标所在处，并且矩形的大小随光标的移动而不断变化。

Step3. 指定矩形的第二角点。在命令行 指定另一个角点或 [面积(A)/尺寸(D)/旋转(R)]: 的提示下，将鼠标光标移至绘图区中的另一点——点 B 处并单击，以指定矩形的另一个角点，此时系统便绘制出图 2.2.1 所示的矩形并结束命令。

注意：图 2.2.2 中的 标高(E) 和 厚度(T) 两个选项将在后面的第 13 章中说明。

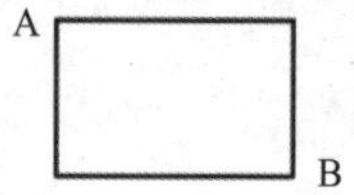

图 2.2.1 普通矩形

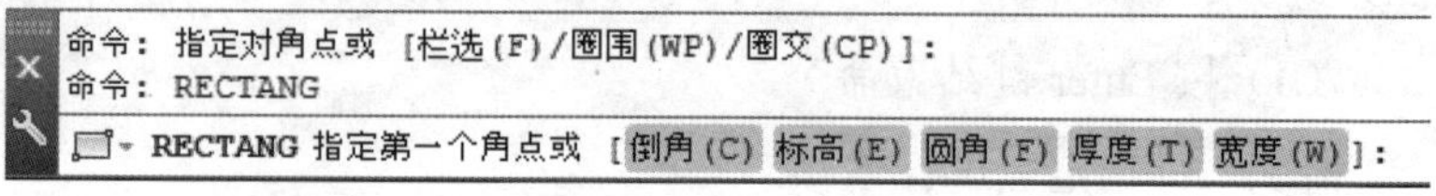

图 2.2.2 命令行提示

方法二：指定长度值和宽度值。

Step1. 选择下拉菜单 绘图(D) → 矩形(G) 命令。

Step2. 在图 2.2.2 所示的命令行提示下，指定第一个角点——点 A。

Step3. 在命令行指定另一个角点或 [面积(A)/尺寸(D)/旋转(R)]:的提示下，输入字母 D（即选择尺寸(D)选项）后，按 Enter 键。

Step4. 在命令行指定矩形的长度 <10.0000>:的提示下，输入长度值（如 50）后，按 Enter 键。

Step5. 在命令行指定矩形的宽度 <10.0000>:的提示下，输入宽度值（如 30）后，按 Enter 键。

Step6. 在命令行指定另一个角点或 [面积(A)/尺寸(D)/旋转(R)]:的提示下，在屏幕上相应的位置单击以确定矩形另一个角点，完成矩形的绘制。

方法三：指定矩形的面积和长度值（或宽度值）绘制矩形。

Step1. 选择下拉菜单 绘图(D) → 矩形(G) 命令。

Step2. 在图 2.2.2 所示的命令行提示下，指定第一个角点——点 A。

Step3. 在命令行指定另一个角点或 [面积(A)/尺寸(D)/旋转(R)]:的提示下，输入字母 A（即选择面积(A)选项）后，按 Enter 键。

Step4. 在命令行输入以当前单位计算的矩形面积 <100.0000>:的提示下，输入面积（如 200）后，按 Enter 键。

Step5. 在命令行计算矩形标注时依据 [长度(L)/宽度(W)] <长度>:的提示下，输入字母 L（即选择长度(L)选项）后，按 Enter 键。

Step6. 在命令行输入矩形长度 <50.0000>:的提示下，输入长度值（如 20）后，按 Enter 键。

方法四：指定旋转的角度和选取两个参考点绘制矩形。

Step1. 选择下拉菜单 绘图(D) → 矩形(G) 命令。

Step2. 在图 2.2.2 所示的命令行提示下，指定第一个角点——点 A。

Step3. 在命令行指定另一个角点或 [面积(A)/尺寸(D)/旋转(R)]:的提示下，输入字母 R（即选择旋转(R)选项）后，按 Enter 键。

Step4. 在命令行指定旋转角度或 [拾取点(P)]的提示下，输入旋转角度值 340，并按 Enter 键。

Step5. 在命令行指定另一个角点或 [面积(A)/尺寸(D)/旋转(R)]:的提示下，指定第二个角点——点 B。

2. 绘制倒角矩形

倒角矩形就是对普通矩形的四个角进行倒角，如图 2.2.3 所示。绘制倒角矩形时，首先要确定倒角尺寸。下面以图 2.2.3 为例，说明倒角矩形绘制的一般操作步骤。

Step1. 选择下拉菜单 绘图(D) → 矩形(G) 命令。

Step2. 在图 2.2.2 所示的命令行提示下，输入字母 C 后，按 Enter 键。

Step3. 在命令行指定矩形的第一个倒角距离 <0.0000>:的提示下，输入第一倒角距离值

5，按 Enter 键确认；在命令行指定矩形的第二个倒角距离的提示下，输入第二倒角距离值 10，按 Enter 键确认。其他的操作步骤参见绘制普通矩形部分。

注意：对于所绘制的矩形的第一定义点来说，第一倒角距离是竖直方向（即当前坐标系的 Y 轴方向）边上的倒角尺寸，第二倒角距离是水平方向（即当前坐标系的 X 轴方向）边上的倒角尺寸。

3. 绘制圆角矩形

圆角矩形就是对普通矩形的四个角进行圆角，如图 2.2.4 所示。绘制圆角矩形时，首先要确定圆角尺寸。下面以图 2.2.4 所示的例子说明圆角矩形绘制的一般操作步骤。

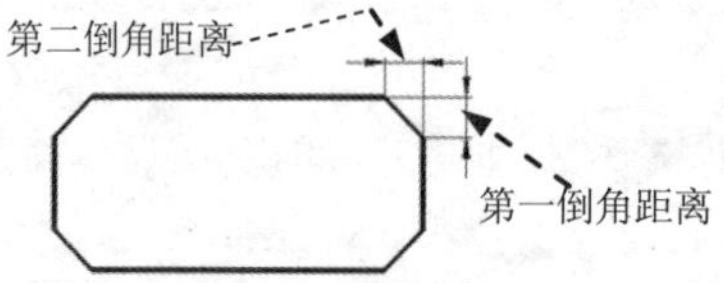

图 2.2.3　倒角矩形

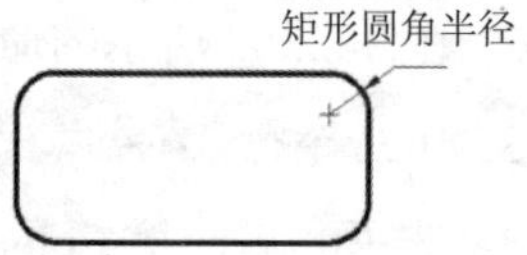

图 2.2.4　圆角矩形

Step1. 选择下拉菜单 绘图(D) → 矩形(G) 命令。

Step2. 在图 2.2.2 所示的命令行提示下，输入字母 F（即选择圆角(F)选项）后，按 Enter 键。

Step3. 指定圆角半径。在命令行指定矩形的圆角半径 <0.0000>:的提示下，输入矩形的圆角半径值 5，并按 Enter 键确认。

Step4. 其他的操作步骤参见绘制普通矩形部分。

注意：假如所绘矩形最短边的长度小于两倍的圆角半径，则不能添加圆角。

4. 绘制有宽度矩形

有宽度矩形是指矩形的边线具有一定的宽度，如图 2.2.5 所示。下面说明有宽度矩形绘制的一般操作步骤。

图 2.2.5　有宽度矩形

Step1. 选择下拉菜单 绘图(D) → 矩形(G) 命令。

Step2. 在图 2.2.2 所示的命令行提示下，输入字母 W 后，按 Enter 键（即选择宽度(W)选项）。

Step3. 指定矩形的线宽。在命令行指定矩形的线宽 <0.0000>:的提示下，输入线宽值（如 2）并按 Enter 键。其他的操作步骤参见绘制普通矩形部分。

提示：可以使用 EXPLODE 命令将矩形的各边转换为各自单独的直线，也可以使用 PEDIT

命令分别编辑矩形的各边。

注意：AutoCAD 软件有记忆功能，即自动保存最近一次命令使用时的设置，故在绘制矩形时，要注意矩形的当前模式，如有需要则要对其参数进行重新设置。

2.2.2 绘制正多边形

在 AutoCAD 中，正多边形是由至少 3 条、最多 1024 条等长并封闭的多段线组成的。

1. 绘制内接正多边形

在绘制内接正多边形时，需要指定其外接圆的半径，正多边形的所有顶点都在此虚拟外接圆的圆周上（图 2.2.6）。下面说明其绘制的一般操作步骤。

Step1. 选择下拉菜单 绘图(D) → 多边形(Y) 命令。

说明：进入正多边形绘制命令还有两种方法。

方法一：单击 默认 选项卡下“绘图”面板中按钮右侧的按钮，在展开的工具栏中单击“多边形”命令按钮 多边形。

方法二：在命令行中输入 POLYGON 命令后按 Enter 键。

Step2. 指定多边形边数。命令行提示 输入侧面数 <4>:，输入侧面数值 5 后按 Enter 键。

Step3. 在命令行 指定正多边形的中心点或 [边(E)]: 的提示下，选取绘图区中的某一点——点 A 作为正多边形的中心点，如图 2.2.7 所示。

Step4. 在命令行 输入选项 [内接于圆(I)/外切于圆(C)] <I>: 的提示下，输入字母 I（即选择 内接于圆(I) 选项）后按 Enter 键。

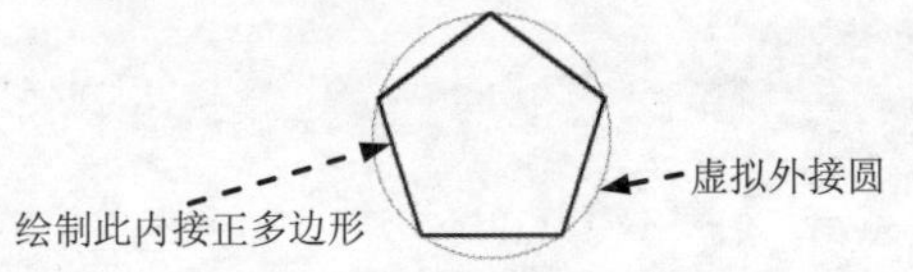

图 2.2.6 绘制内接正多边形

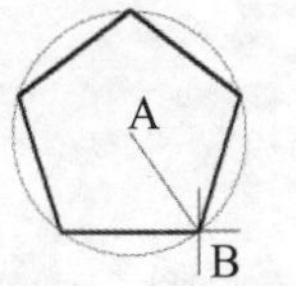

图 2.2.7 选定正多边形中心点

Step5. 在命令行 指定圆的半径: 的提示下，选取绘图区中的某一点——点 B 以确定外接圆的半径（也可以直接输入外接圆的半径值），此时系统便绘制出图 2.2.6 所示的内接五边形（AB 连线的长度就是正多边形的外接圆的半径）。

2. 绘制外切正多边形

在绘制外切正多边形时，需要指定从正多边形中心点到各边中点的距离。下面说明其绘制的一般操作步骤。

Step1. 选择下拉菜单 绘图(D) → 多边形(Y) 命令。

Step2. 在命令行 输入侧面数 <4>: 的提示下，输入多边形的侧面数值 5 后按 Enter 键。

Step3. 在命令行 指定正多边形的中心点或 [边(E)]: 的提示下，选取绘图区中的某一点——点 A 作为正多边形的中心点。

Step4. 在命令行输入选项 [内接于圆(I)/外切于圆(C)] <I>: 的提示下，输入字母 C 后，按 Enter 键。

Step5. 系统命令行提示指定圆的半径:，选取绘图区中的某一点——B 点，以确定内切圆的半径（也可以直接输入内切圆的半径值），此时系统便绘制出图 2.2.8 所示的外切正五边形（AB 连线的长度就是正多边形的内切圆的半径）。

3. 用“边”绘制正多边形

也可以通过指定一条边的起点和终点来绘制正多边形。下面说明其绘制的一般操作步骤。

Step1. 选择下拉菜单 绘图(D) → 多边形(Y) 命令。

Step2. 在命令行中输入多边形的边数值 6 后，按 Enter 键。

Step3. 在命令行中输入字母 E（选择边(E)选项）后，按 Enter 键。分别指定边的第一端点点 A 和第二端点点 B，此时系统便通过“AB 边”绘制出图 2.2.9 所示的正六边形。

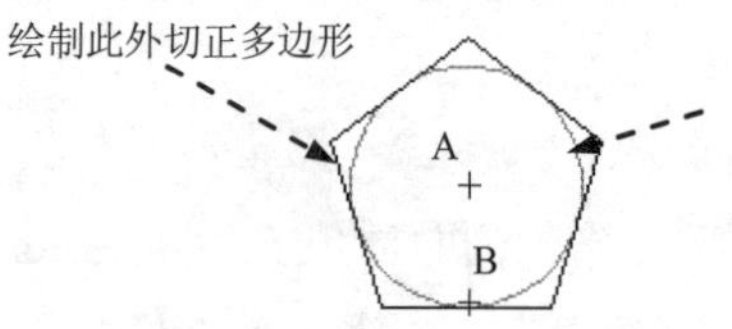

图 2.2.8　绘制外切正五边形

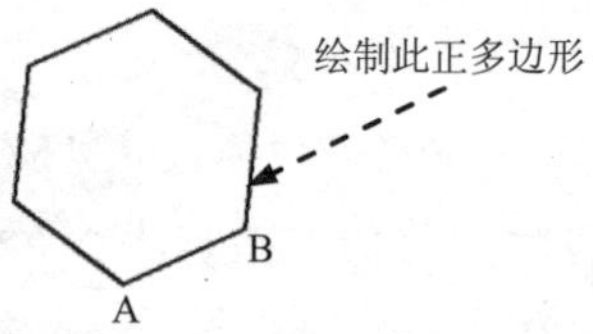

图 2.2.9　用“边”绘制正六边形

2.3　创建圆弧类对象

2.3.1　绘制圆

圆的绘制有多种方法，下面分别进行介绍。

1. 基于圆心和半径绘制圆

下面介绍基于圆心和半径绘制圆的一般操作步骤。

Step1. 选择下拉菜单 绘图(D) → 圆(C) → 圆心、半径(R) 命令，如图 2.3.1 所示。

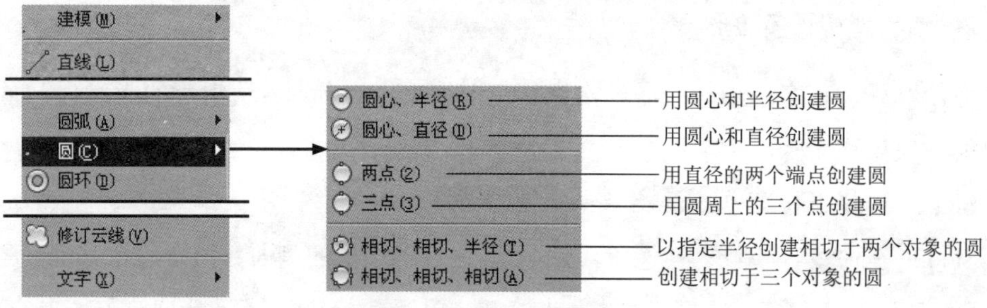

图 2.3.1　绘制圆的下拉菜单

说明：进入基于圆心和半径绘制圆还有一种方法：单击 默认 选项卡下“绘图”面板中“圆”命令按钮 下的 圆 按钮，在系统弹出的下拉列表中单击 圆心，半径 按钮，或在命令行中输入命令 CIRCLE 后按 Enter 键。

Step2. 指定圆心。选取圆心位置点 A，如图 2.3.2 所示。

Step3. 指定圆的半径。可以用两种方法指定半径。

方法一：在命令行指定圆的半径或 [直径(D)]: 的提示下，选取另一位置点 B，系统立即绘出以点 A 为圆心、以点 A 至点 B 的距离为半径的圆。

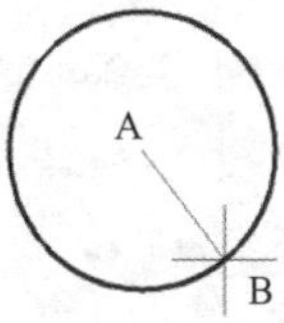

图 2.3.2 圆心、半径法绘制圆

方法二：在命令行中输入半径值（如 20）后，按 Enter 键。

2. 基于圆心和直径绘制圆

下面以图 2.3.3 所示的圆为例来进行说明。

Step1. 选择下拉菜单 绘图(D) → 圆(C) → 圆心、直径(D) 命令，选取圆心位置点 A。

Step2. 指定圆直径。选取另一位置点 B 或者输入直径值（如 40）后，按 Enter 键。

3. 基于圆周上的三点绘制圆

图 2.3.4 所示是一个基于三点绘制的圆，下面说明其绘制的一般操作步骤。

Step1. 选择下拉菜单 绘图(D) → 圆(C) → 三点(3) 命令。

Step2. 依次选取第一位置点 A、第二位置点 B 和第三位置点 C。

4. 基于圆的直径上的两个端点绘制圆

该方法即绘制过两点，且以这两点间的距离为直径的圆。下面以图 2.3.5 为例进行说明。

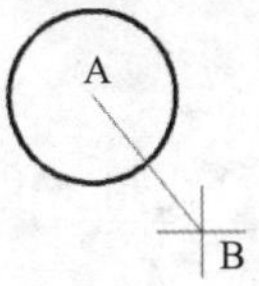

图 2.3.3 圆心、直径法绘制圆

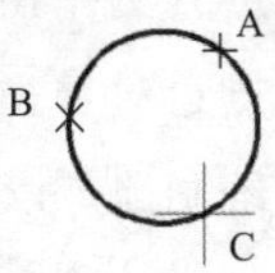

图 2.3.4 三点法绘制圆

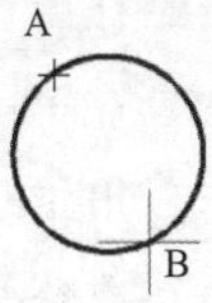

图 2.3.5 两点法绘制圆

Step1. 选择下拉菜单 绘图(D) → 圆(C) → 两点(2) 命令。

Step2. 选取第一位置点 A、第二位置点 B。

5. 基于指定半径和两个相切对象绘制圆

下面以图 2.3.6 所示为例来说明这类圆绘制的一般操作步骤。

Step1. 打开随书光盘中的文件 D:\AutoCAD2017.1\work\ch02.03\circle5.dwg。

Step2. 选择下拉菜单 绘图(D) → 圆(C) → 相切、相切、半径(T) 命令。

Step3. 在参考圆上的某一点（点 A）处单击，以选取第一个切点。

Step4. 在参考直线上的某一点（点B）处单击，以选取第二个切点。

Step5. 在命令行中输入圆的半径值60，按Enter键。

注意：圆的半径值不能小于图2.3.6所示的从参考圆到参考直线之间的距离的一半，否则圆将无法绘制。

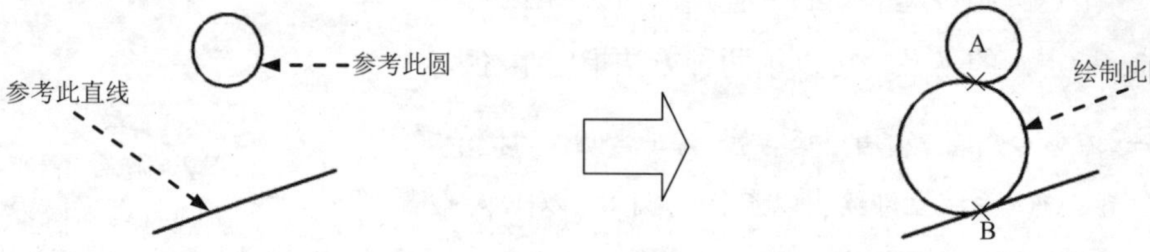

图2.3.6 基于指定半径和两个相切对象绘制圆

6. 基于三个相切对象绘制圆

在确定要相切的三个对象后，可以绘出与三个对象相切的圆。下面以图2.3.7所示为例来进行说明。

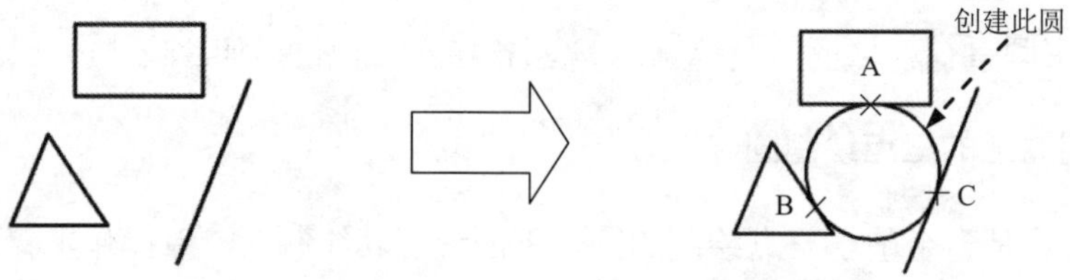

图2.3.7 基于三个相切的对象绘制圆

Step1. 打开随书光盘中的文件D:\AutoCAD2017.1\work\ch02.03\circle6.dwg。

Step2. 选择下拉菜单 绘图(D) → 圆(C) → 相切、相切、相切(A) 命令。

Step3. 在第一参照图元上的某一点A处单击以选取第一个切点。

Step4. 在第二参照图元上的某一点B处单击以选取第二个切点。

Step5. 在第三参照图元上的某一点C处单击以选取第三个切点。

提示：用下拉菜单启动圆的命令绘制圆可以减少击键次数，这比用工具栏或在命令行中输入命令来绘制圆要更快。

2.3.2 绘制圆弧

圆弧是圆的一部分，AutoCAD总共提供了11种不同的方法来绘制圆弧，其下拉菜单如图2.3.8所示，其中默认的方法是通过选择圆弧上的三点，即起点、圆弧上一点及端点来进行绘制。下面分别介绍这些方法。

1. 用三点绘制圆弧

三点圆弧绘制的一般操作步骤如下。

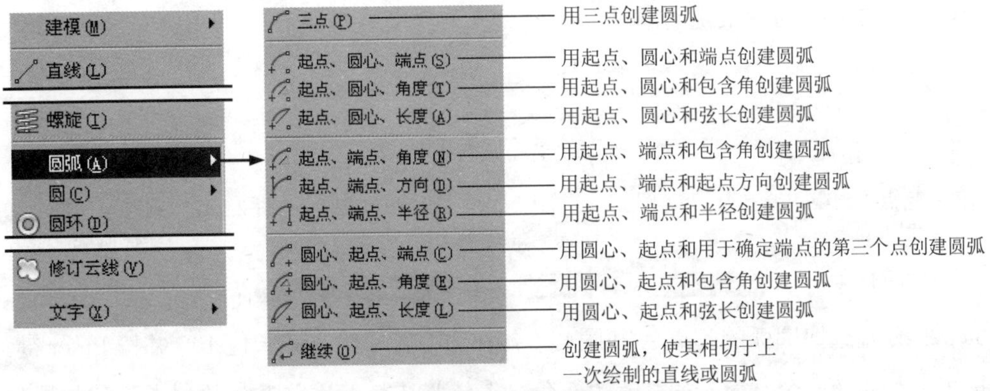

图 2.3.8　绘制圆弧的下拉菜单

Step1. 选择下拉菜单 绘图(D) → 圆弧(A) → 三点(P) 命令。

说明：绘制三点圆弧还有两种方法。

方法一：单击 默认 选项卡下“绘图”面板中“圆弧”命令按钮 下的 圆弧 按钮，在系统弹出的下拉列表中单击 三点 按钮。

方法二：在命令行输入命令 ARC 后按 Enter 键。

Step2. 在命令行 ARC 指定圆弧的起点或 [圆心(C)]: 的提示下，指定圆弧的第一点 A。

Step3. 在命令行 指定圆弧的第二个点或 [圆心(C)/端点(E)]: 的提示下，指定圆弧的第二点 B。

Step4. 在命令行 指定圆弧的端点: 的提示下，指定圆弧的第三点 C，至此即完成圆弧的绘制，如图 2.3.9 所示。

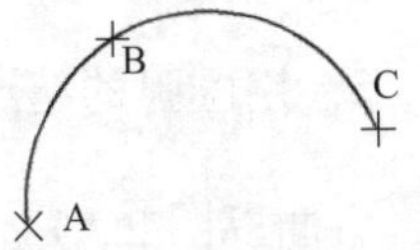

图 2.3.9　用“三点”创建圆弧

2. 用起点、圆心和圆弧的端点绘制圆弧

下面以图 2.3.10 为例来说明。

Step1. 选择下拉菜单 绘图(D) → 圆弧(A) → 起点、圆心、端点(S) 命令。

Step2. 分别选取圆弧的起点 A、圆心 B 和端点 C。

3. 用起点、圆心和圆弧的包含角绘制圆弧

下面以图 2.3.11 为例来说明。

Step1. 选择下拉菜单 绘图(D) → 圆弧(A) → 起点、圆心、角度(T) 命令。

Step2. 分别选取圆弧的起点 A 和圆心 C，在命令行中输入包含角度值 130 并按 Enter 键。

提示：当输入的角度值为正值时，将沿逆时针方向绘制圆弧。当输入的角度值为负值时，则沿顺时针方向绘制圆弧。

4．用圆弧的起点、圆心和圆弧的弦长绘制圆弧

下面以图 2.3.12 为例来说明。

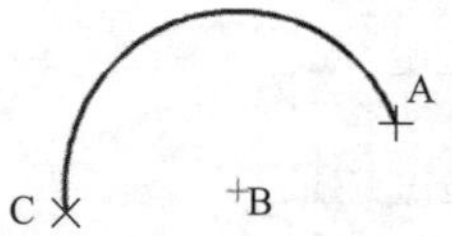

图 2.3.10　用起点、圆心和端点绘制圆弧

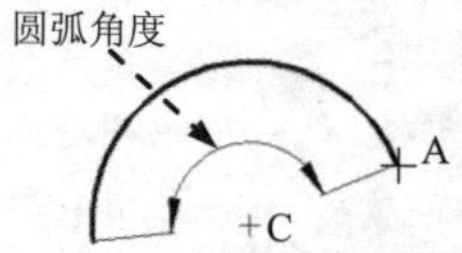

图 2.3.11　用起点、圆心和包含角绘制圆弧

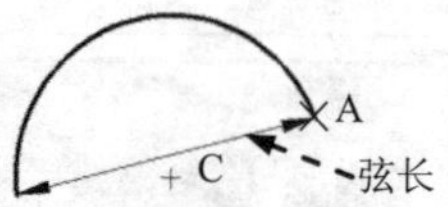

图 2.3.12　用起点、圆心和弦长绘制圆弧

Step1. 选择下拉菜单 绘图(D) → 圆弧(A) → 起点、圆心、长度(A) 命令。

Step2. 分别选取圆弧的起点 A 和圆心 C，在命令行中输入弦长值 100 并按 Enter 键。

提示：如果在命令行输入的弦长为正值，系统将从起点 A 逆时针绘制劣弧；如果弦长为负值，系统将从起点逆时针绘制优弧，弦长不可大于圆弧所在圆的直径。

5．用圆弧的起点、端点和圆弧的包含角绘制圆弧

下面以图 2.3.13 为例来说明。

Step1. 选择下拉菜单 绘图(D) → 圆弧(A) → 起点、端点、角度(N) 命令。

Step2. 分别选取圆弧的起点 A 和端点 B，在命令行中输入角度值（如 160）。

提示：如果在命令行输入的角度值为负值，系统将顺时针绘制圆弧。

6．用圆弧的起点、端点和圆弧在起点处的切线方向绘制圆弧

下面以图 2.3.14 为例来进行说明。

Step1. 选择下拉菜单 绘图(D) → 圆弧(A) → 起点、端点、方向(D) 命令。

Step2. 分别选取圆弧的起点 A 和端点 B。

Step3. 此时移动鼠标，就会出现圆弧在 A 点处的切线，并且圆弧的形状随着切线方向的变化而不断变化，拖动切线至某一方位并单击，以确定圆弧在 A 点处的切线方向。

7．用圆弧的起点、端点和半径绘制圆弧

下面以图 2.3.15 为例来进行说明。

Step1. 选择下拉菜单 绘图(D) → 圆弧(A) → 起点、端点、半径(R) 命令。

Step2. 分别选取圆弧的起点 A 和端点 B；在命令行中输入圆弧的半径值并按 Enter 键。

提示：如果输入的半径为负值，系统将逆时针绘制一条优弧；输入的圆弧半径值既不能小于点 A 到点 B 之间距离的一半也不能大于点 A 到点 B 之间距离的两倍。

图 2.3.13　用起点、端点和包含角绘制圆弧

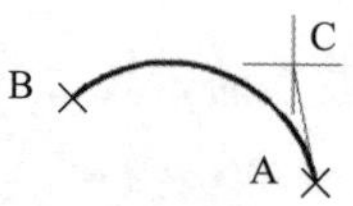

图 2.3.14　用起点、端点和切线方向绘制圆弧

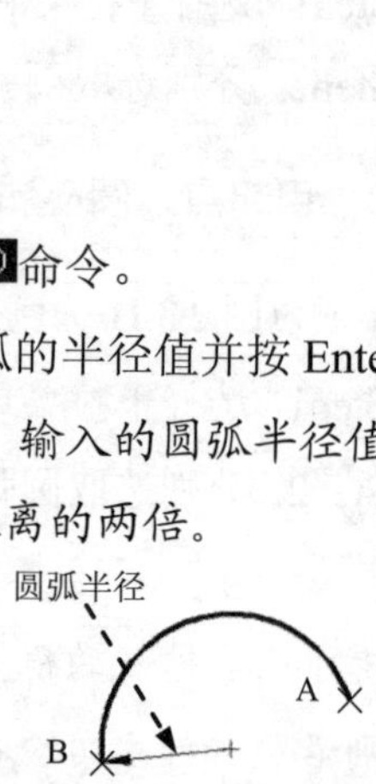

图 2.3.15　用起点、端点和半径绘制圆弧

8．用圆弧的圆心、起点和端点绘制圆弧

下面以图 2.3.16 为例进行说明。

Step1．选择下拉菜单 绘图(D) → 圆弧(A) → 圆心、起点、端点(C) 命令。

Step2．依次选取圆弧的圆心 C 点、起点 A 和端点 B。

9．用圆弧的圆心、起点和圆弧的包含角绘制圆弧

下面以图 2.3.17 为例进行说明。

Step1．选择下拉菜单 绘图(D) → 圆弧(A) → 圆心、起点、角度(E) 命令。

Step2．分别选取圆弧的圆心 C 点和起点 A；在命令行中输入圆弧的角度值 160 并按 Enter 键。

提示：如果在命令行中输入的角度为负值，则将沿顺时针方向绘制圆弧，否则沿逆时针方向绘制圆弧。

10．用圆弧的圆心、起点和弦长绘制圆弧

下面以图 2.3.18 为例进行说明。

Step1．选择下拉菜单 绘图(D) → 圆弧(A) → 圆心、起点、长度(L) 命令。

Step2．分别选取圆弧的圆心 C 点和圆弧的起点 A；在命令行中输入圆弧的弦长值 140 并按 Enter 键。

提示：如果弦长为负值，则将从起点 A 逆时针绘制优弧；输入的圆弧的弦长值不能大于点 A 到点 C 之间距离的两倍。

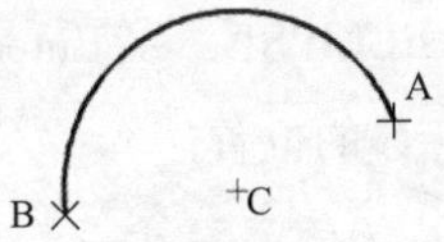

图 2.3.16　用圆心、起点和端点绘制圆弧

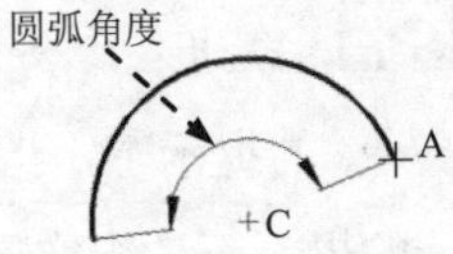

图 2.3.17　用圆心、起点和包含角绘制圆弧

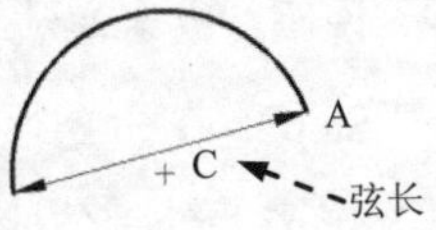

图 2.3.18　用圆心、起点和弦长绘制圆弧

11．绘制连续的圆弧

下面以图 2.3.19 为例来进行说明。

Step1．首先绘制图 2.3.20 所示的直线。

Step2．选择下拉菜单 绘图(D) → 圆弧(A) → 继续(O) 命令。

Step3．命令行提示 指定圆弧的端点：，选取图 2.3.21 所示的圆弧端点 A，此时系统立即绘制出以直线的最后一个端点为起点，并相切于直线的圆弧。

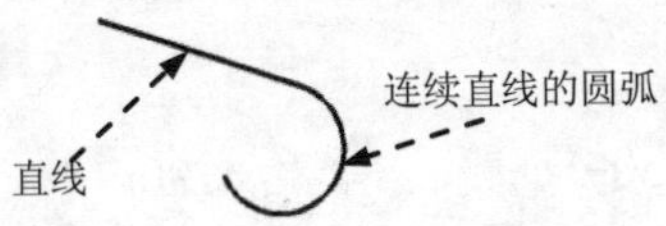

图 2.3.19　创建连续的圆弧

图 2.3.20　绘制此直线

图 2.3.21　指定圆弧的端点

说明：用这样的方法，我们还可以绘制出以最后一次绘制过程中所确定的圆弧或多段线最后一点作为起点，并与其相切的圆弧。

2.3.3 绘制椭圆

在 AutoCAD 中，椭圆是由两个轴定义的，较长的轴称为长轴，较短的轴称为短轴。绘制椭圆有三种方法，如图 2.3.22 所示，下面分别进行介绍。

1. 基于椭圆的中心点绘制椭圆

方法一：指定中心点、一条半轴的端点及另一条半轴长度来绘制椭圆。

下面以图 2.3.23 为例说明其绘制的一般操作步骤。

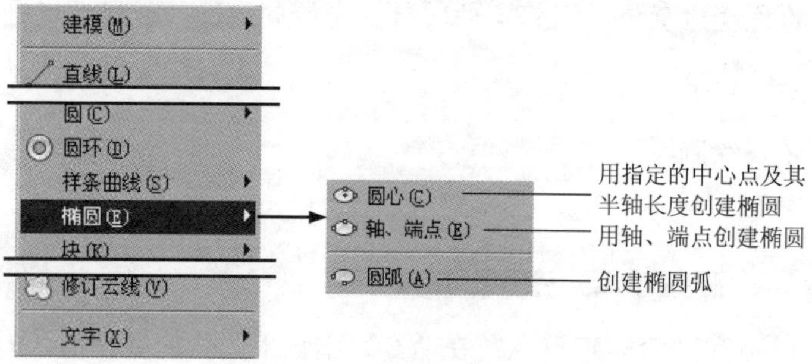

图 2.3.22 绘制椭圆的下拉菜单

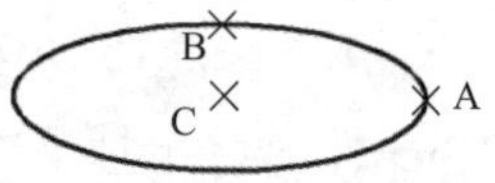

图 2.3.23 指定椭圆的中心点、轴端点和另一条半轴长度绘制椭圆

Step1. 选择下拉菜单 绘图(D) → 椭圆(E) → 圆心(C) 命令。

说明：或者单击“椭圆”按钮，或者在命令行中输入命令 ELLIPSE，按 Enter 键。

Step2. 在命令行 指定椭圆的中心点: 的提示下，指定椭圆中心点 C 的位置。

Step3. 在命令行 指定轴的端点: 的提示下，指定椭圆的轴端点 A 的位置。

Step4. 在命令行 指定另一条半轴长度或 [旋转(R)]: 的提示下，移动鼠标光标来调整从中心点至光标所在处的“皮筋线”长度，并在所需位置点 B 处单击，以确定另一条半轴的长度（也可以在命令行输入长度值）。

方法二：通过绕长轴旋转圆来创建椭圆。

Step1. 选择下拉菜单 绘图(D) → 椭圆(E) → 圆心(C) 命令。

Step2. 分别指定椭圆的中心点 C 和轴端点 A。

Step3. 定义椭圆绕长轴旋转的角度（角度范围为 0°～90°）。在命令行中输入字母 R 后按 Enter 键，然后绕椭圆中心移动鼠标十字光标，并在所需位置单击以确定椭圆绕长轴旋转的角度（或在命令行中输入角度值并按 Enter 键）。

提示：输入值越大，椭圆的离心率就越大。输入 0 则定义一个圆，不能输入 90。

2．基于椭圆某一轴上的两个端点位置绘制椭圆

方法一：通过轴端点指定椭圆。

通过轴端点指定椭圆是指定第一条轴的两个端点的位置及第二条轴的半轴长度来绘制椭圆。下面以图 2.3.24 所示为例来说明其绘制的一般操作步骤。

Step1. 选择下拉菜单 绘图(D) → 椭圆(E) → 轴、端点(E) 命令。

Step2. 在绘图区选取两点——点 A 和点 B，以确定椭圆第一条轴的两个端点。

Step3. 此时系统生成一个临时椭圆，当移动鼠标时，调整从中心点至鼠标光标处的“皮筋线”长度，临时椭圆形状随之变化，在某点处单击以确定椭圆另一条半轴的长度（可在命令行中输入另一条半轴长度值），从而完成椭圆的绘制。

方法二：通过轴旋转定义椭圆。

通过轴旋转定义椭圆是绕长轴旋转来绘制椭圆。下面以图 2.3.25 为例来说明其绘制的一般操作步骤。

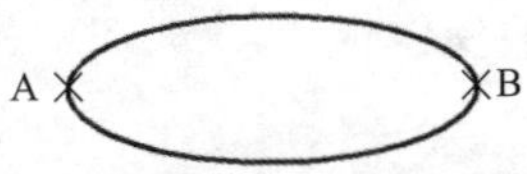

图 2.3.24 指定轴端点和另一条半轴的长度绘制椭圆

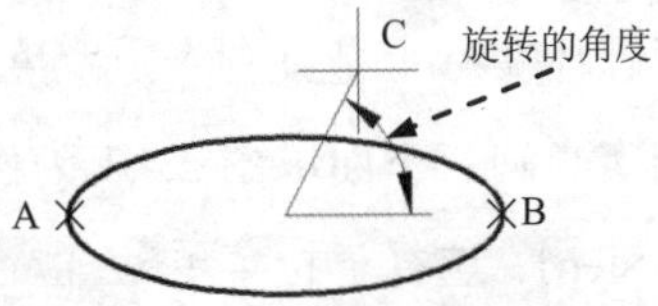

图 2.3.25 指定轴端点和绕长轴旋转的角度绘制椭圆

Step1. 选择下拉菜单 绘图(D) → 椭圆(E) → 轴、端点(E) 命令。

Step2. 在绘图区选取两点——点 A 和点 B，以确定椭圆长轴的两个端点。

Step3. 在命令行中输入字母 R 后按 Enter 键，然后绕椭圆中心移动鼠标光标，并在某位置点 C 处单击以指定椭圆的绕长轴的旋转角度（也可在命令行输入角度值以确定旋转角），从而完成椭圆的创建。

2.3.4 绘制椭圆弧

椭圆弧是椭圆的一部分，在某些设计中经常会用到椭圆弧。下面以图 2.3.26 为例来说明其绘制的一般操作步骤。

Step1. 选择下拉菜单 绘图(D) → 椭圆(E) → 圆弧(A) 命令。

说明：进入椭圆弧绘制命令还有两种方法。

方法一：在“绘图”面板中，单击“椭圆”按钮后的按钮，在系统弹出的下拉列表中单击“椭圆弧”命令按钮 椭圆弧。

方法二：在使用 ELLIPSE 命令或选择下拉菜单 绘图(D) → 椭圆(E) → 轴、端点(E) 命令绘制椭圆时，在命令行出现 指定椭圆的轴端点或 [圆弧(A)/中心点(C)]: 的提示时，输入字母 A 后按 Enter 键。

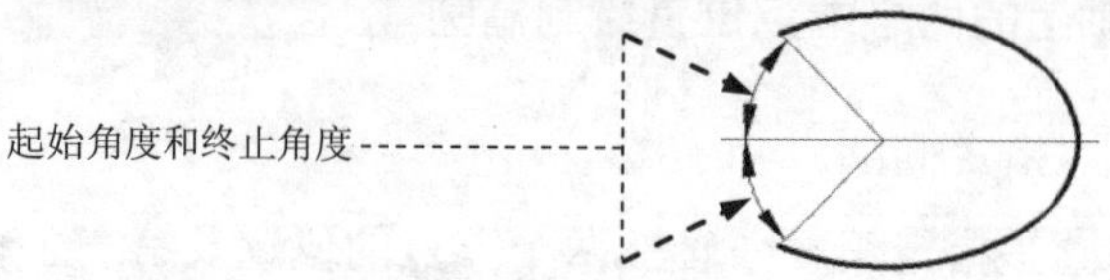

图 2.3.26　指定起始和终止角度创建的椭圆弧

Step2. 绘制一个椭圆，相关的操作步骤参见 2.3.3 节。

Step3. 指定椭圆弧起始角度。在命令行指定起始角度或 [参数(P)]: 的提示下，输入起始角度值 45 后按 Enter 键。

Step4. 指定椭圆弧终止角度。在命令行指定终止角度或 [参数(P)/包含角度(I)]: 的提示下，输入终止角度值-45 后按 Enter 键，至此完成椭圆弧的创建。

2.4　绘制圆环

圆环实际上是具有一定宽度的闭合多段线。圆环常用于在电路图中表示焊点或创建填充的实心圆。下面以图 2.4.1 为例，说明绘制圆环的一般操作步骤。

Step1. 选择下拉菜单 绘图(D) → 圆环(D) 命令。

说明：进入圆环绘制命令还有两种方法。

方法一：单击 默认 选项卡“绘图”面板中的 绘图 ▾ 按钮，在展开的工具栏中单击“圆环”命令按钮。

方法二：在命令行中输入命令 DONUT 后，按 Enter 键。

Step2. 设置圆环的内径和外径值。

（1）在指定圆环的内径 <0.5000>: 的提示下，输入圆环的内径值 10，然后按 Enter 键。

说明：如果输入圆环的内径值为 0，则圆环成为填充圆，如图 2.4.1b 所示。

（2）在指定圆环的外径 <1.0000>: 的提示下，输入圆环的外径值 20，然后按 Enter 键。

Step3. 命令行提示指定圆环的中心点或 <退出>: ，此时系统显示图 2.4.1c 所示的临时圆环，单击绘图区中的某一点，系统即以该点为中心点绘制出圆环。可以继续指定圆心，绘制多个圆环，直至按 Enter 键结束命令。

a）圆环的内径值不为 0　　b）圆环的内径值为 0　　c）临时圆环

图 2.4.1　圆环的绘制

2.5　创建点对象

2.5.1　绘制单点

在 AutoCAD 中，点对象可用做节点或参考点，点对象分单点和多点。使用单点命令，一次只能绘制一个点。下面以图 2.5.1 为例，说明绘制单点的一般操作步骤。

Step1．打开随书光盘中的文件 D:\AutoCAD2017.1\work\ch02.05\single.dwg。

Step2．选择下拉菜单 绘图(D) → 点(O) → 单点(S) 命令，如图 2.5.2 所示。

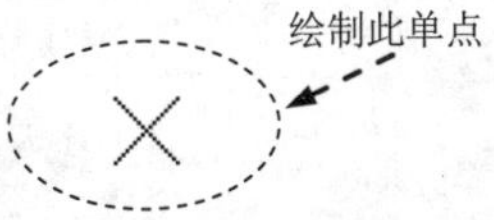

图 2.5.1　创建单点

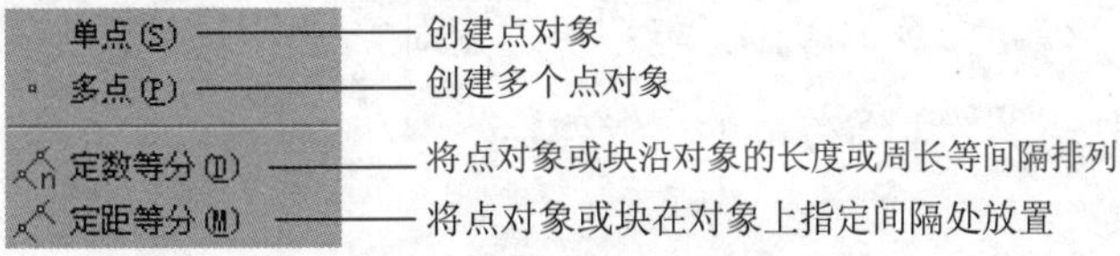

图 2.5.2　绘制点对象下拉菜单

说明：或者在命令行中输入命令 POINT 后按 Enter 键。

Step3．此时系统命令行提示图 2.5.3 所示的信息，在此提示下在绘图区某处单击（也可以在命令行输入点的坐标），系统便在单击处绘制图 2.5.1 所示的点对象。

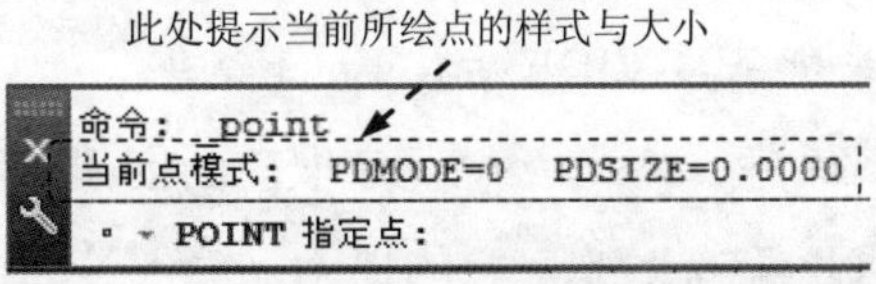

图 2.5.3　命令行提示

说明：在绘制点对象之前，一般要根据需要设置点的显示样式和大小。点的显示样式多达 20 种，下面说明其设置过程。

Step1．选择下拉菜单 格式(O) → 点样式(P)... 命令，或者在命令行输入命令 DDPTYPE 后按 Enter 键。

Step2．在系统弹出的“点样式”对话框中选择某个点的样式并设置其大小，完成后单击对话框的 确定 按钮。

2.5.2　绘制多点

多点绘制与单点绘制的操作步骤完全一样，只是多点绘制命令可以一次连续绘制多个点。下面以图 2.5.4 为例说明绘制多点的一般操作步骤。

Step1．选择下拉菜单 绘图(D) → 点(O) → 多点(P) 命令。

说明：或者单击“绘图”面板下侧的 绘图 ▾ 按钮，在展开的工具栏中单击“多点”

按钮▫。

Step2. 指定点位置。依次选取点 A、点 B 和点 C 的位置。

Step3. 按键盘上的 Esc 键以结束点的绘制。

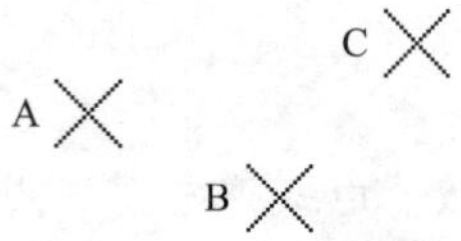

图 2.5.4　绘制多点

2.5.3　绘制定数等分点

使用命令 DIVIDE 能够沿选定对象等间距放置点对象（或者块）。下面以图 2.5.5 所示为例说明绘制等分点的一般操作步骤。

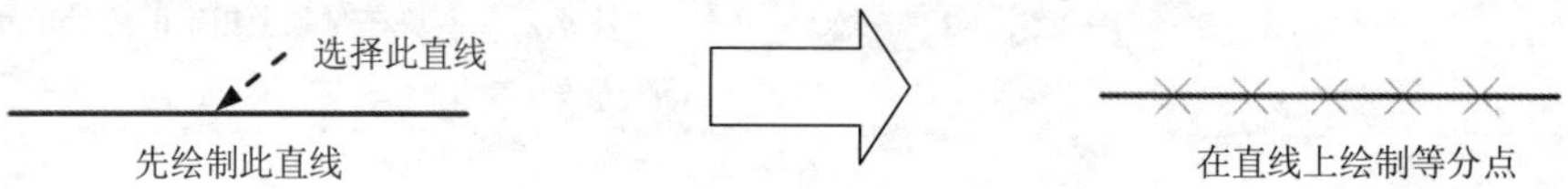

图 2.5.5　绘制等分点

Step1. 先绘制图 2.5.5 所示的直线。

Step2. 选择下拉菜单 绘图(D) → 点(O) → 定数等分(D) 命令。

说明： 或者在命令行输入命令 DIVIDE 后按 Enter 键。

Step3. 命令行提示选择要定数等分的对象:，选取前面创建的直线。

Step4. 在命令行输入线段数目或 [块(B)]:的提示下输入等分线段数目。

2.5.4　绘制定距等分点

“定距等分”命令可以将对象按给定的长度值进行等距离划分，并在划分点处放置点对象或块标。下面以图 2.5.6 为例说明绘制定距等分点的一般操作步骤。

Step1. 先绘制图 2.5.6 所示的直线 AB。

Step2. 选择下拉菜单 绘图(D) → 点(O) → 定距等分(M) 命令。

说明： 或者在命令行输入命令 MEASURE 后按 Enter 键。

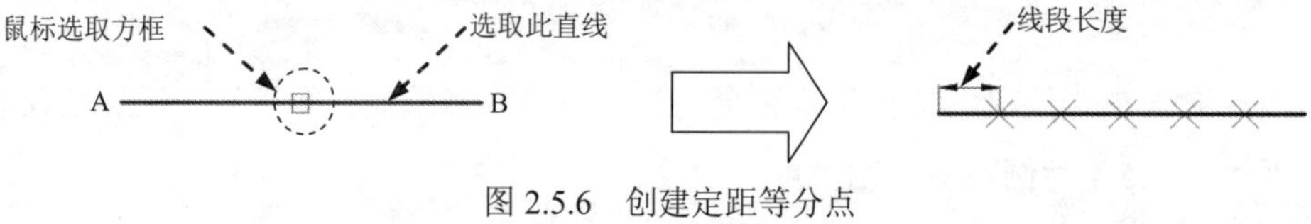

图 2.5.6　创建定距等分点

Step3. 选取前面绘制的直线 AB。

注意： 在选取直线时，如果选取方框偏向于 A 方向，那么系统就从 A 方向划分距离，否则就从 B 方向划分。

Step4. 在命令行中输入长度距离值，并按 Enter 键。

2.6 思考与练习

1. 本章主要讲解了哪几种二维图形的创建方法？分别给出一个例子。
2. 在中文版 AutoCAD 2017 中，绘制圆形共有哪几种方法？
3. 在中文版 AutoCAD 2017 中，共有哪几种方法可以绘制圆弧？
4. 利用命令 RECTANG 绘制图 2.6.1 所示的任意大小的矩形，然后思考下列问题：

（1）如何用命令 RECTANG 绘制一个长 30.2、宽 20.8 精确大小的矩形？

（2）如何用直线命令 LINE 绘制一个矩形？

（3）用直线命令 LINE 绘制的矩形与用命令 RECTANG 绘制的矩形有什么不同？

5. 利用本章所学的绘图命令，绘制图 2.6.2 所示的图形（形似即可）。

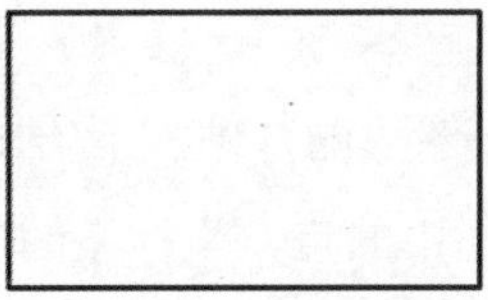

图 2.6.1 绘制矩形

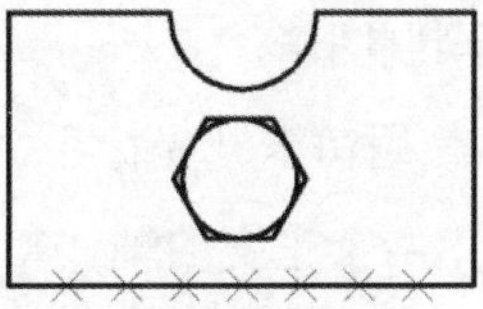

图 2.6.2 绘制图形

第 3 章　精确高效地创建图形

本章提要　如何精确、高效地绘制 AutoCAD 图形是本章讲解的主要内容。通过本章的学习，读者将能够掌握坐标的应用，对象捕捉的设置，栅格、正交、自动追踪的设置与应用等方法。本章内容技巧性较强，需要熟练、灵活地加以运用。

3.1　使用坐标

3.1.1　坐标系概述

AutoCAD 提供了使用坐标系精确绘制图形的方法，用户可以按照非常高的精度标准，准确地设计并绘制图形。

AutoCAD 使用笛卡儿坐标系，这个坐标系是生成每个图形的基础。当绘制二维图形时，笛卡儿坐标系用两个正交的轴（X 轴和 Y 轴）来确定平面中的点，坐标系的原点在两个轴的相交处。如果需要确定一个点，则需要指定该点的 X 坐标值和 Y 坐标值。X 坐标值是该点到原点沿 X 轴方向上的距离，Y 坐标值是该点到原点沿 Y 轴方向上的距离。坐标值分正负，正 X 坐标和负 X 坐标分别位于 Y 轴的右边和左边，正 Y 坐标和负 Y 坐标则分别位于 X 轴的上边和下边。当工作于三维空间时，还要指定 Z 轴的值。

3.1.2　直角坐标、极坐标以及坐标点的输入

在 AutoCAD 中，坐标系的原点（0,0）位于绘图区的左下角，所有的坐标点都和原点有关。在绘图过程中，可以用四种不同形式的坐标来指定点的位置。

1. 绝对直角坐标

绝对直角坐标是用当前点与坐标原点在 X 轴方向和 Y 轴方向上的距离来表示的，其形式是用逗号分开的两个数字（数字可以使用分数、小数或科学记数等形式表示）。下面以图 3.1.1a 为例来说明绝对直角坐标的使用方法。

Step1. 打开文件 D:\AutoCAD2017.1\work\ch03.01\ucs1.dwg。

Step2. 选择下拉菜单 绘图(D) → 直线(L) 命令。

Step3. 指定第一点。在命令行中输入点 A 的坐标（1,1），然后按 Enter 键。

Step4. 指定第二点。在命令行中输入点 B 的坐标（4,3），然后按 Enter 键。

Step5. 指定第三点。在命令行中输入点 C 的坐标（7,2），然后按 Enter 键。

Step6. 封闭图形并完成绘制。在命令行 指定下一点或 [闭合(C)/放弃(U)]: 的提示下，输入字母 C 并按 Enter 键。命令行中的提示如图 3.1.1b 所示。

Step7. 在绘图区中将图形放大到足够大，检查坐标值的正确性、图形的准确性和封闭性。

注意：在输入坐标时，可将状态栏中的“动态输入”命令关闭，以防止干扰。

a）各点的位置　　b）命令行提示

图 3.1.1　指定绝对直角坐标

2．相对直角坐标

相对直角坐标使用与前一点的相对位置来定义当前点的位置，其形式是先输入一个@符号，然后输入与前一点在 X 轴方向和 Y 轴方向的距离，并用逗号隔开。下面以图 3.1.2a 所示为例来说明相对直角坐标的使用方法。

Step1. 打开文件 D:\AutoCAD 2017.1\work\ch03.01\ucs2.dwg。

Step2. 用相对直角坐标绘制直线。选择下拉菜单 绘图(D) → 直线(L) 命令；在命令行中输入点 A 的绝对直角坐标（1,1）后按 Enter 键；输入点 B 的相对直角坐标（@5,3）后按 Enter 键；按 Enter 键结束操作。

说明：将绘图区左下角放大到足够大，可看到绘制的结果。命令行提示如图 3.1.2b 所示。

a）各点的位置　　b）命令行提示

图 3.1.2　指定相对直角坐标

3．绝对极坐标

绝对极坐标是用当前点与原点的距离、当前点和原点的连线与 X 轴的夹角来表示（夹角是指以 X 轴正方向为 0°）。沿逆时针方向旋转的角度，其表示形式是输入一个距离值、一个小于符号和一个角度值。下面以图 3.1.3a 为例，说明绝对极坐标的使用方法。

Step1. 打开文件 D:\AutoCAD 2017.1\work\ch03.01\ucs3.dwg。

Step2. 用绝对极坐标绘制直线。选择下拉菜单 绘图(D) → 直线(L) 命令；输入点 A 的绝对极坐标（2<45）后按 Enter 键；输入点 B 的绝对极坐标（6<30）后按 Enter 键；按 Enter 键结束操作。命令行提示如图 3.1.3b 所示。

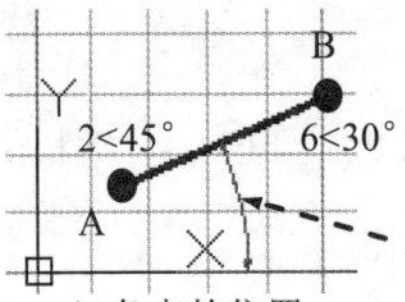

a）各点的位置

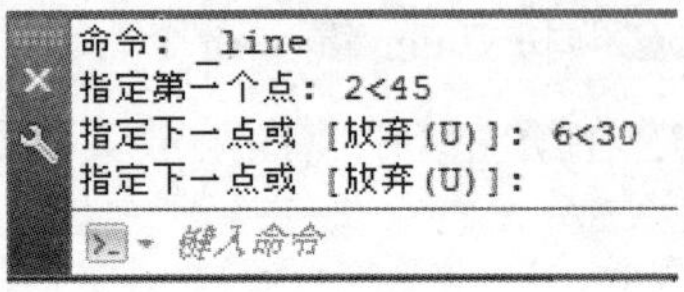

b）命令行提示

图 3.1.3　指定绝对极坐标

4．相对极坐标

相对极坐标是通过指定与前一点的距离和一个角度来定义一点，可通过先输入@符号、一个距离值、一个小于符号和角度值来表示。下面以图 3.1.4a 为例来说明相对极坐标的使用方法。

Step1. 打开文件 D:\AutoCAD2017.1\work\ch03.01\ucs4.dwg。

Step2. 用相对极坐标绘制直线。选择下拉菜单 绘图(D) → 直线(L) 命令，分别输入 A 点的绝对极坐标与 B、C、D 三点的相对极坐标（3<45）与（@4<0）、（@2<90）、（@4<180），然后输入字母 C，此时在绘图区中可得到封闭的图形。命令行提示如图 3.1.4b 所示。

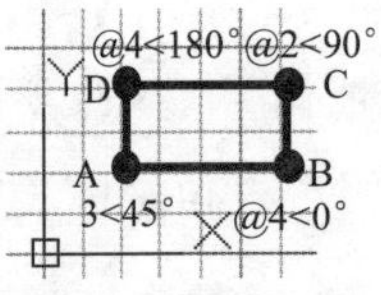

a）各点的位置

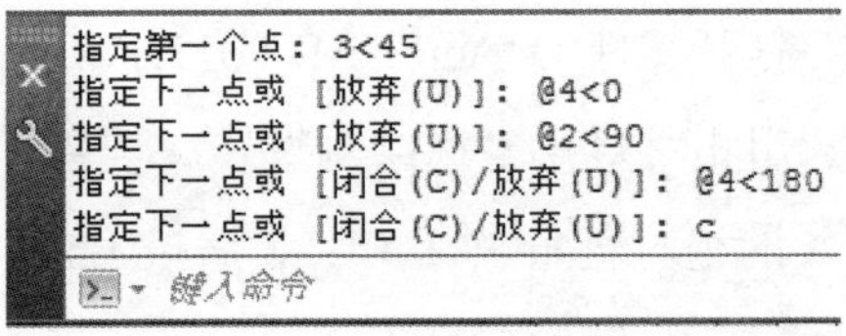

b）命令行提示

图 3.1.4　指定相对极坐标

3.1.3　坐标显示的控制

当鼠标光标位于绘图区时，当前光标位置的坐标显示在状态栏中的坐标显示区，坐标值随着光标移动而动态地更新，坐标显示的形式取决于所选择的模式和程序中运行的命令。如果显示区中的坐标显示为图 3.1.5 所示的灰色，可用鼠标单击该显示区，激活坐标显示。

注意：若默认状态下坐标显示区没有在状态栏中显示，可通过单击“自定义”按钮☰，在弹出的下拉菜单中单击 坐标 命令，此时在 坐标 前面就会出现✓的形式，表示已打开此命令，此时在状态栏中就会出现坐标显示区。

1．坐标显示的开与关状态

状态栏中的坐标值以灰色显示时为关状态，如图 3.1.5 所示；坐标值以亮色显示时则为开状态。当坐标值的显示为关状态时，它只显示上一个用鼠标选取点的绝对坐标，此时坐标不能动态更新，只有在用鼠标再选取一个新点时，显示才会更新。

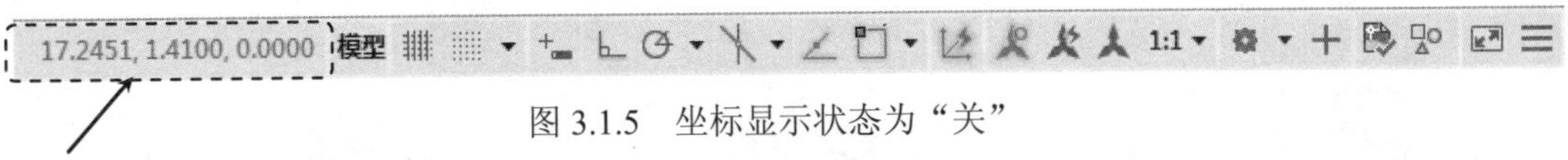

图 3.1.5 坐标显示状态为“关”

注意：从键盘输入的点的坐标值不会在状态栏中显示。

控制状态栏中坐标显示的开与关状态的切换方法是：当坐标的显示为开状态时，在状态栏坐标显示区内单击，则变为关状态；当坐标的显示为关状态时，在状态栏坐标显示区内单击，则变为开状态。

注意：

- 坐标显示还有如下特点。
  - ☑ 坐标显示的开与关状态不随文件保存。
  - ☑ 如果当前文件中的坐标显示是开状态(或关状态)，在打开或新建一个文件后，在新的文件中坐标显示的状态依然是开状态（或关状态）。
  - ☑ 在退出 AutoCAD 系统前，如果坐标显示是开状态（或关状态），则在重新启动 AutoCAD 系统后，其坐标显示依然是开状态（或关状态）。
- 状态栏中的其他按钮如(捕捉模式)、（栅格）、（正交模式）、（极轴追踪）、（对象捕捉）、（三维对象捕捉）、（对象捕捉追踪）、（动态 UCS）、（动态输入）、（显示/隐藏线宽）、（透明度）、（快捷特性）、（选择循环）、（注释监视器）等，只有部分具有上面所列的某个或多个特点。其中动态 UCS 按钮的显亮与关闭状态，可通过按 F6 键或按 Ctrl + D 键进行切换。

2. 显示光标的绝对坐标

如果要显示光标的绝对坐标，可在坐标显示的状态栏上右击，然后在系统弹出的快捷菜单中选择绝对(A)命令。

3. 显示光标相对极坐标

在坐标显示状态栏上右击，然后在系统弹出的图3.1.6所示的快捷菜单中选择相对(R)命令，在状态栏中将显示光标相对极坐标。当光标在绘图区处于选取点的状态时，状态栏上将显示当前光标位置相对于前一个点的距离和角度（相对极坐标）。当离开选取点状态时，系统将自动恢复到“绝对”模式。下面是显示光标的相对极坐标的一个例子。

在绘制直线时，当指定了第一点 A 后（图 3.1.7），系统在命令行提示指定直线的下一点。在默认情况下，系统显示当前光标的绝对坐标，绝对坐标值随光标的移动而不断变化。此时在坐标显示状态栏上右击，然后在系统弹出的图 3.1.6 所示的菜单中选择相对(R)命令，便可观察到当前光标所在点相对于 A 点的相对极坐标，如图 3.1.8 所示。移动光标时，相对坐标值不断变化，当直线命令结束后，系统仍显示绝对坐标。

图 3.1.6 快捷菜单

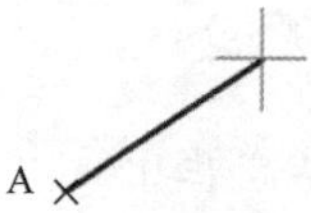

图 3.1.7 绘制直线

图 3.1.8 显示光标的相对极坐标

注意：当坐标显示处于“待定（关）”的模式时，状态栏坐标区呈灰色，但是仍显示上一个选取点的坐标。在一个空的命令提示符或一个不接收距离及角度输入的提示符下，坐标显示只能在“待定（关）”模式和“绝对”模式之间选择；在一个接收距离及角度输入的提示符下，则可以在所有模式间循环切换。

3.1.4 使用用户坐标系

每个 AutoCAD 图形都使用一个固定的坐标系，称为世界坐标系（WCS），并且图形中的任何点在世界坐标系中都有一个确定的 X、Y、Z 坐标。同时，也可以根据需要在三维空间中的任意位置和任意方向定义新的坐标系，这种类型的坐标系称为用户坐标系（UCS）。

在 工具(T) 下拉菜单中，选择 命名 UCS(U)... 和 新建 UCS(W) 命令或其中的子命令，可设置用户坐标系。

1．新建用户坐标系

选择下拉菜单 工具(T) → 新建 UCS(W) 命令，然后在 新建 UCS(W) 子菜单中选择相应的命令，可以方便地创建 UCS。

下面以图 3.1.9 为例来说明新建用户坐标系的意义和操作过程。本例要求在矩形内绘制一个圆心定位准确的圆，圆心位置与两条边的距离值为 28 和 15。如果不建立合适的用户坐标系，该圆的圆心将不容易确定。而如果在矩形一角的 A 点处创建一个用户坐标系，圆心点便很容易确定（图 3.1.10b）。下面说明其创建的一般操作步骤。

Step1．打开文件 D:\AutoCAD 2017.1\work\ch03.01\ucs5.dwg。

Step2．选择下拉菜单 工具(T) → 新建 UCS(W) → 原点(N) 命令。

Step3．在系统 指定新原点 <0,0,0>: 的提示下，选取矩形的角点 A，此时系统便在此点处创建一个图 3.1.10b 所示的用户坐标系。

Step4．选择下拉菜单 绘图(D) → 圆(C) → 圆心、直径(D) 命令，输入圆心在新坐标系（用户坐标系）中的绝对直角坐标值（28,15）并按 Enter 键，接着输入任意一个直径值（如 13）并按 Enter 键。

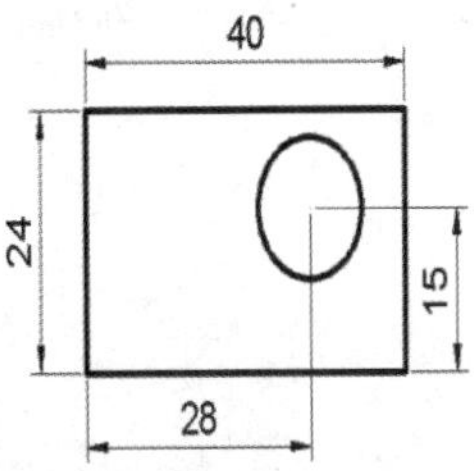

图 3.1.9 在矩形中创建圆

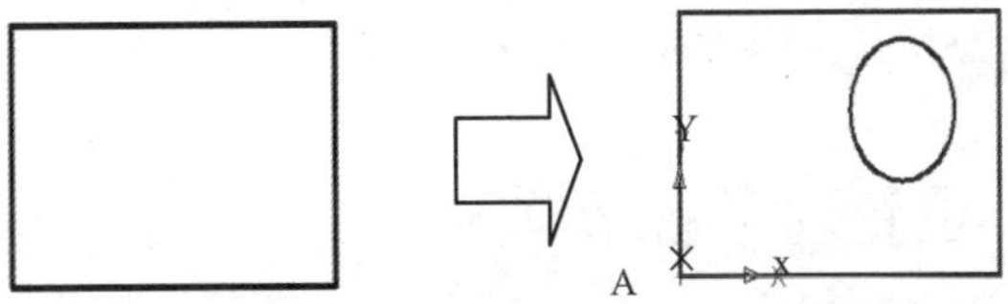

a）未建用户坐标系 b）已建用户坐标系

图 3.1.10 新建用户坐标系

2. 命名 UCS

在进行复杂的图形设计时，往往要在许多位置处创建 UCS，如果创建 UCS 后立即对其命名，以后需要时就能够通过其名称迅速回到该命名的坐标系。从某些意义上讲，命名 UCS 功能与第 5 章讲述的命名视图的功能有些相似。下面介绍命名 UCS 的基本操作方法。

Step1. 打开文件 D:\AutoCAD 2017.1\work\ch03.01\ucs-name.dwg。

Step2. 选择菜单 工具(T) → 新建 UCS(W) → 原点(N) 命令，新建一个 UCS。

Step3. 选择 工具(T) → 命名 UCS(U)... 命令，系统弹出“UCS”对话框。

“UCS”对话框的 命名 UCS 选项卡中按钮的说明如下。

- 置为当前(C)：将列表中选定的某坐标系设置为当前坐标系。其中，前面有 ▸ 标记的坐标系表示为当前坐标系。
- 详细信息(T)：在选择坐标系后单击该按钮，系统弹出“UCS 详细信息”对话框，利用该对话框可查看坐标系的详细信息。

Step4. 在 命名 UCS 选项卡的列表中，选中 ▸ 未命名 选项，然后右击；从系统弹出的快捷菜单中选择 重命名(R) 命令，并输入新的名称，如 UCS03。

Step5. 以后如果要回到世界坐标系，选择该坐标系，单击对话框中的 置为当前(C) 按钮，然后单击 确定 按钮即可。

3.1.5 使用点过滤器

使用点过滤器，就是只给出指定点的部分坐标，然后 AutoCAD 会提示剩下的坐标信息。当 AutoCAD 提示指定点时，就可以使用（X,Y,Z）点过滤器。点过滤器的形式是在需提取的坐标字符（X,Y,Z 字符的一个或多个）前加英文句号“.”。例如，如果在命令行提示指定点时输入.XY，然后直接输入或在绘图区单击以指定点的（X,Y）坐标，系统将提取此（X,Y）坐标对，然后提示需要 Z 坐标。过滤器.X、.Y、.Z、 .XY、.XZ 和.YZ 都是有效过滤器。

3.2 使用对象捕捉

在精确绘图过程中，经常需要在图形对象上选取某些特征点，例如圆心、切点、交点、端点和中点等，此时如果使用 AutoCAD 提供的对象捕捉功能，则可迅速、准确地捕捉到这些点的位置，从而精确地绘制图形。

3.2.1 设置对象捕捉选项

在使用对象捕捉功能前，有必要先设置一些对象捕捉功能的参数。选择下拉菜单 工具(T) → 选项(N)... 命令，系统弹出图 3.2.1 所示的“选项”对话框，在 绘图 选项卡的 自动捕捉设置 选项组中，可设置对象捕捉的相关参数。

自动捕捉设置 选项组中的各选项功能说明如下。

- 标记(M) 复选框：用于设置在自动捕捉到特征点时是否显示捕捉标记，如图 3.2.2 所示。
- 磁吸(G) 复选框：用于设置当将光标移到离对象足够近的位置时，是否像磁铁一样将光标自动吸到特征点上。
- 显示自动捕捉工具提示(T) 复选框：用于设置在捕捉到特征点时是否提示“对象捕捉”特征点类型名称，如圆心、交点、端点和中点等，如图 3.2.2 所示。
- 显示自动捕捉靶框(D) 复选框：选中该复选框后，当按 F3 键激活对象捕捉模式，系统提示指定一个点时，将在十字光标的中心显示一个矩形框——靶框，如图 3.2.2 所示。
- 颜色(C)... 按钮：单击该按钮后在系统弹出的“图形窗口颜色”对话框内通过选择下拉列表中的某个颜色来确定自动捕捉标记及其他图形状态的颜色。
- 用鼠标拖动 自动捕捉标记大小(S) 选项组中的滑块，可以调整自动捕捉标记的大小。当移动滑块时，在左边的显示框中会动态地更新标记的大小。

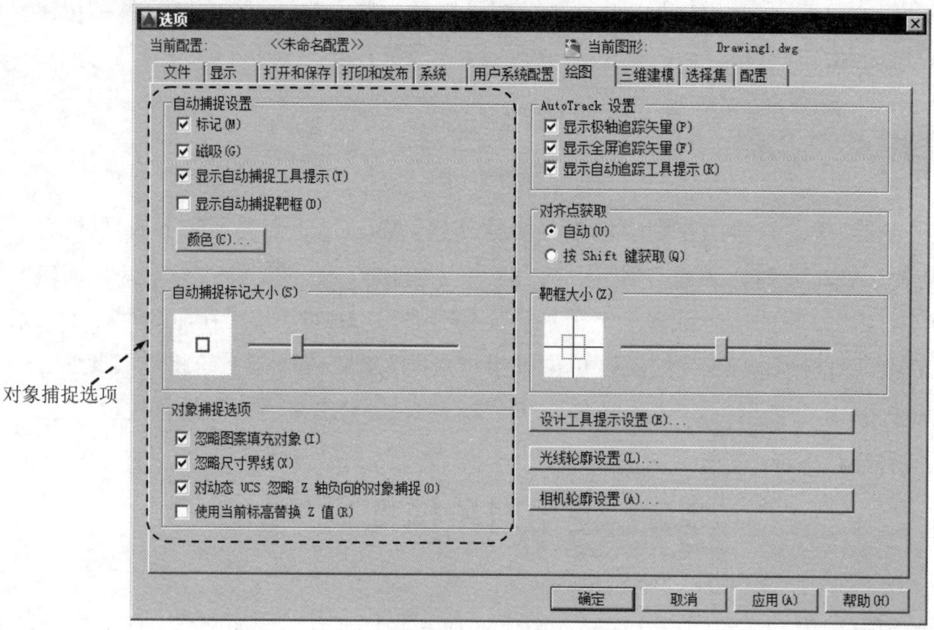

图 3.2.1 “选项”对话框

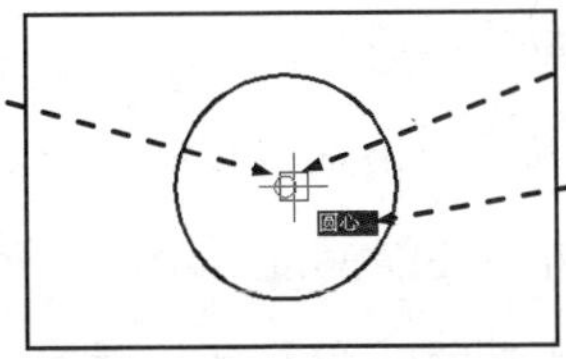

图 3.2.2 自动捕捉设置说明

3.2.2 使用对象捕捉的几种方法

在绘图过程中调用对象捕捉功能的方法非常灵活，包括选择“对象捕捉”工具栏中的相应按钮、使用对象捕捉快捷菜单、设置“草图设置”对话框以及启用自动捕捉模式等，下面分别加以介绍。

1. 使用捕捉工具栏命令按钮来进行对象捕捉

打开“对象捕捉”工具栏的操作步骤是：如果在系统的工具栏区没有显示图 3.2.3 所示的“对象捕捉”工具栏，选择下拉菜单 工具(T) → 工具栏 → AutoCAD → 对象捕捉 命令。

在绘图过程中，当系统要求用户指定一个点时（例如选择直线命令后，系统要求指定一点作为直线的起点），可单击该工具栏中相应的特征点按钮，再把光标移到要捕捉对象上的特征点附近，系统即可捕捉到该特征点。图 3.2.3 所示的“对象捕捉”工具栏各按钮的功能说明如下。

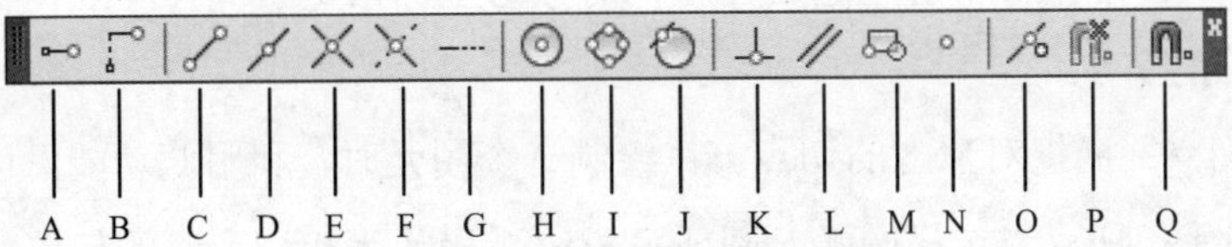

图 3.2.3 “对象捕捉”工具栏

A. 捕捉临时追踪点：通常与其他对象捕捉功能结合使用，用于创建一个追踪参考点，然后绕该点移动光标，即可看到追踪路径，可在某条路径上选取一点。

B. 捕捉自：通常与其他对象捕捉功能结合使用，用于选取一个与捕捉点有一定偏移量的点。例如，在系统提示输入一点时，单击此按钮及“捕捉端点”按钮后，在图形中选取一个端点作为参考点，然后在命令行 _from 基点: _endp 于 <偏移>: 的提示下，输入以相对极坐标表示的相对于该端点的偏移值（如@8<45），即可获得所需点。

C. 捕捉到端点：可捕捉对象的端点，包括圆弧、椭圆弧、多线线段、直线线段、多段线的线段、射线的端点，以及实体及三维面边线的端点。

D. 捕捉到中点：可捕捉对象的中点，包括圆弧、椭圆弧、多线、直线、多段线的线段、样条曲线、构造线的中点，以及三维实体和面域对象任意一条边线的中点。

E. 捕捉到交点：可捕捉两个对象的交点，包括圆弧、圆、椭圆、椭圆弧、多线、直线、多段线、射线、样条曲线、参照线彼此间的交点，还能捕捉面域和曲面边线的交点，但却不能捕捉三维实体的边线的角点。如果是按相同的 X、Y 方向的比例缩放图块，则可以捕捉图块中圆弧和圆的交点。另外，还能捕捉两个对象延伸后的交点（“延伸交点”），但是必须保证这两个对象沿着其路径延伸肯定会相交。若要使用延伸交点模式，必须明确地选择一次交点对象捕捉方式，然后单击其中的一个对象，之后系统提示选择第二个对象。单击第二个对象后，系统将立即捕捉到这两个对象延伸所得到的虚构交点。

F. 捕捉到外观交点：捕捉两个对象的外观交点，这两个对象实际上在三维空间中并不相交，但在屏幕上显得相交。可以捕捉由圆弧、圆、椭圆、椭圆弧、多线、直线、多段线、射线、样条曲线或参照线构成的两个对象的外观交点。延伸的外观交点意义和操作方法与上面介绍的“延伸交点”基本相同。

G. 捕捉到延长线（也叫“延伸对象捕捉”）：可捕捉到沿着直线或圆弧的自然延伸线上的点。若要使用这种捕捉，须将光标暂停在某条直线或圆弧的端点片刻，系统将在光标位置添加一个小小的加号“+”，以指出该直线或圆弧被选为延伸线，然后当沿着直线或圆弧的自然延伸路径移动光标时，系统将显示延伸路径。

H. 捕捉到圆心：捕捉弧对象的圆心，包括捕捉圆弧、圆、椭圆、椭圆弧或多段线弧段的圆心。

I. 捕捉到象限点：可捕捉圆弧、圆、椭圆、椭圆弧或多段线弧段的象限点，象限点可以想象为将当前坐标系平移至对象圆心处时，对象与坐标系正 X 轴、负 X 轴、正 Y 轴和负 Y 轴等四个轴的交点。

J. 捕捉到切点：捕捉对象上的切点。在绘制一个图元时，利用此功能，可使要绘制的图元与另一个图元相切。当选择圆弧、圆或多段线弧段作为相切直线的起点时，系统将自动启用延伸相切捕捉模式。

注意：延伸相切捕捉模式不可用于椭圆或样条曲线。

K. 捕捉到垂足：捕捉两个相垂直对象的交点。当将圆弧、圆、多线、直线、多段线、参照线或三维实体边线作为绘制垂线的第一个捕捉点的参照时，系统将自动启用延伸垂足捕捉模式。

L. 捕捉到平行线：用于创建与现有直线段平行的直线段（包括直线或多段线线段）。使用该功能时，可先绘制一条直线 A，在绘制要与直线 A 平行的另一直线 B 时，先指定直线 B 的第一个点，然后单击该捕捉按钮，接着将鼠标光标暂停在现有的直线 A 上片刻，系统便在直线 A 上显示平行线符号，在光标处显示“平行”提示，绕着直线 B 的第一点转动皮筋线，当转到与直线 A 平行方向时，系统显示临时的平行线路径，在平行线路径上某点处单击以指定直线 B 的第二点。

M. 捕捉到插入点：捕捉属性、形、块或文本对象的插入点。

N. 捕捉到节点：可捕捉点对象，此功能对于捕捉用 DIVIDE 和 MEASURE 命令插入的点对象特别有用。

O. 捕捉到最近点：捕捉在一个对象上离光标最近的点。

P. 无捕捉：不使用任何对象捕捉模式，即暂时关闭对象捕捉模式。

Q. 对象捕捉设置：单击该按钮，系统弹出“草图设置”对话框。

2. 使用捕捉快捷菜单命令来进行对象捕捉

在绘图时，当系统要求用户指定一个点时，可按 Shift 键（或 Ctrl 键）并同时在绘图区右击，系统弹出对象捕捉快捷菜单。在该菜单上选择需要的捕捉命令，再把光标移到要捕捉对象的特征点附近，即可以选取现有对象上的所需特征点。

在对象捕捉快捷菜单中，除 两点之间的中点(T)、点过滤器(T) ▸ 与 三维对象捕捉(3) 子命令外，其他各项都与“对象捕捉”工具栏中的各种捕捉按钮相对应。

3. 使用捕捉字符命令来进行对象捕捉

在绘图时，当系统要求用户指定一个点时，可输入所需的捕捉命令的字符，再把光标移到要捕捉对象的特征点附近，即可以选取现有对象上的所需特征点。各种捕捉命令参见表 3.2.1。

表 3.2.1 捕捉命令字符列表

捕捉类型	对应命令	捕捉类型	对应命令
临时追踪点	TT	捕捉自	FROM
端点捕捉	END	中点捕捉	MID
交点捕捉	INT	外观交点捕捉	APPINT
延长线捕捉	EXT	圆心捕捉	CEN
象限点捕捉	QUA	切点捕捉	TAN
垂足捕捉	PER	平行线捕捉	PAR
插入点捕捉	INS	最近点捕捉	NEA

4. 使用自动捕捉功能来进行对象捕捉

在绘图过程中，如果每当需要在对象上选取特征点时，都要先选择该特征点的捕捉命令，这会使工作效率大大降低。为此，AutoCAD 系统提供了对象捕捉的自动模式。

要设置对象自动捕捉模式，可选择下拉菜单 工具(T) → 绘图设置(F)... 命令，在弹出的“草图设置”对话框的 对象捕捉 选项卡中，选中所需要的捕捉类型复选框，然后选中 ☑ 启用对象捕捉 (F3)(O) 复选框，单击对话框的 确定 按钮即可。如果要退出对象捕捉的自动模式，可单击屏幕下部状态栏中的按钮（或者按 F3 键）使其关闭，或者按 Ctrl+F 键也能使按钮关闭。

设置自动捕捉模式后，当系统要求用户指定一个点时，把光标放在某对象上，系统便会自动捕捉到该对象上符合条件的特征点，并显示出相应的标记，如果光标在特征点处多停留一段时间，还会显示该特征点的提示，这样用户在选点之前，只需先预览特征点的提示，然后再确认就可以了。

上面介绍了四种捕捉方法，其中前三种方法（即使用捕捉工具栏命令按钮、使用捕捉快捷菜单命令和使用捕捉命令字符）为覆盖捕捉模式（一般可称为手动捕捉），其根本特点是一次捕捉有效；最后一种方法（即自动捕捉）为运行捕捉模式，其根本特点是系统始终处于所设置的捕捉运行状态，直到关闭它们为止。自动捕捉固然方便，但如果对象捕捉处的特征点太多，也会造成不便，此时就必须采用手动捕捉的方法捕捉到所要的特征点。在 3.3 节中将对此进行进一步说明。

下面用一个简单的例子说明前面四种对象捕捉的操作方法。现要求在绘图区绘制一条直线，该直线的起点必须位于图 3.2.4a 所示的圆的圆心，操作步骤如下。

Step1. 打开文件 D:\AutoCAD 2017.1\work\ch03.02\capture.dwg。

Step2. 选择下拉菜单 绘图(D) → 直线(L) 命令，在命令行 line 指定第一点: 的提示下，采用下面四种操作方法之一可捕捉圆的圆心点作为直线起点。

- 使用捕捉工具栏命令按钮来捕捉圆心：在屏幕下部状态栏中的按钮上右击，从系统弹出的快捷菜单中选择 ◎ 圆心 命令，然后把鼠标光标移到圆弧上或圆心附近，系统立即在圆心处显示一个绿色小圆的捕捉标记和“圆心”提示，如图 3.2.4b 所示，这表明系统已经准确地捕捉到了圆心点，此时只需单击鼠标的左键，便可获得此圆心点并将其作为直线的起点，如图 3.2.4c 所示。
- 使用捕捉快捷菜单命令选项来捕捉圆心：按下 Shift 键不放，同时在绘图区右击，系统则弹出“对象捕捉”快捷菜单，选择快捷菜单中的 ◎ 圆心(C) 命令，然后把鼠标光标移到圆弧上或圆心附近，当出现绿色小圆的捕捉标记和“圆心”提示时，单击即可。
- 使用捕捉命令的字符来捕捉圆心：在命令行输入命令 CEN 并按 Enter 键，然后把鼠标光标移到圆弧上或圆心附近，当出现绿色小圆的捕捉标记和“圆心”提示时，单击即可。

- 使用自动捕捉功能来捕捉圆心：将鼠标光标移至状态栏中的 按钮上，右击，从系统弹出的快捷菜单中选择 对象捕捉设置... 命令，此时系统弹出“草图设置”对话框。选中 ☑ 圆心(C) 复选框（或单击 全部选择 按钮），选中 ☑ 启用对象捕捉 (F3)(O) 复选框，单击对话框中的 确定 按钮，系统返回到绘图区，然后把鼠标光标移到圆弧上或圆心附近，当出现绿色小圆的捕捉标记和“圆心”提示时，单击即可。

Step3. 在命令行指定下一点或 [放弃(U)]:的提示下，在绘图区任意处单击以确定直线第二点，按 Enter 键结束直线命令。

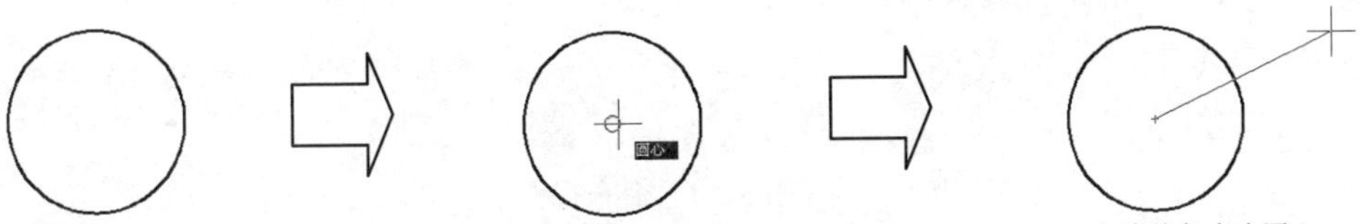

a）捕捉对象——圆　　b）显示捕捉标记和提示　　c）直线起点为圆心

图 3.2.4　捕捉圆心

3.3 使用捕捉、栅格和正交

3.3.1 使用捕捉和栅格

在 AutoCAD 绘图中，使用捕捉模式和栅格功能，就像使用坐标纸一样，可以采用直观的距离和位置参照进行图形的绘制，从而提高绘图效率。栅格的间距和捕捉的间距可以独立地设置，但它们的值通常是有关联的。

- 捕捉模式：用于设定鼠标光标一次移动的间距。
- 栅格：由规则的栅格图案组成，使用这些栅格类似于在一张坐标纸上绘图。虽然参照栅格在屏幕上可见，但不会作为图形的一部分被打印出来。用户可根据需要打开和关闭栅格，也可在任何时候修改栅格的间距。

说明：要注意本节中的“捕捉模式”与 3.2 节中的“对象捕捉”的区别。这是两个不同的概念，本节中的“捕捉模式”是控制鼠标光标在屏幕上移动的间距，使鼠标光标只能按设定的间距跳跃着移动；而“对象捕捉”是指捕捉对象的中点、端点和圆心等特征点。

在使用捕捉模式和栅格功能前，有必要先对一些相关的选项进行设置。当选择下拉菜单 工具(T) → 绘图设置(F)... 命令时，系统会弹出“草图设置”对话框，在该对话框的 捕捉和栅格 选项卡中可以对相关选项进行设置。

1. 使用捕捉

打开或关闭捕捉模式的操作方法是单击屏幕下部状态栏中的 按钮。

注意： 按钮被显亮时，为捕捉模式打开状态，即该模式起作用的状态，此时如果移动鼠标光标，光标不会连续平滑地移动，而是跳跃着移动。

说明：打开或关闭捕捉模式还有四种方法。

方法一：按 F9 键。

方法二：按 Ctrl + B 键。

方法三：选择下拉菜单 工具(T) → 绘图设置(F)... 命令，系统弹出“草图设置”对话框，在 捕捉和栅格 选项卡中选中或取消选中 启用捕捉 (F9)(S) 复选框。

方法四：在命令行中输入命令 SNAP 后按 Enter 键，系统命令行提示图 3.3.1 所示的信息，选择其中的 [开(ON) 或 关(OFF) 选项。

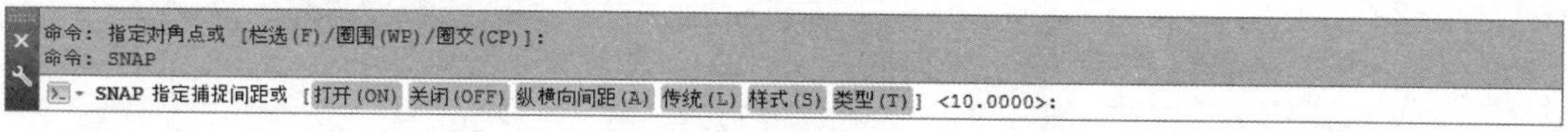

图 3.3.1　命令行提示

2．使用栅格

打开或关闭栅格功能的操作方法是单击屏幕下部状态栏中的 按钮使其显亮，便可看到屏幕上的绘图区内布满栅格。如果看不见栅点，可将视图放大，或将“捕捉和栅格”选项卡中的 栅格 X 轴间距(N): 和 栅格 Y 轴间距(I): 文本框中的值调小一些。

说明：打开或关闭栅格功能还有四种方法。

方法一：按 F7 键。

方法二：按 Ctrl + G 键。

方法三：选择下拉菜单 工具(T) → 绘图设置(F)... 命令，系统弹出“草图设置”对话框，在 捕捉和栅格 选项卡中选中或取消选中 启用栅格 (F7)(G) 复选框。

方法四：在命令行中输入命令 GRID 后按 Enter 键，选择其中的 [开(ON) 或 关(OFF) 选项。

3.3.2　使用正交模式

在绘图过程中，有时需要只允许鼠标光标在当前的水平或竖直方向上移动，以便快速、准确地绘制图形中的水平线和竖直线。在这种情况下，可以使用正交模式。在正交模式下，只能绘制水平或垂直方向的直线。

打开或关闭正交模式的操作方法是单击屏幕下部状态栏中的 按钮， 按钮被显亮时，为正交模式打开状态，即该模式起作用的状态。

说明：打开或关闭正交功能还有三种方法。

方法一：按 F8 键。

方法二：按 Ctrl + L 键。

方法三：在命令行中输入命令 ORTHO 后按 Enter 键。

注意：在正交模式下，如果在命令行中输入坐标或使用对象捕捉，系统将忽略正交设置。

当启用等轴测捕捉和栅格后，光标的移动将限制于当前等轴测平面内和正交等同的方向上。

3.4 使用自动追踪

3.4.1 设置自动追踪选项

使用自动追踪功能可以帮助用户通过与前一点或与其他对象的特定关系来创建对象，从而快速、精确地绘制图形。自动追踪功能包括极轴追踪和对象捕捉追踪。

使用自动追踪功能前，需对相关的选项进行设置。选择下拉菜单 工具(T) → 选项(N)... 命令后，系统弹出“选项”对话框，在该对话框的 绘图 选项卡的 AutoTrack 设置 选项组中可进行设置。

“选项”对话框的 AutoTrack 设置 选项组中的选项说明如下。

- ☑显示极轴追踪矢量(P) 复选框：用于设置是否显示极轴追踪的矢量，追踪矢量是一条无限长的辅助线。
- ☑显示全屏追踪矢量(F) 复选框：用于设置是否显示全屏追踪的矢量。
- ☑显示自动追踪工具提示(K) 复选框：用于设置在追踪特征点时是否显示提示文字。

3.4.2 使用极轴追踪

1. 极轴追踪的概念及设置

当绘制或编辑对象时，极轴追踪有助于按相对于前一点的特定距离和角度增量来确定点的位置。打开极轴追踪后，当命令行提示指定第一个点时，在绘图区指定一点；当命令行提示指定下一点时，绕前一点转动光标，即可按预先设置的角度增量显示出经过该点且与 X 轴成特定角度的无限长的辅助线（这是一条虚线），此时就可以沿辅助线追踪得到所需的点。打开极轴追踪功能的操作方法是单击屏幕下部状态栏中的按钮，使其显亮。

说明：打开极轴追踪功能还有三种方法。

方法一：按 F10 键进行切换。

方法二：在“草图设置”对话框的 极轴追踪 选项卡中，选中 ☑启用极轴追踪 (F10)(P) 复选框。

方法三：利用系统变量进行设置，设置系统变量 AUTOSNAP 的值为 8，其操作方法是在命令行输入命令 AUTOSNAP 并按 Enter 键，然后输入值 8 再按 Enter 键。

当系统变量 AUTOSNAP 设置的值为 0 时，关闭自动捕捉标记、工具栏提示和磁吸，当然也关闭极轴追踪、对象捕捉追踪以及极轴和物体捕捉追踪工具栏提示；值为 1 时，打开自动捕捉标记；值为 2 时，打开“自动捕捉”工具栏提示；值为 4 时，打开自动捕捉磁吸；值为 8 时，打开极轴追踪；值为 16 时，打开对象捕捉追踪；值为 32 时，打开极轴追踪和对象捕捉追踪工具栏提示。

注意： AutoCAD 有很多系统变量可对系统进行相应的设置，其他系统变量的设置方法与系统变量 AUTOSNAP 的设置方法相类似。

如果要设置极轴追踪的相关参数，可在状态栏中的按钮上右击，从系统弹出的快捷菜单中选择 **正在追踪设置...** 命令，系统弹出“草图设置”对话框，在该对话框的 极轴追踪 选项卡中进行设置。

注意： 正交模式和极轴追踪模式不可同时使用。如果“极轴追踪”被打开，则“正交模式”被关闭。如果又将“正交模式”关闭，则可将“极轴追踪”打开。另外，如果用户要沿着特定的角度只追踪一次，则可在命令行提示指定下一点时，输入由左尖括号“<”引导的角度值。此时光标将锁定在该角度线上，用户可指定该角度线上的任何点。在指定点后，角度追踪将消失，光标可任意移动。

极轴追踪 选项卡中的主要选项功能说明如下。

- ☑ 启用极轴追踪 (F10)(P) 复选框：打开/关闭极轴追踪。
- 极轴角设置 选项组：用于设置极轴角度。
  - ☑ 增量角(I): 下拉列表：指定角度增量值。
  - ☑ ☑ 附加角(D) 复选框：在系统预设的角度不能满足需要的情况下，设置附加角度值。
  - ☑ 新建(N) 按钮：在“附加角”列表中增加新角度。可按用户的需要添加任意数量的附加角度。系统将只是沿着特定的附加角度进行追踪，而不是按照该角度的附加增量追踪。

  注意： 如果输入负角度，则通过 360°加这个负角度将其转换为 0°~360°范围内的正角度。

  - ☑ 删除 按钮：在“附加角”列表中删除已有的附加角度。
- 极轴角测量 选项组：用于设置极轴追踪对齐角度的测量基准。
  - ☑ ⊙ 绝对(A) 单选项：基于当前 UCS 确定极轴追踪角度。
  - ☑ ⊙ 相对上一段(R) 单选项：在绘制直线或多段线时，可基于所绘制的上一线段确定极轴追踪角度。
- 对象捕捉追踪设置 选项组：用于使用对象捕捉追踪选项，详见 3.4.3 节。

2. 极轴追踪举例说明

建议先打开文件 D:\AutoCAD 2017.1\work\ch03.04\ploar.dwg。

现在要创建一条直线（图 3.4.1），先确认“极轴追踪”已打开，选择绘制直线命令并指定了第一点后，当系统提示输入直线的下一点时，将“皮筋线”移动至水平线附近，系统便追踪到 0°位置并显示一条极轴追踪虚线，同时显示当前光标位置点与前一点的关系提示极轴: 29.0954 < 0°。该提示的含义是当前光标位置点与 A 点间的距离值为 29.0954，光标位置点和点 A 的连线与 X 轴的夹角为 0°。由于增量角(I):值默认为 90°，所以如果继续移动“皮筋线”，系统还可以捕捉到 90°倍数的位置线，如 90°、180°、270°等。在所需的极轴追踪虚线上的某位置点单击，便可选取该点。

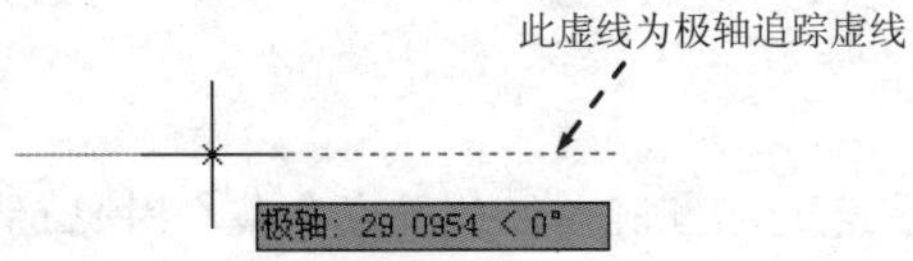

图 3.4.1　极轴追踪举例

3.4.3　使用对象捕捉追踪

1．对象捕捉追踪的概念及设置

对象捕捉追踪是指按与对象的某种特定关系来追踪点。一旦启用了对象捕捉追踪，并设置了一个或多个对象捕捉模式（如圆心、中点等），当命令行提示指定一个点时，将光标移至要追踪的对象上的特征点（如圆心、中点等）附近并停留片刻（不要单击），便会显示特征点的捕捉标记和提示；绕特征点移动光标，系统会显示追踪路径，可在路径上选择一点。

打开或关闭对象捕捉追踪功能的操作方法：单击屏幕下部状态栏中的按钮，按钮显亮时，为对象捕捉追踪功能打开状态。

说明：打开对象捕捉追踪功能还有三种方法。

方法一：如果按钮未被显亮，按 F11 键。

方法二：将 AUTOSNAP 的系统变量值设置为 16。

方法三：在“草图设置”对话框的对象捕捉选项卡中，选中☑ 启用对象捕捉追踪 (F11)(K)复选框。

在“草图设置”对话框的极轴追踪选项卡中，对象捕捉追踪设置选项组的各选项意义如下。

- ⊙ 仅正交追踪(L)单选项：可在启用对象捕捉追踪时，只显示获取的对象捕捉点的正交（水平 / 垂直）对象捕捉追踪路径，即 90°、180°、270°、360°方向的追踪路径。
- ⊙ 用所有极轴角设置追踪(S)单选项：可以将极轴追踪设置应用到对象捕捉追踪，即系统将按获取的对象捕捉点的极轴对齐角度进行追踪。

2．对象捕捉追踪举例说明

建议先打开文件 D:\AutoCAD 2017.1\work\ch03.04\track.dwg。

首先将和按钮都按下。在图 3.4.2 中已提前绘制了一个圆，如果要绘制一条直线，输入直线命令后，在系统提示指定第一点时，将鼠标光标移至圆对象的圆心附近等待片刻，当显示“圆心”提示时，表示圆心已被自动捕捉到，此时再慢慢地向右水平移动鼠标光标，系统即显示一条对象捕捉追踪虚线，并同时显示当前光标位置点与圆对象之间的特定关系 圆心: 75.0937 < 0° ，即光标点和圆心的连线与 X 轴的角度为 0°，且光标点与圆心间的距离值为 75.0937。如果将 增量角(I): 的值修改为 15，并且选中 ⊙ 用所有极轴角设置追踪(S) 单选项，则对象捕捉追踪的参考角为 15°的倍数，如 15°、30°、45°、60°等。沿某一追踪路径移动光标并在所需位置点单击，便可选择该点。

说明：

- 对象捕捉追踪是追踪当前光标位置点与某个对象的特定关系，而极轴追踪是追踪当前光标位置点与前一个已经指定的点的关系。
- 对象捕捉追踪可以同时追踪当前光标位置点与多个对象的关系。
- 对象捕捉追踪和极轴追踪可以同时使用。

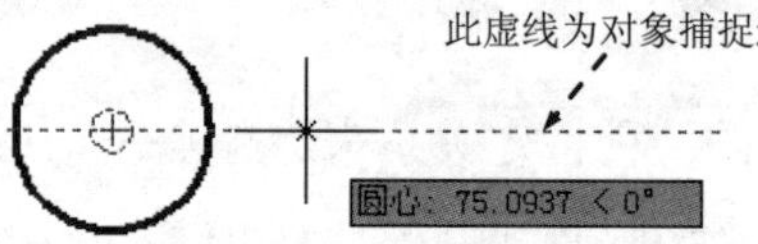

图 3.4.2　对象捕捉追踪举例

3.5　应用举例

1. 应用举例 1

本例要求在图 3.5.1a 所示的图形中，通过三角形的顶点和底边的中点绘制一条直线，如图 3.5.1b 所示。

Step1. 打开文件 D:\AutoCAD 2017.1\work\ch03.05\instance1.dwg。

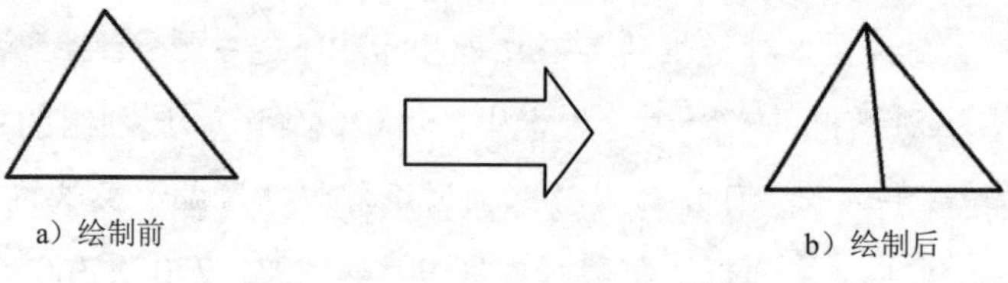

图 3.5.1　应用举例 1

Step2. 在屏幕底部的状态栏中，单击 □ 按钮，启用自动捕捉功能。

Step3. 选择下拉菜单 绘图(D) → 直线(L) 命令。

Step4. 在命令行 line 指定第一点: 的提示下，将鼠标光标移至三角形的顶点附近，当鼠标光标附近出现“端点”提示时单击，如图 3.5.2 所示。

Step5. 在命令行 指定下一点或 [放弃(U)]: 的提示下，将鼠标光标移至三角形底边的中点附近，当鼠标光标附近出现“中点”提示时单击，如图 3.5.3 所示。

说明：若将鼠标光标移至三角形底边的中点附近，显示“中点”提示，则此时可在按钮上右击，在系统弹出的快捷菜单中选择 中点 命令，再进行操作。

Step6. 在命令行指定下一点或 [放弃(U)]: 的提示下，按 Enter 键，结束操作。

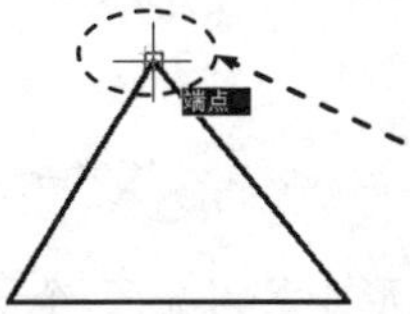

图 3.5.2 自动捕捉三角形的顶点

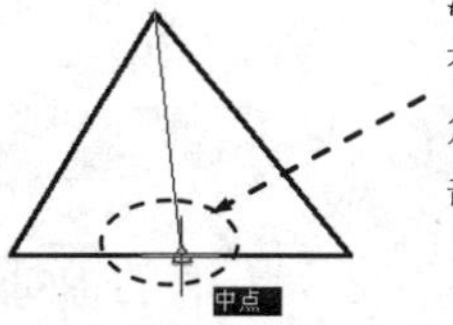

图 3.5.3 自动捕捉三角形底边的中点

2. 应用举例 2

本例要求在图 3.5.4a 所示的图形中，在中心线的两个交点位置绘制两个圆，然后绘制一条直线与这两个圆相切，如图 3.5.4b 所示。

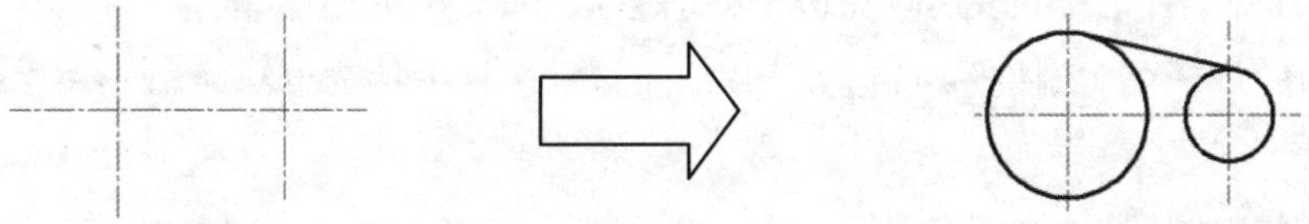

a）绘制前　　b）绘制后

图 3.5.4 应用举例 2

Step1. 打开文件 D:\AutoCAD 2017.1\work\ch03.05\instance2.dwg。

Step2. 在屏幕底部的状态栏中，确认按钮已被按下。

Step3. 绘制第一个圆。选择下拉菜单 绘图(D) → 圆(C) → 圆心、半径(R) 命令；输入命令 INT（交点捕捉命令）并按 Enter 键，然后将鼠标光标移至图 3.5.5 所示的两条中心线交点附近，在鼠标光标附近立即出现“交点”提示，选取该点；输入半径值 12.5 并按 Enter 键。

Step4. 参照 Step3 的操作方法，绘制第二个圆，其半径值为 7.5。

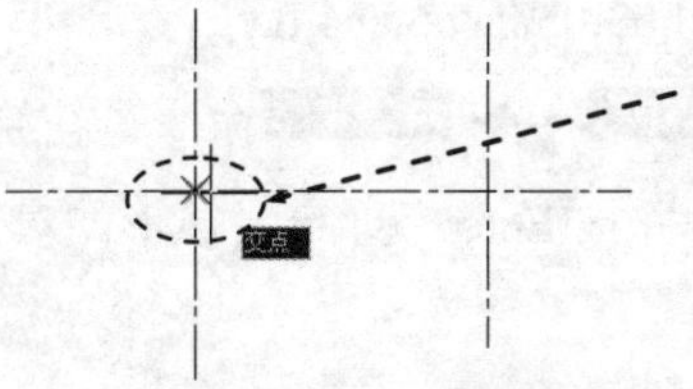

图 3.5.5 输入命令捕捉两条中心线的交点

Step5. 绘制相切直线。选择下拉菜单 绘图(D) → 直线(L) 命令；输入命令 TAN（切点捕捉命令）并按 Enter 键，然后将鼠标光标移至图 3.5.6 所示的区域附近，当鼠标光标附近出现“递延切点”提示时，单击即可获取大圆上的切点；参照上述操作方法，获取小圆上的切点；按 Enter 键结束操作。

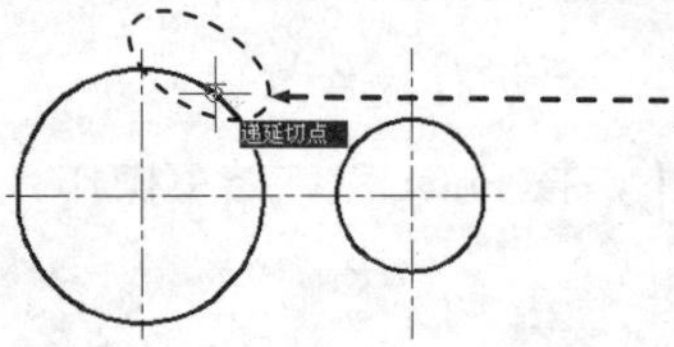

注意：在本例中，如果采用自动捕捉的方法选取切点，当鼠标光标移至此区域时，系统很难显示“递延切点”的提示，而输入 TAN 命令会很快获得切点，从而避免自动捕捉其他点

图 3.5.6　输入命令捕捉第一个圆的切点

3. 应用举例 3

本例要求利用点过滤器和对象捕捉功能，在图 3.5.7 所示的矩形中心绘制一个圆。

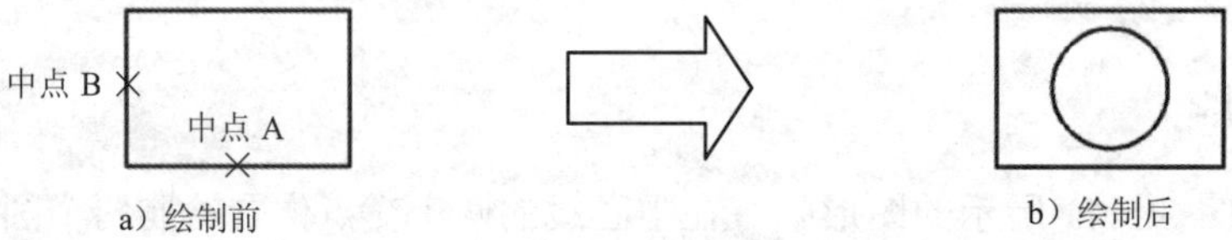

图 3.5.7　应用举例 3

Step1. 打开文件 D:\AutoCAD 2017.1\work\ch03.05\instance3.dwg。

Step2. 确认（对象捕捉）按钮处于关闭状态，选择下拉菜单 绘图(D) → 圆(C) → 圆心、半径(R) 命令。

Step3. 使用点过滤器和对象捕捉功能。在命令行中输入命令.X 后按 Enter 键；在命令行中于的提示下，输入命令 MID（中点捕捉命令）；在命令行中于的提示下，将光标移至屏幕上矩形底部的水平边线的中点 A 附近，当出现“中点”提示时单击；在于 (需要 YZ): 的提示下输入命令 MID；在于的提示下，将鼠标光标移至屏幕上矩形左边竖直边线的中点 B 附近，当出现“中点”提示时单击；输入圆的半径值 20 后，按 Enter 键结束操作。

4. 应用举例 4

本例要求按尺寸精确绘制图 3.5.8 所示的图形，其中两条中心线分别通过矩形边的中点，圆心为两条中心线的交点，圆经过矩形的四个角点。

Step1. 打开“空”文件 D:\AutoCAD 2017.1\work\ch03.05\instance4.dwg。

Step2. 绘制图 3.5.9 所示的矩形。选择下拉菜单 绘图(D) → 矩形(G) 命令；在绘图区选择矩形的第一顶点；在命令行输入坐标（@32.8,18.6）并按 Enter 键（定义矩形的对角点）。

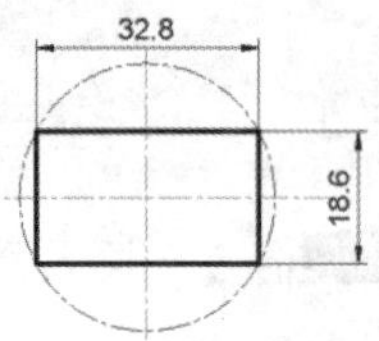

图 3.5.8　应用举例 4

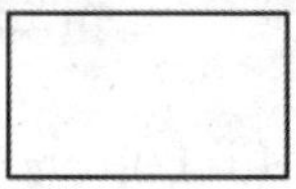

图 3.5.9　绘制矩形

Step3. 将图层切换到“中心线层”。单击“图层”工具栏中的下三角箭头按钮。图层工具栏如图 3.5.10 所示，在系统弹出的下拉列表中选择“中心线层”项。

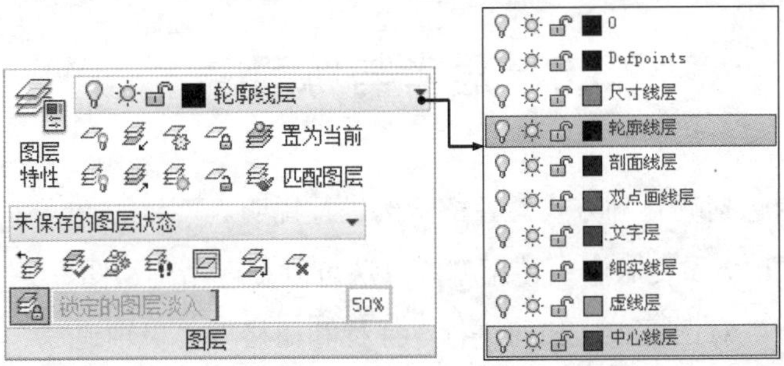

图 3.5.10 “图层”工具栏

Step4. 确认屏幕底部的状态栏中的（对象捕捉）和（对象捕捉追踪）按钮处于按下状态。

Step5. 绘制图 3.5.11 所示的水平中心线。选择下拉菜单 绘图(D) → 直线(L) 命令；将鼠标光标移至图 3.5.12 所示的矩形竖直边线的中点附近，当出现“中点”提示时（图 3.5.12），慢慢地向左水平移动鼠标光标，此时即显示一条对象追踪虚线（此时称为对象追踪状态），并同时显示当前位置点与捕捉点之间的相对关系 中点：14.4156 < 180° ，将光标沿追踪线移至矩形左边框外并单击以定义直线的第一点（图 3.5.13）；在对象追踪状态下，向右水平移动光标，在矩形的右边线外单击以定义直线的第二点；按 Enter 键结束操作。

说明：若将鼠标光标移至图 3.5.12 所示的矩形竖直边线的中点附近，出现“端点”提示时，可在按钮上右击，在系统弹出的快捷菜单中选择 中点 命令，再进行操作。

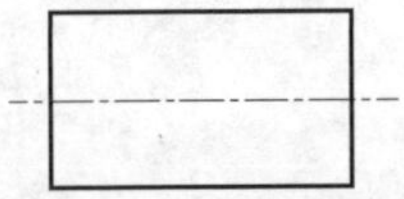

图 3.5.11 绘制水平中心线

图 3.5.12 自动捕捉中点

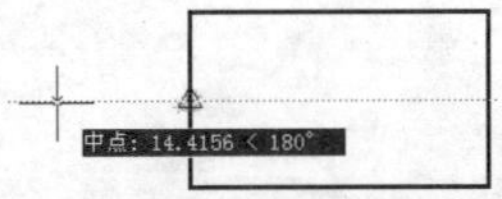

图 3.5.13 对象追踪直线第一点

Step6. 参照 Step5 的操作方法，绘制图 3.5.8 所示的竖直中心线。

Step7. 绘制图 3.5.8 所示的圆。选择下拉菜单 绘图(D) → 圆(C) → 圆心、半径(R) 命令；在命令行输入 INT 并按 Enter 键，然后将鼠标光标移至图 3.5.14 中的两条中心线的交点附近，当出现“交点”提示时单击（由此定义圆的圆心点）；将鼠标光标移至图 3.5.15 中的矩形角点附近，当出现“端点”（或“交点”）提示时单击（由此定义圆的半径）。

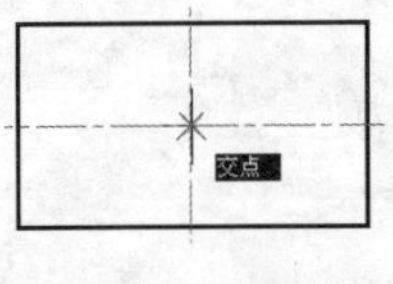

图 3.5.14 输入命令 INT 捕捉交点

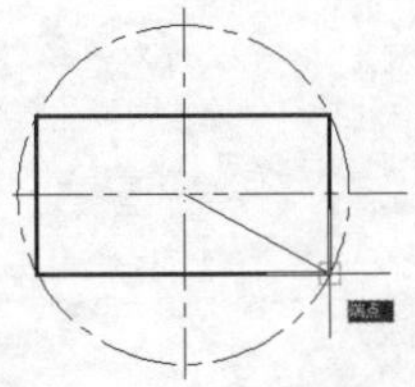

图 3.5.15 自动捕捉端点

3.6 思考与练习

1. 坐标点的输入包括哪几种方式？各举一例进行说明。

2. 在 AutoCAD 2017 中文版中，使用哪些方法可以实现精确绘图？

3. 在“草图设置”对话框中，如何进行“捕捉和栅格”、“极轴追踪”和“对象捕捉”的设置？

4. “捕捉”和“对象捕捉”有什么区别？

5. 使用“对象捕捉追踪”和“对象捕捉”功能，绘制图3.6.1所示的图形。

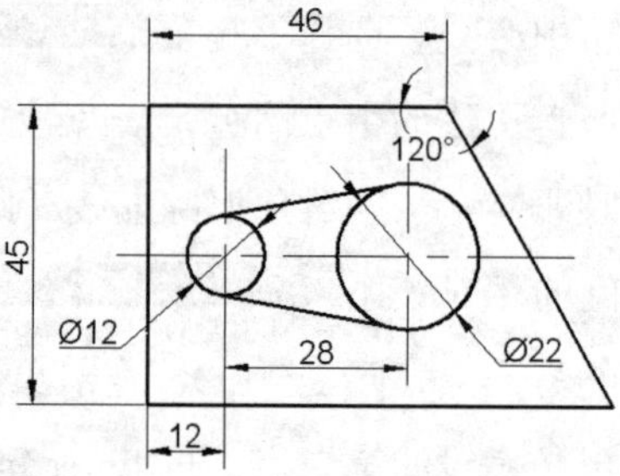

图 3.6.1 绘制图形

第 4 章 创建图形（高级）

本章提要

AutoCAD 中包含了大量的绘制二维图形的命令，第 2 章主要讲解了简单的二维图形的绘制方法，本章将介绍复杂二维图形的创建方法。复杂二维图形主要包括多段线、多线、样条曲线、徒手画线和填充图案等。通过对本章的学习，读者将能够全面地掌握二维对象的创建方法。

4.1 创建多段线

4.1.1 绘制多段线

多段线是由一系列直线段、弧线段相互连接而成的图元。多段线与其他对象（如单独的直线、圆弧和圆）不同，它是一个整体并且可有一定的宽度。宽度值既可以是一个常数，也可以沿着线段的长度方向进行变化。

系统为多段线提供了单个直线所没有的编辑功能，例如，用户可以使用 PEDIT 命令对其进行编辑，或者使用 EXPLODE 命令将其转换成单独的直线段和弧线段。

1. 绘制普通直线段多段线

下面以图 4.1.1 所示为例，说明绘制普通多段线的一般操作步骤。

Step1. 选择多段线命令。选择下拉菜单 绘图(D) → 多段线(P) 命令。

说明：或者单击“多段线”按钮；或者在命令行中输入命令 PLINE 后按 Enter 键。

Step2. 指定多段线的第一点。在命令行 指定起点: 的提示下，将光标置于图 4.1.2 所示的第一位置点 A 处并单击。

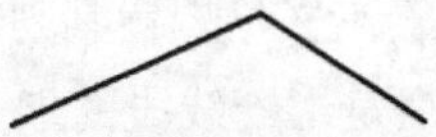

图 4.1.1 普通多段线

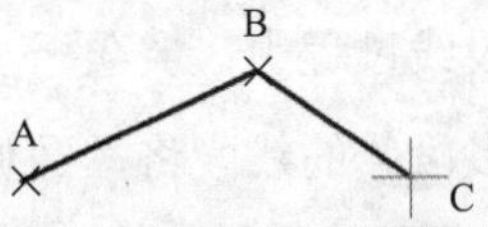

图 4.1.2 绘制普通多段线操作过程

Step3. 指定多段线的第二点。系统命令行提示图 4.1.3 所示的信息，将鼠标光标移至第二位置点 B 处并单击。

注意：图 4.1.3 中的第一行说明当前绘制的多段线的宽度为 0.0000，该值为上次执行 PLINE 命令后设定的宽度值。

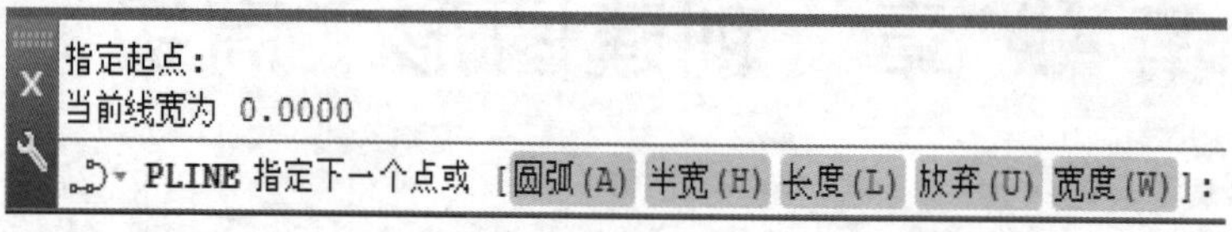

图 4.1.3　命令行提示（一）

Step4. 指定多段线的第三点。系统命令行提示图 4.1.4 所示的信息，将鼠标光标移至第三位置点 C 并单击。

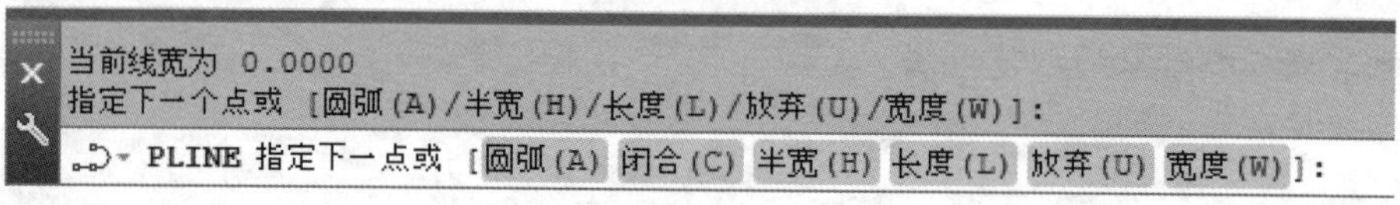

图 4.1.4　命令行提示（二）

图 4.1.4 所示的命令行提示中的选项说明如下。

- 圆弧(A)选项：切换到多段线圆弧模式以绘制圆弧段。该命令提供了一系列与 ARC 命令相似的选项。
- 闭合(C)选项：系统将以当前模式绘制一条线段（从当前点到所绘制的第一条线段的起点）来封闭多段线。
- 半宽(H)选项：通过提示用户指定多段线的中线到其边沿的距离（半个线宽）来指定下一个线段的宽度。用户可分别设置起点处的线宽和端点处的线宽来创建一个线宽逐渐变化的多段线。此后，系统将使用上一个线段末端点的宽度来绘制后面的线段，除非用户再次更改宽度。
- 长度(L)选项：绘制特定长度的线段，以上一个线段的角度方向继续绘制线段。
- 放弃(U)选项：删除多段线的上一段。
- 宽度(W)选项：与半宽(H)选项不同的是，要求指定下一个线段的整个宽度。

Step5. 按 Enter 键结束操作。至此完成图 4.1.1 所示的普通多段线绘制。

2. 绘制带圆弧的多段线

在绘制多段线过程中，当选择了圆弧(A)选项时，多段线命令将切换到圆弧模式，在该模式下，新的多段线的线段将按圆弧段来创建，圆弧的起点是上一线段的端点。在默认情况下，通过指定各弧段的端点来绘制圆弧段，并且绘制的每个后续圆弧段与上一个圆弧或线段相切。下面介绍几种常用的绘制方法。

方法一：用端点绘制带圆弧的多段线。

下面说明图 4.1.5 所示绘制带圆弧多段线的一般操作步骤。

Step1. 选择“多段线”命令。选择下拉菜单 绘图(D) → 多段线(P) 命令。

Step2. 指定多段线的第一点 A；指定多段线的第二点 B；在命令行中输入字母 A 后按 Enter 键，再指定圆弧段的端点 C；按 Enter 键结束多段线绘制。

方法二：利用角度绘制带圆弧的多段线。

下面说明图 4.1.6 所示的利用角度绘制带圆弧多段线的一般操作步骤。

Step1. 选择下拉菜单 绘图(D) → 多段线(P) 命令。

Step2. 指定多段线的第一点 A；指定多段线的第二点 B。

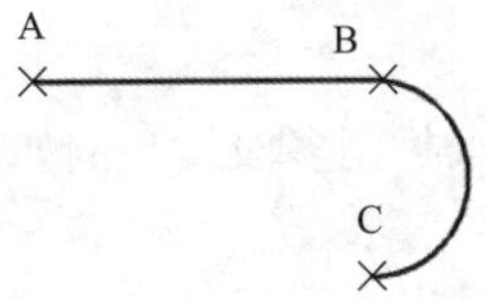

图 4.1.5 指定圆弧的端点

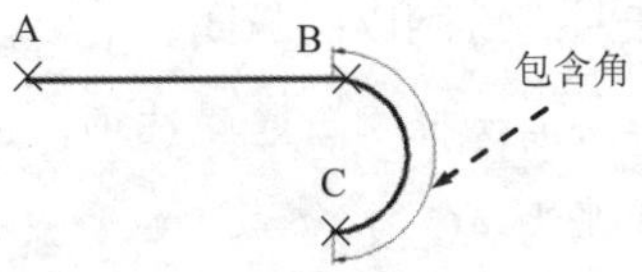

图 4.1.6 指定圆弧的角度

Step3. 指定多段线的圆弧。

（1）在命令行中输入字母 A 后按 Enter 键。

命令行提示中各选项的说明如下。

- 角度(A)选项：指定包含角。
- 圆心(CE)选项：指定圆弧段的圆心。
- 闭合(CL)选项：通过绘制一个圆弧段来封闭多段线。
- 方向(D)选项：指定圆弧段与上一个线段相切的起始方向。
- 半宽(H)选项：指定半线宽。
- 直线(L)选项：切换到多段线直线模式，可以绘制直线段多段线。
- 半径(R)选项：指定圆弧段的半径。
- 第二个点(S)选项：指定圆弧将通过的另外两点。
- 放弃(U)选项：删除上一段多段线。
- 宽度(W)选项：指定多段线下一段的整个线宽。

（2）在命令行指定夹角:的提示下，输入数值-180 后按 Enter 键；命令行提示指定圆弧的端点或 [圆心(CE)/半径(R)]:，可根据此提示中的不同选项进行操作。

- 如果执行指定圆弧的端点选项：直接将鼠标光标移至圆弧的端点处并单击。
- 如果执行圆心(CE)选项：输入字母 CE 并按 Enter 键，然后在命令行指定圆弧的圆心:的提示下，将鼠标光标移至图 4.1.7 中的圆心 C 处并单击。
- 如果执行半径(R)选项：输入字母 R 并按 Enter 键，然后在命令行指定圆弧的半径:的提示下输入圆弧的半径值，再在指定圆弧的弦方向 <0>:的提示下，将鼠标光标移至图 4.1.8 所示的方位并单击。

Step4. 按 Enter 键结束操作，至此完成带圆弧的多段线绘制。

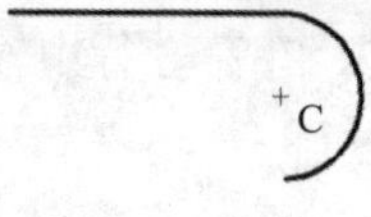

图 4.1.7　指定圆弧的“圆心”

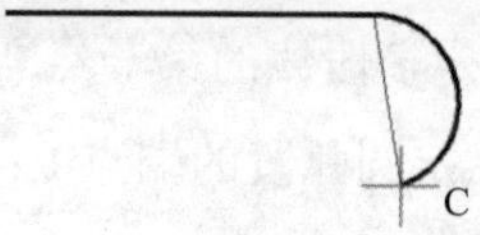

图 4.1.8　指定圆弧的“弦方向”

方法三：利用圆心绘制带圆弧的多段线。

此方法需先选择圆心(CE)选项，指定圆弧段的圆心，然后再指定圆弧的角度、弦长或端点。例如，在图 4.1.9 中是指定端点 D 创建圆弧，在图 4.1.10 中是指定弦长创建圆弧。

方法四：绘制以圆弧闭合的多段线。

此方法需选择闭合(CL)选项，通过绘制一个圆弧段来封闭多段线。例如，图 4.1.11 中的封闭圆弧为 AC 段。

方法五：指定方向绘制带圆弧的多段线。

此方法先选择方向(D)选项，指定圆弧段与上一个线段相切的起始方向，然后再指定端点。例如，在图 4.1.12 中是指定方向 D 创建圆弧。

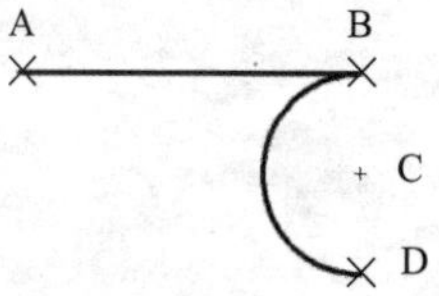

图 4.1.9　指定圆弧的“端点”

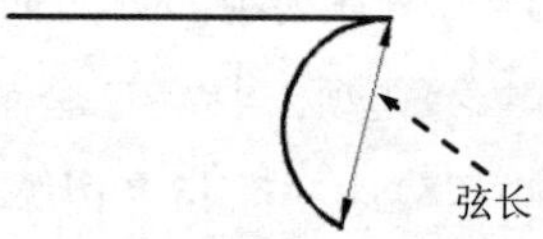

图 4.1.10　指定圆弧的“弦长”

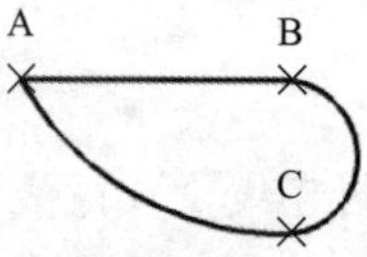

图 4.1.11　以圆弧闭合的多段线

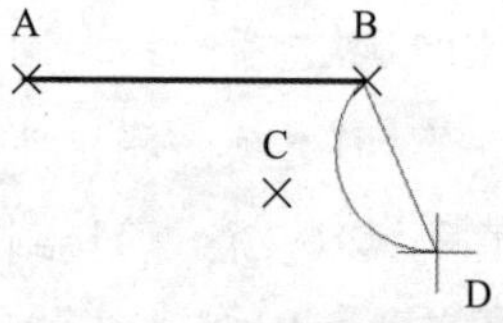

图 4.1.12　指定圆弧的“方向”

方法六：指定半宽绘制带圆弧的多段线。

即选取半宽(H)选项指定半线宽。下面以图 4.1.13 所示的等宽度多段线为例，说明其绘制过程。

Step1. 选择下拉菜单 绘图(D) → 多段线(P) 命令。

Step2. 指定多段线的第一点 A；指定多段线的第二点 B。

Step3. 定义多段线的圆弧：在命令行中输入字母 A 后按 Enter 键；在命令行中输入字母 H 后按 Enter 键。设置半宽会遇到下列两种情况。

情况一：等宽度，即起点和端点（末点）的宽度相同，如图 4.1.13 所示。

情况二：变宽度，即起点和端点（末点）的宽度不相同，如图 4.1.14 所示。

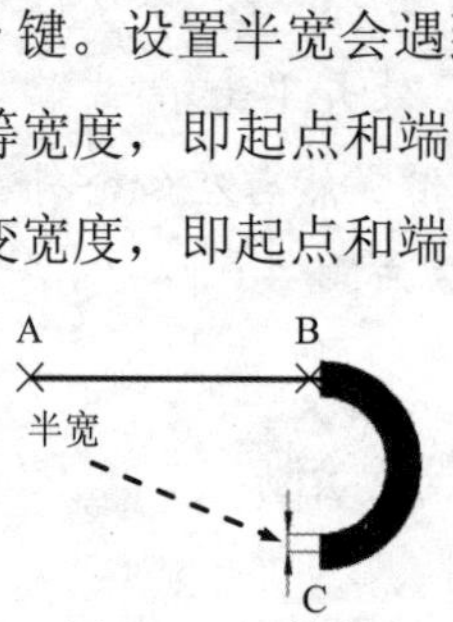

图 4.1.13　等宽度

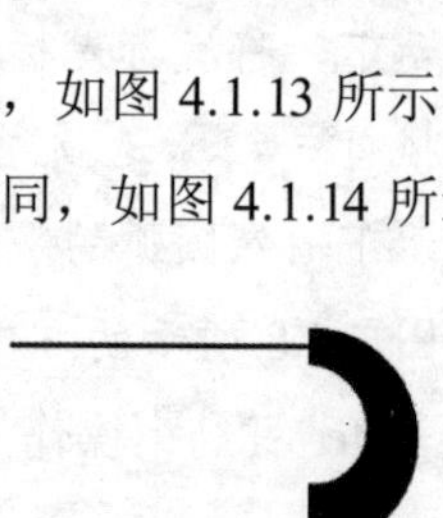

图 4.1.14　变宽度

Step4. 指定圆弧的端点 C。

Step5. 按 Enter 键完成多段线的绘制。

3．绘制闭合的多段线

图 4.1.15 所示的闭合的多段线的绘制过程：选择下拉菜单 绘图(D) → 多段线(P) 命令，依次指定多段线的三个点 A、B、C，再输入字母 C 后按 Enter 键，系统将会自动闭合多段线。

4．指定长度绘制多段线

图 4.1.16 所示的指定长度多段线的绘制过程：选择下拉菜单 绘图(D) → 多段线(P) 命令；指定多段线的第一点 A；在命令行中输入字母 L 后按 Enter 键，在指定直线的长度：的提示下，输入长度值 10 后按 Enter 键（得到线段 AB）；在命令行中输入字母 L 后按 Enter 键，输入长度值 30 后按 Enter 键（得到线段 BC）；按 Enter 键结束操作。

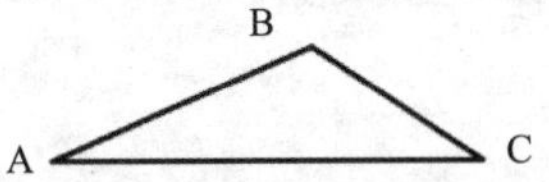

图 4.1.15　绘制“闭合”的多段线

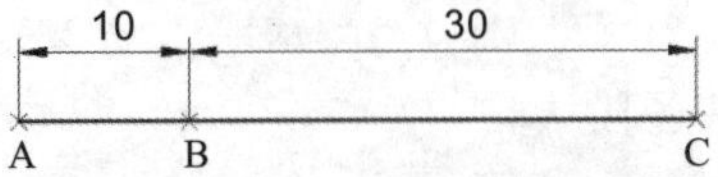

图 4.1.16　指定“长度”绘制多段线

5．指定宽度绘制多段线

指定多段线的宽度，如图 4.1.17（等宽度）和图 4.1.18（变宽度）所示。相关操作参见“指定半宽绘制带圆弧的多段线”。

图 4.1.17　等宽度

图 4.1.18　变宽度

4.1.2　编辑多段线

用户可以用 PEDIT 命令对多段线进行各种形式的编辑，既可以编辑一条多段线，也可以同时编辑多条多段线，下面将分别进行介绍。

1．闭合多段线

闭合（C）多段线，即在多段线的起始端点到最后一个端点之间绘制一条多段线的线段。下面以图 4.1.19 为例说明多段线闭合的一般操作步骤。

Step1. 打开文件 D:\AutoCAD2017.1\work\ch04.01\pedit1.dwg。

Step2. 选择下拉菜单 修改(M) → 对象(O) → 多段线(P) 命令。

Step3. 选择多段线。命令行提示选择多段线或 [多条(M)]:，用鼠标选取要编辑的多段线。

Step4. 闭合多段线。在命令行中输入字母 C 后按 Enter 键。

Step5. 按 Enter 键结束多段线的编辑操作。

2. 打开多段线

打开（O）多段线，即删除多段线的闭合线段。下面以图 4.1.20 为例说明将多段线打开的一般操作步骤。

a）闭合前　　b）闭合后

图 4.1.19　闭合多段线

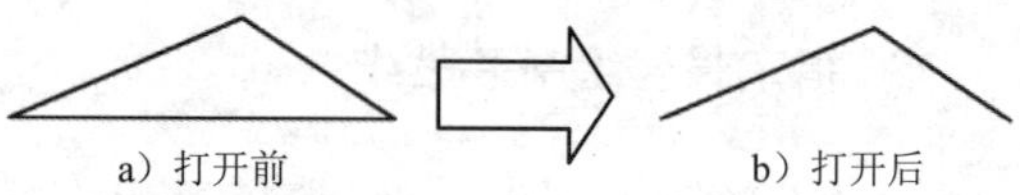

a）打开前　　b）打开后

图 4.1.20　打开多段线

Step1. 打开文件 D:\AutoCAD2017.1\work\ch04.01\pedit2.dwg。

Step2. 选择下拉菜单 修改(M) → 对象(O) → 多段线(P) 命令；选择多段线。

Step3. 在命令行中输入字母 O 后按 Enter 键；按 Enter 键结束操作。

3. 合并多段线

合并（J）多段线，即连接多段线、圆弧和直线以形成一条连续的二维多段线。注意所选取的多段线必须是开放的多段线。假如要合并对象的端点与所选多段线的端点不重合，就要用多选的方法。此时，如果给定的模糊距离可以将端点包括在内，则可以将不相接的多段线合并。模糊距离是指两端点相距的最大距离，在此距离范围内的两端点可以连接。下面以图 4.1.21 和图 4.1.22 为例说明合并多段线的一般操作步骤。

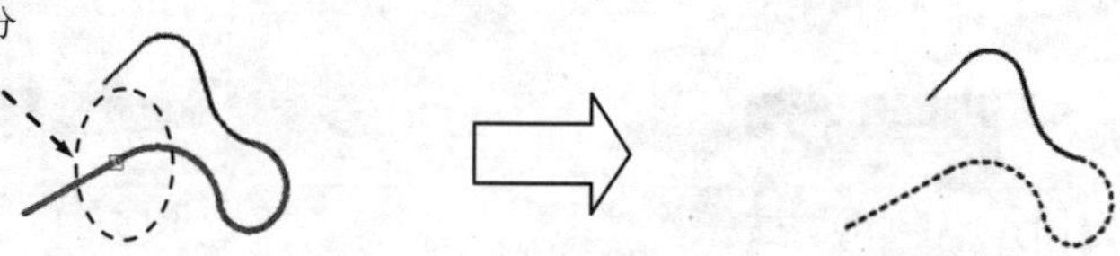

a）打开文件后，选择部分多段线　　b）选择部分多段线后

图 4.1.21　打开文件并选择部分多段线

Step1. 打开文件 D:\AutoCAD2017.1\work\ch04.01\pedit3.dwg。

Step2. 选择下拉菜单 修改(M) → 对象(O) → 多段线(P) 命令。

Step3. 选择多段线。将鼠标光标移至图 4.1.21a 所示的多段线上并单击。

Step4. 合并多段线。

（1）在命令行中输入字母 J 后按 Enter 键。

（2）在命令行选择对象：的提示下，将鼠标移动到图 4.1.22a 所示的多段线上并单击，按 Enter 键结束选择，然后按 Enter 键结束操作。

a）选定其余的对象

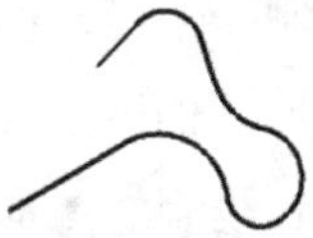
b）“合并”后的多段线

图 4.1.22 合并多段线

4．多段线线型生成

对于以非连续线型绘制的多段线，可通过线型生成（L）选项来设置其顶点处的绘制方式。当该项设置为“关（OFF）”时，多段线的各线段将独立地采用此非连续线型，顶点处均为折线。而当该项设置为“开（ON）”时，则在整条多段线上连续采用该非连续线型，在顶点处也可能出现断点。下面以图 4.1.23 和图 4.1.24 所示多段线为例，说明多段线线型生成的一般操作步骤。

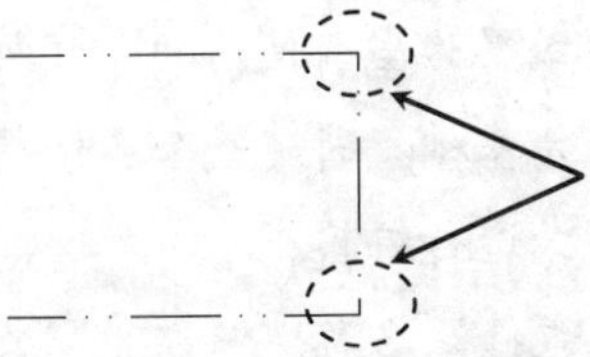
图 4.1.23 线型生成设置为“开”

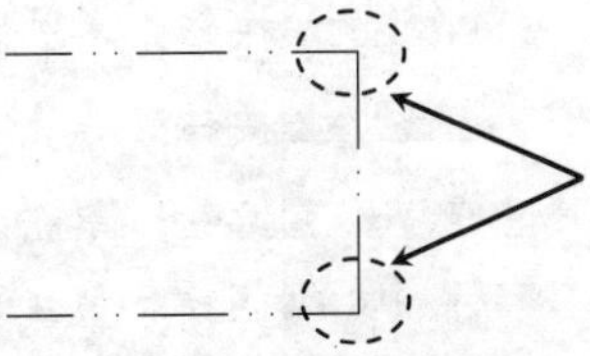
图 4.1.24 线型生成设置为“关”

Step1．打开文件 D:\AutoCAD2017.1\work\ch04.01\pedit4.dwg。

Step2．选择下拉菜单 修改(M) → 对象(O) → 多段线(P) 命令，选取多段线。

Step3．多段线线型生成。在命令行中输入字母 L（即选择 线型生成(L) 选项）后按 Enter 键，然后在命令行 输入多段线线型生成选项 [开(ON)/关(OFF)] 的提示下，输入选项 OFF 后按 Enter 键，再次按 Enter 键结束操作。

注意：线段在实线状态下无法观察到多段线的线型生成效果，因此必须将线段设置到点画线状态再察看设置效果。

4.2 创建多线

4.2.1 绘制多线

多线是由多条平行且连续的直线段复合组成的一种复合线，其在建筑制图中是必不可少的工具。这种线的显著优点是提高绘图效率，保证图线之间的一致性。

1. 设置多线样式

由于在绘制多线后，多线的属性无法更改，在绘制多线前需先设置多线的样式。下面通过图 4.2.1a 所示的图形（由基础样式创建的图形）为例，说明绘制图 4.2.1b 所示（使用新建的多线样式绘制的图形）的多线的一般操作步骤。

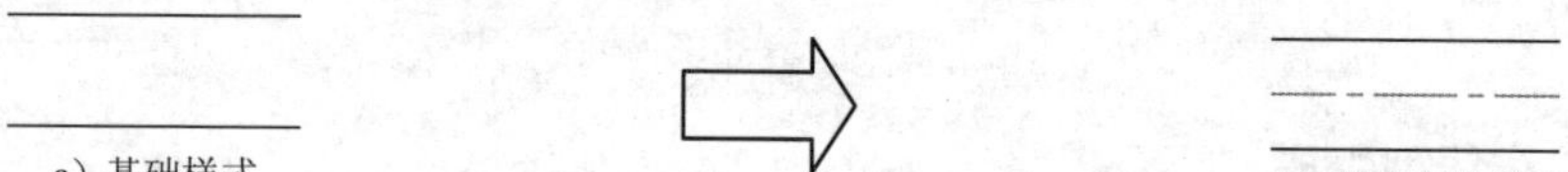

a）基础样式　　b）新建多线样式

图 4.2.1　绘制多线

Step1. 打开文件 D:\AutoCAD2017.1\work\ch04.02\Part_temp_A3.dwg。

Step2. 选择下拉菜单 格式(O) → 多线样式(M)... 命令，系统弹出“多线样式”对话框。

“多线样式”对话框中各选项说明如下。

- 当前多线样式: STANDARD 区域：显示当前使用的多线样式名为 STANDARD。
- 样式(S): 区域：在其下的列表中显示当前文件中所有的多线样式。
- 置为当前(U) 按钮：单击该按钮，可将选中的多线样式置为当前使用的多线样式。
- 新建(N)... 按钮：单击该按钮，以选中的多线样式为基础，新建一个多线样式。
- 修改(M)... 按钮：单击该按钮，可对选中的多线样式进行编辑。
- 重命名(R) 按钮：单击该按钮，可对选中的多线样式修改名称。
- 删除(D) 按钮：单击该按钮，可删除当前选中的多线样式。
- 加载(L)... 按钮：单击该按钮，可加载一个硬盘上现有的多线样式。
- 保存(A)... 按钮：单击该按钮，可将选中的多线样式保存在硬盘上。
- 说明: 区域：在其下的区域中可显示选中多线样式中的说明。
- 预览: STANDARD 区域：在其下的区域中显示当前选中多线样式的预览效果。

Step3. 在“多线样式”对话框 样式(S): 下的列表中选择 STANDARD 选项，单击 新建(N)... 按钮。

Step4. 在系统弹出的“创建新的多线样式”对话框的 新样式名(N): 文本框中输入新建样式名称“AAA”，单击 继续 按钮，系统弹出“新建多线样式：AAA”对话框。

“新建多线样式：AAA”对话框中各选项说明如下。

- 说明(P): 文本框：在该文本框中可对多线样式添加文字说明。
- 封口 区域：可使用该区域中的选项，对多线样式设置不同的封口样式。
- 直线(L): 选项：封口样式使用直线，如图 4.2.2a 所示。
- 外弧(O): 选项：封口样式使用外侧弧，如图 4.2.2b 所示。
- 内弧(R): 选项：封口样式使用最内侧弧，如图 4.2.2c 所示。
- 角度(N): 选项：封口样式使用带角度直线，如图 4.2.2d 所示。
- 填充 区域：可在该区域 填充颜色(F): 下拉列表中选择一种颜色作为多线填充色，如图

4.2.2e 所示。

- 显示连接(J):复选框：选中其后的复选框，在创建带拐角的多线时会自动在顶点处显示一条连接线，如图 4.2.2f 所示。

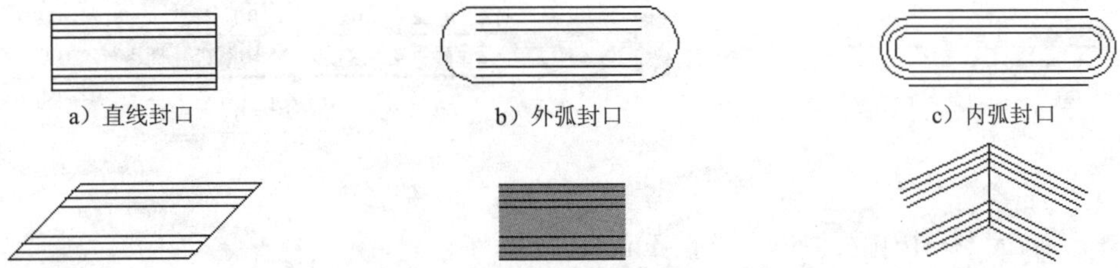

a）直线封口　b）外弧封口　c）内弧封口

d）角度封口（45° 直线封口）　e）填充（无封口）　f）显示连接（无封口）

图 4.2.2　各类多线样式

- 图元(E)区域：在其下的列表中显示组成多线的属性，包含图元的偏移、颜色及线型。
- 添加(A)按钮：单击该按钮，可在图元(E)下的列表中添加一种图元。当选中的图元位于列表中最上端，则在其下方添加一种图元；若选中的图元位于列表中的其他位置，则会在选中图元的上端添加一种图元。当设置了偏移值后，添加的图元会根据设置的偏移量进行排序。
- 删除(D)按钮：单击该按钮，可删除当前选中的图元。
- 偏移(S):文本框：在该文本框中可设置当前选中图元的偏移值。
- 颜色(C):下拉列表：可在该下拉列表中选择一种颜色用以设置选中的图元的颜色。
- 线型:选项：单击其后的线型(Y)...按钮，在系统弹出的“选择线型”对话框中可设置选中的图元的线型。

Step5. 单击添加(A)按钮，在图元(E)下的列表中添加一种新的图元。

Step6. 设置新图元的属性。在图元(E)下的列表中选择 Step5 中添加的图元，在偏移(S):的文本框中输入新图元的偏移值 0，在颜色(C):后的下拉列表中选择“绿”选项，单击线型:后的线型(Y)...按钮，在系统弹出的“选择线型”对话框中选择线型为CENTER2，单击确定按钮，完成线型的设置，其他参数采用系统默认的设置值。

Step7. 在“新建多线样式：AAA”对话框中单击确定按钮，返回至“多线样式”对话框，在样式(S):下的列表中选择AAA选项，此时会在预览：AAA下的区域中显示样式AAA的预览效果。

Step8. 单击置为当前(U)按钮，将样式AAA置为当前使用的多线样式，单击确定按钮，关闭“多线样式”对话框。

2. 绘制多线

多线样式设置完成后，就可使用当前多线样式绘制多线。下面就以图 4.2.3 所示的多线为例讲解其绘制的一般操作步骤。

Step1. 选择多线命令。选择下拉菜单绘图(D) → 多线(U)命令，在命令行中显示图

4.2.4 所示的提示。

说明：或者在命令行中输入字母 ML 后按 Enter 键。

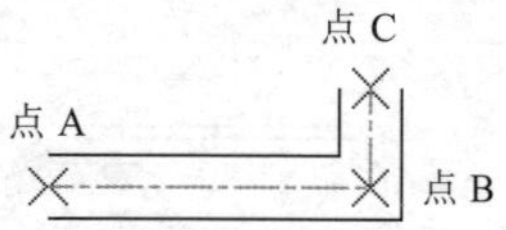

图 4.2.3　绘制多线

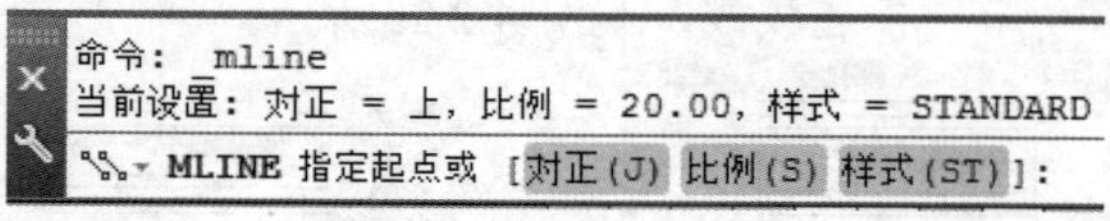

图 4.2.4　命令提示

Step2. 定义对正方式。

（1）在命令行中输入字母 J 并按 Enter 键。

（2）在命令行输入对正类型 [上(T)/无(Z)/下(B)] <上>: 的提示下输入字母 Z（选择对正类型为“无”）并按 Enter 键。

说明：根据多线的绘制过程，从左至右绘制水平的多线时，光标在上为上对正（图 4.2.5a），光标在下为下对正（图 4.2.5b），在中为无对正（图 4.2.5c）。

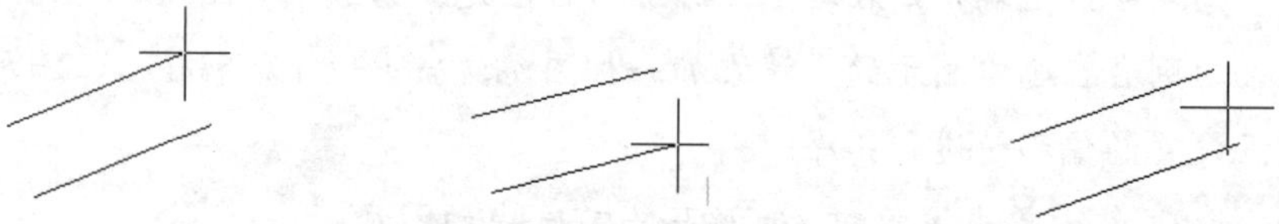

a）上对正　　b）下对正　　c）无对正

图 4.2.5　对正类型

Step3. 定义多线比例。在命令行指定起点或 [对正(J)/比例(S)/样式(ST)]: 的提示下输入字母 S 并按 Enter 键，输入比例值 20 后再按 Enter 键。

说明：比例为多线样式中设定的上下两个图元偏移值之和的倍数，当多线的比例为 1.0 时，所绘制的多线的宽度为多线样式中设定的上下两个图元偏移值之和。

Step4. 绘制多线。依次单击图 4.2.3 所示的点 A、点 B 和点 C，按 Enter 键结束绘制。

4.2.2 编辑多线

在绘制多线后，往往还需要进行编辑，可在“多线编辑工具”对话框中选择编辑方法。可使用下列方法激活多线编辑命令，打开“多线编辑工具”对话框。

- 选择下拉菜单 修改(M) → 对象(O) → 多线(M)... 命令。
- 双击要编辑的多线。
- 在命令行中输入 MLEDIT 并按下 Enter 键。

下面分别介绍几种编辑多线的方法。

1. 多线的十字编辑工具

Step1. 打开文件 D:\AutoCAD2017.1\work\ch04.02\mline_edit.dwg。

Step2．选择命令。选择下拉菜单 修改(M) → 对象(O) → 多线(M)... 命令，系统弹出“多线编辑工具”对话框。

Step3．选择编辑方法。在该对话框中单击“十字闭合”按钮，关闭“多线编辑工具”对话框。

Step4．选取编辑对象。在命令行 选择第一条多线: 的提示下选取图 4.2.6a 所示的多线 1，在命令行 选择第二条多线: 的提示下选取图 4.2.6a 所示的多线 2，按下 Enter 键完成编辑，结果如图 4.2.6b 所示。

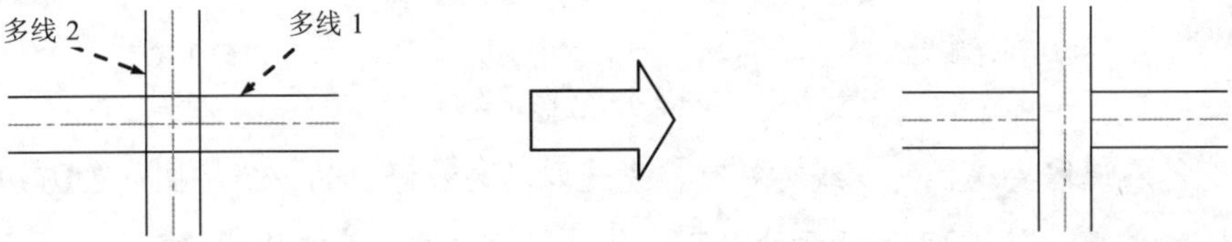

a）闭合前　　b）闭合后

图 4.2.6　十字闭合

注意：在选取要编辑的多线对象时，先选取的为被修剪的多线；图 4.2.7b 所示为“十字打开”的效果，图 4.2.8b 所示为“十字合并”的效果，其操作步骤参照“十字闭合”即可。

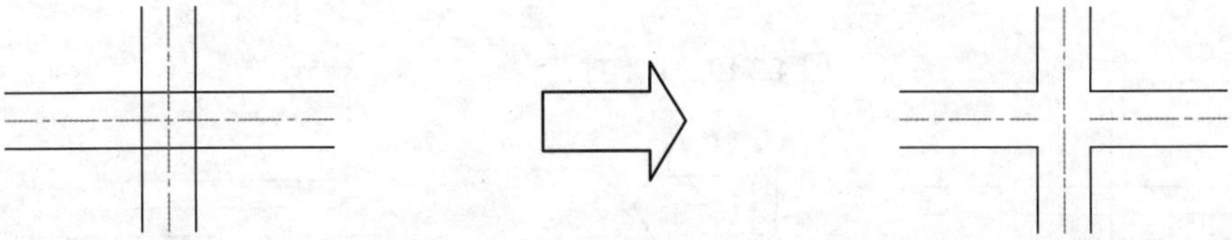

a）打开前　　b）打开后

图 4.2.7　十字打开

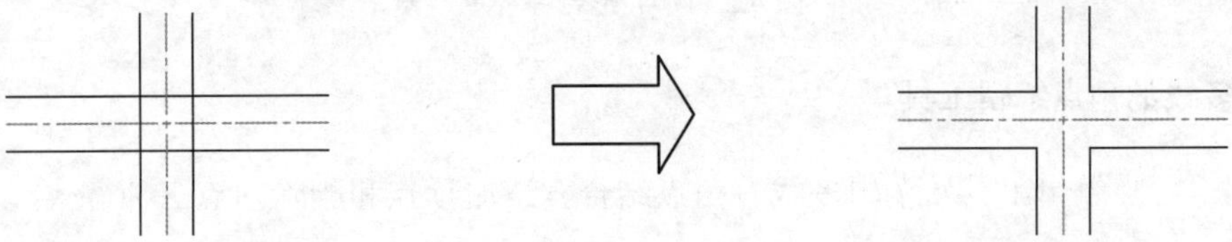

a）合并前　　b）合并后

图 4.2.8　十字合并

2．多线的 T 形编辑工具

Step1．打开文件 D:\AutoCAD2017.1\work\ch04.02\mline_edit.dwg。

Step2．选择命令。选择下拉菜单 修改(M) → 对象(O) → 多线(M)... 命令，系统弹出“多线编辑工具”对话框。

Step3．选择编辑方法。在该对话框中单击“T 形闭合”按钮，关闭“多线编辑工具”

对话框。

Step4. 选取编辑对象。在命令行选择第一条多线:的提示下选取图 4.2.9a 所示的多线 1，在命令行选择第二条多线:的提示下选取图 4.2.9a 所示的多线 2，按下 Enter 键完成编辑，结果如图 4.2.9b 所示。

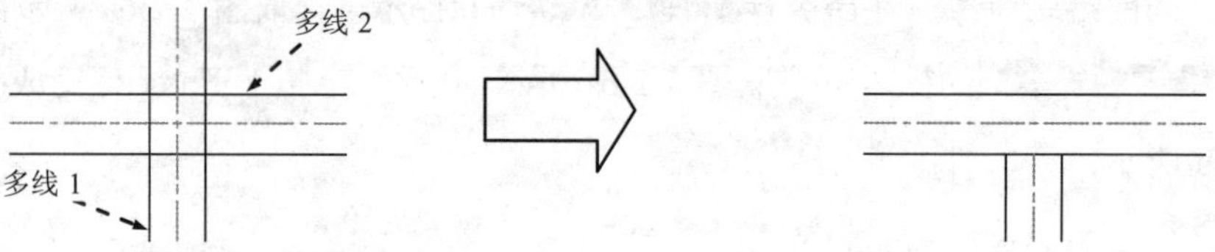

a）闭合前　　b）闭合后

图 4.2.9　T 形闭合

注意：在选取要编辑的多线对象时，先选取的为被修剪的多线。图 4.2.10b 所示为“T 形打开”的效果，图 4.2.11b 所示为“T 形合并”的效果，其操作步骤参照“T 形闭合”即可。

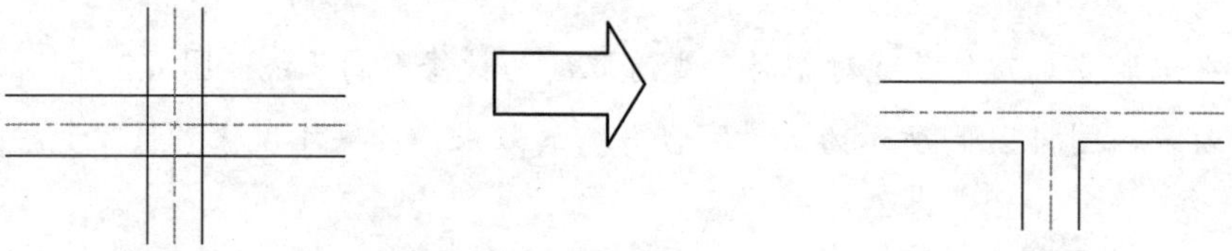

a）打开前　　b）打开后

图 4.2.10　T 形打开

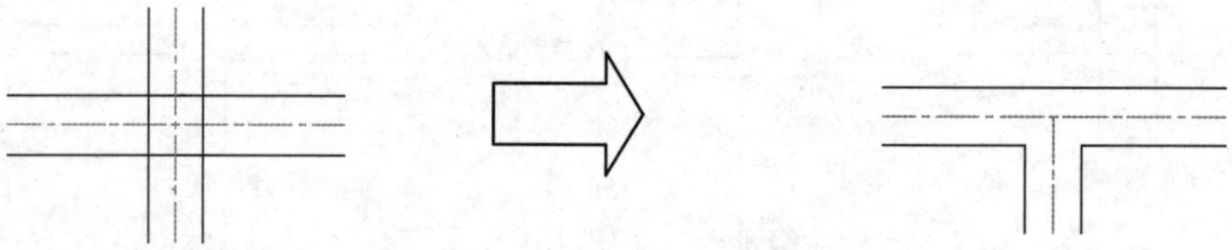

a）合并前　　b）合并后

图 4.2.11　T 形合并

3. 多线的角点编辑工具

使用“角点编辑工具”编辑多线有角点结合、添加顶点和删除顶点三种方式，下面将分别介绍。

第一种：角点结合。

Step1. 打开文件 D:\AutoCAD2017.1\work\ch04.02\mline_edit.dwg。

Step2. 选择命令。选择下拉菜单 修改(M) → 对象(O) → 多线(M)... 命令，系统弹出“多线编辑工具”对话框。

Step3. 选择编辑方法。在该对话框中单击“角点结合”按钮，关闭“多线编辑工具”对话框。

Step4. 选取编辑对象。在命令行选择第一条多线:的提示下选取图 4.2.12a 所示的多线 1，在命令行选择第二条多线:的提示下选取图 4.2.12a 所示的多线 2，按下 Enter 键完成编辑，结果如图 4.2.12b 所示。

注意：在选取要编辑的多线对象时，光标选取的一侧为结合后保留的部分。

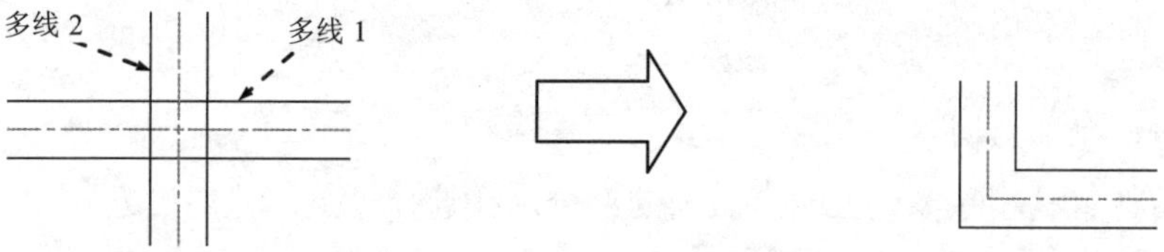

a）结合前　　b）结合后

图 4.2.12　角点结合

第二种：添加顶点。

在选择“添加顶点”方式后单击图 4.2.13a 所示的多线上的点 A，按 Enter 键结束命令。然后再选取多线，将多线上的点 A 移动至图 4.2.13b 所示的点 B 即可为多线添加顶点。

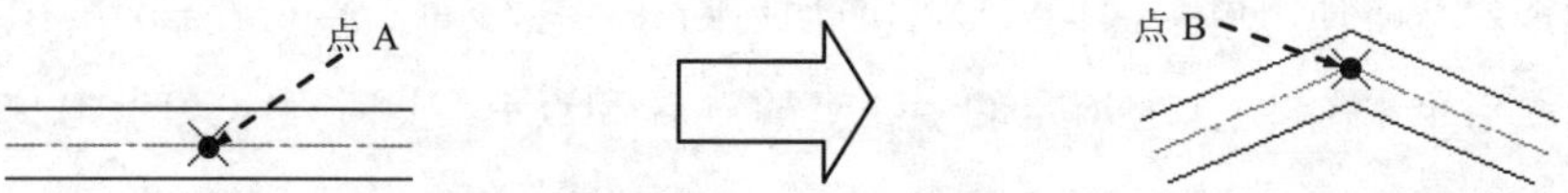

a）添加前　　b）添加后

图 4.2.13　添加顶点

第三种：删除顶点。

在选择“删除顶点”方式后单击图 4.2.14a 所示的多线上的 A 点，然后按 Enter 键结束命令，结果如图 4.2.14b 所示。

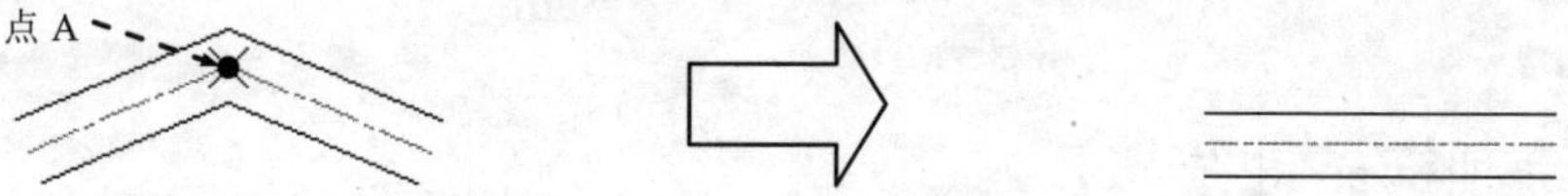

a）删除前　　b）删除后

图 4.2.14　删除顶点

4．多线的剪切工具

使用“剪切工具”编辑多线有单个剪切、全部剪切和全部接合三种方式，下面将分别介绍。

第一种：单个剪切。

单个剪切就是删除多线单个图元上两点之间的部分。在选择“单个剪切”方式后单击图 4.2.15a 所示的多线上的点 A 和点 B，此时点 A 和点 B 之间的部分被移除，如图 4.2.15b 所示。

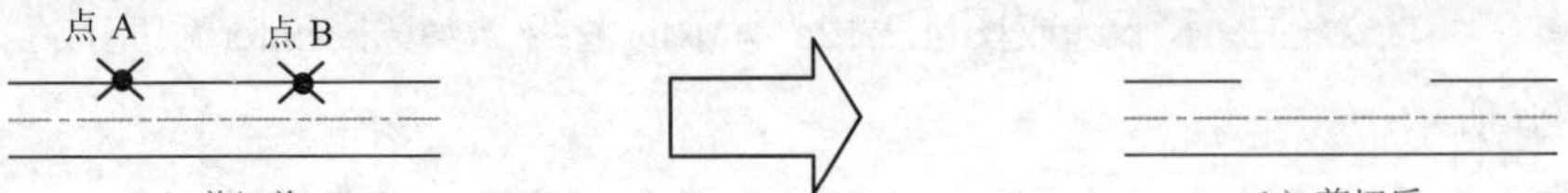

a）剪切前　　b）剪切后

图 4.2.15　单个剪切

第二种：全部剪切。

全部剪切就是删除多线上两点之间的部分。在选择“全部剪切”方式后单击图 4.2.16a 所示的多线上的点 A 和点 B，此时点 A 和点 B 之间的部分被移除，如图 4.2.16b 所示。

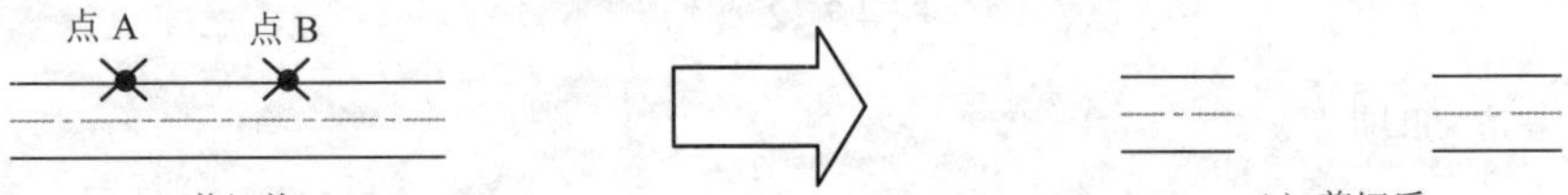

a）剪切前　　b）剪切后

图 4.2.16　全部剪切

第三种：全部接合。

全部接合就是将使用单个剪切或全部剪切后断开的多线重新接合在一起。在选择“全部剪切”方式后单击图 4.2.17a 所示的多线上的点 A 和点 B，此时点 A 和点 B 之间的部分重新接合在一起，如图 4.2.17b 所示。

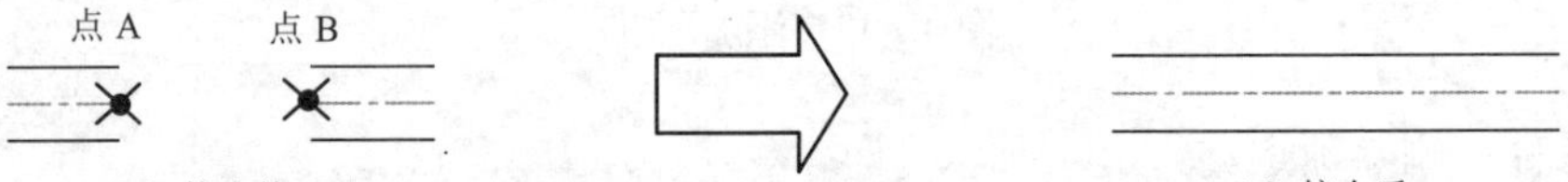

a）接合前　　b）接合后

图 4.2.17　全部接合

4.3　创建样条曲线

4.3.1　绘制样条曲线

样条曲线是由一组点定义的光滑曲线，它是一种拟合曲线。在 AutoCAD 中，样条曲线的类型是非均匀有理 B 样条（NURBS）。这种类型的曲线适宜于表达具有不规则变化曲率半径的曲线，如船体和手机的轮廓曲线、机械图形的断面、地形外貌轮廓线等。绘制样条曲线常用的方法有如下几种。

1．指定点绘制样条曲线

用指定的点绘制样条曲线。

打开文件 D:\AutoCAD2017.1\work\ch04.03\spline1.dwg。

方法一：绘制闭合样条曲线。

下面以图 4.3.1 所示的样条曲线为例，说明绘制闭合样条曲线的一般操作步骤。

Step1. 选择样条曲线命令。选择下拉菜单 绘图(D) → 样条曲线(S) → 拟合点(F) 命令。

说明：或者单击 默认 选项卡下“绘图”面板下侧的 绘图 ▾ 按钮，在展开的工具栏中单击“样条曲线拟合”按钮；或者在命令行中输入命令 SPLINE 后按 Enter 键。

Step2. 指定样条曲线的拟合点。依次选取图 4.3.2 所示的 A、B、C、D、E 五个位置点。

Step3. 闭合样条曲线。在命令行 输入下一个点或 [端点相切(T)/公差(L)/放弃(U)/闭合(C)]: 的提示下，输入字母 C 后按 Enter 键。

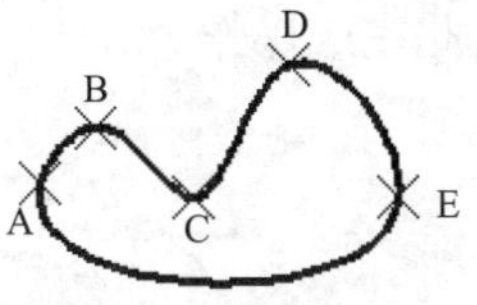

图 4.3.1 绘制闭合样条曲线

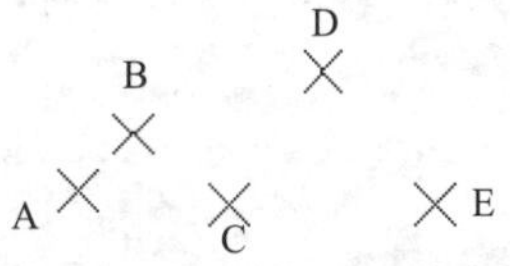

图 4.3.2 样条曲线的拟合点

方法二：设置拟合公差绘制样条曲线。

即以现有点根据新公差重新定义样条曲线。如果公差值为 0，则样条曲线通过拟合点；如果公差值大于 0，则样条曲线将在指定的公差范围内通过拟合点。用户可以重复更改拟合公差。下面以图 4.3.3 和图 4.3.4 为例来说明其一般操作步骤。

Step1. 选择样条曲线命令。选择下拉菜单 绘图(D) → 样条曲线(S) → 拟合点(F) 命令。

Step2. 指定样条曲线的拟合点。依次选取 A、B、C、D、E 五个位置点。

Step3. 设置拟合公差值。

（1）在命令行中输入字母 L 后按 Enter 键。

（2）命令行提示 指定拟合公差<0.0000>: ，此时依次输入公差值将会出现不同的情况。

情况一：公差值为 0。在命令行中输入数值 0 后按 Enter 键，效果如图 4.3.3 所示。

情况二：指定公差值。在命令行中输入公差值 2，结果如图 4.3.4 所示。

Step4. 完成样条曲线绘制。按 Enter 键以结束操作。

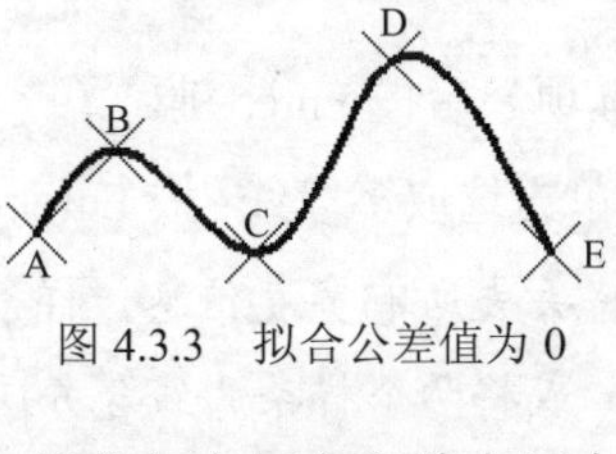

图 4.3.3 拟合公差值为 0

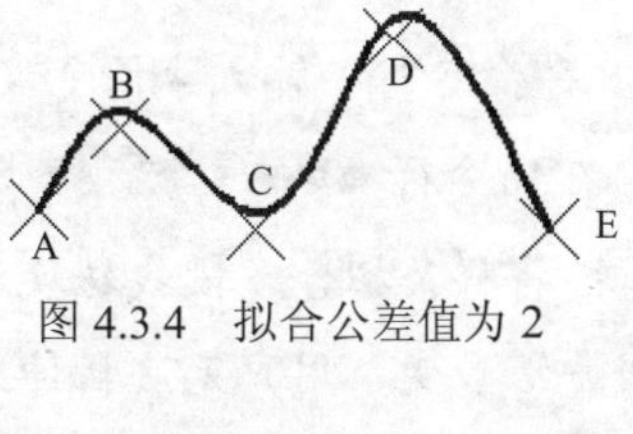

图 4.3.4 拟合公差值为 2

方法三：指定起点切向和端点切向绘制样条曲线。

下面以图 4.3.5 为例，说明指定起点切向和端点切向绘制样条曲线的一般操作步骤。

Step1. 选择样条曲线命令。选择下拉菜单 绘图(D) → 样条曲线(S) → 拟合点(F) 命令。

Step2. 指定起点相切。

（1）指定起点。选取A点作为样条曲线的起点。

（2）在输入下一个点或 [起点切向(T)/公差(L)]的提示下输入字母T，按Enter键。

（3）指定样条曲线的起点切向和拟合点。依次选取样条曲线的B、C、D、E四个位置点，此时样条曲线如图4.3.6所示。

Step3. 定义样条曲线的端点切向。

（1）在输入下一个点或 [端点相切(T)/公差(L)/放弃(U)/闭合(C)]:的提示下，输入字母T并按Enter键。

（2）在指定端点切向:的提示下，在F点处单击。至此完成操作。

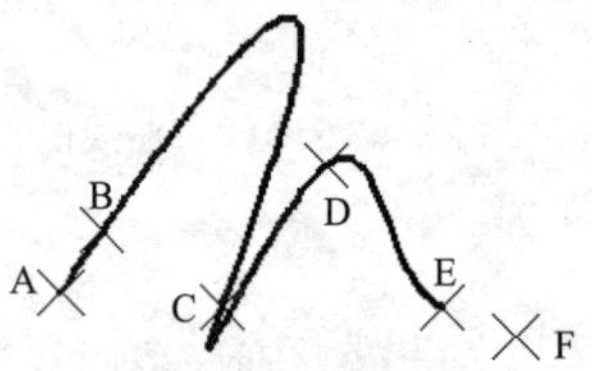

图4.3.5 指定起点切向和端点切向绘制样条曲线

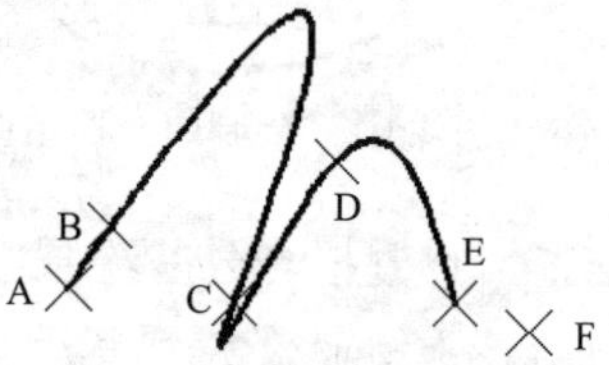

图4.3.6 指定起点切向

2. 指定对象绘制样条曲线

可以将二维或三维的二次或三次样条拟合多段线转换成等价的样条曲线，并删除多段线。样条曲线与样条拟合多段线相比，具有如下优点：

① 样条曲线占用磁盘空间较小。

② 样条曲线比样条拟合多段线更精确。

下面以图4.3.7为例，说明用指定对象的方法绘制样条曲线的一般操作步骤。

Step1. 打开文件D:\AutoCAD2017.1\work\ch04.03\spline2.dwg，此多段线已“样条化”，如图4.3.7a所示。

Step2. 选择样条曲线命令。选择下拉菜单 绘图(D) → 样条曲线(S) → 拟合点(F) 命令。

Step3. 将多线转换成样条曲线。

（1）在命令行中输入字母O（即选择对象(O)选项）后按Enter键。

（2）在命令行选择样条曲线拟合多段线:的提示下，单击选取多段线；按Enter键完成绘制。

注意：将样条拟合多段线转换为样条曲线后，将丢失所有宽度信息。样条曲线对象不像多段线灵活多变，用户无法拉伸或分解样条曲线，或将两个样条曲线合并。

a）“样条化”后的多段线

b）转换后的样条曲线

图4.3.7 指定对象绘制样条曲线

3．指定控制点绘制样条曲线

指定控制点绘制样条曲线是指利用控制点之间的切线方向从而控制样条曲线的形状。下面以图 4.3.8 为例，说明用指定控制点的方法绘制样条曲线的一般操作步骤。

Step1. 打开文件 D:\AutoCAD2017.1\work\ch04.03\spline3.dwg，如图 4.3.8a 所示。

Step2. 选择命令。选择下拉菜单 绘图(D) → 样条曲线(S) → 控制点(C) 命令。

Step3. 指定样条曲线的各控制点。依次选取 A、B、C、D、E、F、G 七个控制点后按 Enter 键完成绘制。

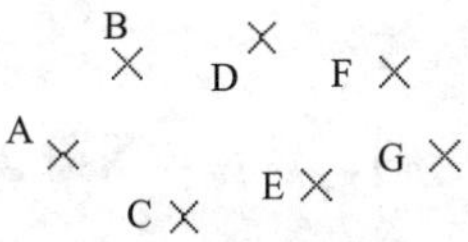

a）样条曲线的控制点

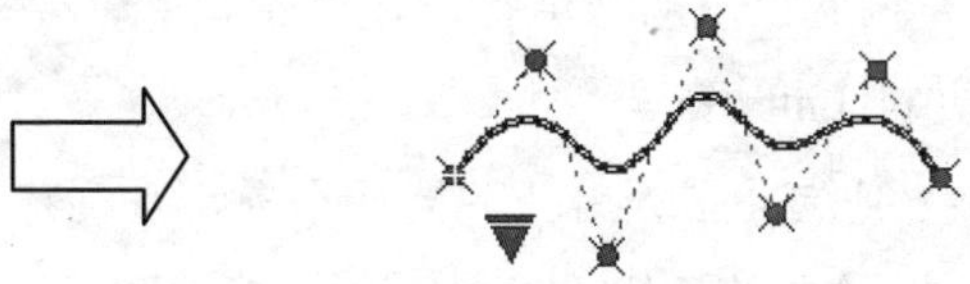
b）创建样条曲线

图 4.3.8 指定控制点绘制样条曲线

4.3.2 编辑样条曲线

在 AutoCAD 中，可以用标准的修改对象的命令对样条曲线进行如复制、旋转、拉伸、缩放、打断或修剪等一般的编辑操作，但是如果要修改已存在的样条曲线的形状，则需要使用 SPLINEDIT 命令。执行该命令并选取了要编辑的样条曲线后，系统命令行会提示信息。

4.4 徒手绘制图形

4.4.1 创建徒手线

使用徒手线（SKETCH）功能可以轻松地徒手绘制形状不规则的图形（如不规则的边界或地形的等高线、轮廓线以及签名），在利用数字化仪器追踪现有图形时，该功能也非常有用。徒手线是由许多单独的直线对象或多段线来创建的，线段越短，徒手画线就越准确，但线段太短会大大增加图形文件的字节数，因此在开始创建徒手线之前，有必要设置每个线段的长度或增量。

1．绘制徒手线

下面以图 4.4.1 为例，说明绘制徒手线的一般操作步骤。

图 4.4.1 设置记录增量值

Step1. 在命令行中输入命令 SKETCH 后按 Enter 键。

Step2. 定义徒手线的增量。

（1）在系统提示图 4.4.2 所示的信息时，输入字母 I，按 Enter 键。

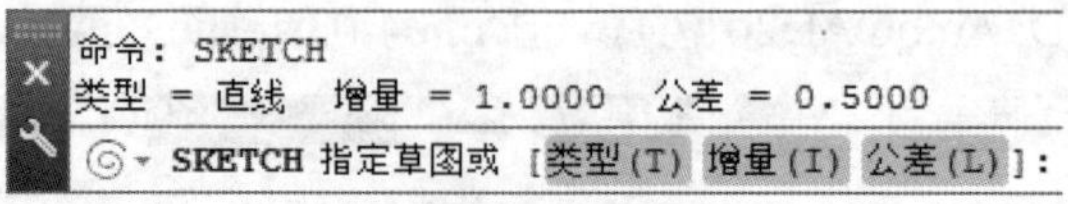

图 4.4.2　命令行提示

（2）输入记录的增量值。在系统指定草图增量 <1.0000>:的提示下输入记录草图的增量值 20，并按 Enter 键。

说明：也可以在屏幕上指定两个点，系统将计算这两点之间的距离作为增量距离。

Step3. 绘制徒手线。

（1）在指定草图或 [类型(T)/增量(I)/公差(L)]:的提示下首先单击左键，然后移动光标绘制临时的徒手线。

（2）再次单击可停止画线；按 Enter 键，完成徒手线的绘制。

2．设置徒手线的线段组成

由于在默认情况下，系统使用单独的比较短的直线段创建徒手线，这样对徒手线进行修改较为困难，而如果使用多段线绘制徒手线，则将易于编辑徒手线。系统变量 SKPOLY 用于控制 AutoCAD 是用单个直线段还是用多段线来创建徒手线。在命令行输入 SKPOLY 命令后，系统提示输入 SKPOLY 的新值，如果输入数值 0 并按 Enter 键，则表示使用直线绘制徒手线；如果输入数值 1 并按 Enter 键，则表示使用多段线绘制徒手线；如果输入数值 2 并按 Enter 键，则表示使用样条曲线绘制徒手线。

4.4.2　创建修订云线

修订云线是由一系列圆弧组成的多段线，绘制后的图形形状如云彩。在检查或用红线圈阅图形时，可用到修订云线功能。

1．绘制修订云线

下面以图 4.4.3 中封闭的修订云线为例，说明其绘制的一般操作步骤。

Step1. 选择下拉菜单 绘图(D) → 修订云线(V) 命令。

说明：或单击 默认 选项卡“绘图”面板中的 绘图▾ 按钮，在展开的工具栏中单击“修订云线”按钮；还可输入命令 REVCLOUD 并按 Enter 键。

Step2. 指定修订云线的起点。系统命令行提示图 4.4.4 所示的信息，在此提示下将鼠标移至图 4.4.3 所示的起点 A 处，然后单击。

Step3. 指定修订云线的终点。指定修订云线的终点时，会遇到两种情况。

情况一：封闭的修订云线。在命令行沿云线路径引导十字光标...的提示下，移动鼠标光标至图 4.4.3 所示的起点 A 处。绘制完成后的效果如图 4.4.3 所示。

情况二：不封闭的修订云线。移动光标至图 4.4.5 所示的终点 B 并按 Enter 键，此时命令行提示反转方向 [是(Y)/否(N)] <否>:，按 Enter 键。绘制完成后的效果如图 4.4.5 所示。

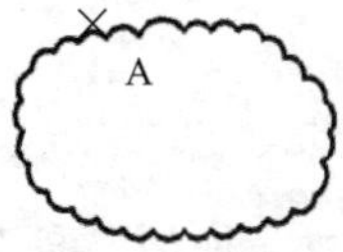

图 4.4.3 封闭的修订云线

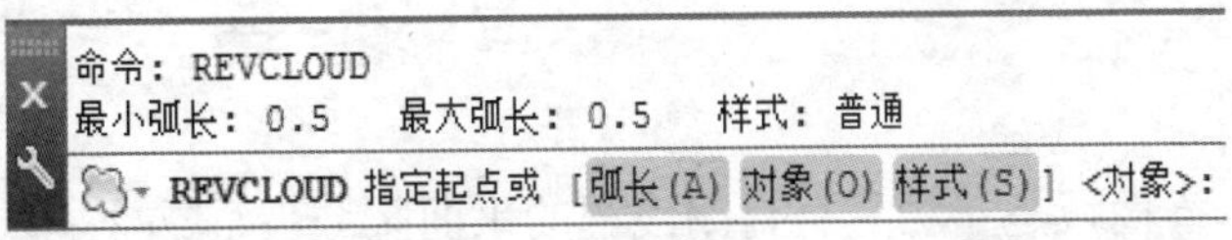

图 4.4.4 命令行提示

2. 选项说明

➢ 弧长(A)选项

此选项用于指定云线中弧线的长度，选择该选项后，按系统提示分别输入最小弧长值和最大弧长值即可，注意最大弧长不能大于最小弧长的三倍。不同弧长值的效果如图 4.4.6 所示。

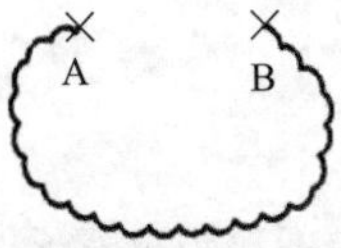

图 4.4.5 不封闭的修订云线对象

图 4.4.6 设置弧长值

➢ 对象(O)选项

此选项可以使用户选取任意图形，如直线、样条曲线、多段线、矩形、多边形、圆和圆弧等，并将其转换为云线路径，如图 4.4.7 所示。

注意：绘制修订云线时，在完成操作前，命令行会提示反转方向 [是(Y)/否(N)] <否>:，选择不同的选项，修订云线圆弧的方向也不同，如图 4.4.7a 和图 4.4.7c 所示。

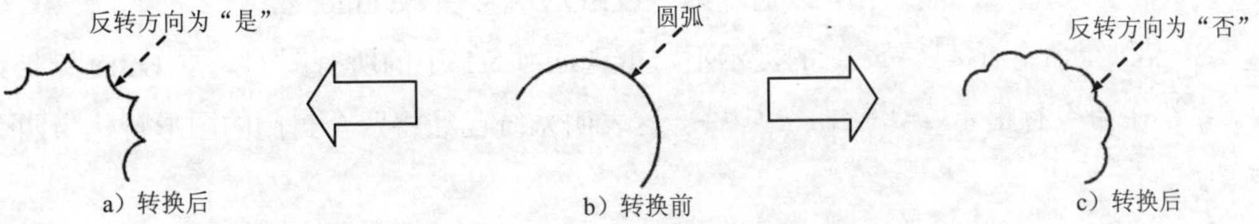

图 4.4.7 指定对象转换为修订云线路径

➢ 样式(S)选项

此选项用于指定修订云线的样式是用普通方式还是用手绘方式，如图 4.4.8 所示。

a）圆弧样式为普通方式　　b）圆弧样式为手绘方式

图 4.4.8　指定修订云线圆弧的样式

4.5　面　　域

面域是一种具有封闭线框的平面区域。面域总是以线框的形式显示，所以从外观来看，面域和一般的封闭线框没有区别，但从本质上看，面域是一种面对象，除了包括封闭线框外，还包括封闭线框内的平面，所以可以对面域进行交、并、差的布尔运算。

可以将封闭的线框转换为面域，这些封闭的线框可以是圆、椭圆、封闭的二维多段线或封闭的样条曲线等单个对象，也可以是由圆弧、直线、二维多段线、椭圆弧和样条曲线等对象构成的复合封闭对象。在创建面域时，如果将系统变量 DELOBJ 的值设置为 1，在完成面域后，系统会自动删除封闭线框；如果将其值设置为 0，在完成面域后，系统则不会删除封闭线框。

4.5.1　创建面域

下面以图 4.5.1 所示的例子来说明面域的创建过程。在本例中，假设外面的五边形是用多段线命令（PLINE）绘制的封闭图形，三角形是一个由直线（LINE）命令绘制的封闭图形，长方形是用矩形命令（RECTANG）绘制的封闭图形，圆是使用圆命令（CIRCLE）绘制的封闭图形。

Step1. 打开文件 D:\AutoCAD2017.1\work\ch04.05\region.dwg。

Step2. 选择下拉菜单 绘图(D) → 面域(N) 命令。

说明：或单击 默认 选项卡“绘图”面板中的 绘图 ▾ 按钮，在展开的工具栏中单击“面域”命令按钮；或者在命令行输入 REGION 命令并按 Enter 键。

Step3. 在命令行 选择对象: 的提示下，框选图 4.5.1 中的所有图元，按 Enter 键结束选取。系统在命令行提示 已创建 4 个面域。，这表明系统已经将四个封闭的图形转化为四个面域了。

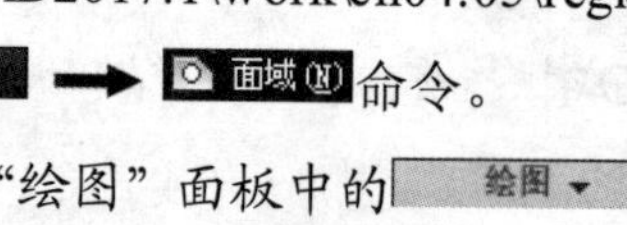

图 4.5.1　面域创建举例

4.5.2 面域的布尔运算

面域的布尔运算是指对两个或多个面域进行逻辑运算。在使用布尔运算进行面域编辑时，所选面域必须共面。AutoCAD 中面域的布尔运算有并集（图 4.5.2b）、差集（图 4.5.2c）和交集（图 4.5.2d）三种。

a）布尔运算前　　b）并集运算　　c）差集运算　　d）交集运算

图 4.5.2　布尔运算

使用下列方法可激活布尔运算命令。

- 选择下拉菜单 修改(M) → 实体编辑(N) → 并集(U)（或 差集(S) 或 交集(I)）命令。
- 在命令行中输入 UNION（并集）、SUBTRACT（差集）或 INTERSECT（交集）。

布尔运算的详细过程请参照本书 13.7 节。

4.6 图案填充

4.6.1 创建图案填充

在 AutoCAD 中，图案填充是指用某个图案来填充图形中的某个封闭区域，以表示该区域的特殊含义。例如，在机械图中，图案填充用于表达一个剖切的区域，并且不同的图案填充表达不同的零部件或者材料。下面以图 4.6.1 为例说明创建图案填充的一般操作步骤。

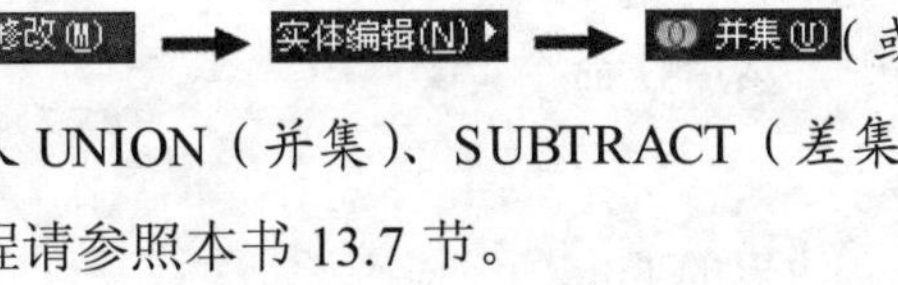

a）填充之前　　b）填充之后

图 4.6.1　图案填充

Step1. 打开文件 D:\AutoCAD2017.1\work\ch04.06\bhatch1.dwg。

Step2. 选择下拉菜单 绘图(D) → 图案填充(H)... 命令，系统弹出图 4.6.2 所示的“图案填充创建”选项卡。

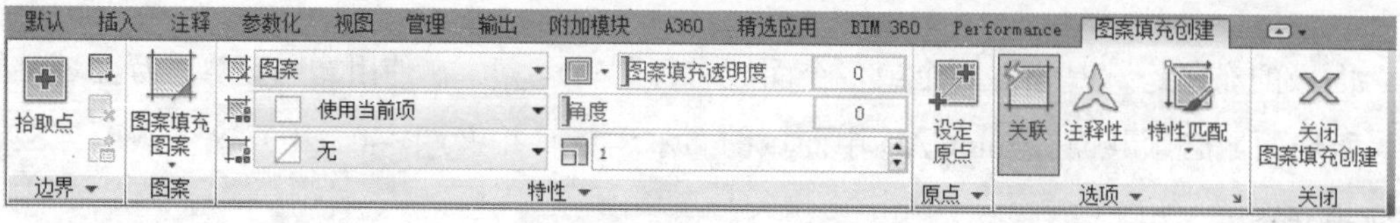

图 4.6.2 “图案填充创建”选项卡

说明：或者单击“图案填充”按钮；或者输入命令 BHATCH 并按 Enter 键。

Step3. 进行图案填充。

（1）定义图案填充样例。在“图案填充创建”选项卡内单击 选项 ▾ 后的按钮（或在命令行中输入字母 T 并按 Enter 键），系统弹出图 4.6.3 所示的“图案填充和渐变色”对话框，单击样例:后的按钮，在系统弹出的“填充图案选项板”对话框中选择图 4.6.4 所示的选项，单击 确定 按钮。

（2）定义填充图案比例。在比例(S):后的文本框中输入填充图案的比例值 30.0。

（3）定义填充边界。在“图案填充和渐变色”对话框的边界选项组中单击添加:拾取点(K)按钮，系统会切换到绘图区中，然后在命令行拾取内部点或 [选择对象(S)/设置(T)]:的提示下，在封闭多边形内任意选取一点。

（4）按 Enter 键结束填充边界的选取，完成图案填充。

图 4.6.3 所示的“图案填充和渐变色”对话框的功能说明如下。

➢ 图案填充选项卡

图 4.6.3 “图案填充和渐变色”对话框

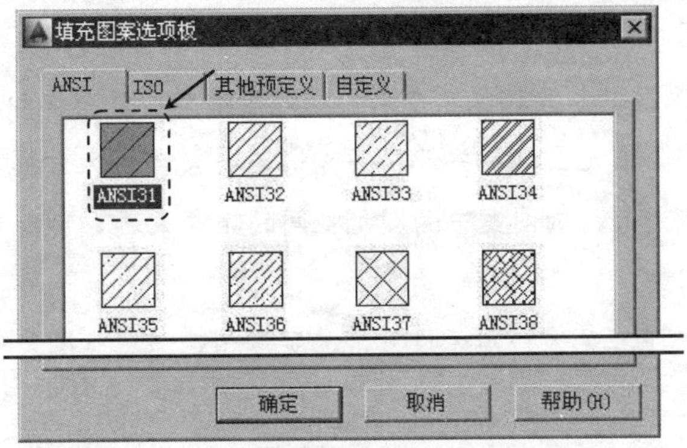

图 4.6.4 “填充图案选项板”对话框中的选项

该选项卡用于设置填充图案的相关参数。

- 类型和图案 选项组：用于设置填充图案的类型。
  - ☑ 类型(Y): 下拉列表：用于选择填充图案的类型。该下拉列表中有三种类型，分别是 预定义、用户定义 和 自定义。在该下拉列表中选择 预定义 类型时，可使用系统预定义的填充图案类型；选择 用户定义 类型，用户可以定义一组平行直线组成的填充图案（这种图案经常用于机械图中的剖面线）；选择 自定义，则表示将用预先创建的图案进行填充。
  - ☑ 图案(P): 下拉列表：用于选择填充的具体图案。如果填充图案的名称是以 ISO 开头的，则该图案是针对米制图形所设计的填充图案。也可以单击相邻的 ... 按钮，系统弹出图 4.6.4 所示的“填充图案选项板”对话框，在该对话框中选择所需要的图案。
  - ☑ 样例: 预览框：用于显示当前的填充图案的样式。
  - ☑ 自定义图案(M): 下拉列表：用于确定用户自定义的填充图案。当 类型(Y): 下拉列表选用“自定义”的填充图案类型时，此下拉列表才有效。用户既可以在此选择自定义图案，也可单击相邻的 ... 按钮，从系统弹出的对话框中选择所需要的图案。
- 角度和比例 选项组：用于设置填充图案的角度和比例。
  - ☑ 角度(G): 下拉列表：用于设置当前填充图案的旋转角度，默认的旋转角度为 0。注意系统是按逆时针方向测量角度，若要沿顺时针方向旋转填充图案，需要输入一个负值。
  - ☑ 比例(S): 下拉列表：用于设置当前填充图案的比例。若比例值大于 1，则放大填充图案；若比例值小于 1，则缩小填充图案。
  - ☑ □ 双向(U) 复选框：在 图案填充 选项卡的 类型(Y): 下拉列表中选择“用户定义”选项时，如果选中该复选框，则可以使用两组相互垂直的平行线填充图形，否则为一组平行线。

☑ 间距(C): 文本框：用于设置图案的平行线之间的距离。当类型(Y): 下拉列表选用“用户定义”的填充图案类型时，该选项有效。注意：如果比例或间距数值太小，则整个填充区域就会像用实心填充图案一样进行填充；如果比例因子或间距数值太大，则图案中的图元之间的距离太远，可能会导致在图形中不显示填充图案。

☑ ISO 笔宽(O): 下拉列表：用于设置笔的宽度值，当填充图案采用 ISO 图案时，该选项可用。

- 图案填充原点 选项组：用于设置图案填充原点。

☑ ○ 使用当前原点(T) 单选项：使用当前原点。

☑ ⊙ 指定的原点 单选项：使用指定的原点。

☑ 单击以设置新原点 按钮：单击该按钮，返回至绘图区，可选取一点来设置新的原点。

☑ ☑ 默认为边界范围(X) 复选框：边界范围有 左下 、 右下 、 右上 、 左上 和 正中 五种类型。

☑ □ 存储为默认原点(F) 复选框：将在图像区选取的填充原点存储为默认填充原点。

- 边界 选项组：用于设置图案填充的边界。

☑ 添加:拾取点 按钮：单击该按钮，系统自动切换到图形界面，可在图形中的某封闭区域内任意一点单击，系统则自动判断包含此点的填充边界及边界内部的孤岛，继续在另外的封闭区域内单击，系统又自动判断相应的边界。

☑ 添加:选择对象 按钮：单击该按钮，系统自动切换到图形界面，可在图形中选取一个或多个封闭图元，并对其进行填充。采用这种方式填充时，系统不会自动检测内部对象，因此需同时选取填充边界及其内部对象，才能以指定样式填充孤岛。

☑ 删除边界(D) 按钮：用选取点方式填充时，单击该按钮可以从边界定义中删除以前添加的任何对象。

☑ 重新创建边界(R) 按钮：单击该按钮将为删除边界的填充图案重新创建填充边界。

☑ 查看选择集(V) 按钮：单击该按钮将隐藏对话框，可以查看已定义的填充边界。

- 选项 选项组：用于设置填充对象的相对位置和边界的显示效果，当选中 ☑ 注释性(N) 复选框时，所添加的图案填充具有注释性。
- 继承特性 按钮：根据已有的图案填充对象，设置将要进行的图案填充方式。
- 孤岛 选项组：用于设置孤岛的填充方式。

注意：以普通方式填充时，如果填充区域内有文字一类的特殊对象，并且在选择填充边界时也选择了它们，则在填充时，图案在这类对象处会自动断开，使得这些对象更加清晰，如图 4.6.5 所示。

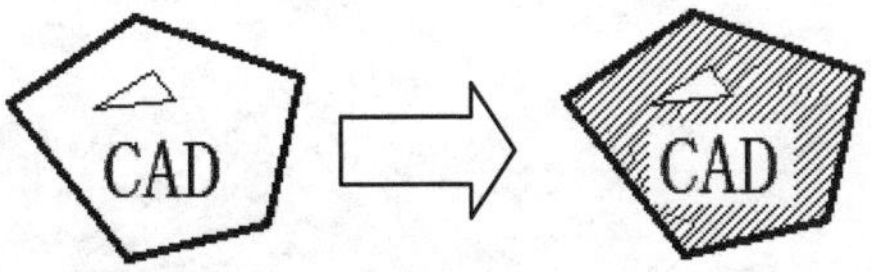

a）填充之前　　b）填充之后

图 4.6.5　包含特殊对象的填充

- 边界保留选项组：选中该选项组中的☑保留边界(S)复选框，系统将填充边界以对象的形式保留，并可从对象类型：下拉列表选择保留对象的类型是多段线还是面域。
- 边界集选项组：用于确定以选取点方式填充图形时，系统将根据哪些对象来定义填充边界。默认时，系统是根据当前视口中的可见对象来确定填充边界的，也可单击该选项组中的“新建”按钮，切换到绘图区选择对象，则边界集下拉列表中将显示为“现有集合”。
- 允许的间隙选项组：将几乎封闭的一个区域的一组对象视为闭合的边界来进行填充。
- 继承选项选项组
  - ☑ ⊙使用当前原点：使用当前原点。
  - ☑ ○使用源图案填充的原点：使用源图案填充的原点。
- 预览按钮：用于预览填充后的效果。

➢ 渐变色选项卡

利用该选项卡，可以使用一种或者两种颜色形成的渐变色来填充图形。

4.6.2　编辑图案填充

在创建图案填充后，可以根据需要修改填充图案或修改图案区域的边界。下面通过两个实例说明其一般操作步骤。

1. 编辑填充图案

Step1. 打开文件 D:\AutoCAD2017.1\work\ch04.06\bhatch2.dwg。

Step2. 选择下拉菜单修改(M) → 对象(O) → 图案填充(H)...命令。

说明：还可以在命令行中输入命令 HATCHEDIT 后按 Enter 键。

Step3. 编辑图案填充。

（1）在命令行选择图案填充对象：的提示下，将鼠标移至图 4.6.6a 所示的填充图案上并单击，系统弹出“图案填充编辑”对话框。

（2）在 图案填充 选项卡的 图案(P): 下拉列表中选择 ANSI37 选项，在 比例(S): 文本框中输入填充图案的比例值 30.0，然后单击对话框中的 确定 按钮。至此完成图案填充的编辑，结果如图 4.6.6b 所示。

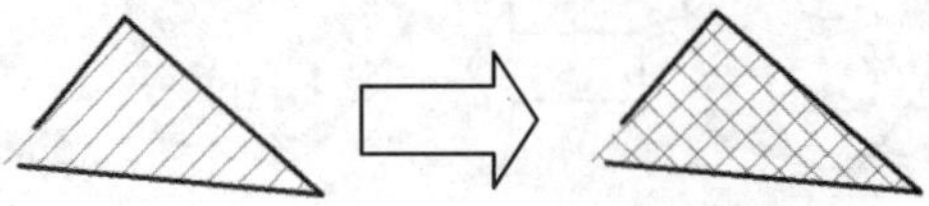

a）修改前　　b）修改后

图 4.6.6　编辑图案填充

2. 编辑填充边界

Step1. 打开文件 D:\AutoCAD2017.1\work\ch04.06\bhatch3.dwg。

Step2. 选择下拉菜单 修改(M) → 对象(O) → 图案填充(H)... 命令。

说明：还可以在命令行中输入命令 HATCHEDIT 后按 Enter 键。

Step3. 添加填充边界。

（1）在命令行选择图案填充对象：的提示下，将鼠标移至图 4.6.7a 所示的填充图案上并单击，系统弹出“图案填充编辑”对话框。

（2）在“图案填充编辑”对话框中单击“重新创建边界”按钮，在命令行输入边界对象的类型 [面域(R)/多段线(P)] <多段线>:的提示下，按 Enter 键。

（3）然后在命令行要关联图案填充与新边界吗？[是(Y)/否(N)] <Y>:的提示下输入字母 Y 并按 Enter 键，在“图案填充编辑”对话框中单击 确定 按钮，结果如图 4.6.7b 所示。

（4）选取图 4.6.7b 中的圆形边界并将其删除，此时填充图案如图 4.6.7c 所示。

说明：除了删除或添加边界外还可以将填充边界的形状进行改变，图 4.6.7d 所示的填充边界是将图 4.6.7c 中的直线边界通过编辑夹点，使其由直线转化为圆弧所得。

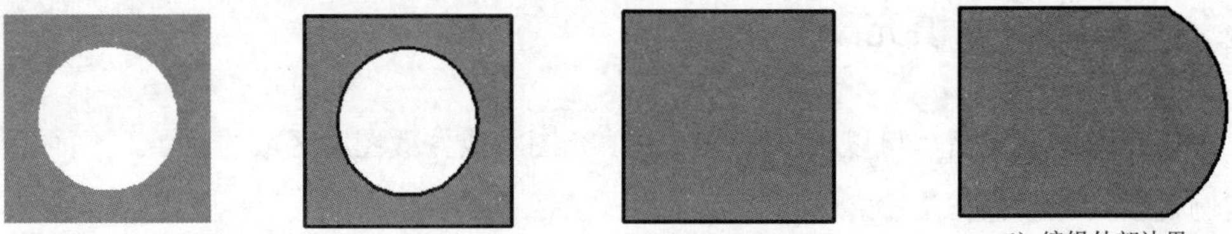

a）编辑边界前　　b）编辑边界后　　c）删除内部边界　　d）编辑外部边界

图 4.6.7　编辑填充边界

4.6.3　分解图案

在默认的情况下，完成后的填充图案是一个整体，它实际上是一种特殊的“匿名”块。有时为了特殊的需要，可以将整体的填充图案分解成一系列单独的对象。

选择下拉菜单 修改(M) → 分解(X) 命令，然后选取要分解的填充图案，系统便可将其分解。但需要注意的是，使用分解命令在将填充对象转换为单独直线的同时，也删除了填充边界的关联性，但这些单独的线条仍然保留在原来创建填充图案对象的图层上，并且保留原来指定给填充对象的线型和颜色设置。虽然在分解后仍可以修改组成填充图案的单独的直线，但是由于失去了关联性，单独编辑每一条直线是相当麻烦的。

4.7 思考与练习

1. 在本章中主要讲解了哪几种复杂二维图形的创建方法？分别举出一个例子。
2. 在 AutoCAD 2017 中如何编辑样条曲线?
3. 用本章所学的内容，绘制图 4.7.1 所示的机械零件图形，图中未注明倒角为 C2。

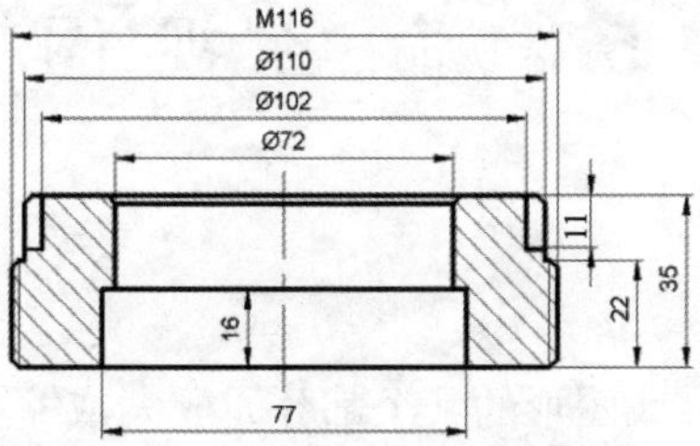

图 4.7.1　绘制机械零件图形

第 5 章 控制图形显示

本章提要

本章将介绍图形显示控制的命令，主要包括使用命名视图、视口等内容。通过本章的学习，读者可以掌握观察绘图区中图形的多种方法。另外，命名视图也是渲染场景的重要基础。

5.1 命名视图

5.1.1 了解命名视图

当在绘图区把一个图形（或图形的某个部分）放大或缩小到某种状态后，可以将这种状态用一个名称（即视图名称）保存下来，以便以后需要时能够迅速、准确地查看到这个保存过的状态。这种带有名称的图形查看状态，就是命名视图。在实际应用中，可以为同一张图样创建多个命名视图，当要查看、修改某个命名视图时，只需将该视图恢复到当前即可。另外，在三维图形中，可以用多个命名视图保存从不同角度（即视点）对三维对象查看的结果。在后面的三维对象外观处理的章节中，创建命名视图对设置渲染场景非常重要。

选择下拉菜单 视图(V) → 命名视图(N)... 命令（或者在命令行输入 VIEW 后按 Enter 键），系统将打开图 5.1.1 所示的“视图管理器”对话框，在该对话框中可以新建、设置、删除和恢复命名视图。

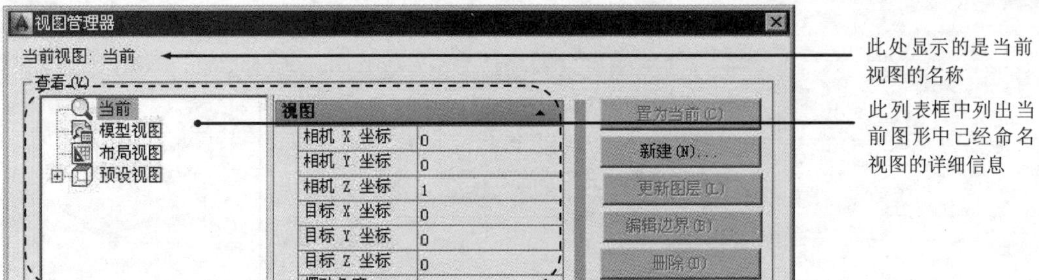

图 5.1.1 “视图管理器”对话框

图 5.1.1 所示的“视图管理器”对话框中各选项的说明如下。

- 当前视图: 区域：其后显示的是当前视图的名称。
- 置为当前(C) 按钮：单击该按钮，可将选中的命名视图设置为当前视图，从而恢复该视图。
- 新建(N)... 按钮：单击该按钮，系统将弹出“新建视图/快照特性”对话框，可在该对话框中输入视图名称、选择视图类别、指定视图边界以及进行相应的设置，从而创建新的命名视图。
- 更新图层(L) 按钮：单击该按钮，可以使用选中的命名视图中保存的图层信息来更新当前模型空间或布局视口中的图层信息。
- 编辑边界(B)... 按钮：单击该按钮，系统自动切换到绘图区，在绘图区可为选中的命名视图重新定义视图的边界。
- 删除(D) 按钮：单击该按钮可以删除当前选中的命名视图。

在 AutoCAD 中，用户可以命名多个视图，当需要重新使用一个已命名视图时，可将该视图恢复到当前视口。恢复视图时，可以恢复视图的中点、查看方向、缩放比例因子、透视图（镜头长度）等设置。如果在命名视图时将当前的 UCS 随视图一起保存起来的话，恢复视图时也可以恢复 UCS。

5.1.2 创建命名视图举例

在图 5.1.2a 所示的图形中创建三个命名视图，分别用于放大查看图形的三个区域，如图 5.1.2b、图 5.1.2c、图 5.1.2d 所示。

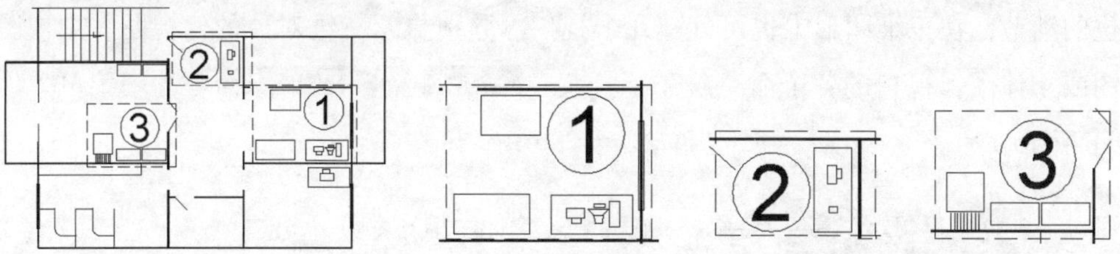

a）当前图形　b）v1 视图　c）v2 视图　d）v3 视图

图 5.1.2　创建命名视图举例

Step1. 打开文件 D:\AutoCAD2017.1\work\ch05.01\instance.dwg。

Step2. 选择下拉菜单 视图(V) → 命名视图(N)... 命令。

Step3. 在“视图管理器”对话框中单击 新建(N)... 按钮，在系统弹出的“新建视图/快照特性”对话框的 视图名称(N): 文本框中输入视图名称 v1，然后单击“新建视图/快照特性”对话框中的 确定 按钮。

Step4. 在“视图管理器”对话框中单击 编辑边界(B)... 按钮切换到绘图区，通过选取两个角点来框选图 5.1.2a 中的①区域的虚线矩形部分，按 Enter 键切换到“视图管理器”对话框。

Step5. 重复 Step3、Step4 的操作创建 v2 命名视图。

Step6. 重复 Step3、Step4 的操作创建 v3 命名视图。

Step7. 单击“视图管理器”对话框中的 确定 按钮，完成命名视图的创建。

Step8. 在以后的工作中，如果要快速查看①区域的细节，可打开 v1 命名视图，其操作方法如下。

（1）选择下拉菜单 视图(V) → 命名视图(N)... 命令。

（2）在“视图管理器”对话框中，先选择列表中的 v1，然后单击 置为当前(C) 按钮。

（3）单击“视图管理器”对话框中的 确定 按钮。

5.2 AutoCAD 的视口

5.2.1 视口的概念和作用

在对图形进行绘制、编辑和查看时，可以将 AutoCAD 工作界面中的整个绘图区分成若干个部分，每个部分都是各自独立的，即可在每个部分中进行独立的绘制图元、编辑图元、放大、缩小等操作，这些各自独立的绘图区就是视口。在绘图区中创建多个视口可同时查看图形的各个部分和侧面，所以在实际工作中，视口功能非常有用。例如，在二维图形中，可创建数个视口，其中一个视口用于显示整个图形，其余视口则用于显示图形中几个关键部位的细节；在三维图形中也可创建几个视口，分别显示三维对象的俯视图、主视图、右视图或立体图。视口的各个命令位于下拉菜单 视图(V) → 视口(V) 命令的子菜单中，如图 5.2.1 所示。

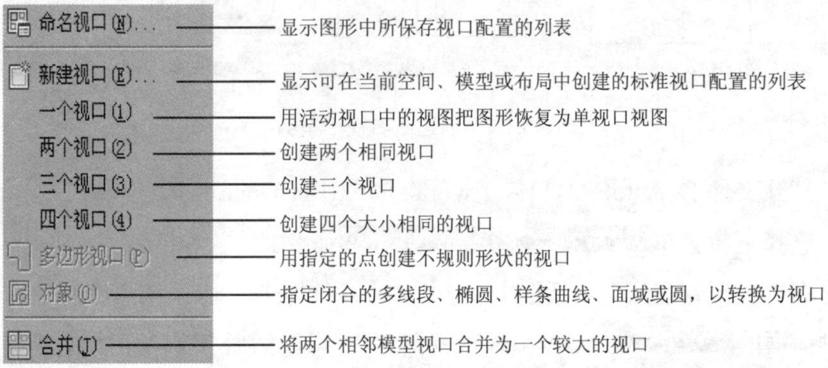

图 5.2.1 “视口”子菜单

5.2.2 视口的创建和命名举例

下面举例说明视口的创建和命名的一般操作步骤。

Step1. 打开文件 D:\AutoCAD2017.1\work\ch05.02\viewport.dwg。

Step2. 选择下拉菜单 视图(V) → 视口(V) → 新建视口(E)... 命令，系统弹出“视口”对话框。

Step3. 在图 5.2.2 所示的“视口”对话框的 标准视口(V): 列表中，选择 四个：相等 视口布局类型，此时在对话框右边的 预览 中会立即显示四个相等的视口布局。

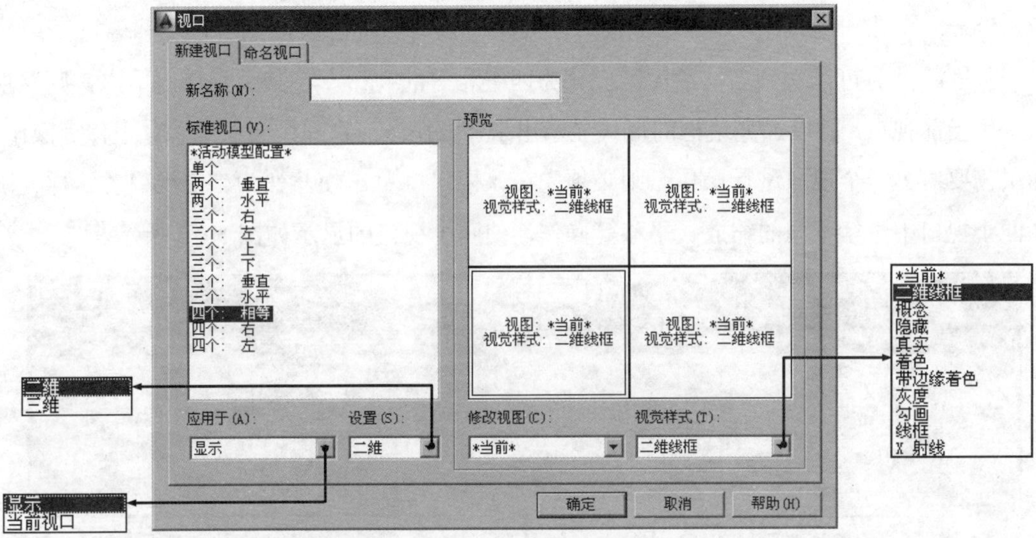

图 5.2.2 “视口”对话框

图 5.2.2 所示的对话框中主要选项的功能说明如下。

- 命名视口 标签：单击此标签将打开 命名视口 选项卡，其中显示了已命名的视口，选择某个命名视口，绘图区将迅速切换为相应的视口布局。
- 标准视口(V): 列表：该列表中列出了各种标准视口类型。
- 预览 选项组：主要用于预览布局的效果。
- 应用于(A): 下拉列表：将新的视口布局应用到整个绘图区或当前视口。只有在 标准视口(V): 中选中某种类型后， 应用于(A): 下拉列表才可用。
  - ☑ 显示 选项：将新的视口布局应用到整个绘图区。
  - ☑ 当前视口 选项：只在绘图区的当前视口中应用新的视口布局。注意系统可以对绘图区的某个小的视口再划分为几个视口。
- 修改视图(C): 下拉列表：用于修改绘图区某个视口的视图。例如，在前面的例子中，已经在文件 viewport.dwg 中创建了 v1、v2 和 v3 的命名视图，所以在该 修改视图(C): 下拉列表列出了这几个命名视图。如果要将某个视口中的视图修改为 v1 命名视图，可先在预览选项组的该视口中单击，再选择修改视图(C):下拉列表中的 v1，然后单击确定按钮。如果选择修改视图(C):下拉列表中的“*当前*”选项，则该视口中的视图将依然是当前视图。

- 设置(S):下拉列表：用于选择二维或三维的视图来对新建视口进行布局。

☑ 二维选项：选择该选项后，可以在修改视图(C):下拉列表中选择已命名的平面视图对视口布局。

☑ 三维选项：选择该选项后，可以在修改视图(C):下拉列表中选择立体正交的视图对视口布局。

Step4. 单击对话框中的确定按钮以关闭“视口”对话框。

Step5. 此时可以看到当前绘图区已分为四个相等的视口。在某个视口内单击，则该视口变为当前视口，并以加亮边框的形式显示出来，可在当前视口中进行缩放、平移等操作；如果需要对另一个视口进行操作，则必须先在该视口中单击使其变为当前视口。这样分别在四个视口中进行不同的缩放、平移等操作，使四个视口的显示如图 5.2.3 所示。

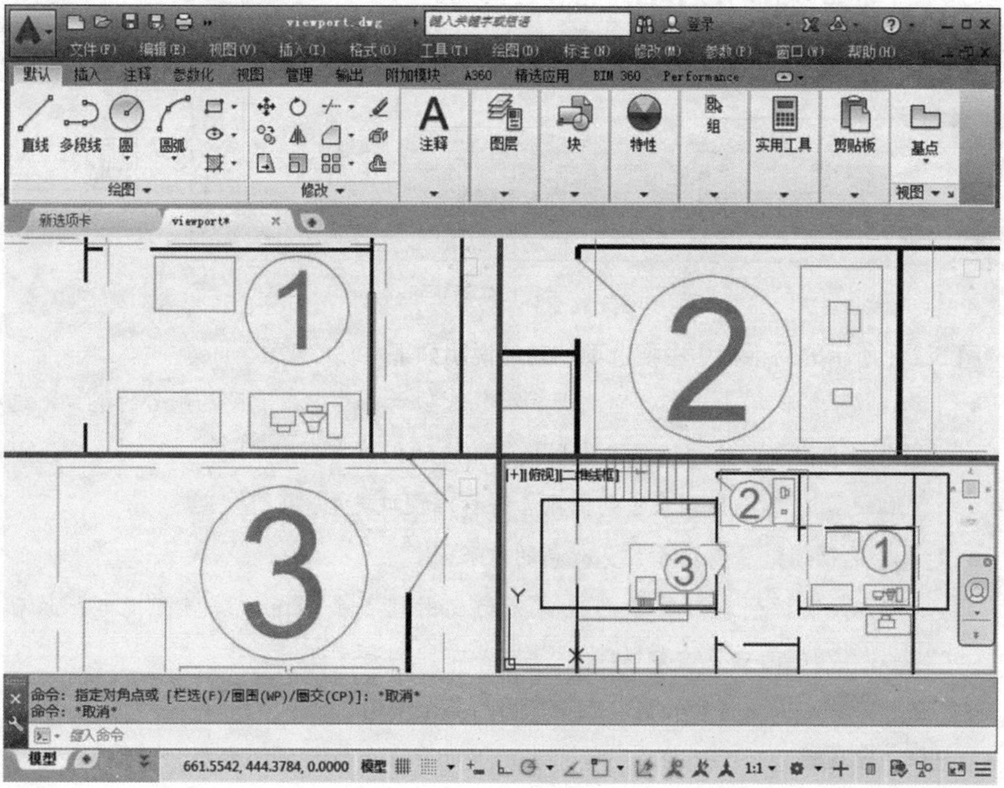

图 5.2.3　缩放后的四个视口的显示

Step6. 再次选择下拉菜单视图(V) → 视口(V) → 新建视口(E)...命令，在“视口”对话框的新名称(N):文本框中输入视口名称 PORT1，然后单击确定按钮。

说明： 带有名称的视口称为命名视口，对当前视口布局进行命名，便于以后迅速回到该种视口布局。要回到某种视口布局，只需选择 视图(V) → 视口(V) → 命名视口(N)... 命令，在 命名视口(N): 下的列表中选择其名称，然后单击 确定 按钮。

在进行视口操作时，应注意以下几点：

- 只能在当前视口里进行操作，当在某个视口中单击使其成为当前视口后，该视口的边框会加粗显示与其他视口相区别。只有在当前视口中，鼠标光标才显示为“十”字形状，将指针移出当前视口后，则变为箭头形状。
- 可对每个视口进行独立的平移和缩放。
- 可对每个视口单独设置捕捉、栅格。
- 可对每个视口单独设置坐标系，其他视口中的坐标系则不变。
- 在某个视口中对层进行的操作是全局性的，例如，在某个视口中关闭了某个图层，则所有视口中的该图层都将被关闭。
- 可在每个视口进行绘图、编辑等操作，操作后的结果也会在其他的视口中显示。例如，在某个视口中绘制了一个圆，在其他视口（如果该视口显示范围足够大）中也会显示这个圆。
- 当新建一个 AutoCAD 图形时，整个绘图区就是一个视口，该视口就是默认的当前视口。

5.2.3 视口的分割与合并

1. 视口的分割

选择下拉菜单 视图(V) → 视口(V) 命令中的子命令 两个视口(2)、三个视口(3) 和 四个视口(4)，可以在不改变视口显示内容的情况下，对当前视口进行分割。例如，两个视口(2) 命令可以将当前视口分割成两个视口，这两个视口中显示的内容与原视口中的内容是一样的，只不过显示的比例小了一些。

2. 视口的合并

选择下拉菜单 视图(V) → 视口(V) → 合并(J) 命令，可对相邻的两个视口进行合并。视口合并的一般操作步骤如下。

Step1. 选择下拉菜单 视图(V) → 视口(V) → 合并(J) 命令。

Step2. 在命令行 选择主视口 <当前视口>: 的提示下，选取某个视口作为主视口。

Step3. 在命令行 选择要合并的视口: 的提示下，选取某个视口与主视口合并，此时系统便将两个视口进行合并。

注意：合并的两个视口必须有一个边重合并相等。

5.3 思考与练习

1. 如何创建和恢复命名视图？

2. 打开文件 D:\AutoCAD2017.1\work\ch05.03\ex03.dwg，利用本章学习的有关知识，对文件 ex03.dwg 中的图形进行查看，在绘图区找到并放大图 5.3.1a、图 5.3.1b 所示的两个部分。

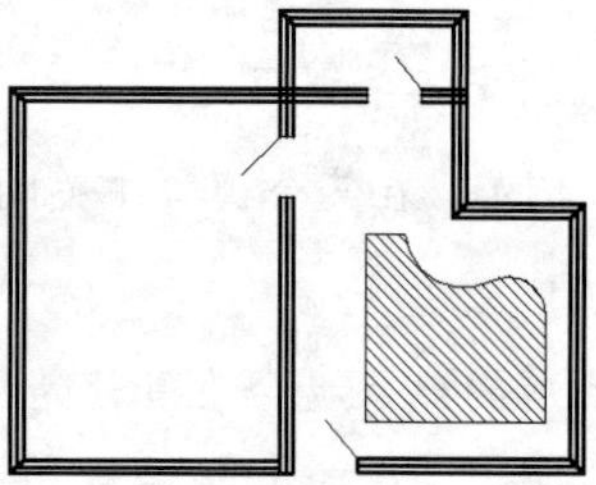

a）部分 1

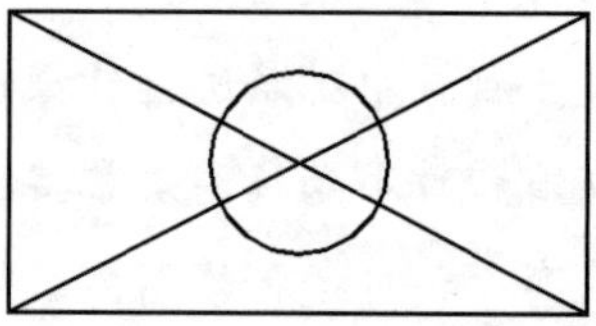

b）部分 2

图 5.3.1 图形显示练习

第 6 章 图形的编辑

本章提要 AutoCAD 在修改图形方面具有很高的效率。它提供了多种用于修改图形的编辑工具，其中包括删除、移动、旋转、复制、镜像、偏移、阵列、修剪、延伸、缩放、拉伸、拉长、打断、分解和倒角等。通过对本章的学习，读者可以掌握这些编辑对象的方法，同时也将学会选取对象的常用技巧和用夹点快速编辑对象的方法。

6.1 选 择 对 象

在 AutoCAD 中，我们可以对绘制的图元（包括文本）进行移动、复制、旋转等编辑操作。在编辑操作之前，首先需要选取所要编辑的对象，系统会用虚线高亮显示所选的对象，而这些对象也就构成了选择集。选择集可以包含单个或多个对象，也可以包含更复杂的对象编组。选择对象的方法非常灵活，可以在选择编辑命令前先选取对象，也可以在选择编辑命令后选取对象，还可以在选择编辑命令前使用 SELECT 命令选取对象。

6.1.1 在使用编辑命令前直接选取对象

对于简单对象（包括图元、文本等）的编辑，我们常常可以先选取对象，然后选择命令。选取对象时，可以用鼠标单击选取单个对象或者使用窗口（或交叉窗口）选取多个对象。当选中某个对象时，它会被高亮显示，同时称为“夹点”的小方框会出现在被选对象上。被选择对象的类型不同，夹点的位置也不相同。例如，夹点出现在一条直线的端点和中点、一个圆的象限点和圆心或一个圆弧的端点、中点和圆心上。

1. 单击选取

操作方法：将鼠标光标置于要选取的对象的边线上并单击，该对象就被选取了，如图 6.1.1 所示。还可以继续单击选取其他的对象。

图 6.1.1 单击选取对象

优点：选取对象操作方便、直观。

缺点：效率不高、精确度低。因为使用单击选取的方法一次只能选取一个对象，若要选取的对象很多，则操作就非常繁琐；如果在排列密集、凌乱的图形中选取需要的对象，则很容易将对象错选或多选。

2．窗口选取

在绘图区某处单击，从左至右移动鼠标，即产生一个临时的矩形选择窗口（以实线方式显示），在矩形选择窗口的另一对角点单击，此时便选中了矩形窗口中的对象。下面以图 6.1.2 为例，说明用窗口选取图形中圆的一般操作步骤。

Step1. 指定矩形选择窗口的第一点。在绘图区中，将光标移至图 6.1.2 中的点 A 处并单击。

Step2. 指定矩形选择窗口的对角点。在命令行 指定对角点: 的提示下，将光标向右移至图形中的点 B 处并单击，此时便选中了矩形窗口中的圆，不在该窗口中或者只有部分在该窗口中的圆则没有被选中。

注意：当进行窗口选取时，矩形窗口中的颜色为浅蓝色，边线为实线。

3．窗口交叉选取（窗交选取）

用鼠标在绘图区某处单击，从右至左移动鼠标，即可产生一个临时的矩形选择窗口（以虚线方式显示），在此窗口的另一对角点单击，便选中了该窗口中的对象及与该窗口相交的对象。

下面以图 6.1.3 所示为例，说明用窗交选取图形中的圆的一般操作步骤：指定矩形选择窗口的第一点 A；指定矩形选择窗口的对角点 B，此时位于这个矩形窗口内或者与该窗口相交的圆均被选中。

注意：当进行窗口交叉选取时，矩形窗口中的颜色为浅绿色，边线为虚线。

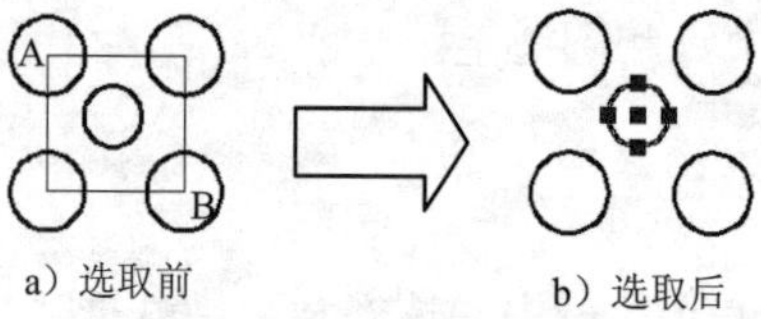

图 6.1.2　窗口选取对象

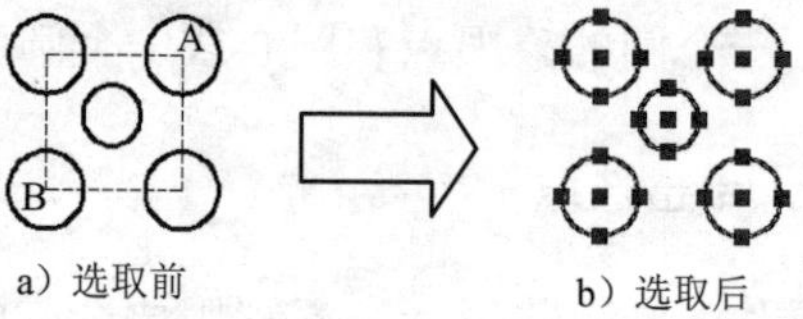

图 6.1.3　窗交选取对象

6.1.2　在使用编辑命令后选取对象

在选择某个编辑命令后，系统会提示选取对象，此时可以选取单个对象或者使用其他的对象选取方法（如用“窗口”或“窗交”的方式）来选取多个对象。在选取对象时，即把它们添加到当前选择集中。当选取了至少一个对象之后，还可以将对象从选择集中去掉。

若要结束添加对象到选择集的操作，可按 Enter 键继续执行命令。一般情况下，编辑命令将作用于整个选择集。下面以 MOVE（移动）命令为例，分别说明各种选取方式。

当在命令行中输入编辑命令 MOVE 后按 Enter 键，系统会提示选择对象：，输入符号“?”然后按 Enter 键，系统命令行提示图 6.1.4 所示的信息，其中的选项是选取对象的各种方法。

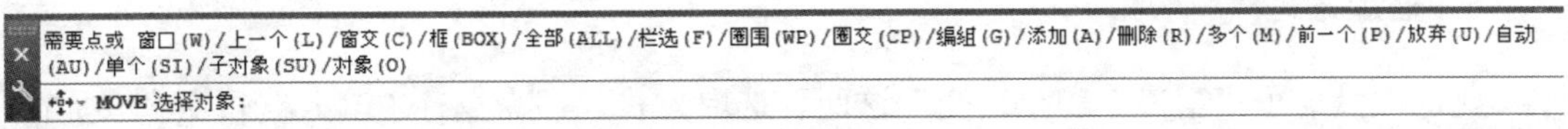

图 6.1.4 命令行提示

1．单击选取方式

单击选取方式的一般操作步骤如下：在命令行中输入命令 MOVE 后按 Enter 键；在命令行选择对象：的提示下，将鼠标光标置于要选取的对象的边线上并单击，该对象就被选取了。此时该对象以虚线的方式显示，表示已被选中。

2．窗口方式

当系统要求用户选择对象时，可采用绘制一个矩形窗口的方法来选取对象。下面以图 6.1.5 所示为例，说明用窗口方式选取图形中的圆的一般操作步骤。

Step1. 在命令行中输入命令 MOVE 后按 Enter 键，然后输入字母 W 后按 Enter 键。

Step2. 在命令行指定第一个角点：的提示下，在图形中的点 A 处单击。

Step3. 在命令行指定对角点：的提示下，在图形中的点 B 处单击，此时位于这个矩形窗口内的圆被选中，不在该窗口内或者只有部分在该窗口内的圆则不被选中。

3．最后方式

在绘图区内选取可见元素中最后绘制的对象，举例说明如下。

Step1. 先绘制圆形，后绘制矩形。

Step2. 在命令行中输入命令 MOVE 后按 Enter 键。

Step3. 在命令行中输入字母 L 后按 Enter 键，系统则自动选取最后绘出的那个对象——矩形。

4．窗交方式

在定义矩形窗口时，以虚线方式显示矩形，并且所有位于虚线窗口之内或者与窗口边界相交的对象都将被选中。下面以图 6.1.6 为例，说明其一般操作步骤：在命令行中输入命令 MOVE 后，按 Enter 键；在命令行中输入字母 C 后，按 Enter 键；在点 A 处单击；在点 B 处单击，此时位于这个矩形窗口内或者与窗口边界相交的圆都被选中。

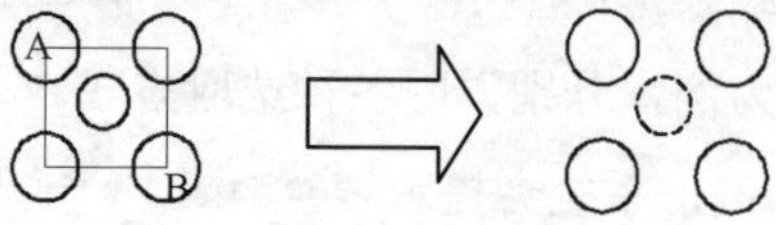

a）选取前　b）选取后

图 6.1.5　窗口方式选取对象

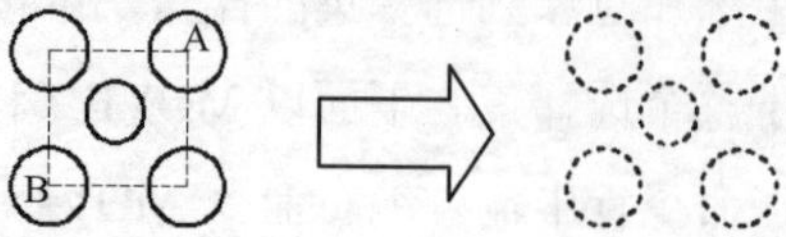

a）选取前　b）选取后

图 6.1.6　窗交方式选取对象

5．框选方式

此选项涵盖了“窗口”和“窗交”这两种选取方式。在命令行中输入编辑命令（如命令 MOVE）后，输入字母 BOX 并按 Enter 键，如果从左向右绘制矩形窗口，则执行“窗口”选取方式，如图 6.1.7 所示；如果从右向左绘制矩形窗口，则执行“窗交”选取方式，如图 6.1.8 所示。

a）操作过程　b）结果

图 6.1.7　从左向右框选图形

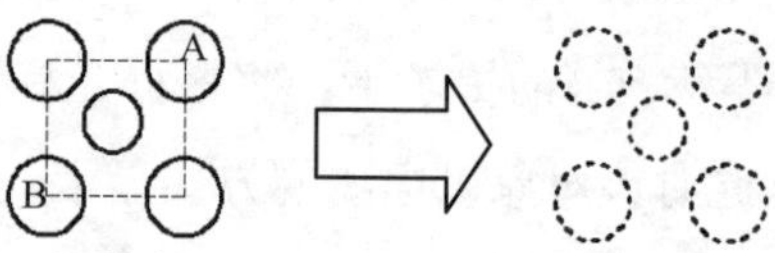

a）操作过程　b）结果

图 6.1.8　从右向左框选图形

6．全部方式

选取所有对象后（除了在冻结图层或锁定图层上的对象以外），有些在屏幕上不可见的对象（例如它们可能在显示区之外或在关闭的图层上）也将被选取。因此使用此选项时，要考虑到当前不可见的对象是否要被选取。

Step1. 在命令行中输入命令 MOVE 后，按 Enter 键。

Step2. 在命令行中输入字母 ALL 后按 Enter 键，此时图形中的所有对象都被选中（假设在图层上没有设置锁定或冻结的操作）。

7．栏选（围线）方式

通过构建一条开放的多点栅栏（即多段直线）来选择对象，执行操作后，所有与栅栏线相接触的对象都被选中。“栏选”方式定义的多段直线可以自身相交。下面以图 6.1.9 为例，说明其一般操作步骤：在命令行中输入命令 MOVE 后按 Enter 键；在命令行中输入字母 F 后按 Enter 键；依次确定多段直线的 A、B、C、D 四个位置点，按 Enter 键后与多段直线相交的圆都被选中。

8．圈围（不规则窗口）方式

该方式是通过构建一个封闭多边形并将它作为选择窗口来选取对象，完全包围在多边形中的对象将被选中。多边形可以是任意形状，但不能自身相交。下面以图 6.1.10 为例，说明用不规则窗口方式选取图形中的圆的一般操作步骤：在命令行中输入命令 MOVE 后，按 Enter 键；在命令行中输入字母 WP 后按 Enter 键；依次指定多边形的各位置点，即图 6.1.10a 所示的 A、B、C、D 四个点，系统将产生一个多边形，按 Enter 键后完全包围在多边形中的圆都被选中（图 6.1.10b）。

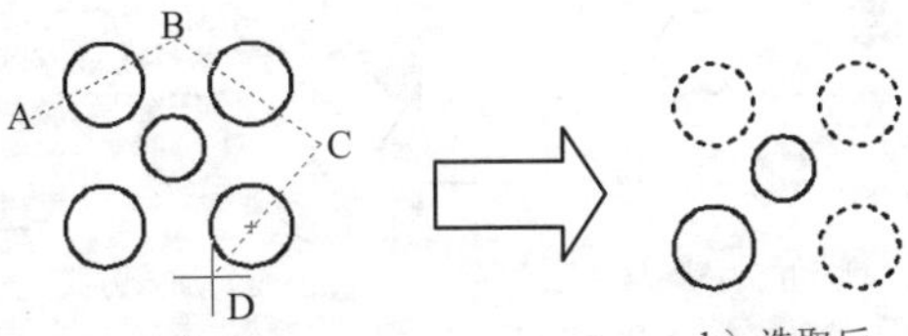

a）选取前　b）选取后

图 6.1.9　栏选方式选取对象

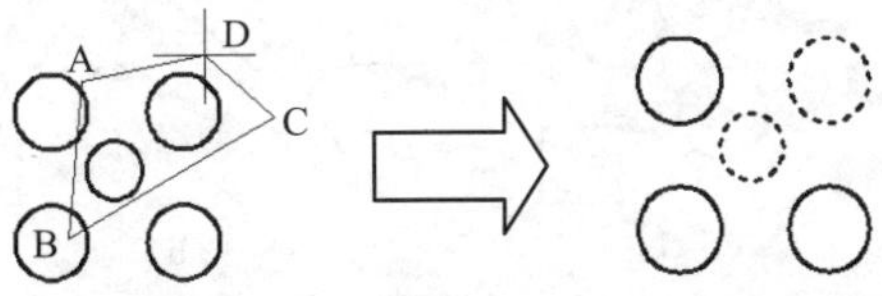

a）选取前　b）选取后

图 6.1.10　不规则窗口方式选取对象

9. 圈交（不规则交叉窗口）方式

可通过绘制一个封闭多边形并将它作为交叉窗口来选取对象，位于多边形内或与多边形相交的对象都将被选中。下面以图 6.1.11 为例，说明其一般操作步骤。

Step1. 在命令行中输入 MOVE 命令后按 Enter 键，在命令行中输入字母 CP 后按 Enter 键。

Step2. 依次指定多边形的 A、B、C、D 四个位置点，按 Enter 键后所有在多边形内或与多边形相交的圆都被选中。

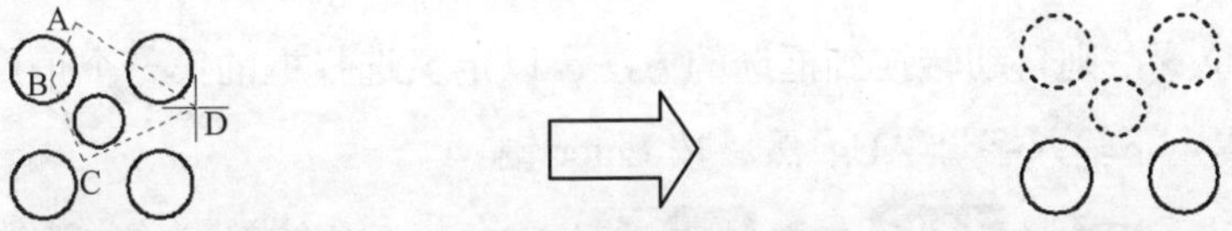

a）选取前　b）选取后

图 6.1.11　不规则交叉窗口方式选取对象

10. 加入和扣除方式

在选择对象的过程中，经常会不小心选取了某个不想选取的对象，此时就要用到扣除方式将不想选取的对象取消选取，而当在选取集中还有某些对象未被选取时，则可以使用加入方式继续进行选取。下面以图 6.1.12 为例，说明该方式的一般操作步骤。

Step1. 在命令行中输入命令 MOVE 后按 Enter 键。

Step2. 使用框选方式选取对象。单击点 A，然后从右向左定义矩形窗口并单击点 B，此时位于矩形窗口内或者与窗口边界相交的对象都被选中。

Step3. 使用扣除方式选取对象（假设此时图 6.1.12b 中的正六边形被误选）。

（1）在命令行中输入字母 R 后按 Enter 键，这表示转换到从选择集中删除对象的模式。

（2）命令行提示删除对象:，在此提示下单击正六边形的边线。

说明：还可以不转换到清除模式而直接从选择集中扣除对象，就是按 Shift 键再选取需扣除的对象。

Step4. 使用加入方式选取对象（假设还要选取图 6.1.13 中的直线）。在命令行中输入字母 A 后按 Enter 键，这表示转换到向选择集中添加对象的模式；单击直线的边线。

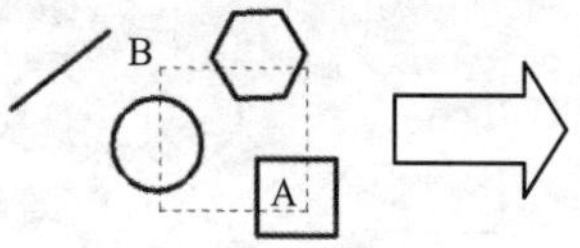

a）选取前　　b）选取后

图 6.1.12　框选方式选取对象

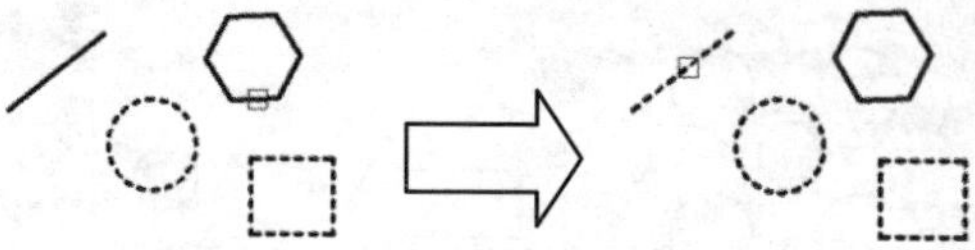

a）扣除方式　　b）加入方式

图 6.1.13　加入和扣除方式选取对象

11．多选方式

指定多次选择而不高亮显示对象，可以加快对复杂对象的选择过程。操作要领：在选择对象：提示下输入字母 M，然后按 Enter 键。

12．前一方式

选择最近一次创建的选择集。操作要领：在选择对象：提示下输入字母 P，按 Enter 键。

13．自动方式

实际上是默认模式，单击一个对象的边线即可选择该对象；指向对象边线的外部或者绘图区的空白位置，则自动转换到框选的方法，以定义选择框的第一个角点。操作要领：在选择对象：提示下输入字母 AU，然后按 Enter 键。

注意：选择下拉菜单 工具(T) → 选项(N)... 命令，在系统弹出的“选项”对话框中单击 选择集 选项卡，在 选择集模式 选项组中选中 隐含选择窗口中的对象(I) 复选框，则“自动”模式始终有效。

14．单个方式

在选择了第一个对象时，对象选取工作就会自动结束。操作要领：在选择对象：提示下输入字母 SI，然后按 Enter 键。

15．交替方式

在一个密集的图形中选取某对象时，如果该对象与其他一些对象的距离很近或者相互交叉，将很难准确地选择到此对象，则可以使用交替选取方式来选取。下面以图 6.1.14 为例，说明用交替方式选择图形中的圆的一般操作步骤。

Step1. 在命令行中输入命令 MOVE 后按 Enter 键。

Step2. 使用交替方式选择对象。

（1）将鼠标光标移至图中的圆形、三角形和直线的交点处。

（2）按住 Shift 键，然后连续单击空格键，被预选的对象在圆、三角形和直线三者间循环切换，当图中的圆以高亮度的方式显示时，表示它此时正被系统预选。

说明：在选择的过程中也可将鼠标光标移至图中的圆形、三角形和直线的交点处，同时按住 Shift 键和空格键，然后单击鼠标左键来切换选择的对象。

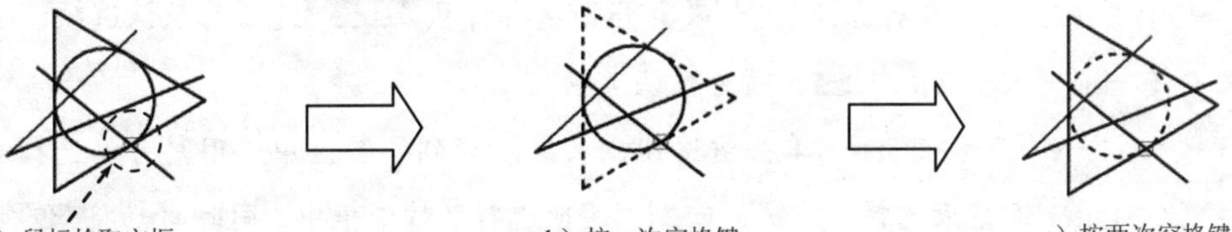

a）鼠标拾取方框　　b）按一次空格键　　c）按两次空格键

图 6.1.14　交替方式选取对象

6.1.3　使用 SELECT 命令选取对象

使用 SELECT 命令可创建一个选择集，并将获得的选择集用于后续的编辑命令中。其一般操作步骤如下。

Step1. 在命令行中输入命令 SELECT 后，按 Enter 键。

Step2. 查看命令的多个选项。此时如要查看此命令的所有选项，在命令行中输入符号“?”并按 Enter 键，系统将在命令行列出选取对象的各种方法。

Step3. 选取对象。在绘图区选取对象后，被选中的对象均以高亮显示，按 Enter 键结束选取；然后按 Esc 键退出选中状态，此时即创建了一个选择集。

Step4. 验证选择集。在命令行中输入命令 MOVE 后按 Enter 键；在命令行中输入字母 P 后按 Enter 键，此时刚才选取的对象再次以高亮显示，表示已经被选中。

6.1.4　全部选择

选择下拉菜单 编辑(E) → 全部选择(L) 命令，可选取屏幕中所有可见和不可见的对象，例外的是，当对象在冻结或锁定层上则不能用该命令选取。

6.1.5　快速选择

1．概述

用户可以选取与一个特性集合相匹配的对象，比如选取在某个图层上的所有对象或者以某种颜色绘制的对象。

选择下拉菜单 工具(T) → 快速选择(K)... 命令（也可以在绘图区空白处右击，然后从系统弹出的快捷菜单中选择 快速选择(Q)... 命令），系统弹出“快速选择”对话框。在该对话框中，用户可设置要选取对象的某些特性和类型（如图层、线型、颜色和图案填充等），以创建选择集。

“快速选择”对话框中各选项的功能介绍如下。

- 应用到(Y): 下拉列表：指定用户设定的过滤条件的应用范围，可以将其应用于“整个图形”或“当前选择”。如果有当前选择，则 当前选择 选项为默认选项；如果没有当前选择，则 整个图形 选项为默认选项。
- “选择对象”按钮：单击该按钮，系统切换到绘图区中，用户可以选择对象。按 Enter 键结束选择，系统返回到“快速选择”对话框中，同时自动将 应用到(Y): 下拉列表中的选项设置为 当前选择 选项。选中 包括在新选择集中(I) 单选项并取消选中 附加到当前选择集(A) 复选框时，“选择对象”按钮才有效。
- 对象类型(B): 下拉列表：用于指定要过滤的对象类型。如果当前没有选择集，则在该下拉列表中列出当前所有可用的对象类型；如果已有一个选择集，则列出选择集中的对象类型。
- 特性(P): 列表：设置欲过滤的对象的特性。
- 运算符(O): 下拉列表和 值(V): 下拉列表：设置所选择特性的取值范围。其中有些操作符（如“>”和“<”等）对某些对象特性是不可用的。
- 如何应用: 选项组：
  - ☑ 包括在新选择集中(I) 单选项：表示满足过滤条件的对象构成选择集。
  - ☑ 排除在新选择集之外(E) 单选项：表示不满足过滤条件的对象构成选择集。
- 附加到当前选择集(A) 复选框：将过滤出的符合条件的选择集加入到当前选择集中。

2．应用举例

下面以图 6.1.15 为例，说明用快速选择方式选取图形中半径值大于 10 的圆的一般操作步骤。

Step1. 打开文件 D:\AutoCAD2017.1\work\ch06.01\select5.dwg。

Step2. 选择下拉菜单 工具(T) → 快速选择(K)... 命令，系统弹出“快速选择”对话框。

Step3. 设置选取对象的类型和特性。

（1）在该对话框的 对象类型(B): 下拉列表中选择“圆”。

（2）在 特性(P): 列表中选择“直径”；在 运算符(O): 下拉列表中选择“>”（大于）；在 值(V): 文本框中输入值 10；在 如何应用: 选项组中选中 包括在新选择集中(I) 单选项。

Step4. 单击该对话框中的 确定 按钮。此时在绘图区中半径值大于 10 的圆以高亮的方式显示，表示符合条件的对象均已被选中。

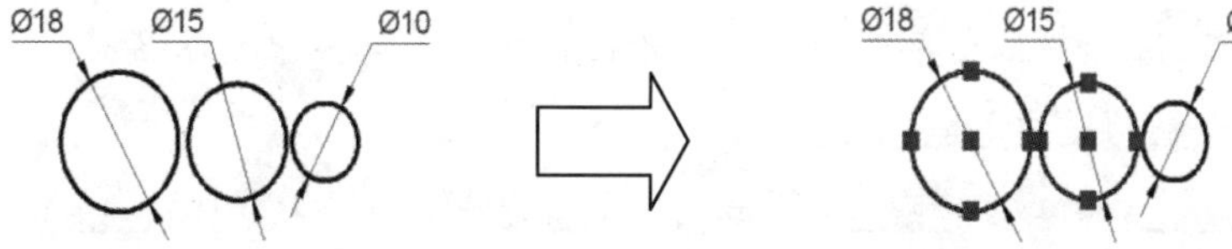

a）选取前　　　　b）选取后

图 6.1.15　用快速选择的方法选取对象

6.1.6　过滤选择

1．概述

使用过滤选择功能可以在绘图区中快速地选择具有某些特征的对象。通过在“对象选择过滤器”对话框中，以对象的某些特性（例如对象的类型、图层、颜色、线型或线宽等）设置条件，然后对其命名，即可在需要时选择某个命名过滤器来过滤出符合要求的对象，并选择它们。

“对象选择过滤器”对话框中各区域的功能说明如下。

- 过滤器列表区域：此区域显示当前设置的过滤条件。
- 选择过滤器选项组：用于设置选择过滤器，包括以下选项。
  - ☑ 选择过滤器下拉列表：用于选择过滤器类型，如直线、圆、圆弧、图层、颜色、线型及线宽等对象特性以及关系语句。
  - ☑ 选择(E)...按钮：选择过滤特性的内容，如颜色、块名、线型等。
  - ☑ X、Y、Z 的 = 下拉列表：可以设置与过滤对象对应的关系运算符。关系运算符包括“=”“!=”“<”等。例如，当建立“圆弧圆心”过滤器时，在对应的文本框中可以设置对象的位置坐标。
  - ☑ 添加到列表(L):按钮：单击该按钮，可以将选择的过滤器及附加条件添加到过滤器列表区域中。
  - ☑ 替换(S)按钮：单击该按钮，可用当前选择过滤器选项组中的设置内容条件来替换列表中选定的过滤器项目。
  - ☑ 添加选定对象 <按钮：单击该按钮，将切换到绘图区中，然后选取一个对象，此时将会把选中的对象特性添加到过滤器列表区域中。
- 编辑项目(I)按钮：单击该按钮，可编辑过滤器列表区域中选中的项目。
- 删除(D)按钮：单击该按钮，可删除过滤器列表区域中选中的项目。
- 清除列表(C)按钮：单击该按钮，可清除过滤器列表区域中选中的所有项目。
- 命名过滤器选项组：用于选择已命名的过滤器，包括以下选项。

☑ 当前(U): 下拉列表：在该下拉列表中列举了可用的已命名过滤器。

☑ 另存为(V): 按钮：单击该按钮，并在其后的文本框中输入名称，也可以保存当前设置的过滤器集。

☑ 删除当前过滤器列表(F) 按钮：单击该按钮，可从 FILTER.NFL 文件中删除当前的过滤器集。

2．应用举例

下面以图 6.1.16 为例，说明用过滤选择方式选取图形中除了圆形以外的所有对象的一般操作步骤。

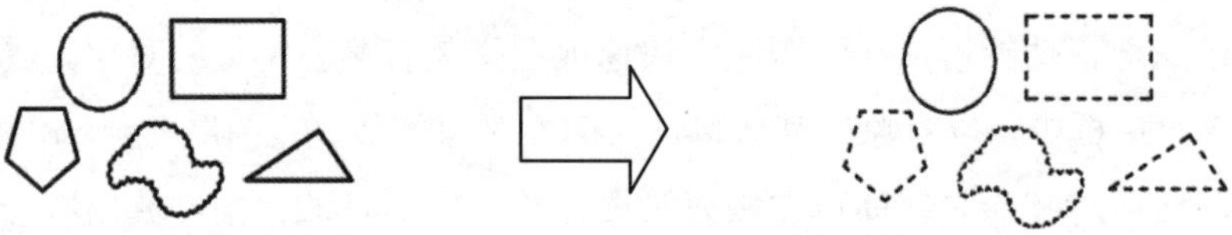

a）选取前　　　　b）选取后

图 6.1.16　用过滤选择的方式选取对象

Step1. 打开文件 D:\AutoCAD2017.1\work\ch06.01\select6.dwg。

Step2. 在命令行中输入命令 FILTER 后按 Enter 键，系统弹出“对象选择过滤器”对话框。

Step3. 在过滤器中设置过滤条件。

（1）在“对象选择过滤器”对话框的 选择过滤器 下拉列表中选择 ** 开始 NOT 选项，表示对以下项目进行逻辑非运算，然后单击 添加到列表(L): 按钮，则 ** 开始 NOT 选项出现在过滤器列表中。

（2）用同样的方法在 选择过滤器 下拉列表中选择 圆 选项，单击 添加到列表(L): 按钮。

（3）最后在 选择过滤器 下拉列表中选择 ** 结束 NOT 选项，单击 添加到列表(L): 按钮。

Step4. 命名过滤器。在 另存为(V): 后的文本框中输入名称 aaa，并单击 另存为(V): 按钮。

Step5. 过滤选择对象。单击对话框下方的 应用(A) 按钮，此时系统关闭该对话框，并切换到绘图区；在命令行中输入字母 ALL，然后按 Enter 键。此时在当前选择集中符合条件的对象均以虚线的方式显示，表示已被选中。

注意：

- 在过滤条件中，对象的颜色和线型不是对象因为“随层”而具有的颜色和线型，而是用 COLOR、LINETYPE 等命令特别指定给它的颜色和线型。
- 已命名的过滤器不仅可以用在当前的图形中，还可用于其他图形。

6.2 调整对象

6.2.1 删除对象

在编辑图形的过程中，如果图形中的一个或多个对象已经不再需要了，就可以用删除命令将其删除。下面以图 6.2.1 为例，说明删除图中直线的一般操作步骤。

Step1. 打开文件 D:\AutoCAD2017.1\work\ch06.02\erase.dwg。

Step2. 选择下拉菜单 修改(M) → 删除(E) 命令。

说明：或者在命令行输入命令 ERASE 或字母 E，或者在“修改”面板中单击“删除”命令按钮。

Step3. 选取图 6.2.1a 中的直线；系统命令行继续提示 选择对象：，在此提示下可继续选取其他要删除的对象。在本例中直接按 Enter 键可结束选取，此时图中的直线已被删除（图 6.2.1b）。

说明：在选择删除对象时，鼠标移动到的对象上会直观地显示 符号，表示此对象选中后会被删除。

提示：在命令行输入命令 OOPS 可以恢复最近删除的选择集。即使删除一些对象之后对图形做了其他的操作，OOPS 命令也能够代替 UNDO 命令来恢复删除的对象，但不会恢复其他的修改。

6.2.2 移动对象

在绘图过程中，经常要将一个或多个对象同时移动到指定的位置，此时就要用到移动命令。下面以图 6.2.2 所示为例，说明移动对象一般操作步骤。

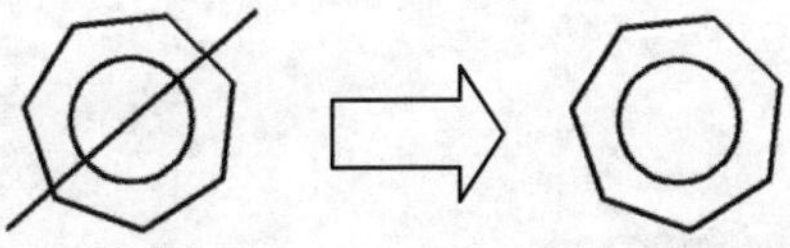

a）删除前　b）删除后

图 6.2.1 删除对象

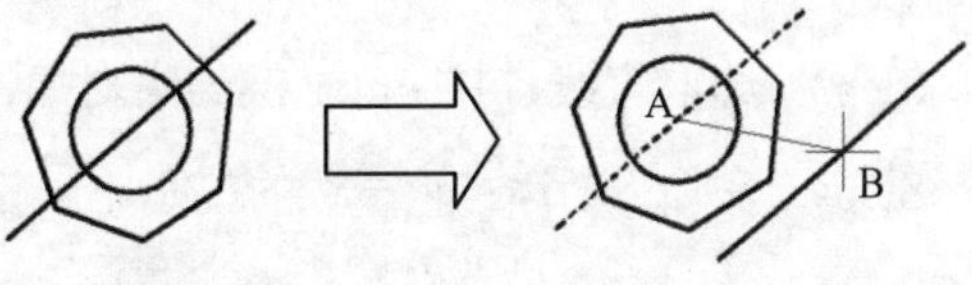

a）移动前　b）移动后

图 6.2.2 移动对象

Step1. 打开文件 D:\AutoCAD2017.1\work\ch06.02\move.dwg。

Step2. 选择下拉菜单 修改(M) → 移动(V) 命令。

说明：或者在命令行输入命令 MOVE 或字母 M 后按 Enter 键，或者在工具栏中单击“移动”命令按钮。

Step3. 选取直线为要移动的对象，按 Enter 键结束对象的选取（如果窗选整个图形，则整个图形为要移动的对象）。

Step4. 移动对象。命令行提示指定基点或 [位移(D)] <位移>:，选取某一点 A 为基点；命令行提示 指定第二个点或 <使用第一个点作为位移>: ，指定点 B。此时直线便以点 A 为基点，以 A、B 两点的连线为移动矢量进行移动。

说明：在系统提示 指定第二个点或 <使用第一个点作为位移>: 时，建议使用相对极坐标给出移动的方向和距离，例如输入（@50<0）并按 Enter 键。

6.2.3 旋转对象

旋转对象就是使一个或多个对象以一个指定点为中心，按指定的旋转角度或一个相对于基础参考角的角度来旋转。下面以图 6.2.3 所示为例，说明图中直线旋转的一般操作步骤。

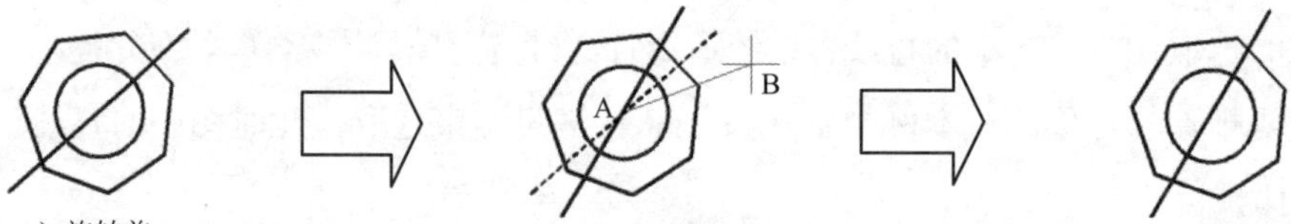

a）旋转前　　b）操作过程　　c）旋转后

图 6.2.3 旋转对象

Step1. 打开文件 D:\AutoCAD2017.1\work\ch06.02\rotate1.dwg。

Step2. 选择下拉菜单 修改(M) → 旋转(R) 命令，或者在命令行输入命令 ROTATE 或字母 RO（或者在“修改”面板中单击“旋转”命令按钮）。

说明：此时系统命令行提示图 6.2.4 所示的信息，提示的第一行说明当前的正角度方向为逆时针方向，零角度方向与 X 轴正方向的夹角为 0°，即 X 轴正方向为零角度方向。

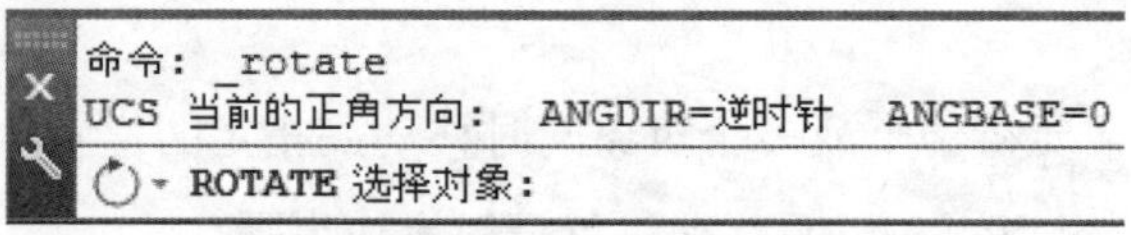

图 6.2.4 命令行提示

Step3. 选取直线，按 Enter 键结束对象的选取。

Step4. 在命令行指定基点: 的提示下，选取任意一点 A 为基点，如图 6.2.3b 所示。

Step5. 此时命令行提示指定旋转角度，或 [复制(C)/参照(R)] <0>:，绕点 A 转动皮筋线，所选的直线对象也会随着光标的移动绕点 A 进行转动，当将皮筋线转至图 6.2.3b 中的点 B 时（此时状态栏中显示的皮筋线与 X 轴夹角即为直线的旋转角度），单击结束命令。

注意：也可以在命令行中输入一个角度值后按 Enter 键，系统即将该直线绕点 A 转动指定的角度。如果输入的角度值为正值，按逆时针的方向旋转；如果角度值为负值，则按顺时针方向旋转。

选项说明：提示指定旋转角度，或 [复制(C)/参照(R)] <0>:中的“参照（R）”选项用于以参照方式确定旋转角度，这种方式可以将对象与图形中的几何特征对齐。例如，在图 6.2.5 中可将矩形的 AB 边与三角形斜边 AC 对齐，下面说明其操作步骤：在命令行中输入命令 ROTATE 并按 Enter 键；选择矩形为旋转对象，按 Enter 键，点 A 为旋转基点；在命令行中输入字母 R 后按 Enter 键；在命令行指定参照角 <0>: 的提示下，依次单击点 A、点 B 和点 C。

a）旋转前　　　b）旋转后

图 6.2.5　利用“参照（R）”选项旋转对象

6.3　创建对象副本

6.3.1　复制对象

在绘制图形时，如果要绘制几个完全相同的对象，通常更快捷、简便的方法是绘制了第一个对象后，再用复制的方法创建它的一个或多个副本。复制的操作方法灵活多样，下面分别介绍。

1. 利用 Windows 剪贴板进行复制

利用 Windows 剪贴板来剪切或复制对象，可以从一个图形到另一个图形、从图纸空间到模型空间（反之亦然），或者在 AutoCAD 和其他应用程序之间复制对象。用 Windows 剪贴板进行复制，一次只能创建一个对象的副本。下面以图 6.3.1 所示为例，说明复制图中的圆的一般操作步骤。

注意： 在操作前先打开文件 D:\AutoCAD2017.1\work\ch06.03\copy.dwg。

方法一：不指定基点复制。

Step1. 选取图 6.3.1a 中的圆。

Step2. 选择下拉菜单 编辑(E) → 复制(C) 命令（这种方法不同于 修改(M) 下拉菜单中的 复制(Y) 命令）。

说明： 还有三种选择该命令的方法，按下键盘上的 Ctrl + C 键；将鼠标移至图中的空白处右击，从系统弹出的快捷菜单中选择 剪贴板 → 复制(C) 命令；在命令行中输入命令 COPYCLIP 后按 Enter 键。

Step3. 粘贴对象。选择下拉菜单 编辑(E) → 粘贴(P) 命令；在命令行 _pasteclip 指定插入点: 的提示下，在图中某位置点单击，此时系统便在该位置复制出相同大小的圆。

说明：还有三种选择该命令的方法，即按下 Ctrl＋V 键；将鼠标移至图中的空白处右击，从系统弹出的快捷菜单中选择 剪贴板 → 粘贴(P) 命令；在命令行中输入命令 PASTECLIP 后按 Enter 键。

方法二：指定基点复制。

使用 COPYCLIP 或 CUTCLIP 命令将对象复制或剪切到剪贴板后，很难把这些对象粘贴到另一个图形中准确的位置点上，但基点复制的方法可以解决这个问题。其一般操作步骤为：选择下拉菜单 编辑(E) → 带基点复制(B) 命令；在 COPYBASE 指定基点: 的提示下，指定复制的基点；选取要复制的对象，然后按 Enter 键；粘贴对象。粘贴后，指定的基点将位于插入点处。

2. 利用 AutoCAD 命令进行复制

用 AutoCAD 命令进行复制，一次可以复制出一个或多个相同的被选定对象。下面以图 6.3.2 和图 6.3.3 所示为例，说明复制图中的圆的一般操作步骤。

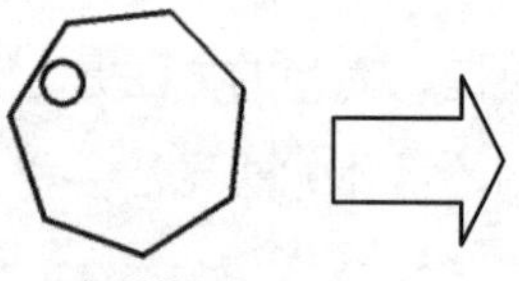

a）复制前　　b）复制后

图 6.3.1　用 Windows 剪贴板进行复制

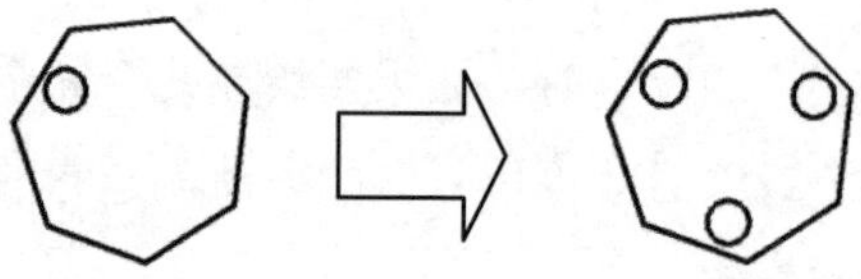

a）复制前　　b）复制后

图 6.3.2　用 AutoCAD 命令进行复制

Step1. 选择下拉菜单 修改(M) → 复制(Y) 命令。

说明：或者在命令行输入命令 COPY 或字母 CP 后按 Enter 键，或者在“修改”面板中单击“复制”命令按钮。

Step2. 在 选择对象: 的提示下，选取图中的圆并按 Enter 键以结束选取。

Step3. 复制对象。系统命令行提示 指定基点或 [位移(D)/模式(O)] <位移>:，指定图 6.3.3a 中的圆心点 A 作为基点；在 指定第二个点或 [阵列(A)] <使用第一个点作为位移>: 的提示下，指定图中的 B 点作为位移的第二点，此时系统便在点 B 处复制出相同的圆；在命令行 指定第二个点或 [阵列(A) 退出(E) 放弃(U)] <退出>: 的提示下，指定图中的点 C 作为位移的第二点，此时在点 C 处又复制出相同的圆。命令行继续提示 指定第二个点或 [阵列(A) 退出(E) 放弃(U)] <退出>:，在此提示下可继续确定点，以进行对象的复制，也可按 Enter 键完成复制。

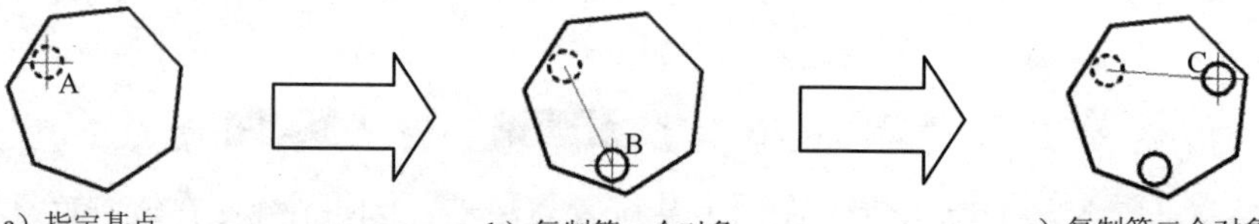

a）指定基点　　b）复制第一个对象　　c）复制第二个对象

图 6.3.3　复制的操作过程

6.3.2 镜像对象

通常在绘制一个对称图形时，可以先绘制图形一半的部分，然后通过指定一条中心线，用镜像的方法来创建图形的另外一部分，这样可以快速地绘制出需要的图形。

如果要镜像的对象中包含文本，可以通过设置系统变量 MIRRTEXT 来实现不同的结果。当系统变量 MIRRTEXT 设置为 0 时，保持文本原始方向，使文本具有可读性，如图 6.3.4c 所示；如果将 MIRRTEXT 设置为 1，文本完全镜像，文本无可读性，如图 6.3.4a 所示。

a）镜像后 MIRRTEXT 值为 1　　b）镜像前　　c）镜像后 MIRRTEXT 值为 0

图 6.3.4　镜像对象

下面以图 6.3.5 为例，说明如何用镜像的方法绘制图中对象的左边一部分，并且镜像后的文字保持它的原始方向。

Step1. 打开文件 D:\AutoCAD2017.1\work\ch06.03\mirror.dwg。

Step2. 将系统变量 MIRRTEXT 设置为 0。在命令行中输入命令 MIRRTEXT 后按 Enter 键，在命令行中输入数值 0 后按 Enter 键结束设置。

Step3. 选择下拉菜单 修改(M) → 镜像(I) 命令。

说明：或者在命令行输入命令 MIRROR 或字母 MI，或者在“修改”面板中单击“镜像”命令按钮。

Step4. 选取图中的多段线对象和文字对象，按 Enter 键结束选取。

Step5. 选取镜像线的第一点 A 和第二点 B。

Step6. 在 要删除源对象吗？[是(Y)/否(N)] <N>: 的提示下，直接按 Enter 键（即执行默认项），保留源对象，如果在此提示下输入字母 Y，表示删除源对象。

说明：当镜像对象时，经常需要打开正交模式，这样可使副本被垂直或水平镜像。

a）选取对象后　　b）指定镜像线第一点　　c）指定镜像线第二点

图 6.3.5　镜像的操作过程

6.3.3 偏移对象

偏移复制是对选定图元（如线、圆弧和圆等）进行同心复制。对于线而言，其圆心为无穷远，因此是平行复制。偏移曲线对象所生成的新对象将变大或变小，这取决于将其放置在源对象的哪一边。例如，将一个圆的偏移对象放置在圆的外面，将生成一个更大的同心圆；向圆的内部偏移，将生成一个小的同心圆。当偏移椭圆和椭圆弧时，系统实际生成新的曲线将被作为样条对象，因为从一个已有的椭圆通过偏移生成一个椭圆在数学上是不可能的。

下面以图 6.3.6 为例，说明如何用偏移复制的方法将图中的直线复制至圆弧的圆心。

Step1. 打开文件 D:\AutoCAD2017.1\work\ch06.03\offset1.dwg。

Step2. 选择下拉菜单 修改(M) → 偏移(S) 命令。

说明： 或者在命令行输入命令 OFFSET 或字母 O 后按 Enter 键，或者在“修改”面板中单击“偏移”命令按钮。

Step3. 指定偏移距离。在指定偏移距离或 [通过(T)/删除(E)/图层(L)] <通过>: 的提示下，输入从直线至圆弧的圆心的偏移值 15，然后按 Enter 键。

Step4. 在命令行选择要偏移的对象，或 [退出(E)/放弃(U)] <退出>: 的提示下选取直线，系统提示指定要偏移的那一侧上的点，或 [退出(E)/多个(M)/放弃(U)] <退出>:，在直线的上方单击，此时直线便偏移复制到圆弧的圆心。

Step5. 按 Enter 键结束操作。

选项说明： 提示指定偏移距离或 [通过(T)/删除(E)/图层(L)] <通过>: 中的“通过（T）”用于指定偏移复制的通过点。下面以图 6.3.7 为例，说明用该选项如何将图中的圆弧复制到多段线圆弧的圆心。

Step1. 打开文件 D:\AutoCAD2017.1\work\ch06.03\offset2.dwg。

Step2. 选择下拉菜单 修改(M) → 偏移(S) 命令。

Step3. 在命令行提示下，输入字母 T 后按 Enter 键。

Step4. 在命令行提示下，选取图中的圆弧为要偏移的对象。

Step5. 在命令行指定通过点或 [退出(E)/多个(M)/放弃(U)] <退出>: 的提示下，用捕捉的方法选取多段线圆弧的圆心 A 点，按 Enter 键结束操作。

a）偏移前　　b）偏移后

图 6.3.6　指定偏移距离

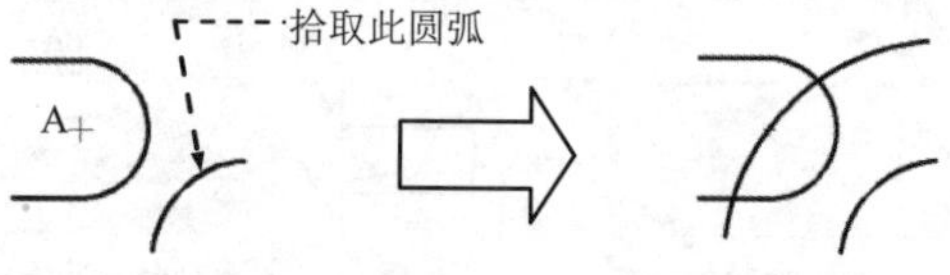

a）偏移前　　b）偏移后

图 6.3.7　指定通过点

在偏移复制对象时，还需注意以下几点。

- 只能以单击选择的方式选取要偏移的对象。
- 如果用给定偏移距离的方式偏移对象，距离值必须大于 0。

- 如果给定的距离值或要通过的点的位置不合适，或指定的对象不能由“偏移”命令确认，系统会给出相应提示。
- 当偏移多段线时，OFFSETGAPTYPE 系统变量决定如何处理偏移后的多段线各段之间产生的间隙，这个系统变量可以有以下的值：
  - ☑ 如果值为 0，延伸线段填补间隙。
  - ☑ 如果值为 1，用一个圆弧填补间隙，圆弧的半径等于偏移距离。
  - ☑ 如果值为 2，用一个倒角线段填补间隙。

6.3.4 阵列对象

阵列复制对象就是以矩形、路径或环形方式多重复制对象。对于矩形阵列，可以通过指定行和列的数目以及两者之间的距离来控制阵列后的效果；对于路径阵列，可以通过指定数目、路径以及两者之间的距离来控制阵列后的效果；而对于环形阵列，则需要确定组成阵列的副本数量，以及是否旋转副本等。

1. 矩形阵列

下面以图 6.3.8 为例，说明将图中的菱形进行矩形阵列的一般操作步骤。

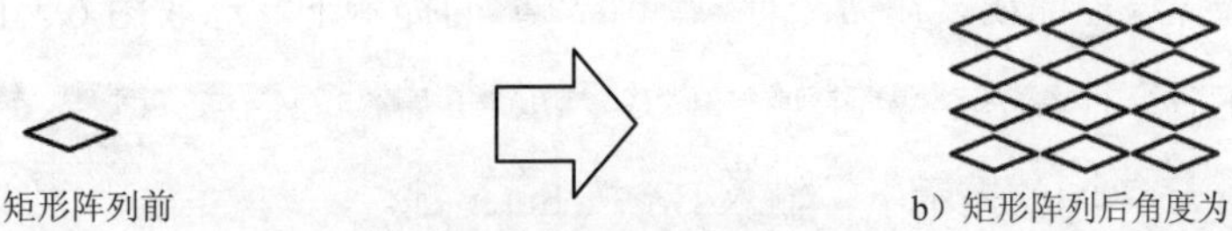

a）矩形阵列前　　b）矩形阵列后角度为 0°

图 6.3.8 矩形阵列对象

Step1. 打开文件 D:\AutoCAD2017.1\work\ch06.03\array.dwg。

Step2. 选择下拉菜单 修改(M) → 阵列 ▸ → 矩形阵列 命令。

说明：或者在命令行输入命令 ARRAY 或字母 AR，或者在“修改”面板中单击“矩形阵列”命令按钮 矩形阵列。

Step3. 选择对象。在命令行 选择对象： 的提示下，选取图中的菱形并按 Enter 键以结束选取。

Step4. 定义行参数。在 阵列创建 选项卡 行 ▾ 区域的 行数: 文本框中输入值 4，在 介于: 文本框中输入值 100。

Step5. 定义列参数。在 阵列创建 选项卡 列 区域的 列数: 文本框中输入值 3，在 介于: 文本框中输入值 230。

Step6. 单击 按钮，完成阵列的创建。

2．路径阵列

下面以图 6.3.9 为例，说明将图中的树形进行路径阵列的一般操作步骤。

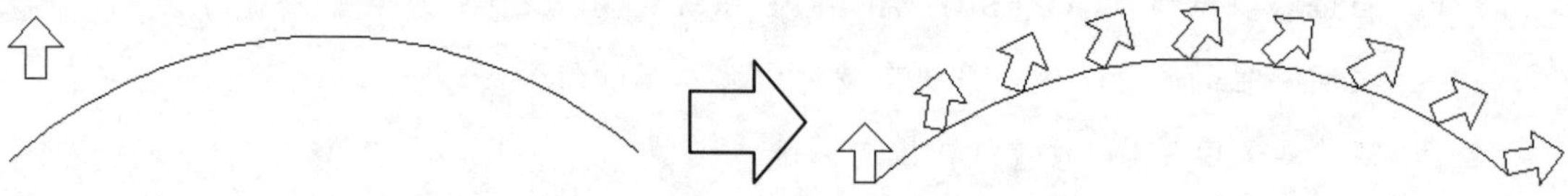

a）路径阵列前　　b）路径阵列后

图 6.3.9　路径阵列对象

Step1．打开文件 D:\AutoCAD2017.1\work\ch06.03\array01.dwg。

Step2．选择下拉菜单 修改(M) → 阵列 ▸ → 路径阵列 命令。

说明：或者在命令行输入命令 ARRAY 或字母 AR。

Step3．选择对象。在命令行 选择对象： 的提示下，选取图 6.3.10 所示的树形并按 Enter 键以结束选取。

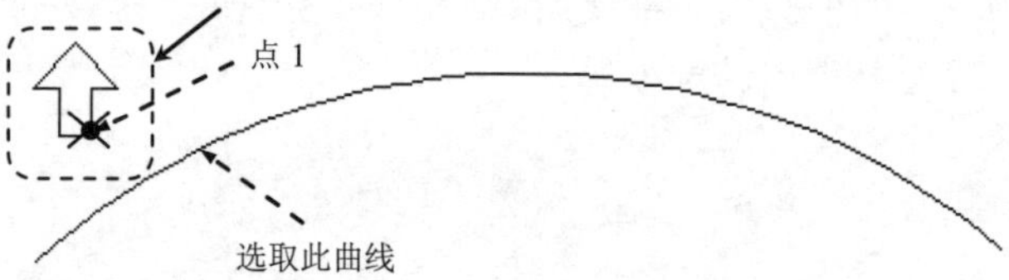

图 6.3.10　选取对象

Step4．选择路径曲线。在命令行 选择路径曲线： 的提示下，选取图 6.3.10 所示的曲线。

Step5．在命令行 选择夹点以编辑阵列或 [关联(AS) 方法(M) 基点(B) 切向(T) 项目(I) 行(R) 层(L) 对齐项目(A) Z 方向(Z) 退出(X)] <退出>: 的提示下，输入 B，按 Enter 键。

Step6．定义基点。在命令行 指定基点或 [关键点(K)] <路径曲线的终点>: 的提示下，选取图 6.3.10 所示的点 1（阵列图形上一点）。

Step7．定义方向。在命令行 选择夹点以编辑阵列或 [关联(AS) 方法(M) 基点(B) 切向(T) 项目(I) 行(R) 层(L) 对齐项目(A) Z 方向(Z) 退出(X)] <退出>: 的提示下，输入 Z 按两次 Enter 键结束定义方向操作。

Step8．定义方法。在命令行 选择夹点以编辑阵列或 [关联(AS) 方法(M) 基点(B) 切向(T) 项目(I) 行(R) 层(L) 对齐项目(A) Z 方向(Z) 退出(X)] <退出>: 的提示下，输入 M 按 Enter 键，在命令行 输入路径方法 [定数等分(D 定距等分(M)] <定距等分>: 的提示下，输入 D 按两次 Enter 键结束操作，结果如图 6.3.9b 所示。

说明：路径阵列完成后，还可以对阵列的参数进行修改，如阵列的个数、两者间的距离、对齐方式等；单击阵列的对象，系统会弹出阵列操控板，在该操控板的“项目”面板 文本框中修改值为 6 并按 Enter 键，然后在“特征”面板中单击“对齐项目”按钮。按 Esc 键退出操作，修改阵列的结果如图 6.3.11 所示。

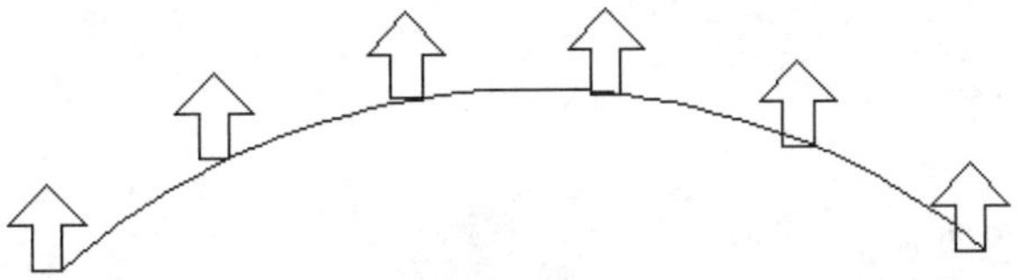

图 6.3.11 修改阵列后

3．环形阵列

下面以图 6.3.12 为例，说明环形阵列的一般操作步骤。

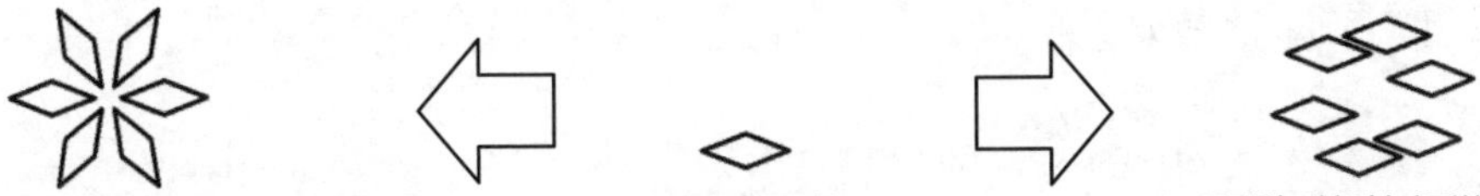

a）环形阵列复制时旋转项目　　b）环形阵列前　　c）环形阵列复制时不旋转项目

图 6.3.12 环形阵列对象

Step1. 打开文件 D:\AutoCAD2017.1\work\ch06.03\array.dwg。

Step2. 选择下拉菜单 修改(M) → 阵列 ▸ → 环形阵列 命令。

说明：或者在命令行输入命令 ARRAY 或字母 AR，或者在“修改”面板中单击“环形阵列”命令按钮 环形阵列。

Step3. 选择对象。在 选择对象： 的提示下，选取图中的菱形并按 Enter 键以结束选取。

Step4. 设置环形阵列相关参数。

（1）指定阵列中心点。在命令行 指定阵列的中心点或 [基点(B)/旋转轴(A)]: 的提示下在菱形的右边选取一点作为环形阵列的中心点。

（2）定义阵列参数。在 阵列创建 选项卡 项目 区域的 项目数: 文本框中输入值 6，在 填充: 文本框中输入值 360。

说明：如果实现阵列后的效果如图 6.3.12c 所示，只需要将 阵列创建 选项卡 特性 区域的“旋转项目”按钮处于弹起的状态即可。

6.4 修改对象的形状及大小

6.4.1 修剪对象

修剪图形就是指沿着给定的剪切边界来断开对象，并删除该对象位于剪切边某一侧的部分。如果修剪对象没有与剪切边相交，则可以延伸修剪对象，使其与剪切边相交。

圆弧、圆、椭圆、椭圆弧、直线、二维和三维多段线、射线、样条曲线以及构造线都可以被剪裁。有效的边界对象包括圆弧、块、圆、椭圆、椭圆弧、浮动的视口边界、直线、二维和三维多段线、射线、面域、样条曲线、文本以及构造线。

1．修剪相交的对象

下面以图 6.4.1 为例，说明修剪相交的一般操作步骤。

Step1．打开文件 D:\AutoCAD2017.1\work\ch06.04\trim1.dwg。

Step2．选择下拉菜单 修改(M) → 修剪(T) 命令。

说明：或者在命令行输入命令 TRIM 或字母 TR，或者单击“修剪”命令按钮。

Step3．选择修剪边。系统命令行提示的信息如图 6.4.2 所示，在此提示下选取直线 B 为剪切边，按 Enter 键结束选取。

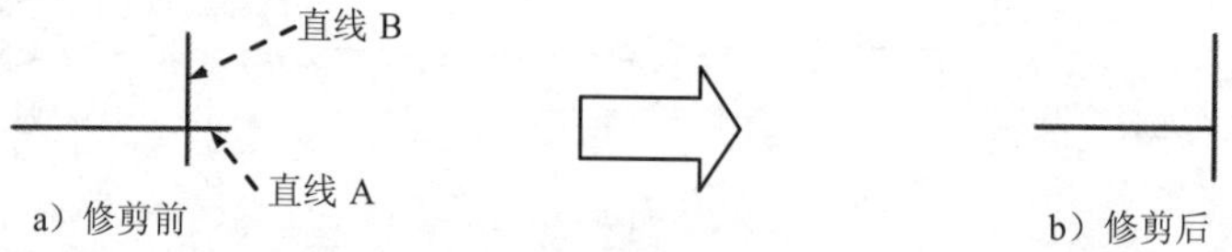

图 6.4.1　修剪相交的对象

注意：图 6.4.2 所示的提示信息的第一行说明当前的修剪模式。命令行 选择对象或 <全部选择>: 提示用户选取作为剪切边的对象，选取后按 Enter 键。

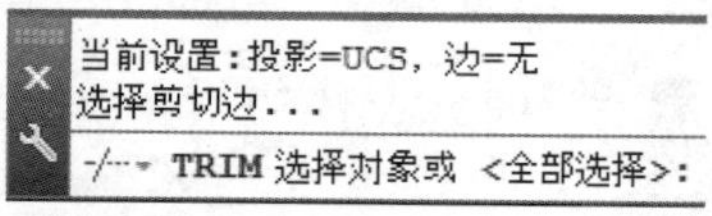

图 6.4.2　命令行提示（一）

Step4．修剪对象。选取修剪边后，系统命令行提示如图 6.4.3 所示，在此提示下单击直线 A 位于直线 B 右侧的部分，则该部分被剪掉，如图 6.4.4 所示。按 Enter 键结束剪切操作。

说明：图 6.4.3 所示提示中第一行的含义是，如果该对象与剪切边交叉，则需选取要剪掉的多余部分；如果修剪对象没有与剪切边相交，则需按 Shift 键并选取该对象，系统会将它延伸到剪切边。

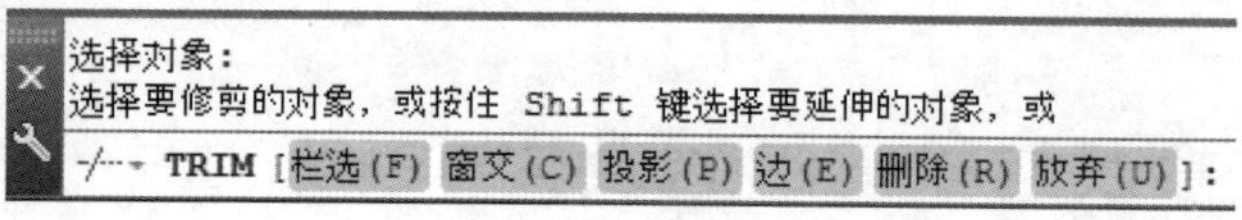

图 6.4.3　命令行提示（二）

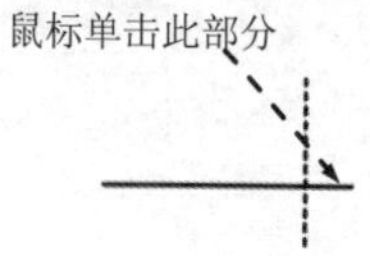

图 6.4.4　操作过程

2．修剪不相交的对象

在图 6.4.3 的提示信息中，边(E)（即“边模式”）选项可控制是否将剪切边延伸来修剪对象。下面以图 6.4.5 所示为例，说明修剪不相交的一般操作步骤。

Step1．打开文件 D:\AutoCAD2017.1\work\ch06.04\ trim2.dwg。

Step2．选择下拉菜单 修改(M) → 修剪(T) 命令。

Step3．选择修剪边。选取图 6.4.5 中的直线 B 为剪切边，按 Enter 键结束选取。

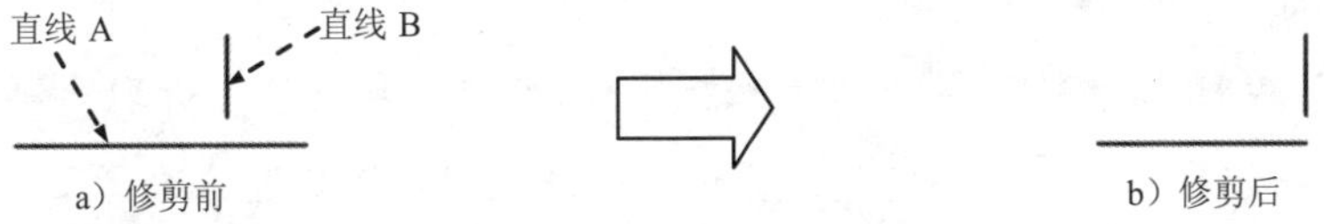

图 6.4.5　修剪不相交的对象

Step4. 修剪对象。

（1）在命令行中输入字母 E 后按 Enter 键。

（2）在输入隐含边延伸模式 [延伸(E)/不延伸(N)] <不延伸>:的提示下，输入字母 E 后按 Enter 键；在直线 A 上单击位于直线 B 右侧的部分，按 Enter 键完成操作。

输入隐含边延伸模式 [延伸(E)/不延伸(N)] <不延伸>:中的两个选项说明如下。

- 延伸(E)选项：按延伸方式实现修剪，即如果修剪边太短、没有与被剪边相交，那么系统会假想地将修剪边延长，然后再进行修剪。
- 不延伸(N)选项：只按边的实际相交情况修剪，即如果修剪边太短，没有与被剪边相交，则不进行修剪。

6.4.2　延伸对象

延伸对象就是使对象的终点落到指定的某个对象的边界上。圆弧、椭圆弧、直线、开放的二维和三维多段线以及射线都可以被延伸。有效的边界对象包括圆弧、块、圆、椭圆、椭圆弧、浮动的视口边界、直线、二维和三维多段线、射线、面域、样条曲线、文本以及构造线。

1. 延伸相交的对象

下面以图 6.4.6 为例，说明延伸相交的一般操作步骤。

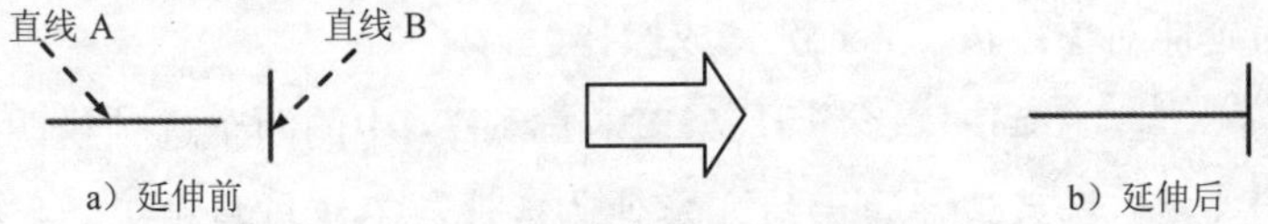

图 6.4.6　延伸相交的对象

Step1. 打开文件 D:\AutoCAD2017.1\work\ch06.04\extend1.dwg。

Step2. 选择下拉菜单 修改(M) → 延伸(D) 命令。

说明：或者在命令行输入命令 EXTEND 或字母 EX；或者单击“修改”工具选项板后的按钮，在系统弹出的下拉列表中单击“延伸”命令按钮。

Step3. 选取图 6.4.6a 中的直线 B 为边界边，按 Enter 键结束选取。

Step4. 选取要延伸的对象（直线 A）。在直线 A 上靠近直线 B 的一端单击，表示将直线 A 向该方向延伸，按 Enter 键完成操作。

各选项意义如下。

- 选择要延伸的对象，或按住 Shift 键选择要修剪的对象选项：选取要延伸的对象，系统会把该对象延长到指定的边界边。如果延伸对象与边界边交叉，则需按 Shift 键，同时选取该对象上要剪掉的部分。
- 投影(P)选项：指定系统延伸对象时所使用的投影方式。
- 边(E)选项：可以控制对象延伸到一个实际边界还是一个隐含边界，即控制边界边是否可假想地延长。

注意：如果选取多个边界，延伸对象先延伸到最近边界，当再次选取这个对象，它将延伸到下一个边界。如果一个对象可以沿多个方向延伸，则由选取点的位置决定延伸方向。例如，在靠近左边端点的位置单击，则向左延伸；在靠近右边端点的位置单击，则向右延伸。

2. 延伸不相交的对象

下面以图 6.4.7 所示的图形为例，说明延伸不相交对象的一般操作步骤。

Step1. 打开文件 D:\AutoCAD2017.1\work\ch06.04\extend2.dwg。

Step2. 选择下拉菜单 修改(M) → 延伸(D) 命令。

Step3. 选取边界边。选取图 6.4.7b 中的直线 B 为边界边，按 Enter 键结束选取。

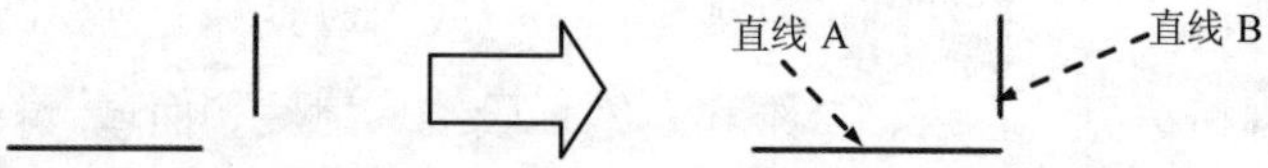

a）延伸前　　b）延伸后

图 6.4.7　延伸不相交的对象

Step4. 延伸对象。在命令行输入字母 E 后按 Enter 键以选择边模式；命令行提示 输入隐含边延伸模式 [延伸(E)/不延伸(N)] <不延伸>: ，在此提示下输入字母 E 后按 Enter 键；选取直线 A 作为延伸对象；按 Enter 键完成操作。

输入隐含边延伸模式 [延伸(E)/不延伸(N)] <不延伸>: 中的两个选项说明如下。

- 延伸(E)选项：如果边界边太短，延伸边延伸后不能与其相交，系统会假想地将边界边延长，使延伸边伸长到与其相交的位置。
- 不延伸(N)选项：不将边界边假想地延长，如果延伸对象延伸后不能与其相交，则不进行延伸。

6.4.3　缩放对象

缩放就是将对象按指定的比例因子相对于基点真实地放大或缩小，通常有以下两种方式。

1．指定缩放的比例因子

“指定比例因子”选项为默认项。输入比例因子值后，系统将根据该值相对于基点缩放对象。当“比例因子”值在 0~1 之间时，将缩小对象；当比例因子大于 1 时，则放大对象。下面以图 6.4.8 为例，说明其一般操作步骤。

Step1. 打开文件 D:\AutoCAD2017.1\work\ch06.04\scale1.dwg。

Step2. 选择下拉菜单 修改(M) → 缩放(L) 命令。

说明：或者在命令行输入命令 SCALE 或字母 SC，或者单击“缩放”命令按钮。

Step3. 缩放对象。在 选择对象： 的提示下，选取图中的矩形为缩放对象，按 Enter 键结束选取；在命令行提示 指定基点： 下，选取图 6.4.9 中的点 A 为缩放基点；在命令行提示 指定比例因子或 [复制(C) 参照(R)]： 下，可指定比例因子：输入比例因子值小于 1（如 0.8）时，矩形被缩小，如图 6.4.8a 所示；输入比例因子值大于 1（如 1.5）时，矩形被放大，如图 6.4.8c 所示。

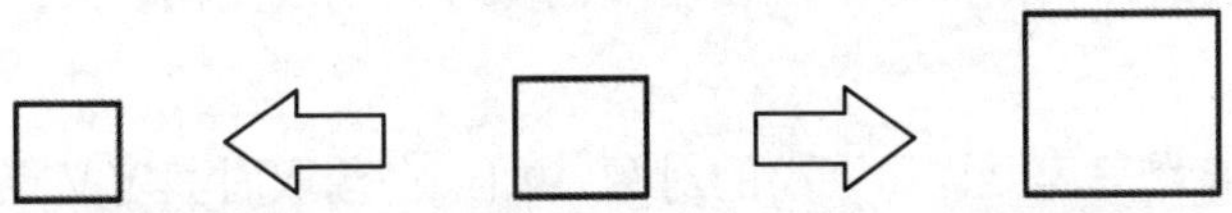

a）比例因子为 0.8　　b）原图　　c）比例因子为 1.5

图 6.4.8　指定比例因子缩放对象

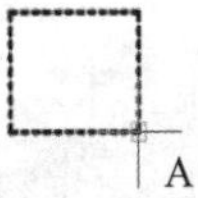

图 6.4.9　选取缩放基点

2．指定参照

在某些情况下，相对于另一个对象来缩放对象比指定一个比例因子更容易。例如，当想要改变一个对象的大小，使它与另一个对象上的一个尺寸相匹配时，此时可选择“参照（R）”选项，然后指定参照长度和新长度的值，系统将根据这两个值对对象进行缩放，缩放比例因子为：新长度值 / 参考长度值。下面以图 6.4.10 为例来进行说明（操作时以图中大圆作为参照，对小圆进行放大）。

Step1. 打开文件 D:\AutoCAD2017.1\work\ch06.04\scale2.dwg。

Step2. 选择下拉菜单 修改(M) → 缩放(L) 命令。

Step3. 缩放对象。选取图中的小圆，并按 Enter 键结束选取；用鼠标捕捉小圆的圆心 A 作为基点，如图 6.4.11 所示；在命令行 指定比例因子或 [复制(C) 参照(R)]： 的提示下，输入字母 R 后按 Enter 键；在命令行 指定参照长度 <1.0000>： 的提示下，输入参照的长度值 6 后按 Enter 键；在命令行 指定新的长度或 [点(P)] <1.0000>： 的提示下，输入新长度值 13 后按 Enter 键。

图 6.4.10　指定“参照”缩放对象

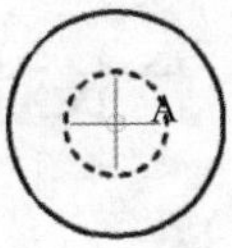

图 6.4.11　选取基点

6.4.4 拉伸对象

可以使用拉伸命令来改变对象的形状及大小。在拉伸对象时，必须使用一个交叉窗口或交叉多边形来选取对象，然后需指定一个放置距离，或者选取一个基点和放置点。

由直线、圆弧、区域填充（SOLID 命令）和多段线等命令绘制的对象，可以通过拉伸来改变其形状和大小。在选取对象时，若整个对象均在选择窗口内，则对其进行移动；若其一端在选择窗口内，另一端在选择窗口外，则根据对象的类型，按以下规则进行拉伸。

- 直线对象：位于窗口外的端点不动，而位于窗口内的端点移动，直线由此而改变。
- 圆弧对象：与直线类似，但在圆弧改变的过程中，其弦高保持不变，同时由此来调整圆心的位置和圆弧起始角、终止角的值。
- 区域填充对象：位于窗口外的端点不动，位于窗口内的端点移动，由此来改变图形。
- 多段线对象：与直线或圆弧相似，但多段线两端的宽度、切线方向以及曲线拟合信息均不改变。

对于其他不可以通过拉伸来改变其形状和大小的对象，如果在选取时其定义点位于选择窗口内，则对象发生移动，否则不发生移动。其中，圆对象的定义点为圆心，形和块对象的定义点为插入点，文字和属性定义的定义点为字符串基线的左端点。下面以图 6.4.12 为例来进行说明。

Step1. 打开文件 D:\AutoCAD2017.1\work\ch06.04\stretch.dwg。

Step2. 选择下拉菜单 修改(M) → 拉伸(H) 命令。

说明：或者在命令行输入命令 STRETCH 或字母 S，或者单击“拉伸”命令按钮。

Step3. 拉伸对象。用窗交的方法选取图 6.4.13 中的矩形，然后按 Enter 键结束选择；在指定基点或 [位移(D)] <位移>: 的提示下，捕捉并选取图 6.4.13 中的端点 B 作为基点；在指定第二个点或 <使用第一个点作为位移>: 的提示下，在图中的点 A 处单击，至此完成拉伸操作。

a）拉伸前　　b）拉伸后

图 6.4.12　拉伸对象

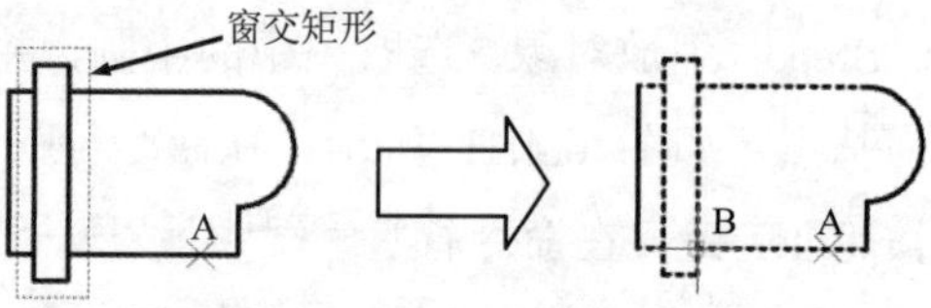

a）窗交选取矩形　　b）捕捉并选择 B 点

图 6.4.13　拉伸操作过程

6.4.5 拉长对象

可以使用拉长的方法改变圆弧、直线、椭圆弧、开放多段线以及开放样条曲线的长度。

拉长的方向由鼠标在对象上单击的位置来决定，如果在靠近左边端点的位置单击，则向左边拉长；如果在靠近右边端点的位置单击，则向右边拉长。拉长的方法有多种，分别介绍如下。

1. 设置增量

设置增量即通过给出增量值来拉长对象。下面以图 6.4.14 为例来说明其一般操作步骤。

Step1. 打开文件 D:\AutoCAD2017.1\work\ch06.04\lengthen1.dwg。

Step2. 选择下拉菜单 修改(M) → 拉长(G) 命令。

说明：或者在命令行中输入命令 LENGTHEN 后按 Enter 键。

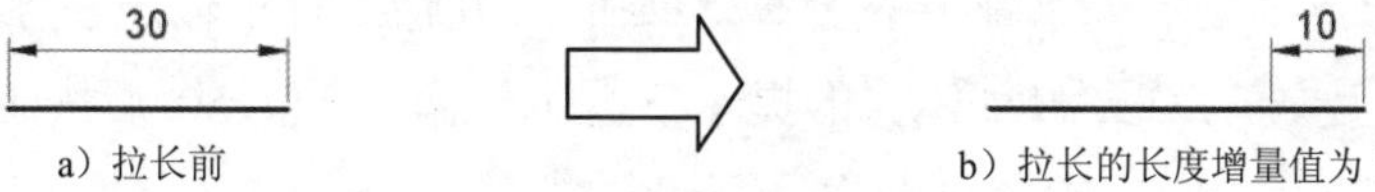

a）拉长前　　　　b）拉长的长度增量值为 10

图 6.4.14　设置长度增量

Step3. 设置长度增量。

（1）输入字母 DE 后按 Enter 键；在 输入长度增量或 [角度(A)] <0.0000>: 的提示下，输入长度增量值 10 后按 Enter 键。

（2）在 选择要修改的对象或 [放弃(U)]: 的提示下，选取图 6.4.14a 中的直线（靠近右端），按 Enter 键完成操作。

说明：如果拉长的对象为圆弧，则在 输入长度增量或 [角度(A)] <0.0000>: 的提示下，应选择“角度（A）”选项。下面以图 6.4.15 为例，说明其一般操作步骤。

Step1. 打开文件 D:\AutoCAD2017.1\work\ch06.04\lengthen01.dwg。

Step2. 选择下拉菜单 修改(M) → 拉长(G) 命令。

Step3. 设置角度增量。在命令行提示下，输入字母 DE 后按 Enter 键；然后在命令行输入字母 A 后按 Enter 键；在命令行 输入角度增量 <0>: 的提示下，输入角度增量值 30 后按 Enter 键；选取图中的圆弧，按 Enter 键完成操作。

注意：输入正值时，圆弧变长；输入负值时，圆弧变短。

2. 设置百分数

设置百分数即通过设置拉长后的总长度相对于原长度的百分数来进行对象的拉长。下面以图 6.4.16 为例来说明。

Step1. 打开文件 D:\AutoCAD2017.1\work\ch06.04\lengthen2.dwg。

Step2. 选择下拉菜单 修改(M) → 拉长(G) 命令； 在命令行中输入字母 P 后按 Enter 键； 在 输入长度百分数 <100.0000>: 的提示下，输入百分数值 150 后按 Enter 键。

Step3. 选取图 6.4.16a 中的直线，按 Enter 键完成操作。

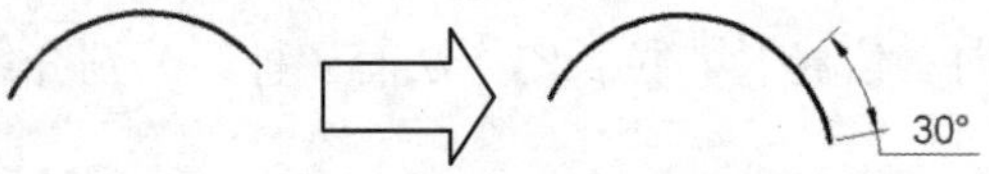

a）拉长前　b）拉长的角度增量为 30°

图 6.4.15　设置角度增量

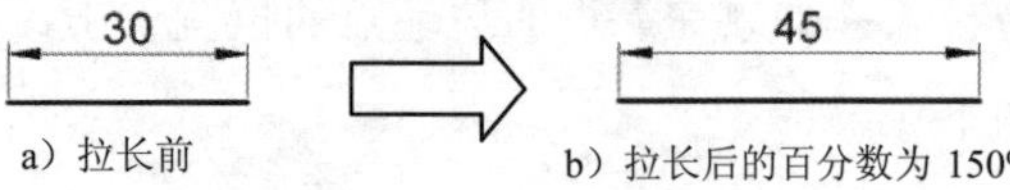

a）拉长前　b）拉长后的百分数为 150%

图 6.4.16　设置百分数

3．设置全部

设置全部即通过设置直线或圆弧拉长后的总长度或圆弧总的包含角来进行对象的拉长。下面以图 6.4.17 为例来说明。

Step1．打开文件 D:\AutoCAD2017.1\work\ch06.04\lengthen3.dwg。

Step2．选择下拉菜单 修改(M) → 拉长(G) 命令；在命令行中输入字母 T 后按 Enter 键；在 指定总长度或 [角度(A)] <1.0000>: 的提示下，输入总长度值 50 后按 Enter 键；选取图 6.4.17a 中的直线，按 Enter 键完成操作。

说明：如果拉长的对象为圆弧，则在 指定总长度或 [角度(A)] <1.0000>: 的提示下，应选择“角度（A）”选项。下面以图 6.4.18 为例，说明其一般操作步骤。

Step1．打开文件 D:\AutoCAD2017.1\work\ch06.04\ lengthen03.dwg。

Step2．选择下拉菜单 修改(M) → 拉长(G) 命令；在命令行中输入字母 T 后按 Enter 键；在命令行中输入字母 A 后按 Enter 键；在 指定总角度 的提示下，输入总角度值 150 后按 Enter 键；选取图 6.4.18a 中的圆弧，按 Enter 键完成操作。

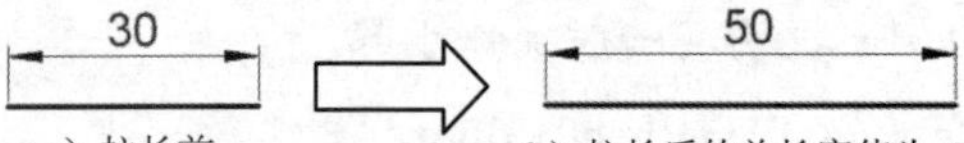

a）拉长前　b）拉长后的总长度值为 50

图 6.4.17　设置总长度

a）拉长前　b）拉长后的总角度为 150°

图 6.4.18　设置总角度

4．动态设置

动态设置即通过确定圆弧或线段的新端点位置来动态地改变其长度。下面以图 6.4.19 为例进行说明。

Step1．打开文件 D:\AutoCAD2017.1\work\ch06.04\lengthen4.dwg。

Step2．选择下拉菜单 修改(M) → 拉长(G) 命令；在命令行中输入字母 DY 后按 Enter 键；在 选择要修改的对象或 [放弃(U)]: 的提示下，在直线上的右端某处单击；命令行提示 指定新端点:，在直线右端外部任意一点处单击，这样直线的右端点被拉长至单击位置点处，按 Enter 键完成操作。

a）拉长前　b）拉长后

图 6.4.19　动态设置

6.5 拆分及修饰对象

6.5.1 分解对象

分解对象就是将一个整体的复杂对象（如多段线、块）转换成多个单一组成对象。分解多段线、矩形、圆环和多边形，可以把它们简化成多条简单的直线段和圆弧对象，然后就可以分别进行修改。下面以图 6.5.1 为例说明对象的分解。

Step1. 打开文件 D:\AutoCAD2017.1\work\ch06.05\explode.dwg。

Step2. 选择下拉菜单 修改(M) → 分解(X) 命令。选取矩形边线作为分解对象，并按 Enter 键。

说明：或者在命令行输入命令 EXPLODE 后按 Enter 键，或者单击“分解”命令按钮。

Step3. 验证结果。完成分解后，再次单击图中矩形的某个边线，此时只有这条边线被加亮，如图 6.5.1b 所示，这说明矩形已被分解。

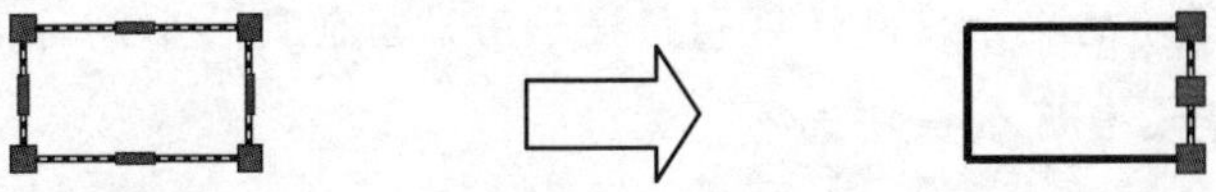

a）分解前　　b）分解后

图 6.5.1　分解对象

说明：

- 将对象分解后，将出现以下几种情况。
  - ☑ 如果原始的多段线具有宽度，在分解后将丢失宽度信息。
  - ☑ 如果分解包含有属性的块，将丢失属性信息，但属性定义被保留下来。
  - ☑ 在分解对象后，原来配置成 By Block（随块）的颜色和线型的显示，将有可能发生改变。
  - ☑ 如果分解面域，则面域转换成单独的线和圆等对象。
- 某些对象如文字、外部参照以及用 MINSERT 命令插入的块，不能分解。

6.5.2 倒角

在绘图的过程中，经常需要为某些对象设置倒角，这时就要用到倒角（CHAMFER）命令。倒角命令可以修剪或延伸两个不平行的对象，并创建倾斜边连接这两个对象。可以对成对的直线线段、多段线、射线和构造线进行倒角，还可以对整个多段线进行倒角。

1. 创建倒角的一般操作过程

创建倒角时，一般首先应设置倒角距离，即从两条线的交点到两条线的修剪位置的距离，然后分别选取倒角的两条边。下面以图 6.5.2 为例说明创建倒角的一般操作步骤。

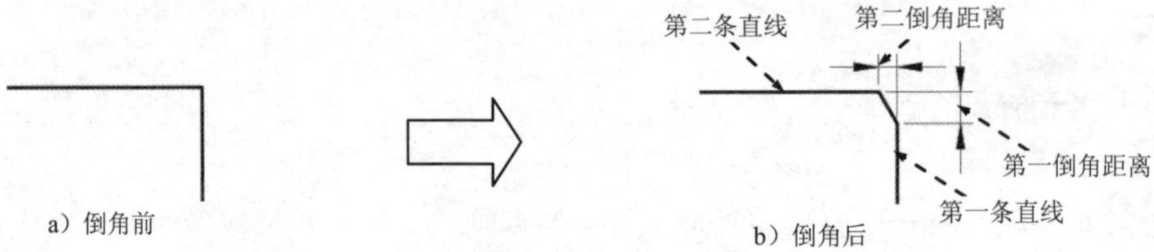

图 6.5.2　创建倒角

Step1. 首先绘制图 6.5.2a 中的两条直线。

Step2. 选择下拉菜单 修改(M) → 倒角(C) 命令。

说明：或者在命令行输入命令 CHAMFER 或命令 CHA，或者单击“修改”工具选项板后的按钮，在系统弹出的下拉列表中单击“倒角”命令按钮。

Step3. 设置倒角距离。在命令行输入字母 D，即选择“距离（D）”选项，并按 Enter 键；在指定 第一个 倒角距离 <0.0000>:的提示下，输入第一倒角距离值 5 并按 Enter 键；在指定 第二个 倒角距离 <5.0000>:的提示下，输入第二倒角距离值 3 并按 Enter 键。

注意：图 6.5.3 所示的提示信息的第一行提示用户当前的两个倒角距离为 0，修剪模式为“不修剪”，第二行是倒角的一些选项。

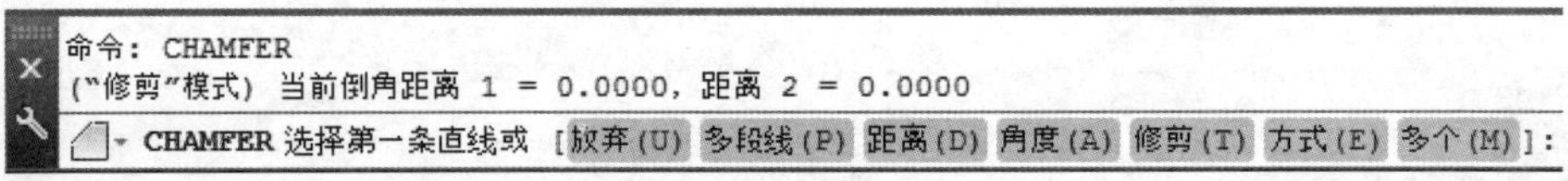

图 6.5.3　命令行提示

Step4. 选取倒角边线。在图 6.5.3 第二行信息提示下，单击第一条直线，即第一倒角距离的边线；在选择第二条直线，或按住 Shift 键选择直线以应用角点或 [距离(D)/角度(A)/方法(M)]:的提示下，单击第二条直线，即第二倒角距离的边线。

说明：

（1）如果不设置倒角距离而直接选取倒角的两条直线，那么系统便按图 6.5.3 提示的当前倒角距离进行倒角（当前倒角距离即上一次设置倒角时指定的距离值）。

（2）如果倒角的两个距离为零，那么使用倒角命令后，系统将延长或修剪相应的两条线，使二者相交于一点，如图 6.5.4 和图 6.5.5 所示。

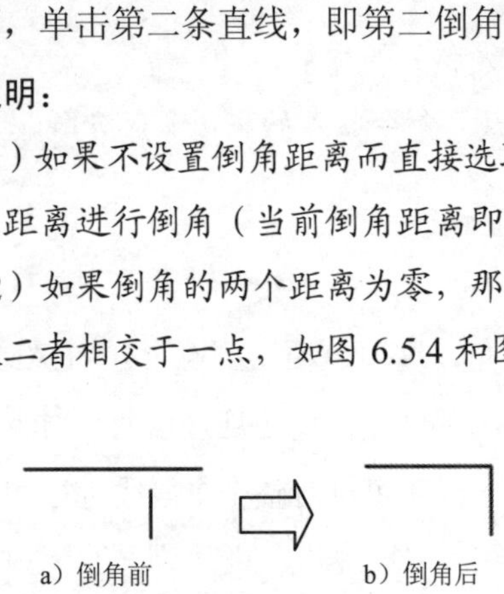

图 6.5.4　通过延长产生距离为 0 的倒角

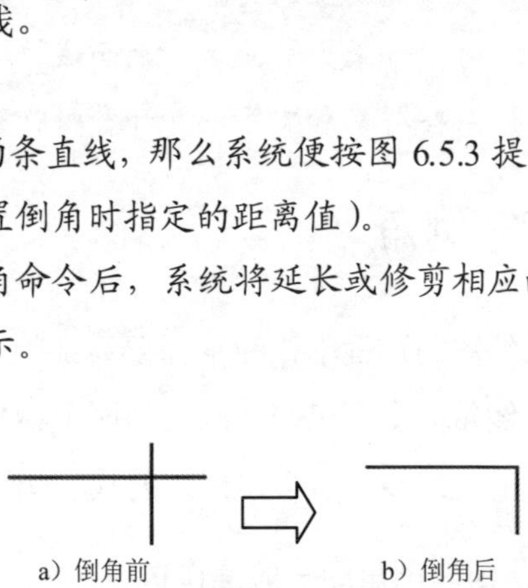

图 6.5.5　通过修剪产生距离为 0 的倒角

（3）倒角时，若设置的倒角距离太大或倒角角度无效，系统会分别给出提示。

（4）如果因两条直线平行、发散等原因不能倒角，系统也会给出提示。

（5）对交叉边倒角且倒角后修剪倒角边时，系统总是保留单击处一侧的那部分对象。

2．选项说明

➢ 多段线（P）

多段线(P)选项可以实现在单一的步骤中对整个二维多段线进行倒角。系统将提示选择二维多段线，在选择多段线后，系统在此多段线各闭合的顶点处设置倒角。下面以图 6.5.6 为例，说明其一般操作步骤：用多段线命令绘制图 6.5.6a 中的多段线；对多段线倒角，选择下拉菜单 修改(M) → 倒角(C) 命令；输入倒角距离；输入字母 P 后按 Enter 键；在命令行选择二维多段线或 [距离(D)/角度(A)/方法(M)]:的提示下，单击多段线。

➢ 角度（A）

角度(A)选项可以通过设置第一条线的倒角的长度和倒角角度来进行倒角，如图 6.5.7 所示。

a）倒角前　　b）倒角后

图 6.5.6　多段线的倒角

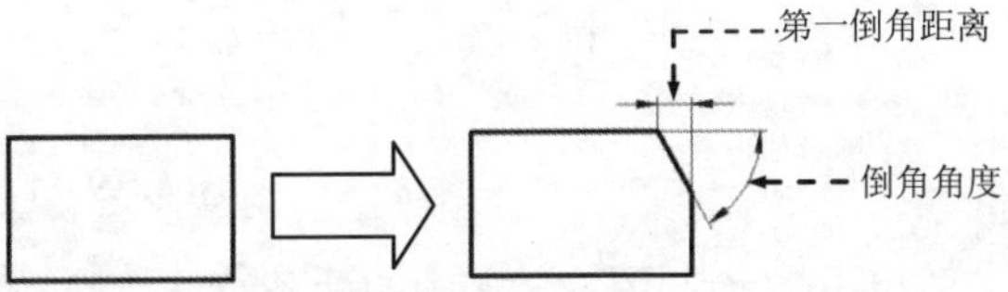

a）倒角前　　b）倒角后

图 6.5.7　设置倒角角度

➢ 修剪（T）

修剪(T)选项用于确定倒角操作的修剪模式，即确定倒角后是否对相应的倒角边进行修剪，如图 6.5.8 所示。在命令行的主提示下，输入字母 T（即选择修剪(T)选项），然后按 Enter 键，命令行提示输入修剪模式选项 [修剪(T)/不修剪(N)] <修剪>:，如果选择修剪(T)选项，则倒角后要修剪倒角边；如果选择不修剪(N)，则倒角后不进行修剪。

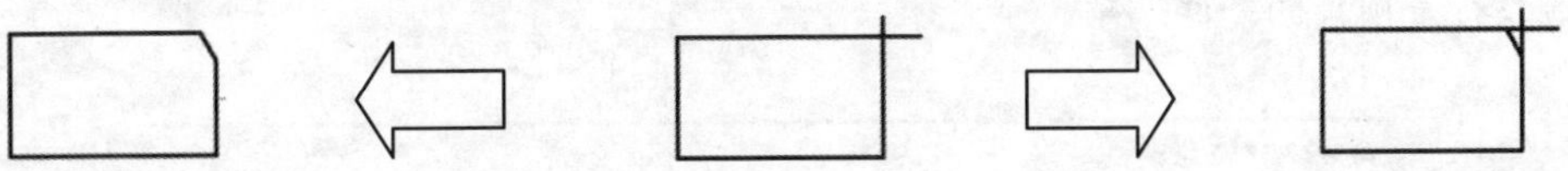

a）倒角后进行修剪　　b）倒角前　　c）倒角后不进行修剪

图 6.5.8　倒角修剪

➢ 方式（E）

方式(E)选项可以确定按什么方法进行倒角。执行该选项后，系统提示输入修剪方法 [距离(D)/角度(A)] <角度>:，选择某一选项，再选取要倒角的边线，则系统自动以上一次设置倒角时对该选项输入的值来创建倒角。

➢ 多个（M）

多个(M)选项用于对多个对象进行倒角。执行该选项后，用户可在依次出现的主提示和选择第二条直线，或按住 Shift 键选择直线以应用角点或 [距离(D)/角度(A)/方法(M)]:提示下连续选择直线，直到按 Enter 键为止。

6.5.3 倒圆角

倒圆角就是用指定半径的圆弧连接两个对象。可以对成对的直线线段、多段线、圆弧、圆、射线或构造线进行倒圆角处理；也可以对互相平行的直线、构造线和射线添加圆角；还可以对整个多段线进行倒圆角处理。

1．倒圆角的一般操作过程

倒圆角时，一般首先应设置圆角半径，然后分别选取圆角的两条边，圆角的边可以是直线或者圆弧。下面以图 6.5.9 为例来说明倒圆角的一般操作步骤。

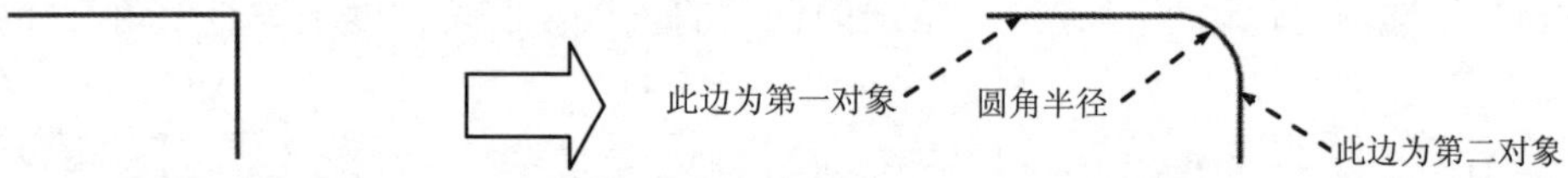

a）圆角前　　b）圆角后

图 6.5.9　倒圆角

Step1. 绘制图 6.5.9a 中的两条直线。

Step2. 选择下拉菜单 修改(M) → 圆角(F) 命令。

说明：或者在命令行输入命令 FILLET 或字母 F，或者单击“圆角”命令按钮。

Step3. 设置圆角半径。系统命令行提示图 6.5.10 所示的信息，在此提示下输入字母 R，即选择“半径（R）”选项，并按 Enter 键；在指定圆角半径 <0.0000>: 的提示下，输入圆角半径值 6 并按 Enter 键。

注意：图 6.5.10 所示的提示信息的第一行提示用户当前圆角半径为 0，修剪模式为“修剪”，第二行是圆角的一些选项。

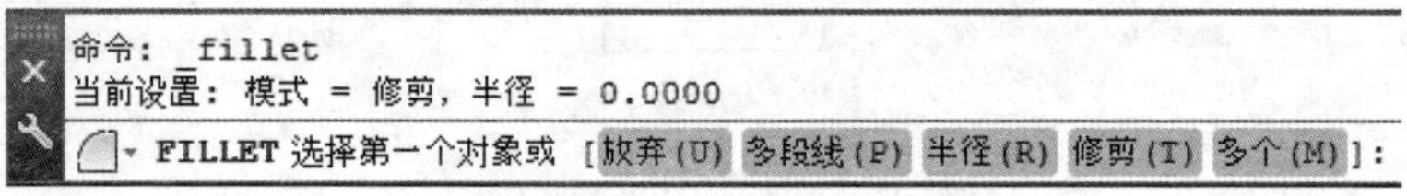

图 6.5.10　命令行提示

Step4. 选取圆角边线进行倒圆角。在图 6.5.10 所示的提示下，单击第一对象，即图 6.5.9b 中的水平边线；在选择第二个对象，或按住 Shift 键选择对象以应用角点或 [半径(R)]:的提示下，单击第二对象，即图 6.5.9b 中的竖直边线。

说明：

- 若圆角半径设置太大，倒不出圆角，系统会给出提示。

- 如果圆角半径为 0 时，那么使用圆角命令后，系统将延长或修剪相应的两条线，使二者相交于一点，不产生圆角。
- 系统允许对两条平行线倒圆角，圆角半径系统自动设为两条平行线距离的一半。

2. 选项说明

➢ 多段线（P）

多段线(P)选项可以实现在单一的步骤中对整个二维多段线进行倒圆角。系统将提示选取二维多段线，在选取多段线后，系统在此多段线各闭合的顶点处设置圆角，如图 6.5.11 所示。

图 6.5.11　对多段线倒圆角

➢ 修剪（T）

修剪(T)选项用于确定倒圆角操作的修剪模式。“修剪（T）”选项表示在倒圆角的同时对相应的两个对象进行修剪，“不修剪（N）”选项则表示在倒圆角的同时不对相应的两个对象进行修剪，如图 6.5.12 所示。

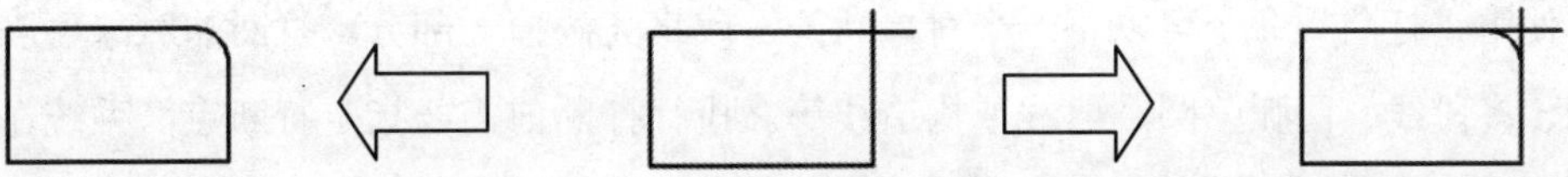

图 6.5.12　倒圆角修剪

➢ 多个（M）

多个(M)选项用于对多个对象倒圆角。执行该选项后，用户可在依次出现的主提示和选择第二个对象，或按住 Shift 键选择对象以应用角点或 [半径(R)]:的提示下连续选取对象，直到按 Enter 键为止。

6.5.4　光顺曲线

光顺曲线是在两条开放的直线或曲线的端点之间创建相切或平滑的样条曲线。下面通过图 6.5.13 所示的范例来说明“光顺曲线”的一般操作步骤。

Step1. 打开文件 D:\AutoCAD2017.1\work\ch06.05\velvet-curve.dwg。

Step2. 选择下拉菜单 修改(M) → 光顺曲线 命令。

说明：或者在命令行输入命令 BLEND 或字母 BL，或者在默认选项卡下“修改”面板中单击“倒角”命令按钮后面的按钮，在系统弹出的下拉菜单中单击“光顺曲线”命令按钮光顺曲线。

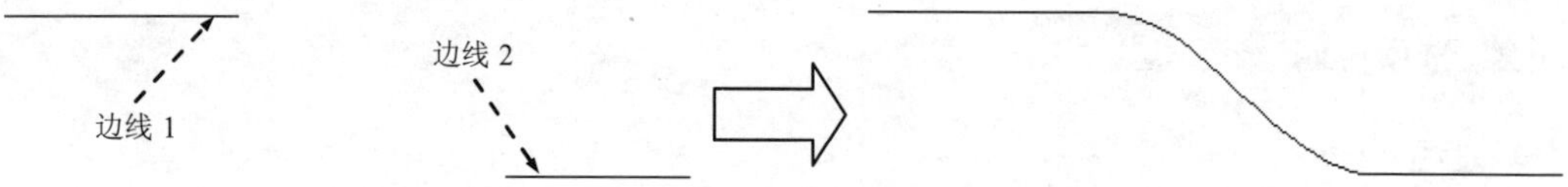

a）创建前　　b）创建后

图 6.5.13　“光顺曲线”操作

Step3. 在命令行选择第一个对象或 [连续性(CON)]:的提示下，将鼠标移至图 6.5.13a 所示的边线 1 处单击，以选取第一个对象。

说明：靠近边线单击的一侧即为曲线的连接点。

Step4. 在命令行选择第二个点:的提示下，将鼠标移至图 6.5.13a 所示的边线 2 处单击，创建的光顺曲线如图 6.5.13b 所示。

说明：软件默认光顺曲线的过渡类型为相切；另外一种为平滑过渡，在步骤 Step3 时可在命令行提示下输入字母 CON，按 Enter 键，在输入连续性 [相切(T)/平滑(S)] <切线>:提示下输入字母 T，按 Enter 键，然后再进行对象的选取即可。

6.5.5　打断对象

使用“打断”命令可以将一个对象断开，或将其截掉一部分。打断的对象可以为直线线段、多段线、圆弧、圆、射线或构造线等。执行打断前需要指定打断点，系统在默认情况下将选取对象时单击处的点作为第一个打断点。下面以图 6.5.14 为例说明打断的一般操作步骤。

Step1. 打开文件 D:\AutoCAD2017.1\work\ch06.05\break.dwg。

Step2. 选择下拉菜单修改(M) → 打断(K)命令。

说明：或者在命令行输入命令 BREAK 或字母 BR；或者单击默认选项卡下“修改”面板下侧的修改 ▾按钮，在展开的工具栏中单击“打断”命令按钮。

Step3. 在命令行选择对象:的提示下，将鼠标光标移至矩形边线上 A 点处并单击，这样便选取了打断对象——矩形，同时矩形上的 A 点也是第一断点。

Step4. 在命令行指定第二个打断点 或 [第一点(F)]:的提示下，在矩形边线上 B 点处单击，这样 B 点便是第二断点，此时系统将 A 点和 B 点之间的线段删除。

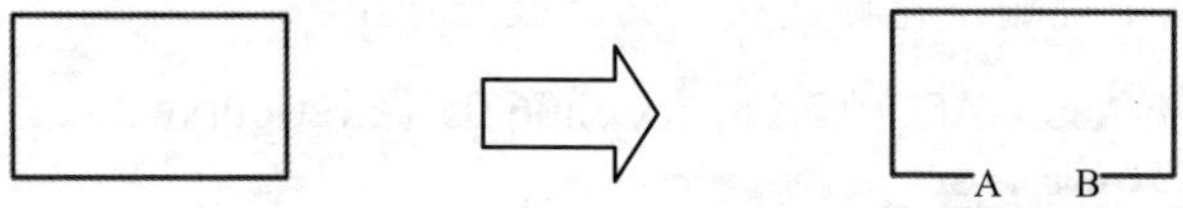

a）打断前　　b）打断后

图 6.5.14　“打断”操作

说明：

- 如果选择提示指定第二个打断点 或 [第一点(F)]:中的“第一点（F）”选项（即输入字母 F 并按 Enter 键），则用户可以指定另外的点作为第一个打断点。
- 在系统选择对象:的提示下，通过在对象上某处单击选择该对象，然后在指定第二个打断点 或 [第一点(F)]:的提示下，输入符号@并按 Enter 键，则系统便在单击处将对象断开，由于只选取了一个点，所以断开处没有缺口。
- 如果第二点是在对象外选取的，系统会将该对象位于两个点之间的部分删除。
- 选择“修改”面板中的“打断于点”命令按钮，可将对象在一点处断开成两个对象，该命令是从打断(K)命令派生出来的。使用该命令时，应先选取要被打断的对象，然后指定打断点，系统便可在该断点处将对象打断成相连的两部分。
- 对圆的打断，系统按逆时针方向将第一断点到第二断点之间的那段圆弧删除掉。

6.5.6 合并

合并是指将直线、圆、椭圆弧和样条曲线等独立的线段合并为一个对象。下面通过图 6.5.15 所示的范例来说明“合并”的一般操作步骤。

Step1．打开文件 D:\AutoCAD2017.1\work\ch06.05\jion.dwg。

Step2．选择下拉菜单修改(M) → 合并(J)命令。

说明：或者在命令行输入命令 JOIN 或字母 J，或者单击默认选项卡下“修改”面板下侧的修改 ▾按钮，在展开的工具栏中单击“合并”命令按钮。

Step3．在命令行选择源对象或要一次合并的多个对象:的提示下，将鼠标移至图 6.5.15a 所示的粗实线上单击，以选取源对象；在命令行选择要合并的对象:的提示下，选取图 6.5.15a 所示的点画线和虚线，并按 Enter 键结束命令，合并后的直线如图 6.5.15b 所示。

说明：“合并”后的对象与选择的源对象具有相同的图层。

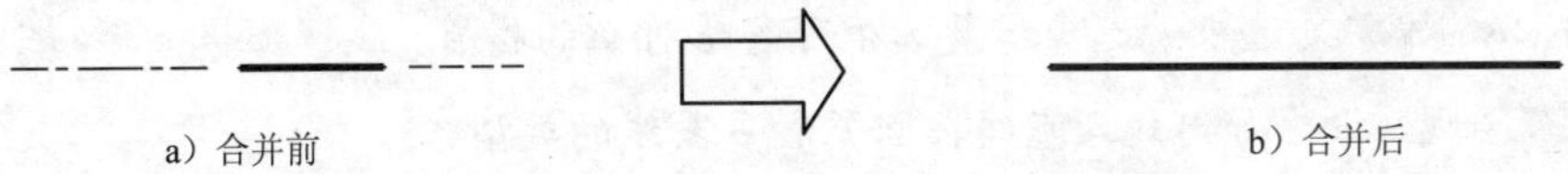

a）合并前　　b）合并后

图 6.5.15 “合并”操作

6.5.7 删除重复对象

删除重复对象是通过删除重复或不需要的对象来清理重叠的直线、圆弧和多段线等几何图形。下面通过图 6.5.16 所示的范例来说明“删除重复对象”的一般操作步骤。

Step1．打开文件 D:\AutoCAD2017.1\work\ch06.05\delete_repeat.dwg。

Step2. 选择下拉菜单 修改(M) → 删除重复对象 命令。

说明：或者在命令行输入命令 OVERKILL，或者单击 默认 选项卡下“修改”面板中的“删除重复对象”命令按钮 。

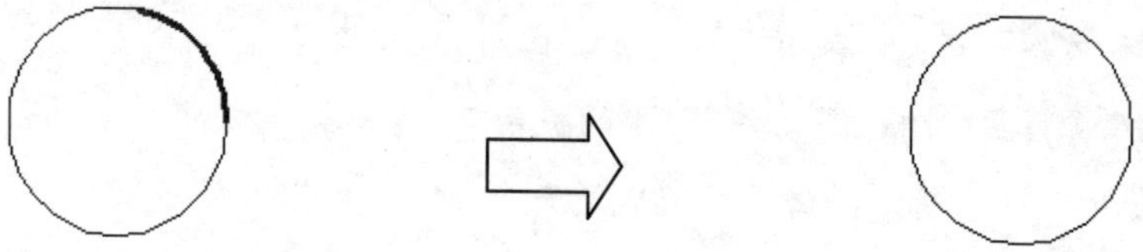

a）删除重复对象前　　　　b）删除重复对象后

图 6.5.16　“删除重复对象”操作

Step3. 在命令行 选择对象: 的提示下，框选图 6.5.16a 所示的图形，按 Enter 键；在“删除重复对象”对话框 忽略对象特性: 区域中选中 ☑ 图层(L) 复选框，其他参数采用系统默认设置值，然后单击 确定 按钮，结果如图 6.5.16b 所示。

说明：此例中通过删除命令是无法将圆弧删除的，因为一是先绘制的圆弧，二是圆弧与圆重叠。遇到这种类似情况时就可以通过“删除重复对象”命令快速地删除重复的对象。

“删除重复对象”对话框相关选项说明如下。

- 对象比较设置 区域：设置对象的精度及特性，包括 公差(N): 和 忽略对象特性: 两项，公差(N): 文本框用于设置两对象比较的精度，忽略对象特性: 用于设置对象特性忽略的类型。
  - ☑ ☑ 颜色(C) 复选框：选中该复选框可忽略对象的颜色。
  - ☑ ☑ 图层(L) 复选框：选中该复选框可忽略对象的图层。
  - ☑ ☑ 线型(I) 复选框：选中该复选框可忽略对象的线型。
  - ☑ ☑ 线型比例(Y) 复选框：选中该复选框可忽略对象的线型比例。
  - ☑ ☑ 线宽(W) 复选框：选中该复选框可忽略对象的线宽。
  - ☑ ☑ 厚度(T) 复选框：选中该复选框可忽略对象的厚度。
  - ☑ ☑ 透明度(R) 复选框：选中该复选框可忽略对象的透明度。
  - ☑ ☑ 打印样式(S) 复选框：选中该复选框可忽略对象的打印样式。
  - ☑ ☑ 材质(M) 复选框：选中该复选框可忽略对象的材质。
- 选项 区域：设置如何处理直线、圆弧和多段线的类型。
  - ☑ ☑ 优化多段线中的线段(P) 复选框：选中该复选框可检查选定的多段线中单独的直线段和圆弧段。重复的顶点和线段将被删除。
  - ☑ ☑ 忽略多段线线段宽度(D) 复选框：选中该复选框可忽略线段宽度，同时优化多段线线段。
  - ☑ ☑ 不打断多段线(B) 复选框：选中该复选框将保持多段线对象不变。
  - ☑ ☑ 合并局部重叠的共线对象(V) 复选框：选中该复选框可将重叠的对象合并为单个对象。
  - ☑ ☑ 合并端点对齐的共线对象(E) 复选框：选中该复选框可将具有公共端点的对象合并为单个对象。

☑ ☑ 保持关联对象(A) 复选框：选中该复选框将不会删除或修改关联对象。

6.6 使用夹点编辑图形

6.6.1 关于夹点

1. 认识夹点

夹点是指对象上的控制点。当选择对象时，在对象上会显示出若干个蓝色小方框，这些小方框就是用来标记被选中对象的夹点，圆的夹点如图 6.6.1 所示。对于不同的对象，用来控制其特征的夹点的位置和数量也不相同。

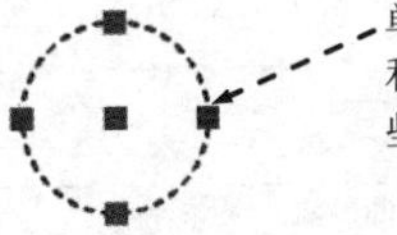

图 6.6.1 圆的夹点

2. 控制夹点显示

选择下拉菜单 工具(T) → ☑ 选项(N)... 命令，系统弹出“选项”对话框，通过该对话框的 选择集 选项卡可对夹点的显示进行设置。相关选项说明如下。

- 夹点尺寸(Z) 区域：控制夹点的显示大小。
- 夹点颜色(C)... 按钮：若单击该按钮，系统弹出“夹点颜色”对话框，在该对话框 设置 区域分别在 未选中夹点颜色(U): 下拉列表确定未选中的夹点的颜色，该项对应 GRIPCOLOR 系统变量；在 选中夹点颜色(C): 下拉列表确定选中的夹点的颜色；在 悬停夹点颜色(R): 下拉列表确定光标在夹点上停留时夹点显示的颜色，该项对应 GRIPHOVER 系统变量；在 夹点轮廓颜色(P): 下拉列表确定夹点显示时夹点轮廓颜色。
- ☑ 显示夹点(R) 复选框：选中该项后，选择对象时在对象上显示夹点。通过选择夹点和使用快捷菜单，可以用夹点来编辑对象。但在图形中显示夹点会明显降低性能，清除此选项可优化性能。
- ☐ 在块中显示夹点(B) 复选框：如果选中此复选框，系统将显示块中每个对象的所有夹点。如果不选中此复选框，则将在块的插入点位置显示一个夹点。
- ☑ 显示夹点提示(T) 复选框：选中该复选框后，当光标悬停在自定义对象的夹点上时，显示夹点的特定提示。该选项在标准 AutoCAD 对象上无效。
- ☑ 显示动态夹点菜单(U) 复选框：选中该复选框，当光标悬停在多段线或多边形的夹点上时，会弹出图 6.6.2 所示的快捷菜单，可在快捷菜单中选择相应命令对多段线或多边形进行编辑。

- ☑ 允许按 Ctrl 键循环改变对象编辑方式行为(L) 复选框：选中此复选框后，当使用夹点对多段线或多边形进行编辑时，可按 Ctrl 键对图 6.6.2 所示的命令进行切换。
- 选择对象时限制显示的夹点数(M) 文本框：当初始选择集包括多于指定数目的对象时，抑制夹点的显示。有效值的范围是 1 ~ 32767，默认值是 100。

6.6.2　使用夹点编辑对象

1. 拉伸模式

当单击对象上的夹点时，系统便直接进入“拉伸”模式，此时可直接对对象进行拉伸、旋转、移动或缩放操作。在“拉伸”模式时，系统命令行提示图 6.6.3 所示的信息。下面对该提示中的各项进行说明。

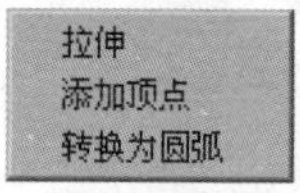

图 6.6.2　快捷菜单(一)

图 6.6.3　命令行提示（一）

- 第一行的 ** 拉伸 ** 信息：表明当前的编辑状态为拉伸模式。
- 指定拉伸点 选项：为默认选项，要求给定对象拉伸操作的目的点。对于某些夹点，只能移动对象而不能拉伸对象，如直线中的点、圆心、椭圆中心、文字、块和点对象上的夹点，此时指定拉伸点后，系统会把对象移动到新位置。
- 基点(B) 选项：重新确定拉伸基点。默认情况下，系统将操作点（对其单击的夹点称为操作点）作为拉伸基点，并按操作点与指定的新位置点之间的位移矢量拉伸图形。
- 复制(C) 选项：允许用户连续进行多次拉伸复制操作。此时用户可连续确定一系列的拉伸点新位置，以实现多次拉伸复制。
- 放弃(U) 选项：取消上一次操作。
- 退出(X) 选项：退出当前的操作。

下面仅以直线、圆弧和圆进行说明。

- 直线对象：使用直线对象上的夹点，可以实现对直线的移动、拉伸和旋转，如图 6.6.4 所示。

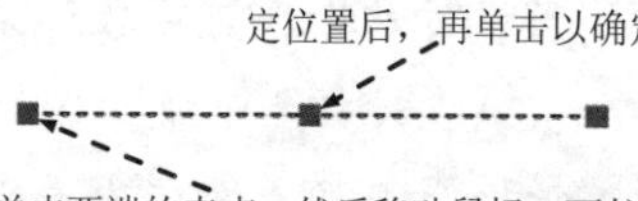

图 6.6.4　通过夹点直接编辑直线对象

- 圆弧对象：使用圆弧对象上的夹点，可以实现对圆弧的拉伸，如图 6.6.5 所示。

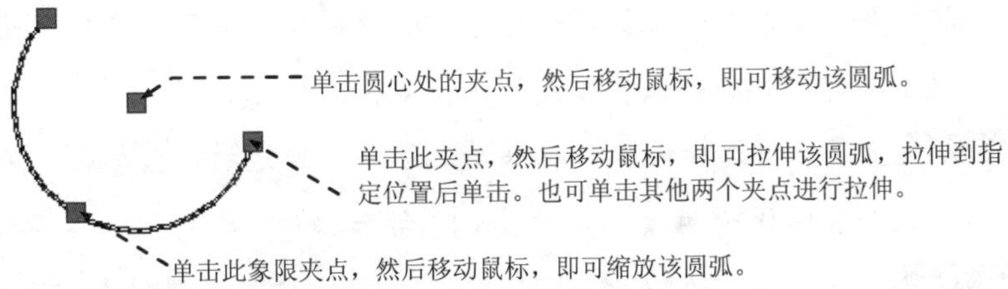

图 6.6.5　通过夹点直接编辑圆弧对象

- 圆对象：使用圆对象上的夹点，可以实现对圆的缩放和移动，如图 6.6.6 所示。

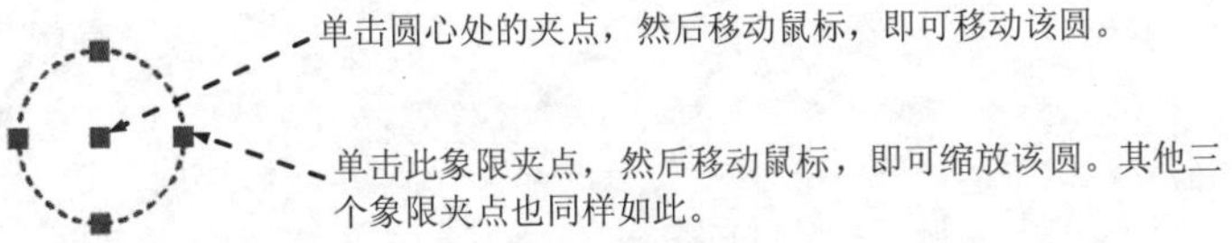

图 6.6.6　通过夹点直接编辑圆对象

- 多段线对象：使用多段线上的夹点，可实现对多段线移动、添加/删除顶点、拉伸及圆弧与多段线之间的转换，如图 6.6.7 所示。

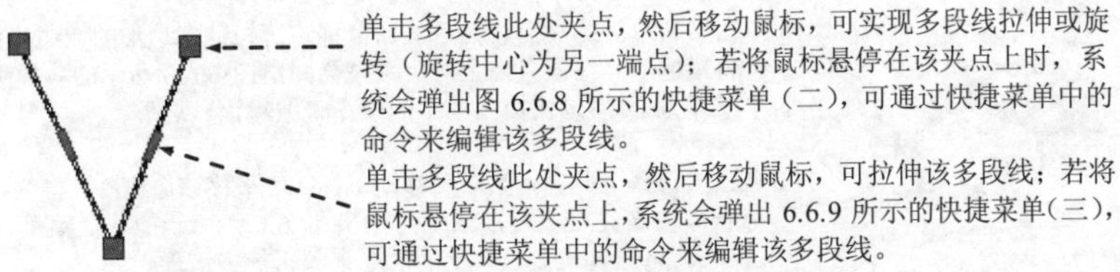

图 6.6.7　通过夹点直接编辑多段线对象

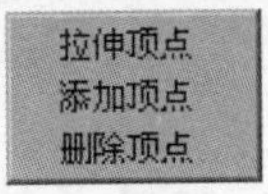

图 6.6.8　快捷菜单（二）

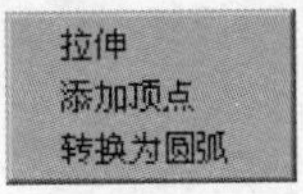

图 6.6.9　快捷菜单（三）

图 6.6.8 所示的快捷菜单（二）中的命令说明如下。

- 拉伸顶点命令：当选择该命令时，移动光标，可对多段线进行拉伸。
- 添加顶点命令：当选择该命令时，用鼠标拖动选中的顶点，可对多段线添加一个顶点，从而在多段线再添加一段，如图 6.6.10a 所示。
- 删除顶点命令：当选择该命令时，可删除选中的点，从而在多段线上删除一段，如图 6.6.10c 所示。当多段线只有一段时此命令不可选。

a）添加顶点　　b）选择对象　　c）删除顶点

图 6.6.10　使用夹点编辑多段线

图 6.6.9 所示的快捷菜单（三）中的命令说明如下。

- 拉伸命令：当选择该命令时移动光标，可移动该夹点所在的多段线，从而拉伸多段线上与其相邻的一段多段线，如图 6.6.11 所示。
- 添加顶点命令：当选择该命令时移动光标，在合适的位置单击，可将多段线该夹点所在的一段转化为两段，如图 6.6.12 所示。
- 转换为圆弧命令：当选择该命令时移动光标，在合适的位置单击，可将多段线该夹点所在的一段转化为圆弧（图 6.6.13）。当光标悬停在圆弧上的夹点上时，在系统弹出的快捷菜单中选择“转化为直线”命令，可将该圆弧又转换为多段线。

图 6.6.11　选择“拉伸”命令

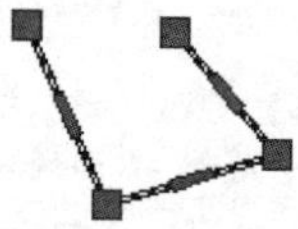
图 6.6.12　选择“添加顶点”命令

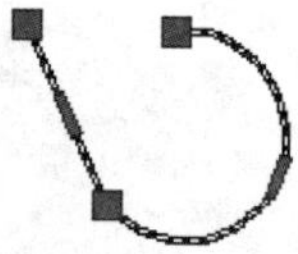
图 6.6.13　选择“转换为圆弧”命令

- 多边形对象：使用多边形对象的夹点，可以实现对多边形边线的移动、添加/删除顶点、拉伸及圆弧与直线的转换，如图 6.6.14 所示。

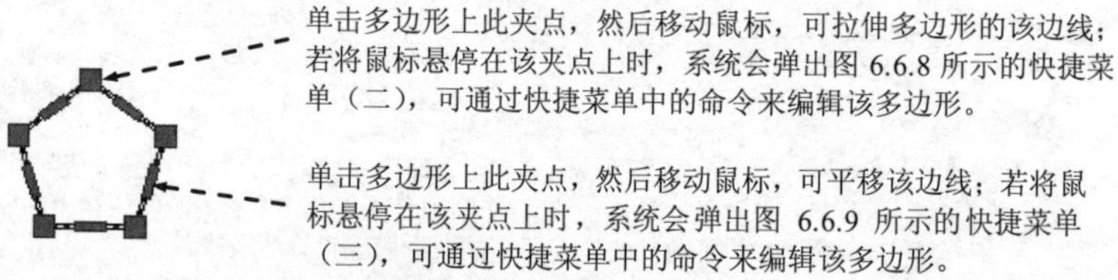

图 6.6.14　通过夹点直接编辑多边形对象

2．移动模式

单击对象上的夹点，然后在命令行提示下，直接按 Enter 键或输入字母 MO 后按 Enter 键（或选取对象上的夹点，右击，在系统弹出的快捷菜单中选择移动(M)命令），系统便进入“移动”模式，此时可对对象进行移动。在“移动”模式时，系统命令行提示图 6.6.15 所示的信息。下面对该提示中的各项进行说明。

图 6.6.15　命令行提示（二）

- 第一行的** MOVE **信息：表明当前的编辑状态为移动模式。
- 指定移动点选项：为默认选项，要求给定对象移动操作的目的点。
- 基点(B)选项：重新确定移动基点。默认情况下，系统将操作点作为移动基点，并按操作点与指定的新位置点之间的位移矢量移动对象。如果指定了基点，则按基点与新位置点之间的位移矢量移动对象。执行此选项后，系统提示指定基点:，在此提示下确定新点，就可以将该点作为基点进行移动操作。

- 复制(C)选项：允许用户进行多次移动复制操作。此时可确定一系列的移动新位置，以实现多次移动复制。
- 放弃(U)选项：取消上一次操作。
- 退出(X)选项：退出当前的操作。

3．旋转模式

单击对象上的夹点，然后在命令行提示下，连续按两次 Enter 键或输入字母 RO 后按 Enter 键（或选中对象上的夹点，右击，在系统弹出的快捷菜单中选择旋转(R)命令），便进入“旋转”模式。此时，可以把对象绕操作点或新的基点旋转。在“旋转”模式时，系统命令行的提示如图 6.6.16 所示。提示中的有关选项说明如下。

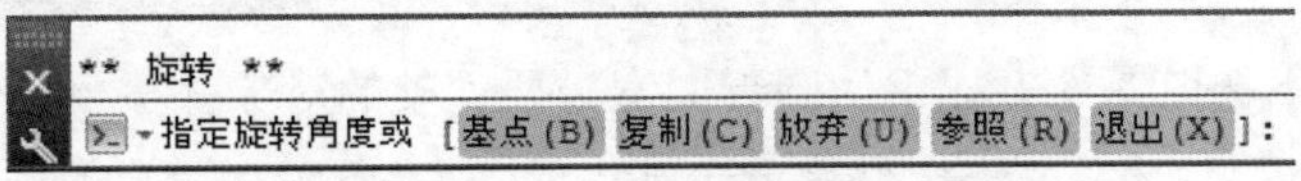

图 6.6.16　命令行提示（三）

- 指定旋转角度选项：确定旋转的角度，此项为默认项。用户可直接输入角度值，也可采用“拖动”方式确定角度。确定角度后，对象绕操作点或基点旋转指定的角度值。
- 参照(R)选项：以参考方式旋转对象，与执行 ROTATE 命令后的参照(R)选项的功能相同。

4．缩放模式

单击对象上的夹点，在命令行提示下，连续按三次 Enter 键或输入字母 SC 后按 Enter 键（或选取对象上的夹点，右击，在系统弹出的快捷菜单中选择缩放(L)命令），便进入“缩放”模式，此时可以把对象相对于操作点或基点进行缩放。

5．镜像模式

单击对象上的夹点，在命令行提示下，连续按四次 Enter 键或输入字母 MI 后按 Enter 键（或选取对象上的夹点，右击，在弹出的快捷菜单中选择镜像(I)命令），便进入“镜像”模式，此时可以将对象进行镜像。

6.7 图形次序

选择下拉菜单 工具(T) → 绘图次序(D) ▸ 中的子命令（图 6.7.1），可以调整对象在图形中的显示次序。调整对象的显示次序是为了使对象在显示或打印时能够正确地显示出来。下面以图 6.7.2 所示的实例介绍调整图形次序的一般操作步骤。

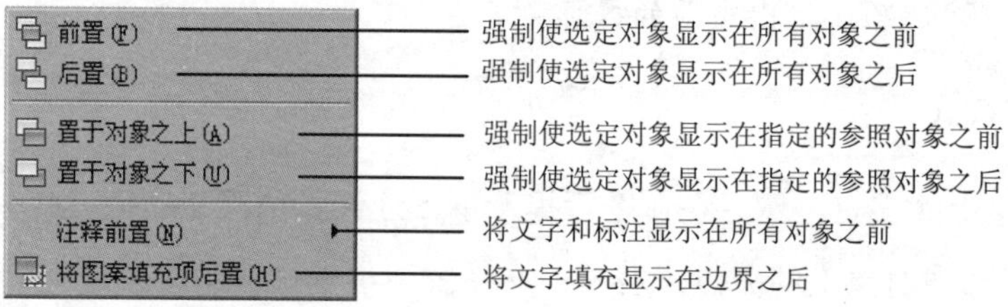

图 6.7.1 “绘图次序”子菜单

Step1. 打开文件 D:\AutoCAD2017.1\work\ch06.07\order.dwg。

Step2. 选择下拉菜单 工具(T) → 绘图次序(D) ▸ → 置于对象之下(U) 命令；在命令行 选择对象: 的提示下选取图 6.7.2a 中的圆形图案为要调整的对象并按下 Enter 键。

Step3. 在命令行 选择参照对象: 的提示下选取图 6.7.2a 中的矩形图案为参照对象，按下 Enter 键，完成次序的调整，结果如图 6.7.2b 所示。

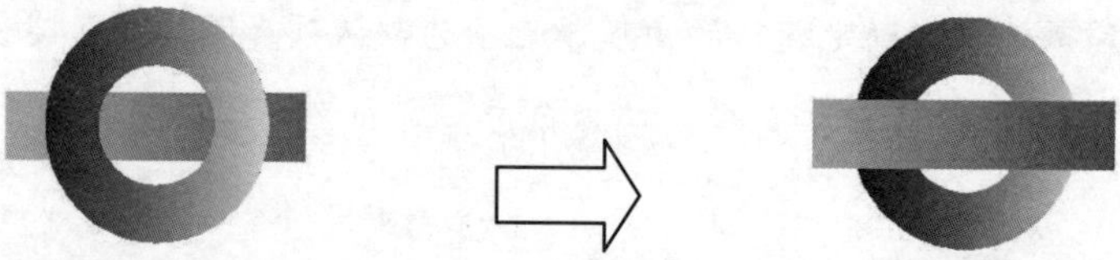

a）调整次序前　　b）调整次序后

图 6.7.2 调整图形次序

6.8 修改对象的特性

在默认的情况下，在某层中绘制的对象，其颜色、线型和线宽等特性都与该层属性设置一致，即对象的特性类型为 By layer（随层）。在实际工作中，经常需要修改对象的特性，这就要求大家应该熟练、灵活地掌握对象特性修改的工具及命令。AutoCAD 2017 提供了以下工具和命令用于修改对象的特性。

6.8.1 使用对象“特性”面板修改对象的特性

“特性”面板如图 6.8.1 所示，用它可以修改所有对象的通用特性，如图层、颜色、线型、线宽和打印样式。当选取多个对象时，面板上的控制项将显示所选择的对象都具有的相同特性（如相同的颜色或线型）。如果这些对象所具有的特性不相同，则相应的控制项为空白。

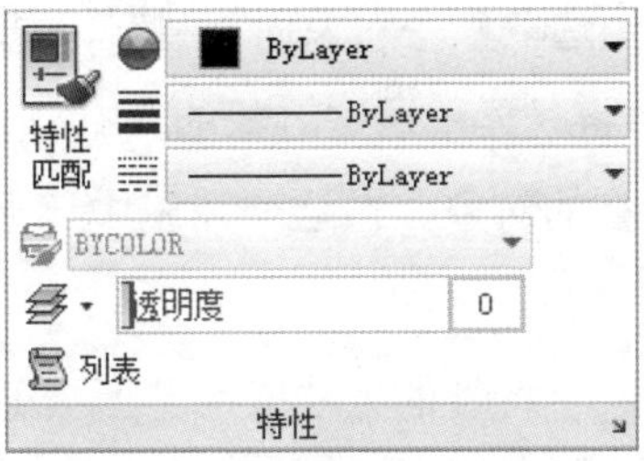

图 6.8.1 “特性”面板

当只选取一个对象时，则面板上的控制项将显示这个对象的相应特性；当没有选取对象时，面板上的控制项将显示当前图层的特性，包括图层的颜色、线型、线宽和打印样式。

如要修改某特性，只需在相应的控制项中选择新的选项。

6.8.2 使用“特性”窗口修改对象的特性

“特性”窗口如图 6.8.2 所示，用它可以修改任何对象的任一特性。选取的对象不同，“特性”窗口中显示的内容和项目也不同。“特性”窗口在绘图过程中可以处于打开状态。

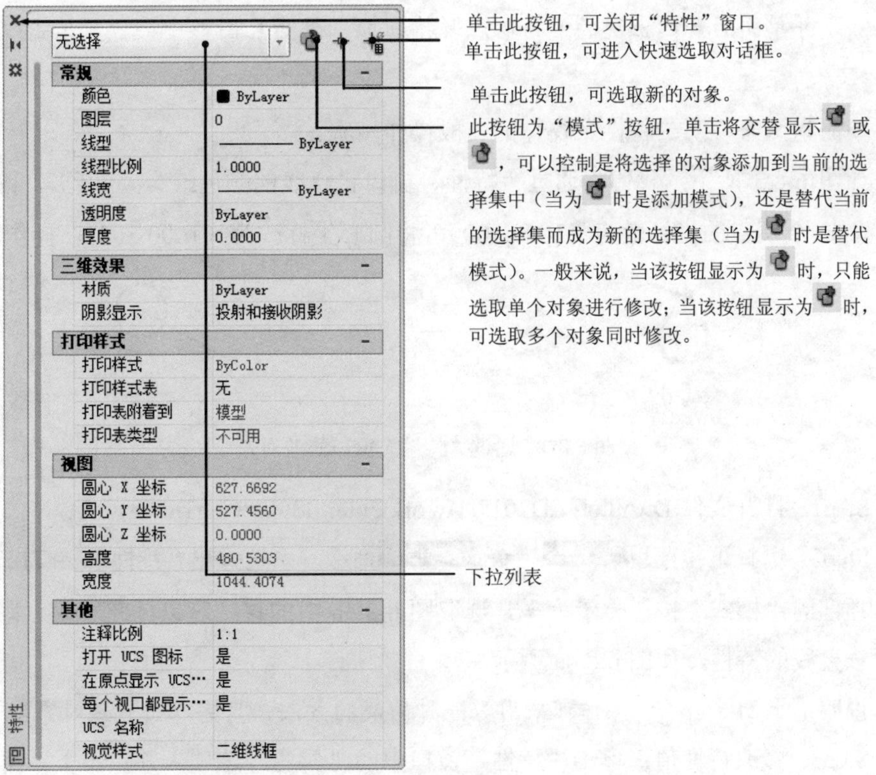

图 6.8.2 “特性”窗口

要显示“特性”窗口，可以双击某对象或选择下拉菜单 修改(M) → 特性(P) 命令（或者在命令行中输入 PROPERTIES 命令后按 Enter 键）。

当没有选择对象时，“特性”窗口将显示当前状态的特性，包括当前的图层、颜色、线型、线宽和打印样式等设置；当选取一个对象时，“特性”窗口将显示选定对象的特性；当选取多个对象时，“特性”窗口将只显示这些对象的共有特性，此时可以在“特性”窗口顶部的下拉列表选择一个特定类型的对象，在这个列表中还显示出当前所选择的每一种类型的对象的数量。

在“特性”窗口中，修改某个特性的方法取决于所要修改的特性的类型。归纳起来，可以使用以下几种方法之一修改特性。

- 直接输入新值：对于带有数值的特性，如厚度、坐标值、半径和面积等，可以通过输入一个新的值来修改对象的相应特性。
- 从下拉列表中选择一个新值：对于可以从列表中选择的特性，如图层、线型和打印样式等，可从该特性对应的下拉列表中选择一个新值来修改对象的特性。
- 用对话框修改特性值：对于通常需要用对话框设置和编辑的特性，如超级链接、填充图案的名称或文本字符串的内容，可选择该特性并单击后部出现的省略号按钮 ...，在显示出来的对象编辑对话框中修改对象的特性。
- 使用拾取点按钮修改坐标值：对于表示位置的特性（如起点坐标），可选择该特性并单击后部所出现的“拾取点”按钮，然后在图形中某位置单击以指定一个新的位置。

下面举例来说明“特性”窗口的一般操作步骤。

如图 6.8.3 所示，我们将通过“特性”窗口将直线的颜色改为“红色”，图层改为“图层 1”，一个端点的坐标改为（1000,800），将圆心坐标改为（1000,800）。操作步骤如下。

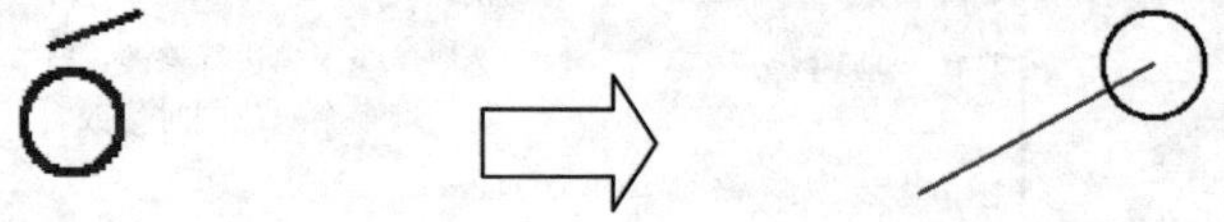

a）修改前　　b）修改后

图 6.8.3　通过“特性”窗口修改对象

Step1. 打开文件 D:\AutoCAD2017.1\work\ch06.08\drawing1.dwg。

Step2. 选择下拉菜单 修改(M) → 特性(P) 命令，系统弹出“特性”窗口，确认“特性”窗口顶部的“模式”按钮显示为，选取图 6.8.3a 中的直线对象，此时的“特性”窗口便显示该直线的特性，如图 6.8.4a 所示。

说明：上面 Step2 的操作可采用另一种简便的方法，只需双击直线对象即可。

Step3. 修改特性值：单击“特性”窗口中的“颜色”选项，并单击下三角按钮，然后在下拉列表中选取颜色值“红”；在几何图形区域单击“起点 X 坐标”项后的文本框，将其值修改为 1000；单击“起点 Y 坐标”项后的文本框，将其值修改为 800，修改后的“特性”窗口如图 6.8.4b 所示。

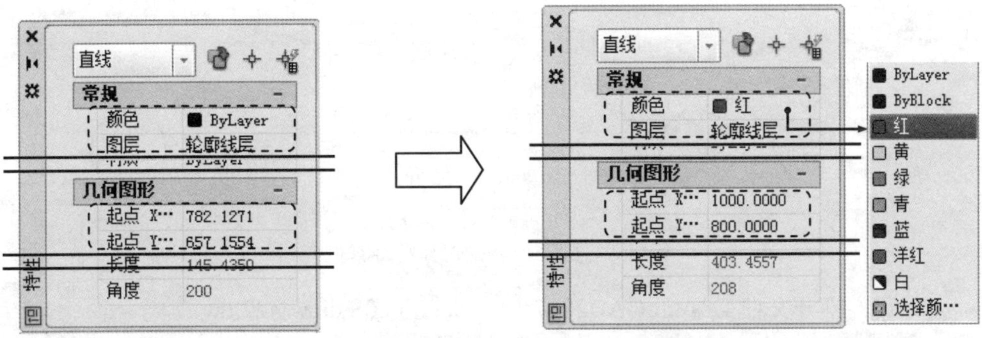

a）修改前　　b）修改后

图 6.8.4　修改直线的特性

Step4. 选取另一修改对象——圆，此时的“特性”窗口便显示该圆的特性，如图 6.8.5a 所示。

Step5. 修改其特性值：在几何图形区域单击“圆心 X 坐标”项后的文本框，将其值修改为 1000；单击“圆心 Y 坐标”项后的文本框，将其值修改为 800，修改后的“特性”窗口如图 6.8.5b 所示。最后结果如图 6.8.3b 所示。

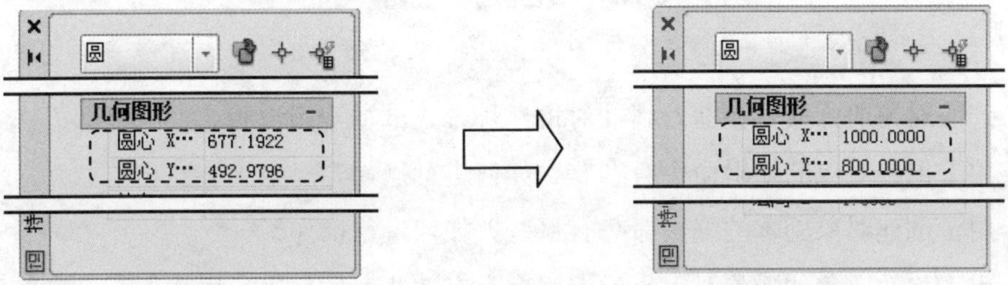

a）修改前　　b）修改后

图 6.8.5　修改圆的特性

6.8.3　使用 CHANGE 和 CHPROP 命令修改对象的特性

在命令行输入 CHANGE 和 CHPROP 命令也可以修改对象的特性。用 CHPROP 命令可修改一个或多个对象的颜色、图层、线型、线型比例、线宽、厚度、透明度、材质和注释性，而用 CHANGE 命令还可以修改对象的标高、文字和属性定义（包括文字样式、高度、旋转角度和文本字符串）以及块的插入点和旋转角度、直线的端点和圆的半径等。

6.8.4　匹配对象特性

匹配对象特性就是将图形中某对象的特性和另外的对象相匹配，即将一个对象的某些或所有特性复制到一个或多个对象上，使它们在特性上保持一致。例如，绘制完一条直线，我们要求它与另外一个对象保持相同的颜色和线型，这时就可以使用特性匹配工具来完成。

如图 6.8.6 所示，可以将直线的线型及线宽修改为与圆相同的样式，下面介绍其一般操作步骤。

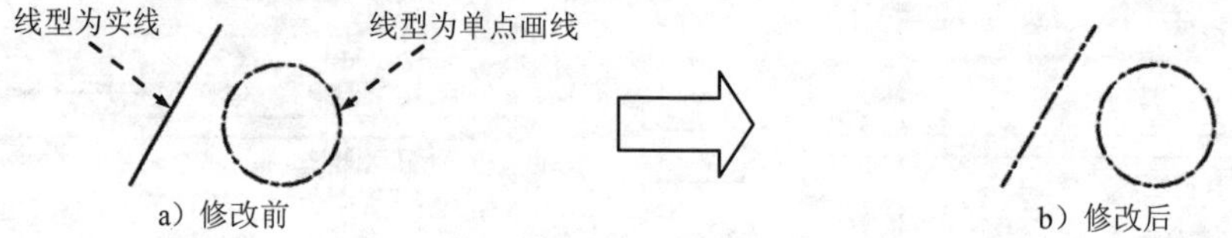

图 6.8.6　匹配对象特性举例

Step1. 打开文件 D:\AutoCAD2017.1\work\ch06.08\drawing2.dwg。

Step2. 选择下拉菜单 修改(M) ➡ 特性匹配(M) 命令。

说明：也可以在命令行中输入命令 MATCHPROP 后按 Enter 键。

Step3. 选取匹配源对象。在系统选择源对象：的提示下，选取图 6.8.6a 中的圆作为参照的源对象。

Step4. 选取目标对象。选取直线为目标对象，并按 Enter 键。最后结果如图 6.8.6b 所示。

6.9　思考与练习

1. 选取对象的方式有哪些？请针对每一种方式试举一例说明。
2. 用于调整对象的编辑命令有哪些？如何进行操作？
3. 用于创建对象副本的编辑命令有哪些？如何进行操作？
4. 用于修改对象的形状及大小的编辑命令有哪些？如何进行操作？
5. 用于修饰及拆分对象的编辑命令有哪些？如何进行操作？
6. 打开文件 D:\AutoCAD2017.1\work\ch06.09\ch06_ex06.dwg，然后思考：如何为图中的矩形添加单个倒角？要求倒角后的图形仍为多段线。
7. 结合本章所学的内容，绘制图 6.9.1 所示的图形。
8. 绘制图 6.9.2 所示的机械零件的两个视图。

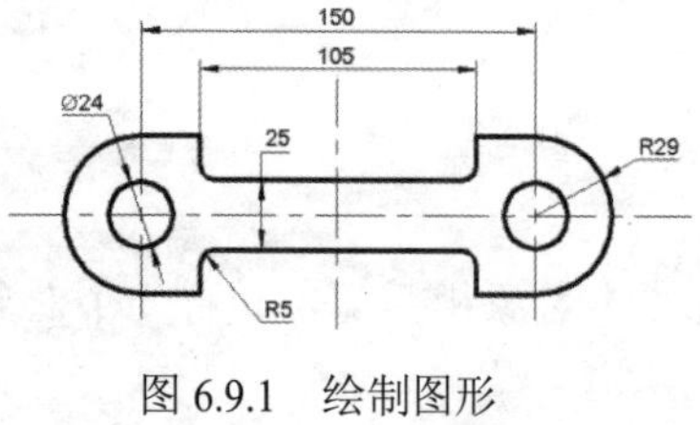

图 6.9.1　绘制图形

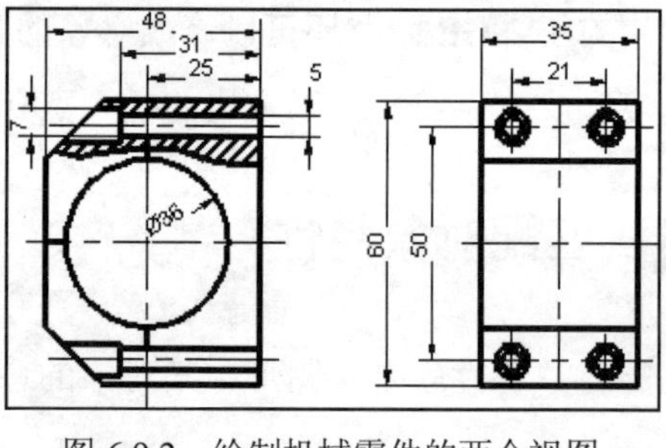

图 6.9.2　绘制机械零件的两个视图

9. 用本章所学的内容，绘制图 6.9.3 所示的电气接线图。

10. 用本章所学的内容，绘制图 6.9.4 所示的图形（读者可自行确定其尺寸）。

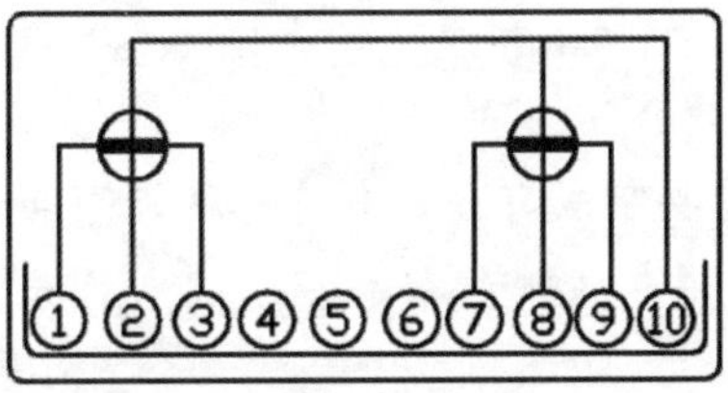

图 6.9.3 绘制电气接线图

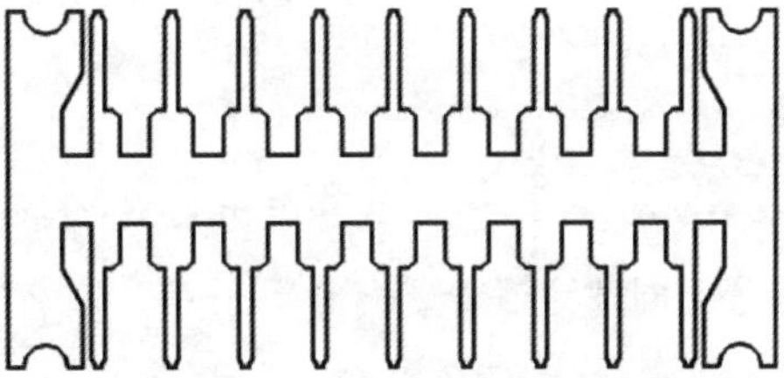
图 6.9.4 绘制图形

第 7 章 创建文字与表格

本章提要

文字与表格是图形信息的重要组成部分，本章将就文字与表格的样式设置、创建方法等进行详细讲解。其中创建文字对象的内容一直是 AutoCAD 中的一个重点内容，所以本章的内容非常重要。

7.1 创 建 文 字

与一般的几何对象（如直线、圆和圆弧等）相比，文字对象是一种比较特殊的图元。文字功能是 AutoCAD 中的一项重要的功能，利用文字功能，用户可以在工程图中非常方便地创建一些文字注释，例如机械工程图中的技术要求、装配说明以及建筑工程制图中的材料说明、施工要求等。

7.1.1 设置文字样式

文字样式决定了文字的特性，如字体、尺寸和角度等。在创建文字对象时，系统使用当前的文字样式，我们可以根据需要自定义文字的样式和修改已有的文字样式。

选择下拉菜单 格式(O) → 文字样式(S)... 命令（或在命令行输入命令 STYLE），系统弹出图 7.1.1 所示的“文字样式”对话框，在该对话框中可以定义和修改文字样式。

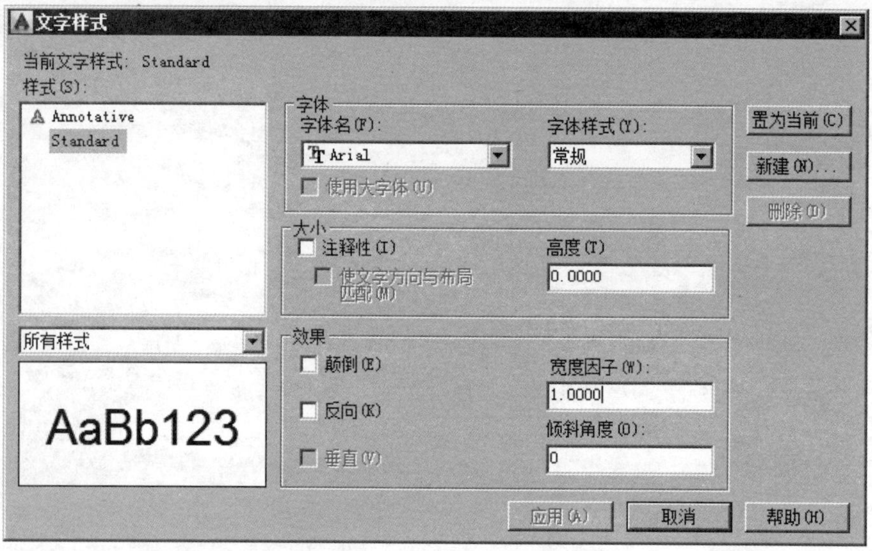

图 7.1.1 “文字样式”对话框

“文字样式”对话框主要可以实现以下功能。

1. 设置样式名称

在“文字样式”对话框的样式(S):选项组中，可以显示文字样式的名称、新建文字样式、重命名已有的文字样式以及删除文字样式。

- 样式列表：列出了图形中选定的文字样式，默认文字样式为 Standard（标准）。
- 样式列表过滤器下拉列表：用于指定样式名列表中显示的是所有样式还是正在使用的样式。
- 新建(N)...按钮：单击该按钮，系统弹出“新建文字样式”对话框。在该对话框的样式名:文本框中输入新的文字样式名称，然后单击确定按钮，新文字样式名将显示在样式(S):列表中。
- 删除(D)按钮：从样式列表中选择某个样式名，然后单击删除(D)按钮，系统弹出“acad 警告”对话框，单击确定按钮，删除所选择的文字样式。

说明：如果需要重命名某个文字样式，可以先将该文字样式选中并右击，在系统弹出的快捷菜单中选择重命名命令，但用户不能对默认的 Standard 文字样式进行重命名。

注意：用户不能删除已经被使用了的文字样式和默认的 Standard 样式。

2. 设置字体

在 AutoCAD 中，可以使用两种不同类型的字体文件：TrueType 字体和 AutoCAD 编译字体。TrueType 字体是大多数 Windows 应用程序使用的标准字体，Windows 中自带了很多的 TrueType 字体，并且在将其他的应用程序加载到计算机后，还可以得到其他的 TrueType 字体，AutoCAD 也自带了一组 TrueType 字体。TrueType 字体允许修改其样式，如粗体和斜体，但是在显示和打印时要花较长的时间。AutoCAD 编译字体（扩展名为.shx）是很有用的字体文件，这种字体在显示和打印时比较快，但是在外观上受到很多限制。

为了满足非英文版 AutoCAD 可以使用更多字符的要求，AutoCAD 还支持 Unicode 字符编码标准，这种编码支持的字符最多可达 65535 个。另外，为了支持像汉字这样的字符，在 AutoCAD 字体中可以使用大字体（BigFonts）这种特殊类型的字体。

在“文字样式”对话框的字体选项组中，可以设置文字样式的字体。

- 在字体选项组中，当前文字样式的字体名称作为默认的设置在字体名(F):下拉列表中显示出来，单击下拉列表中的下三角按钮▼，可看到所有加载到系统中的 AutoCAD 编译字体和 TrueType 字体（包括中文字体），从中可选择所需要的字体。如果选择的是 TrueType 字体，系统则自动激活字体样式(Y):下拉列表，从该列表中可以选择该 TrueType 字体的不同样式，例如粗体、斜体和常规等。如果选择的是

AutoCAD 编译字体，则该 字体样式(Y): 下拉列表是不可用的，当选中 ☑ 使用大字体(U) 复选框时，原来的 字体名(F): 处变成 SHX 字体(X): ，原来的 字体样式(Y): 区域变成 大字体(B): ， SHX 字体(X): 下拉列表中显示所有加载到系统中的 AutoCAD 编译字体。

- 在 大小 选项组中，可以设置文字的高度。其中的 高度(T): 文本框用于设置文字的高度值。如果将文字的高度值设为 0，在使用 TEXT 命令创建文字时，命令行将提示 指定高度 ，要求用户指定文字的高度值；如果在 高度(T): 文本框中输入了文字高度值，则在使用 TEXT 命令创建文字时，不再提示 指定高度 。如果选中 ☑ 注释性(I) ⓘ 复选框，则此文字样式主要用于创建注释性文字，以便使缩放注释的过程自动化，并使注释文字在图纸上以正确的大小打印。

注意：当选择 TrueType 字体时，用户可以使用系统变量 TEXTFILL 和 TEXTQLTY 来设置所标注的文字是否填充和文字的光滑程度。其中，当 TEXTFILL 为 0（默认值）时不填充，为 1 时则进行填充；TEXTQLTY 的取值范围是 0～100，默认值为 50，其值越大，文字越光滑，图形输出的时间也越长。

3．设置文字效果

在“文字样式”对话框中的 效果 选项组，可以设置文字的显示效果。

- ☑ 颠倒(E) 复选框：用于设置是否将文字倒过来书写，效果如图 7.1.2 所示。
- ☑ 反向(K) 复选框：用于设置是否将文字反向书写，效果如图 7.1.3 所示。

a）颠倒前　b）颠倒后

图 7.1.2　文字样式为颠倒

a）反向前　b）反向后

图 7.1.3　文字样式为反向

- ☑ 垂直(V) 复选框：用于设置是否将文字垂直书写，效果如图 7.1.4 所示。但垂直效果对 TrueType 字体无效。
- 宽度因子(W): 文本框：用于设置文字字符的高度和宽度之比。当比例值为 1 时，将按默认的高宽比书写文字；当宽度比例值小于 1 时，字符会变窄；当宽度比例值大于 1 时，字符会变宽。
- 倾斜角度(O): 文本框：用于设置文字字符倾斜的角度。角度为 0° 时不倾斜，角度为正值时向右倾斜，为负值时向左倾斜，效果如图 7.1.5 所示。

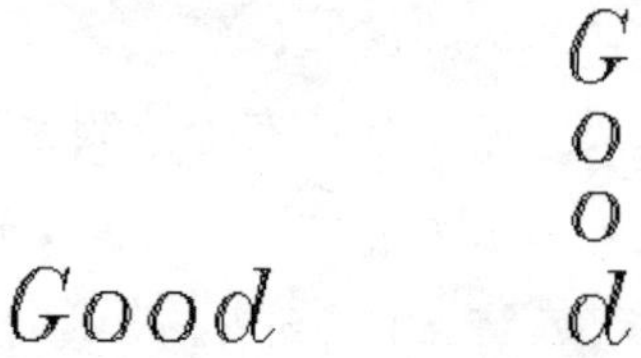

a）垂直前　b）垂直后

图 7.1.4　文字样式为垂直

a）倾斜角度为 0°　b）倾斜角度为 45°

图 7.1.5　文字样式为倾斜

4．预览与应用文字样式

“文字样式”对话框的“预览”区域用于显示选定的文字样式的效果，设置文字样式后，应该单击 应用(A) 按钮，这样以后在创建文字对象时，系统便使用该文字样式。

7.1.2 创建单行文字

单行文字可以由字母、单词或完整的句子组成。用这种方式创建的每一行文字都是一个单独的 AutoCAD 文字对象，可对每行文字单独进行编辑操作。

注意：在学习本节前请先打开文件 D:\AutoCAD2017.1\work\ch07.01\ dtext.dwg。

1．创建单行文字的一般操作步骤

下面以图 7.1.6 为例，说明用指定起点的方法创建单行文字的一般操作步骤。

Step1. 选择下拉菜单 绘图(D) → 文字(X) → 单行文字(S) 命令，子菜单如图 7.1.7 所示。

说明：或者在命令行输入命令 DTEXT 或 DT。

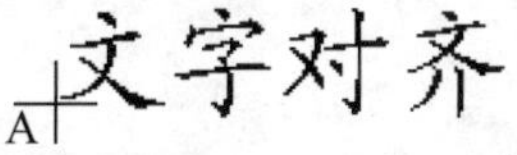

图 7.1.6 指定文字的起点

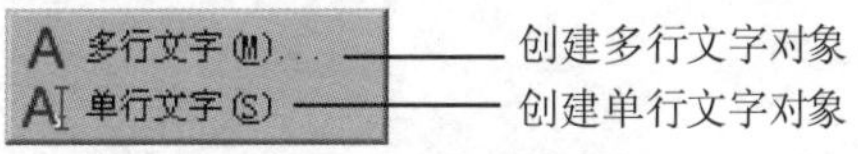

图 7.1.7 子菜单

Step2. 指定文字的起点。此时命令行的提示如图 7.1.8 所示，可在绘图区的任意一点 A 处单击，这样点 A 便是文字的起点。

Step3. 指定文字的高度。命令行提示 指定高度 <2.5000>:，输入文字高度值 15 后按 Enter 键。

说明：或者在 指定高度 <2.5000>: 的提示下，选取一点 B，则线段 AB 的长度就是文字的高度。

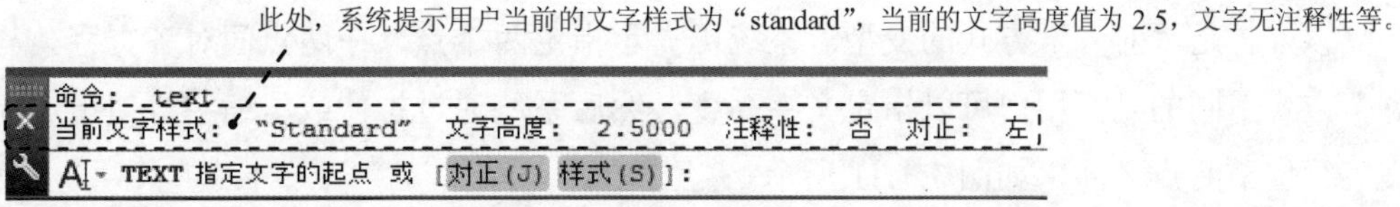

图 7.1.8 命令行提示（一）

Step4. 指定文字的旋转角度。命令行提示 指定文字的旋转角度 <0>:，在此提示下一般直接按 Enter 键，表示不对文字进行旋转。如果输入旋转角度值 30 后按 Enter 键，表示将文字旋转 30°。

说明：或者在 指定文字的旋转角度 <0>: 的提示下，选取一点 C，则线段 AC 与 X 轴的角度就是文字的旋转角度。

Step5. 如果创建的文字是英文字符，直接在此输入即可；如果创建的文字是中文汉字，则需先将输入方式切换到中文输入状态，然后输入文字。按两次 Enter 键结束操作。

2. 设置文字对正方式

在图 7.1.8 所示的命令行提示下，如果选择对正(J)，则系统的提示信息如图 7.1.9 所示，选择其中一种选项，即可设置相应的对正方式。下面分别介绍各选项。

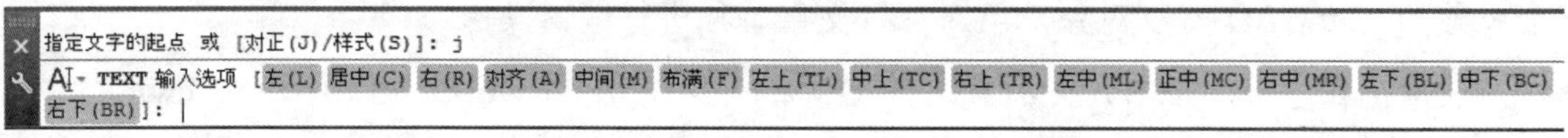

图 7.1.9 命令行提示（二）

➢ 对齐(A)选项

该选项要求确定所创建文字行基线的始点与终点位置，系统将会在这两点之间对齐文字。两点之间连线的角度决定文字的旋转角度；对于字高、字宽，根据两点间的距离与字符的多少，按设定的字符宽度比例自动确定。下面以图 7.1.10 为例，说明用对齐的方法创建单行文字的一般操作步骤。

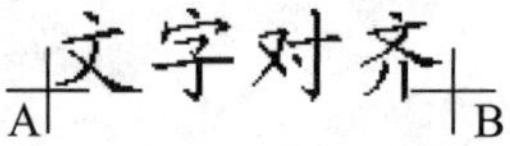

图 7.1.10 “对齐（A）”选项

Step1. 选择下拉菜单 绘图(D) → 文字(X) → 单行文字(S) 命令。

Step2. 设置文字对正方式。在命令行输入字母 J 后（大小写均可以），按 Enter 键；输入字母 A 后，按 Enter 键；在命令行指定文字基线的第一个端点:的提示下，单击点 A；在命令行指定文字基线的第二个端点:的提示下，单击点 B。

Step3. 输入要创建的文字。输入完文字后，按两次 Enter 键结束操作。

➢ 布满(F)选项

该方式是“对齐”方式的变型。系统仍提示指定两个点，在两点间对齐文字。与“对齐”方式不同的是，用户可以指定文字高度，然后系统通过拉伸或压缩字符使指定高度的文字行位于两点之间，如图 7.1.11 所示。

➢ 居中(C)选项

该方式要求指定一点，系统把该点作为所创建文字行基线的中点来对齐文字，如图 7.1.12 所示。

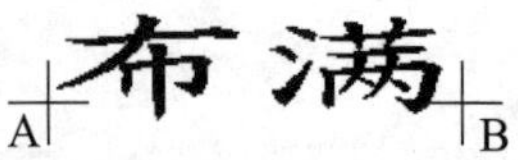

图 7.1.11 “布满（F）”选项

图 7.1.12 “居中（C）”选项

➢ 中间(M)选项

该方式与“居中”方式相似。但是该方式将把指定点作为所创建文字行的中间点，即该点既位于文字行沿基线方向的水平中点，又位于文字指定高度的垂直中点，如图 7.1.13 所示。

➢ 右(R)选项

该方式要求指定一点，系统将该点作为文字行的右端点。文字行向左延伸，其长度完全取决于输入的文字数目，如图 7.1.14 所示。

图 7.1.13　“中间（M）”选项

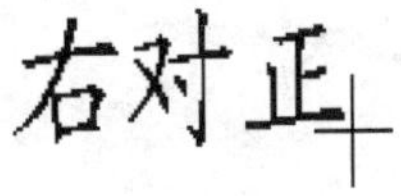

图 7.1.14　“右（R）”选项

➢ **其他选项**

假想单行文字上有图 7.1.15 所示的三条直线，即顶线、中线和底线。其他对正选项与这三条假想的直线有关。

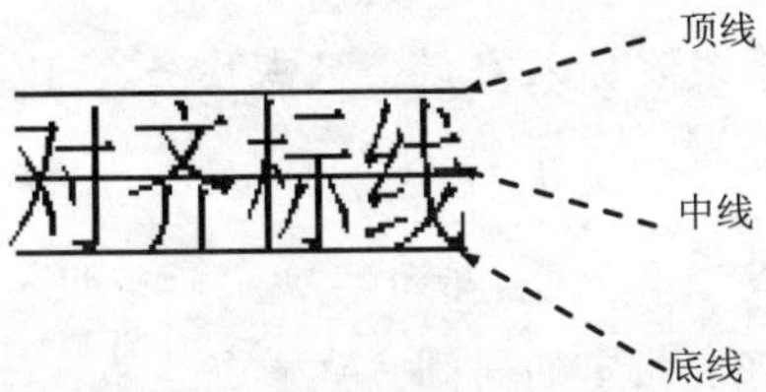

图 7.1.15　调整方式中参照的三条线

左上(TL)、中上(TC)和右上(TR)选项分别表示以指定点作为文字行顶线的始点、中点和终点，分别如图 7.1.16a、图 7.1.16b、图 7.1.16c 所示。

左中(ML)、正中(MC)和右中(MR)选项分别表示以指定点作为文字行中线的始点、中点和终点，分别如图 7.1. 16d、图 7.1.16e、图 7.1.16f 所示。

左下(BL)、中下(BC)和右下(BR)选项分别表示以指定点作为文字行底线的始点、中点和终点，分别如图 7.1.16g、图 7.1.16h、图 7.1.16i 所示。

3. 设置文字样式

在命令行指定文字的起点或 [对正(J)/样式(S)]:的提示下，如果选择样式(S)，则可以选择新的文字样式用于当前的文字。在命令行输入字母 S 并按 Enter 键，系统提示输入样式名或 [?] <Standard>:，此时可输入当前要使用的文字样式的名称；如果输入“?”后按两次 Enter 键，则显示当前所有的文字样式；若直接按 Enter 键，则使用默认样式。

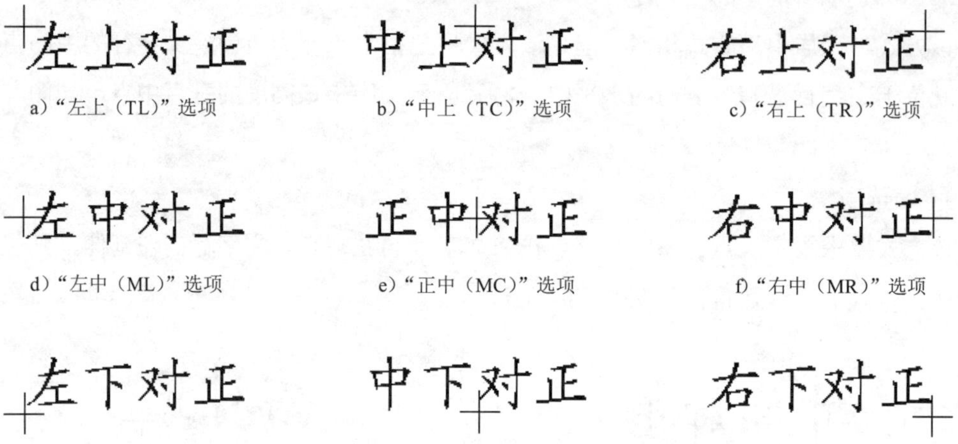

a）“左上（TL）”选项　b）“中上（TC）”选项　c）“右上（TR）”选项

d）“左中（ML）”选项　e）“正中（MC）”选项　f）“右中（MR）”选项

g）“左下（BL）”选项　h）“中下（BC）”选项　i）“右下（BR）”选项

图 7.1.16　其他对齐选项

4．创建文字时的注意事项

在创建文字对象时，还应注意以下几点。

- 在输入文字的过程中，可随时在绘图区任意位置点单击，改变文字的位置点。
- 在输入文字时，如果发现输入有误，只需按一次 Backspace 键，就可以把该文字删除，同时光标也回退一个字符。
- 不论采用哪种文字对正方式，在屏幕上动态显示的文字都临时沿基线左对齐排列。结束命令后，文字将按指定的排列方式重新生成。
- 如果需要标注一些特殊字符，比如在一段文字的上方或下方加画线，标注“°”（度）、“±”“Φ”符号等，因为这些字符不能从键盘上直接输入，所以系统提供了相应的控制符以实现这些特殊标注要求。控制符由两个百分号（%%）和紧接其后的一个英文字符（不分大小写）构成，注意百分号（%）必须是英文环境中的百分号。常见的控制符列举如下。
  - ☑ %%D：标注“度”（°）的符号。例如，要创建文字“60°”，则须在命令行输入“60%%D”，其中英文字母 D 采用大小写均可。
  - ☑ %%P：标注“正负公差”（±）符号。例如，要创建文字“60±2”，则须输入“60%%P2”；要创建文字“60°±2°”，则须输入“60%%D%%P2%%D”。
  - ☑ %%C：标注“直径”（Φ）的符号。例如，要创建文字“Φ60.50”，则须输入“%%C60.50”。
  - ☑ %%%：标注“百分号”（%）符号。例如，要创建“60%”，则须输入“60%%%”。

☑ %%U：打开或关闭文字下画线。例如，要创建文字“注意与说明”，则须输入“%%U注意%%U与%%U说明%%U”。

☑ %%O：打开或关闭文字上画线。

说明：%%O和%%U分别是上画线、下画线的开关，即当第一次出现此符号时，表明开始画上画线或下画线；而当第二次出现对应的符号时，则结束画上画线或下画线。

下面以图7.1.17为例说明输入特殊字符的一般操作步骤：选择下拉菜单 绘图(D) → 文字(X) → 单行文字(S) 命令；指定文字的起点；输入文字高度值15后按Enter键；命令行提示 指定文字的旋转角度 <0>:，在此提示下直接按Enter键；输入“%%u角度%%u值为60%%d”后，按两次Enter键结束操作。

角度值为60°

图7.1.17 输入特殊字符

7.1.3 创建多行文字

多行文字是指在指定的文字边界内创建一行或多行文字或若干段落文字，系统将多行文字视为一个整体的对象，可对其进行整体的旋转、移动等编辑操作。在创建多行文字时，首先需要指定矩形的两个对角点以确定文字段边界。矩形的第一个角点决定多行文字默认的附着位置点，矩形的宽度决定一行文字的长度，超过此长度后文字会自动换行。下面以图7.1.18为例说明创建多行文字的一般操作步骤。

Step1. 选择下拉菜单 绘图(D) → 文字(X) → 多行文字(M)... 命令。

说明：或者在命令行输入MTEXT或MT命令，或者单击“多行文字”命令按钮 A。

美国Autodesk公司开发
的AutoCAD软件，是当
前最为广泛流行的计算
机绘图软件。

图7.1.18 多行文字

Step2. 设置多行文字的矩形边界。在绘图区中的某一点A处单击，以确定矩形框的第一角点，在另一点B处单击以确定矩形框的对角点，系统以该矩形框作为多行文字边界。此时系统弹出图7.1.19所示的“文字格式”工具栏和图7.1.20所示的文字输入窗口。

命令行中各选项说明如下。

- 高度(H)选项：用于指定新的文字高度。
- 对正(J)选项：用于指定矩形边界中文字的对正方式和文字的走向。
- 行距(L)选项：用于指定行与行之间的距离。

- 旋转(R)选项：用于指定整个文字边界的旋转角度。
- 样式(S)选项：用于指定多行文字对象所使用的文字样式。
- 宽度(W)选项：通过输入或选取图形中的点指定多行文字对象的宽度。
- 栏(C)选项：用于设置栏的类型和模式等。

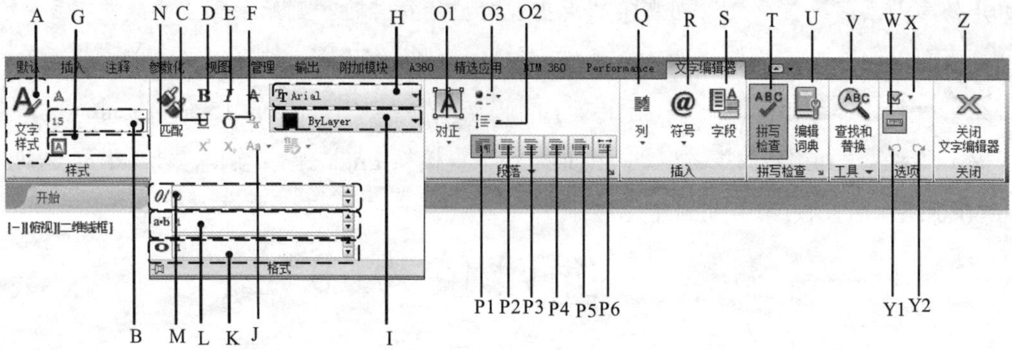

图 7.1.19 “文字格式”工具栏

图 7.1.19 所示“文字格式”工具栏中的各项说明如下。

A：选择文字样式

B：选择或输入文字高度

C：下画线

D：粗体

E：斜体

F：上画线

G：背景遮罩

H：选择文字的字体

I：选择文字的颜色

J：大小写

K：宽度因子

L：追踪

M：倾斜角度

N：匹配

O1：对正

O2：行距

O3：项目符号和编号

P1：段落

P2：左对齐

P3：居中

P4：右对齐

P5：对正

P6：分散对齐

Q：分栏

R：符号

S：字段

T：拼写检查

U：编辑词典

V：查找和替换

W：标尺

X：更多

Y1：放弃

Y2：重做

Z：关闭文字编辑器

Step3. 输入文字。在字体下拉列表中选择字体“楷体_GB2312”；在文字高度下拉列表中输入数值 8；在文字输入窗口（图 7.1.20）中输入图 7.1.18 所示的文字后，在空白位置单击完成操作。

注意：如果输入英文文本，则单词之间必须有空格，否则不能自动换行。

说明：在向文字窗口中输入文字的同时可以编辑文字，用户可使用鼠标或者键盘上的按键在窗口中移动文字光标，还可以使用标准的 Windows 控制键来编辑文字。通过“文字格式”工具栏可以实现文字样式、文字字体、文字高度、加粗、倾斜等的设置，通过文字输入窗口的滑块可以编辑多行文字的段落缩进、首行缩进、多行文字对象的宽度和高度等内容，用户可以单击标尺的任一位置自行设置制表符。

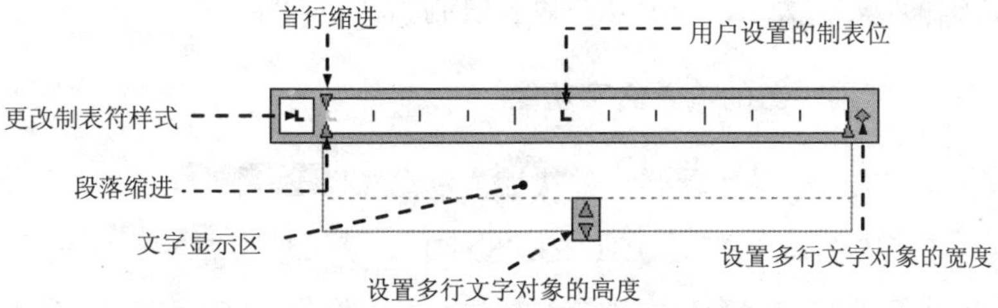

图 7.1.20 文字输入窗口

使用快捷菜单：在文字输入窗口的标尺上右击，系统弹出快捷菜单，如果选择其中的段落...命令（或者双击文字输入窗口的标尺），系统就弹出“段落”对话框，可以在该对话框中设置制表符、段落的对齐方式、段落的间距和行距以及段落的缩进等内容。

“段落”对话框中各选项组的相关说明如下。

- 制表位选项组。
  - ☑ L单选项：设置左对齐制表符。
  - ☑ ⊥单选项：设置居中对齐制表符。
  - ☑ ┘单选项：设置右对齐制表符。
  - ☑ ⊥单选项：设置小数点制表符，当选择此选项时，下拉列表高亮显示，可以将小数点设置为句号、逗号和空格样式。
  - ☑ 添加(A)按钮：在制表位选项组的文本框中输入 0～25000 的数，通过此按钮可以设置制表位的位置。
  - ☑ 删除(D)按钮：可以删除添加的制表位。
- 左缩进选项组：
  - ☑ 第一行(F):文本框：用来设置第一行的左缩进值。
  - ☑ 悬挂(H):文本框：用来设置段落的悬挂缩进值。
- 右缩进选项组：用来设定整个选定段落或当前段落的右缩进值。
- ☐ 段落对齐(P)复选框：当选中此复选框时可以设置当前段落或选定段落的各种对齐方式。
- ☐ 段落间距(N)复选框：当选中此复选框时可以设置当前段落或选定段落的前后间距。
- ☐ 段落行距(G)复选框：当选中此复选框时可以设置当前段落或选定段落中各行的间距。

7.1.4 插入外部文字

在 AutoCAD 系统中，除了可以直接创建文字对象外，还可以向图形中插入使用其他的字处理程序创建的 ASCII 或 RTF 文本文件。系统提供三种不同的方法插入外部的文字：多行文字编辑器的输入文字功能、拖放功能以及复制和粘贴功能。

1．利用多行文字编辑器的输入文字功能

在文字输入窗口右击，从系统弹出的快捷菜单中选择输入文字(I)...命令，系统弹出“选择文件”对话框，在其中选择 TXT 或 RTF 格式的文件，然后单击打开(O)按钮即可输入文字。

输入的文字将插入在文字窗口中当前光标位置处。除了 RTF 文件中的制表符转换为空格、行距转换为单行以外，输入的文字将保留原有的字符格式和样式特性。

2．拖动文字进行插入

该方法就是利用 Windows 的拖放功能将其他软件中的文本文件插入到当前图形中。如果拖放扩展名为.txt 的文件，AutoCAD 将把文件中的文字作为多行文字对象进行插入，并使用当前的文字样式和文字高度。如果拖放的文本文件具有其他扩展名，则 AutoCAD 将把它作为 OLE 对象处理。

在文字窗口中放置对象的位置点即为其插入点。文字对象的最终宽度取决于原始文件的每一行的断点和换行位置。

3．复制和粘贴文字

利用 Windows 的剪贴板功能，将外部文字进行复制，然后粘贴到当前图形中。

7.2 编 辑 文 字

文字与其他的 AutoCAD 对象相似，可以使用大多数修改命令（如复制、移动、镜像和旋转等命令）进行编辑。单行文字和多行文字的修改方式基本相同，只是单行文字不能使用 EXPLODE 命令来分解，而用该命令可以将多行文字分解为单独的单行文字对象。另外，系统还提供了一些特殊的文字编辑功能，下面分别进行介绍。

7.2.1 使用 DDEDIT 命令编辑文字

DDEDIT 命令可以编辑文字本身的特性及文字内容。最简单的启动 DDEDIT 命令的方法是双击想要编辑的文字对象，系统立即显示出“编辑文字”的对话框。也可以使用以下任何一种方法启动这个命令。

- 双击要编辑的多行文字。
- 选择下拉菜单 修改(M) → 对象(O) ▸ → 文字(T) ▸ 命令，系统弹出图 7.2.1 所示的子菜单，从该子菜单中选择编辑(E)...命令。

- 在命令行中，输入命令 DDEDIT（或 ED），然后按 Enter 键。

执行该命令时，系统首先提示选取一个文字对象。根据所选取对象的不同类型，DDEDIT 命令将显示不同的对话框。

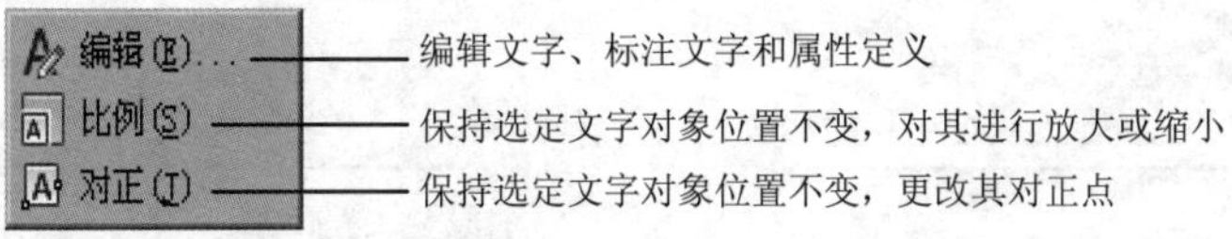

图 7.2.1　子菜单

➢ **编辑单行文字**

下面以编辑图 7.2.2 中的单行文字为例，说明其一般操作步骤。

Step1. 打开文件 D:\AutoCAD2017.1\work\ch07.02\ddedit.dwg。

Step2. 选择下拉菜单 修改(M) → 对象(O) ▸ → 文字(T) ▸ → 编辑(E)... 命令。

Step3. 编辑文字。

（1）系统命令行提示选择注释对象或 [放弃(U)]:，选取要编辑的文字。

（2）将“文字对正”改成“文字编辑”后，按两次 Enter 键结束操作。

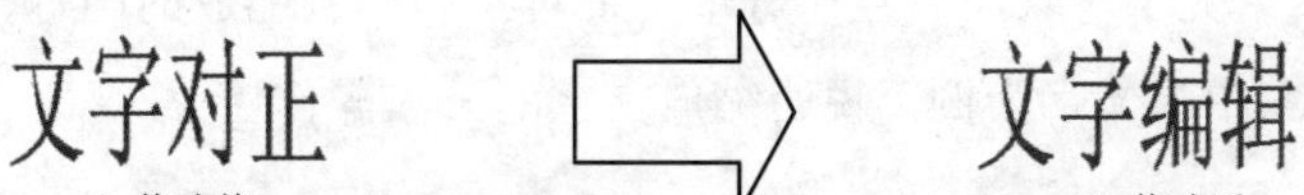

a）修改前　　b）修改后

图 7.2.2　编辑单行文字

➢ **编辑多行文字**

如果选择多行文字对象进行编辑，系统将显示与创建多行文字时相同的界面，用户可以在文本输入窗口中进行编辑和修改。如果要修改文字的大小或字体属性，必须先选中要修改的文字，然后选取新的字体或输入新的字高值。

7.2.2　使用“特性”窗口编辑文字

单击要编辑的文字，然后右击，系统弹出图 7.2.3 所示的快捷菜单，选择菜单中的特性(S)命令，即可打开图 7.2.4 所示的文字“特性”窗口。利用“特性”窗口除了可以修改文字内容以外，还可以修改文字的其他特性，例如文字的颜色、图层、厚度、插入点、高度、旋转角度、宽度比例、特殊的效果（如颠倒和反向显示）、倾斜角度以及对齐方式等。

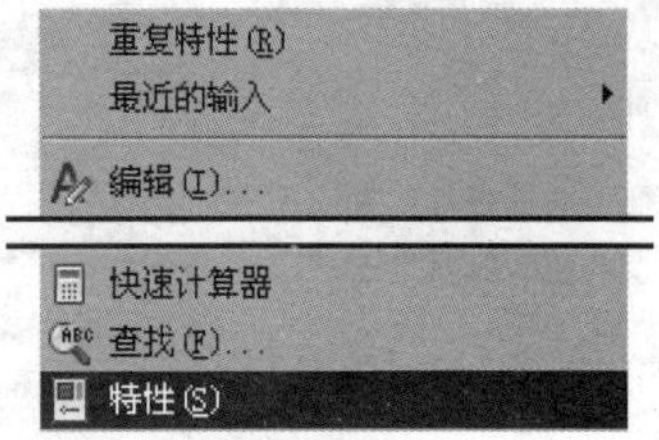

图 7.2.3　快捷菜单

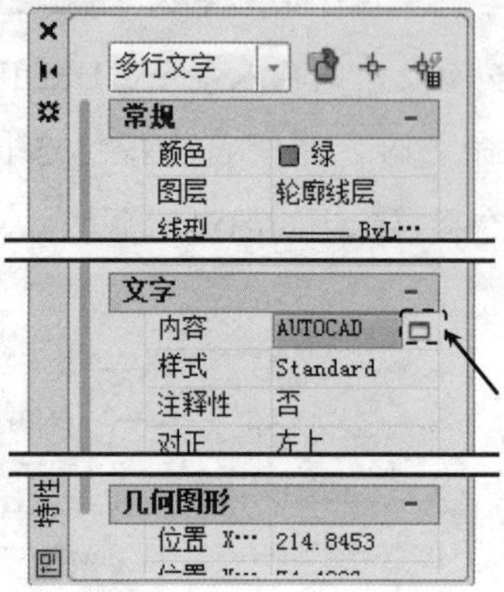

图 7.2.4　文字“特性”窗口

如果要修改多行文字对象的文字内容，最好单击内容项中的…按钮（当选择内容区域时，此按钮才变成可见的），然后在创建文字的界面中编辑文字。

7.2.3　比例缩放文字

如果使用 SCALE 命令缩放文字，在选取多个文字对象时，就很难保证每个文字对象都保持在原来的初始位置。SCALETEXT 命令就很好地解决了这一问题，它可以在一次操作中缩放一个或多个文字对象，并且使每个文字对象在比例缩放的同时，位置保持不变。下面以缩放图 7.2.5 中的文字为例，说明缩放文字的一般操作步骤。

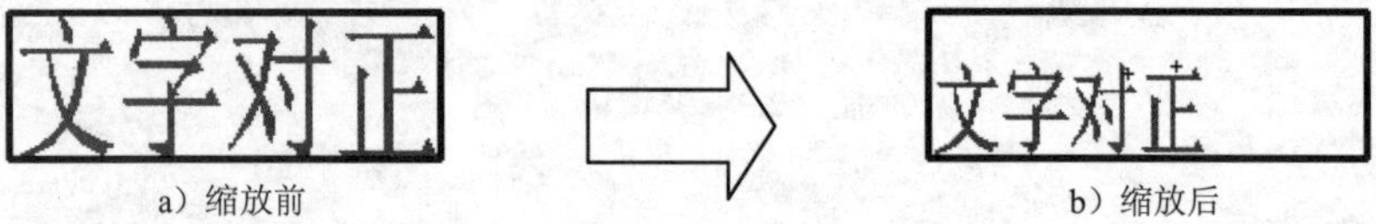

a）缩放前　　b）缩放后

图 7.2.5　缩放文字

Step1. 打开文件 D:\AutoCAD2017.1\work\ch07.02\scaletext.dwg。

Step2. 选择下拉菜单 修改(M) → 对象(O) → 文字(T) → 比例(S) 命令。

说明：或者在命令行输入命令 SCALETEXT。

Step3. 系统命令行提示选择对象：，选取欲缩放的文字，按 Enter 键结束选取；在图 7.2.6 所示的提示下直接按 Enter 键；输入新高度值 5 后，按 Enter 键。至此完成缩放操作。

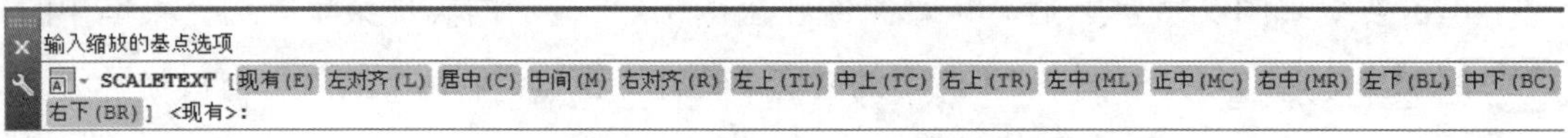

图 7.2.6　命令行提示

说明：

- 可以通过图 7.2.6 中的选项指定比例缩放文字的基点位置。指定的基点位置将分别应用到每个选择的文字对象上。例如，如果选择“中间（M）”选项，则分别对每个文字对象基于对象的中间点进行缩放。这不会改变文字对齐方式。如要基于原插入点缩放每个文字对象，可以选择“现有”选项。

- 如果选择指定新模型高度或 [图纸高度(P)/匹配对象(M)/比例因子(S)]提示中的“匹配对象（M）”选项，系统会提示选择具有所需高度的文字对象为目标对象，然后将所选文字对象的高度都匹配成目标文字的高度。如果选择“比例因子（S）”选项，则所选文字对象都将按相同的比例因子缩放。

7.2.4 对齐文字

对齐文字命令（即 JUSTIFYTEXT 命令）可以在不改变文字对象位置的情况下改变一个或多个文字对象的对齐方式。可以选择下面任何一种方法来启动该命令。

- 单击“文字”工具栏上“注释”选项卡“文字”面板上的“对正文字”命令按钮A 对正。
- 选择下拉菜单 修改(M) → 对象(O) → 文字(T) → A 对正(J) 命令。
- 在命令行中输入命令 JUSTIFYTEXT，并按 Enter 键。

可通过 15 种选项中的任何一种指定新的对齐方式。指定的对齐方式分别作用于每个选择的文字对象，文字对象的位置并不会改变，只是它们的对齐方式（以及它们的插入点）发生改变。

7.2.5 查找与替换文字

AutoCAD 系统提供了查找和替换文字的功能，可以在单行文字、多行文字、块的属性值、尺寸标注中的文字以及表格文字、超级链接说明和超级链接文字中进行查找和替换操作。查找和替换功能既可以定位模型空间中的文字，也可以定位图形中任何一个布局中的文字，还可以缩小查找范围在一个指定的选择集中查找。如果正在处理一个部分打开的图形，则该命令只考虑当前打开的这一部分图形。要使用查找和替换功能，可以选择以下任何一种方法。

- 终止所有活动命令，在绘图区右击，然后在弹出的快捷菜单中选择 查找(F)... 命令。
- 选择下拉菜单 编辑(E) → 查找(F)... 命令。
- 在命令行中输入命令 FIND，然后按 Enter 键。

执行 FIND 命令后，系统将显示“查找和替换”对话框。在查找内容(W): 文本框中输入想要查找的文本，并且可以在替换为(I): 文本框中输入想要替换的文字，或者从最近使用过的六个字符串列表中选择一个。

在查找位置(H): 下拉列表中，可以指定是在整个图形中查找还是在当前选择集中查找。

单击“选择对象”按钮可以定义一个新的选择集。此外，如果要进一步设置搜索的规则，可单击按钮以显示搜索选项和文字类型两个选项组，可设置确切的文字类型查找范围。

单击“查找和替换”对话框中的查找(F)按钮开始查找后，可单击替换(R)按钮替换所找到的匹配文字，或者单击全部替换(A)按钮以替换所有匹配的文字。

7.3 表　格

AutoCAD 2017 提供了自动创建表格的功能，这是一个非常实用的功能，其应用非常广泛，例如，可利用该功能创建机械图中的零件明细栏、齿轮参数说明表等。

7.3.1 创建与设置表格样式

表格样式决定了一个表格的外观，它控制着表格中的字体、颜色以及文本的高度、行距等特性。在创建表格时，可以使用系统默认的表格样式，也可以自定义表格样式。

1. 新建表格样式

选择下拉菜单格式(O) → 表格样式(B)...命令（或在命令行中输入命令 TABLESTYLE 后按 Enter 键），系统弹出“表格样式”对话框，在该对话框中单击新建(N)...按钮，系统弹出“创建新的表格样式”对话框，在该对话框的新样式名(N):文本框中输入新的表格样式名，在基础样式(S):下拉列表中选择一种基础样式作为模板，新样式将在该样式的基础上进行修改。单击继续按钮，系统弹出图 7.3.1 所示的“新建表格样式”对话框，可以通过该对话框设置单元格格式、表格方向、边框特性和文字样式等内容。

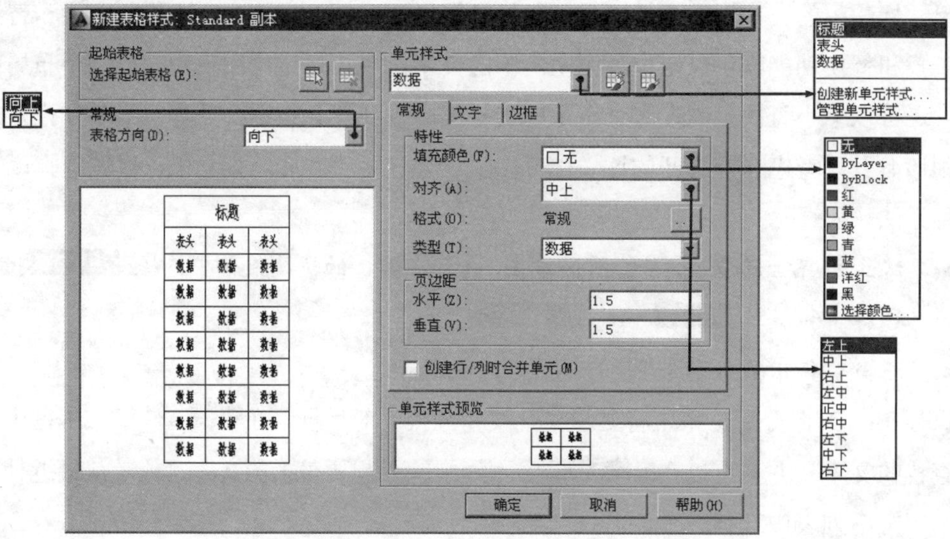

图 7.3.1　“新建表格样式”对话框

"新建表格样式"对话框中的各选项说明如下。

- 起始表格选项组：使用户可以在图形中指定一个表格用做样例来设置此表格样式的格式。单击选择起始表格(E):区域后的按钮，然后选择表格为表格样式的起始表格，这样就可指定要从该表格复制到表格样式的结构和内容；单击选择起始表格(E):区域后的按钮，可以将表格从当前指定的表格样式中删除。
- 常规选项组：通过选择表格方向(D):下拉列表中的向上和向下选项来设置表格的方向。选择向上选项时，标题行和列表行位于表格底部，表格读取方向为自下而上；选择向下选项时，标题行和列表行位于表格顶部，表格读取方向为自上而下。
- 单元样式选项组：定义新的单元样式或修改现有单元样式，可创建任意数量的单元样式。单元样式下拉列表包括标题、表头、数据、创建新单元样式...、管理单元样式...选项，其中标题、表头、数据选项可以通过常规选项卡、文字选项卡和边框选项卡进行设置，可以通过单元样式预览区域进行预览。单元样式选项组中的按钮用于创建新的单元样式，按钮用于管理单元样式。
- 常规选项卡

☑ 特性选项组中填充颜色(F):下拉列表：用于设置单元格中的背景填充颜色。

☑ 特性选项组中对齐(A):下拉列表：用于设置单元格中的文字对齐方式。

☑ 单击特性选项组中格式(O):后的...按钮，从系统弹出的"表格单元格式"文本框中设置表格中的"百分比""常规"或"点"的数据类型和格式。

☑ 特性选项组中类型(T):下拉列表：用于指定单元样式为标签或数据。

☑ 在页边距选项组的水平(Z):文本框中输入数据，以设置单元中的文字或块与左右单元边界之间的距离。

☑ 在页边距选项组的垂直(V):文本框中输入数据，以设置单元中的文字或块与上下单元边界之间的距离。

- 文字选项卡

☑ 文字样式(S):下拉列表：用于选择表格内"数据"单元格中的文字样式。用户可以单击文字样式(S):后的...按钮，从系统弹出的"文字样式"对话框中设置文字的字体、效果等。

☑ 文字高度(E):文本框：用于设置单元格中的文字高度。

☑ 文字颜色(C):下拉列表：用于设置单元格中的文字颜色。

☑ 文字角度(G):文本框：用于设置单元格中的文字角度值，默认的文字角度值为0。可以输入 –359 ~ 359 的任意角度值。

- 边框选项卡

☑ 特性选项组中线宽(L):下拉列表：用于设置应用于指定边界的线宽。

☑ 特性选项组中线型(N):下拉列表：用于设置应用于指定边界的线型。

☑ 特性选项组中颜色(C):下拉列表：用于设置应用于指定边界的颜色。

☑ 选中特性选项组中的☑双线(U)复选框，可以将表格边界设置为双线。在间距(P):文本框中输入数值设置双线边界的间距。

☑ 特性选项组中的八个边界按钮用于控制单元边界的外观。

2．设置表格样式

在图 7.3.1 所示的“新建表格样式”对话框中，可以使用常规选项卡、文字选项卡、边框选项卡分别设置表格的数据、标题和表头对应的样式。设置完新的样式后，如果单击置为当前(U)按钮，那么在以后的创建表格中，新的样式成为默认的样式。

7.3.2 插入表格

下面通过对图 7.3.2 所示的表格的创建，来说明在绘图区插入空白表格的一般操作步骤。

Step1. 打开文件 D:\AutoCAD2017.1\work\ch07.03\title.dwg。

Step2. 选择下拉菜单绘图(D) → 表格...命令，系统弹出“插入表格”对话框。

Step3. 设置表格。在表格样式选项组中，选择 Standard 表格样式；在插入方式选项组中，选中⊙指定插入点(I)单选项；在列和行设置选项组中的列数(C):文本框中输入数值 7，在列宽(D):文本框中输入数值 20，在数据行数(R):文本框中输入数值 4，在行高(G):文本框中输入数值 1；单击确定按钮。

Step4. 确定表格放置位置。在命令行指定插入点:的提示下，选择绘图区中合适的一点作为表格放置点。

Step5. 系统弹出文字编辑器选项卡，同时表格的标题单元加亮，文字光标在标题单元的中间，如图 7.3.3 所示。此时用户可输入标题文字，然后单击文字编辑器选项卡中的“关闭文字编辑器”按钮以完成操作。

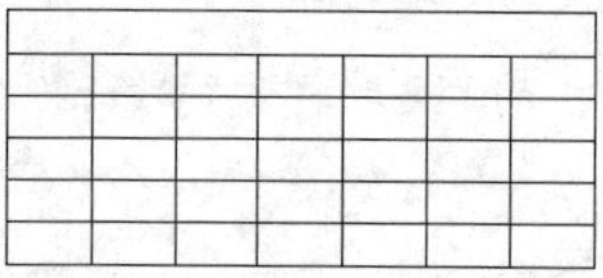

图 7.3.2 创建表格

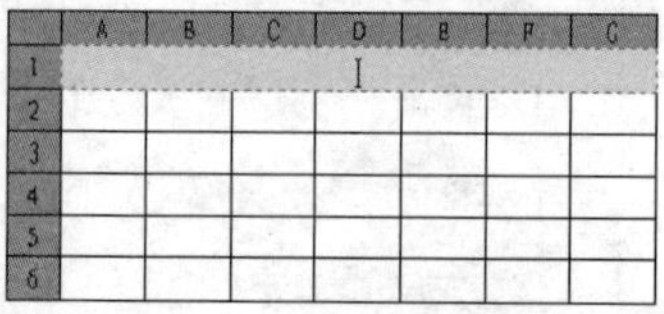

图 7.3.3 插入表格

7.3.3 编辑表格

对插入的表格可以进行编辑，包括修改行宽、列宽、删除行、删除列、删除单元、合并单元以及编辑单元中的内容等。下面通过对图 7.3.4 所示的标题栏的创建，来说明编辑表格的一般操作步骤。仍以上节中的模型为例，创建图 7.3.4 所示的标题栏表格。

Step1. 删除最上面的两行（即删除标题行和页眉行）。

（1）选取行。在标题行的表格区域中单击，选中标题行，同时系统弹出“表格单元”选项卡，按住 Shift 键选取第二行，此时最上面两行显示夹点（图 7.3.5）。

（2）删除行。在选中的区域内右击，在系统弹出的快捷菜单中选择 行 ▸ → 删除 命令（或单击“表格”选项卡中“行数”面板上的按钮）。

注意：当在每行的数字上右击时，在系统弹出的快捷菜单中选择 删除行；当在选中的区域内右击时，在系统弹出的快捷菜单中选择 行 ▸ → 删除 命令。

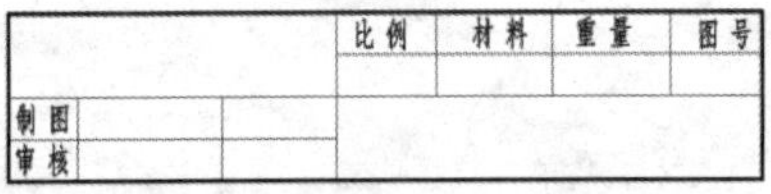

图 7.3.4 创建标题栏表格

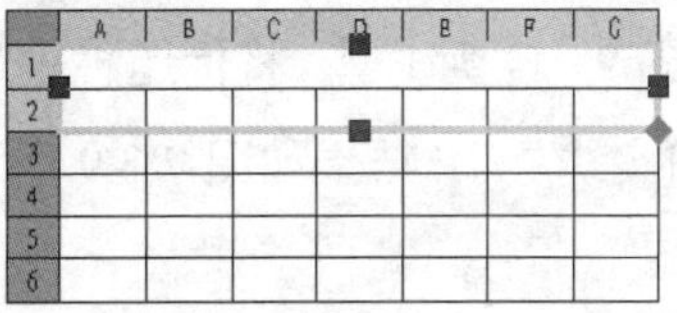

图 7.3.5 选取表格最上面的两行

Step2. 按 Esc 键退出表格编辑。

Step3. 统一修改表格中各单元的宽度。双击表格，系统弹出“特性”窗口；选取表格边界（通过单击表格的左上角，如图 7.3.6 所示）后，在 水平单元边距 文本框中输入数值 0.5 后按 Enter 键，在 垂直单元边距 文本框中输入数值 0.5 后按 Enter 键；在空白区域单击取消表格边界选取，然后在图形区框选表格，在“特性”窗口 表格高度 文本框中输入数值 28 后按 Enter 键。

说明：编辑表格有以下五种方法。

- 选中表格，右击，从系统弹出的快捷菜单中选择 特性(P) 命令，在“特性”窗口中修改表格属性。
- 双击表格，系统弹出表格的“特性”窗口，在此窗口中修改表格。
- 双击表格某单元，可以在相应的单元中添加内容。
- 选中表格或其中的某单元，右击，从系统弹出的快捷菜单中选择相应的编辑操作命令。
- 选中表格，通过拖动夹点来修改表格尺寸或移动表格。

Step4. 编辑第一列的列宽。选取第一列或第一列中的任意单元；设定宽度值，在“特性”窗口的 单元宽度 文本框中输入数值 20 后按 Enter 键。

Step5. 参照 Step4 的操作，完成其余列宽的修改，从左至右列宽值依次为 25、20、17、20、20 和 16。

Step6. 合并单元。选取图 7.3.7 所示的单元。在左上角的单元中单击，按住 Shift 键不放，在欲选区域的右下角单元中单击；右击，在系统弹出的快捷菜单中选择 合并 ▸ → 全部命令；参照前面操作，完成图 7.3.8 所示的单元的合并。

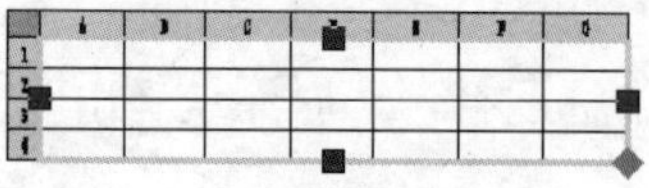

图 7.3.6　选取表格边界

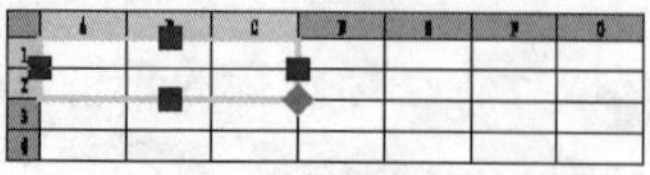

图 7.3.7　选取单元

Step7. 填写标题栏。双击表格单元，然后输入相应的文字，并设置文字的样式，结果如图 7.3.9 所示。

Step8. 分解表格。选择下拉菜单 修改(M) → 分解(X) 命令，选择表格为分解对象，按 Enter 键结束命令。

Step9. 转换线型。将标题栏中最外侧的线条所在的图层切换至“轮廓线层”，其他线条为“细实线层”。结果如图 7.3.9 所示。

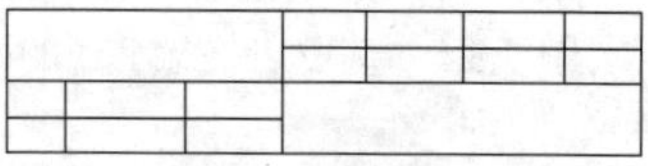

图 7.3.8　合并单元

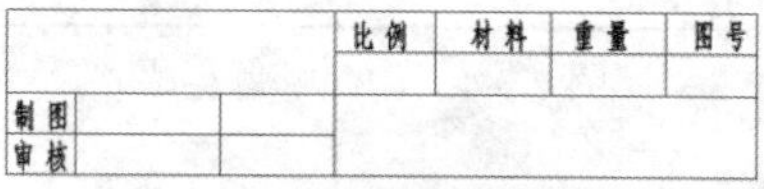

图 7.3.9　填写标题栏

注意： 读者可打开文件 D: \AutoCAD2017.1\work\ch07.03\table. dwg 练习夹点的功能。

- 在选取整个表格时，可以单击表格任意位置处的线条，也可以采用“窗口”或“窗交”的方式进行选取。
- 选取表格单元时，在单元内部单击即可。
- 通过拖移夹点来编辑表格时，各夹点所对应的功能如图 7.3.10 所示。

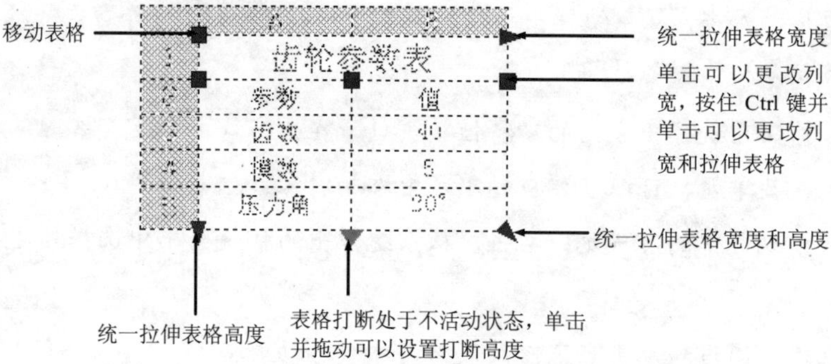

图 7.3.10　利用夹点修改表格

7.4　思考与练习

1. 如何设置文字样式？如何创建多行文字？
2. 在 AutoCAD 中，如何设置表格样式？

3. 单行文字的对齐方式有哪些？其各自的含义是什么？

4. 单行文字输入和多行文字输入有什么区别？

5. 如何改变单行文字的文字类型和字高？

6. 如何输入特殊字符？

7. 在 AutoCAD 2017 中，如何创建表格样式？

8. 创建图 7.4.1 所示的文字，其中“技术要求”为单行文字，其字体为黑体，字高为 9；其他文字为多行文字，其字体为宋体，字高为 4。

9. 创建图 7.4.2 所示的带文字的表格。

技术要求

1. 铸件不得有气孔、砂眼，表面应光滑。
2. 自由尺寸公差按IT14GB10B497-1992。
3. 零件的内外表面发蓝。
4. 未注倒角为*C*1。
5. 未注圆角为*R*3。
6. 方框内的尺寸为检验尺寸。

图 7.4.1 创建文字

零件明细表			
序号	零件名称	材料	重量
1	机体	铸铁	100
2	端盖	铸铁	9.5
3	轴套	黄铜	3.2
4	主轴	42Cr	12.5
5	定位销	45钢	0.05
6	紧固螺钉	结构钢	0.2

图 7.4.2 创建表格

第8章 标注图形尺寸

本章提要

本章的内容涵盖了从尺寸标注的设置到创建尺寸标注，再到编辑尺寸标注的全过程。我们应该重点理解每一种尺寸标注的概念、用途及操作方法。本章内容较多且较重要，因此读者要耐心、细致地学习每一个知识点，以达到熟练掌握的目的。

8.1 尺寸标注

8.1.1 尺寸标注的概述

在AutoCAD系统中，尺寸标注用于标明图元的大小或图元间的相互位置，以及为图形添加公差符号、注释等。尺寸标注包括线性标注、角度标注、半径标注、直径标注和坐标标注等几种类型。

标注样式也就是尺寸标注的外观，比如标注文字的样式、箭头类型、颜色等都属于标注样式。尺寸标注样式由系统提供的多种尺寸变量来控制，用户可以根据需要对其进行设置并保存，以便重复使用此样式，这样就可以提高软件的使用效率。

8.1.2 尺寸标注的组成

如图8.1.1所示，一个完整的尺寸标注应由标注文字、尺寸线、尺寸线的端点符号（箭头）、尺寸界线及标注起点组成，下面分别进行说明。

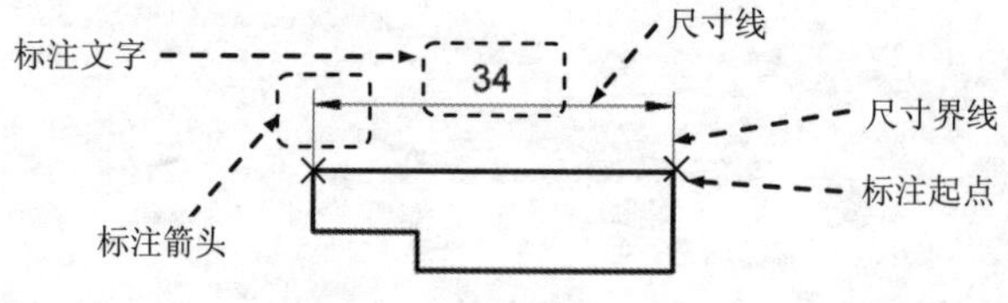

图8.1.1 尺寸标注的组成

- 标注文字：用于表明图形大小的数值，标注文字除了包含一个基本的数值外，还可以包含前缀、后缀、公差和其他的任何文字。在创建尺寸标注时，可以控制标注文字字体以及其位置和方向。
- 尺寸线：标注尺寸线，简称尺寸线，一般是一条两端带有箭头的线段，用于表明标注的范围。尺寸线通常放置在测量区域中，如果空间不足，则将尺寸线或文字移到测量区域的外部，这取决于标注样式中的放置规则。对于角度标注，尺寸线是一段圆弧。尺寸线应该使用细实线。

- 标注箭头：标注箭头位于尺寸线的两端，用于指出测量的开始和结束位置。系统默认使用实心闭合的箭头符号，此外还提供了多种箭头符号，如建筑标记、小斜线箭头、点和斜杠等，以满足用户的不同需求。
- 标注起点：标注起点是所标注对象的起始点，系统测量的数据均以起点为计算点。标注起点通常与尺寸界线的起点重合，也可以利用尺寸变量使标注起点与尺寸界线的起点之间有一小段距离。
- 尺寸界线：尺寸界线是标明标注范围的直线，可用于控制尺寸线的位置。尺寸界线也应该使用细实线。

8.1.3 尺寸标注的注意事项

尺寸标注的注意事项如下：

- 在创建一个尺寸标注时，系统将尺寸标注绘制在当前图层上，并使用当前标注样式。用户可以通过修改尺寸变量的值来改变已经存在的尺寸标注样式。
- 在默认状态下，AutoCAD 创建的是关联尺寸标注，即尺寸的组成元素（尺寸线、尺寸界线、箭头和标注文字）是作为一个单一的对象处理的，并同测量的对象连接在一起。如果修改对象的尺寸，则尺寸标注将会自动更新以反映出所做的修改。EXPLODE 命令可以把关联尺寸标注转换成分解的尺寸标注，一旦分解后就不能再重新把对象同标注相关联了。
- 物体的真实大小应以图样上所标注的尺寸数值为依据，与图形的大小及绘图的准确度无关。
- 图样中的尺寸以 mm 为单位时，不需要标注计量单位的代号或名称。如采用其他单位，则必须注明相应计量单位的代号或名称，如 m、cm 等。

8.2 创建尺寸标注的准备工作

8.2.1 新建标注样式

在默认情况下为图形对象添加尺寸标注时，系统将采用 STANDARD 标注样式，该样式保存了默认的尺寸标注变量的设置。STANDARD 样式是根据美国国家标准协会（ANSI）

标注标准设计的，但是又不完全遵循该协会的设计。如果在开始绘制新图形时选择了米制单位，则 AutoCAD 将使用 ISO-25（国际标准化组织）的标注样式。德国工业标准（DIN）和日本工业标准（JIS）样式分别由 AutoCAD 的 DIN 和 JIS 图形样板提供。

用户可以根据已经存在的标注样式定义新的标注样式，这样有利于创建一组相关的标注样式。对于已经存在的标注样式，还可以为其创建一个子样式，子样式中的设置仅用于特定类型的尺寸标注。例如，在一个已经存在的样式中，可以指定一个不同类型的箭头用于角度标注，或一个不同的标注文字颜色用于坐标标注。要创建新的标注样式，请按下面的操作步骤进行。

Step1. 打开文件 D:\AutoCAD2017.1\system_file\Part_temp_A3.dwg。

Step2. 选择下拉菜单 格式(O) → 标注样式(D)... 命令，系统弹出图 8.2.1 所示的“标注样式管理器”对话框。

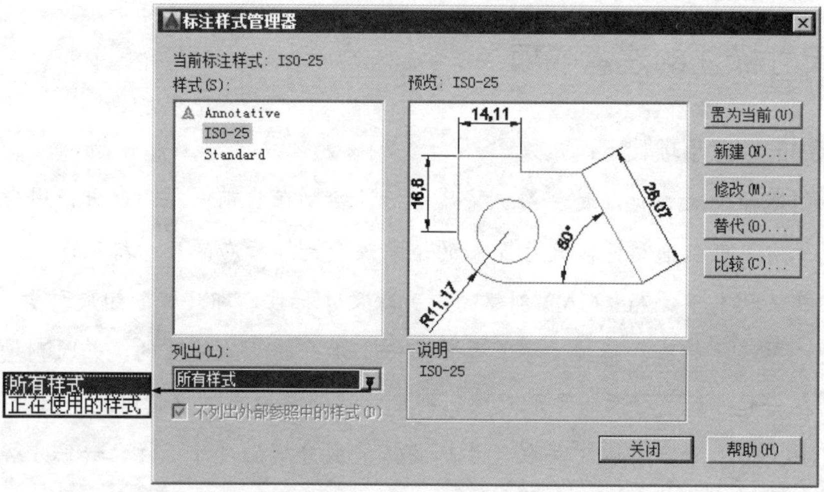

图 8.2.1 “标注样式管理器”对话框

图 8.2.1 所示的“标注样式管理器”对话框中的各选项意义如下。

- 置为当前(U) 按钮：将 样式(S): 列表中的某个标注样式设置为当前使用的样式。
- 新建(N)... 按钮：创建一个新的标注样式。
- 修改(M)... 按钮：修改已有的某个标注样式。
- 替代(O)... 按钮：创建当前标注样式的替代样式。
- 比较(C)... 按钮：比较两个不同的标注样式。

Step3. 在“标注样式管理器”对话框中，单击 新建(N)... 按钮，系统弹出“创建新标注样式”对话框。在该对话框中，输入新标注样式的名称并选择基础样式和适用范围。

“创建新标注样式”对话框中的各选项意义如下。

- 新样式名(N): 文本框：用于输入新标注样式的名字。
- 基础样式(S): 下拉列表：选择一种基础样式，新样式将在该基础样式上进行修改。当选中☑注释性(A) ⓘ复选框时，则创建的标注样式为注释性标注。

- 用于(U): 下拉列表：指定新建标注样式的适用范围（如果选择特定的范围，则创建子样式）。适用的范围有“所有标注”“线性标注”和“角度标注”等。

Step4. 在“创建新标注样式”对话框中单击 继续 按钮，系统弹出“新建标注样式”对话框，在其中可设置新标注样式的各项要素，后面将分别说明。

8.2.2 设置尺寸线与尺寸界线

在“新建标注样式：副本 ISO-25”对话框中，使用 线 选项卡，可以设置尺寸标注的尺寸线和尺寸界线的颜色、线型和线宽等。对于任何设置进行的修改，都可在预览区域立即看到更新的结果。

1．设置尺寸线

在 尺寸线 选项组中，可以进行下列设置。

- 颜色(C): 下拉列表：用于设置尺寸线的颜色。在默认情况下，尺寸线的颜色随层。还可以使用变量 DIMCLRD 设置尺寸线的颜色。
- 线型(L): 下拉列表：用于设置尺寸线的线型。在默认情况下，尺寸线的线型随层。
- 线宽(G): 下拉列表：用于设置尺寸线的宽度。在默认情况下，尺寸线的线宽也随层。还可以使用变量 DIMLWD 设置尺寸线的宽度。
- 超出标记(N): 文本框：当尺寸线的箭头采用倾斜、建筑标记、小点、积分或无标记等样式时，在该文本框中可以设置尺寸线超出尺寸界线的长度。例如将箭头设置为建筑常用的斜杠标记时，超出标记值为 0 和不为 0 时的效果如图 8.2.2 所示。还可以使用系统变量 DIMDLE 设置该项。
- 基线间距(A): 文本框：创建基线标注时，可在此设置各尺寸线之间的距离，如图 8.2.3 所示。还可以用变量 DIMDLI 设置该项。
- 隐藏: 选项组：通过选中☑尺寸线 1(M)或☑尺寸线 2(D)复选框，可以隐藏第一段或第二段尺寸线及其相应的箭头，如图 8.2.4 所示。还可以使用变量 DIMSD1 和 DIMSD2 设置该项。

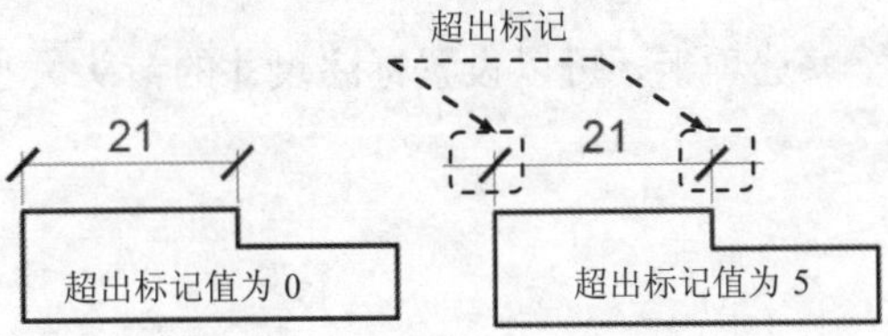

图 8.2.2 设置超出标记

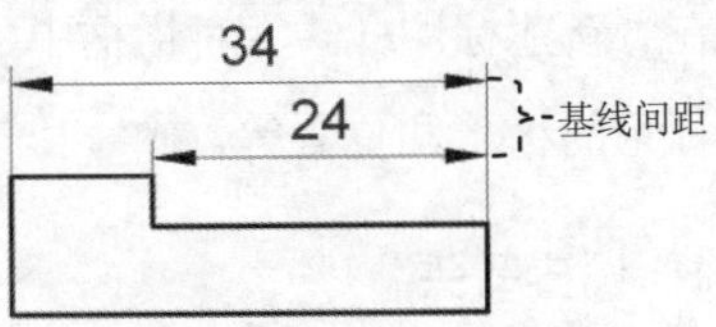

图 8.2.3 设置基线间距

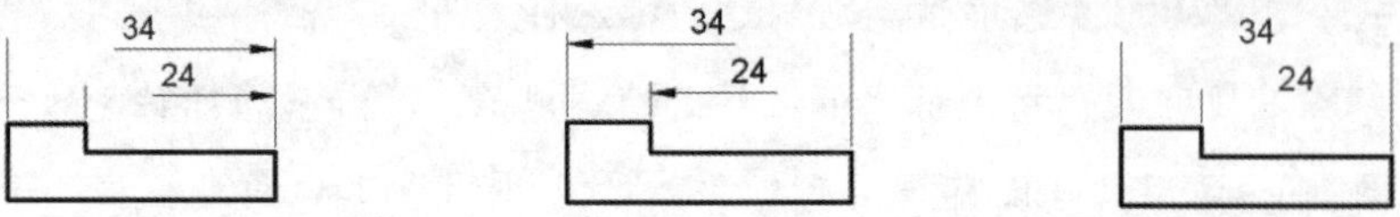

a）隐藏尺寸线 1　　b）隐藏尺寸线 2　　c）隐藏尺寸线 1 和 2

图 8.2.4　隐藏尺寸线

2．设置延伸线

在尺寸界线选项组中，可以进行下列设置。

- 颜色(R):下拉列表：用于设置尺寸界线的颜色。
- 尺寸界线 1 的线型(I):和尺寸界线 2 的线型(T):：用于设置尺寸界线 1 和尺寸界线 2 的线型。
- 线宽(W):下拉列表：用于设置尺寸界线的宽度。
- 超出尺寸线(X):文本框：用于设置尺寸界线超出尺寸线的距离，如图 8.2.5 所示。
- 起点偏移量(F):文本框：用于设置尺寸界线的起点与标注起点的距离，如图 8.2.6 所示。

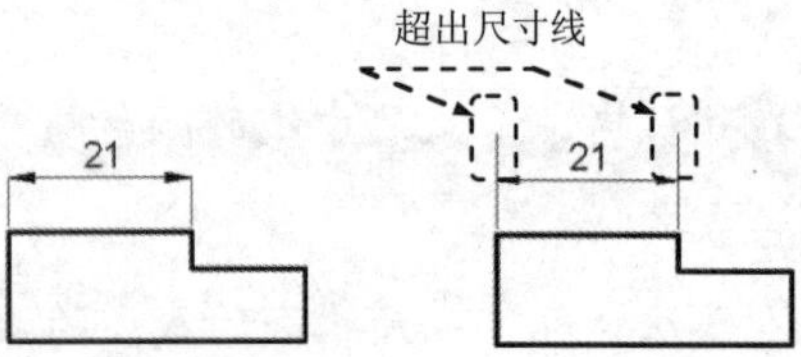

a）超出尺寸线值为 0　　b）超出尺寸线值为 5

图 8.2.5　设置尺寸界线超出尺寸线的距离

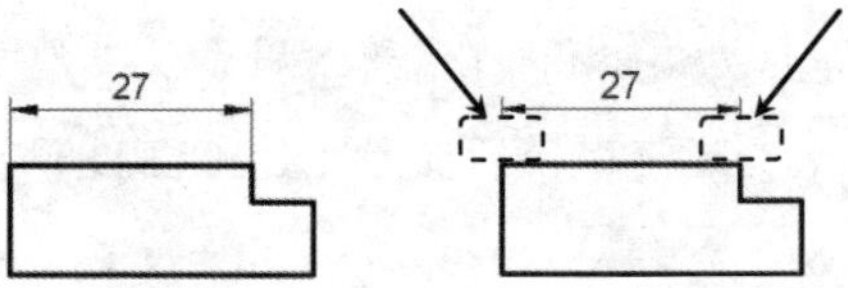

a）起点偏移量为 0　　b）起点偏移量为 5

图 8.2.6　设置尺寸界线的起点与标注起点的距离

- ☐ 固定长度的尺寸界线(O)复选框：设置尺寸界线从尺寸线开始到标注原点的总长度。
- 隐藏:选项组：通过选中☑ 尺寸界线 1(1)或☑ 尺寸界线 2(2)复选框，可以隐藏尺寸界线，如图 8.2.7 所示。

a）隐藏尺寸界线 1　　b）隐藏尺寸界线 1 和 2

图 8.2.7　隐藏尺寸界线

8.2.3　设置符号和箭头

在“新建标注样式”对话框中，使用符号和箭头选项卡，可以设置标注尺寸的箭头大小和圆心标记的格式和位置等。

1．设置箭头

在箭头选项组中可以设置标注箭头的外观样式及尺寸。为了满足不同类型的图形标注需要，系统提供了20多种箭头样式，可以从对应的下拉列表中选择某种样式，并在箭头大小(I):文本框中设置其大小。

此外，用户也可以使用自定义箭头。可在选择箭头的下拉列表中选择“用户箭头…”选项，系统弹出“选择自定义箭头块”对话框，在从图形块中选择:下拉列表内选取当前图形中已有的块名，然后单击确定按钮，此时系统即以该块作为尺寸线的箭头样式，块的基点与尺寸线的端点重合。

2．设置圆心标记

在圆心标记选项组中，可以设置圆心标记的类型和大小。

- 无(N)、标记(M)和直线(E)单选项：用于设置圆或圆弧的圆心标记的类型。其中，选中标记(M)单选项，对圆或圆弧绘制圆心标记，在此文本框中输入数值用于设置圆心标记的大小；选中直线(E)单选项，对圆或圆弧绘制中心线；选中无(N)单选项，则不做任何标记。

3．设置折断标注

- 折断标注区域中的折断大小(B):文本框：用于设置折断标注的间距大小。

4．设置弧长符号

在弧长符号选项组中，可以设置弧长符号。

- 标注文字的前缀(P)单选项：将弧长符号放在标注文字的前面。
- 标注文字的上方(A)单选项：将弧长符号放在标注文字的上方。
- 无(O)单选项：不显示弧长符号。

5．设置半径折弯标注

- 半径折弯标注区域中的折弯角度(J):文本框：确定用于连接半径标注的尺寸界线和尺寸线的横向直线的角度。

6．设置线性折弯标注

- 线性折弯标注区域中的折弯高度因子(F):文本框：用于设置文字折弯高度的比例因子。

说明：线性折弯高度是通过形成折弯角度的两个定点之间的距离确定的，其值为折弯高度因子与文字高度之积。

8.2.4 设置文字

在“新建标注样式”对话框中，使用文字选项卡，可以设置标注文字的外观、位置和对齐方式等。

1．设置文字外观

在文字外观选项组中，用户可以进行如下设置。

- 文字样式(Y): 下拉列表：用于选择标注的文字样式。也可以单击其后的 ... 按钮，在系统弹出的“文字样式”对话框中新建或修改文字样式。
- 文字颜色(C): 下拉列表：用于设置标注文字的颜色。
- 填充颜色(L): 下拉列表：用于设置标注中文字背景的颜色。
- 文字高度(T): 文本框：用于设置标注文字的高度。
- 分数高度比例(H): 文本框：用于设置标注文字中的分数相对于其他标注文字的比例，系统以该比例值与标注文字高度的乘积作为分数的高度。
- ☑ 绘制文字边框(F) 复选框：用于设置是否给标注文字加边框，如图 8.2.8 所示。

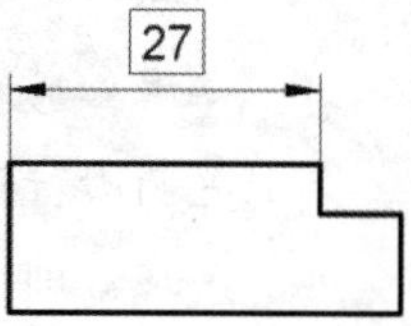

图 8.2.8　标注文字加边框

2．文字位置

在文字位置选项组中，用户可以进行如下设置。

- 垂直(V): 下拉列表：用于设置标注文字相对于尺寸线在垂直方向的位置。其中，选择“居中”选项，可以把标注文字放在尺寸线中间；选择“上”选项，将把标注文字放在尺寸线的上方；选择“外部”选项，可以把标注文字放在尺寸线上远离标注起点的一侧；选择 JIS 选项，则按照日本工业标准（JIS）规则放置标注文字，如图 8.2.9 所示。

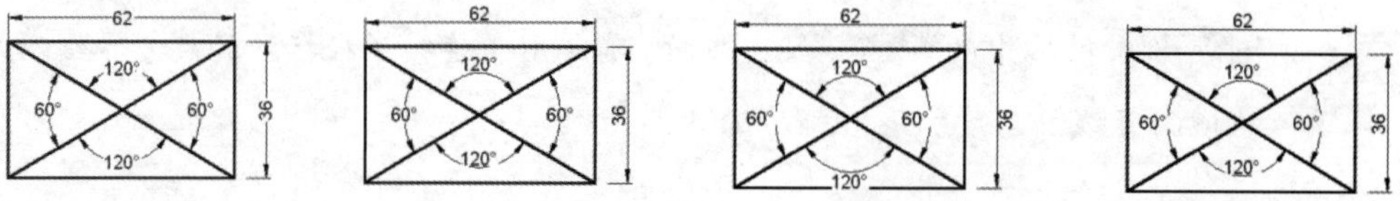

a）“居中”选项　b）“上”选项　c）“外部”选项　d）“JIS”选项

图 8.2.9　设置文字垂直位置

- 水平(Z): 下拉列表：用于设置标注文字相对于尺寸线和尺寸界线在水平方向的位置，其中有“居中”“第一条尺寸界线”“第二条尺寸界线”“第一条尺寸界线上方”及“第二条尺寸界线上方”选项。图 8.2.10 显示了上述各位置的情况。
- 从尺寸线偏移(O): 文本框：用于设置标注文字与尺寸线之间的距离。如果标注文字在垂直方向位于尺寸线的中间，则表示尺寸线断开处的端点与尺寸文字的间距。若标注文字带有边框，则可以控制文字边框与其中文字的距离。

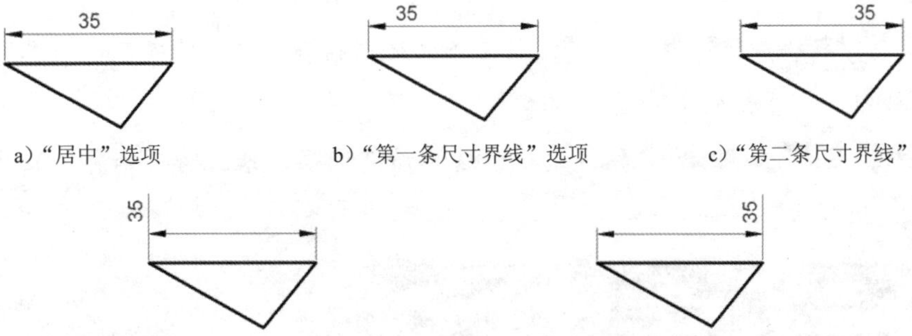

a）"居中"选项　b）"第一条尺寸界线"选项　c）"第二条尺寸界线"选项

d）"第一条尺寸界线上方"选项　e）"第二条尺寸界线上方"选项

图 8.2.10　设置文字水平位置

3. 文字对齐

在文字对齐(A)选项组中，用户可以设置标注文字是保持水平还是与尺寸线平行。

- 水平单选项：使标注文字水平放置。
- 与尺寸线对齐单选项：使标注文字方向与尺寸线方向一致。
- ISO 标准单选项：使标注文字按 ISO 标准放置，即当标注文字在尺寸界线之内时，它的方向与尺寸线方向一致，而在尺寸界线之外时将水平放置。

图 8.2.11 显示了上述三种文字对齐方式。

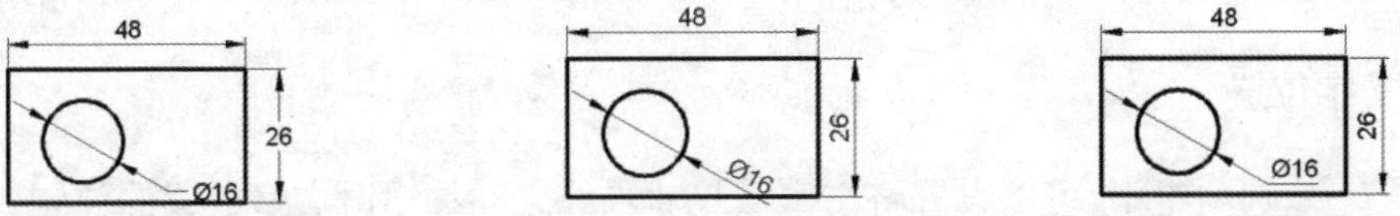

a）水平　b）与尺寸线对齐　c）ISO 标准

图 8.2.11　设置文字对齐位置

8.2.5 设置尺寸的调整

在"新建标注样式"对话框中，使用调整选项卡可以调整标注文字、尺寸线、尺寸箭头的位置，"调整"选项卡如图 8.2.12 所示。在 AutoCAD 系统中，当尺寸界线间有足够的空间时，文字和箭头将始终位于尺寸界线之间；否则将按调整选项卡中的设置来放置。

1. 调整选项

当尺寸界线之间没有足够的空间来同时放置标注文字和箭头时，通过调整选项(F)选项组中的各种选项可以设定如何从尺寸界线之间移出文字或箭头对象。各选项意义如下。

- 文字或箭头（最佳效果）单选项：由系统按最佳效果自动移出文本或箭头。
- 箭头单选项：首先将箭头移出，如图 8.2.13a 所示。
- 文字单选项：首先将文字移出，如图 8.2.13b 所示。

- 文字和箭头 单选项：将文字和箭头都移出，如图 8.2.13c 所示。
- 文字始终保持在尺寸界线之间 单选项：将文本始终保持在尺寸界线之内，箭头可在尺寸界线内，也可在尺寸界线之外。
- 若箭头不能放在尺寸界线内，则将其消 复选框：选中该复选框，系统将抑制箭头显示，如图 8.2.13d 所示。

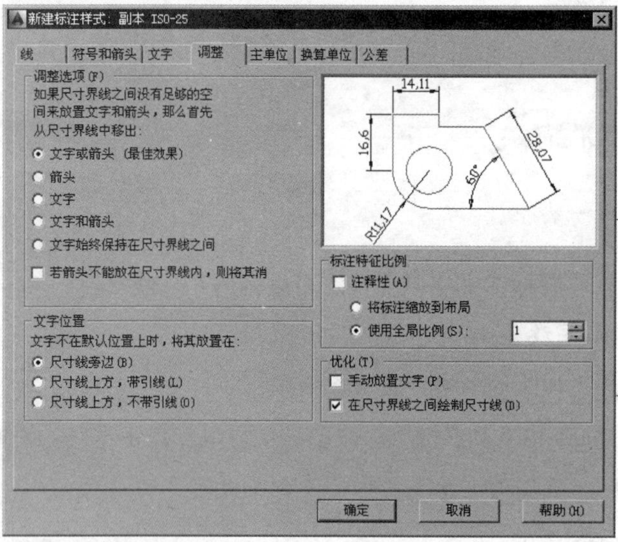

图 8.2.12 “调整”选项卡

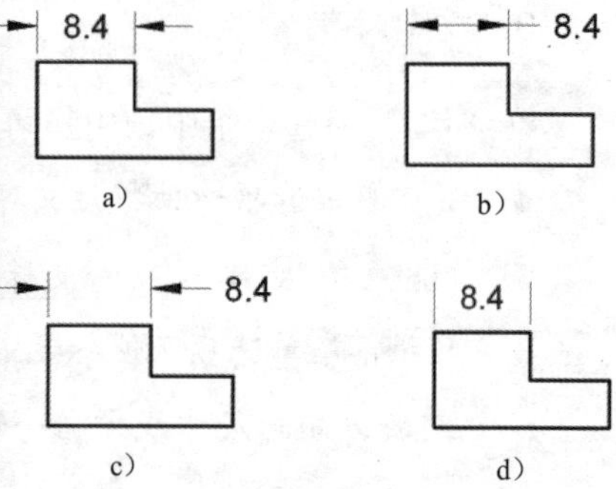

图 8.2.13 文字和箭头的调整

2. 文字位置

在 文字位置 选项组中，可以设置将文字从尺寸界线之间移出时文字放置的位置。图 8.2.14 显示了当文字不在默认位置时的各种设置效果。

- 尺寸线旁边 (B) 单选项：将标注文字放在尺寸线旁边，如图 8.2.14a 所示。
- 尺寸线上方，带引线 (L) 单选项：将标注文字放在尺寸线的上方并且加上引线，如图 8.2.14b 所示。
- 尺寸线上方，不带引线 (O) 单选项：将标注文字放在尺寸线的上方但不加引线，如图 8.2.14c 所示。

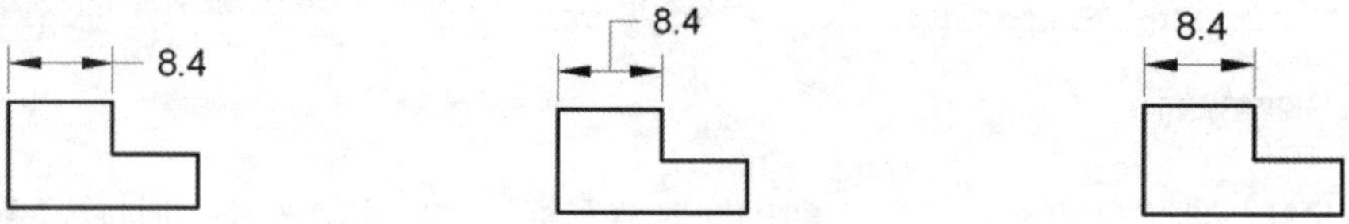

a）“尺寸线旁边”选项　b）“尺寸线上方带引线”选项　c）“尺寸线上方不带引线”选项

图 8.2.14 文字位置设置效果

3. 标注特征比例

标注特征比例 选项组的各选项意义如下。

- ⊙使用全局比例(S): 单选项：对所有标注样式设置缩放比例，该比例并不改变尺寸的测量值。
- ○将标注缩放到布局 单选项：根据当前模型空间视口与图纸空间之间的缩放关系设置比例。

注意：当选中☑注释性(A) ⓘ复选框时，此标注为注释性标注，⊙使用全局比例(S): 和 ○将标注缩放到布局 选项不高亮显示。

4. 优化

在 优化(T) 选项组中，可以对标注文字和尺寸线进行细微调整，该选项组包括以下两个复选框。

- ☑手动放置文字(P) 复选框：选中该复选框，则忽略标注文字的水平设置。在创建标注时，用户可以指定标注文字放置的位置。
- ☑在尺寸界线之间绘制尺寸线(D) 复选框：选中该复选框，则当尺寸箭头放置在尺寸界线之外时，也在尺寸界线之内绘制出尺寸线。

8.2.6 设置尺寸的主单位

在"新建标注样式"对话框中，使用 主单位 选项卡，用户可以设置主单位的格式与精度等属性。

1. 线性标注

在 线性标注 选项组中，用户可以设置线性标注的单位格式与精度，该选项组中各选项意义如下。

- 单位格式(U): 下拉列表：用于设置线性标注的尺寸单位格式。包括"科学""小数""工程""建筑""分数"及"Windows 桌面"选项，其中"Windows 桌面"表示使用 Windows 控制面板区域设置（Regional Settings）中的设置。
- 精度(P): 下拉列表：用于设置线性标注的尺寸的小数位数。
- 分数格式(M): 下拉列表：当单位格式是分数时，可以设置分数的格式，包括"水平""对角"和"非堆叠"三种方式。
- 小数分隔符(C): 下拉列表：用于设置小数的分隔符，包括"逗点""句点"和"空格"三种方式。
- 舍入(R): 文本框：用于设置线性尺寸测量值的舍入规则（小数点后的位数由 精度(P): 选项确定）。
- 前缀(X): 和 后缀(S): 文本框：用于设置标注文字的前缀和后缀，用户在相应的文本框中输入字符即可(注意：如果输入了一个前缀，在创建半径或直径尺寸标注时，系统将用指定的前缀代替系统自动生成的半径符号或直径符号)。

- 测量单位比例选项组：在比例因子(E):文本框中可以设置测量尺寸的缩放比例，标注的尺寸值将是测量值与该比例的积。例如输入的比例因子为 5，系统将把 1 个单位的尺寸显示成 5 个单位。选中☑仅应用到布局标注复选框，系统仅对在布局里创建的标注应用比例因子。
- 消零选项组：选中此项则不显示尺寸标注中的前导和后续的零（如“0.5”变为“.5”，“12.5000”变为“12.5”）。

2. 角度标注

在角度标注选项组中，可以使用单位格式(A):下拉列表设置角度的单位格式；使用精度(P):下拉列表设置角度值的精度；在消零选项组中设置是否消除角度尺寸的前导和后续零。

8.2.7 设置尺寸的单位换算

在“新建标注样式”对话框中使用“换算单位”选项卡可以显示换算单位及设置换算单位的格式，通常是显示英制标注的等效米制标注，或米制标注的等效英制标注。

在换算单位选项卡中选中☑显示换算单位(D)复选框后，系统将在主单位旁边的方括号“[]”中显示换算单位，如图 8.2.15 所示。用户可以在换算单位选项组中设置换算单位的单位格式(U):、精度(P)、换算单位倍数(M):、舍入精度(R):、前缀(F):及后缀(S):项目，其设置方法和含义与主单位基本相同。

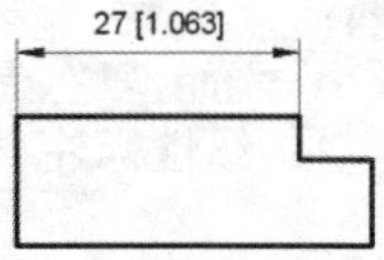

图 8.2.15 使用换算单位

位置选项组用于控制换算单位的位置，包括◉主值后(A)和○主值下(B)两种方式，分别表示将换算单位放置在主单位的后面或主单位的下面。

8.2.8 设置尺寸公差

在“新建标注样式”对话框中，使用公差选项卡，可以设置是否在尺寸标注中显示公差及设置公差的格式。

在公差格式选项组中，可以对主单位的公差进行如下设置。

- 方式(M):下拉列表：确定以何种方式标注公差，包括“无”“对称”“极限偏差”“极限尺寸”和“基本尺寸”选项（建议使用 txt 字体），如图 8.2.16 所示。

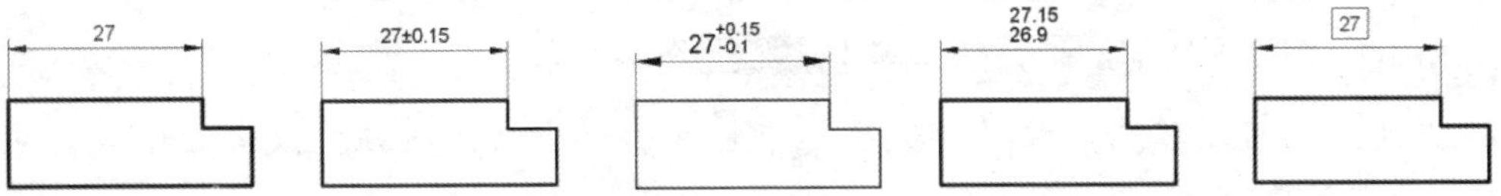

a）无　b）对称　c）极限偏差　d）极限尺寸　e）基本尺寸

图 8.2.16　设置公差格式

- 精度(P): 下拉列表：用于设置公差的精度，即小数点位数。
- 上偏差(V): 、下偏差(W): 文本框：用于设置尺寸的上偏差值、下偏差值。
- 高度比例(H): 文本框：用于确定公差文字的高度比例因子，系统将该比例因子与主标注文字高度相乘作为公差文字的高度。
- 垂直位置(S): 下拉列表：用于控制公差文字相对于尺寸文字的位置，包括“下”“中”和“上”三种方式。
- 在消零选项组中，用于设置是否消除公差值的前导和后续零。
- 在公差对齐选项组中，可以设置公差的对齐方式 对齐运算符(G)（通过值的小数分隔符堆叠偏差值）和 对齐小数分隔符(A)（通过值的运算符堆叠偏差值）。
- 当标注换算单位时，用户可以在换算单位公差选项组中，设置换算单位公差的精度和是否消零。

8.3 标 注 尺 寸

8.3.1　线性标注

线性标注用于标注图形对象的线性距离或长度，包括水平标注、垂直标注和旋转标注三种类型。水平标注用于标注对象上的两点在水平方向的距离，尺寸线沿水平方向放置；垂直标注用于标注对象上的两点在垂直方向的距离，尺寸线沿垂直方向放置；旋转标注用于标注对象上的两点在指定方向的距离，尺寸线沿旋转角度方向放置。因此，水平标注、垂直标注并不只用于标注水平直线、垂直直线的长度。在创建一个线性尺寸标注后，还可为其添加基线标注或连续标注。下面以图 8.3.1 所示的矩形的长边为例，说明线性标注的一般操作步骤。

a）使用默认的标注文字　b）使用输入的标注文字

图 8.3.1　线性标注

Step1. 打开文件 D:\AutoCAD2017.1\work\ch08.03\dimlinear.dwg。

Step2. 选择下拉菜单 标注(N) → 线性(L) 命令。

说明：还可以单击“注释”选项卡中标注面板上的按钮，或者在命令行中输入 DIMLINEAR 命令后按 Enter 键。

Step3. 用端点捕捉的方法指定第一条尺寸界线起点——点 A。其操作方法：在系统 指定第一条尺寸界线原点或 <选择对象>: 的提示下，输入端点捕捉命令 END 并按 Enter 键，然后将光标移至图 8.3.1 中的点 A 附近，当出现 端点 提示时单击，这样便指定了该矩形的长边或宽边的端点作为第一条尺寸界线的起点；用端点捕捉的方法指定第二条尺寸界线起点——B 点，此时系统命令行的提示如图 8.3.2 所示。

Step4. 确定尺寸线的位置和标注文字。这里分两种情况。

情况一：如果尺寸文字采用系统测量值（即 24），可直接在矩形的上方单击一点以确定尺寸线的位置，如图 8.3.1a 所示。

情况二：如果尺寸文字不采用系统测量值（即 24），可输入字母 T 并按 Enter 键，在系统 输入标注文字 <24>: 的提示下，输入数值 30 并按 Enter 键，然后在矩形的上方单击一点以确定尺寸线的位置，如图 8.3.1b 所示。

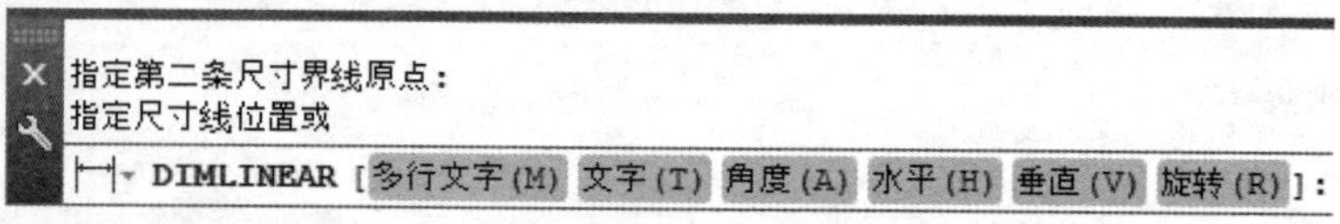

图 8.3.2　命令行提示

图 8.3.2 所示的命令行中的各选项说明如下。

- 指定尺寸线位置 选项：在某位置点处单击以确定尺寸线的位置。注意：当尺寸界线两个原点间的连线不位于水平或垂直方向时，可在指定尺寸界线原点后，将鼠标光标置于两个原点之间，此时上下拖动鼠标即可引出水平尺寸线，左右拖动鼠标则可引出垂直尺寸线。
- 多行文字(M) 选项：执行该选项后，系统进入多行文字编辑模式，可以使用“文字格式”工具栏和文字输入窗口输入多行标注文字。注意：文字输入窗口中的尖括号“〈 〉”中的数值表示系统测量的尺寸值。
- 文字(T) 选项：执行该选项后，系统提示 输入标注文字 ，在该提示下输入新的标注文字。
- 角度(A) 选项：执行该选项后，系统提示 指定标注文字的角度: ，输入一个角度值后，所标注的文字将旋转该角度。
- 水平(H) 选项：用于标注对象沿水平方向的尺寸。执行该选项后，系统接着提示：指定尺寸线位置或 [多行文字(M)/文字(T)/角度(A)]: ，在此提示下可直接确定尺寸线的位置；也可以先执行其他选项，确定标注文字及标注文字的旋转角度，然后再确定尺寸线位置。

- 垂直(V)选项：用于标注对象沿垂直方向的尺寸。
- 旋转(R)选项：用于标注对象沿指定方向的尺寸。

8.3.2　对齐标注

对齐标注属于线性尺寸标注，对齐标注的尺寸线与两尺寸界线原点的连线平行对齐。下面以图 8.3.3 所示为例，说明对齐标注的一般操作步骤。

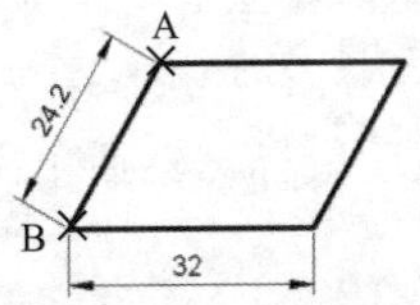

图 8.3.3　对齐标注

Step1. 打开文件 D:\AutoCAD2017.1\work\ch08.03\dimaligned.dwg。

Step2. 选择下拉菜单 标注(N) → 对齐(G) 命令。

说明：还可以输入命令 DIMALIGNED 后按 Enter 键。

Step3. 第一个对齐标注。选取第一条尺寸界线原点——点 A；选取第二条尺寸界线原点——点 B；在斜四边形的左侧单击一点，以确定尺寸线的位置。

Step4. 第二个对齐标注。按 Enter 键即可再次使用该命令；在命令行提示下选取斜四边形的底边的两个端点作为要标注的对象，然后单击底边下面一点，以确定尺寸线的位置。

说明：在指定尺寸线的位置之前，可以编辑标注文字或修改它的方位角度。

8.3.3　坐标标注

使用坐标标注可以标明位置点相对于当前坐标系原点的坐标值，它由 X 坐标（或 Y 坐标）和引线组成。坐标标注常用于机械绘图中。

下面以图 8.3.4 所示的图形为例，说明坐标标注的一般操作步骤。

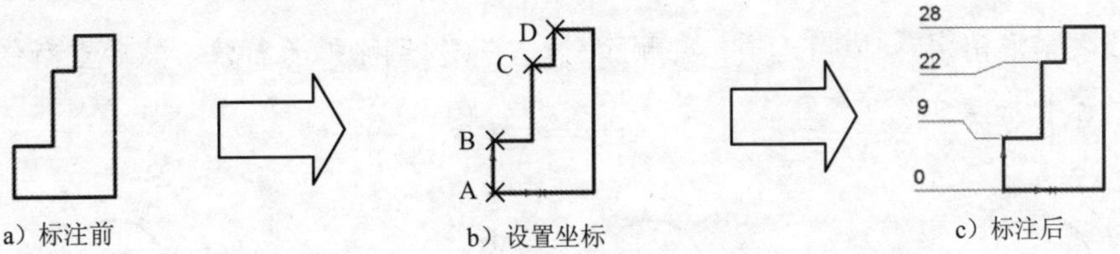

图 8.3.4　坐标标注

Step1. 打开文件 D:\AutoCAD2017.1\work\ch08.03\dimordinate.dwg。

Step2. 首先将坐标系设置到图形中的 A 点。

Step3. 创建 A 点处的坐标标注。

（1）选择下拉菜单 标注(N) → 坐标(O) 命令。

说明： 还可以输入命令 DIMORDINATE 后按 Enter 键。

（2）系统提示指定点坐标:，选取 A 点。

（3）向左拖动鼠标，然后单击一点，即可创建 A 点处的 Y 坐标标注。

注意： 如果向下拖动鼠标，然后单击一点，即可创建 A 点处的 X 坐标标注。

Step4. 创建 B 点处的坐标标注。

（1）按 Enter 键即可再次使用刚才的坐标标注命令。

（2）系统提示指定点坐标:，选取 B 点。

（3）向左拖动鼠标，再往上拖动鼠标，然后单击一点，即可创建图中 B 点处的带拐角的 Y 坐标标注。

Step5. 参考前面的操作步骤，创建 C 点和 D 点处的坐标标注。

8.3.4 弧长标注

弧长标注用于测量圆弧或多段线弧线段的长度。弧长标注的典型用法包括测量围绕凸轮的距离或表示电缆的长度。为区别它们是线性标注还是角度标注，默认情况下，弧长标注将显示一个圆弧符号。下面以图 8.3.5 所示为例，说明弧长标注的一般操作步骤。

Step1. 打开文件 D:\AutoCAD2017.1\work\ch08.03\dimarc.dwg。

Step2. 选择下拉菜单 标注(N) → 弧长(H) 命令。

说明： 还可以输入命令 DIMARC 后按 Enter 键。

Step3. 选取要标注的弧线段或多段线弧线段。

Step4. 单击一点，以确定尺寸线的位置，系统则按实际测量值标注出弧长。另外，利用多行文字(M)、文字(T)以及角度(A)选项可以改变标注文字的内容及方向，部分(P)选项可以标注部分弧线段的长度，用引线(L)选项添加引线对象，引线是按径向绘制的，指向所标注圆弧的圆心。

注意： 仅当圆弧（或弧线段）大于 90° 时才会显示引线(L)]:选项，无引线(N)选项可在创建引线之前取消引线(L)]:选项。要删除引线，必须删除弧长标注，然后重新创建不带引线选项的弧长标注。

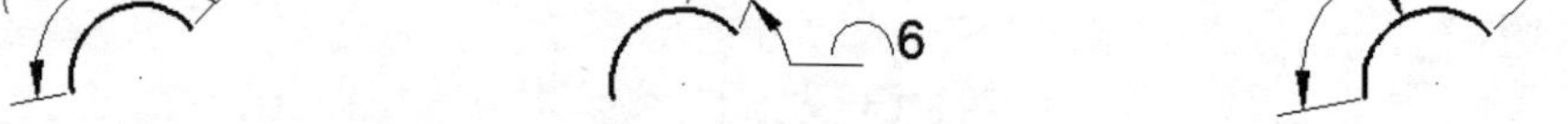

a) 一般标注　　b) 部分标注　　c) 添加引线标注

图 8.3.5 弧长标注

8.3.5 半径标注

半径标注就是标注圆弧和圆的半径尺寸。在创建半径尺寸标注时，其标注外观将由圆弧或圆的大小、所指定的尺寸线的位置以及各种系统变量的设置来决定。例如，尺寸线可以放置在圆弧曲线的内部或外部，标注文字可以放置在圆弧曲线的内部或外部，还可让标注文字与尺寸线对齐。下面以图 8.3.6 所示为例，说明半径标注的一般操作步骤。

Step1. 打开文件 D:\AutoCAD2017.1\work\ch08.03\dimradius.dwg。

Step2. 选择下拉菜单 标注(N) → 半径(R) 命令。

说明：还可以输入命令 DIMRADIUS 后按 Enter 键。

Step3. 选取要标注的圆弧或圆。

Step4. 单击一点，确定尺寸线的位置，系统按实际测量值标注出圆弧或圆的半径。另外，利用 多行文字(M)、文字(T) 以及 角度(A) 选项可以改变标注文字及其方向。

注意：当通过 多行文字(M) 或 文字(T) 选项重新确定尺寸文字时，只有给输入的尺寸文字加前缀“R”时，才能使标出的半径尺寸有该符号，否则没有此符号。

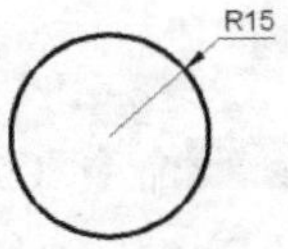

图 8.3.6　半径标注

8.3.6 折弯半径标注

圆弧或圆的中心位于布局之外并且无法在其实际位置显示时，使用 DIMCEN 命令创建折弯半径标注，也称为“缩放的半径标注”。下面以图 8.3.7 所示为例，说明折弯半径标注的一般操作步骤。

Step1. 打开文件 D:\AutoCAD2017.1\work\ch08.03\dimjoggde.dwg。

Step2. 选择下拉菜单 标注(N) → 折弯(J) 命令。

说明：还可以输入命令 DIMJOGGED 后按 Enter 键。

Step3. 选取要标注的圆弧或圆。

Step4. 单击一点以确定图示中心位置（指定一替代圆心位置的点）。

图 8.3.7　折弯半径标注

Step5. 单击一点以确定尺寸线位置。另外，利用 多行文字(M)、文字(T) 以及 角度(A) 选项可以改变标注文字及其方向。

Step6. 最后单击一点以确定折弯位置。

注意：创建折弯半径标注后，通过编辑夹点可以修改折弯点及中心点的位置。

8.3.7 直径标注

直径标注就是标注圆弧和圆的直径尺寸，操作过程和方法与半径标注基本相同。下面以图 8.3.8 所示为例，说明直径标注的一般操作步骤。

Step1. 打开文件 D:\AutoCAD2017.1\work\ch08.03\dimdiameter.dwg。

Step2. 选择下拉菜单 标注(N) → 直径(D) 命令。

说明：还可以输入命令 DIMDIAMETER 后按 Enter 键。

Step3. 选取要标注的圆弧或圆。

Step4. 单击一点，确定尺寸线的位置，系统按实际测量值标注出圆弧或圆的直径。另外，利用 多行文字(M)、文字(T) 以及 角度(A) 选项可以改变标注文字及其方向。

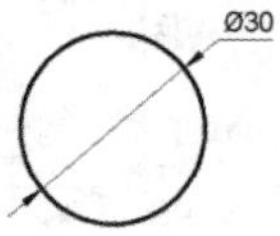

图 8.3.8 直径标注

注意：当通过 多行文字(M) 或 文字(T) 选项重新确定尺寸文字时，只有给输入的尺寸文字加前缀“%%C”，才能使标出的直径尺寸有直径符号 Φ，否则没有此符号。

8.3.8 绘制圆心标记

选择下拉菜单 标注(N) → 圆心标记(M) 命令（或者在工具栏中单击 按钮，或者输入命令 DIMCENTER 后按 Enter 键），可绘制圆心的标记。圆心的标记可以是短十字线，也可以是中心线（图 8.3.9），这取决于“标注样式管理器”对话框 符号和箭头 选项卡中的 圆心标记 设置。

a）圆心标记　　b）中心线

图 8.3.9 绘制圆心标记

8.3.9 角度标注

角度标注工具用于标注两条不平行直线间的角度、圆弧包容的角度及部分圆周的角度，也可以标注三个点（一个顶点和两个端点）的角度。在创建一个角度标注后，还可以创建基线尺寸标注或连续尺寸标注。

1．标注两条不平行直线之间的角度（图 8.3.10）

Step1. 打开文件 D:\AutoCAD2017.1\work\ch08.03\dimangular_a.dwg。

Step2. 选择下拉菜单 标注(N) → 角度(A) 命令。

说明：还可以输入命令 DIMANGULAR 后按 Enter 键。

Step3. 在系统选择圆弧、圆、直线或 <指定顶点>: 的提示下，选取一条直线。

Step4. 在系统选择第二条直线: 的提示下，选取另一条直线。

Step5. 在系统指定标注弧线位置或 [多行文字(M)/文字(T)/角度(A)/象限点(Q)]: 的提示下，单击一点确定标注弧线的位置，系统按实际测量值标注出角度值。另外，利用多行文字(M)、文字(T)以及角度(A)选项可以改变标注文字及其方向。注意：此时角的顶点为两条直线的交点。

说明：图中尺寸文字的放置可以通过标注样式进行设置。

2. 标注圆弧的包含角（图 8.3.11）

Step1. 打开文件 D:\AutoCAD2017.1\work\ch08.03\dimangular_b.dwg。

Step2. 选择下拉菜单 标注(N) → 角度(A) 命令。

Step3. 在系统选择圆弧、圆、直线或 <指定顶点>: 的提示下，选取要标注的圆弧。

Step4. 单击一点确定标注弧线的位置，系统按实际测量值标注出角度值。

说明：此时角的顶点为圆弧的圆心点。

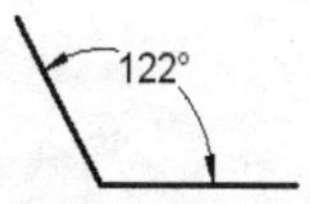

图 8.3.10 标注两条不平行直线之间的角度

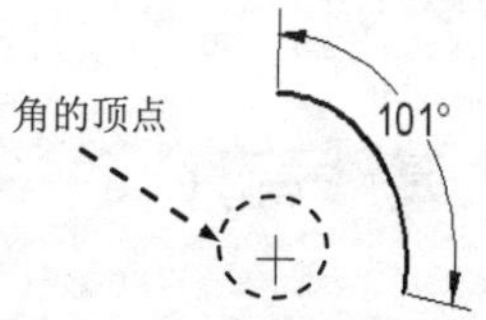

图 8.3.11 标注圆弧的包含角

3. 标注圆上某段圆弧的包含角（图 8.3.12）

Step1. 打开文件 D:\AutoCAD2017.1\work\ch08.03\dimangular_c.dwg。

Step2. 选择下拉菜单 标注(N) → 角度(A) 命令。

Step3. 在系统选择圆弧、圆、直线或 <指定顶点>: 的提示下，在圆上选取第一端点。

Step4. 在系统指定角的第二个端点: 的提示下，在圆上选取第二端点。

Step5. 单击一点确定标注弧线的位置，系统按实际测量值标注圆上两个端点间的包角。

说明：此时角的顶点为圆的圆心点。

4. 根据三个点标注角度（图 8.3.13）

Step1. 打开文件 D:\AutoCAD2017.1\work\ch08.03\dimangular_d.dwg。

Step2. 选择下拉菜单 标注(N) → 角度(A) 命令。

Step3. 在系统选择圆弧、圆、直线或 <指定顶点>: 的提示下，按 Enter 键。

Step4. 在系统指定角的顶点: 的提示下，选取图 8.3.13 所示的点 A 作为角的顶点。

Step5. 在系统指定角的第一个端点: 的提示下，选取图 8.3.13 所示的点 B 作为角的第一个端点。

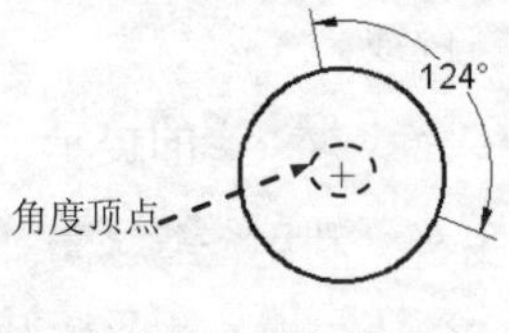

图 8.3.12　标注圆上某段圆弧的包含角

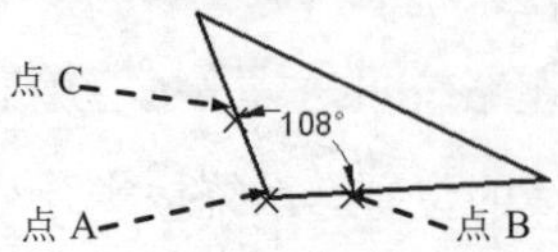

图 8.3.13　根据三个点标注角度

Step6. 在系统指定角的第二个端点:的提示下，选取图 8.3.13 所示的点 C 作为角的第二个端点。

说明：点 B 和点 C 为直线上的中点。

Step7. 单击一点确定标注弧线的位置，系统按实际测量值标注出三个点间的角度。注意：此时角的顶点为选取的第一点。

注意：在以上的角度标注中，当通过多行文字(M)或文字(T)选项重新确定尺寸文字时，只有给新输入的尺寸文字加后缀“%% D”，才能使标注出的角度值有“°”符号，否则没有“°”符号。

8.3.10　基线标注

基线标注是以某一个尺寸标注的第一尺寸界线为基线，创建另一个尺寸标注。这种方式经常用于机械设计或建筑设计中。例如在建筑设计中，可以用此方式来标明图形中两点间线段的总长及其中各段的长度（注意：基线标注是以一个现有的尺寸为基准来创建）。图 8.3.14 所示是一个线性尺寸的基线标注的例子，下面以图 8.3.14 为例说明创建基线标注的一般操作步骤。

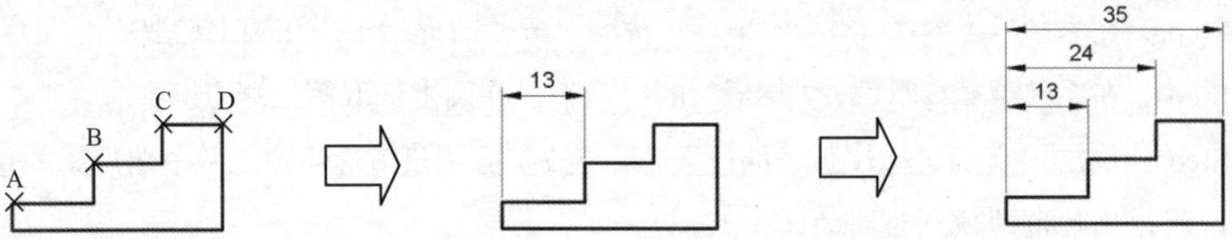

图 8.3.14　基线标注

Step1. 打开文件 D:\AutoCAD2017.1\work\ch08.03\dimbaseline.dwg。

Step2. 首先创建一个线性标注“13”，标注的第一尺寸界线起点为 A 点，第二尺寸界线起点为 B 点。

Step3. 创建基线标注。

（1）选择下拉菜单 标注(N) → 基线(B) 命令。

说明：还可以输入命令 DIMBASELINE 后按 Enter 键。

（2）系统提示指定第二条尺寸界线原点或 [放弃(U)/选择(S)] <选择>:，选取 C 点，此时系统自动选取标注“13”的第一尺寸界线为基线创建基线标注“24”。

说明：如果要另外选取基线，可以输入字母 S 并按 Enter 键，在系统选择基准标注：的提示下，选取某个标注后，系统则以该标注的第一尺寸界线为基线。

（3）系统继续提示指定第二条尺寸界线原点或 [放弃(U)/选择(S)] <选择>：，单击 D 点，此时系统自动选取标注“13”的第一尺寸界线为基线创建基线标注“35”。

（4）按两次 Enter 键结束基线标注。

注意：

- 根据基线标注的放置走向，AutoCAD 自动地将新建的尺寸文字放置在基线标注尺寸线的上方或下方。
- 基线标注的两条尺寸线之间的距离由系统变量 DIMDLI 设定；也可在“标注样式管理器”对话框的直线选项卡中，由基线间距(A)：文本框设置。
- 通常可以使用快速标注命令（即选择下拉菜单标注(N) → 快速标注(Q)命令）快速创建基线标注。
- 角度基线标注的操作方法与上面介绍的线性尺寸的基线标注的操作方法基本相同。

8.3.11 连续标注

连续标注是在某一个尺寸标注的第二条尺寸界线处连续创建另一个尺寸标注，从而创建一个尺寸标注链。这种标注方式经常出现在建筑图中（例如在一个建筑物中标注一系列墙的位置）。注意：连续标注须以一个已有的标注为基础连续创建。图 8.3.15 是一个线性尺寸的连续标注的例子，下面以图 8.3.15 为例说明创建连续标注的一般操作步骤。注意：连续标注是以一个现有的尺寸标注为基准来创建的。

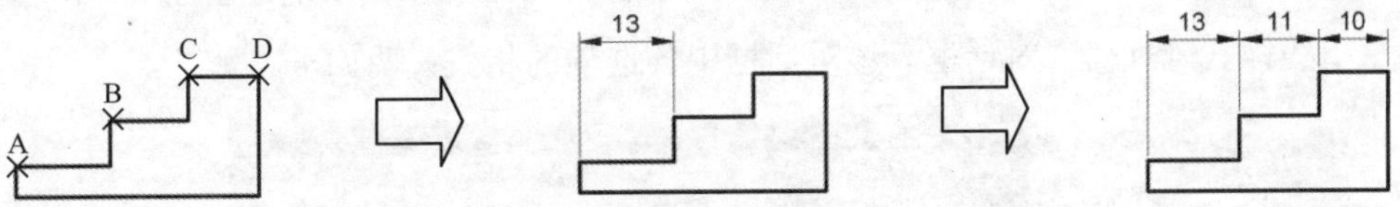

图 8.3.15 连续标注

Step1. 打开文件 D:\AutoCAD2017.1\work\ch08.03\dimcontinue.dwg。

Step2. 首先创建一个线性标注“13”，标注的第一尺寸界线起点为 A 点，第二尺寸界线起点为 B 点。

Step3. 创建连续标注。

（1）选择下拉菜单标注(N) → 连续(C)命令。

说明：或者在输入命令 DIMCONTINUE 后按 Enter 键。

（2）系统提示指定第二条尺寸界线原点或 [放弃(U)/选择(S)] <选择>:，选取 C 点，此时系统自动在标注“13”的第二条尺寸界线处连续标注一个线性尺寸“11”。

说明：用户也可以输入字母 S 并按 Enter 键，在系统提示选择连续标注:下选取某个标注后，系统则在该尺寸的第二条尺寸界线处连续标注一个线性尺寸。

（3）系统继续提示指定第二条尺寸界线原点或 [放弃(U)/选择(S)] <选择>:，选取 D 点，此时系统自动在标注“11”的第二条尺寸界线处连续标注一个线性尺寸“10”。

（4）按两次 Enter 键结束连续标注。

注意：

- AutoCAD 自动将新建的连续尺寸与前一尺寸对齐放置。
- 通常可以使用快速标注命令（选择下拉菜单 标注(N) → 快速标注(Q) 命令）快速创建连续标注。
- 角度连续标注的操作方法与上面介绍的线性尺寸的连续标注的操作方法基本相同。

8.3.12　多重引线标注

在图形中创建多重引线标注，主要用来标出制图的标准和说明等内容。通常在创建多重引线标注之前要先设置多重引线标注样式，这样便可控制引线的外观，并可同时指定基线、引线、箭头和内容的格式。用户可以使用默认的多重引线样式 STANDARD，也可以创建新的多重引线样式。

1．多重引线标注样式

选择下拉菜单 格式(O) → 多重引线样式(I) 命令（还可以单击“注释”选项卡中“引线”面板的按钮，或者输入 MLEADERSTYLE 命令后按 Enter 键），系统弹出图 8.3.16 所示的“多重引线样式管理器”对话框。该对话框中各选项的相关说明如下。

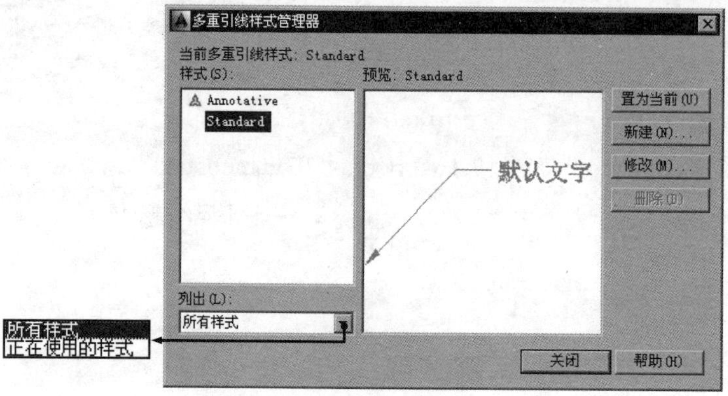

图 8.3.16　“多重引线样式管理器”对话框

- 样式(S):列表：显示多重引线的列表，当前的样式被高亮显示。
- 列出(L):下拉列表：用于控制样式(S):列表的内容。
- 置为当前(U)按钮：将“样式”列表中选定的多重引线样式设置为当前样式。
- 新建(N)...按钮：单击此按钮，系统弹出“创建新多重引线样式”对话框。选中此对话框中的☑注释性(A) ⓘ复选框，则说明创建的是注释性的多重引线对象；单击“创建新多重引线样式”对话框中的继续(O)按钮，系统弹出“修改多重引线样式”对话框，在该对话框中定义新的多重引线样式。
- 修改(M)...按钮：选中现有的多重引线样式后单击此按钮，系统弹出“修改多重引线样式”对话框，在该对话框中可以重新设置已定义的多重引线样式。
- 删除(D)按钮：单击该按钮可删除样式(S):列表中选定的多重引线样式，但是不能删除图形中已使用的样式。

关于“修改多重引线样式”对话框中各选项卡的相关说明如下。

➢ 引线格式选项卡

该选项卡用于设置引线和箭头的格式，该选项卡中各选项的功能如下。

- 常规选项组：用于控制多重引线的基本外观。
  - ☑ 类型(T):下拉列表：用于设置引线的类型，可以选择为直引线、样条曲线或无引线。
  - ☑ 颜色(C):下拉列表：用于设置引线的颜色。
  - ☑ 线型(L):下拉列表：用于设置引线的线型。
  - ☑ 线宽(I):下拉列表：用于设置引线的线宽。
- 箭头选项组：用于控制多重引线箭头的外观。
  - ☑ 符号(S):下拉列表：用于设置多重引线的箭头符号。
  - ☑ 大小(Z):文本框：用于设置多重引线箭头的大小。
- 引线打断选项组：用于控制将折断标注添加到多重引线时使用的设置。
  - ☑ 打断大小(B):文本框：用于设置选择多重引线后用于标注打断命令的折断大小。

➢ 引线结构选项卡

用于控制多重引线的约束和基线的设置，该选项卡中各选项的功能如下。

- 约束选项组：用于控制多重引线的约束。
  - ☑ ☑最大引线点数(M)复选框：用于指定多重引线的最大点数。
  - ☑ ☑第一段角度(F)复选框：用于指定多重引线基线中第一个点的角度。
  - ☑ ☑第二段角度(S)复选框：用于指定多重引线基线中第二个点的角度。

- 基线设置选项组：用于多重引线的基线设置。
  - ☑ ☑ 设置基线距离(D) 复选框：设置多重引线基线的固定距离。选中 ☑ 自动包含基线(A) 复选框则可以将水平基线附着到多重引线内容。
- 比例选项组：用于控制多重引线的缩放。
  - ☑ □ 注释性(A) 复选框：用于指定多重引线为注释性。如果选中该复选框，则 ○ 将多重引线缩放到布局(L) 和 ○ 指定比例(E): 单选项不可用。其中，⊙ 指定比例(E): 单选项用于指定多重引线的缩放比例值，⊙ 将多重引线缩放到布局(L) 单选项是根据模型空间视口和图纸空间视口中的缩放比例确定多重引线的比例因子。

➢ 内容选项卡

用于设置多重引线类型和文字选项等内容，该选项卡中各选项的功能如下。

- 文字选项选项组。
  - ☑ □ 始终左对正(L) 复选框：使多重引线文字始终左对齐。
  - ☑ □ 文字加框(F) 复选框：使用文本框对多重引线的文字内容加框。
  - ☑ 单击 默认文字(D): 选项后的 ... 按钮，系统弹出图 8.3.17 所示的 文字编辑器 工具栏，可以对多行文字进行编辑。

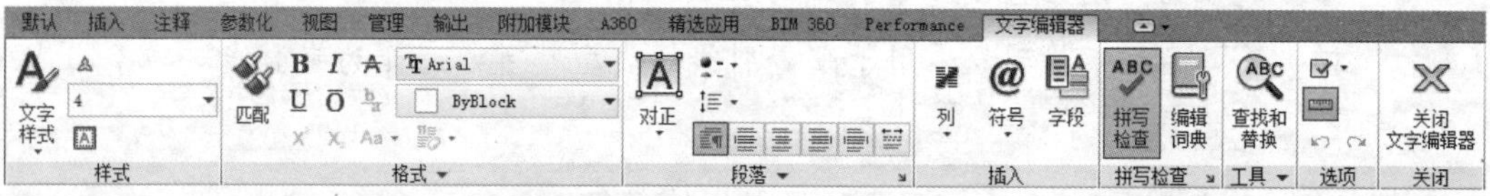

图 8.3.17 “文字编辑器”工具栏

  - ☑ 文字样式(S): 下拉列表：用于指定属性文字的预定义样式。
  - ☑ 文字角度(A): 下拉列表：用于指定多重引线文字的旋转角度。
  - ☑ 文字颜色(C): 下拉列表：用于指定多重引线文字的颜色。
  - ☑ 文字高度(T): 文本框：用于指定多重引线文字的高度。
- 引线连接选项组。
  - ☑ 连接位置 - 左(E): 下拉列表：用于控制文字位于引线左侧时，基线连接到多重引线文字的方式。
  - ☑ 连接位置 - 右(R): 下拉列表：用于控制文字位于引线右侧时，基线连接到多重引线文字的方式。
  - ☑ 基线间隙(G): 文本框：用于设置基线和多重引线文字之间的距离。

2．多重引线标注

图 8.3.18 所示是一个利用多重引线标注的例子，下面以图 8.3.18 为例说明创建多重引线标注的一般操作步骤。

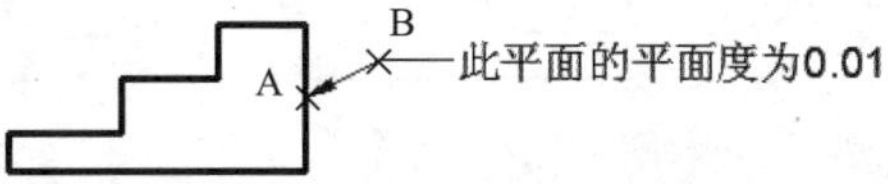

图 8.3.18　多重引线标注

Step1. 打开文件 D:\AutoCAD2017.1\work\ch08.03\qleader.dwg。

Step2. 选择下拉菜单 标注(N) → 多重引线(E) 命令。

说明：还可以单击“注释”选项卡中“多重引线”面板的按钮，或者输入命令 MLEADER 后按 Enter 键。

Step3. 在系统 指定引线箭头的位置或 [引线基线优先(L)/内容优先(C)/选项(O)] <选项>: 的提示下，选取引出点 A。

Step4. 在系统 指定引线基线的位置: 的提示下，选取点 B，此时系统弹出 文字编辑器 选项卡及文字的输入窗口，在文字输入窗口输入“此平面的平面度为 0.01”，然后单击 文字编辑器 选项卡中的（关闭文字编辑器）按钮以完成操作。

说明：在系统 指定引线箭头的位置或 [引线基线优先(L)/内容优先(C)/选项(O)] <选项>: 的提示下，输入字母 O 按 Enter 键，则出现图 8.3.19 所示的命令行提示，该命令行提示中的各选项说明如下。

图 8.3.19　命令行提示

- 引线类型(L) 选项：选择需要的多重引线类型。
- 引线基线(A) 选项：选择是否需要使用引线基线。
- 内容类型(C) 选项：选择标注的内容类型。
- 最大节点数(M) 选项：设置引线的最大节点数。
- 第一个角度(F) 选项：设置引线中的第一个角度约束值。
- 第二个角度(S) 选项：设置引线中的第二个角度约束值。
- 退出选项(X) 选项：命令行显示第一个多重引线标注时的命令提示。

8.3.13　倾斜标注

线性尺寸标注的尺寸界线通常是垂直于尺寸线的，可以修改尺寸界线的角度，使它们相对于尺寸线产生倾斜，这就是倾斜标注。图 8.3.20 所示是一个线性尺寸的倾斜标注，下面以图 8.3.20 为例说明创建倾斜标注的一般操作步骤。

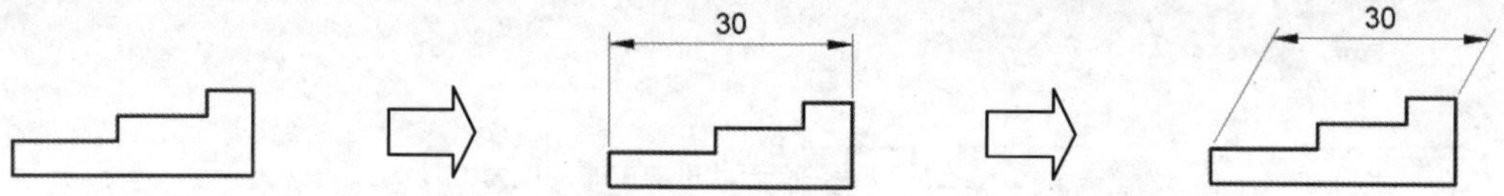

图 8.3.20　倾斜标注

Step1. 打开文件 D:\AutoCAD2017.1\work\ch08.03\dimedit.dwg。

Step2. 首先创建一个线性标注“30”。

Step3. 创建倾斜标注。

（1）选择下拉菜单 标注(N) → 倾斜(Q) 命令。

说明：还可以输入命令 DIMEDIT 后按 Enter 键。

（2）在系统提示选择对象：下，选取前面创建的线性标注“30”。

（3）系统继续提示选择对象：，按 Enter 键。

（4）在系统提示输入倾斜角度 (按 ENTER 表示无)：下，输入倾斜角度值 60，按 Enter 键。

说明：倾斜角是以当前的坐标系测量的。

8.3.14　快速标注

运用快速标注功能可以在一步操作中快速创建成组的基线、连续、阶梯和坐标标注，快速标注多个圆、圆弧的半径、直径以及编辑现有标注的布局。下面以图 8.3.21 所示的线性标注为例，说明快速标注的一般操作步骤。

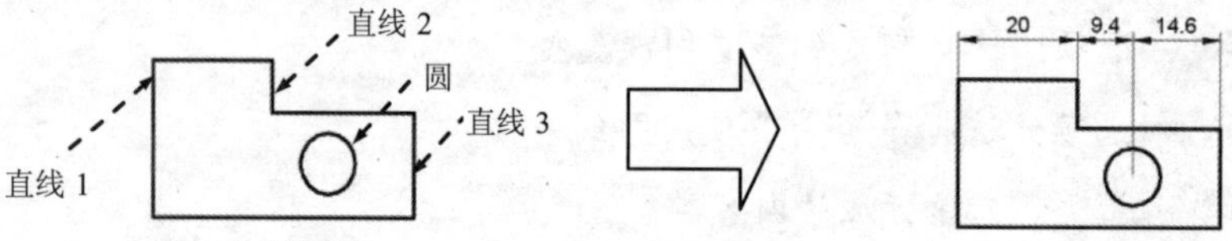

a）标注前　　b）标注后

图 8.3.21　快速标注

Step1. 打开文件 D:\AutoCAD2017.1\work\ch08.03\qdim.dwg。

Step2. 选择下拉菜单 标注(N) → 快速标注(Q) 命令。

说明：还可以输入命令 QDIM 后按 Enter 键。

Step3. 按住 Shift 键，依次选取图 8.3.21a 中的直线 1、直线 2、圆和直线 3 作为快速标注的对象，按 Enter 键以结束选择；系统命令行提示图 8.3.22 所示的信息，在此提示下，在屏幕上单击一点以确定尺寸线的位置。由于提示后面的尖括号中的默认项为“连续”，所以系统同时标注图 8.3.21b 所示的三个连续尺寸。

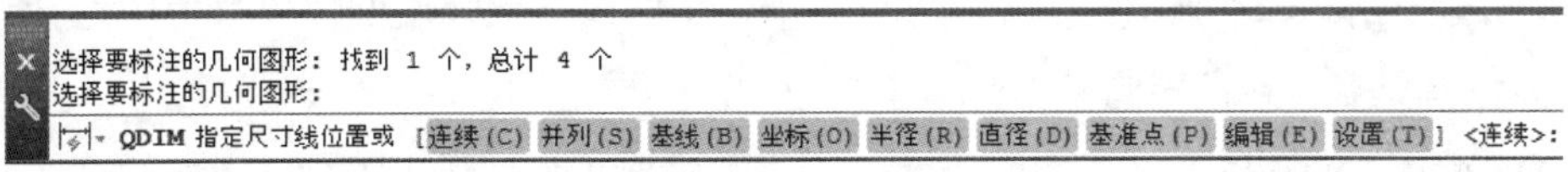

图 8.3.22　命令行提示

图 8.3.22 所示的命令行提示中的各选项说明如下。

- 连续(C)选项：创建线性尺寸标注链（与连续标注相类似）。
- 并列(S)选项：创建一系列并列的线性尺寸标注。
- 基线(B)选项：从一个共同基点处创建一系列线性尺寸标注。
- 坐标(O)选项：创建一系列的坐标标注。
- 半径(R)选项：为所有选择的圆创建半径尺寸标注。
- 直径(D)选项：为所有选择的圆或圆弧创建直径尺寸标注。
- 基准点(P)选项：为基线和坐标标注设置新基准点。
- 编辑(E)选项：通过添加或清除尺寸标注点编辑一系列尺寸标注。
- 设置(T)选项：设置关联标注，优先级是“端点”或是“交点”。

8.3.15　利用多行文字创建特殊要求的公差标注

在机械设计中，经常要创建图 8.3.23 中所示的尺寸公差标注，利用多行文字功能可以非常方便地创建这类尺寸标注。下面介绍其一般操作步骤。

Step1. 打开文件 D:\AutoCAD2017.1\work\ch08.03\dimtol.dwg。

Step2. 选择下拉菜单 标注(N) ➡ 线性(L) 命令。

Step3. 分别捕捉选择尺寸标注起点 A 点和 B 点，如图 8.3.23 所示。

Step4. 创建标注文字。

（1）在命令行输入字母 M（即选择提示中的多行文字(M)选项），并按 Enter 键。

（2）在系统弹出的文字输入窗口中输入文字字符“%%C40+0.02^ -0.03”，此时文字输入窗口如图 8.3.24 所示。

注意：如果上极限偏差为 0，则输入主尺寸 40 后，必须空一格然后再输入上极限偏差 0。

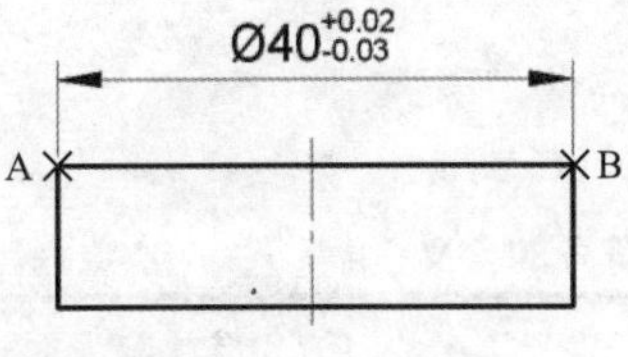

图 8.3.23　创建尺寸公差标注

图 8.3.24　文字输入窗口

（3）选取全部文字，如图 8.3.25 所示；然后在 文字编辑器 工具栏的“样式”面板中将选取的文字字高设置为 3.5。

（4）选取图 8.3.26 所示的公差文字，右击，然后在系统弹出的快捷菜单中选择 堆叠 选项，并将公差文字字高设置为 2.5，如图 8.3.27 所示。

（5）单击 文字编辑器 工具栏中的“关闭文字编辑器”按钮 以完成操作。

Step5. 在图形上方选择一点以确定尺寸线的位置。

Step6. 如果要修改文字标注，可选择下拉菜单 修改(M) → 对象(O) ▸ → 文字(T) ▸ → 编辑(E)... 命令。

图 8.3.25　选取全部文字

图 8.3.26　选取公差文字

图 8.3.27　改变公差形式

8.4 标注几何公差

8.4.1 几何公差概述

在机械制造过程中，不可能制造出尺寸完全精确的零件，往往加工后的零件中的一些元素（点、线、面等）与理想零件存在一定程度的差异，只要这些差异在一个合理的范围内，就认为其合格。几何公差是标识实际零件与理想零件间差异范围的一个工具。图 8.4.1 所示是一个较为复杂的几何公差。由该图可以看出，几何公差信息是通过特征控制框来显示的，每个几何公差的特征控制框至少由两个矩形框格组成，第一个矩形框格内放置几何公差的类型符号，例如位置度、平行度、垂直度等符号，这些符号都可从 GDT.SHX 字体的支持文件中获得；第二个矩形框格包含公差值，可根据需要在公差值的前面添加一个直径符号，以及在公差值的后面添加包容条件符号。

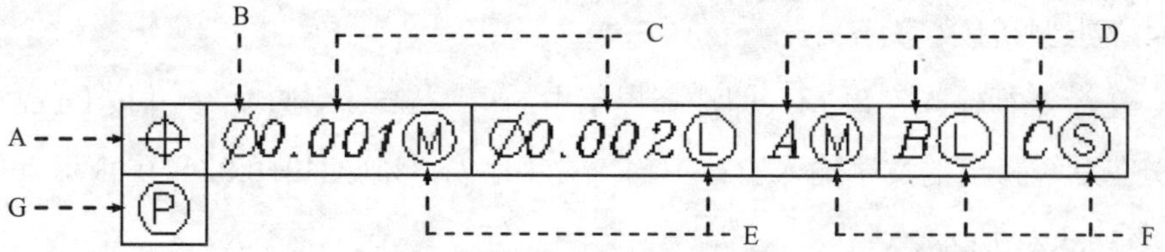

图 8.4.1　较复杂几何公差

关于图 8.4.1 中各符号的说明如下。

A：几何公差的类型符号，各符号参见表 8.4.1。

表 8.4.1　几何公差中各符号的含义

符　号	含　义	符　号	含　义
⊕	位置度	⊥	垂直度
◎	同轴度	∠	倾斜度

（续）

符　号	含　义	符　号	含　义
⌯	对称度	⌭	圆柱度
//	平行度	○	圆度
▱	平面度	⌓	面轮廓度
—	直线度	↗	圆跳动
⌒	线轮廓度	⌰	全跳动
Ø	直径符号	Ⓜ	最大实体要求
Ⓛ	最小实体要求	Ⓢ	不考虑特征尺寸（RFS）
Ⓟ	投影公差		

B：直径符号。用于指定一个圆形的公差带，并放于公差值前。

C：第一、第二公差值。一般指定一个公差值。

D：第一、第二和第三基准字母。基准的个数依实际情况而定。

E：公差的包容条件。

F：基准的包容条件。一般可以不指定基准的包容条件。

G：投影公差。指定投影公差可以使公差更加明确，一般可以不指定。

8.4.2 几何公差的标注

1．不带引线的几何公差标注

图 8.4.2 所示是一个不带引线的几何公差标注，下面说明其创建的一般操作步骤。

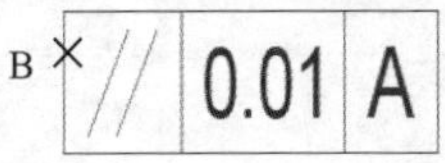

图 8.4.2 不带引线的几何公差标注

Step1．打开文件 D:\AutoCAD2017.1\work\ch08.04\Part_temp_ A3.dwg。

Step2．选择下拉菜单 标注(N) → 公差(T)... 命令。

说明： 还可以输入命令 TOLERANCE 后按 Enter 键。

Step3．系统弹出图 8.4.3 所示的“几何公差”对话框，在 符号 选项组中单击小黑框■，系统弹出图 8.4.4 所示的“特征符号”对话框，通过该对话框选择几何公差符号//；在 公差 1 选项组中间的文本框中，输入几何公差值 0.01；在 基准 1 选项组前面的文本框中，输入基准符号 A；单击“几何公差”对话框中的 确定 按钮；在系统 输入公差位置: 的提示下，单击一点 B，以确定几何公差的放置位置。

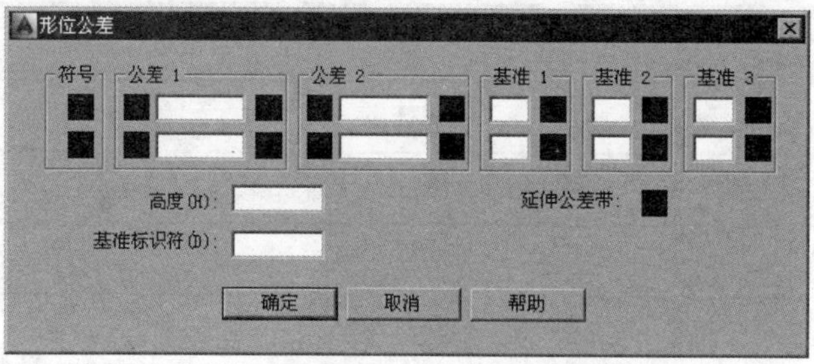

图 8.4.3 “形位（几何）公差”对话框

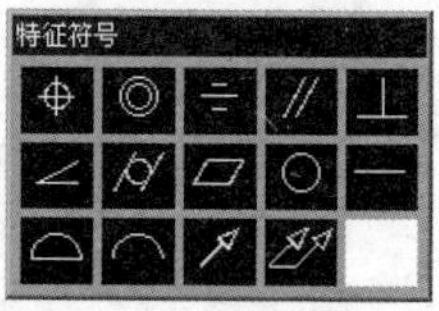

图 8.4.4 “特征符号”对话框

图 8.4.3 所示的“形位（几何）公差”对话框中的各区域的功能说明如下。

- 符号选项组：单击该选项组中的小黑框■，系统弹出图 8.4.4 所示的“特征符号”对话框，通过该对话框可以为第一个或第二个公差选择几何公差符号。
- 公差 1 和公差 2 选项组：单击该选项组前面的小黑框■，可以插入一个直径符号∅；在中间的文本框中，可以输入几何公差值；单击后面的小黑框■，系统弹出图 8.4.5 所示的“附加符号”对话框，通过该对话框可以为公差选择包容条件符号。
- 基准 1、基准 2 和基准 3 选项组：在前面的文本框中，可以输入基准符号；单击该选项组后面的小黑框■，系统弹出图 8.4.5 所示的“附加符号”对话框，通过该对话框可以为基准选择包容条件符号。
- 高度(H): 文本框：用于设置投影公差值。投影公差带控制固定垂直部分延伸区的高度变化，并以位置公差控制公差精度。
- 延伸公差带: 选项：单击该选项后的小黑框■，可在投影公差带值的后面插入投影公差符号Ⓟ。
- 基准标识符(D): 文本框：用于输入参照字母作为基准标识符号。

2. 带引线的几何公差标注

图 8.4.6 所示是一个带引线的几何公差标注，下面说明其创建的一般操作步骤。

图 8.4.5 “附加符号”对话框

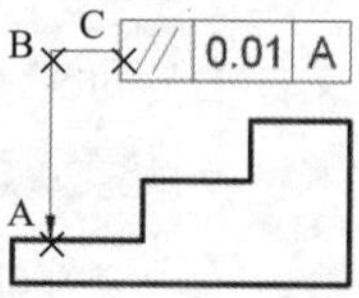

图 8.4.6 带引线的几何公差标注

Step1. 打开文件 D:\AutoCAD2017.1\work\ch08.04\qleader.dwg。

Step2. 在命令行输入命令 QLEADER 后按 Enter 键。

Step3. 在系统指定第一个引线点或 [设置(S)] <设置>: 的提示下，按 Enter 键。

Step4. 在系统弹出的“引线设置”对话框中，选中注释选项组中的⊙公差(T)单选项，然

后单击对话框中的 确定 按钮。

Step5. 在系统指定第一个引线点或 [设置(S)] <设置>: 的提示下，选取引出点 A；在系统指定下一点: 的提示下，选取点 B；在系统指定下一点: 的提示下，选取点 C。

Step6. 在系统弹出的“形位（几何）公差”对话框中，选择几何公差符号//，输入公差值 0.01，输入基准符号 A，然后单击 确定 按钮。

8.5 编辑尺寸标注

8.5.1 修改尺寸标注文字的位置

输入 DIMTEDIT 命令，可以修改指定的尺寸标注文字的位置。执行该命令后，选择一个标注，系统显示图 8.5.1 所示的系统提示，该提示中的各选项说明如下。

```
命令: DIMTEDIT
选择标注:
DIMTEDIT 为标注文字指定新位置或 [左对齐(L) 右对齐(R) 居中(C) 默认(H) 角度(A)]:
```

图 8.5.1 执行 DIMTEDIT 命令后的系统提示

- 为标注文字指定新位置选项：移动鼠标可以将尺寸文字移至任意需要的位置，然后单击，效果如图 8.5.2a 所示。
- 左对齐(L)选项：使标注文字沿尺寸线左对齐，此选项仅对非角度标注起作用，效果如图 8.5.2b 所示。
- 右对齐(R)选项：使标注文字沿尺寸线右对齐，此选项仅对非角度标注起作用，效果如图 8.5.2c 所示。
- 居中(C)选项：使标注文字放在尺寸线的中间，效果如图 8.5.2d 所示。
- 默认(H)选项：系统按默认的位置、方向放置标注文字，效果如图 8.5.2e 所示。
- 角度(A)选项：使尺寸文字旋转某一角度。执行该选项后，输入角度值并按 Enter 键即可，效果如图 8.5.2f 所示。

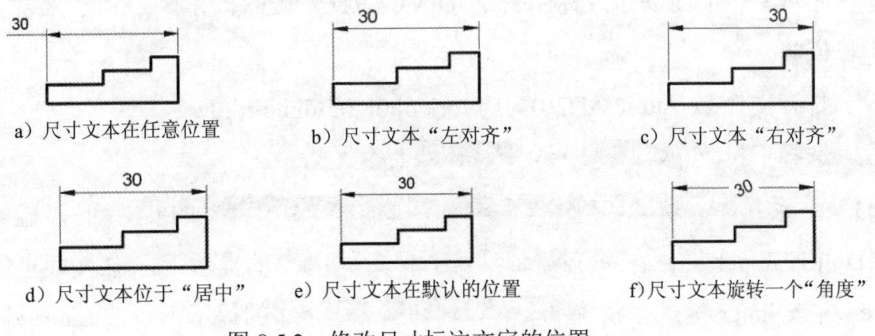

a）尺寸文本在任意位置　b）尺寸文本“左对齐”　c）尺寸文本“右对齐”

d）尺寸文本位于“居中”　e）尺寸文本在默认的位置　f)尺寸文本旋转一个“角度”

图 8.5.2 修改尺寸标注文字的位置

8.5.2 尺寸标注的编辑

输入 DIMEDIT 命令，可以对指定的尺寸标注进行编辑。执行该命令后，系统提示信息如图 8.5.3 所示，对其中的各选项说明如下。

- 默认(H)选项：按默认的位置、方向放置尺寸文字。

操作提示：输入字母 H 并按 Enter 键，当系统提示选择对象：时，选取某个尺寸标注对象并按 Enter 键。

- 新建(N)选项：修改标注文字的内容。

操作提示：输入字母 N 并按 Enter 键，系统弹出“文本编辑器”选项卡和文字输入窗口。在文字输入窗口中输入新的标注文字，然后单击“文本编辑器”选项卡中的按钮。当系统提示选择对象：时，选取某个尺寸标注对象并按 Enter 键。

- 旋转(R)选项：将尺寸标注文字旋转指定的角度。

操作提示：输入字母 R 并按 Enter 键，系统提示指定标注文字的角度：，输入文字要旋转的角度值并按 Enter 键。在系统选择对象：的提示下，选取某个尺寸标注对象并按 Enter 键。

- 倾斜(O)选项：使非角度标注的尺寸界线旋转一角度。

操作提示：输入字母 O 并按 Enter 键，系统提示选择对象：，选取某个尺寸标注对象，按 Enter 键，系统提示输入倾斜角度，输入尺寸界线倾斜的角度值并按 Enter 键。

图 8.5.3 命令行提示

8.5.3 尺寸的替代

使用标注(N) → 替代(V)命令，可以临时修改尺寸标注的系统变量的值，从而修改指定的尺寸标注对象。下面以修改标注变量 DIMCLRD（该变量用于设置尺寸线的颜色）的值为例进行说明。

Step1. 打开文件 D:\AutoCAD2017.1\work\ch08.05\dimclrd.dwg。

Step2. 选择下拉菜单标注(N) → 替代(V)命令。

Step3. 在系统输入要替代的标注变量名或 [清除替代(C)]：的提示下，输入变量名 DIMCLRD 并按 Enter 键；在系统输入标注变量的新值 <BYLAYER>：的提示下，输入变量 DIMCLRD 的新值 red 并按 Enter 键；在系统输入要替代的标注变量名：的提示下，按 Enter 键；选取某个尺寸标注对象并按 Enter 键。此时系统将选中的尺寸标注对象的尺寸线变成红色（red）。

说明：

- 如果再次执行替代(V)命令，选择"清除替代(C)"，然后选取尺寸线变成红色(red)的标注对象，则该标注对象的尺寸线又恢复为原来的颜色。这种替代方式只能修改指定的尺寸标注对象，修改完成后，系统仍将采用当前标注样式中的设置来创建新的尺寸标注。
- 采用替代(V)命令替代标注变量，需要记住 AutoCAD 中的 70 多个尺寸标注系统变量及它们的值，但这对于一般的用户比较困难。这里介绍一种更为实用的替代标注变量的方法，是通过"标注样式管理器"对话框来完成的，操作方法如下，选择下拉菜单 格式(O) → 标注样式(S)... 命令；单击对话框中的 替代(O)... 按钮；在系统弹出的替代当前样式:对话框中，修改有关的选项（系统变量）的值，例如将尺寸线选项组中的颜色(C):选项（即变量 DIMCLRD）设置为红色，然后单击 确定 按钮；单击 关闭 按钮，关闭该对话框。如果要将以前的某个标注对象的尺寸线颜色改为替代后的颜色（红色），可选择下拉菜单 标注(N) → 更新(U) 命令，然后选取该标注对象。

注意：

- 设置了替代样式后，新创建的尺寸标注都将采用此样式。如果在"标注样式管理器"对话框的样式(S):栏中选择"样式替代"字样并右击，从快捷菜单中将其删除，则系统仍采用原样式创建新的尺寸标注。
- 使用 更新(U) 命令，可以更新已有的尺寸标注，使其采用当前的标注样式。

8.5.4 使用夹点编辑尺寸

当选择尺寸对象时，尺寸对象上也会显示出若干个蓝色小方框，即夹点。可以通过夹点对标注对象进行编辑。例如在图 8.5.4 中，可以通过夹点移动标注文字的位置。方法是先单击尺寸文字上的夹点，使它成为操作点，然后把尺寸文字拖移到新的位置并单击。同样，选取尺寸线两端的夹点或尺寸界线起点处的夹点，可以对尺寸线或尺寸界线进行移动。

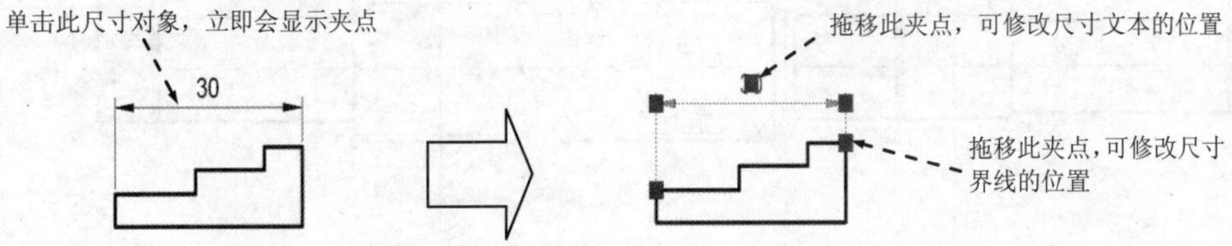

图 8.5.4 通过夹点编辑尺寸对象

8.5.5 使用“特性”窗口编辑尺寸

可以通过“特性”窗口来编辑尺寸，下面举例说明。

选取图 8.5.5a 中的尺寸 30，然后选择下拉菜单 修改(M) → 特性(P) 命令，系统立即弹出“特性”窗口，通过该“特性”窗口可以编辑该尺寸对象的一些特性，如线型、颜色、线宽、箭头样式等。例如，如果要将图 8.5.5a 中尺寸的箭头变成图 8.5.5b 所示的实心圆点，可单击“特性”对话框中的 箭头 1 项，并单击下三角按钮，然后选择下拉列表中的 点 项，如图 8.5.6 所示。

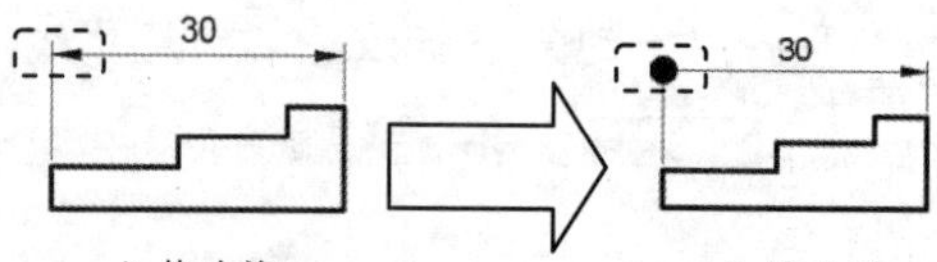

a）修改前　b）修改后

图 8.5.5　编辑尺寸

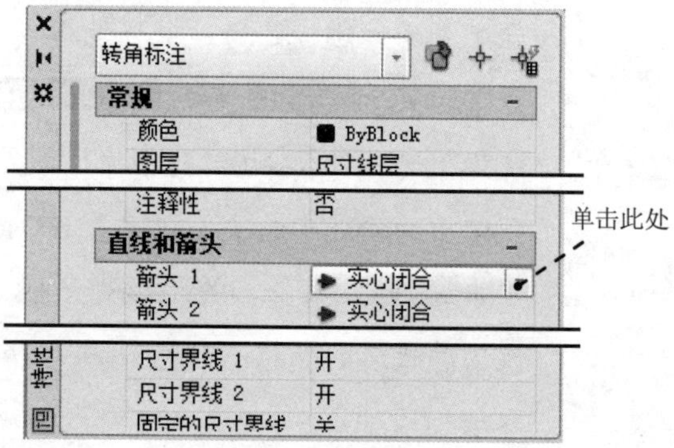

图 8.5.6　尺寸对象的“特性”窗口

8.6 思考与练习

1. 一个完整的尺寸标注由哪些元素组成？

2. 定义一个新的标注样式，要求样式名称为 Mydimstyle，文字高度值为 6，尺寸文字从尺寸线偏移的距离值为 1.3，箭头大小为 5，尺寸界线超出尺寸线的距离值为 2，基线标注时基线之间的距离值为 5，其他参数设置采用系统默认设置值。

3. 尺寸标注的类型有哪些？各举一例说明其标注过程。

4. 绘制图 8.6.1 所示的图形，并创建图中的所有标注。

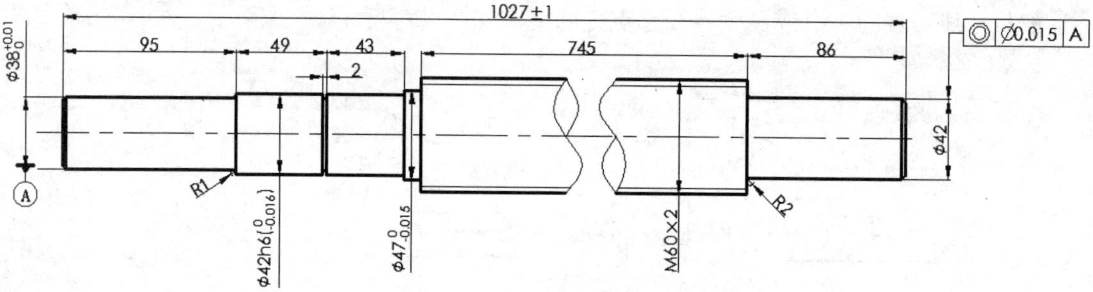

图 8.6.1　绘制图形

第 9 章 用图层组织图形

本章提要

本章的内容主要包括创建图层、设置图层及管理图层。学习本章应从理解层的概念入手，理解层的概念才能更好地理解层的作用，从而在实际应用中灵活地运用层来组织图形。

9.1 创建和设置图层

9.1.1 图层概述

图层是 AutoCAD 系统提供的一个管理工具，它的应用使得一个 AutoCAD 图形好像是由多张透明的图纸重叠在一起而组成的，用户可以通过图层来对图形中的对象进行归类处理。例如在机械、建筑等工程制图中，图形中可能包括基准线、轮廓线、虚线、剖面线、尺寸标注以及文字说明等元素。如果用图层来管理它们，不仅能使图形的各种信息清晰、有序，便于观察，而且也会给图形的编辑、修改和输出带来很大的方便。

AutoCAD 中的图层具有以下特点：

- 在一幅图中可以创建任意数量的图层，并且在每一图层上的对象数目没有任何限制。
- 每个图层都有一个名称。当开始绘制新图时，系统自动创建层名为 0 的图层，这是系统的默认图层。同时只要图中或块中有标注，系统就会出现设置标注点的 Defpoints 层，但是画在该层的图形只能在屏幕上显示出来，不能打印。其他图层需由用户创建。
- 只能在当前图层上绘图。
- 各图层具有相同的坐标系、绘图界限及显示缩放比例。
- 可以对各图层进行不同的设置，以便对各图层上的对象同时进行编辑操作。
  - ☑ 对于每一个图层，可以设置其对应的线型和颜色等特性。
  - ☑ 可以对各图层进行打开、关闭、冻结、解冻、锁定与解锁等操作，以决定各图层的可见性与可操作性。
- 可以把图层指定成为打印或不打印图层。

9.1.2 创建新图层

在创建一个新图时，系统会自动创建层名为 0 的图层，这也是系统的默认图层。如果用户要使用图层来组织自己的图形，就需要先创建新图层。

选择下拉菜单 格式(O) → 图层(L)... 命令（或者在命令行输入命令 LAYER），系统弹出图 9.1.1 所示的“图层特性管理器”对话框。单击“新建图层”按钮，在图层列表中出现一个名称为 图层1 的新图层。在默认情况下，新建图层与当前图层的状态、颜色、线型及线宽等设置相同。

在创建了图层后，可以单击图层名，然后输入一个新的有意义的图层名称并按 Enter 键。在为创建的图层命名时，图层的名称中不能包含< > /\ ”: ; ? * |, 、=等字符，另外也不能与其他图层重名。

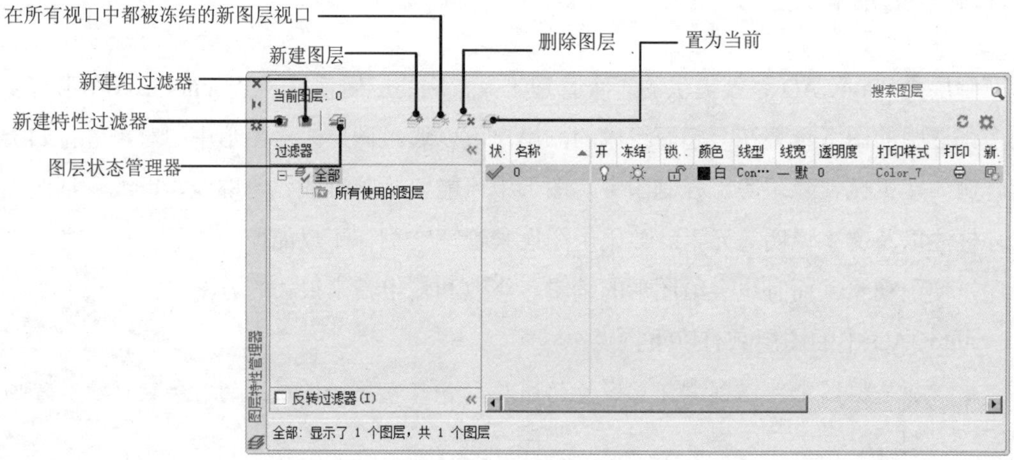

图 9.1.1 “图层特性管理器”对话框（一）

9.1.3 设置图层颜色

为图层设置颜色实际上是设置图层中图形对象的颜色。可以对不同的图层设置不同的颜色（当然也可以设置相同的颜色），这样在绘制复杂的图形时，就可以通过不同的颜色来区分图形的每一个部分。

在默认情况下，新创建图层的颜色被设为 7 号颜色（7 号颜色为白色或黑色，这由背景色决定，如果背景色设置为白色，则图层颜色就为黑色；如果背景色设置为黑色，则图层颜色就为白色）。

如果要改变图层的颜色，可在“图层特性管理器”对话框中单击该图层的“颜色”列中的图标■，系统弹出“选择颜色”对话框。在该对话框中，可以使用 索引颜色 、 真彩色 和 配色系统 三个选项卡为图层选择颜色。

- 索引颜色选项卡：是指系统的标准颜色（ACI 颜色）。在 ACI 颜色表中包含 256 种颜色，每一种颜色用一个 ACI 编号（1～255 之间的整数）标识。
- 真彩色选项卡：真彩色使用 24 位颜色定义显示 16M 色彩。指定真彩色时，可以从“颜色模式”下拉列表中选取 RGB 或 HSL 模式。如果使用 RGB 颜色模式，可以指定颜色的红、绿、蓝组合；如果使用 HSL 颜色模式，则可以指定颜色的色调、饱和度及亮度要素。
- 配色系统选项卡：该选项卡中的配色系统(B):下拉列表提供了 11 种定义好的色库列表，从中选择一种色库后，就可以在下面的颜色条中选择需要的颜色。

9.1.4 设置图层线型

“图层线型”是指图层上图形对象的线型，如虚线、点画线、实线等。在使用 AutoCAD 系统进行工程制图时，可以使用不同的线型来绘制不同的对象以作区分，还可以对各图层上的线型进行不同的设置。

1. 设置已加载线型

在默认情况下，图层的线型设置为 Continuous（实线）。要改变线型，可在图层列表中单击某个图层“线型”列中Continuous字符，系统弹出“选择线型”对话框。在已加载的线型列表框中选择一种线型，然后单击确定按钮。

2. 加载线型

如果已加载的线型不能满足用户的需要，则可进行“加载”操作，将新线型添加到“已加载的线型”列表中。此时需单击加载(L)...按钮，系统弹出“加载或重载线型”对话框，从当前线型文件的线型列表中选择需要加载的线型，然后单击确定按钮。

AutoCAD 系统中的线型包含在线型库定义文件 acad.1in 和 acadiso.1in 中。在英制测量系统下，使用线型库定义文件 acad.1in；在米制测量系统下，使用线型库定义文件 acadiso.1in。如果需要，也可在“加载或重载线型”对话框中单击文件(F)...按钮，从系统弹出的“选择线型”对话框中选择合适的线型库定义文件。

3. 设置线型比例

对于非连续线型（如虚线、点画线、双点画线等），由于其受图形尺寸的影响较大，图形的尺寸不同，在图形中绘制的非连续线型外观也将不同，可以通过设置线型比例来改变非连续线型的外观。

选择下拉菜单格式(O) → 线型(N)...命令，系统弹出“线型管理器”对话框，可从中设置图形中的线型比例。在对话框的线型列表中选择某一线型后，可单击显示细节(D)按钮，即可在展开的详细信息选项组中设置线型的全局比例因子(G):和当前对象缩放比例(O):，其中全局比例因子(G):用于设置图形中所有对象的线型比例，当前对象缩放比例(O):用于设置新建对象的线型比例。新建对象最终的线型比例将是全局比例和当前缩放比例的乘积。“线型管理器”对话框中其他的选项和按钮功能如下。

- 线型过滤器下拉列表：确定在线型列表中显示哪些线型。如果选中☑反向过滤器(I)复选框，则显示不符合过滤条件的线型。
- 加载(L)...按钮：单击该按钮，系统弹出“加载或重载线型”对话框，利用该对话框可以加载其他线型。
- 删除按钮：单击该按钮，可删除在线型列表中选中的线型。
- 当前(C)按钮：单击该按钮，可将选中的线型设置为当前线型。可以将当前线型设置为 ByLayer（随层），即采用为图层设置的线型来绘制图形对象；也可以选择其他的线型作为当前线型来绘制对象。
- 显示细节(D)或隐藏细节(D)按钮：单击该按钮，可显示或隐藏“线型管理器”对话框中的“详细信息”选项组。

9.1.5 设置图层线宽

在 AutoCAD 系统中，用户可以使用不同宽度的线条来表现不同的图形对象，还可以设置图层的线宽，即通过图层来控制对象的线宽。在“图层特性管理器”对话框的线宽列中单击某个图层对应的线宽——默认，系统即弹出“线宽”对话框，可从中选择所需要的线宽。

另外还可以选择下拉菜单格式(O) → 线宽(W)...命令，系统弹出“线宽设置”对话框，可在该对话框的线宽列表中选择当前要使用的线宽，还可以设置线宽的单位和显示比例等参数。各选项的功能说明如下。

- 列出单位选项组：用于设置线条宽度的单位，可选中⊙毫米(mm)(M)或⊙英寸(in)(I)单选项。
- ☑显示线宽(D)复选框：用于设置是否按照实际线宽来显示图形，也可以在绘图时单击屏幕下部的状态栏中的线宽按钮来显示或关闭线宽。
- 默认下拉列表：用于设置默认线宽值，即取消选中☐显示线宽(D)复选框后系统所显示的线宽。
- 调整显示比例选项区域：移动显示比例滑块，可调节设置的线宽在屏幕上的显示比例。

如果设置了线宽的层中绘制对象，则默认情况下在该层中创建的对象就具有层中所设置的线宽。当在屏幕底部状态栏中单击线宽按钮使其凹下时，对象的线宽立即在屏幕上显示出来，如果不想在屏幕上显示对象的线宽，可再次单击线宽按钮使其凸起。

9.1.6 设置图层状态

在“图层特性管理器”对话框中除了可设置图层的颜色、线型和线宽以外，还可以设置图层的各种状态：如打开/关闭、冻结/解冻、锁定/解锁、是否打印等，如图 9.1.2 所示。

1. 图层打开/关闭状态

在“图层特性管理器”对话框中，单击某图层在“开”列中的小灯泡图标，可以打开或关闭该图层。灯泡的颜色为黄色，表示处于打开状态；灯泡的颜色为灰色，表示处于关闭状态。当要关闭当前的图层时，系统会显示一个消息对话框，警告正在关闭当前层。在打开状态下，该图层上的图形既可以在屏幕上显示，也可以在输出设备上打印；而在关闭状态下，图层上的图形则不能显示，也不能打印输出。

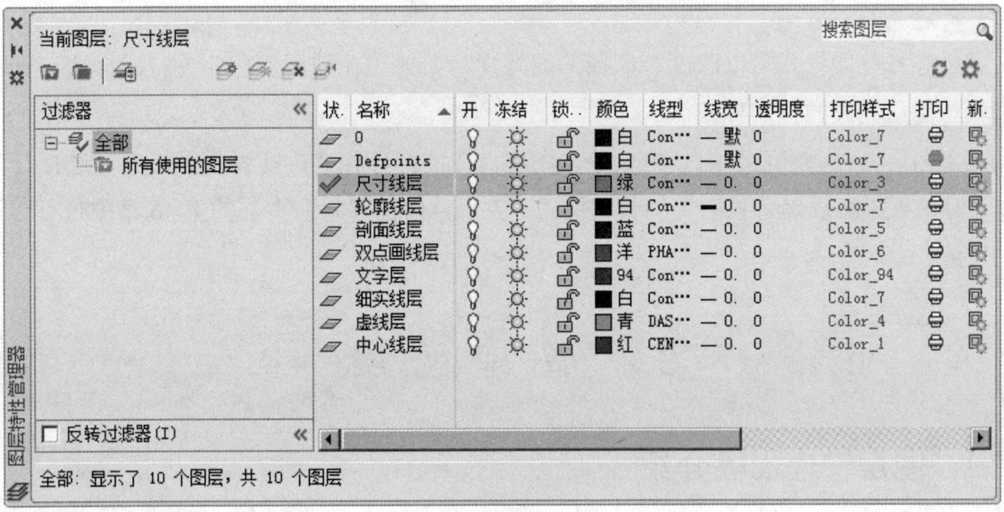

图 9.1.2 “图层特性管理器”对话框（二）

2. 图层的冻结/解冻状态

冻结图层，就是使某图层上的图形对象不能被显示及打印输出，也不能被编辑或修改。解冻则使该层恢复能显示、能打印、能编辑的状态。在“图层特性管理器”对话框中，单击“冻结”列中的太阳或雪花图标，可以冻结或解冻图层。

注意：用户不能冻结当前层，也不能将冻结层设置为当前层。图层被冻结与被关闭时，虽然其上的图形对象都不被显示出来，但冻结图层上的对象不参加处理过程中的运算，而关闭图层上的对象要参加运算，所以在复杂的图形中冻结不需要的图层，可以加快系统重新生成图形时的速度。

3．图层的锁定/解锁状态

锁定图层就是使图层上的对象不能被编辑，但这不影响该图层上图形对象的显示，用户还可以在锁定的图层上绘制新图形对象，以及使用查询命令和对象捕捉功能。在“图层特性管理器”对话框中，单击“锁定”列中的关闭小锁或打开小锁图标，可以锁定或解锁图层。

4．图层的打印状态

在“图层特性管理器”对话框中，单击“打印”列中的打印机图标或，可以设置图层是否能够被打印。当显示图标时，表示该层可打印；当显示图标时，表示该图层不能被打印。打印功能只对可见的图层起作用，即只对没有冻结和没有关闭的图层起作用。

9.1.7 设置图层的打印样式

通过选择打印样式可以改变打印图形的外观，如果正在使用颜色相关打印样式，则不能修改与图层关联的打印样式。

在“图层特性管理器”对话框中单击图层对应的打印样式，在系统弹出的“选择打印样式”对话框中可以确定各图层的打印样式。关于打印样式将在本书的第 16 章中进行更详细的讲解。

9.2 管 理 图 层

9.2.1 图层管理面板介绍

在 AutoCAD 软件界面中，有两个与图层有关的面板，它们是图 9.2.1 所示的“图层”面板和图 9.2.2 所示“特性”面板，这两个面板在默认时位于“常用”选项卡内。利用“图层”面板可以方便地进行图层的切换，利用“特性”面板可以方便地管理几何和文本等对象的属性，在本章的后面将结合具体的例子对这两个面板的作用进行进一步的说明。

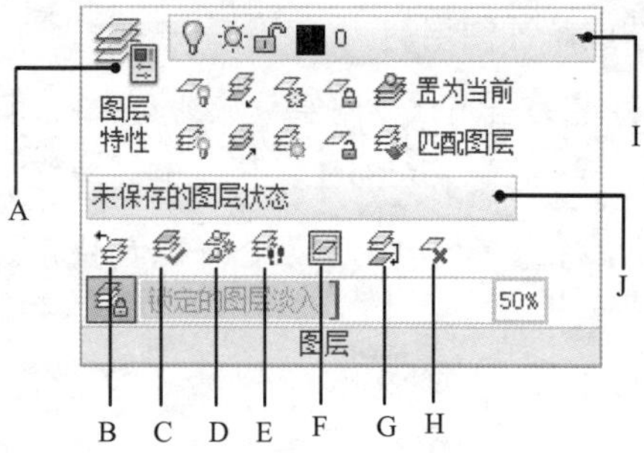

图 9.2.1 “图层”面板

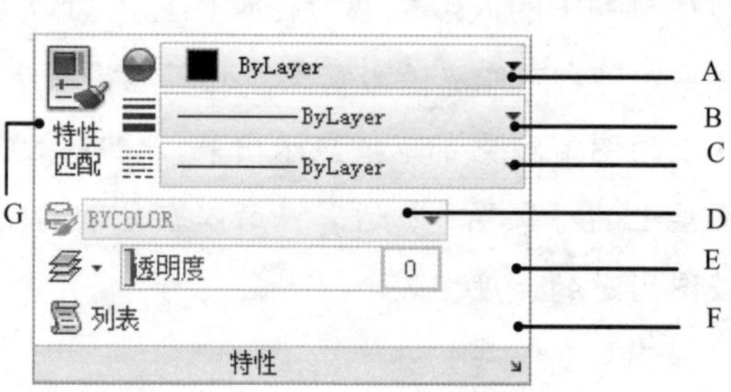

图 9.2.2 “特性”面板

图 9.2.1 所示“图层”面板中的各项说明如下。

A: 图层特性
B: 上一个
C: 将对象的图层设为当前图层
D: 将一个或多个对象复制到其他图层
E: 显示选定图层上的对象，并隐藏所有其他图层上的对象
F: 冻结
G: 合并
H: 删除
I: 图层控制
J: 选择图层状态

图 9.2.2 所示“特性”面板中的各项说明如下。

A: 选择颜色
B: 选择线宽
C: 选择线型
D: 选择打印颜色
E: 设置层或块显示的透明度
F: 列表
G: 特性匹配

9.2.2 切换当前层

在 AutoCAD 系统中，新对象被绘制在当前图层上。要把新对象绘制在其他图层上，首先应把这个图层设置成当前图层。在“图层特性管理器”对话框的图层列表中选择某一图层，然后在该层的层名上双击（或单击按钮），即可将该层设置为当前层，此时该层的状态列的图标变成。

在实际绘图时还有一种更为简单的操作方法，就是用户只需在“图层”工具栏的图层控制下拉列表选择要设置为当前层的图层名称，即可实现图层切换。

9.2.3 过滤图层

过滤图层就是根据给定的特性或条件筛选出想要的图层。当图形中包含大量图层时，这种方法是很有用的。在“图层特性管理器”对话框中，单击“新建特性过滤器”按钮，系统弹出“图层过滤器特性”对话框，在该对话框的“过滤器定义”列表中，通过输入图层名及选择图层的各种特性来设置过滤条件后，便可在“过滤器预览”区域预览筛选出的图层。如果在“图层特性管理器”中选中☑反转过滤器(I)复选框，则只筛选出不符合过滤条件的图层；单击按钮，系统弹出“图层设置”对话框，在此对话框中可以进行新图层通知等内容的设置。

注意：当在“过滤器定义”列表中输入图层名称、颜色、线宽、线型以及打印样式时，可使用“?”和“*”等通配符，其中“*”用来代替任意多个字符，“?”用来代替任意单个字符。

9.2.4 图层隔离设置

图层隔离设置是隐藏或锁定除选定对象的图层以外的所有图层，保持可见且未锁定的图层称为隔离层。

此功能相对于图层状态的设置更加灵活，以便于对当前图层中对象的操作，操作完成后可通过取消隔离命令恢复其他所有的图层。

9.2.5 保存与恢复图层设置

图层设置包括设置图层的状态和特性，如图层是否打开、冻结、锁定、打印，以及设置图层的颜色、线型、线宽和打印样式等。用户可以将当前各图层的状态进行保存，这样当以后改变了图层设置，还可以根据需要选择其中若干项设置恢复到原来的状态。

在“图层特性管理器”对话框中单击“图层状态管理器”按钮，系统弹出“图层状态管理器”对话框。

“图层状态管理器”对话框中的主要选项的功能说明如下。

- 图层状态(E)列表：显示了当前图形中已保存下来的图层状态名称，以及从外部输入的图层状态名称。
- 新建(N)...按钮：单击该按钮，可在系统弹出的“要保存的新图层状态”对话框中创建新的图层状态。
- 删除(D)按钮：单击该按钮，系统弹出“警告”对话框。单击该对话框中的是(Y)按钮，即可删除选中的图层状态。
- 输出(X)...按钮：单击该按钮，可在系统弹出的“输出图层状态”对话框中将当前图形指定的图层状态输出到一个扩展名为 LAS 的文件中。
- 输入(M)...按钮：单击该按钮，系统弹出“输入图层状态”对话框，可以将原先输出的图层状态（LAS）文件加载到当前图形。输入图层状态文件可能导致创建其他图层。
- 要恢复的图层特性选项组：可在该选项组中选择要恢复的图层设置。单击全部选择(S)按钮可以选中所有复选框，单击全部清除(A)按钮可以取消选中所有复选框。
- 恢复(R)按钮：单击该按钮，可以将选中的图层状态中的指定项设置相应地恢复到当前图形的各图层中。

1. 保存图层设置

如果要保存当前各图层的状态，可单击“图层状态管理器”对话框中的新建(N)...按钮，系统弹出“要保存的新图层状态”对话框。在新图层状态名(L):文本框中输入图层状态的名称，在说明(D)文本框中输入相关的图层状态说明文字，然后单击确定按钮返回“图层状态管理器”对话框并单击关闭(C)按钮。

2. 恢复图层设置

如果图层的设置发生了改变，而我们又希望将它恢复到原来的状态，这时就可以通过“图层特性管理器”对话框恢复以前保存的图层状态。

在“图层特性管理器”对话框中单击“图层状态管理器”按钮，系统弹出“图层状态管理器”对话框，选择需要恢复的图层状态名称，单击恢复(R)按钮，此时系统即将各图层中指定项的设置恢复到原来状态。

9.2.6 转换图层

转换图层功能是为了实现图形的标准化和规范化而设置的。用户可以转换当前图形中的图层，使之与其他图形的图层结构或 CAD 标准文件相匹配。通过“图层转换器”可以实现图层的转换。选择下拉菜单工具(T) → CAD 标准(S) → 图层转换器(L)...命令，“CAD 标准”子菜单如图 9.2.3 所示，系统会弹出图 9.2.4 所示的“图层转换器”对话框。

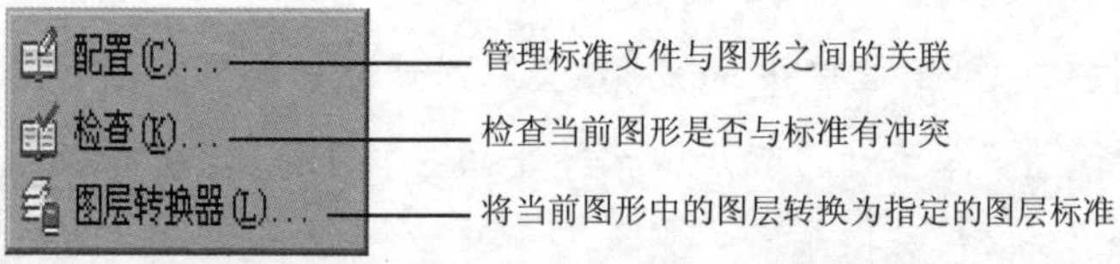

图 9.2.3 “CAD 标准”子菜单

图 9.2.4 所示的“图层转换器”对话框中的主要选项的功能说明如下。

- 转换自(F)选项组：该选项组列出了当前图形中所有的图层，可以直接单击要被转换的图层，也可以通过“选择过滤器”来选择。
- 转换为(O)选项组：该选项组显示了标准的图层名或要转换成的图层名称。单击加载(L)...按钮，在系统弹出的“选择图形文件”对话框中，可以选择作为图层标准的图形文件，其图层结构会显示在转换为(O)列表中；单击新建(N)...按钮，在系统弹出的图 9.2.5 所示的“新图层”对话框中，可以创建新的图层作为转换匹配图层，新建的图层也会显示在转换为(O)列表中。
- 映射(M)按钮：单击该按钮，可以将在转换自(F)列表中选中的图层映射到转换为(O)列表中选中的图层，当图层被映射后，它将从转换自(F)列表中删除。注意：只有在转换自(F)选项组和转换为(O)选项组中都选择了对应的转换图层后，映射(M)按钮才可以使用。

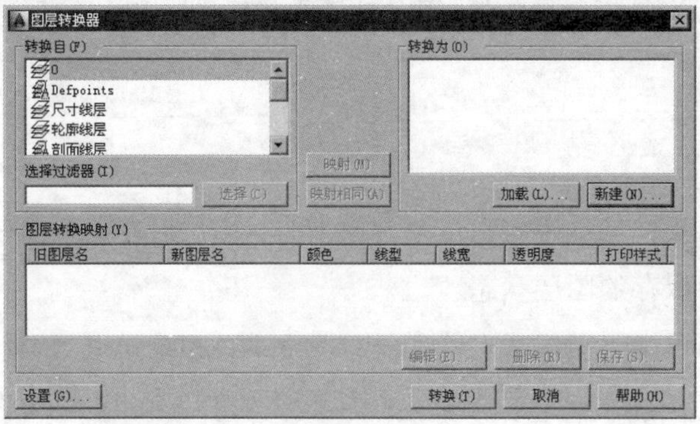

图 9.2.4 “图层转换器”对话框

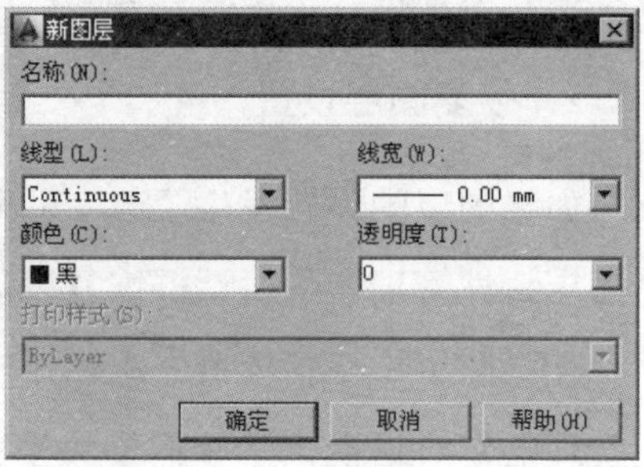

图 9.2.5 “新图层”对话框

- 映射相同(A)按钮：用于将转换自(F)列表和转换为(O)列表中名称相同的图层进行转换映射。与映射(M)相比，映射相同(A)可以提高转换效率。
- 图层转换映射(Y)选项组：在该选项组的列表中，显示了已经映射的图层名称及相关的特性值。选择其中一个图层并单击编辑(E)...按钮，在系统弹出的“编辑图层”对话框中，可以进一步修改转换后的图层特性；单击删除(R)按钮，可以取消该图层的转换，该图层将重新显示在转换自(F)选项组中；单击保存(S)...按钮，在弹出的“保存图层映射”对话框中可以将图层转换关系保存到一个标准配置文件(*.dws)中。
- 设置(G)...按钮：单击该按钮，在“设置”对话框中，可以设置图层的转换规则。
- 转换(T)按钮：单击该按钮后，系统开始图层的转换。转换完成后，系统自动关闭“图层转换器”对话框。

9.2.7 改变对象所在图层

当需要修改某一图元所在的图层时，可先选取该图元，然后在“图层”工具栏的图层控制下拉列表中选择一个层名，按下键盘上的 Esc 键结束操作。

9.2.8 删除图层

如果不再需要某些图层，可以将它们删除。选择下拉菜单格式(O) → 图层(L)...命令，在“图层特性管理器”对话框的图层列表中选定要删除的图层（选择的同时可按住 Shift 键或 Ctrl 键以选取多个层），然后单击删除按钮即可。

注意：

- 0 图层、Defpoints 层、包含对象的图层及当前图层不能被删除。
- 依赖外部参照的图层不能被删除。

- 局部打开图形中的图层不能被删除。

9.3 图层的应用举例

本例要求先创建“轮廓线层”“中心线层”和“尺寸线层”三个图层，它们的颜色、线宽和线型等属性各不相同，然后利用这三个图层创建图 9.3.1 所示的图形。其一般操作步骤如下。

Step1. 启动并进入默认的 AutoCAD 环境，新建一个文件。

Step2. 分别创建三个图层。

（1）选择下拉菜单 格式(O) → 图层(L)... 命令，系统弹出“图层特性管理器”对话框。

（2）创建“轮廓线层”图层。单击“图层特性管理器”对话框上部的“新建图层”按钮；定义该图层的名称，将默认的“图层 1”改名为“轮廓线层”；设置该图层的颜色，采用默认的颜色，即黑色（但颜色名为“白”）；设置该图层的线型，采用默认的线型，即 Continous（实线）；设置该图层的线宽，单击该层线宽列中的 —— 默认 字符，在系统弹出的“线宽”对话框中选择“0.35mm”规格的线宽，然后单击“线宽”对话框中的 确定 按钮。

注意：由于 AutoCAD 绘图区背景颜色为黑色，所以绘图区中黑色的线显示为白色，因此在定义层的颜色时，黑色的颜色名为“白”。

（3）创建“中心线层”图层。单击“新建图层”按钮，将图层命名为“中心线层”，图层的颜色设置为“红”；设置该图层的线型，单击该层线型列中的 Continuous 字符；在系统弹出的“选择线型”对话框中，单击 加载(L)... 按钮；在系统弹出的“加载或重载线型”对话框中，选择线型 CENTER2，单击 确定 按钮；在“选择线型”对话框中选择线型 CENTER2，单击“选择线型”对话框中的 确定 按钮；设置该图层的线宽，线宽设置为 0.18 mm。

（4）创建“尺寸线层”图层。单击“新建图层”按钮，将新图层命名为“尺寸线层”，颜色设置为“绿”，线型设置为 Continuous，线宽设置为 0.18 mm，然后关闭“图层特性管理器”对话框。

Step3. 在“中心线层”的图层中创建图形。

（1）切换图层。在图 9.3.2 所示的“图层”工具栏中，选择“中心线层”图层。

注意：当图层切换到“中心线层”图层后，图 9.3.3 所示的“特性”工具栏（常用的面板中）中对象的颜色、线型和线宽三个特性控制区的当前设置为“ByLayer”，此项为默认设置，即“随层”，也就是说在当前层中把要创建的所有几何（如直线和圆）、文

字等对象的颜色、线型、线宽特性都与当前层设置一致。当然也可以从三个下拉列表中分别选择不同的设置。就本例来说，因为我们前面对“中心线层”的颜色、线型和线宽的设置是“红色”、“CENTER2（中心线）”和默认的线宽——细线，所以在默认情况下绘制的直线和圆将是红色的中心线（细线）。如果在颜色特性控制区的下拉列表中选择了蓝色，那么绘制的直线和圆将是蓝色的中心线（细线）。

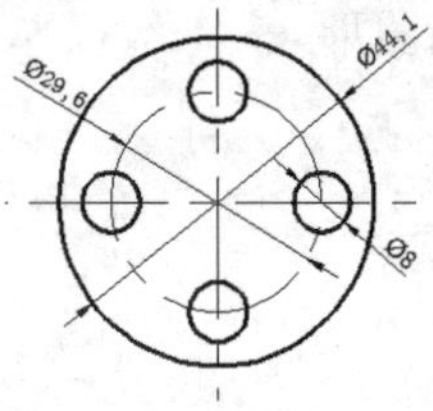

图 9.3.1　图层的应用举例

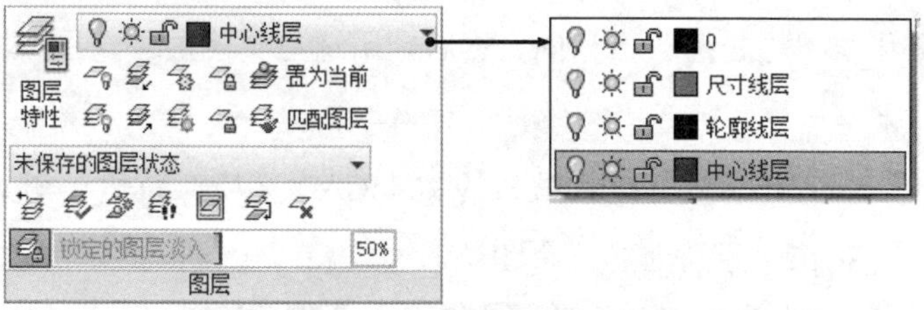

图 9.3.2　“图层”工具栏

（2）选择下拉菜单 绘图(D) → 直线(L) 命令，分别绘制两条中心线，如图 9.3.4 所示。

（3）选择下拉菜单 绘图(D) → 圆(C) → 圆心、半径(R) 命令，绘制中心圆，中心圆的直径值为 29.6，如图 9.3.5 所示。

说明：此时如果发现水平或竖直中心线太长，可使用夹点或修剪命令编辑。

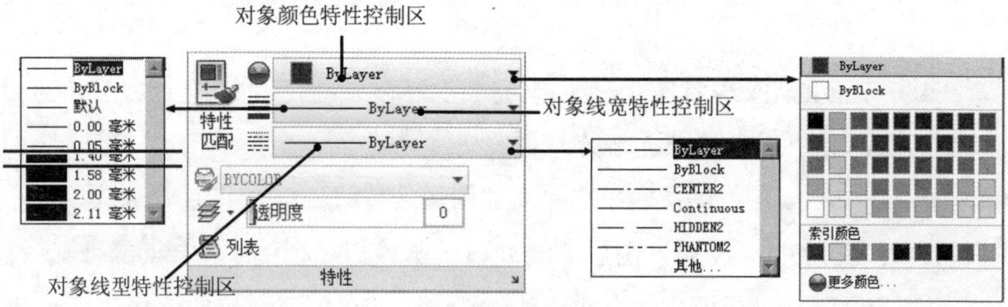

图 9.3.3　“特性”工具栏

Step4. 在“轮廓线层”的图层中创建图形。

（1）切换图层。在“图层”工具栏中，选择“轮廓线层”图层。

（2）选择下拉菜单 绘图(D) → 圆(C) → 圆心、半径(R) 命令，分别绘制图 9.3.5 所示的五个圆，直径值分别为 8 和 44.1。

（3）单击屏幕底部状态栏中的“线宽”按钮，使其高亮显示，可看到上步中绘制的圆显示为粗线。

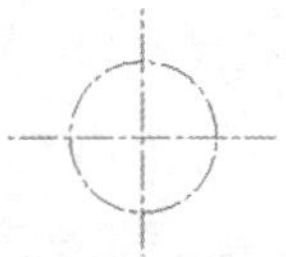

图 9.3.4　在“中心线层”中绘制图形

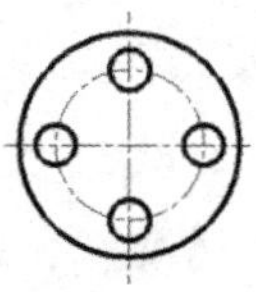

图 9.3.5　在“轮廓线层”中绘制图形

Step5. 在“尺寸线层” 的图层中，对图形进行尺寸标注。

（1）切换图层。在“图层”工具栏中，选择“尺寸线层”图层。

（2）使用 标注(N) → 直径(D) 命令，创建图 9.3.1 所示的直径标注。

9.4　思考与练习

1. AutoCAD 的图层具有哪些特点?

2. 如何创建新图层？一般需要为新图层进行哪些设置？

3. 使用图层绘制图 9.4.1 所示的机械图形，要求创建不同颜色、线型和线宽的五个图层，分别用来绘制轮廓线、中心线、虚线、剖面线、螺纹细实线和尺寸标注。

4. 使用图层绘制图 9.4.2 所示的电气原理图，要求创建不同颜色的五个图层（线宽均为 0.3 mm），分别用来绘制五种不同的电气符号 TA、PA、PW、P 和 PJ，再创建不同颜色的七个图层（线宽均为 0.18 mm），分别用来创建五种电气符号的对应文字、连线及其他文字。

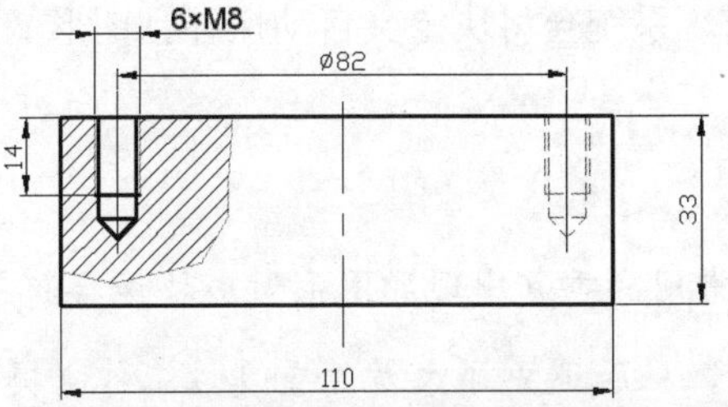

图 9.4.1　使用图层功能绘制机械图形

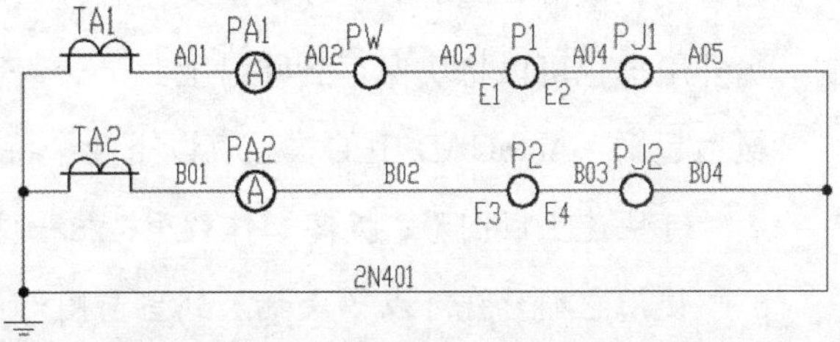

图 9.4.2　使用图层功能绘制电气原理图

第 10 章 图块及其属性

本章提要

图块及其属性的内容，在 AutoCAD 中属于较高级的内容，如果能将这些功能熟练地应用到实际工作中，有时会起到事半功倍的效果。针对块，本章将介绍如何创建块以及插入块和写块；针对块属性，将介绍属性的定义、编辑和使用。

10.1 使 用 块

10.1.1 块的概述

块一般是由几个图形对象组合而成，AutoCAD 将块对象视为一个单独的对象。块对象可以由直线、圆弧、圆等对象以及定义的属性组成。系统会将块定义自动保存到图形文件中，另外用户也可以将块保存到硬盘上。

概括起来，AutoCAD 中的块具有以下几个特点。

- 可快速生成图形，提高工作效率：把一些常用的重复出现的图形做成块保存起来，使用它们时就可以多次插入到当前图形中，从而避免了大量的重复性工作，提高了绘图效率。例如，在机械设计中，可以将表面粗糙度和基准符号做成块。
- 可减少图形文件大小、节省存储空间：当插入块时，事实上只是插入了原块定义的引用，AutoCAD 仅需要记住这个块对象的有关信息（如块名、插入点坐标及插入比例等），而不是块对象本身。通过这种方法，可以明显减少整个图形文件的大小，这样既满足了绘图要求，又能节省磁盘空间。
- 便于修改图形，既快速又准确：在一张工程图中，只要对块进行重新定义，图中所有对该块引用的地方均进行相应的修改，不会出现任何遗漏。
- 可以添加属性，为数据分析提供原始的数据：在很多情况下，文字信息（如零件的编号和价格等）要作为块的一个组成部分引入到图形文件中，AutoCAD 允许用户为块创建这些文字属性，并可在插入的块中指定是否显示这些属性，还可以从图形中提取这些信息并将它们传送到数据库中，为数据分析提供原始的数据。

10.1.2　创建块

要创建块，应首先绘制所需的图形对象。下面说明创建块的一般操作步骤。

Step1. 选择下拉菜单 绘图(D) → 块(K) ▸ → 创建(M)... 命令，如图 10.1.1 所示，此时系统弹出图 10.1.2 所示的“块定义”对话框。

说明：也可以在命令行中输入 BLOCK 命令后按 Enter 键。

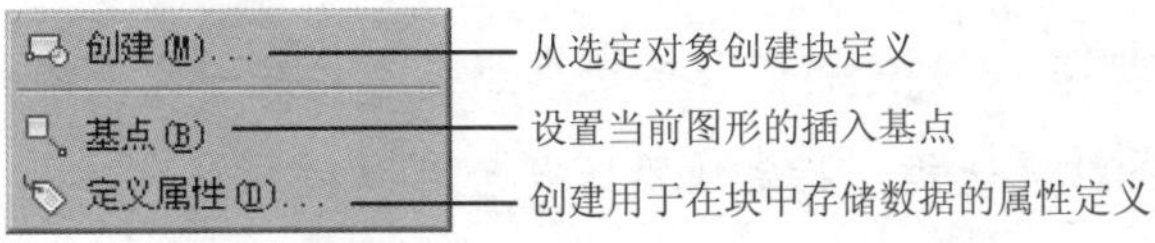

图 10.1.1　下拉菜单

Step2. 命名块。在“块定义”对话框的 名称(N): 文本框中输入块的名称（如 aaa）。

Step3. 指定块的基点。在“块定义”对话框单击 基点 选项组中 拾取点(K) 旁边的按钮，切换到绘图区选择一点，也可以直接在 X: 、 Y: 和 Z: 文本框中输入“基点”的坐标。

Step4. 选择组成块的对象。在“块定义”对话框中的 对象 选项组，单击 选择对象(T) 左侧的按钮，可以切换到绘图区选择组成块的对象，然后按 Enter 键；也可以单击“快速选择”按钮，使用系统弹出的图 10.1.3 所示的“快速选择”对话框，设置所选择对象的过滤条件。

Step5. 单击对话框中的 确定 按钮，完成块的创建。

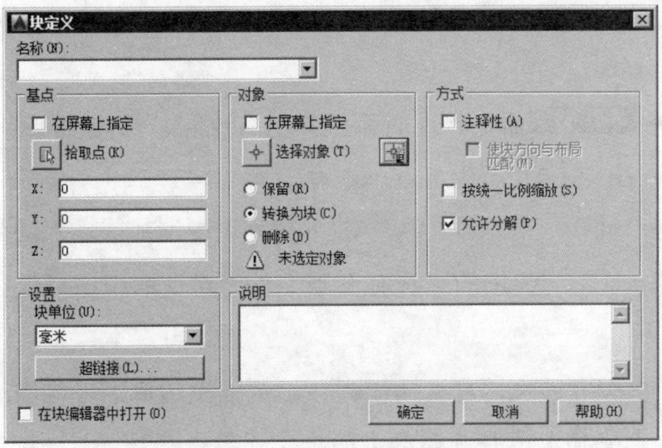

图 10.1.2　“块定义”对话框

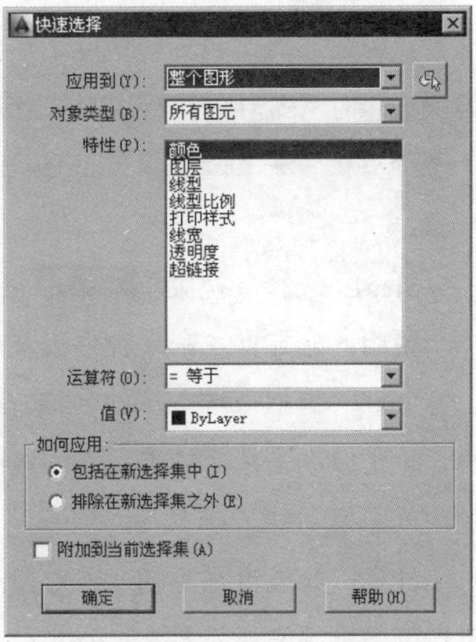

图 10.1.3　“快速选择”对话框

图 10.1.2 所示的“块定义”对话框的各选项说明如下。

- 对象 选项组
  - ☑ 保留(R) 单选项：表示在所选对象当前的位置上，仍将所选对象中的图元保留为单独的对象。

☑ ⊙转换为块(C)单选项：表示将所选对象转换为新块的一个实例。

☑ ○删除(D)单选项：表示创建块后，从绘图区删除所选的对象。

● 方式选项组

☑ □注释性(A)复选框：选中此复选框，□使块方向与布局匹配(M)复选框会显亮，使创建后的块具有注释性。

☑ □按统一比例缩放(S)复选框：指定块参照是否按统一比例缩放。

☑ ☑允许分解(P)复选框：指定块参照是否可以被分解。

● 设置选项组

☑ 块单位(U):下列列表：用于指定块参照插入单位。

☑ 超链接(L)...按钮：打开“插入超链接”对话框，可以使用该对话框将某个超链接与块定义相关联。

● 说明文本框：用于输入块的文字说明信息。

● □在块编辑器中打开(O)复选框：单击“块定义”对话框的确定按钮后，在块编辑器中打开当前的块定义。

10.1.3 插入块

创建图块后，在需要时就可以将它插入到当前的图形中。在插入一个块时，必须指定插入点、缩放比例和旋转角度。块的插入点对应于创建块时指定的基点。当将图形文件作为块插入时，图形文件默认的基点是坐标原点（0,0,0），也可以打开原始图形，选择绘图(D) → 块(K) → 基点(B)（即 Base）命令重新定义它的基点。下面介绍插入块的一般操作步骤。

Step1. 选择下拉菜单插入(I) → 块(B)...命令，此时系统弹出 “插入”对话框。

说明：也可以在命令行中输入命令 INSERT 后按 Enter 键。

Step2. 选取或输入块的名称。在“插入”对话框的名称(N):下拉列表中选择或输入块名称，也可以单击其后的浏览(B)...按钮，从系统弹出的“选择图形文件”对话框中选择保存的块或图形文件。

注意：如果用户要插入当前图形中含有的块，应从名称(N):下拉列表中选取，当前图形中所有的块都会在该列表中列出；如果要插入保存在磁盘上的块，可单击浏览(B)...按钮在磁盘上选取。一旦保存在磁盘上的某个块插入到当前图形中后，当前图形就会包含该块，如果需要再次插入该块，就可以从名称(N):下拉列表中选取。

Step3. 设置块的插入点。在“插入”对话框的插入点选项组中，可直接在X:、Y:和Z:文本框中输入点的坐标来给出插入点；也可以通过选中☑在屏幕上指定(S)复选框，在屏幕上指定插入点的位置。

Step4. 设置插入块的缩放比例。在“插入”对话框的比例选项组中，可直接在X:、Y:和Z:文本框中输入所插入的块在此三个方向上的缩放比例值（默认的均为 1）；也可以通过选中☑在屏幕上指定(E)复选框，在屏幕上指定。此外，该选项组中的□统一比例(U)复选框用于确定所插入块在 X、Y 和 Z 三个方向的插入比例是否相同，选中☑统一比例(U)复选框时表示比例相同，此时只需在X:文本框中输入比例值即可。

Step5. 设置插入块的旋转角度。在旋转选项组，可在角度(A):文本框中输入插入块的旋转角度值；也可以选中☑在屏幕上指定(C)复选框，在屏幕上指定旋转角度。

Step6. 确定是否分解块（此步为可选操作）。选中☑分解(D)复选框可以将插入的块分解成一个个单独的基本对象。

Step7. 在插入点选项组中如果选中☑在屏幕上指定(S)复选框，单击对话框中的确定按钮后，系统自动切换到绘图区，在绘图区某处单击指定块的插入点，至此便完成了块的插入操作。

注意：

- 使用 BLOCK 命令（下拉菜单绘图(D) → 块(K)▸ → 创建(M)...命令）创建的块只能由块所在的图形使用，而不能由其他图形使用。如果希望在其他图形中也能够使用该块，则需要使用 WBLOCK 命令创建块。
- 在插入一个块时，组成块的原始对象的图层、颜色、线型和线宽将采用其创建时的定义。例如，如果组成块的原始对象是在 0 层上绘制的，并且颜色、线型和线宽均配置成 Bylayer（随层），当把块放置在当前图层——0 层上时，这些对象的相关特性将与当前图层的特性相同；而如果块的原始对象是在其他图层上绘制的，或者其颜色、线型和线宽的设置都是指定的，则当把块放置在当前图层——0 层上时，块将保留原来的设置。
- 如果要控制块插入时的颜色、线型和线宽，则在创建块时，须在图 10.1.3 所示的对话框内把组成块的原始对象的颜色、线型和线宽设置成为 Byblock（随块），并在插入块时，再将“对象特性”选项板（可以选择对象后右击，从系统弹出的菜单中选择特性(P)命令）中的颜色、线型和线宽设置成为 Bylayer（随层）。

10.1.4 写块

用 BLOCK 命令创建块时，块仅可以用于当前的图形中。但是在很多情况下，需要在其他图形中使用这些块的实例，WBLOCK（写块）命令即用于将图形中的全部或部分对象以文件的形式写入磁盘，并且可以像在图形内部定义的块一样，将一个图形文件插入图形中。

写块的一般操作步骤如下。

Step1. 新建一个文件，在绘图区中绘制需要写成块的图形对象，在命令行输入命令 WBLOCK 并按 Enter 键，此时系统弹出“写块”对话框。

Step2. 定义组成块的对象来源。在“写块”对话框的 源 选项组中，有三个单选项（即 ○ 块(B)、○ 整个图形(E) 和 ⊙ 对象(O)）用来定义写入块的来源，根据实际情况选取其中之一。

定义写入块来源的三个单选项说明如下。

- ○ 块(B) 单选项：选择某个用 BLOCK 命令创建的块作为写入块的来源。所有用 BLOCK 命令创建的块都会列在其后的下拉列表中。
- ○ 整个图形(E) 单选项：选取当前的全部图形作为写入块的来源。选中此单选项后，系统自动选取全部图形。
- ⊙ 对象(O) 单选项：选取当前的图形中的某些对象作为写入块的来源。选中此单选项后，可根据需要使用 基点 选项组和 对象 选项组来设置块的插入基点和组成块的对象。

Step3. 设定写入块的保存路径和文件名。在 目标 选项组的 文件名和路径(F): 下拉列表中，输入块文件的保存路径和名称；也可以单击下拉列表后面的 ... 按钮，在系统弹出的“浏览图形文件”对话框中设定写入块的保存路径和文件名。

Step4. 设置插入单位（此步为可选操作）。在 插入单位(U): 下拉列表中选择从 AutoCAD 设计中心拖动块时的缩放单位。

Step5. 单击对话框中的 确定 按钮，完成块的写入操作。

10.1.5 创建块/插入块/写块的应用综合举例

下面举例说明创建块、插入块和写块的操作。

Task1. 创建块

下面将图 10.1.4 中的所有图元创建为块。

Step1. 打开文件 D:\AutoCAD2017.1\work\ch10.01\block1.dwg。

Step2. 选择下拉菜单 绘图(D) → 块(K) ▸ → 创建(M)... 命令，系统弹出“块定义”对话框。

Step3. 输入块的名称。在 名称(N): 文本框中输入块的名称 form1。

Step4. 指定块的基点。单击 基点 选项组中 拾取点(K) 旁边的 按钮，然后用圆心捕捉的方法选取图 10.1.4 中的圆心点作为块的基点。

Step5. 选择组成块的对象。选中对象选项组中的⊙保留(R)单选项，再单击该选项组中选择对象(T)旁边的按钮，此时系统自动切换到绘图区，用窗口选择方法选取图 10.1.4 中所有的图元，然后按 Enter 键返回到“块定义”对话框。

Step6. 设置块单位。在块单位(U):下拉列表中，选择“毫米”选项，将单位设置为毫米。

Step7. 输入块的说明。在说明文本框中输入对图块的说明，例如“图案 1”。

Step8. 定义注释性。在方式区域中选中☑允许分解(P)复选框。

Step9. 单击对话框中的确定按钮，完成块的创建。

Step10. 选择下拉菜单文件(F) → 另存为(A)...命令，将文件另存为 block1_ok.dwg。

Step11. 选择下拉菜单文件(F) → 退出(X)命令，退出 AutoCAD 系统。

Task2. 插入块

由于在 Task1 的操作中，在创建完块 form1 以后，我们没有保存文件 block1.dwg，而是以另一个文件名 block1_ok.dwg 保存了文件，所以在退出 AutoCAD 后，文件 block1.dwg 的图形中不含有块 form1，而文件 block1_ok.dwg 中含有块 form1，因而在文件 block1_ok.dwg 的图形中能够插入块 form1，在文件 block1.dwg 中不能插入块 form1。

下面我们将在文件 block1_ok.dwg 的图形中插入 Task1 中创建的块，并将缩放比例值设置为 0.5，旋转角度值设置为 45。

Step1. 打开 Task1 中创建的文件 block1_ok.dwg。

Step2. 选取插入块命令。在当前的图形中，选择下拉菜单插入(I) → 块(B)...命令，系统弹出“插入”对话框。

Step3. 选取块的名称。在名称(N):下拉列表中，选择块的名称 form1。

Step4. 指定块的插入点。在插入点选项组中，选中☑在屏幕上指定(S)复选框。

Step5. 设置插入块的缩放比例。在比例选项组中选中☑统一比例(U)复选框，并在X:文本框中输入数值 0.5。

Step6. 设置插入块的旋转角度。在旋转选项组的角度(A):文本框中，输入插入块的旋转角度值 45。

Step7. 单击对话框中的确定按钮，然后在绘图区中需要插入块的位置单击，至此完成块的插入操作，效果如图 10.1.5 所示。

Step8. 保存 block1_ok.dwg 文件，并退出 AutoCAD 系统。

Task3. 写块

由于文件 block1_ok.dwg 的图形中含有块 form1，所以可以将该图形中的块 form1 写入磁盘中，然后将其插入到另外一个文件 block2.dwg 的图形中。下面介绍其一般操作步骤。

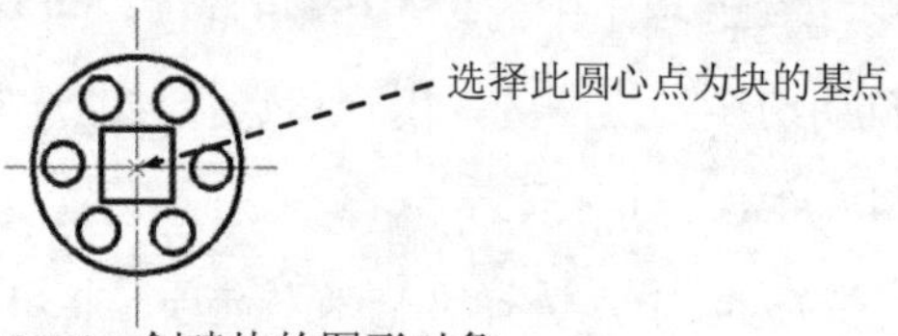

图 10.1.4　创建块的图形对象

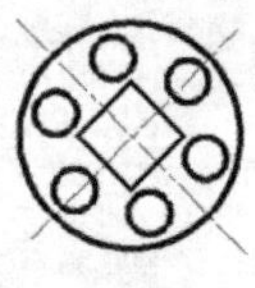

图 10.1.5　块的插入效果

Step1. 打开 Task2 保存的 block1_ok.dwg 文件。

Step2. 写块操作。

（1）输入写块命令。在命令行输入命令 WBLOCK 并按 Enter 键，此时系统弹出“写块”对话框。

（2）定义组成块的对象来源。在对话框的源选项组中选中 块(B): 单选项，然后在其后的下拉列表中选择块 form1。

（3）设定写入块的文件名及存放位置。在目标选项组的文件名和路径(F): 文本框中，将文件名和路径设置为 D:\ AutoCAD2017.1\work\ch10.01。

（4）设置插入单位。在插入单位(U): 下拉列表中选择“毫米”选项。

（5）单击 确定 按钮完成块写入的操作。

Step3. 打开文件 D:\ AutoCAD2017.1\work\ch10.01\block2.dwg。

Step4. 插入块操作。选择下拉菜单 插入(I) → 块(B)... 命令，单击“插入”对话框 浏览(B)... 按钮，在“选择图形文件”对话框中选择块 D:\AutoCAD2017.1\work\ch10.01\form1.dwg，然后单击 打开(O) 按钮；在“插入”对话框的插入点选项组中选中 在屏幕上指定(S) 复选框，然后单击 确定 按钮，在图形中某处单击，完成块的插入操作。

10.2　使用块属性

10.2.1　块属性的特点

AutoCAD 中块的属性是一种特殊的对象类型，它由文字和数据组成。用户可以用块属性来跟踪诸如零件材料和价格等数据。块的属性可以作为块的一部分保存在块中，块属性由属性标记名和属性值两部分组成，块的属性值既可以是变化的，也可以是不变的。在插入一个带有属性的块时，AutoCAD 将把固定的属性值随块添加到图形中，并提示输入那些可变的属性值。

对于带有属性的块，可以提取属性信息，并将这些信息保存到一个单独的文件中，这样就能够在电子表格或数据库中使用这些信息进行数据分析，并可利用它来快速生成如零件明细栏或材料表等内容。

另外，属性值还可以设置成为可见或不可见。不可见属性就是不显示和不打印输出的属性，而可见属性就是可以看到的属性。不管使用哪种方式，属性值都一直保存在图形中，当提取它们时，都可以把它们写到一个文件中。

10.2.2 定义和编辑属性

1. 定义带有属性的块

下面介绍如何定义带有属性的块，一般操作步骤如下。

Step1. 新建一个文件后选择下拉菜单 绘图(D) → 块(K) ▸ → 定义属性(D)... 命令，此时系统将弹出“属性定义”对话框。

Step2. 定义属性模式。在 模式 选项组中，设置有关的属性模式。

“属性定义”对话框的 模式 选项组中的各模式选项说明如下。

- ☑ 不可见(I) 复选框：选中该复选框表示插入块后不显示其属性值，即属性不可见。
- ☑ 固定(C) 复选框：如果选中该复选框，表示属性为定值，可在 属性 选项组的 默认(L): 文本框中指定该值，插入块时，该属性值随块添加到图形中。如果未选中该选项，表示该属性值是可变的，系统将在插入块时提示输入其值。
- ☑ 验证(V) 复选框：如果选中该复选框，当插入块时，系统将显示提示信息，让用户验证所输入的属性值是否正确。
- ☑ 预设(P) 复选框：选中该复选框，则在插入块时，系统将把 属性 选项组的 默认(L): 文本框中输入的默认值自动设置成实际属性值。但是与属性的固定值不同，预置的属性值在插入后还可以进行编辑。
- ☑ 锁定位置(K) 复选框：选中此复选框后，块参照中属性的位置就被锁定。
- ☑ 多行(U) 复选框：选中此复选框，边界宽度(W): 文本框高亮显示，可以在文本框中输入数值以设置文字的边界宽度；也可以单击该复选框后的 ⌖ 按钮，然后在绘图区中指定两点以确定文字的边界宽度。

Step3. 定义属性内容。在 属性 选项组的 标记(T): 文本框中输入属性的标记；在 提示(M): 文本框输入插入块时系统显示的提示信息；在 默认(L): 文本框中输入属性的值。

说明：单击 默认(L): 文本框后的 图标，系统弹出“字段”对话框，可将属性值设置为某一字段的值，这项功能可为设计的自动化提供极大的帮助。

Step4. 定义属性文字的插入点。在 插入点 选项组中，可直接在 X: 、 Y: 和 Z: 文本框中输入点的坐标；也可以选中 ☑ 在屏幕上指定(O) 复选框，在绘图区中选取一点作为插入点。确定插入点后，系统将以该点为参照点，按照在 文字设置 组中设定的文字特征来放置属性值。

Step5. 定义属性文字的特征选项。在 文字设置 选项组中设置文字的放置特征。此外，在

“属性定义”对话框中如果选中☑在上一个属性定义下对齐(A)复选框，表示当前属性将采用上一个属性的文字样式、字高及旋转角度，且另起一行按上一个属性的对正方式排列；如果选中☑锁定位置(K)复选框，则表示锁定块参照中属性的位置（注意：在动态块中，属性的位置包括在动作的选择集中，因此必须将其锁定）。

“属性定义”对话框的文字设置组中各选项的意义如下。

- 对正(J):下拉列表：用于设置属性文字相对于参照点的排列形式。
- 文字样式(S):下拉列表：用于设置属性文字的样式。
- 文字高度(E):文本框：用于设置属性文字的高度。可以直接在文本框中输入高度值，也可以单击⌖按钮，然后在绘图区中指定两点以确定文字高度。
- 旋转(R):文本框：用于设置属性文本的旋转角度。可以直接在文本框中输入旋转角度值，也可以单击⌖按钮，然后在绘图区中指定两点以确定角度。
- 边界宽度(W):文本框：用于指定创建多行文字时的边界宽度。

Step6. 单击对话框中的确定按钮，完成属性定义。

注意：在创建带有附加属性的块时，需要同时选择块属性作为块的成员对象。

2. 编辑块属性

要编辑块的属性，可以参照如下的操作步骤。

说明：此操作在随书光盘提供的“Part_temp_A3”样板文件上进行。

Step1. 选择下拉菜单修改(M) → 对象(O)▸ → 属性(A)▸ → 块属性管理器(B)...命令（或者单击“块定义”选项卡中属性面板上的按钮），系统弹出“块属性管理器”对话框。

说明：选择下拉菜单修改(M) → 对象(O)▸ → 属性(A)▸ → 单个(S)...命令（或者单击“块和参照”选项卡中属性面板上的按钮），系统会弹出“增强属性编辑器”对话框，在此对话框中可以对单个块进行编辑。

Step2. 单击“块属性管理器”对话框中的编辑(E)...按钮，系统弹出“编辑属性”对话框。在该对话框中编辑修改块的属性，编辑完成后，单击对话框中的确定按钮。

“块属性管理器”对话框中各按钮的相关说明如下。

- 在属性列表区域显示被选中块的每个属性特性，在其中某个块的属性上双击，系统弹出“编辑属性”对话框，可在此修改其属性。
- ⌖按钮：单击此按钮选择要编辑属性的块。
- 块(B):下拉列表：在此列表中可以选择要修改属性的块。
- 同步(Y)按钮：更新具有当前定义的属性特性的选定块的全部实例，但不会改变每个块中属性的值。
- 上移(U)按钮：在提示序列的早期阶段移动选定的属性标签，当块的属性被固定时，此按钮不亮显，表明该按钮不可用。

- 下移(D) 按钮：在提示序列的后期阶段移动选定的属性标签，当块的属性设定为常量时，此按钮不高亮显示，表明该按钮不可用。
- 删除(R) 按钮：从块定义中删除选定的属性，只有一个属性的块不能被删除。
- 设置(S)... 按钮：单击此按钮系统弹出“块属性设置”对话框，在此对话框中可以进行块属性的设置。
- 编辑(E)... 按钮：单击此按钮系统弹出“编辑属性”对话框，在此对话框中可以编辑块的属性。

“编辑属性”对话框中各选项卡的相关说明如下。

- 属性 选项卡：用来定义块的属性。
- 文字选项 选项卡：用来设置属性文字的显示特性。
  - ☑ 文字样式(S): 下拉列表：用于设置属性文字的文字样式。
  - ☑ 对正(J): 下拉列表：用于设置属性文字的对正方式。
  - ☑ □ 反向(K) 复选框：用于设置是否反向显示文字。
  - ☑ □ 倒置(E) 复选框：用于设置是否倒置显示文字。
  - ☑ 高度(I): 文本框：用于设置属性文字的高度。
  - ☑ 宽度因子(W): 文本框：用于设置属性文字的字符间距，输入小于 1.0 的值将压缩文字，输入大于 1.0 的值则扩大文字。
  - ☑ 旋转(R): 文本框：用于设置属性文字的旋转角度。
  - ☑ 倾斜角度(O): 文本框：用于设置属性文字相对其垂直轴线的倾斜角度。
- 特性 选项卡：用来设置属性所在的图层以及属性的颜色、线宽和线型。
  - ☑ 图层(L): 下拉列表：用于选择属性所在的图层。
  - ☑ 线型(T): 下拉列表：用于选择属性文字的线型。
  - ☑ 颜色(C): 下拉列表：用于选择属性文字的颜色。
  - ☑ 线宽(W): 下拉列表：用于选择属性文字的线宽。
  - ☑ 打印样式(S): 下拉列表：用于选择属性的打印样式。

3. 应用举例

本实例的主要思路为，先在图 10.2.1a 中的图形对象附近创建 MATERIAL、WEIGHT 和 DATE 三个属性；然后创建一个含有这三个属性的块，如图 10.2.1b 所示；最后再把这个属性块插入到另外一个图形文件中，如图 10.2.1c 所示。

Step1. 打开文件 D:\AutoCAD2017.1\work\ch10.02\att1.dwg，可看到图 10.2.1a 所示的图形对象（注意：图形中的对象只是用矩形和圆命令绘制的一般对象，它们目前还不是一个块)。

a)图形对象　　b)添加属性　　c)插入带属性的块

图 10.2.1　创建块属性

Step2. 在图形中创建 MATERIAL、WEIGHT 和 DATE 三个属性。

(1)创建第一个属性 MATERIAL。

① 选取命令。选择下拉菜单 绘图(D) → 块(K) ▸ → 定义属性(D)... 命令,系统弹出"属性定义"对话框。

② 定义属性模式。在 模式 选项组中选中 ☑ 固定(C) 复选框。

③ 定义属性内容。在 属性 选项组的 标记(T): 文本框中输入属性的标记 MATERIAL,在 默认(L): 文本框中输入属性的值 steel。

④ 文字高度值设置为 2.5,其他参数采用系统默认的设置值。

⑤ 选中 插入点 选项组中的 ☑ 在屏幕上指定(O) 复选框。

⑥ 单击 确定 按钮,然后在图形中选取一点作为标记插入点的位置,系统便在标记插入点的位置显示出该属性的标记,若位置不合适,可以用移动(MOVE)命令将属性标记移到图 10.2.1b 中的位置。至此,便完成第一个属性 MATERIAL 的定义。

(2)参照前面介绍的操作方法,重复 Step2(1)中的①~⑥步,创建第二个属性 WEIGHT,该属性的 标记(T): 为 WEIGHT, 默认(L): 文本框中输入属性的值为 5.5,文字高度值为 2.5。

(3)创建第三个属性 DATE,操作提示如下。

① 选择下拉菜单 绘图(D) → 块(K) ▸ → 定义属性(D)... 命令。

② 在 模式 选项组中,先取消选中 ☐ 固定(C) 复选框,然后选中 ☑ 预设(P) 复选框。

③ 在 属性 选项组的 标记(T): 文本框中输入属性的标记 DATE,单击 默认(L): 文本框后面的 按钮,系统弹出"字段"对话框,如图 10.2.2 所示。在该对话框左边的字段列表中选择 创建日期,在右边的样例列表中选择图 10.2.2 中所示的样例(样例"2013-05-18"与当前计算机系统时间是一致的),然后单击该对话框中的 确定 按钮。

④ 其他参数采用系统默认的设置值。

⑤ 选中 插入点 选项组中的 ☑ 在屏幕上指定(O) 复选框。

⑥ 单击"属性定义"对话框中的 确定 按钮,然后在图形中选取一点作为标记插入点。

Step3. 选择下拉菜单 修改(M) → 对象(O) ▸ → 文字(T) ▸ → 编辑(E)... 命令,然后单击需要修改的属性，此时系统会弹出图 10.2.3 所示的“编辑属性定义”对话框，可以在此对话框中对这三个属性的标记和值进行修改。

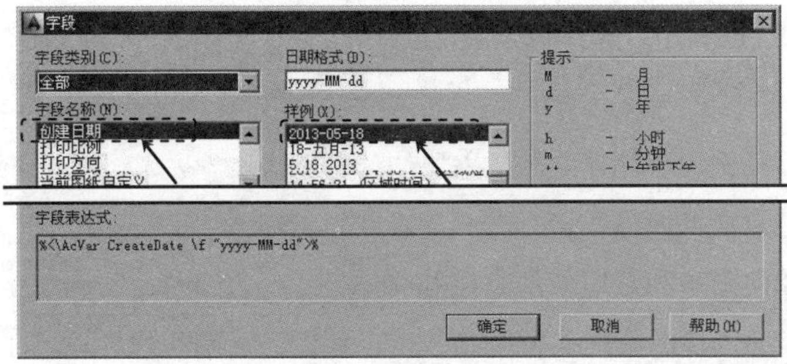

图 10.2.2 “字段”对话框

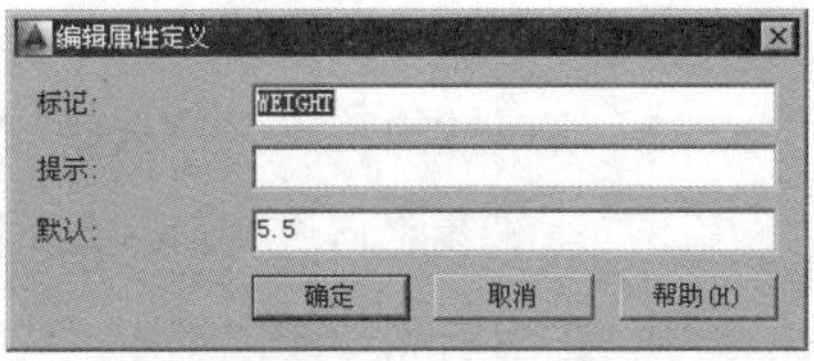

图 10.2.3 “编辑属性定义”对话框

Step4. 创建一个含有属性的块，并将其保存在磁盘上。

（1）输入写块命令。在命令行输入命令 WBLOCK 并按 Enter 键。

（2）定义组成块的对象。

① 在对话框的源选项组中，选中 对象(O) 单选项。

② 指定块的基点。单击基点选项组中的拾取点(K) 旁边的按钮，此时系统自动切换到绘图区，选取图形中的某一点作为块的基点。

③ 选择组成块的对象。选中对象选项组中的 保留(R) 单选项，再单击该选项组中选择对象(T) 旁边的按钮，此时系统自动切换到绘图区。使用窗口选择方法，选取图 10.2.1b 中所有的图元（包括图形对象和 MATERIAL、WEIGHT 及 DATE 三个属性标记），然后按 Enter 键返回到“写块”对话框。

（3）设定写入块的文件名及存放位置。在目标选项组的文件名和路径(F): 文本框中，将文件名和路径设为 D:\ AutoCAD2017.1\work\ch10.02\bl.att1.dwg。

（4）设置插入单位。在插入单位(U): 下拉列表中选择“毫米”选项。

（5）单击对话框中的 确定 按钮，完成块写入的操作。

Step5. 将定义好的属性块插入到其他文件的图形中。

（1）打开文件 D:\AutoCAD2017.1\work\ch10.02\att2.dwg。

（2）选择下拉菜单 插入(I) → 块(B)... 命令，单击“插入”对话框中的 浏览(B)... 按钮，在“选择图形文件”对话框中选择块 D:\AutoCAD2017.1\work\ch10.02\bl_att.dwg，并单击 打开(O) 按钮。

（3）在“插入”对话框的插入点选项组中，选中 在屏幕上指定(S) 复选框，并确认 分解(D) 复选框处于取消选中状态，然后单击 确定 按钮，在图形中某处单击一点作为块的插入点，此时属性块便插入到当前的图形中。双击该插入的属性块，系统弹出“增强属性编辑器”对话框，在该对话框中可以修改属性 DATE 的值，例如可改为“2014-08-02”。因为其他两个属性 MATERIAL 和 WEIGHT 的模式设为☑固定(C)，所以不能在此进行修改。

10.3 思考与练习

1. 先简述一下块的特点，然后举例说明创建块与插入块的一般操作步骤。

2. 块属性的特点是什么？如何定义块属性？

3. 外部参照与块有何区别？如何附着和裁剪外部参照？

4. 在当前工作的图形中，先以插入块的形式（使用 INSERT 命令）插入随书光盘上的文件 D:\AutoCAD2017.1\work\ch10.03\ifile.dwg，然后用 BASE 命令修改文件 ifile.dwg 图形的基点，再重新插入该文件的图形，观察两次插入有什么区别？

5. 先创建图 10.3.1 所示的表面粗糙度符号图形，再根据该图形创建一个块 BL1；然后利用所创建的块 BL1，使用 INSERT 命令在图 10.3.2 中标注表面粗糙度符号。最后回答，使用块来创建重复图形与使用复制（COPY）命令来创建重复图形相比，有什么区别和优势？

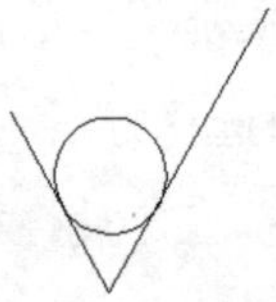

图 10.3.1　定义块

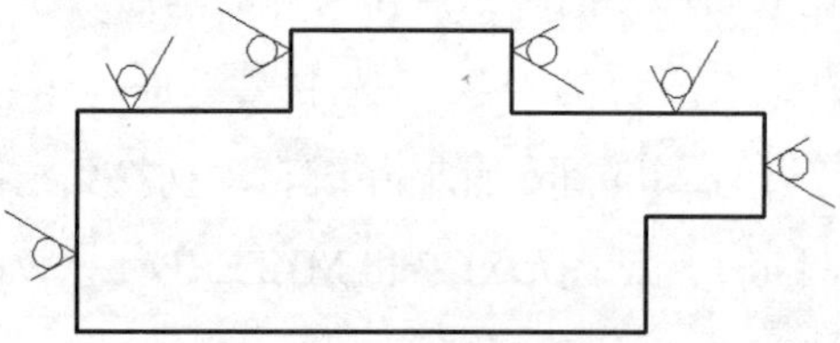

图 10.3.2　标注表面粗糙度符号

6. 依据图 10.3.3 所示的电气符号，创建一个块 BL2，并在该块中定义三个标记为 AFU、AKM 和 ACC 的块属性；然后利用所创建的块 BL2 绘制图 10.3.4 所示的电气图，要求利用块属性的功能产生图 10.3.4 中的文字，如 FU1、KM1、CC1、FU2、KM2 以及 CC2 等。

图 10.3.3　电气符号

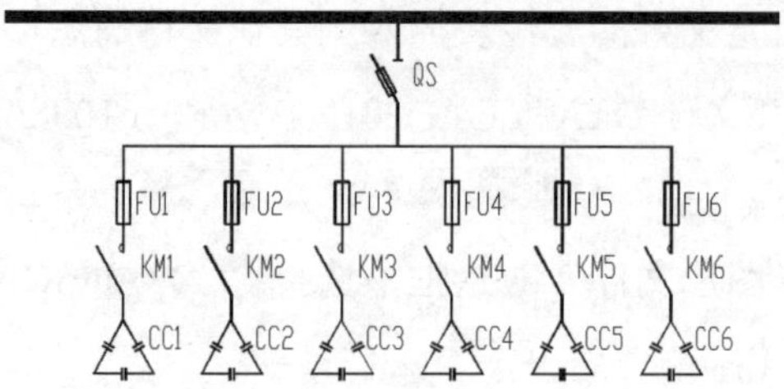

图 10.3.4　绘制电气图

第 11 章 使用光栅图像

本章提要 本章将介绍光栅图像的特点，以及如何加载、调整和剪裁光栅图像。对于实际工作中要参照扫描底图、地形图或其他图像来创建 AutoCAD 图形的读者来说，这一章的内容非常有用。

11.1 光栅图像概述

光栅图像的使用极大地扩充了 AutoCAD 的使用功能。例如，将一张原先手绘的图形或一张丢失了电子图的图样转化成一张 AutoCAD 的图样，就可以将原图进行扫描，并利用 AutoCAD 的光栅图像功能进行加载、描绘，从而生成一张新的 AutoCAD 图样。

另外，还可以将渲染图像保存为光栅图像，然后将渲染图像加载到图形中。也可以在图形中加入用光栅图像表示的公司的徽标、照片或扫描的图像等，这样它们可作为图形的一部分打印输出。

11.1.1 光栅图像的特点

与矢量图像或由 AutoCAD 命令创建的基于矢量线段的对象不同，光栅图像是由若干个像素点组成的矩形栅格，光栅图像的尺寸通常是指这个栅格的尺寸。例如，一个 1024×768 的光栅图像表示栅格是由 1024 行、每行 768 个栅格点组成。光栅图像加载到 AutoCAD 的图形中后，用户就可以对这些对象进行复制、移动、剪切、比例缩放等操作。光栅图像显示在图形中，是采用文件链接的方式而不是将图像本身真正插入到当前图形中，因此，虽然光栅图像可能很大，但是图形文件的字节大小并没有增加很多。

这里要注意，光栅图像并不是图形中的一部分，在进行图形交换时，要确保将这些光栅图像也一并交换，必须管理好光栅图像的路径，因为 AutoCAD 会用这个路径来确定图像文件的位置。

11.1.2 加载光栅图像

加载光栅图像的一般操作步骤如下。

Step1. 打开文件 D:\AutoCAD2017.1\work\ch11.01\image.dwg。

Step2. 选择下拉菜单 插入(I) → 光栅图像参照(I)... 命令。

Step3. 从系统弹出的“选择参照文件”对话框中选择所需的光栅图像文件 D:\AutoCAD2017.1\work\ch11.01\cork_driver.TIF，并单击 打开(O) 按钮，系统弹出图 11.1.1 所示的“附着图像”对话框，在该对话框中进行下面的操作。

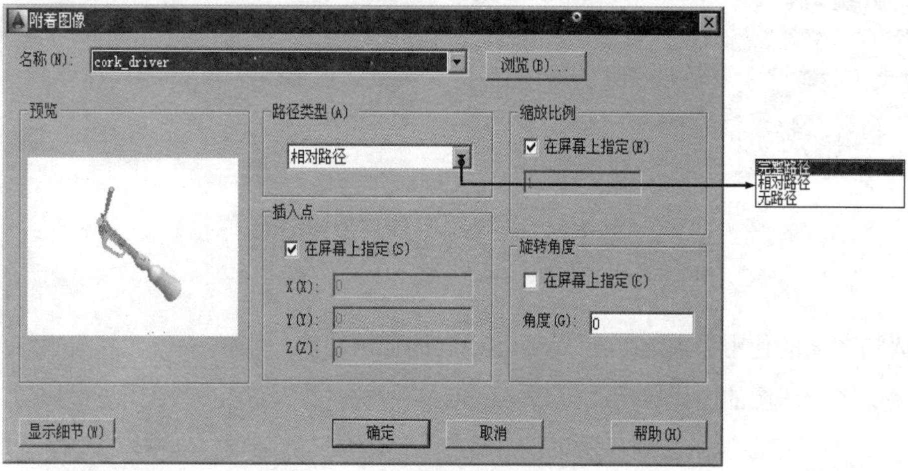

图 11.1.1 “附着图像”对话框

（1）选择保存光栅图像的路径类型：在 路径类型(A) 下拉列表中选择 完整路径 、相对路径 或 无路径 选项。

（2）给出插入点：在 插入点 选项组，可直接在 X: 、Y: 、Z: 文本框中输入点的坐标来给出插入点，也可以通过选中 ☑ 在屏幕上指定(S) 复选框，在屏幕上指定插入点位置。

（3）给出插入时的缩放比例：在 缩放比例 选项组，可直接输入所插入的光栅图像的缩放比例值；也可以通过选中 ☑ 在屏幕上指定 复选框，在屏幕上指定。

（4）给出插入光栅图像的旋转角度：在 旋转角度 选项组，用户可在 角度: 文本框中输入光栅图像的旋转角度值，也可以选中 ☑ 在屏幕上指定 复选框，在屏幕上指定旋转角度。另外，单击 显示细节(W) 按钮可查看光栅图像的分辨率及图像大小等信息。

（5）单击 确定 按钮，由于前面的选择不同，可能需要进行下面的操作：

① 如果在前面的 插入点 选项组选中了 ☑ 在屏幕上指定(S) 复选框，在屏幕上单击一点作为光栅图像的插入点。

② 如果在前面的 缩放比例 选项组选中了 ☑ 在屏幕上指定(E) 复选框，则系统会提示 指定缩放比例因子 <1>: 。在此提示下可输入比例值（也可采用默认比例值 1），然后按 Enter 键。如果图像非常大或者非常小，就不要采用默认的比例值 1，此时建议在系统 指定缩放比例因子或 [单位(U)] <1>: 的提示下，输入合适的比例值。

11.2 光栅图像的调整

11.2.1 调整亮度、对比度和褪色度

这里所介绍的调整只影响 AutoCAD 显示和打印图像的方式，并不影响原始光栅图像文件中的图像。通过调整图像的外观，可以提高显示或打印图像的质量。下面介绍其一般操作方法。

选择下拉菜单 修改(M) → 对象(O) ▸ → 图像(I) ▸ → 调整(A)... 命令（或者在命令行中输入命令 IMAGEADJUST 后按 Enter 键），在系统 选择图像: 的提示下，通过框选整个光栅图像，或单击光栅图像的边界线，选择目标光栅图像，按 Enter 键结束选择（或右击结束选择），接着系统弹出图 11.2.1 所示的“图像调整”对话框，利用该对话框可以调整图像的 亮度 、 对比度 和 淡入度 。

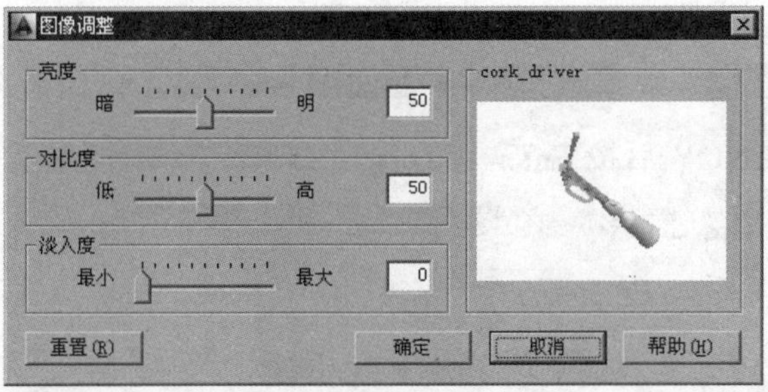

图 11.2.1 “图像调整”对话框

“图像调整”对话框的各项设置说明如下。

- 亮度 选项组：控制图像的亮度，取值范围为 0~100。值越大，图像的亮度就越高（变成白色的像素点越多）。左移滑动条将减小该值，右移滑动条将增大该值，也可在文本框中直接输入亮度值。
- 对比度 选项组：控制图像的对比度，从而间接控制图像的褪色效果。取值范围为 0~100。值越大，强制使用主要颜色或次要颜色的像素也就越多。调整图像的对比度可以看清本来不清楚的图像。
- 淡入度 选项组：控制图像的褪色效果，取值范围在 0~100。值越大，图像与当前背景色的混合程度越高。当值为 100 时，图像完全变成背景颜色。在显示带有背景的图像时，调整褪色度可以看清图像中的线条。
- 重置(R) 按钮：将亮度、对比度和褪色度参数的值重置为默认设置，分别为 50、50 和 0。

11.2.2 调整光栅图像显示质量

AutoCAD 提供了两种不同的控制图像显示质量的设置：草稿质量和高质量。当设置为草稿质量时，图像的质量较低，但显示的速度比较快；当设置为高质量时，图像的质量较高，但显示的速度较慢。修改图像的质量将影响当前图形中所有图像的显示。

要修改图像的显示质量，可以选择下拉菜单 修改(M) → 对象(O) → 图像(I) → 质量(Q) 命令（或者在命令行中输入命令 IMAGEQUALITY 后按 Enter 键）。命令执行后，系统提示输入图像质量设置 [高(H)/草稿(D)] <高>:，输入字母 H（高质量）或 D（草稿质量），然后按 Enter 键。

11.2.3 调整光栅图像透明度

如果图像文件格式允许图像具有透明像素，则可以控制图像中的像素是透明的还是不透明的。如果是透明的，则被光栅图遮挡住的对象能够透过透明的像素显示出来。透明功能只对单个的对象有效，不能进行全局透明度设置。

选择下拉菜单 修改(M) → 对象(O) → 图像(I) → 透明度(T) 命令（或者在命令行中输入命令 TRANSPARENCY 后按 Enter 键），在系统选择图像:的提示下，选取目标光栅图像后按 Enter 键，系统接着提示输入透明模式 [开(ON)/关(OFF)]，输入 ON（透明模式）或 OFF（不透明模式），然后按 Enter 键。

11.3 剪裁边界与边框显示

11.3.1 剪裁光栅图像

选择下拉菜单 修改(M) → 剪裁(C) → 图像(I) 命令（或者在命令行中输入命令 IMAGECLIP 后按 Enter 键），可以进行光栅图像的剪裁。通过该命令功能，用户可以定义一个剪裁边界来限制图像的显示与输出。要应用一个剪裁边界，图像边框必须是可见的。

剪裁边界既可以是一个矩形，也可以是一个多边形。剪裁边界只应用在单一的图像上，且不影响原始光栅图像文件中的图像。如果关闭剪裁边界，则整个图像将重新显示出来。如果移动或复制剪裁图像，则剪裁边界也将随之移动、复制。

11.3.2 控制边框的显示

光栅图像的边框及剪裁的边界可以显示，也可以隐藏。在隐藏图像的边框后，就不能再通过单击图像而选择它，这项功能可以避免对图像的意外修改，同时在打印时避免打印边框。要打开和关闭图像边框，应按以下步骤进行。

Step1. 选择下拉菜单 修改(M) → 对象(O) ▸ → 图像(I) ▸ → 边框(F) 命令（或者在命令行中输入命令 IMAGEFRAME 后按 Enter 键）。

Step2. 在提示输入 IMAGEFRAME 的新值 <1>: 下，输入数值 0（或者 1，或者 2），按 Enter 键。

注意：

- 0 表示不显示但打印图像边框；1 表示显示并打印图像边框；2 表示显示图像边框但不打印。
- 当设置图像边框不显示后，仍然可以使用除点选以外的其他选择方式进行光栅图像的选取。例如，可以按对象的类型或图层的名称进行过滤选择。

11.4 调整光栅图像的比例

在实际工作中，有时需要将扫描的图样以光栅图像的形式插入到 AutoCAD 图形中，然后进行描图转化，使它与当前图形融为一体，成为一张真正的 AutoCAD 图样。

要想尽可能精确地描绘光栅图像中的线条，就需要使光栅图像的比例与 AutoCAD 图形匹配，这就要使用光栅图像的比例缩放功能，使用 SCALE 命令中的“参照（R）”选项可以进行图像的比例缩放。当在图中确定了相对应的参照长度后，就可精确地缩放扫描图像，进行描图。当然，描绘的图形的精度取决于原始图形的精度，因此可能需要做其他一些必要的调整。

11.5 光栅图像管理器

图像管理器为管理当前图形的所有图像提供了一个统一的界面。在命令行输入命令 IMAGE 或选择下拉菜单 插入(I) → 外部参照(N)... 命令（也可以单击功能区选项板中的 插入 按钮，然后单击 参照 ▾ 选项最右边的 ↘ 图标），系统弹出图 11.5.1 所示的“外部参照”选项板（一），通过该选项板可以对光栅图像进行打开、附着、拆离、重载、卸载等操作，还可以查看图像的有关信息。

“外部参照”选项板提供观察图像文件的两种不同方式：列表视图和树状视图。图 11.5.1 中显示的是列表视图，在这个视图中显示附着到当前图形中的所有图像列表，该图像列表包含图像名、状态、大小、类型、日期和保存路径这六项内容。

选项板的树状视图以树状显示附着在当前图形中的所有图像，这种树状视图的优点是可以显示图像在外部参照文件中的嵌套级数，直接附着在当前图形中的图像显示在视图的顶部，而包含在外部参照中的图像显示在下一级中。

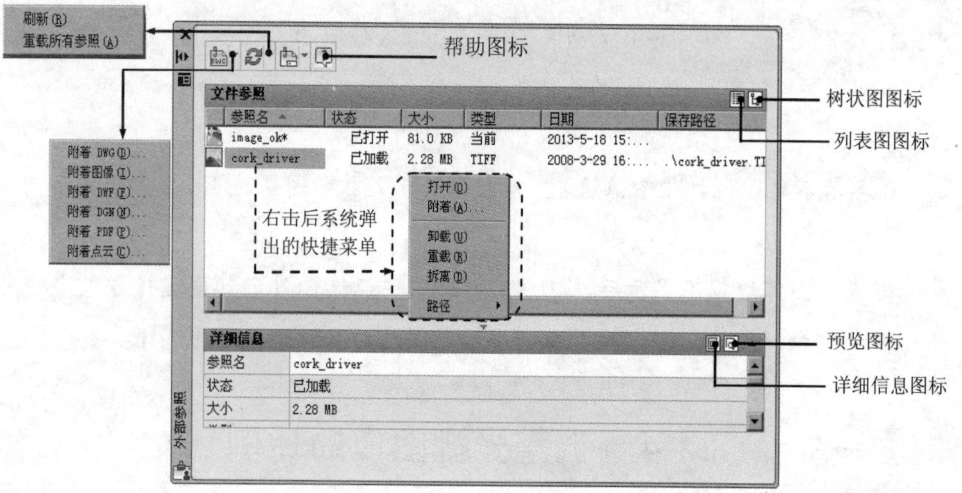

图 11.5.1 “外部参照”选项板（一）

图 11.5.1 所示的“外部参照”选项板（一）中的快捷菜单的部分功能说明如下。

- 打开(O)：在操作系统指定的应用程序中打开选定的文件参照。
- 附着(A)...：选择某个图像文件进行附着（插入光栅图像）。
- 卸载(U)：可从当前图形中卸载选定的图像，图像将不再显示，这样可以提高AutoCAD 的性能。卸载后的图像仍保持与当前图形的附着关系，用户可通过重载(R)命令重新显示这些图像。
- 重载(R)：将图像的最新版本加载到当前图形中。
- 拆离(D)：拆离选定的文件参照，即图像的所有实例将从图形中删除。

注意：

- 如果当前文件中的附着图像的源文件被移动或改名了，系统就会报告图像“未找到”（图 11.5.2），此时用户可以单击详细信息窗格中找到位置右边的…图标，然后在系统弹出的“选择图像文件”对话框中指定新的路径和源文件名，最后单击打开(O)按钮。新的路径显示出来后，如果单击保存路径(P)按钮，就可以重新建立图像源文件到当前文件的链接。
- 打开含光栅图像的 AutoCAD 图形文件时，系统会搜索图形中附着的光栅图像文件。搜索时，系统总是首先在附着图像的路径下查找，然后再查找当前的目录，即查找当前图形所在的目录，最后再查找支持文件中指定的目录。

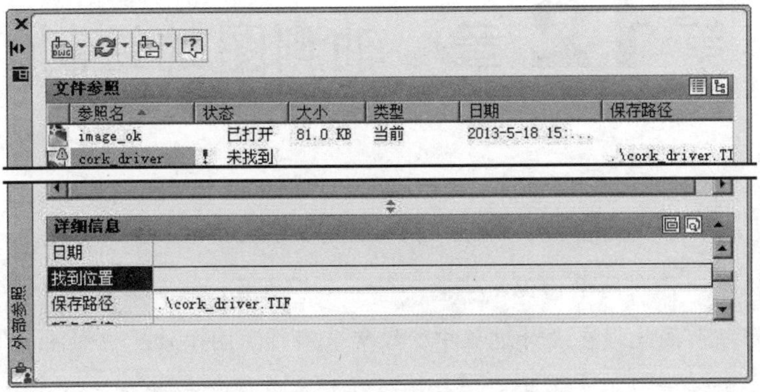

图 11.5.2 “外部参照”选项板（二）

11.6 思考与练习

1. 在 AutoCAD 中使用光栅图像的意义是什么？
2. 哪些类型的文件可以作为光栅图像插入到 AutoCAD 图形中？
3. 如何对光栅图像进行调整？
4. 如何裁剪光栅图像？如何调整光栅图像的显示次序？
5. 光栅图像管理器的功能有哪些？如何使用？

第 12 章 轴测图的绘制

本章提要

工程上一般采用多个正投影图来表达所绘制物体的形状和大小。正投影图易于测量，作图简单，但立体感不强，必须具备一定的识图能力才能想象出所表达物体的真实形状。因此，在设计过程中，经常采用轴测图（轴测投影图）作为辅助图样。轴测图接近人们的视觉习惯，虽不能确切地反映物体真实的形状和大小，但可用来帮助人们理解正投影图。本章将介绍轴测图绘制的一般过程和方法。

12.1 概　　述

1. 轴测图的基本概念

- 轴测图：将空间物体连同确定其位置的直角坐标系，沿不平行于任一坐标平面的方向，用平行投影法投射在选定的单一投影面上所得到的具有立体感的平面图形。
- 轴测轴：在轴测投影中，直角坐标轴（OX、OY、OZ）在轴测投影面上的投影。
- 轴间角：两轴测轴之间的夹角。
- 轴向伸缩系数：轴测轴上的单位长度与相应直角坐标轴上单位长度的比值（OX、OY、OZ 的轴向伸缩系数分别用 p1、q1、r1 表示，简化伸缩系数分别用 p、q、r 表示）。

2. 轴测图的特点

由于轴测图是用平行投影法得到的，因此具有以下特点：

- 物体上相互平行的直线，它们的轴测投影仍相互平行。
- 物体上平行于坐标轴的线段，在轴测图上仍平行于相应的轴测轴。
- 物体上平行于坐标轴的线段，其轴测投影与原线段长度之比等于相应的轴向伸缩系数。
- 物体上不平行于坐标轴的线段，可以用坐标法确定其两个端点然后用连线画出。
- 物体上不平行于轴测投影面的平面图形，在轴测图中变成原图形的类似形。如长方形的轴测投影为平行四边形，圆形的轴测投影为椭圆等。

3. 轴测图的分类

- 轴测图根据投影方向与投影面垂直与否，分为正轴测图和斜轴测图两类。
  - ☑　正轴测图：轴测投影方向与轴测投影面垂直时所得到的轴测图。
  - ☑　斜轴测图：轴测投影方向与轴测投影面倾斜时所得到的轴测图。
- 根据轴向伸缩系数的不同，又分为三类。
  - ☑　正(或斜)等轴测图：简称正(或斜)等测，p1 = ql = rl。
  - ☑　正(或斜)二轴测图：简称正(或斜)二测，pl = r1 ≠ ql。
  - ☑　正(或斜)三轴测图：简称正(或斜)三测，p1 ≠ ql ≠ rl。

本章以正等轴测图的绘制为例。

12.2　轴测图的绘制过程

轴测图属于二维平面图形，其绘制方法与前面介绍的二维图形的绘制方法基本相同，绘制时，可以根据形体的特点，确定恰当的等轴测平面，然后利用简单的绘图命令，例如直线命令、椭圆命令、矩形命令等，并结合图形编辑命令（如修剪、复制、移动等），完成轴测图的绘制。轴测图绘制的一般过程如下。

（1）设置绘图环境。绘制轴测图之前，根据轴测图的大小及复杂程度，选择合适的图纸幅面并设置图形界限与图层。

（2）启用等轴测捕捉模式，绘制、编辑并标注轴测图。

（3）保存图形。

下面以图 12.2.1 所示的轴承座上盖为例，介绍绘制轴测图的一般操作步骤。

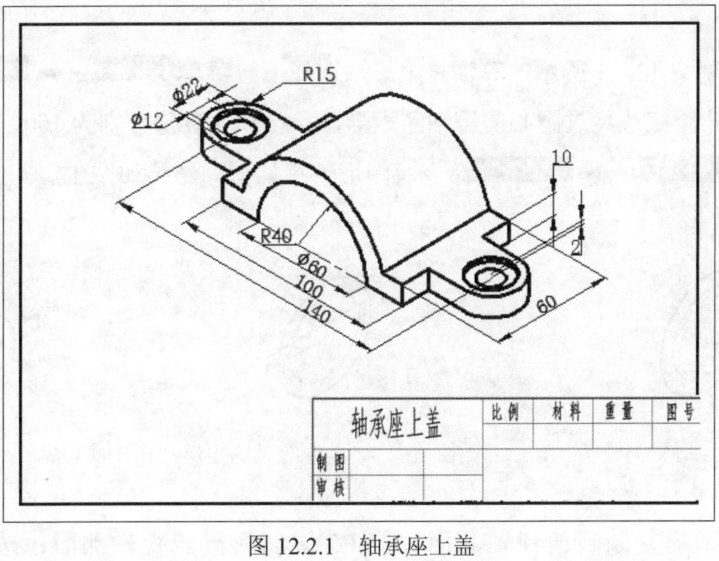

图 12.2.1　轴承座上盖

Task1．选用样板文件

选择下拉菜单 文件(F) → 打开(O)... 命令，在系统弹出的“选择文件”对话框中，找到文件 D:\AutoCAD2017.1\system_file\Part _temp_A3.dwg，然后单击 打开(O) 按钮。

Task2．绘图前的准备工作

此步骤介绍绘制轴测图前所进行的准备工作，主要包括以下三个步骤。其中，将捕捉类型设置为“等轴测捕捉”是绘制轴测图的基础。

Step1．选择下拉菜单 工具(T) → 绘图设置(F)... 命令，系统弹出“草图设置”对话框，单击 捕捉和栅格 选项卡；在 捕捉类型 选项组中选中 ⊙ 栅格捕捉(R) 和 ⊙ 等轴测捕捉(M) 单选项，单击 对象捕捉 选项卡，选中 ☑ 启用对象捕捉 (F3)(O) 和 ☑ 启用对象捕捉追踪 (F11)(K) 复选框；在 对象捕捉模式 选项组中选中 □ ☑ 端点(E)、△ ☑ 中点(M)、○ ☑ 圆心(C)、◇ ☑ 象限点(Q)、× ☑ 交点(I) 和 ☒ ☑ 最近点(R) 复选框，其他的全部取消选中。单击 确定 按钮完成设置。

Step2．确认状态栏中的“正交”按钮处于按下状态（即为开），“推断约束”按钮处于弹起状态（即为关）。

Step3．按键盘上功能键区的 F5 键，可切换等轴测图平面<等轴测平面 俯视>、<等轴测平面 左视>与<等轴测平面 右视>。

Task3．绘制轴测图

Step1．绘制图 12.2.2 所示的等轴测圆。切换图层，在“图层”工具栏中，选择“轮廓线层”图层；选择下拉菜单 绘图(D) → 椭圆(E) → 轴、端点(E) 命令，在命令行中输入字母 I（即选项中的 等轴测圆(I)]:）后按 Enter 键，在绘图区单击一点以确定等轴测圆的圆心，在命令行中输入数值 30 后按 Enter 键；以同样步骤绘制直径值为 80 的等轴测圆，如图 12.2.2 所示。

Step2．绘制图 12.2.3 所示的等轴测矩形，选择下拉菜单 绘图(D) → 直线(L) 命令，通过圆心，绘制一个底边经过圆心的等轴测矩形，长度和宽度值分别为 100、10。

Step3．用 修改(M) → 修剪(T) 命令对图形进行修剪，结果如图 12.2.4 所示。

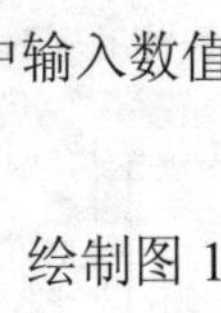

图 12.2.2 绘制等轴测圆（一）

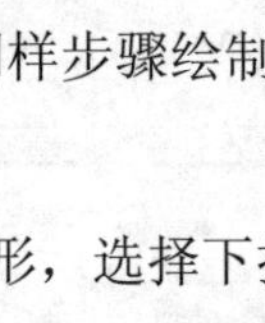

图 12.2.3 绘制等轴测矩形

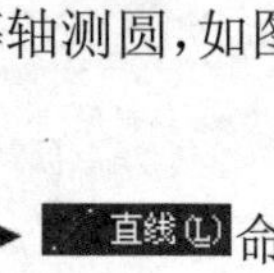

图 12.2.4 修剪图形（一）

Step4．将图形复制到俯视轴测面。按 F5 键切换到俯视轴测面；选择下拉菜单修改(M) → 复制(Y)命令，选取图 12.2.4 所示的图形为复制对象并按 Enter 键，捕捉等轴测圆的圆心为基点，结合正交命令，将光标向右上方移动，并在命令行中输入数值 60 后按 Enter 键结束复制命令，结果如图 12.2.5 所示。

Step5. 绘制直线。选择下拉菜单 绘图(D) → 直线(L)命令，绘制图 12.2.6 所示的直线。

Step6. 用 修改(M) → 修剪(T)命令对图 12.2.6 进行修剪，结果如图 12.2.7 所示。

图 12.2.5　复制图形

图 12.2.6　绘制直线（一）

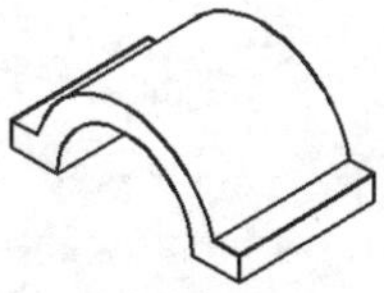

图 12.2.7　修剪图形（二）

Step7. 绘制图 12.2.8 所示的等轴测圆。

（1）以图 12.2.8 所示的直线 1 的中点为圆心，参照 Step1 的操作步骤，绘制图 12.2.8 所示的等轴测圆，半径值分别为 15、11、6。

（2）移动等轴测圆。选择下拉菜单 修改(M) → 移动(V)命令，选取步骤（1）中绘制的等轴测圆为平移对象，按 Enter 键；指定椭圆圆心为基点；结合正交命令，将光标向右下方拖动，在命令行中输入平移距离值 20，按 Enter 键结束命令，移动的结果如图 12.2.9 所示。

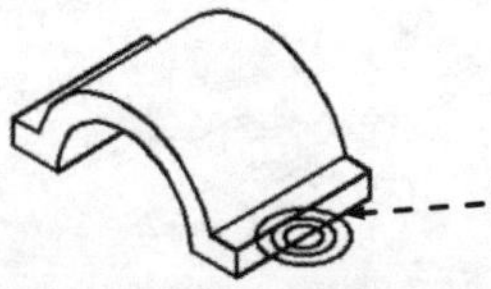

图 12.2.8　绘制等轴测圆（二）

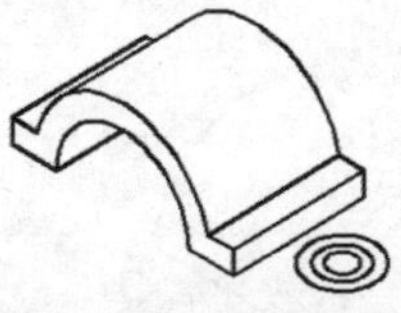

图 12.2.9　移动等轴测圆

（3）复制等轴测圆。选择下拉菜单 修改(M) → 复制(Y)命令，选取步骤（1）中绘制的椭圆为复制对象，按 Enter 键；捕捉该等轴测圆的圆心为基点；按 F5 键切换到右等轴测面，将光标向上移动，在命令行中输入位移值 10 后按两次 Enter 键结束操作。

（4）按 Enter 键以重复“复制”命令，选取步骤（2）与步骤（3）得到的等轴测圆为复制对象，指定圆心为基点，按 F5 键切换到左等轴测面，向左上方移动光标，在命令行中输入位移值 140 并按 Enter 键，结果如图 12.2.10 所示。

Step8. 绘制直线并修剪图形。选择下拉菜单 绘图(D) → 直线(L)命令，通过绘制构造线与捕捉象限点，绘制图 12.2.11 所示的直线；用 修改(M) → 修剪(T)命令对图 12.2.11 进行修剪，结果如图 12.2.12 所示。

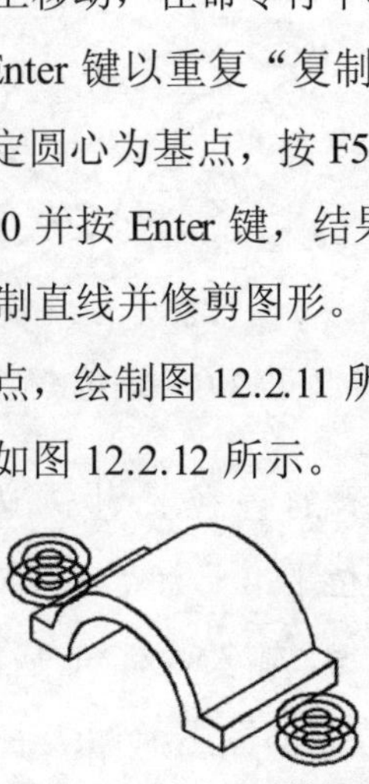

图 12.2.10　复制等轴测圆

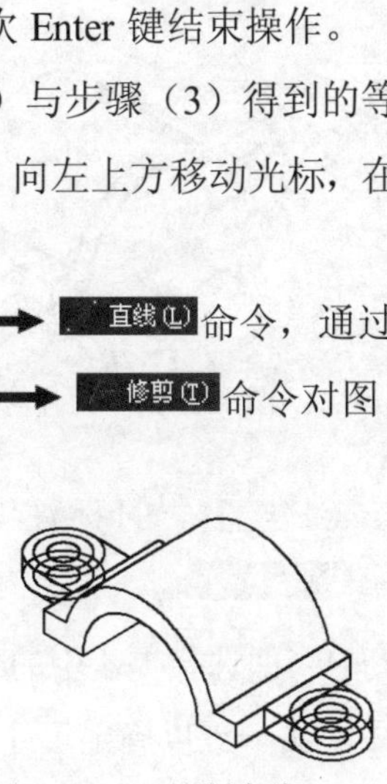

图 12.2.11　绘制直线（二）

Step9. 复制图形。选择修改(M) → 复制(Y)命令，选取图 12.2.12 所示的等轴测圆 1、等轴测圆 2、等轴测圆 3 和等轴测圆 4 为复制对象，向正下方拖动光标，输入位移值 2 后按 Enter 键，结果如图 12.2.13 所示。

Step10. 用修改(M) → 修剪(T)命令对图 12.2.13 进行修剪，同时删除等轴测圆 2 和等轴测圆 4，结果如图 12.2.14 所示。

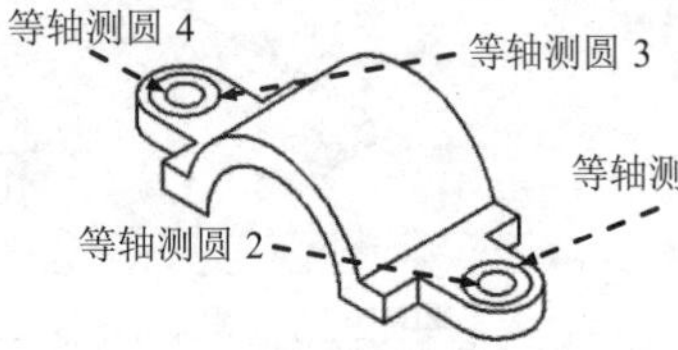

图 12.2.12　修剪直线

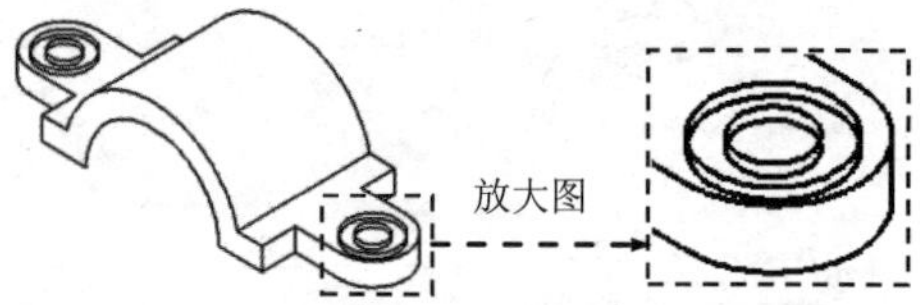

图 12.2.13　删除等轴测圆

Task4. 标注轴测图

Step1. 创建对齐标注。将图层切换至“中心线层”，然后用绘图(D) → 直线(L)命令，绘制图 12.2.15 所示的中心线；将图层切换至“尺寸线层”，选择下拉菜单标注(N) → 对齐(G)命令，选取图 12.2.16 所示的端点 1 与端点 2 作为两个尺寸界线原点，在绘图区的空白区域中单击以确定尺寸放置的位置；创建其他的对齐标注（图 12.2.17）。

说明：在标注时可按键盘上的 F5 功能键，进行等轴测平面的切换。

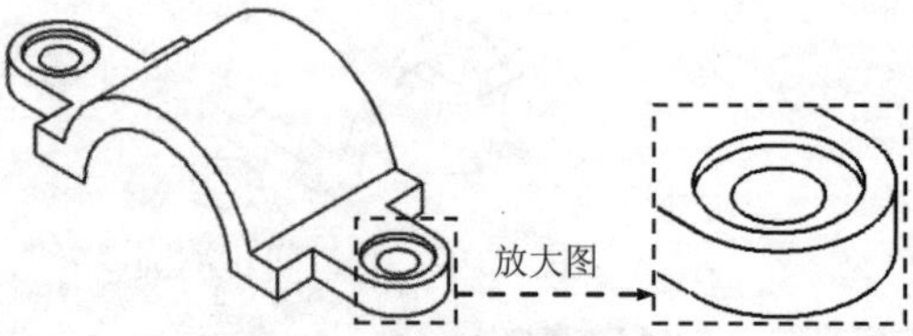

图 12.2.14　修剪图形（三）

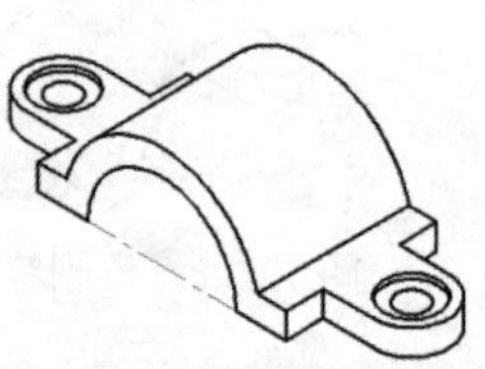
图 12.2.15　绘制中心线

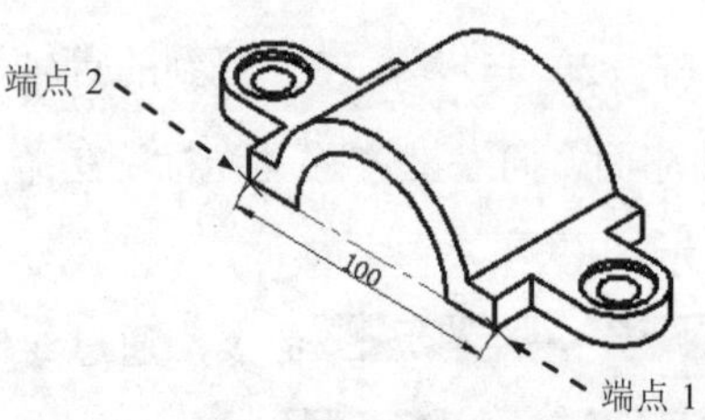

图 12.2.16　创建对齐标注

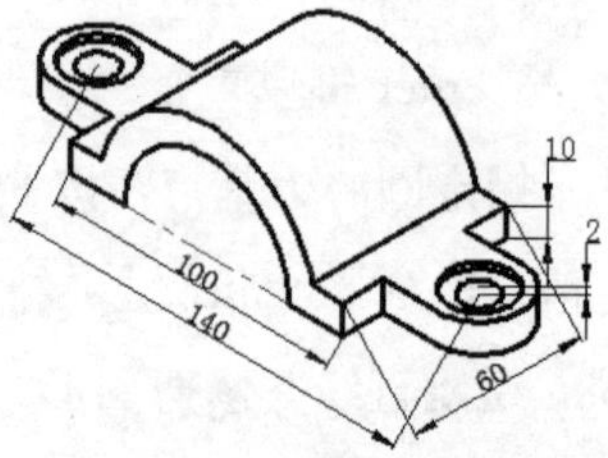

图 12.2.17　创建其他的对齐标注

Step2. 创建直径的标注。创建图 12.2.18 所示的直径标注。选择下拉菜单标注(N) → 对齐(G)命令，选取两个端点，使其分别定位于第一原点与第二原点，在命令行输入字母 T（即选择提示中的文字(T)选项）并按 Enter 键，输入%%C60 后按 Enter 键，在空白区域中单击一点以确定尺寸放置的位置；完成其他直径的标注，结果如图 12.2.19 所示。

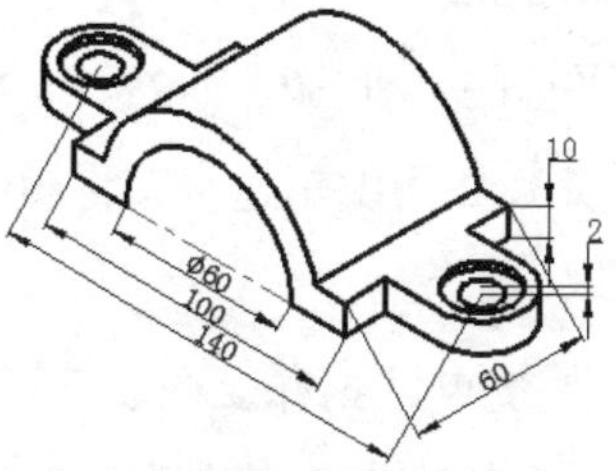

图 12.2.18 创建直径标注

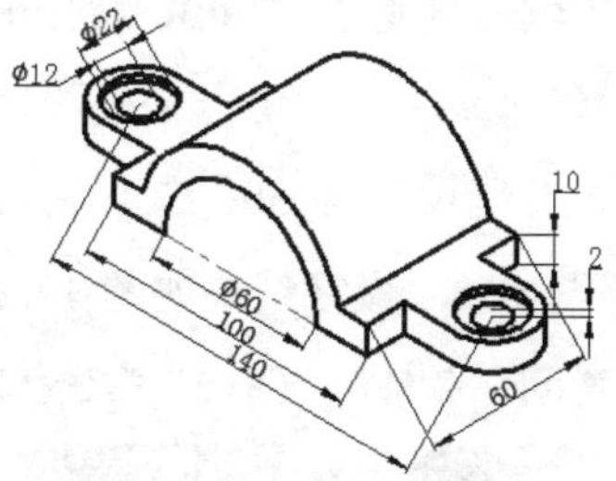

图 12.2.19 创建其他直径标注

Step3. 创建半径标注。

（1）设置引线样式。选择下拉菜单 格式(O) → 多重引线样式(I) 命令；在系统弹出的“多重引线样式管理器”对话框中单击 修改(M)... 按钮，系统弹出“修改多重引线样式”对话框；在此对话框的 引线格式 选项卡的 符号(S): 下拉列表中选择 实心闭合 选项，在 大小(Z): 后的文本框中输入数值 3.5，在 引线结构 选项卡中选中 最大引线点数(M) 复选框，在其后的对话框中输入数值 3，在 内容 选项卡的 多重引线类型(M): 下拉列表中选择 多行文字 选项，在 文字样式(S): 后的下拉列表中选择 数字与字母样式 选项，在 文字高度(T): 后的文本框中输入文字高度值 3.5，在 连接位置 - 左(E): 和 连接位置 - 右(R): 后的下拉列表中均选择 第一行加下划线 选项；设置完成后单击对话框中的 确定 按钮，最后单击 关闭 按钮。

说明：或者在命令行中输入命令 QLEADER 后按 Enter 键，在系统的提示下输入字母 S 后按 Enter 键，系统弹出“引线设置”对话框，在 注释 选项卡的 注释类型 选项组中选中 多行文字(M) 单选项，将 点数 选项组中的 最大值 设置为 3；单击 确定 按钮。

（2）创建引线标注。选择下拉菜单 标注(N) → 多重引线(E) 命令；在图 12.2.20 所示圆弧上单击以确定引线的起点，将光标向左下方移动一定距离并单击，再将光标向左水平方向移一定距离单击；输入 R40 后在空白区域单击，完成半径标注，结果如图 12.2.20 所示。

（3）参照步骤（1）完成 R15 的标注，结果如图 12.2.21 所示。

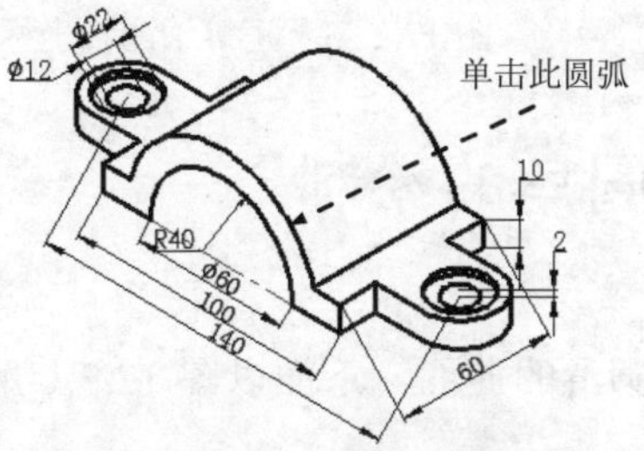

图 12.2.20 创建半径标注

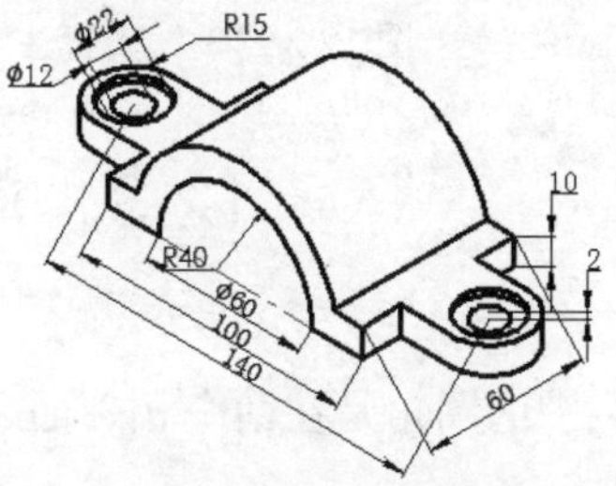

图 12.2.21 创建其他半径标注

Step4. 编辑标注。

（1）将俯轴测面中尺寸线与 Y 轴平行的尺寸的倾斜角度设置为 30。在命令行中输入编辑标注文字命令 DIMEDIT，并按 Enter 键；在命令行中输入字母 O（即选择 倾斜(O) 选项）并按 Enter 键；选取在顶轴测面上的尺寸 140、100、φ 60 为编辑对象并按 Enter 键；在命令行中输入倾斜角度值 30 后按 Enter 键结束命令。结果如图 12.2.22 所示。

（2）参照步骤（1）的操作，选取顶轴测面上与 X 轴平行的尺寸 60、φ 22、φ 12，将倾斜角度值设置为-30；选取左轴测面上与 Z 轴平行的尺寸 10、2 为编辑对象，将倾斜角度值设置为 30。最终结果如图 12.2.1 所示。

说明：在轴测图中创建尺寸时，为保证图形的立体感，先使用对齐标注命令进行标注，再选择 标注(N) → 倾斜(Q) 命令，将标注的尺寸界线倾斜适当的角度，使其平行轴测轴（正等轴测轴坐标系如图 12.2.23 所示）。在各个轴测面上进行标注时，尺寸的倾斜角度有以下规律：

右轴测面内的标注，若尺寸线与 X 轴测轴方向平行，则标注尺寸界线的倾斜角度为 90°（90° 是指尺寸界线与图形中世界坐标系 X 轴正向的夹角）。

左轴测面内的标注，若尺寸线与 Z 轴测轴平行，则标注的倾斜角度为-30°。

顶轴测面内的标注，若尺寸线与 Y 轴测轴平行，则标注的倾斜角度为 30°。

右轴测面内的标注，若尺寸线与 Z 轴测轴平行，则标注的倾斜角度为 30°。

左轴测面内的标注，若尺寸线与 Y 轴测轴平行，则标注的倾斜角度为 90°。

顶轴测面内的标注，若尺寸线与 X 轴测轴平行，则标注的倾斜角度为-30°。

故标注时，根据不同的情况，编辑标注的尺寸。

注意：利用 标注(N) → 倾斜(Q) 命令，同时按 F5 功能键切换到要标注的轴测面，可直接完成轴测图的标注，此方法需在“正交”模式下进行。

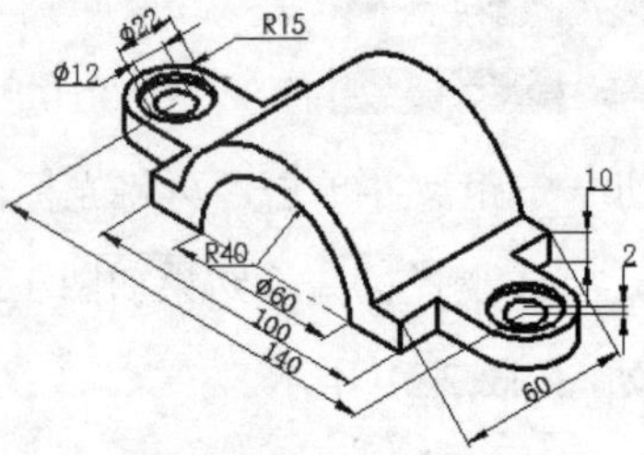

图 12.2.22 编辑标注

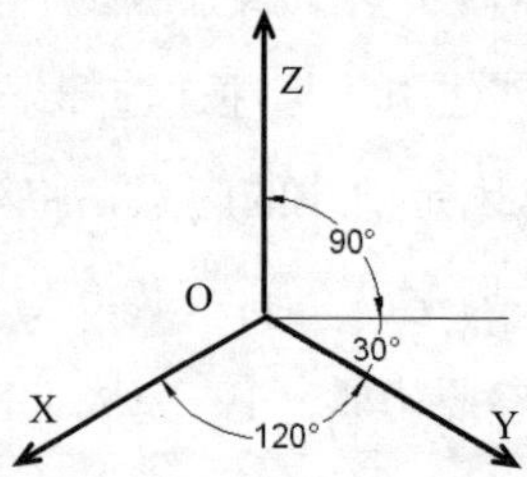

图 12.2.23 正等轴测轴坐标系

12.3 轴测图中圆角的绘制

轴测图的圆角是在两个相邻面之间生成一个圆滑的曲面。下面以图 12.3.1 所示的长方体为例，说明创建圆角的一般操作步骤。

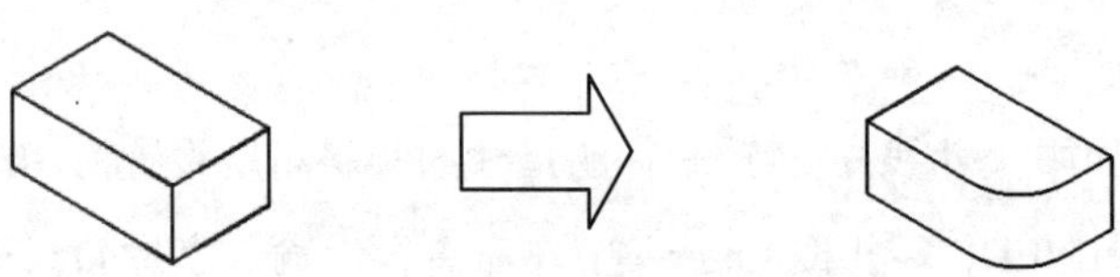

a）圆角前

b）圆角后

图 12.3.1 创建圆角

Step1. 打开文件 D:\AutoCAD2017.1\work\ch12.03\长方体. dwg。

Step2. 创建圆角。

（1）绘制长方体。选择下拉菜单 绘图(D) → 直线(L) 命令；以图 12.3.2 所示的点 A 为直线的起点，结合“正交”功能，将光标向右上角移动，输入数值 15 并按下 Enter 键；将光标向左上角移动，输入数值 15 并按下 Enter 键。

（2）绘制等轴测圆。选择下拉菜单 绘图(D) → 椭圆(E) → 轴、端点(E) 命令，以 B 点（图 12.3.3）为圆心，绘制半径值为 15 的等轴测圆，结果如图 12.3.3 所示。

（3）绘制另一个等轴测圆。选择下拉菜单 修改(M) → 复制(Y) 命令，选取步骤（2）所绘制的圆为复制对象，圆心为基点，向下移动光标，输入长方体的高度值 20 并按下 Enter 键，结果如图 12.3.4 所示。

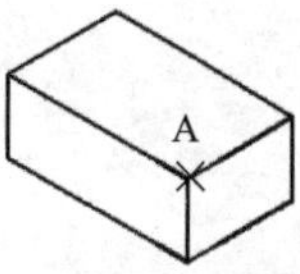

图 12.3.2　绘制长方体

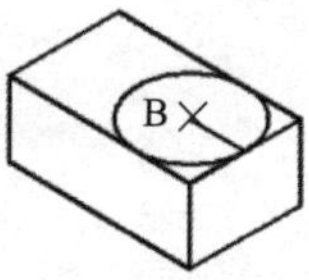

图 12.3.3　绘制第一个圆

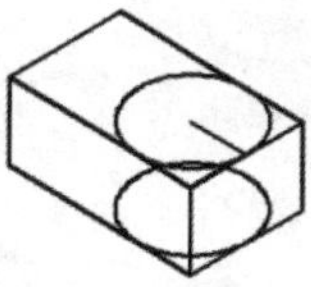

图 12.3.4　绘制第二个圆

（4）用 修改(M) → 修剪(T) 命令，对图 12.3.4 中多余的直线进行修剪。

（5）用 修改(M) → 删除(E) 命令，将多余的线条删除。结果如图 12.3.1b 所示。

Step3. 保存文件。

12.4　思考与练习

1. 轴测图的绘制与一般平面图有何区别？
2. 绘制图 12.4.1～图 12.4.4 所示的轴测图。

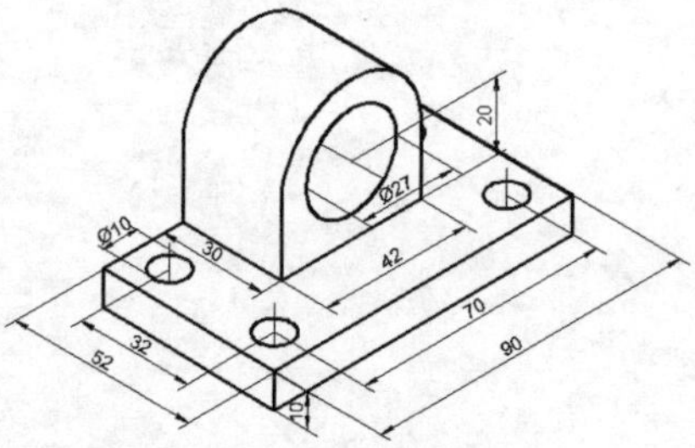

图 12.4.1　绘制轴测图（一）

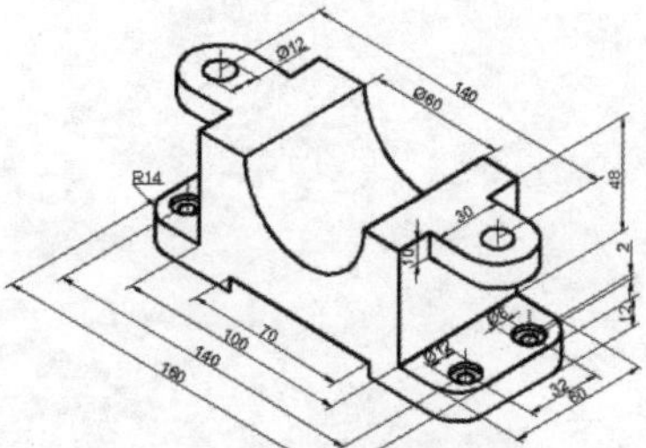

图 12.4.2　绘制轴测图（二）

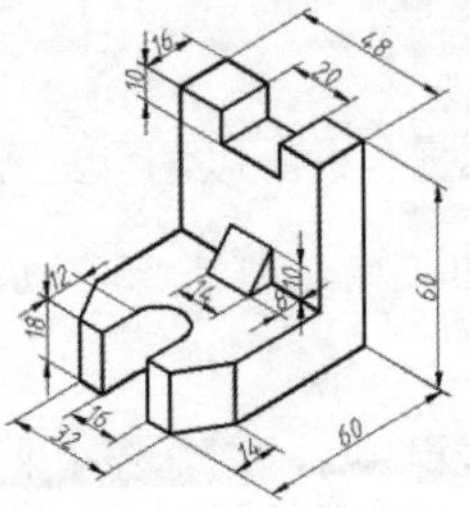

图 12.4.3　绘制轴测图（三）

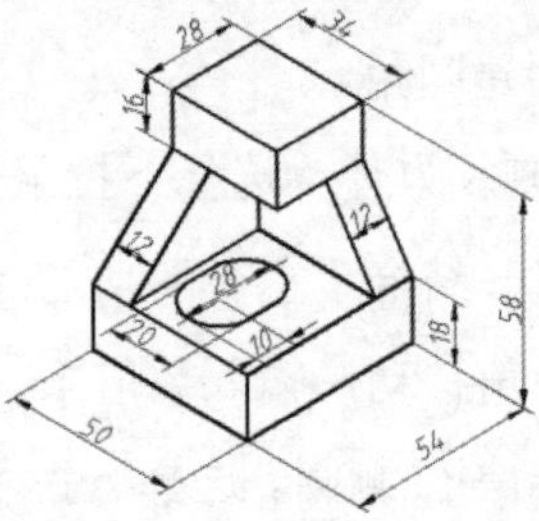

图 12.4.4　绘制轴测图（四）

第 13 章 三维图形的绘制与编辑

本章提要

本章学习的一个关键点是要树立三维立体的思维模式，从立体空间的角度来看待图形对象。内容包括三维坐标系的知识，观察三维图形的方法，三维图形的分类，三维线的绘制，二维对象的标高和厚度，三维实体对象的创建、编辑和标注。

13.1 三维图形概述

13.1.1 三维绘图的优点

在传统的绘图中，二维图形是一种常用的表示物体形状的方法。这种方法需要绘图者和看图者都能理解图形中表示的信息，才能获得真实物体的形状和形态；另外，如果三维对象的每个二维视图是分别创建的，由于缺乏内部的关联，发生错误的机会就会很高；特别是在修改图形中的对象时，必须分别修改每一个视图。创建三维模型就能很好地解决这些问题，只是创建过程要比二维模型复杂得多。创建三维模型有以下几个优点。

- 便于观察：可从空间中的任何位置、任何角度观察三维模型。
- 快速生成二维图形：可以自动地创建俯视图、主视图、侧视图和辅助视图。
- 渲染对象：经过渲染的三维图形更容易表达设计者的意图。
- 满足工程需求：根据生成的三维模型，可以进行三维干涉检查、工程分析以及从三维模型中提取加工数据。

13.1.2 三维坐标系

三维模型需要在三维坐标系下进行创建，可以使用右手定则来直观地了解 AutoCAD 如何在三维空间中工作。伸出右手，想象拇指是 X 轴，食指是 Y 轴，中指是 Z 轴。按直角伸开拇指和食指，并让中指垂直于手掌，这三个手指现在正分别指向 X、Y 和 Z 的正方向，如图 13.1.1 所示。还可以使用右手规则确定正的旋转方向，把拇指放到要绕其旋转的轴的正方向，向手掌内弯曲手的中指、无名指和小拇指，这些手指的弯曲方向就是正的旋转方向。

在三维坐标系下，同样可以使用直角坐标或极坐标来定义点。此外，在绘制三维图形时，还可使用柱坐标和球坐标来定义点。

1．直角坐标

当工作于三维空间时，可以使用绝对坐标（相对于坐标系坐标原点）来指定点的 X、Y、Z 坐标。例如，要指定一个沿 X 轴正向八个单位、沿 Y 轴正向六个单位、沿 Z 轴正向两个单位的点，可以指定坐标为（8,6,2），也可以使用相对坐标（相对于最后的选择点）来指定坐标。

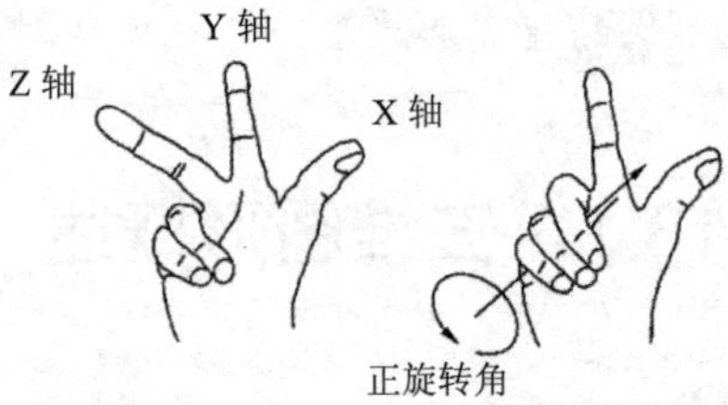

图 13.1.1　坐标轴的确定

2．柱坐标

柱坐标是通过定义某点在 XY 平面中距原点（绝对坐标）或前一点（相对坐标）的距离，在 XY 平面中与 X 轴的夹角以及 Z 坐标值来指定一个点，如图 13.1.2 所示。举例如下。

- 绝对柱坐标（20<45,50）的含义：在 XY 平面中与原点的距离值为 20，在 XY 平面中与 X 轴的角度值为 45°，Z 坐标为 50。
- 相对柱坐标（@20<45,50）的含义：在 XY 平面中与前一点的距离值为 20，在 XY 平面中与 X 轴的角度值为 45°，Z 坐标为 50。

3．球坐标

点的球坐标具有三个参数：它相对于原点（绝对坐标）或前一点（相对坐标）的距离，在 XY 平面上与 X 轴的夹角，与 XY 平面的夹角（图 13.1.3）。举例如下。

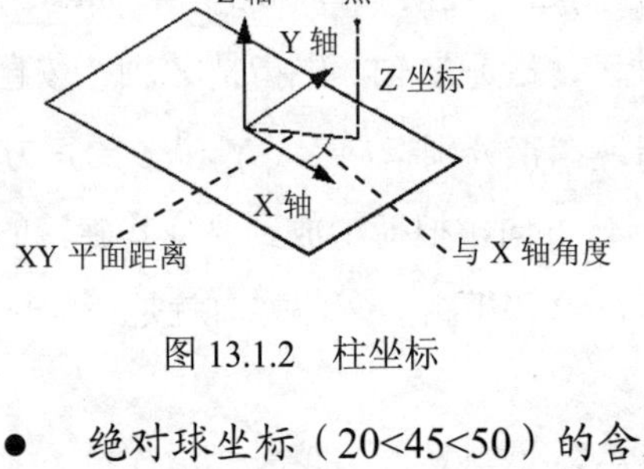

图 13.1.2　柱坐标

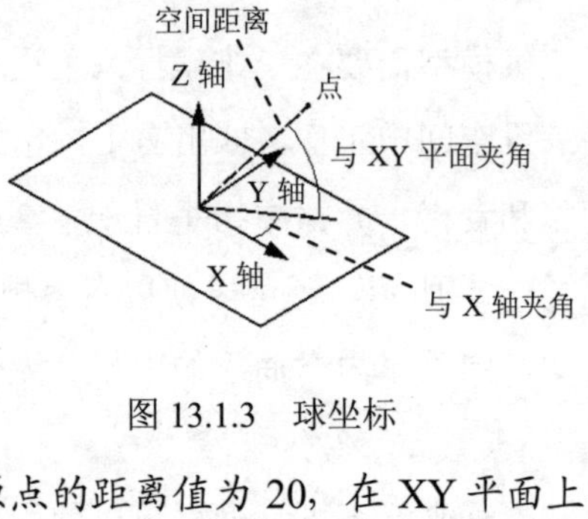

图 13.1.3　球坐标

- 绝对球坐标（20<45<50）的含义：相对于原点的距离值为 20，在 XY 平面上与 X 轴的夹角为 45°，与 XY 平面的夹角为 50°。

- 相对球坐标（@20<45<50）的含义：相对于前一点的距离值为 20，在 XY 平面上与 X 轴的夹角为 45°，与 XY 平面的夹角为 50°。

13.2 观察三维图形

13.2.1 设置视点进行观察

视点是指在三维空间中观察图形对象的方位。当在三维空间中观察图形对象时，往往需要从不同的方位来查看三维对象上不同的部位，因此要经常变换观察的视点。

为了方便本节的学习，首先打开文件 D:\AutoCAD2017.1\work \ch13.02\3d_view.dwg。

在 AutoCAD 中，用户可以在命令行输入命令-VPOINT 设置观察视点。执行-VPOINT 命令后，系统命令行提示图 13.2.1 所示的信息，在此提示下可以选择如下三种操作方法之一。

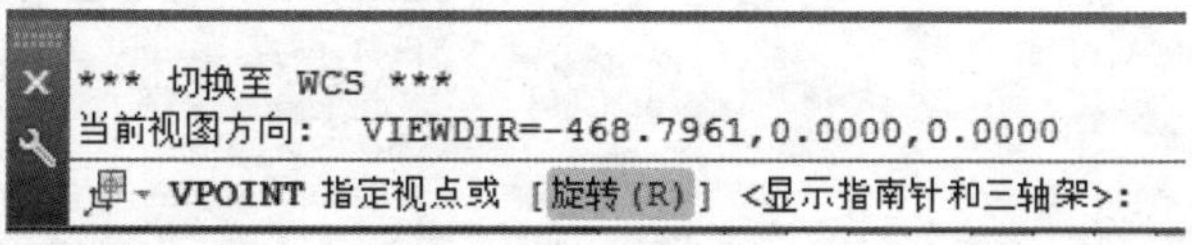

图 13.2.1 命令行提示

➢ **操作方法（一）**

指定视点：输入一个三维点的坐标，例如在命令行中输入（1,1,1），然后按 Enter 键。此时系统即以该点与坐标原点的连线方向作为观察方向，并在屏幕上按该方向显示图形的投影。

➢ **操作方法（二）**

旋转（R）：输入字母 R 并按 Enter 键，在输入 XY 平面中与 X 轴的夹角的提示下，输入角度值（如 135）并按 Enter 键；接着在输入与 XY 平面的夹角的提示下，输入该角度值（如 75）并按 Enter 键，这样便可设置观察的方向。

➢ **操作方法（三）**

使用坐标球和三轴架：在图 13.2.1 所示的提示下，直接按 Enter 键（或选择下拉菜单 视图(V) → 三维视图(D) → 视点(V) 命令），系统将暂时清除屏幕上的图形，只显示图 13.2.2 所示的坐标球和三轴架，移动鼠标时，坐标球中的小光标也跟着移动。坐标球的圆心表示北极（0,0,1），内环是赤道（n,n,0），外环是南极（0,0,−1）。因此，当光标位于内环之内时，相当于视点在球体的上半球体，将从上向下观察三维模型，方向（东、北、西或南）由从圆心到光标的角度决定；当光标位于内环与外环之间时，表示视点在球体的下半球体，将从下向上观察三维模型；如果光标正好位于内环上，将从赤道向下观察三维模型；如果光标位于外环上，将从模型底部竖直向上观察模型。当移动坐标球中的光标时，三轴架的方向也随之改变，可以进一步协助设置当前的视点。

另外，用户还可以利用对话框来设置视点，其操作方法为：选择下拉菜单 视图(V) → 三维视图(D) ▸ → 视点预设(I)... 命令（或在命令行中输入命令DDVPOINT），系统将弹出图 13.2.3 所示的“视点预设”对话框。利用该对话框，可以更加形象直观地设置视点。

在“视点预设”对话框中，⊙ 绝对于 WCS(W) 和 ○ 相对于 UCS(U) 两个单选项用来确定新的观察角度是相对于世界坐标系还是相对于当前的用户坐标系。在左、右两个图像之中用实线指示出当前的视角，数值显示在其下面的文本框里。左边的图像用于设置 XY 平面内的观察角度，右边的图像用于设置相对于 XY 平面的观察角度，用户可以单击图像中的分隔线，将观察角度值设置为 45 的整数倍；也可以在 X 轴(A): 和 XY 平面(P): 文本框内输入相应的角度值。 设置为平面视图(V) 按钮用于设置模型的平面视图。确定完视点后，单击 确定 按钮，系统即按该视点显示三维图形。

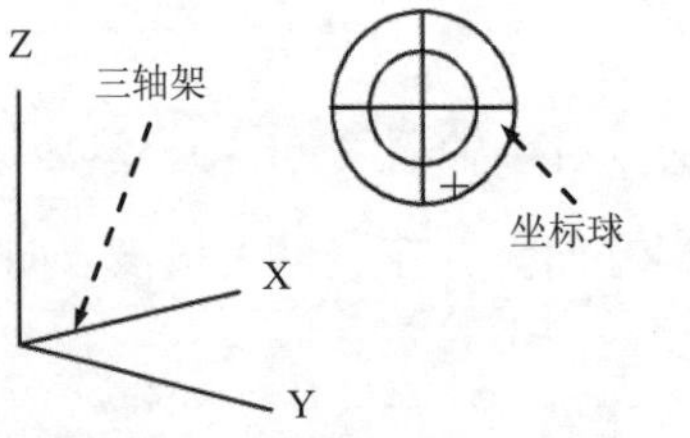

图 13.2.2 坐标球和三轴架

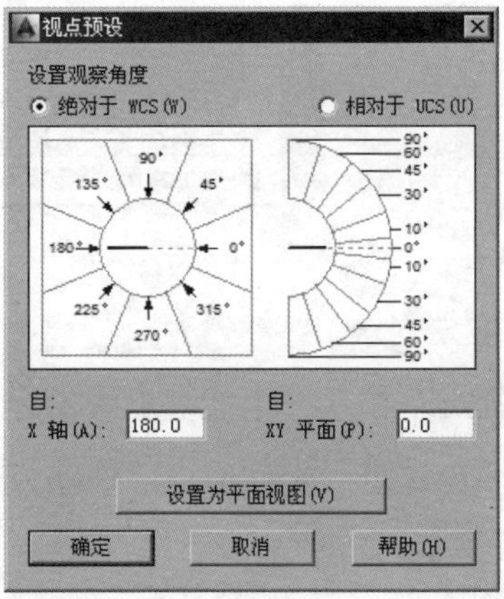

图 13.2.3 “视点预设”对话框

13.2.2 使用三维动态观察器

使用三维动态观察器可以在三维空间动态地观察三维对象。选择下拉菜单 视图(V) → 动态观察(B) ▸ → 自由动态观察(F) 命令后，系统将显示图 13.2.4 所示的一个观察球，在圆的四个象限点处带有四个小圆，这便是三维动态观察器。

观察器的圆心点就是要观察的点（即目标点），观察的出发点相当于相机的位置。查看时，目标点是固定不动的，通过移动鼠标可以使相机在目标点周围移动，从不同的视点动态地观察对象。结束命令后，三维图形将按新的视点方向重新定位。

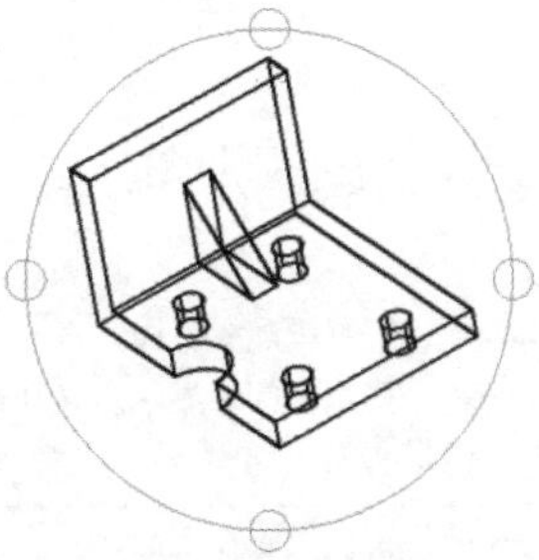

图 13.2.4　三维动态观察器

在观察器中，光标的形状也将随着所处的位置而改变，可有以下几种情况：

- 当光标位于观察球的内部时，光标图标显示为。此时单击并拖动光标，可以自由地操作视图，在目标的周围移动视点。
- 当光标位于观察球以外区域时，光标图标显示为。此时单击并绕着观察球拖动光标，视图将围绕着一条穿过观察球心且与屏幕正交的轴旋转。
- 当光标位于观察球左侧或右侧的小圆中时，光标图标显示为。单击并拖动光标，可以使视图围绕着通过观察球顶部和底部假想的垂直轴旋转。
- 当光标位于观察球顶部或底部的小圆中时，光标图标显示为。单击并拖动光标，可以使视图围绕着通过观察球左边和右边假想的水平轴旋转。
- 在各种显示状态下，按住鼠标中键不放，可移动视图的显示位置。

13.2.3　显示平面视图

当从默认的视点（0,0,1）观察图形时，就会得到模型的平面视图。要显示平面视图，可以使用以下方法：选择下拉菜单 视图(V) → 三维视图(D) ▸ → 平面视图(P) ▸ 下的 当前 UCS(C) 子命令或者 世界 UCS(W) 子命令。

“平面视图”下拉菜单中各项的说明如下。

- 当前 UCS(C) 选项：显示指定的用户坐标系的平面视图。
- 世界 UCS(W) 选项：显示世界坐标系的平面视图。
- 命名 UCS(N) 选项：显示以前保存的用户坐标系的平面视图。

注意：这三个命令不能用于图纸空间。

13.2.4　快速设置预定义的视点

AutoCAD 提供了十种预定义的视点：俯视、仰视、左视、右视、前视、后视、西南等轴测（S）、东南等轴测（E）、东北等轴测（N）和西北等轴测（W）。当选择下拉菜单视图(V) → 三维视图(D) ▸ 下子菜单中的各命令（图 13.2.5）时，可以快速地切换到某一个特殊的视点。

注意：选择上面十种预定义的视点，均会引起用户坐标系（UCS）的改变。

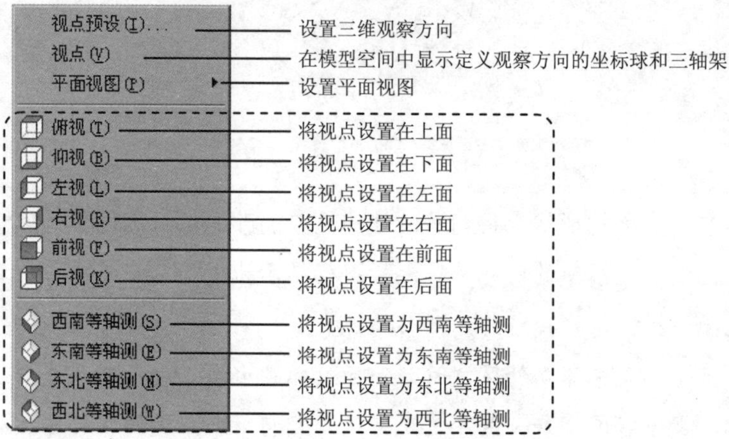

图 13.2.5　子菜单

13.2.5　以消隐方式显示图形

在默认状态下，系统是以线框方式显示对象的。消隐是指消除三维对象的线框图中隐藏在其他表面后的线条，增强三维对象的立体感。选择下拉菜单 视图(V) → 消隐(H) 命令（或在命令行中输入命令 HIDE），可执行消隐操作。图 13.2.6 显示了图形消隐的前后效果。

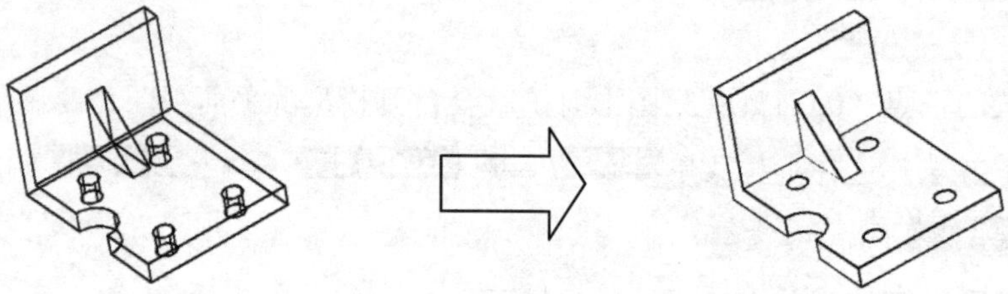

a）消隐前　　b）消隐后

图 13.2.6　图形消隐效果

13.3　三维对象的分类

前面主要学习了二维对象的创建和编辑，后面几节将主要学习三维对象的创建、编辑和外观处理。这里有必要弄清三维对象的特点和分类。

在 AutoCAD 中，二维对象的创建、编辑、尺寸标注等都只能在三维坐标系的 XY 平面进行。如果赋予二维对象一个 Z 轴方向的值，即可得到一个三维曲面对象，这是创建三维对象最简单的方法。当然创建三维对象还有许多方法，按照创建的方法和结果的不同，可将三维模型分为线框模型、曲面模型和实体模型三种类型。

1. 线框模型

线框模型是通过线对象（直线和曲线）来表达三维形体的模型（图 13.3.1），它是一种对三维形体最简单的描述。要创建一个线框模型，必须对线框模型中的每个线对象单独定位和绘制，因此这种建模方式最为耗时。另外，线框模型中包含的信息很少，只含线的信息，不含面和体的信息，不能对其进行消隐、着色和渲染处理，也不能对其进行剖切操作，而且线框模型中纵横交错的线很容易造成理解上的歧义，因而在实际应用中使用得比较少。

2. 曲面模型

曲面模型是通过线对象和面对象来表达三维形体的模型（图 13.3.2），因为这种模型中含有面的信息，所以曲面模型具有一定的立体感。创建曲面模型，主要是定义面，有时还要定义边线。可以对曲面模型进行表面面积计算、表面布尔运算等操作，也可对其进行消隐、着色等外观处理，但曲面模型没有质量、重心等属性。曲面模型在产品造型设计、服装款式设计、建筑设计等领域有一定的应用。曲面模型可以用线框的形式进行显示。

3. 实体模型

实体模型是三种模型中最高级的一种模型类型。实体模型是由多个面围成的一个密闭的三维形体，并且该密闭的三维形体中充满了某种密度的材料（图 13.3.3），所以可以把实体模型想象为一个充满某种材料的封闭曲面模型。实体模型不仅具备曲面模型所有的特点，而且还具有体积、质量、重心、回转半径和惯性矩等属性特征。可以对实体模型进行渲染处理，实体模型也可以用线框的形式进行显示。由于实体模型包含的信息最多，在实际应用中非常广泛，本章将重点介绍实体模型的创建、编辑和渲染功能。

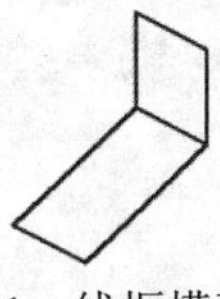

图 13.3.1　线框模型

图 13.3.2　曲面模型

图 13.3.3　实体模型

13.4　创建基本的三维实体对象

AutoCAD 提供的基本的三维实体对象包括长方体、球体、圆柱体、圆锥体、楔体和圆环体。在创建这些基本的三维实体对象时，为了方便观察，一般会将视点调至几种等轴测视图。下面讲解几种基本的三维实体对象的创建方法。

1. 长方体

在 AutoCAD 中可以创建实心的长方体，长方体的底面与当前用户坐标系的 XY 平面平行。在创建实心长方体时，可以使用以下几种方法：

- 指定长方体的中心点或一个角点，然后指定第二个角点和高度。
- 指定长方体的中心点或一个角点，然后选择立方体选项，再指定立方体的长度。
- 指定长方体的中心点或一个角点，然后指定长度、宽度和高度。

下面将采用第三种方法来创建图 13.4.1 所示的一个长度、宽度、高度值分别为 50、30、45 的长方体。其一般操作步骤如下。

Step1. 选择下拉菜单 绘图(D) → 建模(M) ▸ → 长方体(B) 命令。

Step2. 在 指定第一个角点或 [中心(C)]: 的提示下，选取一点。

Step3. 在 指定其他角点或 [立方体(C)/长度(L)]: 的提示下，输入字母 L 后按 Enter 键，即采用给定长、宽、高的方式来绘制长方体。

Step4. 在 指定长度: 的提示下，输入长方体的长度值为 50，并按 Enter 键。

Step5. 在 指定宽度: 的提示下，输入长方体的宽度值为 30，并按 Enter 键。

Step6. 在 指定高度或 [两点(2P)]: 的提示下，输入长方体的高度值为 45，并按 Enter 键。

Step7. 调整视点观察图形。选择下拉菜单 视图(V) → 三维视图(D) ▸ → 西南等轴测(S) 命令，设置西南等轴测视点观察图形。

2. 球体

在 AutoCAD 中，SPHERE 命令用于创建一个球体，球体的纬线平行于 XY 平面，中心轴平行于当前用户坐标系的 Z 轴。图 13.4.2 就是一个球体的例子，其一般操作步骤如下。

Step1. 设定网格线数。

（1）在命令行中输入命令 ISOLINES，并按 Enter 键。

（2）在 输入 ISOLINES 的新值 <4>: 的提示下，输入数值 30 并按 Enter 键。

说明： 系统变量 ISOLINES 用来确定对象每个面上网格线的数目。

Step2. 创建球体对象。

（1）选择下拉菜单 绘图(D) → 建模(M) ▸ → 球体(S) 命令。

（2）在 指定中心点或 [三点(3P)/两点(2P)/切点、切点、半径(T)]: 的提示下，在绘图区选取一点。

（3）在 指定半径或 [直径(D)]: 的提示下，输入球体的半径值 50 并按 Enter 键。

（4）调整视点观察图形。

3．圆柱体

在 AutoCAD 中，CYLINDER 命令用于创建以圆或椭圆作为底面的圆柱实体（图 13.4.3）。要创建一个圆柱体，先要指定圆或椭圆的尺寸（与绘制圆及椭圆的方法相同），然后系统提示沿 Z 轴（与定义的底面垂直）方向输入一个正值或负值作为圆柱体的高度，或者指定另一端的圆心，这一点既定义了圆柱体的高度，也定义了圆柱体的方向。

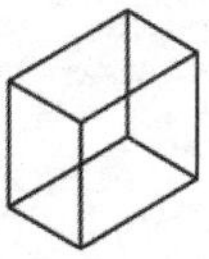

图 13.4.1　长方体

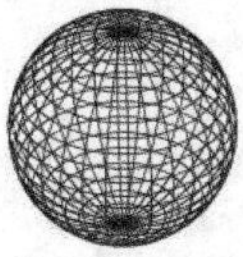

图 13.4.2　球体

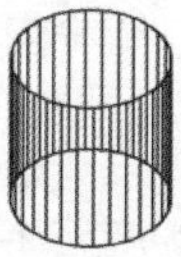

图 13.4.3　圆柱体

4．圆锥体

下拉菜单 绘图(D) → 建模(M) ▸ → 圆锥体(O) 命令用于创建圆锥体（图 13.4.4）。要创建一个圆锥体，先要指定底面圆或椭圆的尺寸（与绘制圆及椭圆的方法相同），然后沿 Z 轴（与创建的底面垂直）方向指定一个正值或负值作为圆锥体的高度，或者指定顶点的位置，顶点的位置决定了圆锥体的高度和方向。

5．楔体

下拉菜单 绘图(D) → 建模(M) ▸ → 楔体(W) 命令用于创建楔体（图 13.4.5）。楔体的底面平行于当前用户坐标系的 XY 平面，并沿 X 轴方向变细。楔体的高度是沿 Z 轴方向的高度，可以是正值也可以是负值。

6．圆环体

下拉菜单 绘图(D) → 建模(M) ▸ → 圆环体(T) 命令用于创建圆环体（图 13.4.6）。圆环体由两个半径确定：一个半径是从圆环的中心到圆管的中心的距离；另一个半径是圆管的中心到外表面的距离。创建的圆环体平行于当前用户坐标系的 XY 面，中心轴与 Z 轴平行。

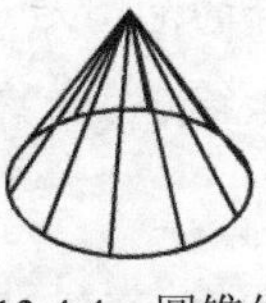

图 13.4.4　圆锥体

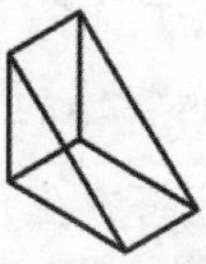

图 13.4.5　楔体

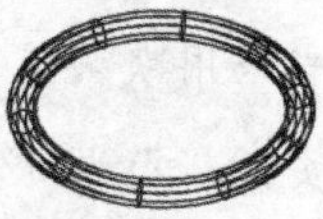

图 13.4.6　圆环体

13.5　创建三维拉伸实体

创建拉伸实体，就是将二维封闭的图形对象沿其所在平面的法线方向按指定的高度拉伸，或沿指定的路径进行拉伸来绘制三维实体。拉伸的二维封闭图形可以是圆、椭圆、圆环、多边形、闭合的多段线、矩形、面域或闭合的样条曲线等。

13.5.1 按指定的高度拉伸对象

下面以图 13.5.1 所示的实体为例，说明指定高度创建拉伸对象的一般操作步骤。

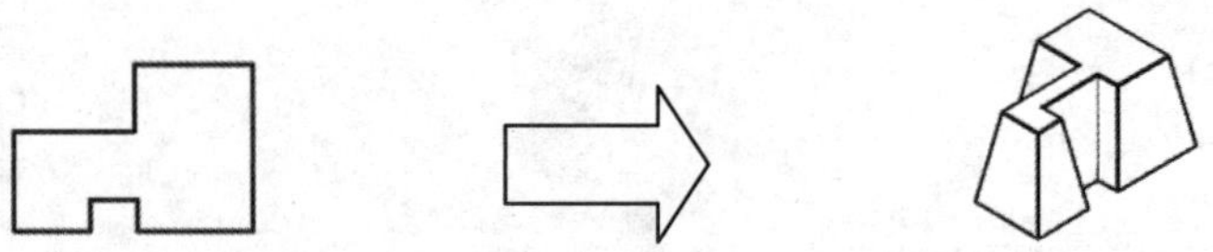

a）二维封闭图形　　b）三维拉伸实体

图 13.5.1　按指定的高度拉伸对象

Step1. 打开文件 D:\AutoCAD2017.1\work\ch13.05\extrud_2d.dwg。

Step2. 选择下拉菜单 绘图(D) → 建模(M) ▸ → 拉伸(X) 命令。

Step3. 在 选择要拉伸的对象或 [模式(MO)]: 的提示下，选取图 13.5.1a 中封闭的二维图形后按 Enter 键。

Step4. 在 指定拉伸的高度或 [方向(D)/路径(P)/倾斜角(T)/表达式(E)] <50.0000>: 的提示下，输入字母 T。

Step5. 在 指定拉伸的倾斜角度或 [表达式(E)] <0>: 的提示下，输入拉伸角度值 10 并按 Enter 键。

Step6. 在 指定拉伸的高度或 [方向(D)/路径(P)/倾斜角(T)/表达式(E)] <50.0000>: 的提示下，输入拉伸高度值 300 并按 Enter 键。

Step7. 选择下拉菜单 视图(V) → 三维视图(D) ▸ → 西南等轴测(S) 命令。

Step8. 为了方便查看，选择下拉菜单 视图(V) → 消隐(H) 命令进行消隐，消隐后可看到图 13.5.1b 所示的拉伸实体效果。

说明：

- 指定高度拉伸时，如果高度为正值，则沿着 +Z 轴方向拉伸；如果高度为负值，则沿着-Z 轴方向拉伸；在指定拉伸的倾斜角度时，角度允许的范围是-90° ~ +90°。当采用默认值 0°时，表示生成的实体的侧面垂直于 XY 平面，没有锥度；如果为负，将产生外锥度；如果为正，将产生内锥度。
- 用直线命令 LINE 创建的封闭二维图形，必须将其转化为封闭的多段线或用 REGION 命令转化为面域后，才能将其拉伸为实体。

13.5.2 沿路径拉伸对象

下面介绍如何沿指定的路径创建图 13.5.2 所示的三维沿路径拉伸对象。

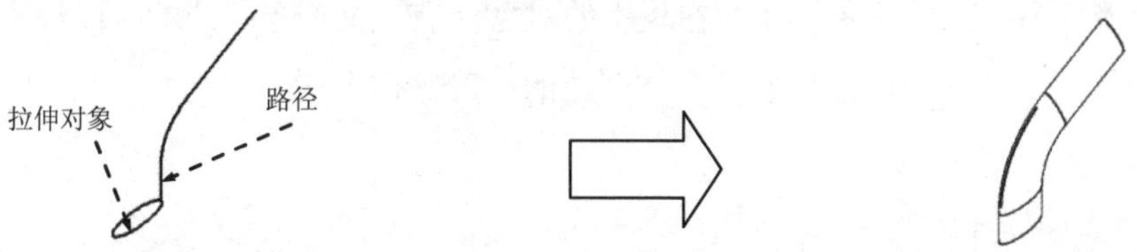

a）拉伸对象和路径　　　　b）三维拉伸实体

图 13.5.2　沿路径拉伸对象

Step1. 打开文件 D:\AutoCAD2017.1\work\ch13.05\extrud_2d_path.dwg。

Step2. 设定网格线数。将系统变量 ISOLINES 值设为 20。

Step3. 选择下拉菜单 绘图(D) → 建模(M) ▸ → 拉伸(X) 命令。

Step4. 在 选择要拉伸的对象或 [模式(MO)]: 的提示下，选取图 13.5.2a 中的拉伸对象——椭圆；按 Enter 键以结束选取对象。

Step5. 在 指定拉伸的高度或 [方向(D)/路径(P)/倾斜角(T)/表达式(E)] <300.0000>: 的提示下，输入字母 P 后按 Enter 键（即选择“路径”选项）。

Step6. 在 选择拉伸路径或 [倾斜角(T)]: 的提示下，选取图 13.5.2a 中的路径。

Step7. 选择下拉菜单 视图(V) → 消隐(H) 命令进行消隐。

Step8. 选择下拉菜单 视图(V) → 视觉样式(S) ▸ → 消隐(H) 命令，结果如图 13.5.2b 所示。如果要使实体表面平滑，用户可通过增大系统变量 FACETRES 的值来实现。

说明：

- 拉伸路径可以是直线、圆、圆弧、椭圆、椭圆弧、多段线或样条曲线，它可以是开放的，也可以是封闭的。路径不能与被拉伸对象共面。如果路径中包含曲线，则该曲线不应带尖角（或圆角半径太小），因为尖角曲线会使拉伸实体自相交，从而导致拉伸失败。
- 如果路径是开放的，则路径的起点应与被拉伸对象在同一个平面内；否则拉伸时，系统会将路径移到拉伸对象所在平面的中心处。
- 如果路径是一条样条曲线，则样条曲线的一个端点切线应与拉伸对象所在平面垂直；否则样条会被移到断面的中心，并且起始断面会旋转到与样条起点处垂直的位置。

13.6　创建三维旋转实体

旋转实体就是一个闭合的二维图形对象绕着一个轴旋转一定的角度而得到的实体，旋转轴可以是当前用户坐标系的 X 轴或 Y 轴，也可以是一个已存在的直线对象，或者是指定的两点间的连线。用于旋转的二维对象可以是封闭多段线、多边形、圆、椭圆、封闭样条曲线、圆环以及面域。三维对象、包含在块中的对象、有交叉或自干涉的多段线不能被旋转。下面介绍图 13.6.1 所示的三维旋转实体创建的一般操作步骤。

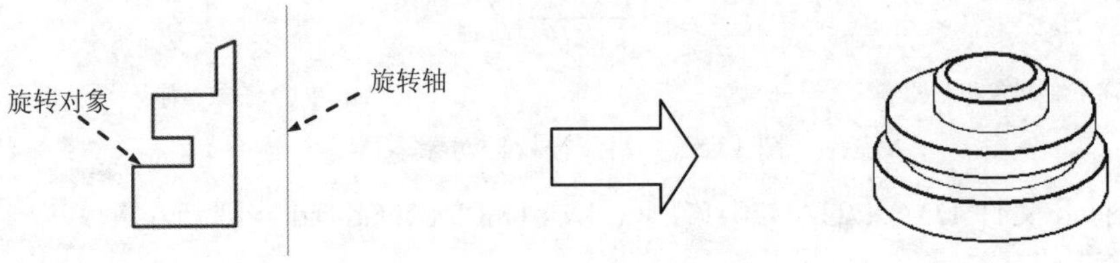

a）旋转对象和旋转轴　　　　b）三维旋转实体

图 13.6.1　创建三维旋转实体

Step1. 打开文件 D:\AutoCAD2017.1\work\ch13.06\revol_2d.dwg。

Step2. 设定网格线数。在命令行输入命令 ISOLINES 并按 Enter 键，然后在输入 ISOLINES 的新值的提示下输入数值 40 并按 Enter 键。

Step3. 选择下拉菜单 绘图(D) → 建模(M) → 旋转(R) 命令。

说明：也可以在命令行中输入命令 REVOLVE 后按 Enter 键。

Step4. 在选择要旋转的对象或 [模式(MO)]:的提示下，选取图 13.6.1a 中封闭的二维图形作为旋转对象；当再次出现选择要旋转的对象或 [模式(MO)]:提示时，按 Enter 键结束选取对象。

Step5. 系统命令行提示图 13.6.2 所示的信息，在此提示下，输入字母 O 后按 Enter 键（即选择对象(O)选项）。

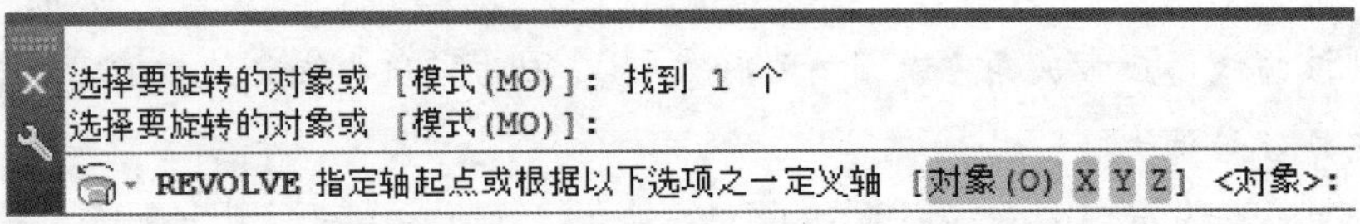

图 13.6.2　命令行提示

Step6. 在选择对象:的提示下，选取图 13.6.1a 中的直线作为旋转轴。

Step7. 在指定旋转角度或 [起点角度(ST)/反转(R)/表达式(EX)] <360>:的提示下，按 Enter 键，采用默认角度值 360。

Step8. 选取适当的视点观察三维对象。

Step9. 选择下拉菜单 视图(V) → 消隐(H) 命令进行消隐。

Step10. 选择下拉菜单 视图(V) → 视觉样式(S) → 消隐(H) 命令，结果如图 13.6.1b 所示。

注意：当将一个二维对象通过拉伸或旋转生成三维对象后，AutoCAD 通常要删除原来的二维对象。系统变量 DELOBJ 可用于控制原来的二维对象是保留还是不保留。

13.7 布 尔 运 算

13.7.1 并集运算

并集运算是指将两个或多个实体（或面域）组合成一个新的复合实体。在图 13.7.1 中，球体和圆柱体相交，下面以此为例说明并集运算的一般操作步骤。

Step1. 打开文件 D:\AutoCAD2017.1\work\ch13.07\union.dwg。

Step2. 选择下拉菜单 修改(M) → 实体编辑(N) → 并集(U) 命令。

Step3. 在 选择对象: 的提示下，选取第一个要组合的实体对象——图 13.7.1a 中的圆柱体。

Step4. 在 选择对象: 的提示下，选取第二个要组合的实体对象——图 13.7.1a 中的球体；按 Enter 键结束选择对象。系统开始进行并集运算，结果如图 13.7.1b 所示。

Step5. 选择下拉菜单 视图(V) → 消隐(H) 命令，消隐后的效果如图 13.7.1c 所示。

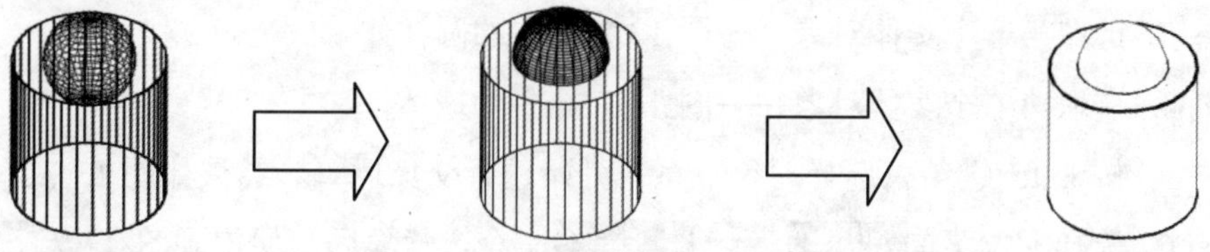

a）并集运算前　　b）并集运算后　　c）消隐后

图 13.7.1　并集运算

13.7.2 差集运算

差集运算是指从选定的实体中减去另一些实体，从而得到一个新实体，如图 13.7.2 所示。其一般操作步骤说明如下。

Step1. 打开文件 D:\AutoCAD2017.1\work\ch13.07\union.dwg。

Step2. 选择下拉菜单 修改(M) → 实体编辑(N) → 差集(S) 命令。

Step3. 选取要从中减去实体的对象——图 13.7.2a 中的圆柱体。按 Enter 键结束选择对象。

Step4. 选取要减去的实体对象——图 13.7.2a 中的球体，按 Enter 键结束选择对象。系统开始进行差集运算，结果如图 13.7.2b 所示。

Step5. 选择下拉菜单 视图(V) → 消隐(H) 命令，消隐后，得到图 13.7.2c 所示的实体效果。

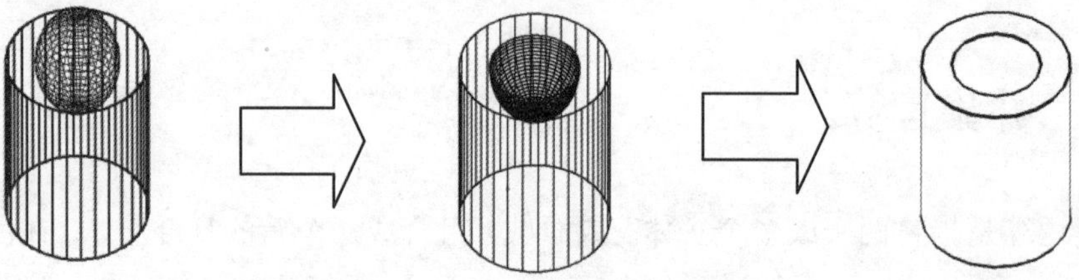

a）差集运算前　　b）差集运算后　　c）消隐后

图 13.7.2　差集运算

13.7.3　交集运算

交集运算是指创建一个由两个或多个相交实体的公共部分形成的实体，如图 13.7.3 所示。其一般操作步骤如下。

Step1．打开文件 D:\AutoCAD2017.1\work\ch13.07\union.dwg。

Step2．选择下拉菜单 修改(M) → 实体编辑(N) ▸ → 交集(I) 命令。

Step3．选取第一个实体对象——图 13.7.3a 中的圆柱体。

Step4．选取第二个实体对象——图 13.7.3a 中的球体。

Step5．按 Enter 键结束选择对象。系统开始进行交集运算，结果如图 13.7.3b 所示。

Step6．选择下拉菜单 视图(V) → 消隐(H) 命令，消隐后，便得到图 13.7.3c 所示的实体效果。

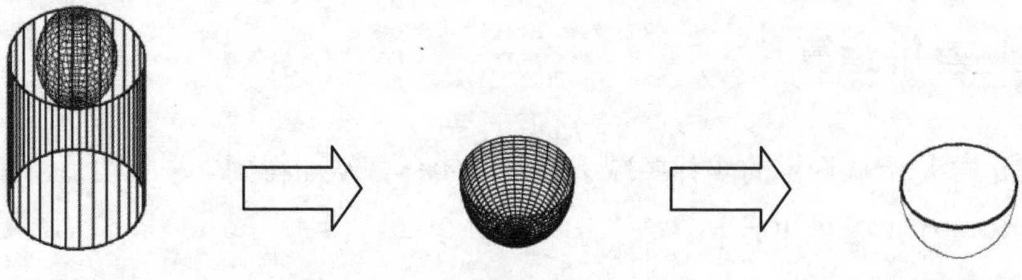

a）交集运算前　　b）交集运算后　　c）消隐后

图 13.7.3　交集运算

注意：如果对一些实际并不相交的对象使用 INTERSECT 交集运算命令，系统将删除这些对象而不会创建任何对象，如立即使用 UNDO 命令可以恢复被删除对象。

13.7.4　干涉检查

干涉检查通过对比两组对象或一对一地检查所有实体来检查实体模型中的干涉（三维

实体相交或重叠的区域），可在实体相交处创建和显亮临时实体，如图 13.7.4 所示。其一般操作步骤如下。

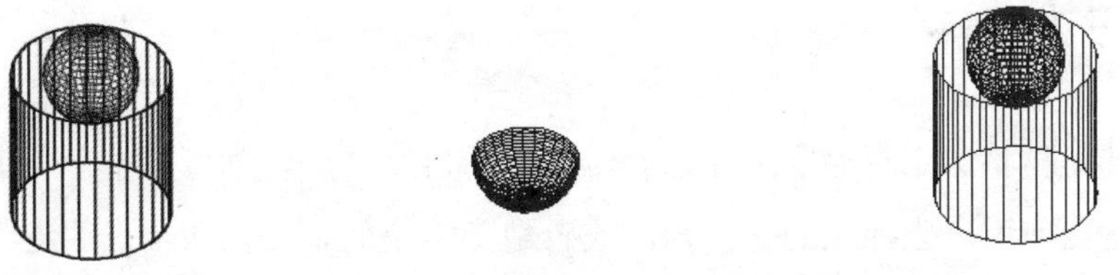

a）干涉检查前　　b）干涉检查后（移动干涉体）　　c）干涉检查后（不移动干涉体）

图 13.7.4　干涉检查

Step1. 打开文件 D:\AutoCAD2017.1\work\ch13.07\union.dwg。

Step2. 选择下拉菜单 修改(M) → 三维操作(3) → 干涉检查(I) 命令。

Step3. 在命令行中出现 选择第一组对象或 [嵌套选择(N)/设置(S)]: 的提示，选取图 13.7.4a 所示的圆柱体为第一个实体对象，按 Enter 键结束选取。

Step4. 在 选择第二组对象或 [嵌套选择(N)/检查第一组(K)] <检查>: 提示下，选取图 13.7.4a 所示的球体为第二个实体对象，按 Enter 键结束选取。此时高亮显示图形中的干涉部分（图 13.7.4b），同时系统弹出“干涉检查”对话框。

Step5. 对图形进行完干涉检查后，取消选中 □ 关闭时删除已创建的干涉对象(D) 复选框，单击“干涉检查”对话框中的 关闭(C) 按钮。

注意：如果此时干涉检查对象在屏幕上不显示，可选择 视图(V) → 视觉样式(S) 下拉列表中的任一命令，图形就会以相应的视觉样式显示出来。

“干涉检查”对话框中的各选项的说明如下。

- 上一个(P) 按钮：高亮显示上一个干涉对象。
- 下一个(N) 按钮：高亮显示下一个干涉对象。
- ☑ 关闭时删除已创建的干涉对象(D) 复选框：在关闭对话框的时候删除干涉对象。
- ☑ 缩放对(Z) 复选框：在高亮显示上一个和下一个干涉对象的时候缩放对象。
- 按钮：关闭对话框并启动“缩放”命令。实时放大或缩小显示当前视口中对象的外观尺寸，其实际尺寸保持不变。
- 按钮：关闭对话框并启动“平移”命令，通过移动定点设备进行动态平移视图。
- 按钮：关闭对话框并启动“受约束的动态观察”命令，以便从不同视点动态地观察对象。

注意：选择 修改(M) → 三维操作(3) → 干涉检查(I) 命令后，在命令行中输入字母 S，可以通过使用系统弹出的“干涉设置”对话框中的选项来指定干涉对象的显示。

13.8 三维对象的图形编辑

13.8.1 三维旋转

三维旋转是指将选定对象绕空间轴旋转指定的角度。旋转轴可以基于一个已存在的对象，也可以是当前用户坐标系的任一轴，或者是三维空间中任意两个点的连线。下面介绍图 13.8.1 所示的三维旋转的一般操作步骤。

Step1. 打开文件 D:\AutoCAD2017.1\work\ch13.08\rotate_3d.dwg。

Step2. 选择下拉菜单 修改(M) → 三维操作(3) → 三维旋转(R) 命令。

Step3. 在选择对象：的提示下，选取图 13.8.1a 中的三维对象，按 Enter 键结束选择，此时将显示附着在光标上的旋转夹点工具。

Step4. 单击图 13.8.1b 所示的直线的端点 A 为移动的基点，以放置旋转夹点工具。

Step5. 移动光标至旋转夹点工具上的红色的圆，直到屏幕上显示图 13.8.1b 所示的旋转轴线，然后单击。

说明：将光标移动到旋转夹点工具的圆上（不要单击），系统就会自动显示该圆的轴线，可以用此方法来选择旋转轴线。

Step6. 在命令行中输入角度值 60，并按 Enter 键，结果如图 13.8.1c 所示。

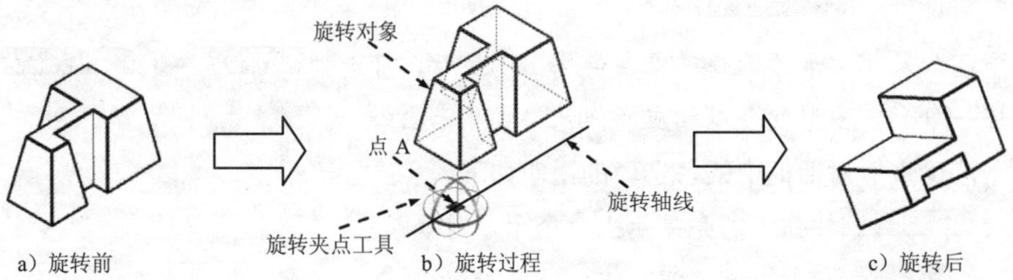

图 13.8.1 三维旋转操作过程

13.8.2 三维阵列

三维阵列与二维阵列非常相似，三维阵列包括矩形阵列和环形阵列。对于矩形阵列，需要指定阵列的行数、列数、层数和对象相互之间的距离。对于环形阵列，需要指定阵列对象的旋转轴、要复制对象的数目以及阵列的包角。

1. 矩形阵列

下面介绍图 13.8.2 所示的三维矩形阵列的一般操作步骤。

Step1. 打开文件 D:\AutoCAD2017.1\work\ch13.08\array-r-3d.dwg。

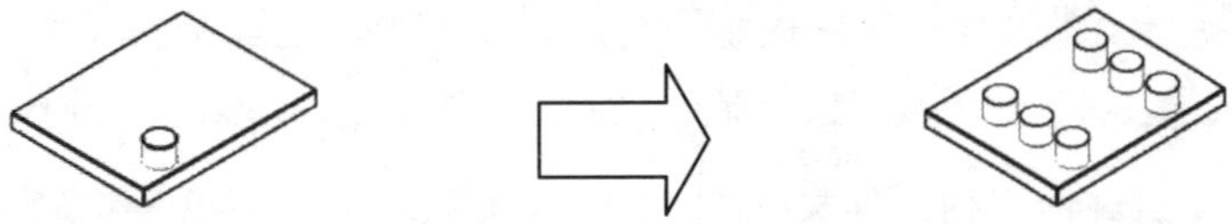

a）矩形阵列前　　　　b）矩形阵列后

图 13.8.2　三维矩形阵列操作过程

Step2. 选择下拉菜单 修改(M) → 三维操作(3) → 三维阵列(3) 命令。

说明：也可以在命令行中输入命令 3DARRAY 后按 Enter 键。

Step3. 在 选择对象: 的提示下，选取图 13.8.2a 中的圆柱体，按 Enter 键结束选择。

Step4. 在 输入阵列类型 [矩形(R)/环形(P)] <矩形>: 的提示下，输入字母 R 后按 Enter 键（或直接按 Enter 键），即选择矩形阵列方式。

Step5. 在 输入行数 (---) <1>: 的提示下，输入阵列的行数 3，并按 Enter 键。

Step6. 在 输入列数 (|||) <1>: 的提示下，输入阵列的列数 2，并按 Enter 键。

Step7. 在 输入层数 (...) <1>: 的提示下，输入阵列的层数 1，并按 Enter 键。

Step8. 在 指定行间距 (---): 的提示下，输入行间距值 60，并按 Enter 键。

Step9. 在 指定列间距 (|||): 的提示下，输入列间距值 150，并按 Enter 键，系统开始阵列，结果如图 13.8.2b 所示。

2. 环形阵列

下面介绍图 13.8.3 所示的三维环形阵列的一般操作步骤。

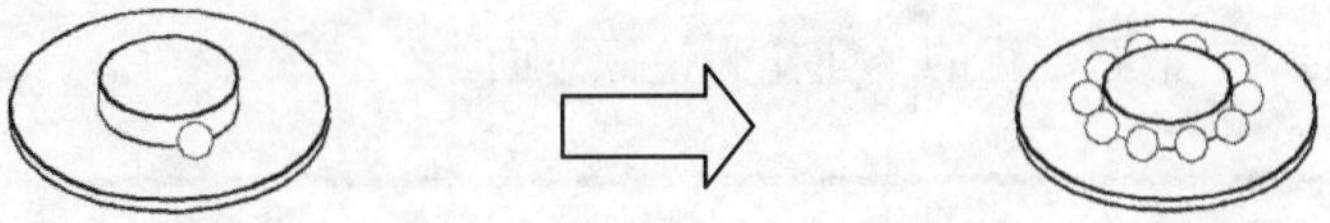

a）环形阵列前　　　　b）环形阵列后

图 13.8.3　三维环形阵列操作过程

Step1. 打开文件 D:\AutoCAD2017.1\work\ch13.08\array-p-3d.dwg。

Step2. 选择下拉菜单 修改(M) → 三维操作(3) → 三维阵列(3) 命令。

Step3. 在 选择对象: 的提示下，选取图 13.8.3a 中的球体，按 Enter 键结束选择。

Step4. 在 输入阵列类型 [矩形(R)/环形(P)] <矩形>: 的提示下，输入字母 P 后按 Enter 键，即选择环形阵列方式。

Step5. 在 输入阵列中的项目数目: 的提示下，输入阵列的个数 10 并按 Enter 键。

Step6. 在 指定要填充的角度 (+=逆时针, -=顺时针) <360>: 的提示下，按 Enter 键，即选取阵列的填充角度为 360°。

Step7. 在 旋转阵列对象? [是(Y)/否(N)] <Y>: 的提示下按 Enter 键，即在阵列时旋转阵列对象。

Step8. 在指定阵列的中心点：的提示下，用捕捉的方法选取圆柱体上表面的圆心点。

Step9. 在指定旋转轴上的第二点：的提示下，用捕捉的方法选取圆柱体下表面的圆心点，此时系统便开始进行阵列，结果如图 13.8.3b 所示。

13.8.3 三维镜像

三维镜像是指将对象在三维空间相对于某一平面进行镜像，图 13.8.4 所示就是一个三维镜像的例子。其一般操作步骤如下。

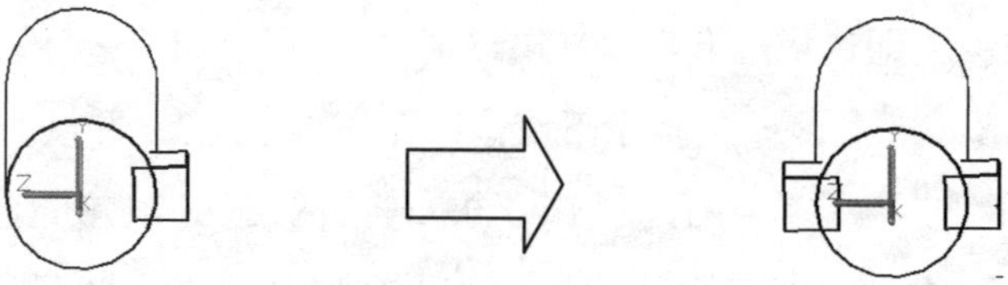

a）镜像前　　b）镜像后

图 13.8.4 三维镜像

Step1. 打开文件 D:\AutoCAD2017.1\work\ch13.08\mirror_3d.dwg。

Step2. 选择下拉菜单 修改(M) → 三维操作(3) ▸ → 三维镜像(D) 命令。

说明：也可以在命令行中输入命令 MIRROR3D 后按 Enter 键。

Step3. 在选择对象：的提示下，选取图中的长方体，按 Enter 键结束选择。

Step4. 系统命令行提示图 13.8.5 所示的信息，在此提示下输入字母 XY 后按 Enter 键，即用与当前 UCS 的 XY 平面平行的平面作为镜像平面。

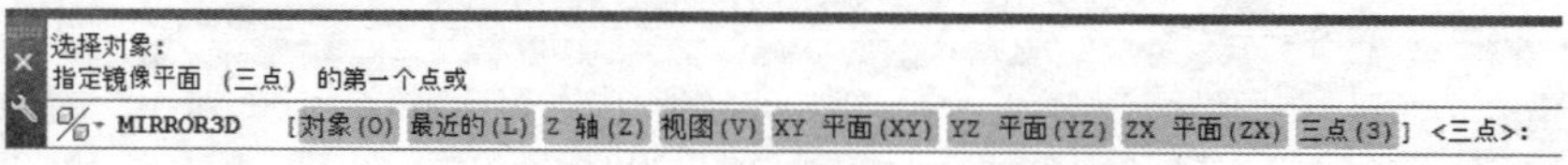

图 13.8.5 命令行提示

Step5. 在指定 XY 平面上的点 <0,0,0>：的提示下，按 Enter 键，采用默认值，即镜像平面平行于 XY 平面且通过（0,0,0）点。

Step6. 在是否删除源对象？[是(Y)/否(N)] <否>：的提示下，按 Enter 键，即选取不删除源对象。此时系统进行镜像，结果如图 13.8.4b 所示。

Step7. 选择下拉菜单 修改(M) → 实体编辑(N) ▸ → 并集(U) 命令，分别选取三个实体，按 Enter 键，这样三个单独的实体便合并为一个整体，消隐后的结果如图 13.8.6 所示。

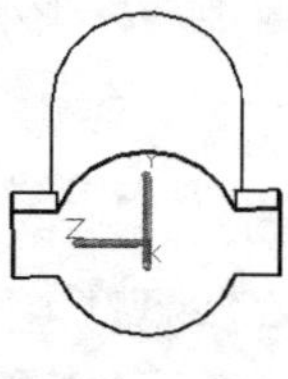

图 13.8.6 合并的结果图

图 13.8.5 所示的命令行提示中各选项的意义说明如下。

● 三点(3)选项：通过三点确定镜像平面，此项为默认项。

● 对象(O)选项：指定某个二维对象所在的平面作为镜像平面。

● 最近的(L)选项：用最近一次使用过的镜像面作为当前镜像面。

● Z 轴(Z)选项：通过确定平面上的一点和该平面法线上的一点来定义镜像平面。

● 视图(V)选项：使用与当前视图平面平行的某个平面作为镜像平面。

13.8.4 对齐三维对象

对齐三维对象是以一个对象上的点为基准，将另一个对象与该对象进行对齐。在对齐两个三维对象时，一般需要输入三对点，每对点中包括一个源点和一个目标点。完成三对点的定义后，系统将三个源点定义的平面与三个目标点定义的平面对齐。图 13.8.7 所示就是一个三维对齐的例子，其一般操作步骤如下。

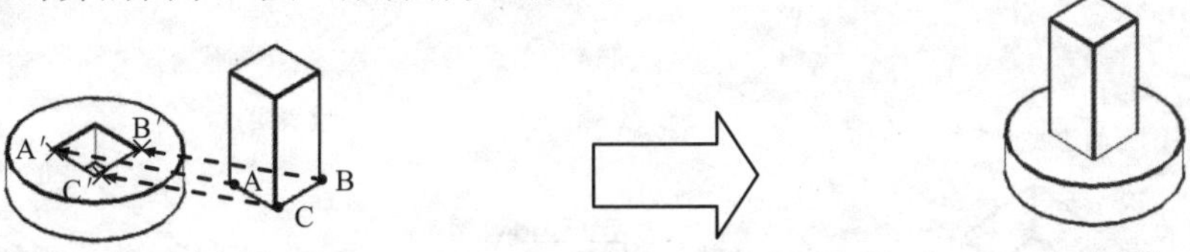

a）对齐前　　b）对齐后

图 13.8.7 对齐三维对象

Step1. 打开文件 D:\AutoCAD2017.1\work\ch13.08\align-3d.dwg。

Step2. 选择下拉菜单 修改(M) → 三维操作(3) → 对齐(L) 命令。

说明：也可以在命令行中输入命令 ALIGN 后按 Enter 键。

Step3. 在命令行选择对象：的提示下，选取图 13.8.7a 中的长方体为要移动的对象，按 Enter 键结束选择。

Step4. 在指定第一个源点：的提示下，在长方体上用端点（END）捕捉的方法选取第一个源点 A。

Step5. 在指定第一个目标点：的提示下，在方形孔上用端点（END）捕捉的方法选取第一个目标点 A′。

Step6. 在指定第二个源点：的提示下，在长方体上捕捉选择第二个源点 B。

说明：也可以在此提示下按 Enter 键，则对象发生平移，平移后，第一源点与第一目标点重合。

Step7. 在指定第二个目标点：的提示下，在方形孔上捕捉选择第二个目标点 B′。

Step8. 在指定第三个源点或 <继续>：的提示下，在长方体上捕捉选择第三个源点 C。

说明：也可以在此提示下按 Enter 键，则系统提示是否基于对齐点缩放对象？[是(Y)/否(N)] <否>：。

● 如选择否(N)选项，则对象移动后，第一源点与第一目标点重合，且两源点连线与两目标点连线重合。

- 如选择是(Y)选项，则对象按上述方式移动后，系统将其进行缩放，使第二源点与第二目标点重合。

Step9. 在指定第三个目标点：的提示下，在方形孔上捕捉选择第三个目标点 C′。此时系统即将三个源点定义的平面与三个目标点定义的平面对齐，同时第一源点移至第一目标点位置，第一源点和第二源点的连线与第一目标点和第二目标点的连线重合，结果如图 13.8.7b 所示。

13.8.5 三维实体倒角

三维实体倒角就是对实体的棱边修倒角，从而在两相邻表面之间生成一个平坦的过渡面。下面介绍图 13.8.8 所示的实体倒角的一般操作步骤。

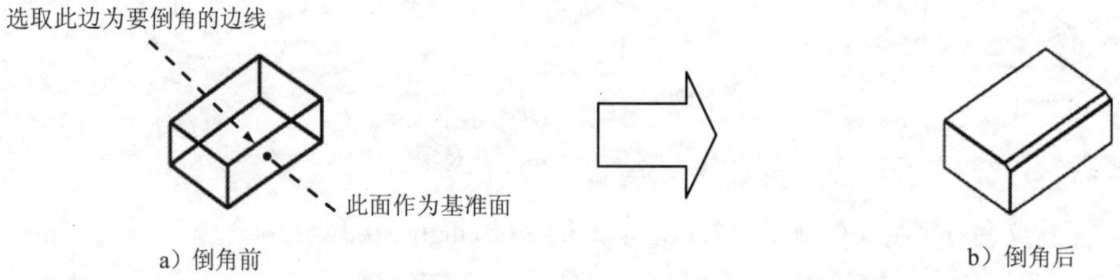

图 13.8.8 实体倒角

Step1. 打开文件 D:\AutoCAD2017.1\work\ch13.08\chamfer.dwg。

Step2. 选择下拉菜单 修改(M) → 倒角(C) 命令。

说明：也可以在命令行中输入命令 CHAMFER 后按 Enter 键。

Step3. 选取长方体的某条边，以确定要对其进行倒角的基准面，如图 13.8.8a 所示。

说明：在系统提示输入曲面选择选项 [下一个(N)/当前(OK)] <当前(OK)>：时，选择“下一个（N）”命令，可切换与选择边线相连的两个平面中的一个作为倒角基面。

Step4. 按 Enter 键接受当前面为基准面，如图 13.8.8a 所示。

Step5. 在指定基面倒角距离或 [表达式(E)] 的提示下，输入所要创建的倒角在基面的倒角距离值 10，并按 Enter 键。

Step6. 在指定其他曲面倒角距离或 [表达式(E)]的提示下，输入在相邻面上的倒角距离值 10，并按 Enter 键。

Step7. 在选择边或 [环(L)]：的提示下，选取在基面上要倒角的图 13.8.8a 所示的边线，也可以连续选择基准面上的其他边进行倒角，按 Enter 键结束选取，如图 13.8.8b 所示。

说明：当选取环(L)选项时，系统将对基准面上的各边同时进行倒角。

13.8.6 三维实体倒圆角

三维实体倒圆角就是为实体的棱边创建倒圆角，从而在两个相邻面之间生成一个圆滑过渡的曲面。下面介绍图 13.8.9 所示的实体倒圆角的一般操作步骤。

Step1. 打开文件 D:\AutoCAD2017.1\work\ch13.08\fillet.dwg。

Step2. 选择下拉菜单 修改(M) → 圆角(F) 命令。

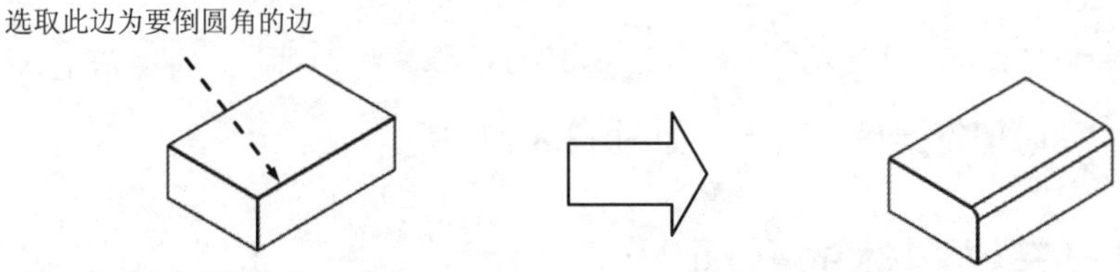

a）倒圆角前 b）倒圆角后

图 13.8.9 实体倒圆角

说明：也可以在命令行中输入命令 FILLET 后按 Enter 键。

Step3. 选取实体上要倒圆角的边线，如图 13.8.9a 所示。

Step4. 在输入圆角半径或 [表达式(E)]的提示下，输入圆角半径值 20，并按 Enter 键。

Step5. 在选择边或 [链(C) 环(L) 半径(R)]:的提示下，可继续选择该实体上其他的要进行倒圆角的边，按 Enter 键结束选择，如图 13.8.9b 所示。

说明：如果实体的几条边相互相切，则可选取链(C)选项，然后只需选取其中一条边，则对所有相切边同时进行倒圆角。

13.8.7 三维实体剖切

三维实体剖切功能可以将实体沿剖切平面完全切开，从而观察到实体内部的结构。剖切时，首先需要选择要剖切的三维对象，然后确定剖切平面的位置。当确定完剖切平面的位置后，还必须指明是否要将实体分割成的两部分保留。下面介绍图 13.8.10 所示的实体剖切的一般操作步骤。

Step1. 打开文件 D:\AutoCAD2017.1\work\ch13.08\revol-3d.dwg。

Step2. 选择下拉菜单 修改(M) → 三维操作(3) → 剖切(S) 命令。

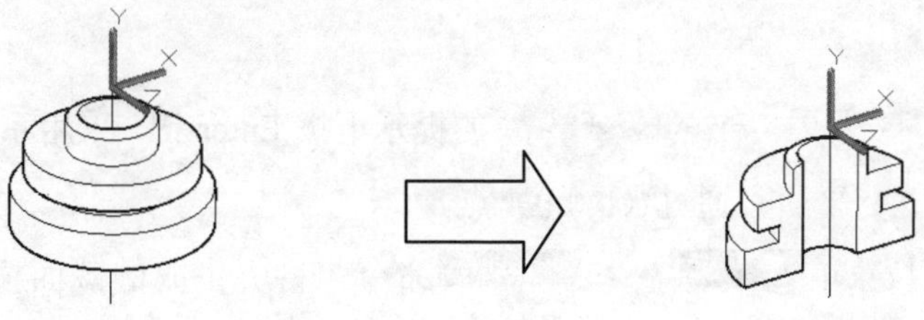

a）剖切前 b）剖切后

图 13.8.10 实体剖切

说明：也可以在命令行中输入命令 SLICE 后按 Enter 键。

Step3. 在选择要剖切的对象：的提示下，选取图 13.8.10a 中的三维实体，按 Enter 键结束选取对象。

Step4. 输入字母 XY 后按 Enter 键，即将与当前 UCS 的 XY 平面平行的某个平面作为剖切平面。

Step5. 在指定 XY 平面上的点 <0,0,0>: 的提示下，按 Enter 键采用默认值，即剖切平面平行于 XY 平面且通过（0,0,0）点。

Step6. 在在所需的侧面上指定点或 [保留两个侧面(B)] <保留两个侧面>: 的提示下，在要保留的一侧选择一点。此时便得到最后结果，如图 13.8.10b 所示。

13.8.8 创建三维实体的截面

创建三维实体的截面就是将实体沿某一个特殊的分割平面进行切割，从而创建一个相交截面。这种方法可以显示复杂模型的内部结构。它与剖切实体方法的不同之处在于：创建截面命令将在切割截面的位置生成一个截面的面域，该面域位于当前图层。截面面域是一个新创建的对象，因此创建截面命令不会以任何方式改变实体模型本身。对于创建的截面面域，可以非常方便地修改它的位置、添加填充图案、标注尺寸或在这个新对象的基础上拉伸生成一个新的实体。下面介绍图 13.8.11 所示的创建实体截面的一般操作步骤。

图 13.8.11 创建三维实体的截面

Step1. 打开文件 D:\AutoCAD2017.1\work\ch13.08\revol-3d.dwg。

Step2. 在命令行中输入命令 SECTION 后按 Enter 键。

Step3. 在选择对象：的提示下，选取图 13.8.11a 中的实体，按 Enter 键结束选取对象。

Step4. 输入字母 XY 后按 Enter 键，即将与当前 UCS 的 XY 平面平行的某个平面作为剖切平面。

Step5. 在指定 XY 平面上的点 <0,0,0>: 的提示下按 Enter 键，采用系统默认的设置值，即剖切平面平行于 XY 平面且通过（0,0,0）点。

Step6. 选择下拉菜单 修改(M) → 移动(V) 命令，将所生成的截面移动到实体的另一侧，如图 13.8.11b 所示。

Step7. 选择下拉菜单 绘图(D) → 图案填充(H)... 命令，为截面添加剖面线，如图 13.8.11c 所示。

13.8.9　编辑三维实体的面

在创建实体后，我们经常要对实体的面进行拉伸、移动、偏移、删除、旋转、倾斜、着色及复制等编辑工作，在 AutoCAD 2017 中，可以很方便地完成这些操作。下面分别进行介绍。

1．拉伸面

拉伸面就是将实体上的平面沿其法线方向按指定的高度或者沿指定的路径进行拉伸。下面以图 13.8.12 为例，说明拉伸实体的面的一般操作步骤。

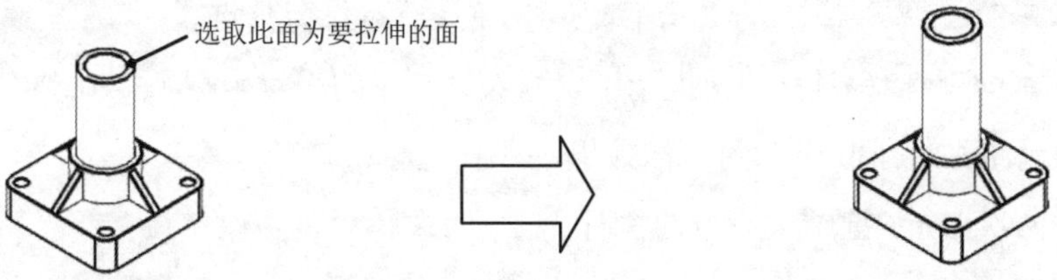

a）拉伸前　　b）拉伸后

图 13.8.12　拉伸实体的面

Step1. 打开文件 D:\AutoCAD2017.1\work\ch13.08\faces-edit.dwg。

Step2. 选择下拉菜单 修改(M) → 实体编辑(N) ▸ → 拉伸面(E) 命令。

Step3. 在选择面或 [放弃(U)/删除(R)]: 的提示下，在图 13.8.12a 中实体的顶平面内单击，以选取该顶平面。为了方便地选取顶平面，应事先将视图放大到足够大。

Step4. 在选择面或 [放弃(U)/删除(R)/全部(ALL)]的提示下，按 Enter 键结束选择对象面。

Step5. 在指定拉伸高度或 [路径(P)]: 的提示下，输入拉伸高度值 50 并按 Enter 键。

Step6. 在指定拉伸的倾斜角度 <10>: 的提示下，输入倾斜角度值 0 并按 Enter 键，此时便得到图 13.8.12b 所示的拉伸面后的实体效果。

Step7. 按两次 Enter 键结束命令的执行。

提示选择面或 [放弃(U)/删除(R)]: **中的选项说明如下。**

- 放弃(U)选项:放弃上一步操作中选择的对象。
- 删除(R)选项:从已选择的对象中移除一部分对象。

2．移动面

移动面就是将实体上的指定面移动指定的距离。下面以图 13.8.13 为例，说明移动实体的面的一般操作步骤。

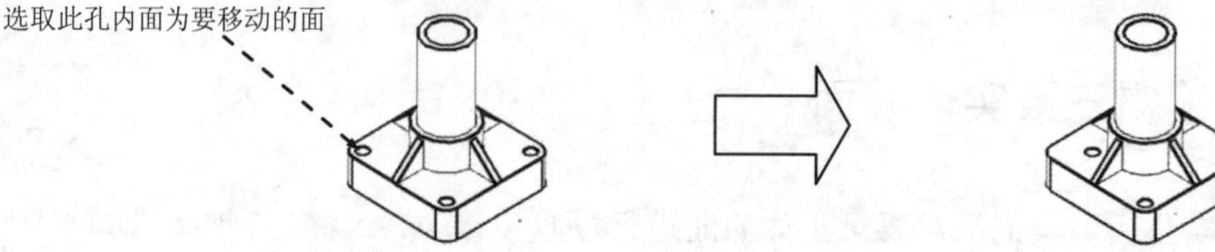

a）移动前　　b）移动后

图 13.8.13　移动实体的面

Step1. 打开文件 D:\AutoCAD2017.1\work\ch13.08\faces-edit.dwg。

Step2. 选择下拉菜单 修改(M) → 实体编辑(N) ▸ → 移动面(M) 命令。

Step3. 在图 13.8.13a 中的孔的内圆柱表面上单击，以选取此圆柱表面；按 Enter 键结束选择。

Step4. 在 指定基点或位移: 的提示下，选取任意一点作为基点。

Step5. 在 指定位移的第二点: 的提示下，输入第二点的相对坐标（@30,-30）并按 Enter 键，此时便得到图 13.8.13b 所示的实体效果——孔已经移动了位置。

Step6. 按两次 Enter 键结束命令的执行。

3. 偏移面

偏移面就是以等距离偏移实体的指定面。偏移距离可正可负，距离为正时，偏移后实体体积增大，反之则体积减小。例如，如果选择一个孔，正值将减小孔的尺寸，而负值将增大孔的尺寸。下面以图 13.8.14 为例，说明偏移实体的面的一般操作步骤。

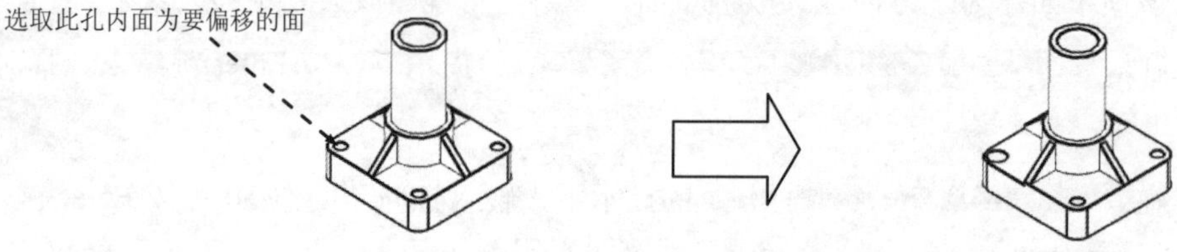

a）偏移前　　b）偏移后

图 13.8.14　偏移实体的面

Step1. 打开文件 D:\AutoCAD2017.1\work\ch13.08\faces-edit.dwg。

Step2. 选择下拉菜单 修改(M) → 实体编辑(N) ▸ → 偏移面(O) 命令。

Step3. 选取图 13.8.14a 中的孔的内表面；按 Enter 键结束选择。

Step4. 在 指定偏移距离: 的提示下，输入数值-5 并按 Enter 键，此时便得到图 13.8.14b 所示的实体效果——孔被扩大了。

Step5. 按两次 Enter 键结束操作。

4. 旋转面

旋转面就是绕指定的轴旋转实体上的指定面。下面以图13.8.15 为例，说明旋转实体的面的一般操作步骤。

Step1. 打开文件 D:\AutoCAD2017.1\work\ch13.08\faces-rol.dwg。

Step2. 选择下拉菜单 修改(M) → 实体编辑(N) → 旋转面(A) 命令。

Step3. 在选择面或 [放弃(U)/删除(R)]: 的提示下，选取图 13.8.15a 中的实体侧面。

Step4. 在选择面或 [放弃(U)/删除(R)/全部(ALL)]的提示下，按 Enter 键结束选择。

Step5. 用端点（END）捕捉的方法选取图 13.8.15a 所示的轴上第一点。

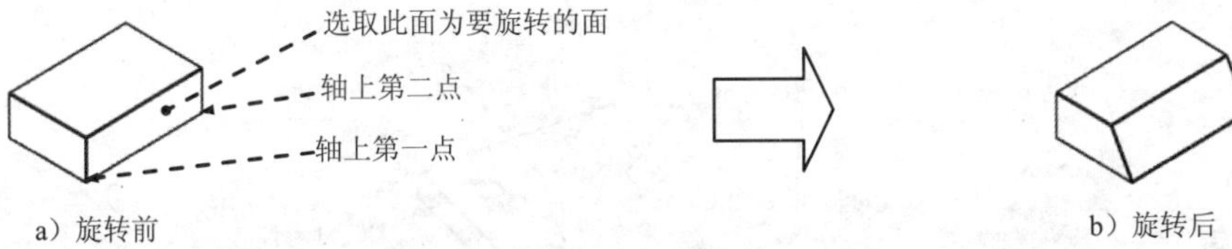

图 13.8.15 旋转实体的面

Step6. 在在旋转轴上指定第二个点: 的提示下，用端点（END）捕捉的方法选取轴上的第二点，如图 13.8.15a 所示。

Step7. 在指定旋转角度或 [参照(R)]: 的提示下，输入旋转角度值-30，并按 Enter 键，此时便得到图 13.8.15b 所示的实体效果。

Step8. 按两次 Enter 键结束操作。

命令行提示的各选项的意义说明如下。

- 经过对象的轴(A)选项：选取某个对象来定义旋转轴，用户可选取直线、圆、圆弧、椭圆、多段线或样条曲线等对象。如果选取直线对象，旋转轴与所选的直线重合；如果选取多段线或样条曲线对象，旋转轴为对象两个端点的连线；如果选取圆弧、圆或椭圆对象，则旋转轴是一条通过圆心且垂直于这些对象所在平面的直线。
- 视图(V)选项：旋转轴是一条通过指定点且垂直于当前视图平面的直线。
- X 轴(X)/Y 轴(Y)/Z 轴(Z)选项：旋转轴是一条通过指定点且与 X 轴（或 Y、Z 轴）平行的直线。
- <两点>选项：这是默认选项，旋转轴是一条通过指定的两个三维点的直线。

13.9 三维对象的标注

在 AutoCAD 2017 中，使用“标注”命令不仅可以标注二维对象的尺寸，还可以标注三维对象的尺寸。由于所有对三维对象的操作（包括尺寸标注等）都只能在当前坐标系的 XY 平面中进行，因此，为了准确标注三维对象中各部分的尺寸，需要不断地变换坐标系。

下面以图 13.9.1 为例来说明三维对象的尺寸标注方法。

Step1. 打开文件 D:\AutoCAD2017.1\work\ch13.09\dim_3d.dwg。

Step2. 在“图层”工具栏中，选择“尺寸线层”。

Step3. 创建尺寸标注 1。

（1）设置用户坐标系。选择下拉菜单 工具(T) → 新建 UCS(W) ▸ → 三点(3) 命令，用捕捉的方法依次选取图 13.9.1 中的 C 点为坐标系原点，D 点为 X 轴正方向上一点，A 点为 Y 轴正方向上一点。

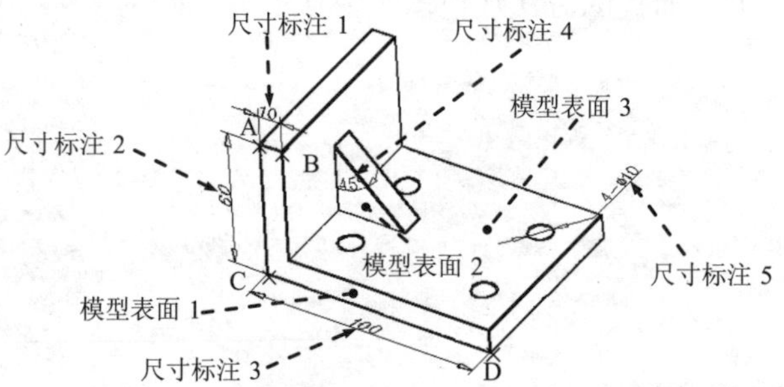

图 13.9.1　创建尺寸标注

（2）选择下拉菜单 标注(N) → 线性(L) 命令。

（3）用端点（END）捕捉的方法选取 A、B 两点，然后在绘图区的空白区域选取一点，作为尺寸标注 1 的放置位置。如果不显示尺寸，可使用 视图(V) → 重生成(G) 命令。

Step4. 创建尺寸标注 2。

（1）选择下拉菜单 标注(N) → 线性(L) 命令。

（2）用端点（END）捕捉的方法选取 A、C 两点，然后在绘图区的空白区域选取一点，作为尺寸标注 2 的放置位置。

Step5. 创建尺寸标注 3。

（1）设置用户坐标系。选择下拉菜单 工具(T) → 新建 UCS(W) ▸ → X 命令； 输入数值-90 后按 Enter 键。

（2）选择下拉菜单 标注(N) → 线性(L) 命令；选取 D、C 两点，然后在绘图区的空白区域选取一点，作为尺寸标注 3 的放置位置。

Step6. 创建尺寸标注 4。

（1）设置用户坐标系。选择 工具(T) → 新建 UCS(W) ▸ → 三点(3) 命令，用捕捉的方法依次选取图 13.9.2 中的 E 点作为用户坐标系原点，F 点作为 X 轴正方向上一点，G 点作为 Y 轴正方向上一点。设置后的用户坐标系的位置和方向如图 13.9.2 所示。注意：如果坐标系 X、Y 的方向不对，会导致角度标注文本的方向不正确。

（2）选择下拉菜单 标注(N) → 角度(A) 命令；选取图 13.9.2 中的 EG 边线与 FG 边线，

然后在绘图区的空白区域单击一点，作为尺寸标注 4 的放置位置。

Step7. 创建尺寸标注 5。

（1）设置用户坐标系。选择 工具(T) → 新建 UCS(W) ▸ → 三点(3) 命令，用捕捉的方法依次选取图 13.9.3 中的 H 点作为用户坐标系原点，I 点作为 X 轴正方向上一点，J 点作为 Y 轴正方向上一点。设置后的用户坐标系的位置和方向如图 13.9.3 所示。

（2）选择下拉菜单 标注(N) → 直径(D) 命令；选取图 13.9.3 所示的圆；在 指定尺寸线位置或 [多行文字(M)/文字(T)/角度(A)]: 的提示下，输入字母 T 后按 Enter 键；输入 4-%%c10 后按 Enter 键；在绘图区的空白区域单击一点，作为尺寸标注 5 的放置位置。

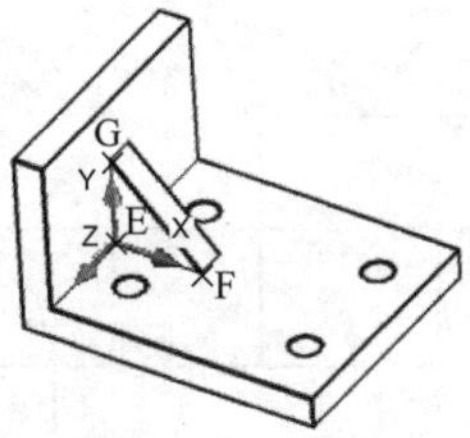

图 13.9.2　标注尺寸 4

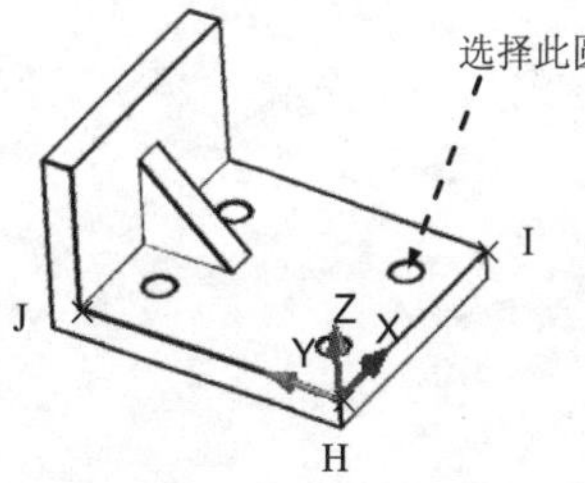

图 13.9.3　标注尺寸 5

13.10　思考与练习

1. 在三维空间中，如何用柱坐标和球坐标定义点？试各举一例进行说明。

2. 在 AutoCAD 2017 中，观察三维图形有哪些工具和方法？

3. 打开文件 D:\AutoCAD2017.1\work\ch13.10\3d_view.dwg，再使用下拉菜单 视图(V) 下 三维视图(D) ▸ 子菜单中的 俯视(T)、仰视(B)、左视(L)、右视(R)、前视(F)、后视(K)、西南等轴测(S)、东南等轴测(E)、东北等轴测(N) 和 西北等轴测(W) 分别对打开的三维模型进行查看，然后比较这些命令的区别。

4. 简述线框模型、曲面模型和实体模型的概念和区别。

5. 用直线（LINE）命令绘制的封闭图形可以直接作为实体拉伸的截面吗？试举一例加以验证。

6. 三维实体对象间的布尔运算有哪几种？如何进行操作？试各举一例进行说明。

7. 标注三维对象应注意什么?标注三维对象与标注二维对象有什么区别和联系？

8. 创建并标注图 13.10.1 所示的三维实体模型（未注尺寸，读者可自定）。

9. 创建并标注图 13.10.2 所示的三维实体模型（未注尺寸，读者可自定）。

10. 创建并标注图 13.10.3 所示的三维实体模型，从其二维视图中获取尺寸。

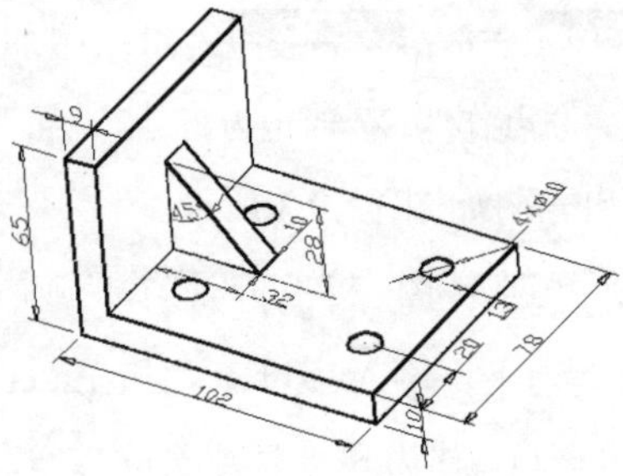

图 13.10.1 创建实体模型（一）

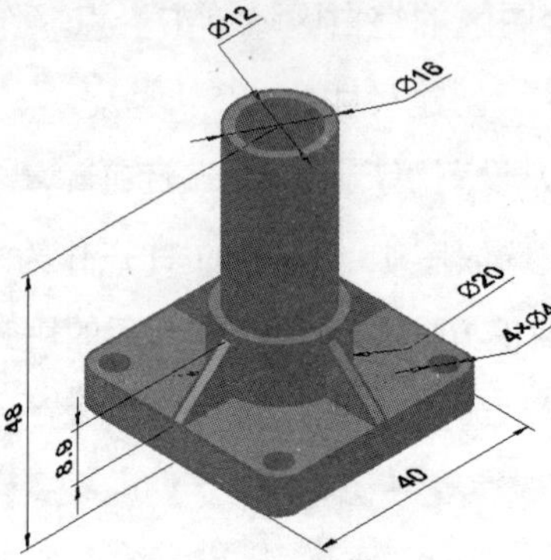

图 13.10.2 创建实体模型（二）

a）模型的三维视图

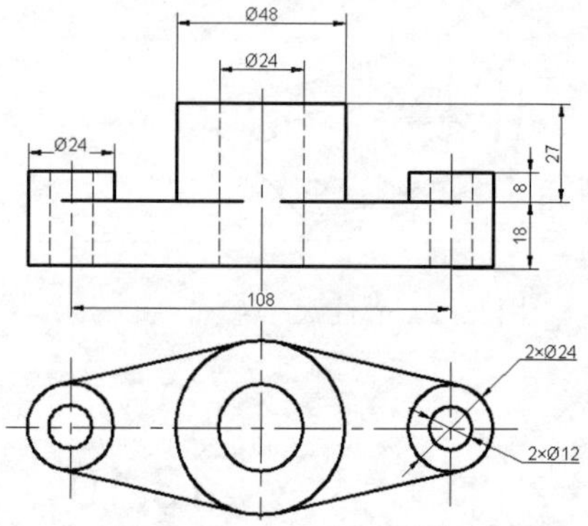

b）模型的二维视图

图 13.10.3 创建实体模型（三）

第 14 章 使用辅助工具和命令

本章提要

本章所介绍的内容都是一些很实用的辅助工具和命令，包括设计中心、计算面积、计算角度和距离、查看图形信息、查看实体信息，以及显示对象特性等。熟练掌握这些辅助工具和命令，将会有效提高读者运用 AutoCAD 软件的水平。

14.1 使用 AutoCAD 设计中心

14.1.1 AutoCAD 设计中心的界面

选择下拉菜单 工具(T) → 选项板 ▸ → 设计中心(D) 命令（或者在命令行中输入命令 ADCENTER 后按 Enter 键），系统弹出图 14.1.1 所示的“设计中心”窗口。该窗口由左侧的导航窗口（即图中文件夹列表窗口）、树状视图和右侧的文件图标窗口及上部的命令工具栏组成。导航窗口的树状视图显示当前资源内容的层次表，文件图标窗口显示在树状视图中所选的源对象中的项目。选择不同的选项卡，右侧的文件图标窗口包括的内容也不同，例如当选择默认的 文件夹 选项卡时，文件图标窗口包括文件图标窗口、文件预览窗口和说明窗口。

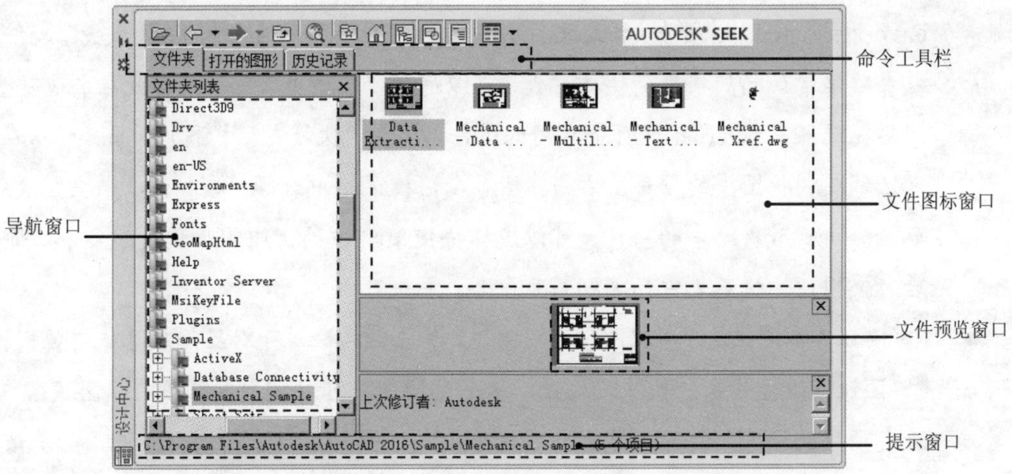

图 14.1.1 “设计中心”窗口

设计中心类似于 Windows 资源管理器，用户利用设计中心能够有效地查找和组织图形文件，并且可以查找出这些图形文件中所包含的对象。

用户还可以利用设计中心进行简单的拖放操作，将位于本地计算机、局域网或互联网上的块、图层、外部参照等内容插入到当前图形中。如果打开多个图形文件，则在多个文件之间也可以通过简单的拖放操作实现图形、图层、线型及字体等内容的插入。

14.1.2 AutoCAD 设计中心的功能

1. 利用设计中心查看和组织图形信息

设计中心界面中包含一组工具按钮和选项卡，利用它们可以选择并查看图形信息。

- 文件夹选项卡：用于显示本地计算机或网上邻居中文件和文件夹的层次结构及资源信息，如图 14.1.1 所示。
- 打开的图形选项卡：用于显示在当前 AutoCAD 环境中打开的所有图形。如果选中某个图形文件，就可以看到该图形的相关设置，如标注样式、表格样式、布局、多重引线样式、块、图层、外部参照、文字样式及线型等。
- 历史记录选项卡：用于显示用户最近访问过的文件，包括这些文件的完整路径。

“设计中心”窗口中各主要按钮的功能说明如下。

- 按钮：该按钮是“加载”按钮，单击该按钮，系统弹出“加载”对话框，利用该对话框可以从本地和网络驱动器或通过 Internet 加载图形文件。
- 按钮：该按钮是“搜索”按钮，单击该按钮，系统弹出图 14.1.2 所示的“搜索”对话框，利用该对话框可以快速查找对象，如图形、块、图层及标注样式等文件或设置。
- 按钮：该按钮是“收藏夹”按钮，单击该按钮可以在“文件夹列表”中显示 Favorites\Autodesk 文件夹（此文件夹被称为收藏夹）中的内容。“收藏夹”文件夹包含要经常访问的项目的快捷方式，可以通过“收藏夹”来标记存放在本地硬盘、网络驱动器或 Internet 网页上常用的文件。要在“收藏夹”中添加项目，可以在内容区域或树状图中的项目上右击，然后在快捷菜单中选择“添加到收藏夹”命令。要删除“收藏夹”中的项目，可以选择快捷菜单中的“组织收藏夹”命令，删除后，使用该快捷菜单中的“刷新”命令。
- 按钮：该按钮是“树状图切换”按钮，单击该按钮，可以显示或隐藏树状视图。
- 按钮：该按钮是“预览”按钮，单击该按钮，可以显示或隐藏内容区域窗口中选定项目的预览。打开预览窗口后，单击文件图标窗口中的图形文件，如果该图形文件包含预览图像，则在预览窗口中显示该图像；如果不包含预览图像，则预览窗口为空。可以通过拖动鼠标的方式改变预览窗口的大小。
- 按钮：该按钮是“说明”按钮，单击该按钮，可以打开或关闭说明窗口。打开说明窗口后，单击文件图标窗口中的图形文件，如果该图形文件包含有文字描述信息，则在说明窗口中显示该描述信息。

- 按钮：该按钮是“视图”按钮，单击该按钮，可确定文件图标窗口中所显示内容的显示格式，包括大图标、小图标、列表和详细信息。

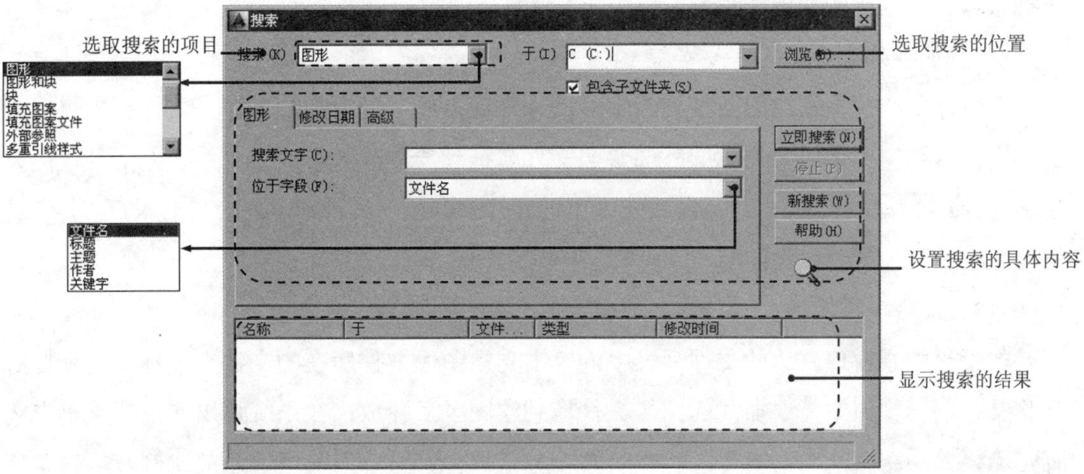

图 14.1.2 “搜索”对话框

2. 利用设计中心在文档中插入所选内容

利用 AutoCAD 设计中心可以很方便地找到所需要的内容，然后依据该内容的类型，将其添加（插入）到当前的 AutoCAD 图形中去，其操作方法主要有如下两种：

- 从文件图标窗口或“搜索”对话框中将内容拖放到打开的图形中。
- 从文件图标窗口或“搜索”对话框中复制内容到剪贴板上，然后把它粘贴到打开的图形中。

注意：在当前图形中，如果用户还在进行其他 AutoCAD 命令（例如移动命令 MOVE）的操作，则不能从设计中心添加任何内容到图形中，必须先结束当前激活的命令（如 MOVE）。

下面介绍常用的几个向打开的图形中添加对象的方法。

（1）插入保存在磁盘中的块。

利用 AutoCAD 设计中心向打开的图形中插入块有两种方法。第一种方法介绍如下：

① 先在设计中心窗口左边的文件列表中单击块所在的文件夹名称，此时该文件夹中的所有文件以图标的形式列在设计中心窗口右边的文件图标窗口中。

② 从文件图标窗口中找到要插入的块，再用鼠标左键将该块拖到绘图区后释放，AutoCAD 将按在“选项”对话框的用户系统配置选项卡中确定的单位，自动转换插入比例，然后将块在指定的插入点按照默认的旋转角度插入。

利用第一种方法插入块容易造成块内尺寸错误。下面介绍第二种插入块的方法，即采用指定插入点、插入比例和旋转角度的方式插入块。具体操作方法如下：

在设计中心窗口中选择要插入的块，用鼠标右键将该块拖到绘图区后释放，从系统弹出的快捷菜单中选择插入为块(I)...命令，系统弹出“插入”对话框。用户可在该对话框中确定插入点、插入比例和旋转角度。

（2）加载外部参照。

在设计中心窗口左边的文件列表中，单击外部参照文件所在的文件夹名称；用鼠标右键将文件图标窗口中需要加载的外部参照文件名拖到绘图区后释放；在系统弹出的快捷菜单中选择附着为外部参照(A)...命令；在系统弹出的“外部参照”对话框中，给定插入点、插入比例及旋转角度加载外部参照。

（3）加载光栅图像。

在设计中心窗口左边的文件列表中，单击光栅图像文件所在的文件夹名称；用鼠标右键将文件图标窗口中需要加载的图像文件拖到绘图区后释放；在系统弹出的快捷菜单中选择附着图像(A)...命令；在系统弹出的“图像”对话框中，给定插入点、缩放比例及旋转角度加载光栅图像。

注意：AutoCAD 2017 支持图 14.1.3 中所列出的图像文件类型，即这些类型的文件可以作为光栅图像加载到 AutoCAD 中。

（4）复制文件中的对象。

利用 AutoCAD 设计中心，可以将某个图形中的图层、线型、文字样式、标注样式、布局及块等对象复制到新的图形文件中，这样既可以节省设置的时间，又保证了不同图形文件结构的统一性。操作方法如下：

如图 14.1.4 所示，先在设计中心窗口左边的文件列表中，选择某个图形文件，此时该文件中的标注样式、图层、线型等对象出现在右边的窗口中。单击其中的某个对象（可以使用 Shift 或 Ctrl 键一次选择多个对象），然后将它们拖到打开的图形文件后松开鼠标按键，即可将该对象复制到当前的文件中去。

注意：使用设计中心在打开的图形中添加对象，除了使用拖放方法，还可以使用以下两种方法。

方法一：在设计中心文件图标窗口中选中要添加的对象，然后双击。

方法二：在设计中心文件图标窗口中选中要添加的对象，右击，在系统弹出的快捷菜单中选择第一项。

BMP (*.bmp, *.rle, *.dib)
CALS1 (*.rst, *.gp4, *.mil, *.cal, *.cg4)
FLIC (*.flc, *.fli)
GEOSPOT (*.bil)
IG4 (*.ig4)
IGS (*.igs)
JFIF (*.jpg)
PCX (*.pcx)
PICT (*.pct)
PNG (*.png)
RLC (*.rlc)
TGA (*.tga)
TIFF (*.tif, *.tiff)

图 14.1.3　图像文件类型

图 14.1.4 复制文件中的对象

14.2 计算与获取信息功能

14.2.1 计算面积

AutoCAD 将图形中所有对象的详细信息以及它们的精确几何参数都保存在图形数据库中，这样在需要时就可以利用图 14.2.1 所示的查询子菜单很容易地获取这些信息。

封闭对象的面积和周长信息就是经常要查询的两个基本信息，可以采用以下方法进行查询。

1. 计算由指定点定义的区域的面积

通过指定一系列的点围成封闭的多边形区域，AutoCAD 可计算出该区域的面积和周长。

例如要查询出图 14.2.2 所示的区域的面积，其一般操作步骤如下。

Step1. 打开文件 D:\AutoCAD2017.1\work\ch14.02\area1.dwg。

Step2. 选择下拉菜单 工具(T) → 查询(Q) → 面积(A) 命令。

说明：也可以在命令行中输入命令 MEASUREGEOM 后按 Enter 键，然后输入 AR 并按 Enter 键。

Step3. 指定第一点，在命令行 指定第一个角点或 [对象(O)/增加面积(A)/减少面积(S)/退出(X)<对象(O)>: 的提示下，在图 14.2.3 所示的位置捕捉并选取第一点。

Step4. 指定其他点。在命令行指定下一个点或 [圆弧(A)/长度(L)/放弃(U)]: 的提示下，在图 14.2.3 所示的位置捕捉并选取第二点，AutoCAD 重复上面的提示，继续按顺序捕捉并选取其他的各点，在选取第六点后，按 Enter 键结束。系统立即显示所定义的各边围成的面积和周长区域 = 95521861.8767，周长 = 46594.5368（将命令行窗口拖宽才能看到此信息）。

注意：不需要重复指定第一点来封闭多边形。

Step5. 按两次 Enter 键，退出 MEASUREGEOM 命令。

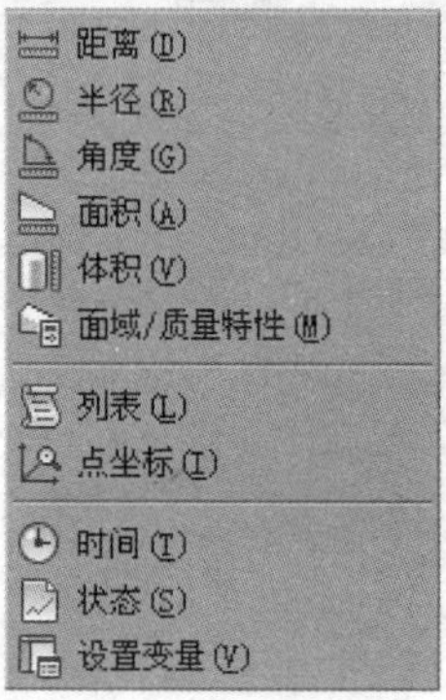

图 14.2.1 查询子菜单

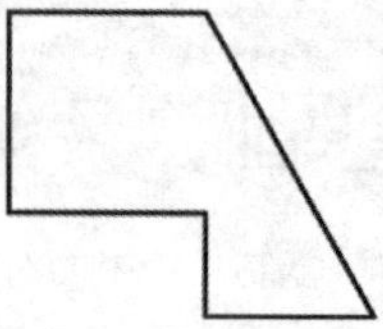
图 14.2.2 查询区域面积

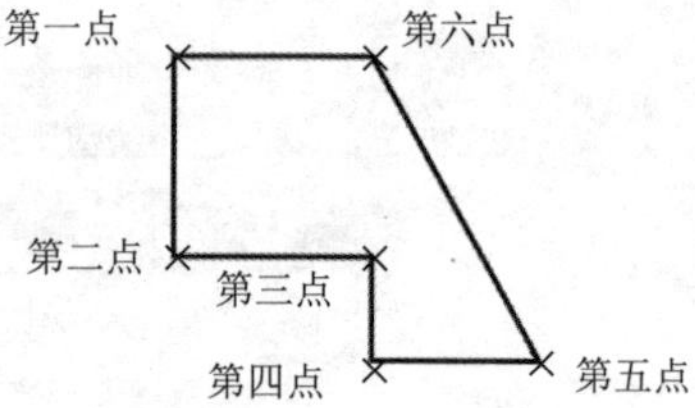

图 14.2.3 操作过程

2. 计算封闭对象的面积

在 AutoCAD 中，可以计算出任何整体封闭对象的面积和周长。这里要注意：整体封闭对象是指作为一个整体的封闭对象，包括用圆（CIRCLE）命令绘制的圆、用矩形（RECTANG）命令绘制的矩形、用多段线（PLINE）命令绘制的封闭图形以及面域和边界等。例如，如果图 14.2.2 中的封闭对象不是用一个多段线命令绘制出来的图形，而是用多个多段线命令或者直线（LINE）命令绘制的，那么该图形就不能作为整体封闭对象来计算其面积或周长。整体封闭对象的面积和周长的查询方法如下。

Step1. 选择下拉菜单 工具(T) → 查询(Q) ▸ → 面积(A) 命令。

Step2. 在命令行 指定第一个角点或 [对象(O)/增加面积(A)/减少面积(S)/退出(X)] <对象(O)>: 的提示下，输入字母 O（选择 对象(O) 选项），然后按 Enter 键。

Step3. 此时 AutoCAD 提示 选择对象:，选取单个目标对象，系统就立即显示出面积和周长查询结果。

3. 计算组合面积

可以使用“增加面积（A）”和“减少面积（S）”选项组合区域，这样就可以计算出复杂的图形面积。在进行区域面积的加减计算时，可以通过选择对象或指定点围成多边形来指定要计算的区域。

在计算组合区域时，选取 增加面积(A) 选项后就进入到“加”模式，选定的任何区域都做加运算；而当选取 减少面积(S) 选项后就进入到“减”模式，将从总和中减去所选的任何区域。下面通过一个例题来说明计算组合面积的方法。

Step1. 打开文件 D:\AutoCAD2017.1\work\ch14.02\area3.dwg，如图 14.2.4 所示，要计算的面积是图 14.2.5 中的阴影部分。

Step2. 选择下拉菜单 工具(T) → 查询(Q) ▸ → 面积(A) 命令。

Step3. 命令行提示指定第一个角点或 [对象(O)/增加面积(A)/减少面积(S)/退出(X)] <对象(O)>：，在此提示下输入字母 A（即选择增加面积(A)选项），并按 Enter 键。

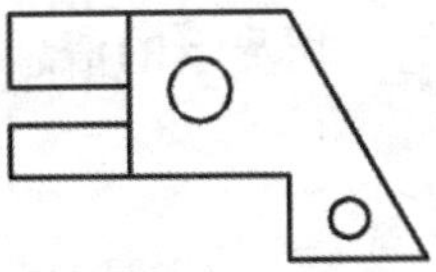

图 14.2.4 计算面积

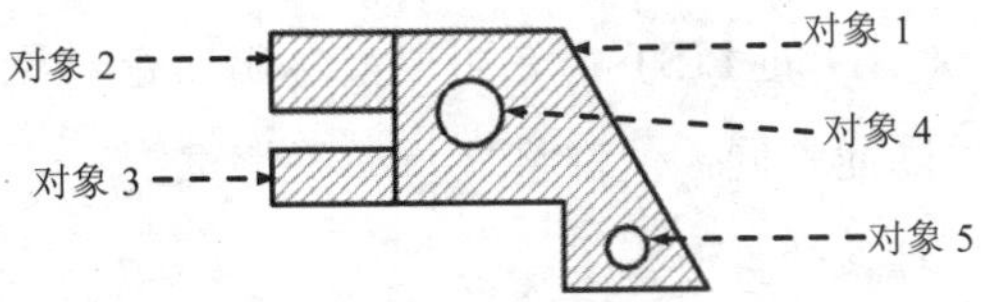

图 14.2.5 操作过程

Step4. 系统命令行提示指定第一个角点或 [对象(O)/减少面积(S)/退出(X)]：，输入字母 O（即选择对象(O)选项），并按 Enter 键。

Step5. 系统命令行提示("加"模式) 选择对象：，在此提示下分别选取对象 1、对象 2 和对象 3（图 14.2.5）；按 Enter 键，退出"加"模式。

Step6. 系统命令行提示指定第一个角点或 [对象(O)/减少面积(S)/退出(X)]：，输入字母 S（"减"模式），并按 Enter 键。

Step7. 系统命令行提示指定第一个角点或 [对象(O)/增加面积(A)/退出(X)]：，输入字母 O（对象），并按 Enter 键。

Step8. 系统命令行提示("减"模式) 选择对象：，选取对象 4 和对象 5（图 14.2.5）；按 Enter 键结束。系统命令行显示图 14.2.6 所示的提示信息，该总面积就是要计算的总面积。

Step9. 按 Esc 键，退出 AREA 命令。

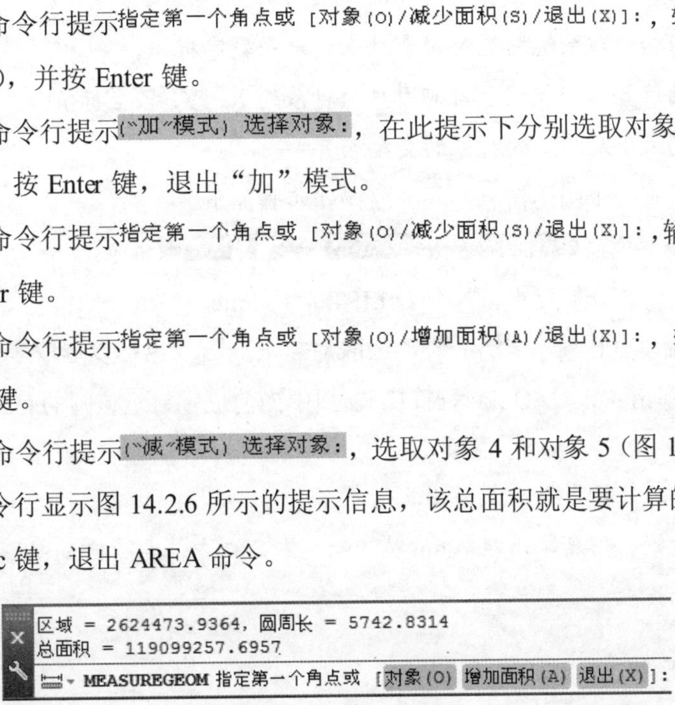

图 14.2.6 命令行提示

14.2.2 计算距离和角度

因为 AutoCAD 精确地记录了图形中对象的坐标值，所以能够快速地计算出所选择的两点之间的距离、两点连线在 XY 平面上与 X 轴的夹角、两点连线与 XY 平面的夹角和两点之间 X、Y、Z 坐标的增量值。其一般操作步骤如下。

Step1. 选择下拉菜单 工具(T) → 查询(Q) ▸ → 距离(D) 命令。

说明：也可以在命令行中输入命令 DIST 后按 Enter 键。

Step2. 系统将提示指定第一点：，在绘图区用鼠标左键指定第一点。

Step3. 系统将提示指定第二个点或 [多个点(M)]：，在绘图区用鼠标左键指定第二点。指定第二点后，命令行显示两点间的距离、角度等信息。

14.2.3 显示与图形有关的信息

1．显示对象信息

AutoCAD 的 LIST 命令可以显示出所选对象的有关信息。所显示的信息根据选择对象的类型不同而不同，但都将显示如下信息：

- 对象的类型。
- 对象所在的图层。
- 对象所在的空间（模型空间和图纸空间）。
- 对象句柄，即系统配置给每个对象的唯一数字标识。
- 对象的位置，即相对于当前用户坐标系的 X、Y、Z 坐标值。
- 对象的大小尺寸（因对象的类型而异）。

例如，要显示一个圆的信息，其一般操作步骤如下。

Step1．选择下拉菜单 工具(T) → 查询(Q) ▸ → 列表(L) 命令。

说明：也可以在命令行中输入命令 LIST 后按 Enter 键。

Step2．系统命令行提示选择对象：，选取对象——圆（也可以选取多个对象），然后按 Enter 键。系统弹出 AutoCAD 文本窗口，窗口中当前位置显示该圆的有关信息。

注意：

- 可以一次选择多个对象查询其信息。
- 图形对象的信息显示在 AutoCAD 的文本窗口中，要返回到图形区域，可按 F2 键进行切换。

2．显示图形状态

当进行协同设计时，追踪图形的各种模式和设置状态是至关重要的，通过 STATUS 命令可以获取这些有用的信息，从而检查和设置各种模式和状态。

在 STATUS 命令显示的信息中包括：

- 当前图形的文件名。
- 当前图形中所有对象的数量。
- 当前模型空间界限。
- 当前模型空间使用范围并判断是否超过当前模型空间界限。
- 当前窗口显示范围。
- 插入基点。
- 捕捉和栅格设置。
- 当前空间。

- 当前布局。
- 当前图层、颜色和线型。
- 当前使用材质、线宽和标高。
- 当前各种模式的设置（填充、栅格、正交和捕捉等）。
- 当前对象捕捉模式。

要显示图形的状态，可以进行如下操作：选择下拉菜单 工具(T) → 查询(Q) ▸ → 状态(S) 命令（或者在命令行中输入命令 STATUS 后按 Enter 键），系统立即弹出 AutoCAD 文本窗口，当前显示图形的状态。

3．查询所用的时间

AutoCAD 可以记录编辑图形所用的总时间，而且还提供一个消耗计时器选项以记录时间，可以打开和关闭这个计时器，还可以将它重置为零。

查询时间信息及设置有关选项，须使用 AutoCAD 提供的 TIME 命令，它将显示如下信息：

- 当前时间。
- 图形创建的时间。
- 图形最近一次更新的时间。
- 编辑图形所用的累计时间。
- 消耗时间计时器的开关状态，以及自最近一次重置计时器后所消耗的时间。
- 距下次自动保存所剩的时间。

要显示时间信息，可以进行如下操作：

选择下拉菜单 工具(T) → 查询(Q) ▸ → 时间(T) 命令（或者在命令行中输入 TIME 命令后按 Enter 键），系统弹出 AutoCAD 文本窗口，窗口中当前显示有关的时间信息。显示信息后，系统提示输入选项 [显示(D)/开(ON)/关(OFF)/重置(R)]:，按 Enter 键或 Esc 键结束该命令；或者输入与四个选项相对的字母并按 Enter 键。

14.2.4 查看实体特性

在创建完实体模型后，可以利用 AutoCAD 提供的 MASSPROP 命令得到其有关的物理特性信息，如质量、体积和重心等，同时还可以将这些信息保存到文件中。如果要显示实体特性信息，则可进行如下操作：

选择下拉菜单 工具(T) → 查询(Q) ▸ → 面域/质量特性(M) 命令（或在命令行中输入命令 MASSPROP 后按 Enter 键），命令行提示选择对象:，选取要查看的实体对象并按 Enter 键，系统会弹出 AutoCAD 文本窗口，同时命令行提示按 ENTER 键继续：，再按一次 Enter 键，命令行提示是否将分析结果写入文件？[是(Y)/否(N)] <否>：。如果输入字母 Y，系统弹出“创建质量与面积特性文件”对话框，要求输入保存信息的文件名。

14.3 动作录制器的功能

在创建和编辑图形的过程中，可使用“动作录制器”工具将整个操作过程全部录制为动作宏文件，还可以在录制过程中增加用户信息和用户请求。此过程不需要任何编程经验，从而体现出极大的灵活性和智能性。

动作录制器可以录制命令行、下拉菜单、功能区面板、属性窗口和层属性管理器。选择下拉菜单 工具(T) → 动作录制器(T) ▸ → ● 记录(R)（创建动作宏）命令（也可以在功能区面板上选择 管理 → 命令），图 14.3.1 所示为动作录制器的控制面板，图 14.3.2 所示的光标上将显示红色小球的图标，此时即可正常操作。完成操作后，单击（停止）按钮（图 14.3.3），系统弹出“动作宏”对话框，单击 确定 按钮，完成“动作宏”的保存。

用户可以通过“动作录制器”面板中的下拉列表选择要回放的动作宏，然后单击（播放）按钮（图 14.3.1），回放动作宏。

图 14.3.1 “动作录制器”控制面板

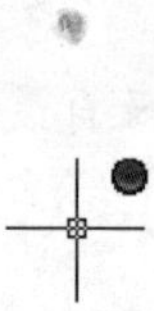

图 14.3.2 带红色小球的图标

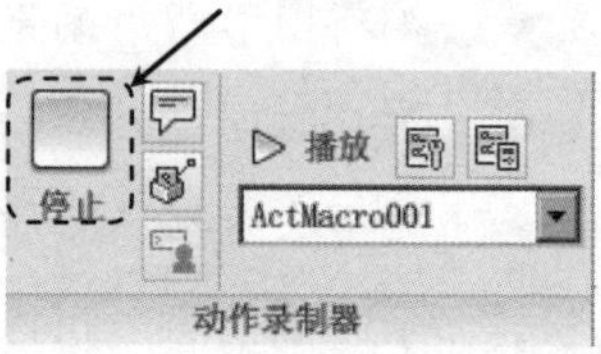

图 14.3.3 录制状态下的面板

下面创建图 14.3.4 所示的宏。

Step1. 新建一个空白文件。

Step2. 开启“动作录制器”录制命令。选择下拉菜单 工具(T) → 动作录制器(T) ▸ → ● 记录(R)，光标上显示红色小球的图标，此时动作录制器开始记录。

Step3. 绘制图 14.3.4 所示的图形。

Step4. 结束“动作录制器”录制命令。选择下拉菜单 工具(T) → 动作录制器(T) ▸ → ■ 停止(S)（或单击“工具”选项卡下“动作录制器”面板中的按钮），在系统弹出的“动作宏”对话框动作宏命令名称(N): 下的文本框中输入 ActMacro001，然后单击 确定 按钮，完成动作宏的录制。

Step5. 将刚创建的图形删除。

说明：此处将前一步创建的图形删除是为了读者能更清晰地看到动作宏的回放。

Step6. 播放动作宏。选择下拉菜单 工具(T) → 动作录制器(T) → 播放(P) → ActMacro001（或在“工具”选项卡下“动作录制器”面板的下拉列表中选择“ActMacro001”，然后单击 ▷播放 按钮），AutoCAD 将在原位置将上一步创建的图形重新绘制出来。

Step7. 动作播放完成后系统弹出图 14.3.5 所示的“动作宏 – 回放完成”对话框，单击 关闭(C) 按钮，完成回放。

说明：录制好的动作宏文件保存在“动作宏”对话框中显示的“文件夹路径”下，若要提取动作宏文件，则可在该路径中查找。

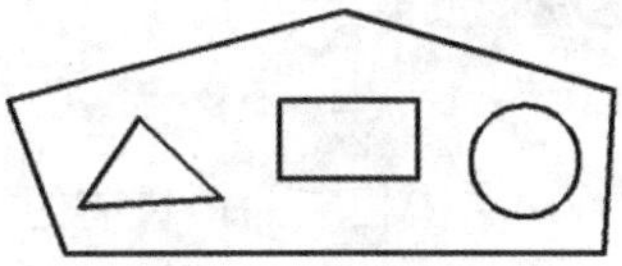

图 14.3.4 创建宏

图 14.3.5 “动作宏-回放完成”对话框

14.4 其他辅助功能

14.4.1 重新命名对象或元素

AutoCAD 中的许多对象和元素（如块、视口、视图、图层和线型等），在创建时都需要赋予名称。在实际工作中常常会为了更好地管理图形元素，或者发现原来的图形元素名称拼写错误，可使用 AutoCAD 的 RENAME（重命名）命令来修改其名称。其一般操作步骤如下。

Step1. 打开文件 D:\AutoCAD2017.1\work\ch14.04\others.dwg。

Step2. 选择下拉菜单 格式(O) → 重命名(R)... 命令。

说明：也可以在命令行中输入命令 RENAME 后按 Enter 键。

Step3. 选取重命名的对象和元素。系统弹出“重命名”对话框，在该对话框中左边的 命名对象(N) 选项组中选取图形元素或对象类型（如“块”），在右边的 项目(I) 选项组中选取要重命名的具体项目名称（如 bb1）。

Step4. 重命名对象和元素。选取要重命名的具体项目名称后，该名称即显示在 旧名称(O): 后的文本框中，可在 重命名为(R): 后的文本框中输入新的名称（如 bb2），然后单击 重命名为(R): 按钮，使修改生效；单击 确定 按钮。

注意：在 AutoCAD 中，不能重新命名一些标准图形元素，如 0 图层和连续线型。此外，也不能用这个工具重新命名某些特殊的命名对象，如形状和组。

14.4.2 删除无用的项目

当所创建的命名项目（如某图层或线型）在图形中已经失去使用价值时，可以利用清理对话框删除这些无用的项目，这样就可以减小图形的字节大小，加快系统的运行速度。其一般操作步骤如下。

Step1. 打开文件 D:\AutoCAD2017.1\work\ch14.04\others.dwg。

Step2. 选择下拉菜单 文件(F) → 图形实用工具(U) → 清理(P)... 命令。

说明：也可以在命令行中输入命令 PURGE 后按 Enter 键。

Step3. 选择要清理的项目。此时系统弹出“清理”对话框，单击相应的项目前的加号“+”，选择要清理的名称，如块“表面粗糙度（二）”。

Step4. 清理项目。选择要清理的目标后，单击 清理(P) 按钮（如果要从图形中清除所有命名项目，只需单击 全部清理(A) 按钮），此时如果选中了 ☑ 确认要清理的每个项目(C) 复选框，系统会弹出“清理 - 确认清理”对话框，单击 清理此项目(T) 按钮。

Step5. 单击“清理”对话框中的 关闭(O) 按钮。

14.5 思考与练习

1. 设计中心的功能有哪些？如何使用？
2. 计算对象的面积、距离及角度的命令是什么？如何操作？
3. 如何查看实体模型的体积、质量、重心和惯性矩等属性？试举例进行说明。
4. 修改对象特性的方法有哪些？各举一例进行说明。
5. 打开文件 D:\AutoCAD2017.1\work\ch14.05\ex05.dwg，利用清理 PURGE 命令清除文件中无用的块、线型和层等，再选择下拉菜单 文件(F) → 另存为(A)... 命令，将文件改名保存为 ex05_ok.dwg，然后比较 ex05.dwg 和 ex05_ok.dwg 两个文件的字节大小。

第 15 章 参数化设计

本章提要 参数化设计的内容，在AutoCAD中属于新增并且是较高级的知识。如果能将这些内容应用到实际的绘图中，就可以起到事半功倍的效果。本章将介绍参数化设计中的几何约束、尺寸约束以及自动约束的创建及设置方面的内容。

15.1 参数化设计概述

与之前的版本相比，AutoCAD 2017 中二维截面草图的绘制有了新方法、规律和技巧。用 AutoCAD 2017 绘制二维图形，除了可以通过一步一步地输入准确的尺寸得到最终需要的图形以外，还可利用参数化设计功能来完成草图的绘制。用这种方法绘制草图的一般思路是：开始不需要给出准确的尺寸，而是先绘制草图，勾勒出图形的大概形状，然后对草图创建符合工程需要的尺寸布局，最后修改草图的尺寸，并输入各尺寸的准确值（正确值）。由于 AutoCAD 2017 中参数化设计功能具有尺寸驱动功能，所以草图在修改尺寸后，图形的大小会随着尺寸的变化而变化。这样就不需要在绘图过程中输入准确的尺寸，从而节省时间，提高绘图效率。由此可见，使用 AutoCAD 2017 参数化设计“先绘草图、再改尺寸”的绘图方法是具有一定优势的。

15.2 几 何 约 束

按照工程技术人员的设计习惯，在草绘时或草绘后，希望对绘制的草图增加一些平行、相切、相等或对齐等约束来帮助定位几何。在 AutoCAD 系统的草图环境中，用户随时可以对草图进行约束。下面将对约束进行详细介绍。

15.2.1 几何约束的种类

使用几何约束可以指定草图对象之间的相互关系，“几何约束”面板（在参数化选项“几何”区域）如图 15.2.1 所示。

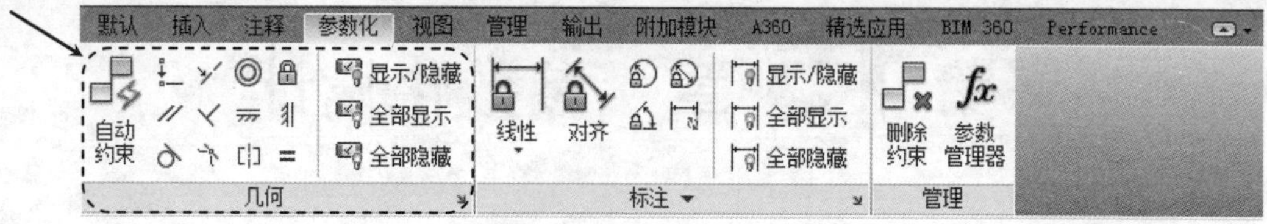

图 15.2.1 “几何约束”面板

也可以根据用户设计意图，手动建立各种约束，AutoCAD 中的“几何约束”种类见表 15.2.1。

表 15.2.1 “几何约束”种类

按 钮	约 束
	重合约束：可以使对象上的点与某个对象重合，也可以使其与另一对象上的点重合
	平行约束：使两条直线位于彼此平行的位置
	相切约束：使两对象（圆与圆、直线与圆等）相切
	共线约束：使两条或多条直线段沿同一直线方向
	垂直约束：使两条直线位于彼此垂直的位置
	平滑约束：将样条曲线约束为连续，并与其他样条曲线、直线、圆弧或多段线保持 G2 连续性
	同心约束：将两个圆弧、圆或椭圆约束到同一个中心点
	水平约束：使直线或点对位于与当前坐标系的 X 轴平行的位置
	对称约束：使选定对象受对称约束，相对于选定直线对称
	固定约束：约束一个点或一条曲线，使其固定在相对于世界坐标系的特定位置和方向
	竖直约束：使直线或点对位于与当前坐标系的 Y 轴平行的位置
	相等约束：将选定圆弧和圆的尺寸重新调整为半径相同，或将选定直线的尺寸重新调整为长度相同

15.2.2 创建几何约束

下面以图 15.2.2 所示的相切约束为例，介绍创建约束的一般操作步骤。

Step1. 打开文件 D:\AutoCAD2017.1\work\ch15.02.02\ tangency.dwg。

Step2. 在图 15.2.1 所示的“几何约束”面板中单击按钮。

Step3. 选取相切约束对象：在系统命令行选择第一个对象:的提示下，选取图 15.2.2a 所示的直线；然后在系统命令行选择第二个对象:的提示下，选取图 15.2.2a 所示的圆，结果如

图 15.2.2b 所示。

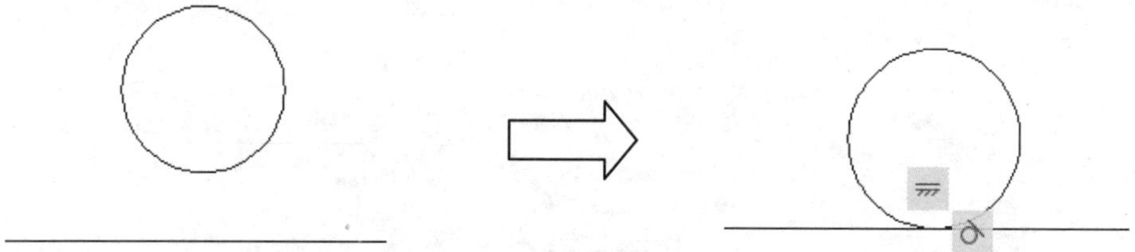

a）添加约束前　　b）添加约束后

图 15.2.2　相切约束

说明：在选取相切约束对象时，选取的第一个对象系统默认为固定，那么选取的第二个对象会向第一个对象的位置移动。

15.2.3　几何约束设置

在使用 AutoCAD 绘图时，可以单独或全局来控制几何约束符号（约束栏）的显示与隐藏。可以使用下面几种方法来操作。

方法一：通过几何约束面板

Step1. 打开文件 D:\AutoCAD2017.1\work\ch15.02.03\show.dwg，如图 15.2.3a 所示。

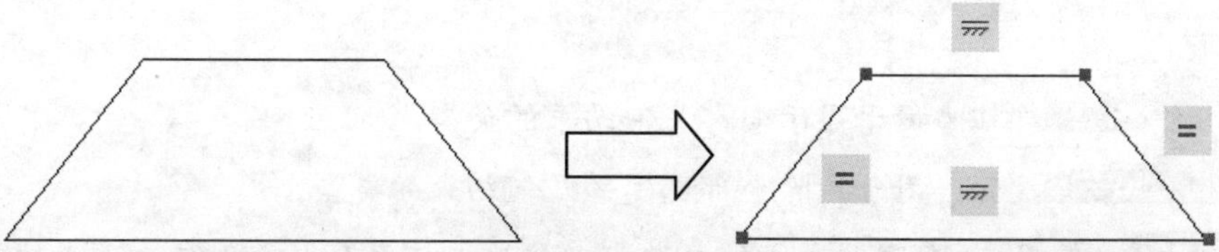

a）显示约束前　　b）显示约束后

图 15.2.3　设置约束（一）

Step2. 显示约束符号。在图 15.2.4 所示的“几何约束”面板中单击全部显示按钮，系统会将所有对象的几何约束类型显示出来，结果如图 15.2.3b 所示。

图 15.2.4　“几何约束”面板

说明：若单击图 15.2.4 所示的“几何约束”面板中的全部隐藏按钮，则又会返回至图 15.2.3a 所示的结果。

Step3. 隐藏单个对象约束符号。在图 15.2.4 所示的“几何约束”面板中单击显示/隐藏按钮，在系统命令行选择对象：的提示下选取图 15.2.5a 所示的边线并按 Enter 键；然后在命令

行输入选项 [显示(S)/隐藏(H)/重置(R)]<显示>: 的提示下，输入字母 H 并按 Enter 键。

Step4. 隐藏后的结果如图 15.2.5b 所示。

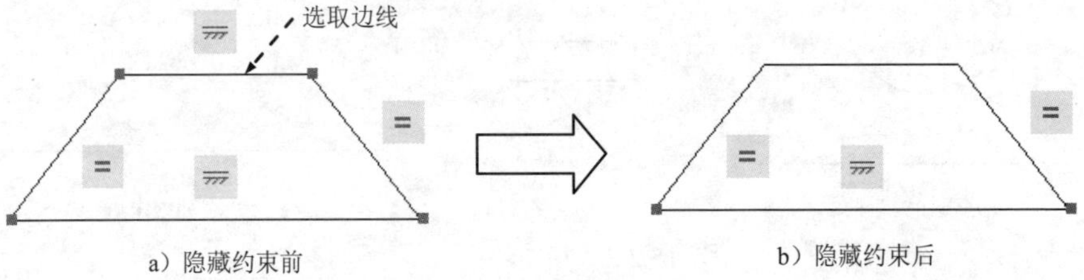

图 15.2.5 设置约束（二）

方法二：通过约束设置对话框

Step1. 打开文件 D:\AutoCAD2017.1\work\ch15.02.03\hide.dwg，如图 15.2.3a 所示。

Step2. 显示约束符号。在图 15.2.4 所示的“几何约束”面板中单击 全部显示 按钮，系统会将所有对象的几何约束类型显示出来，结果如图 15.2.3b 所示。

Step3. 选择命令。选择下拉菜单 参数(P) → 约束设置(S) 命令（或在命令行中输入命令 CONSTRAINTSETTINGS，然后按 Enter 键），此时系统弹出“约束设置”对话框。

“约束设置”对话框中的部分区域和按钮功能如下。

- 约束栏显示设置 区域：此区域控制图形编辑器中是否为对象显示约束栏或约束点标记。
- 全部选择(S) 按钮：用于显示全部几何约束的类型。
- 全部清除(A) 按钮：用于清除全部选定的几何约束的类型。
- ☑ 仅为处于当前平面中的对象显示约束栏(O) 复选框：仅为当前平面上受几何约束的对象显示约束栏。
- 约束栏透明度(B)：设置图形中约束栏的透明度。

Step4. 在“约束设置”对话框中取消选中 = ☐ 相等(Q) 复选框，然后单击 确定 按钮，隐藏约束的结果如图 15.2.6 所示。

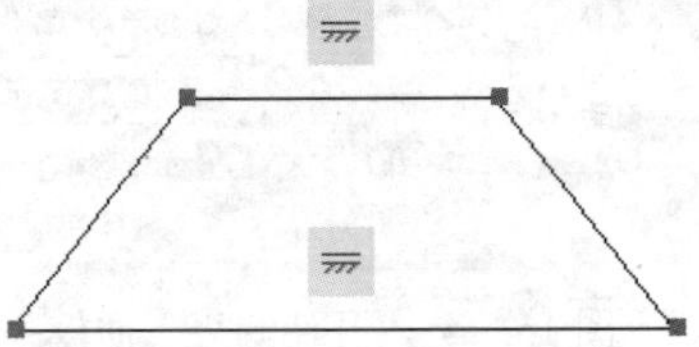

图 15.2.6 隐藏约束

注意：通过“约束设置”对话框中的约束栏隐藏某些对象的约束类型后，如果再单击“几何约束”面板中的 全部显示 按钮将其显示，那么此时仍然不显示；只有在“约束设置”对话框中重新选中相应的约束栏才可以将隐藏的约束类型显示出来。

15.2.4 删除几何约束

Step1. 打开文件 D:\AutoCAD2017.1\work\ch15.02.04\delete.dwg。

Step2. 显示约束符号。在“几何约束”面板中单击全部显示按钮，系统会将所有对象的几何约束类型显示出来，删除约束的结果如图 15.2.7a 所示。

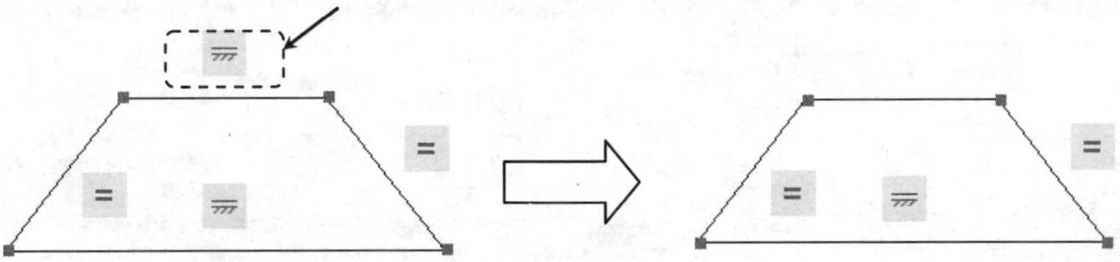

a）删除约束前　　b）删除约束后

图 15.2.7 删除约束

Step3. 单击图 15.2.7a 所示的水平约束符号，选中后，约束符号颜色加亮。

Step4. 右击，在系统弹出的快捷菜单中选择删除命令（或按下 Delete 键），则系统删除所选中的约束，结果如图 15.2.7b 所示。

15.3 尺 寸 约 束

一个完整的草图除了有图元的几何形状、几何约束外，还需要给定确切的尺寸值，也就是给其添加相应的尺寸约束。因为 AutoCAD 2017 中参数化设计绘制的图形都是由尺寸驱动草图的大小，所以在绘制图元的几何形状以及添加几何约束后，草图的形状其实还是没有完成固定的，在添加好尺寸约束后改变尺寸的大小，图形的几何形状的大小会随尺寸的大小而改变，也就是尺寸驱动草图。

15.3.1 尺寸约束的种类

使用尺寸约束可以限制几何对象的大小，“尺寸约束”面板（在“参数化”选项“标注”区域）如图 15.3.1 所示。

“尺寸约束”面板中各标注类型（图 15.3.1）说明如下。

- 线性按钮：约束两点之间的水平或竖直距离。
- 水平按钮：约束对象上的点或不同对象上两个点之间 X 方向上的距离。
- 竖直按钮：约束对象上的点或不同对象上两个点之间的 Y 方向上的距离。
- 对齐按钮：约束不同对象上两个点之间的距离。
- 按钮：约束圆或圆弧的半径。

- 按钮：约束圆或圆弧的直径。
- 按钮：约束直线段或多段线段之间的角度、由圆弧或多段线圆弧扫掠得到的角度，或对象上三个点之间的角度。
- 按钮：将关联标注转换为标注约束。

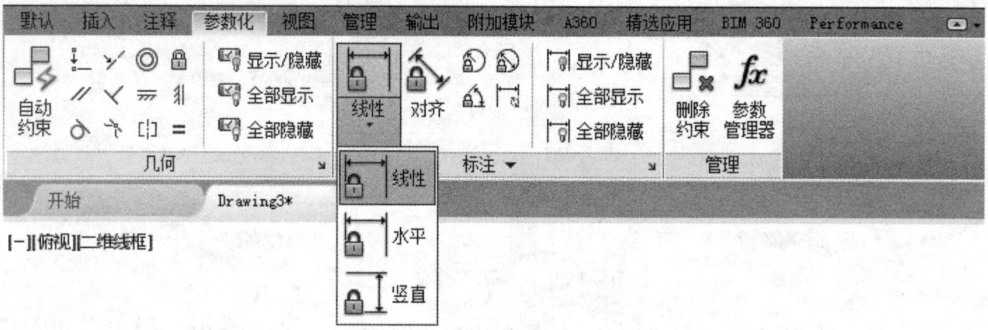

图 15.3.1 “尺寸约束”面板

15.3.2 创建尺寸约束

下面以图 15.3.2 所示的水平尺寸约束为例，介绍创建尺寸约束的一般操作步骤。

Step1. 打开文件 D:\AutoCAD2017.1\work\ch15.03\dimension_01.dwg。

说明：在创建尺寸约束之前，读者可通过选择参数化选项卡区域中 标注 ▾ 面板下的 注释性约束模式 选项，设置约束的模式，此模式比较符合机械制图的习惯。

Step2. 在图 15.3.1 所示的“尺寸约束”面板中单击 按钮。

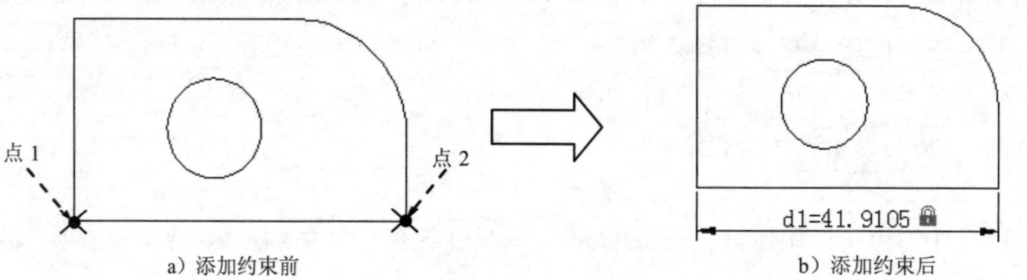

a）添加约束前　　b）添加约束后

图 15.3.2 水平尺寸约束

Step3. 选取水平尺寸约束对象：在系统命令行指定第一个约束点或 [对象(O)] <对象>: 的提示下，选取图 15.3.2a 所示的点 1；在系统命令行指定第二个约束点: 的提示下，选取图 15.3.2a 所示的点 2；在系统命令行指定尺寸线位置: 的提示下，在合适的位置单击以放置尺寸，最后按 Enter 键，结果如图 15.3.2b 所示。

说明：在选择尺寸约束对象时，也可以在命令行指定第一个约束点或 [对象(O)] <对象>: 的提示下输入字母 O，并按 Enter 键，选取尺寸约束的对象，然后在合适的位置单击以放置尺寸，若按 Enter 键，也可以创建尺寸约束。

Step4. 修改尺寸值。双击图 15.3.2b 所示的尺寸，然后在激活的尺寸文本框中输入数值 50 并按下 Enter 键，修改尺寸的结果如图 15.3.3 所示。

Step5. 参照 Step2～Step4，创建图 15.3.4 所示的尺寸约束。

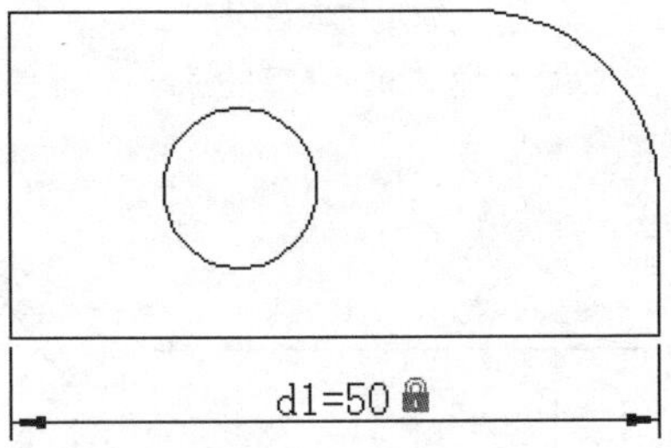

图 15.3.3　修改尺寸

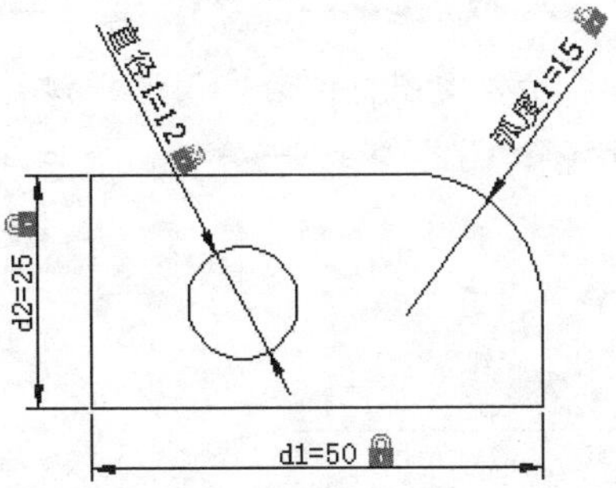

图 15.3.4　尺寸约束

15.3.3　尺寸约束设置

在使用 AutoCAD 绘图时可以控制约束栏的显示，使用“约束设置”对话框内的“标注”选项卡，即可控制显示标注约束时的系统配置。下面通过一个实例来介绍尺寸约束的设置。

Step1. 打开文件 D:\AutoCAD2017.1\work\ch15.03\dimension_02.dwg，如图 15.3.5a 所示。

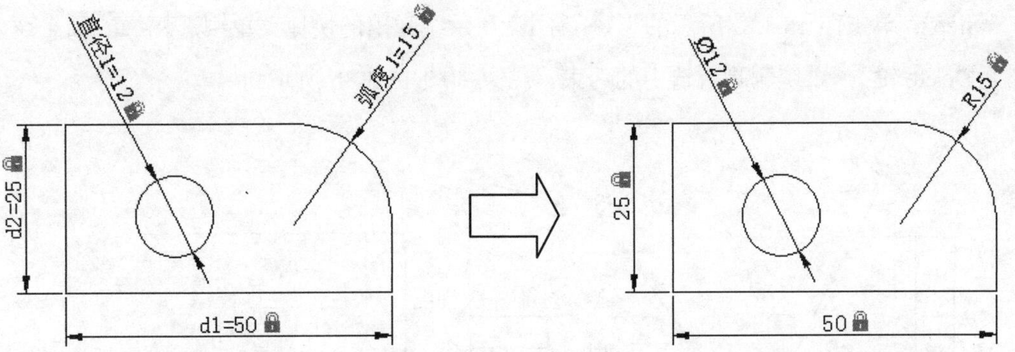

a）尺寸约束设置前　　b）尺寸约束设置后

图 15.3.5　尺寸约束设置

Step2. 选择命令。选择下拉菜单 参数(P) → 约束设置(S) 命令（或在命令行中输入命令 CONSTRAINTSETTINGS，然后按 Enter 键），此时系统弹出“约束设置”对话框。

Step3. 在“约束设置”对话框中单击 标注 选项卡。

Step4. 在 标注约束格式 区域的 标注名称格式(N): 下拉列表中选择 值，然后单击 确定 按钮，结果如图 15.3.5b 所示。

“标注”选项卡各选项说明如下。

- 标注约束格式 区域：该区域可以设置标注名称格式和锁定图标的显示。
  - ☑ 标注名称格式(N)：该下拉列表可以为标注约束时显示文字指定格式，分为名称、值和名称和表达式三种形式，结果分别如图 15.3.6、图 15.3.5b 和图 15.3.5a 所示。
  - ☑ ☑ 为注释性约束显示锁定图标：选中该复选框，可以对已标注的注释性约束的对象显示锁定图标；若取消选中该复选框，则结果如图 15.3.7 所示。
- ☑ 为选定对象显示隐藏的动态约束(S)：显示选定时已设置为隐藏的动态约束。

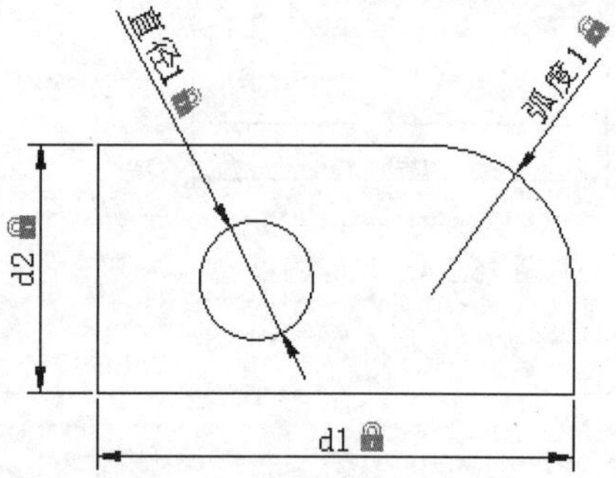

图 15.3.6　显示“名称”格式

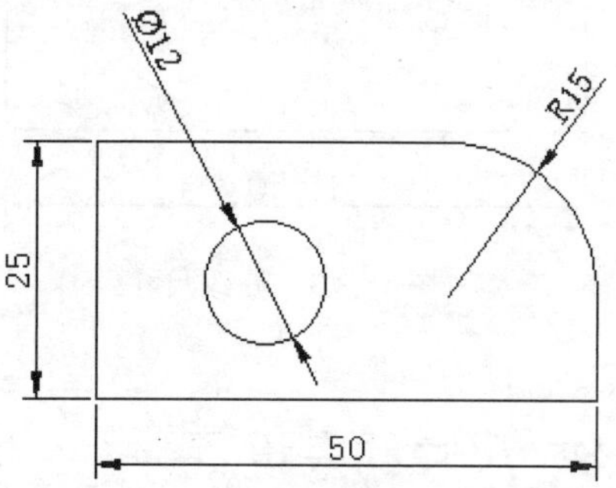

图 15.3.7　显示“锁定图标”

15.3.4　删除尺寸约束

Step1. 打开文件 D:\AutoCAD2017.1\work\ch15.03\dimension_03.dwg。

Step2. 单击图 15.3.8a 所示的半径，右击，在系统弹出的快捷菜单中选择 删除 命令（或按下 Delete 键），系统删除所选中的约束，结果如图 15.3.8b 所示。

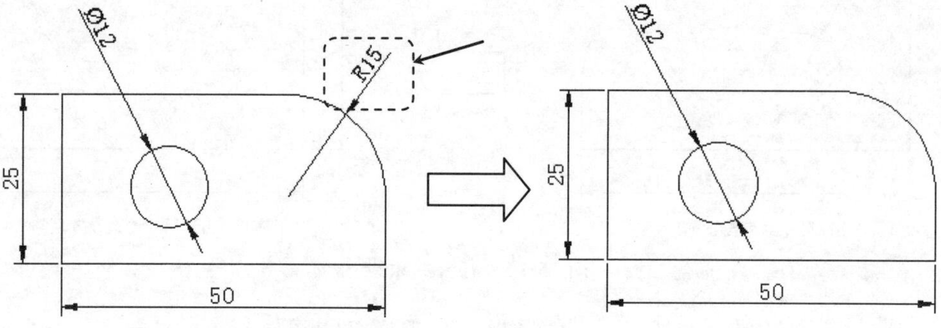

a）删除约束前　　b）删除约束后

图 15.3.8　删除尺寸约束

说明：

- 在删除尺寸约束时也可以单击“参数化”选项组中的 删除约束 按钮，然后单击所要删除的尺寸，再按 Enter 键。

- 另外，若单击“参数化”选项组中的删除约束按钮，然后选取图形中的对象（图 15.3.9a 所示的圆弧），那么系统会将该对象中的几何约束和尺寸约束同时删除，如图 15.3.9b 所示。

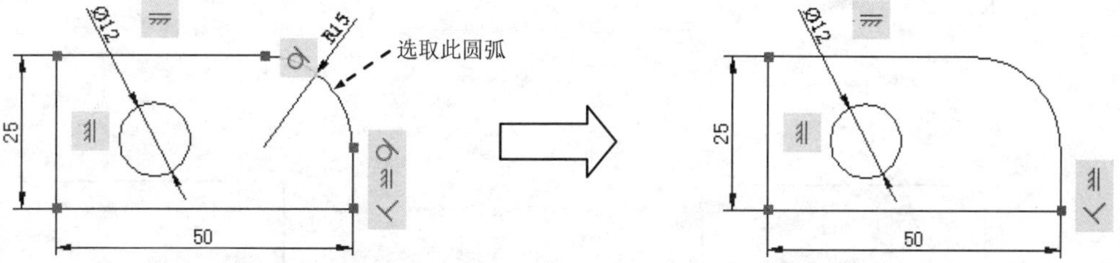

a）删除约束前　　　　b）删除约束后

图 15.3.9　删除几何约束和尺寸约束

15.4 自动约束

在使用 AutoCAD 绘图时，使用“约束设置”对话框内的“自动约束”选项卡可将设定公差范围内的对象自动设置为相关约束。下面通过一个例子来介绍自动约束的设置。

Step1. 打开文件 D:\AutoCAD2017.1\work\ch15.04\self-motion.dwg。

Step2. 显示约束符号。在“几何约束”面板中单击全部显示按钮，系统会将所有对象的几何约束类型显示出来。

Step3. 选择命令。选择下拉菜单参数(P) ➡ 约束设置(S)命令（或在命令行中输入命令 CONSTRAINTSETTINGS，然后按 Enter 键），此时系统弹出“约束设置”对话框。

Step4. 在“约束设置”对话框中单击自动约束选项卡。

Step5. 在公差区域距离(I):文本框中输入数值 1，在角度(A):文本框中输入数值 4，然后单击确定按钮。

“自动约束”选项卡各选项说明如下。

- 自动约束区域：该列表中显示自动约束的类型以及优先级。可以通过上移(U)和下移(D)按钮调整优先级的先后顺序，还可以单击✔符号选择或去掉某种约束类型。
- ☑ 相切对象必须共用同一交点(T)复选框：选中该复选框表示指定两条曲线必须共用一个点（在距离公差内指定）才能应用相切约束。
- ☑ 垂直对象必须共用同一交点(P)复选框：选中该复选框表示指定直线必须相交或者一条直线的端点必须与另一条直线或直线的端点重合（在距离公差内指定）。
- 公差区域：设置距离和角度公差值以确定是否可以应用约束。

☑ 距离(I):文本框：设置范围在 0 ~ 1。

☑ 角度(A): 文本框：设置范围在0°~5°。

Step6. 定义自动重合约束。单击“参数化”选项组中的自动约束按钮，然后在系统命令行选择对象或 [设置(S)]: 的提示下选取图 15.4.1a 所示的两条边线，最后按 Enter 键，结果如图 15.4.1b 所示。

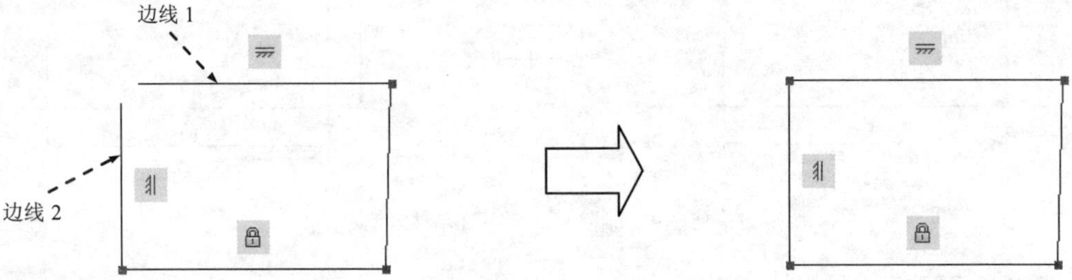

a）自动重合约束前　　b）自动重合约束后

图 15.4.1　自动重合约束

Step7. 定义自动垂直约束。单击“参数化”选项组中的自动约束按钮，然后在系统命令行选择对象或 [设置(S)]: 的提示下选取图 15.4.2a 所示的两条边线，最后按 Enter 键，结果如图 15.4.2b 所示。

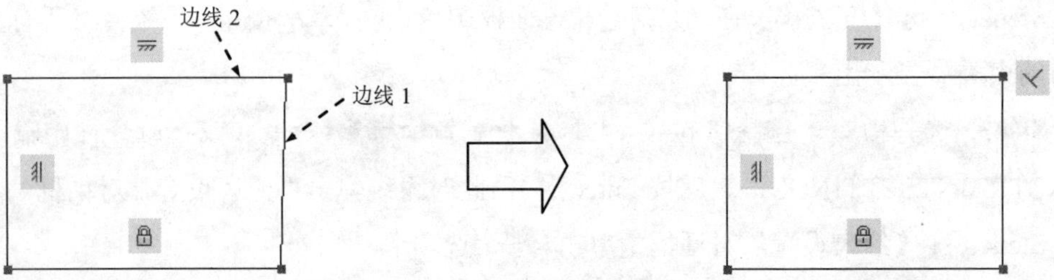

a）自动垂直约束前　　b）自动垂直约束后

图 15.4.2　自动垂直约束

15.5　思考与练习

1. 什么是参数化设计？
2. 参数化设计包括哪几个方面？
3. 几何约束和尺寸约束如何创建及编辑？
4. 几何约束和尺寸约束有何区别与联系？
5. 用本章所学的参数化设计的内容，绘制图 15.5.1 所示的草图。

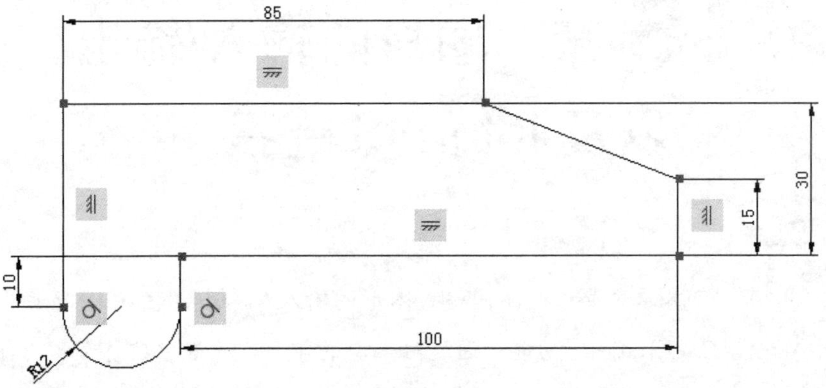

图 15.5.1 练习

第 16 章　图形的输入/输出以及 Internet 连接

本章提要

本章主要讲述不同格式图形的输入和输出、插入 OLE 对象、打印输出图形以及 AutoCAD 的 Internet 功能。通过对本章的学习，读者要熟练掌握打印图形的技巧和步骤，掌握在不同程序间进行图形交换的方式和方法，以及将图形上传到互联网并进行传递的过程和方法。

16.1　图形的输入/输出

16.1.1　输入其他格式的图形

在 AutoCAD 中可以输入由其他应用程序生成的不同格式的文件。根据输入文件的类型，AutoCAD 将图形中的信息转换为 AutoCAD 图形对象，或者转换为一个单一的块对象。

利用“输入文件”对话框可实现输入操作。在命令行中输入命令 IMPORT，然后按 Enter 键，系统弹出“输入文件”对话框。可利用该对话框输入以下格式的文件。

- FBX (*.fbx)格式：Kaydara FiLMBOX 软件的文件格式。
- 图元文件 (*.wmf) 格式：Windows 的一种文件格式。
- ACIS (*.sat) 格式：ACIS 实体对象的文件格式。
- 3D Studio (*.3ds) 格式：3D Studio 的文件格式。
- MicroStation DGN (*.dgn) 格式：MicroStation DGN 的文件格式。
- 所有 DGN 文件 (*.*) 格式：所有 DGN 文件格式。

要输入一个指定类型的文件，可从文件类型(T): 下拉列表中选择格式，然后在文件列表中选择要输入的文件，单击打开(O) 按钮。

在 AutoCAD 2017 中可以通过选择下拉菜单 插入(I) → Windows 图元文件(W)...、插入(I) → ACIS 文件(A)... 命令以及 插入(I) → 3D Studio(3)... 命令，分别输入上述三种格式的图形文件。

16.1.2　输入与输出 DXF 文件

DXF 格式（即图形交换文件格式）是许多图形软件通用的格式。在 AutoCAD 中，可以把图形保存为 DXF 格式，也可以打开 DXF 格式的文件。

当要打开 DXF 格式的文件时，可选择下拉菜单 文件(F) → 打开(O)... 命令（或者在命令行中输入命令 DXFIN，然后按 Enter 键），系统弹出“选择文件”对话框，可在文件列表中选择一个 DXF 格式的文件，单击 打开(O) 按钮。

当要以 DXF 格式输出图形时，可选择下拉菜单 文件(F) → 保存(S) 命令或 文件(F) → 另存为(A)... 命令，系统弹出“图形另存为”对话框。在该对话框的 文件类型(T): 下拉列表中选择 DXF 格式（在将图形保存为 DXF 格式时，可选择与 AutoCAD 2013、AutoCAD 2010/LT2010、AutoCAD 2007/LT2007、AutoCAD 2004/LT2004、AutoCAD 2000/LT2000、AutoCAD R12/LT2 版本相兼容的格式），然后在对话框右上角选择 工具(L) → 选项(O)... 命令，此时系统弹出“另存为选项”对话框，在该对话框的 DXF 选项 选项卡中可设置保存格式。选中 ASCII 单选项可输出 ASCII 格式的文件，如果图形以 ASCII 格式保存，则能够设置其精度；选中 二进制 单选项可输出二进制格式的文件。

二进制格式的 DXF 文件是一种更为紧凑的格式，AutoCAD 对它的读写速度会有很大的提高。此外，选中 DXF 选项 选项卡中的 选择对象(O) 复选框，可确定在 DXF 文件中是否只保存图形中的指定对象。

16.1.3 插入 OLE 对象

对象连接与嵌入（Object Linking and Embedding 缩写为 OLE），是在 Windows 环境下实现不同的 Windows 实用程序之间共享数据和程序功能的一种方法。

AutoCAD 也支持 OLE 功能，AutoCAD 的图形文件既可以作为源，又可以作为目标。

AutoCAD 图形作为源使用时，可以将 AutoCAD 的图形嵌入或链接到其他应用程序创建的文档中。嵌入与链接的区别在于：

- 当 AutoCAD 图形（源）嵌入到其他软件的文档（目标）中时，实际上只是嵌入了图形的一个副本。副本保存在目标文档中，对副本所做的任何修改都不会影响原来的 AutoCAD 图形，同时对原来 AutoCAD 图形（源）所做的任何修改也不会影响嵌入的副本。因此，嵌入与 AutoCAD 的块插入模式相似。
- 当一个 AutoCAD 图形（源）链接到其他软件的文档（目标）中时，不是在该文档中插入 AutoCAD 图形的副本，而是在 AutoCAD 图形与文档之间创建了一个链接或引用关系。如果修改了原来的 AutoCAD 图形（源），只要更新链接，则修改后的结果就会反映在文档（目标）中。因此，链接与使用外部参照相似。

AutoCAD 图形作为目标使用时，可以将其他软件的文档，如一个 Excel 电子表格文档（源），嵌入到 AutoCAD 图形（目标）中。电子表格的副本保存在 AutoCAD 图形（目标）

中，对电子表格（源）所作的修改将不会影响原始的文件。但如果将电子表格（源）链接到 AutoCAD 图形（目标）中，并且以后在 Excel 中修改电子表格（源），则在更新链接后，修改后的结果就会反映在 AutoCAD 图形（目标）中。

下面举例说明在 AutoCAD 2017 中插入 Excel 表格的一般操作步骤。

Step1. 打开文件 D:\AutoCAD2017.1\work\ch16.01\ole.dwg。

Step2. 选择下拉菜单 插入(I) → OLE 对象(O)... 命令。

Step3. 系统弹出“插入对象”对话框，选中 ⊙ 由文件创建(F) 单选项，在系统弹出的界面中单击 浏览(B)... 按钮，在系统弹出的“浏览”对话框中选择要插入的 Excel 文件 D:\AutoCAD2017.1\work\ch16.01\Book1.xls，然后单击 打开(O) 按钮，系统自动返回“插入对象”对话框；单击 确定 按钮，关闭“插入对象”对话框。

注意：必须确认在当前的计算机操作系统中已安装了 Microsoft Excel 软件，否则在绘图区中无法显示结果。

16.1.4 输出图形

如果要将图形文件以指定格式输出，可选择下拉菜单 文件(F) → 输出(E)... 命令，系统弹出“输出数据”对话框。在此对话框的 保存于(I): 下拉列表中设置文件输出的路径，在 文件类型(T): 下拉列表中选择文件的输出类型，如“图元文件”“ACIS”“平板印刷”“封装 PS”“DXX 提取”“位图”“三维 DWF”及“块”等，在 文件名(N): 文本框中输入文件名称，然后单击对话框中的 保存(S) 按钮切换到绘图区中，在图形中选择要保存的对象。

16.2 布局与打印输出图形

16.2.1 模型空间和图纸空间

在学习本节之前，先打开随书光盘上的一个普通的文件 D:\AutoCAD2017.1\work\ch16.02\space.dwg。

AutoCAD 提供了两种图形显示的模式，即模型空间和图纸空间，其中模型空间主要用于创建（包括绘制、编辑）图形对象；图纸空间则主要用于设置视图的布局。布局是打印输出的图纸样式，所以创建布局是为图纸的打印输出做准备。在布局中，图形既可以处在图纸空间，又可以处在模型空间。

AutoCAD 允许用户在上述两种显示模式下工作，并且可以在两种模式之间进行切换。通过单击状态栏的“模型”按钮 模型，可以进行模型、图纸空间的切换，转换的方法和注意点详见图 16.2.1、图 16.2.2 和图 16.2.3 中的文字说明。

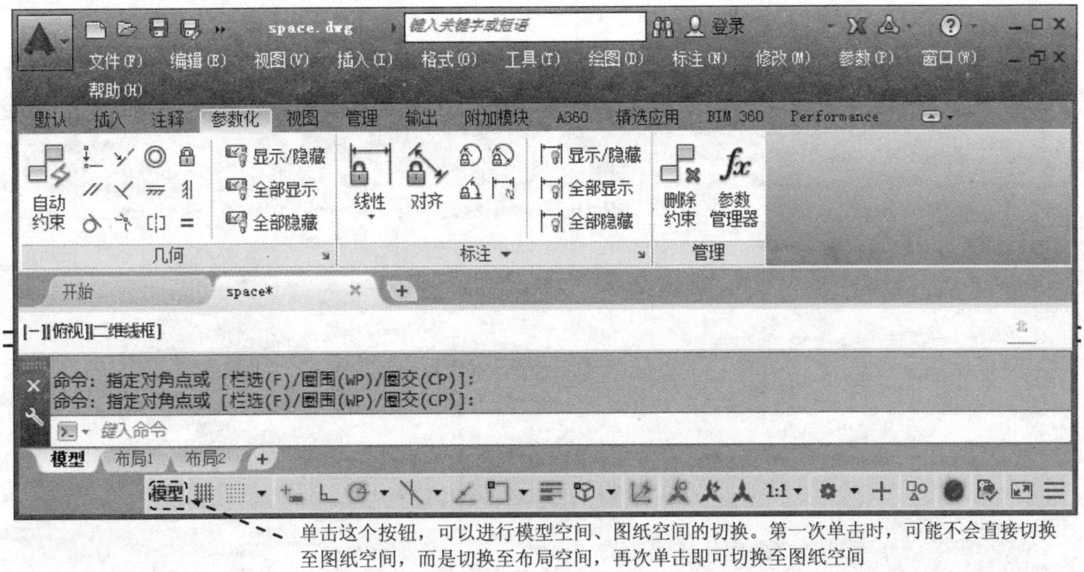

图 16.2.1 图形处在模型空间模式下

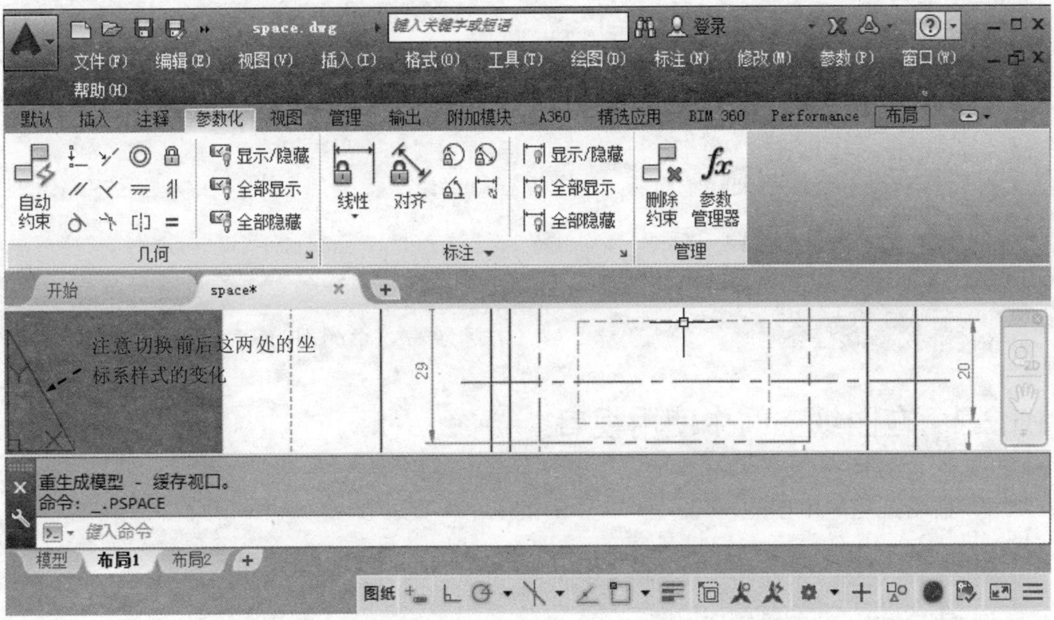

图 16.2.2 在布局中，图形处在图纸空间内

有关模型空间和图纸空间的几点说明如下：

- 当图形处在模型空间时，在命令行输入系统变量 TILEMODE 并按 Enter 键，再输入数值 0 并按 Enter 键，可切换到图纸空间；当处在图纸空间时，TILEMODE 设为 1 即可切换到模型空间。
- 在某个布局中，当图形处在模型空间时，在命令行输入命令 PSPACE 并按 Enter

键，可切换到图纸空间；当处在图纸空间时，通过命令 MSPACE 可切换到模型空间。

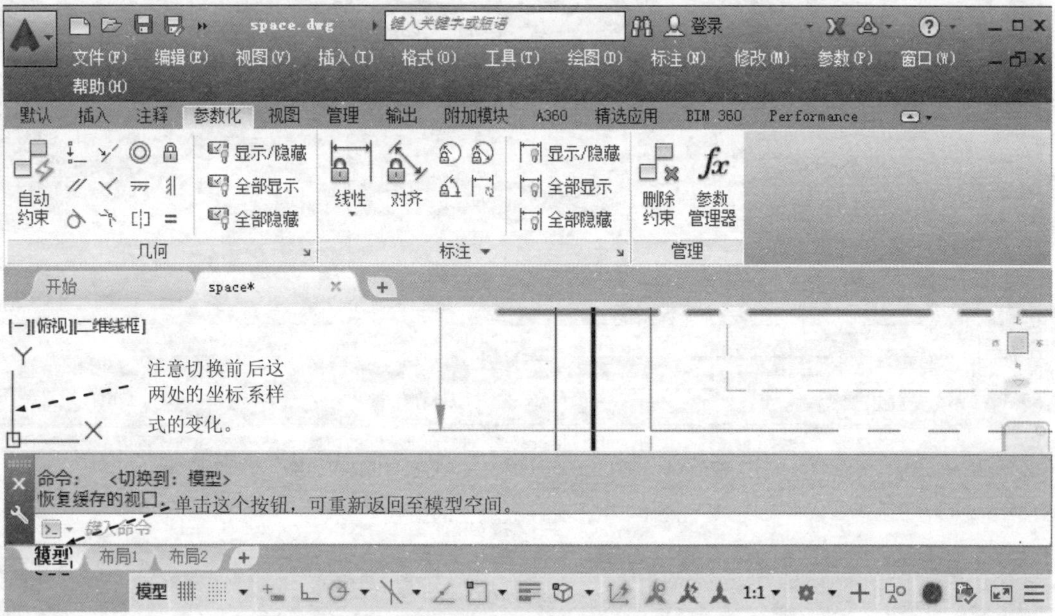

图 16.2.3　在布局中，图形处在模型空间内

- 可以为一个图形创建多个布局，这些布局都会以标签的形式列在绘图区下部的“模型”“布局 1”标签的后面。
- 在某个布局中，当图形处在图纸空间时，滚动鼠标中键，可缩放整个布局；当图形处在模型空间时，滚动鼠标中键，可缩放布局中的图形。

16.2.2　在图纸空间中使用视口

1．在图纸空间中创建视口

在图形（包括二维和三维图形）的图纸空间中同样可以创建视口，下面用一个三维图形举例说明其创建的一般操作步骤。

Step1．打开文件 D:\AutoCAD2017.1\work\ch16.02\psport.dwg。

Step2．单击状态栏中的“模型”按钮 模型 ，图形进入图纸空间。

Step3．选择下拉菜单 视图(V) → 视口(V) ▸ → 新建视口(E)... 命令。

Step4．在“视口”对话框的 标准视口(V): 列表中，选择 四个：相等 视口布局类型；在 设置(S): 列表中选择 三维 选项；单击 确定 按钮以关闭“视口”对话框。

Step5．在命令行 指定第一个角点或 [布满(F)] <布满>: 的提示下，按 Enter 键。

2．在图纸空间中视口的特点

在模型空间创建的视口是“固定”的，而在图纸空间中创建的视口则是“浮动”的，即每个视口可以被移动、删除、比例缩放（指用 SCALE 命令），拖动其夹点可以调整视口大小，甚至各个视口可以交叉重叠。这些特点为图形的输出打印提供了极大的方便。

这里仅举例说明移动图纸空间中的视口。选择下拉菜单 修改(M) → 移动(V) 命令，单击某个视口的边框以选择该视口，在指定基点和位移的第二点后，视口便完成了移动。

16.2.3 新建布局

在中文版 AutoCAD 2017 中，可以迅速、灵活地创建多种布局。创建新的布局后，可以在其中创建浮动视口并添加图纸边框和标题栏。在布局中可以设置打印设备的类型、图纸尺寸、图形方向以及打印比例等，这些统称为页面设置。

可以选择下拉菜单 工具(T) → 向导(Z) → 创建布局(C)... 命令（或者在命令行中输入命令 LAYOUT，然后按 Enter 键）来创建布局，执行命令后，通过不同的选项可以用多种方式创建新布局，如从已有的模板开始创建、从已有的布局创建或直接从头开始创建。另外，还可用 LAYOUT 命令来管理已创建的布局，如删除、改名、保存以及设置等。

用创建向导来创建布局是一种很容易掌握的方式，下面举例说明布局创建的一般操作步骤。

Step1．打开文件 D:\AutoCAD2017.1\work\ch16.02\layout.dwg。

Step2．选择下拉菜单 工具(T) → 向导(Z) → 创建布局(C)... 命令，此时系统弹出“创建布局-开始”对话框。在该对话框的 输入新布局的名称(M): 文本框中，输入新创建的布局的名称，如“新布局”。

Step3．单击 下一步(N) > 按钮，在系统弹出的“创建布局-打印机”对话框中，选择当前配置的打印机，如 Default Windows System Printer.pc3（必须连上打印机）。

注意：如果在打印机列表中选择“无”，则先不指定打印机，以后打印时再重新指定。如果指定了某个具体的打印机，在下一步选择图纸大小的操作时，系统仅显示该打印机最大打印范围内的图纸大小规格。

Step4．单击 下一步(N) > 按钮，在系统弹出的“创建布局-图纸尺寸”对话框中，选择打印图纸的大小，如 A4，图形的尺寸单位是毫米。

Step5．单击 下一步(N) > 按钮，在系统弹出的“创建布局-方向”对话框中，设置打印的方向，这里选中 ⊙ 横向(L) 单选项。

Step6．单击 下一步(N) > 按钮，在系统弹出的“创建布局-标题栏”对话框中，选择图纸的标题栏路径为 无；对话框右边的预览框中给出了所选样式的预览图像；在 类型 选项组中，可以指定所选择的标题栏图形文件是作为 块(B) 还是作为 外部参照(X) 插入到当前图形中。

Step7. 单击 下一步(N) > 按钮，在系统弹出的“创建布局-定义视口”对话框中指定新创建布局的默认视口的设置和比例等；在 视口设置 选项组中选中 单个(S) 单选项，在 视口比例(V): 下拉列表中选择 按图纸空间缩放 选项。

Step8. 单击 下一步(N) > 按钮，在系统弹出的“创建布局-拾取位置”对话框中，单击 选择位置(L) < 按钮，系统切换到图纸空间窗口，滚动鼠标中键，将图框放大，在图框内选取两点作为视口的两个角点，如图 16.2.4 所示。

Step9. 单击 下一步(N) > 按钮，在系统弹出的“创建布局-完成”对话框中，单击 完成 按钮，完成新布局及默认的视口创建，完成后的布局经放大后如图 16.2.5 所示。

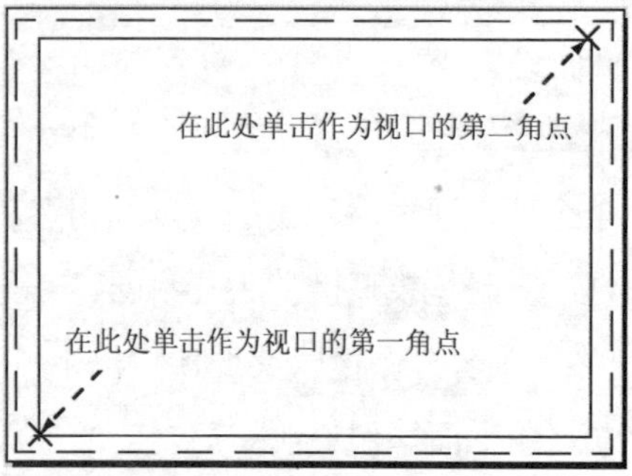

图 16.2.4　确定视口的大小和位置

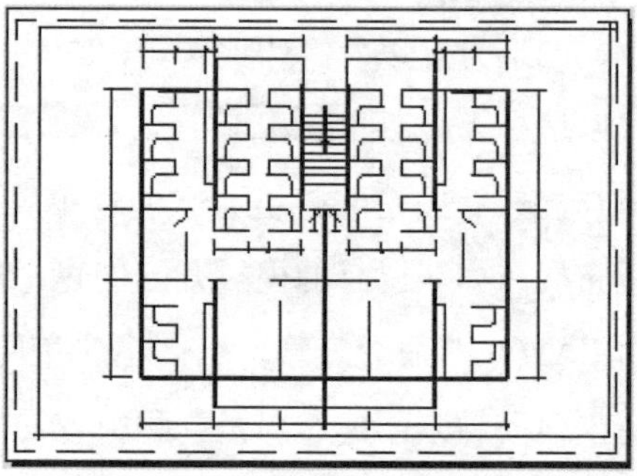

图 16.2.5　完成后的布局

16.2.4　管理布局

在创建完布局以后，AutoCAD 将按创建的页面设置显示布局。布局名称显示在布局选项卡上。我们可以在图 16.2.3 所示的 模型 按钮上右击，从系统弹出的图 16.2.6 所示的快捷菜单中选择相应的命令编辑布局。

如果要修改页面布局，则可从图 16.2.6 所示的快捷菜单中选择 页面设置管理器(G)... 命令。通过修改布局的页面设置，可将图形按不同比例打印到不同尺寸的图纸中。

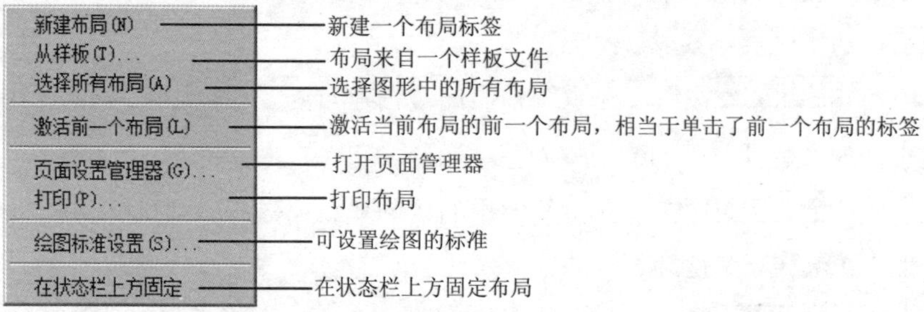

图 16.2.6　快捷菜单

16.2.5 使用布局进行打印出图的一般过程

使用布局进行打印出图的一般操作步骤如下：

（1）在模型空间中创建图形。

（2）激活一个图纸空间布局。

（3）指定布局的页面设置，如打印设备、图纸尺寸、图形方向和打印比例等。

（4）添加布局的图纸边框和标题栏。

（5）在布局中创建并布置浮动视口。

（6）设置每个浮动视口的比例。

（7）在布局中添加其他必需的对象和说明。

（8）打印布局。

注意：也可以不使用布局进行打印出图，而通过单击“模型”选项卡标签，进入模型空间进行打印出图。

16.2.6 使用打印样式

打印样式用来控制图形的具体打印效果，是一系列参数设置的集合。这些参数包括图形对象的打印颜色、线型、线宽、封口、灰度等内容。打印样式保存在打印样式表中，每个表都可以包含多个打印样式。打印样式分为颜色相关的打印样式和样式相关的打印样式。

颜色相关的打印样式是根据对象的绘制颜色来决定它们打印时的外观。在颜色相关的打印中，系统以每种颜色来定义设置。例如，可以设置图形中绿色的对象实际打印为具有一定宽度的宽线，且宽线内填充交叉剖面线。颜色相关的打印样式表保存在扩展名为.CTB的文件中。

样式相关的打印样式是基于每个对象或每个图层来控制打印对象的外观。在样式相关的打印中，每个打印样式表包含一种名为“普通”的默认打印样式，并按对象在图形中的显示进行打印。可以创建新的样式相关的打印样式表，其中的打印样式可以不限制数量。样式相关的打印样式表保存在扩展名为.STB的文件中。

为了使用打印样式，在页面设置或打印对话框的打印样式表（笔指定）(G)选项组选择打印样式表。如果图形使用命名的打印样式，则可以将所选打印样式表中的打印样式应用到图形中的单个对象或图层上。若图形使用颜色相关的打印样式，则对象或图层的本身的颜色就决定了图形被打印时的外观。

是否使用打印样式是可以选择的。在默认状态下，AutoCAD将不使用打印样式。

16.2.7 图样打印输出

1. 了解打印界面

打印是通过“打印”对话框来完成的。选择下拉菜单 文件(F) → 打印(P)... 命令（或者在命令行中输入命令 PLOT，然后按 Enter 键），可实现图形的打印。执行 PLOT 命令后，系统弹出图 16.2.7 所示的“打印-模型”对话框，该对话框中各主要选项的功能如下。

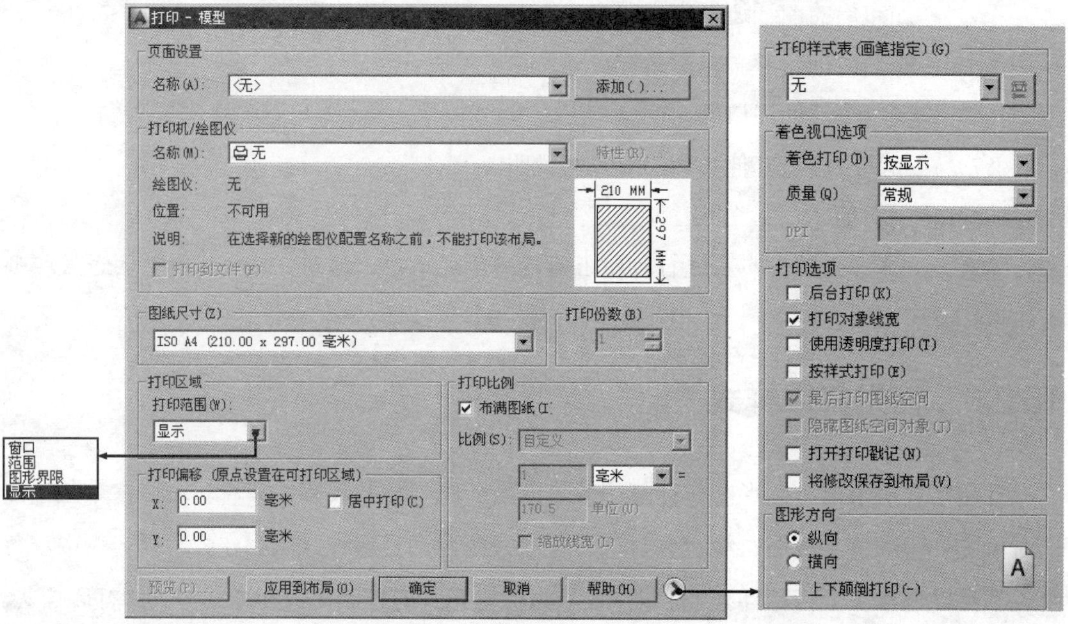

图 16.2.7 “打印-模型”对话框

- 页面设置 选项组：在该选项列表中，选择图形中已命名或已保存的页面设置作为当前的页面设置，也可以在“打印”对话框中单击 添加(.)... 按钮，基于当前设置创建一个新的命名页面设置。
- 打印机/绘图仪 选项组：在该选项组的 名称(A): 下拉列表中选择一个当前已配置的打印设备。一旦确定了打印设备，AutoCAD 就会显示出与该设备有关的信息。用户可以通过单击 特性(R)... 按钮，浏览和修改当前打印设备的配置和属性。在该选项组中选中 ☑ 打印到文件(F) 复选框，可将图形输出到一个文件中，否则将图形输出到打印机或绘图仪。
- 图纸尺寸(Z) 选项组：在该选项组指定图纸尺寸及纸张大小（该选项组内容与选定的打印设备有关）。
- 打印份数(B) 选项组：在该选项组指定打印的数量。
- 打印区域 选项组：在该选项组确定要打印图形的范围，其下拉列表中包含下面几个选项。

☑ 窗口 选项：选择此项，系统切换到绘图区，在指定要打印矩形区域的两个角点

（或输入坐标值）后，系统将打印位于指定矩形窗口中的图形；当要编辑选定的窗口，可单击 窗口(O)< 按钮换到绘图区重新定义矩形区域。

☑ 范围选项：选择此项，将打印整个图形上的所有对象。

☑ 图形界限/布局选项：如果从“模型”选项卡打印时，下拉列表中将列出“图形界限”选项，选择此项，将打印由 LIMITS 命令设置的绘图图限内的全部图形。如果从某个布局（如“布局 2”）选项卡打印时，下拉列表中将列出“布局”选项，此时将打印指定图纸尺寸内的可打印区域所包含的内容，其原点从布局中的（0,0）点计算得出。

☑ 显示选项：选择此项，将只打印当前显示的图形对象。

● 打印偏移（原点设置在可打印区域）选项组：在该选项组的 X 和 Y 文本框中输入偏移量，用以指定相对于打印区域左下角的偏移。如果选中 ☑居中打印(C) 复选框，则可以自动居中打印。

● 打印比例选项组：在该选项组的下拉列表中选择标准缩放比例，或者输入自定义值。布局空间的默认比例为 1:1。如果选中 ☑布满图纸(I) 复选框，则系统自动确定一个打印比例，以布满所选图纸尺寸。如果要按打印比例缩放线宽，可选中 ☑缩放线宽(L) 复选框。

● 打印样式表（画笔指定）(G) 选项组（位于延伸区域）：在该选项组的“打印样式表”下拉列表中选择一个样式表，将它应用到当前“模型”或布局中。如果要添加新的打印样式表，可在“打印样式表”下拉列表中选择“新建”选项，使用“添加颜色相关打印样式表”向导创建新的打印样式表。还可以单击“编辑”按钮，系统将弹出 “打印样式表编辑器”对话框，通过该对话框来编辑打印样式表。

● 着色视口选项选项组：在该选项组，可以指定着色和渲染视口的打印方式，并确定它们的分辨率及每英寸点数（DPI）。

● 打印选项选项组（位于延伸区域）：选项组中包括下面几个选项。

☑ ☑打印对象线宽 复选框：指定是否打印为对象或图层指定的线宽。

☑ ☑按样式打印(E) 复选框：指定是否在打印时将打印样式应用于对象和图层。如果选中该复选框，则“打印对象线宽”也将自动被选中。

☑ ☑打开打印戳记(N) 复选框：打开绘图标记显示。在每个图形的指定角点放置打印戳记。打印戳记也可以保存到日志文件中。单击“打印戳记设置”按钮，系统弹出“打印戳记”对话框，在该对话框中可以设置“打印戳记”选项。

● 图形方向选项组（位于延伸区域）：在该选项组中，可以确定图纸的输出方向。选中 ⊙纵向 单选项表示图纸的短边位于图形页面的顶部；选中 ⊙横向(N) 单选项表示图纸的长边位于图形页面的顶部；□上下颠倒打印(-)复选框用于确定是否将所绘图形反方向打印。

2．打印预览及打印

在最终打印输出图形之前，可以利用打印预览功能检查一下设置的正确性，例如图形是否都在有效输出区域内等。选择下拉菜单文件(F) → 打印预览(V)命令（或者在命令行中输入命令 PREVIEW，然后按 Enter 键），可以预览输出结果，AutoCAD 将根据当前的页面设置、绘图设备的设置以及绘图样式表等内容在屏幕上显示出最终要输出的图纸样式。注意：在进行“打印预览”之前，必须指定绘图仪，否则系统命令行会提示信息：未指定绘图仪。请用“页面设置”给当前图层指定绘图仪。。

在预览窗口中，光标变成了带有加号和减号的放大镜状，向上拖动光标可以放大图像，向下拖动光标可以缩小图像。要结束全部的预览操作，可直接按 Esc 键。经过打印预览，确认打印设置正确后，可单击左上角的“打印”按钮，打印输出图形。

另外，在“打印”对话框中单击预览(P)...按钮也可以预览打印，确认正确后，单击“打印”对话框中的确定按钮，AutoCAD 即可输出图形。

16.3 AutoCAD 的 Internet 功能

16.3.1 输出 Web 图形

AutoCAD 2017 提供了以 Web 格式输出图形文件的方法，即将图形以 DWF 格式输出。DWF 文件是一种安全的、适应于在 Internet 上发布的文件格式，它只包含了一张图形的智能图像，而不是图形文件自身，我们可以认为 DWF 文件是电子版本的打印文件。用户可以通过 Autodesk 公司提供的 WHIP！4.0 插件打开、浏览和打印 DWF 文件。此外，DWF 格式支持实时显示缩放、实时显示移动，同时还支持对图层、命名视图、嵌套超链接等方面的控制。

创建 DWF 格式文件的一般操作步骤为。

Step1. 打开文件 D:\AutoCAD2017.1\work\ch16.03\new-home1.dwg。

Step2. 选择下拉菜单文件(F) → 打印(P)...命令，系统弹出“打印-模型”对话框。

Step3. 在“打印-模型”对话框中进行其他输出设置后，在打印机/绘图仪选项组中的名称(M):下拉列表中选择DWF6 ePlot.pc3选项。

Step4. 单击确定按钮，系统弹出“浏览打印文件”对话框。

Step5. 在对话框中输入 DWF 文件路径及名称，这样即可创建出电子格式的文件。

16.3.2 创建 Web 页

可以使用 AutoCAD 提供的网上发布向导来完成创建 Web 页。利用此向导，即使用户不熟悉网页的制作，也能够很容易地创建出一个规范的 Web 页。该 Web 页将包含 AutoCAD 图形的 DWF、PNG 或 JPG 格式的图像。Web 页创建完成后，就可以将其发布到 Internet 上，供世界各地的相关人员浏览。

创建 Web 页的一般操作步骤如下。

Step1. 打开文件 D:\AutoCAD2017.1\work\ch16.03\new-home1.dwg。

Step2. 选择下拉菜单 文件(F) → 网上发布(W)... 命令（或者在命令行中输入命令 PUBLISHTOWEB，然后按 Enter 键），此时系统弹出“网上发布-开始”对话框，选中该对话框中的 ⊙ 创建新 Web 页(C) 单选项。

Step3. 单击 下一步(N) > 按钮，系统弹出“网上发布-创建 Web 页”对话框，在 指定 Web 页的名称（不包括文件扩展名）(W)： 文本框中输入 Web 页的名称，如 Drawingweb，还可以指定文件的存放位置。

Step4. 单击 下一步(N) > 按钮，系统弹出“网上发布-选择图像类型”对话框，在左面的下拉列表中选取 DWF 图像类型（另外的类型还有 DWFx、JPEG 和 PNG）。

Step5. 单击 下一步(N) > 按钮，系统弹出“网上发布-选择样板”对话框，在 Web 页样板列表中选取 图形列表 选项。此时，在预览框中将显示出相应的样板示例。

Step6. 单击 下一步(N) > 按钮，系统弹出“网上发布-应用主题”对话框，在下拉列表中选择主题，如 经典 主题选项，在预览框中将显示出相应的外观样式。

Step7. 单击 下一步(N) > 按钮，系统弹出“网上发布-启用 i-drop”对话框。选中 ☑ 启用 i-drop(E) 复选框创建 i-drop 有效的 Web 页。

说明： 如果选中 ☑ 启用 i-drop(E) 复选框，则系统会在 Web 页上随所生成的图像一起发送 DWF 文件的备份。利用此功能，访问 Web 页的用户可以将图形文件拖放到 AutoCAD 绘图环境中。

Step8. 单击 下一步(N) > 按钮，系统弹出“网上发布-选择图形”对话框，选取在 Web 页要显示成图像的图形文件，也可从中提取一个布局，单击 添加(A) -> 按钮，添加到 图像列表(I) 框中。

Step9. 单击 下一步(N) > 按钮，系统弹出“网上发布-生成图像”对话框，可以确定重新生成已修改图形的图像还是重新生成所有图像。

Step10. 单击 下一步(N) > 按钮，系统弹出“网上发布-预览并发布”对话框。单击 预览(P) 按钮，系统打开 Web 浏览器显示刚创建的 Web 页面，单击 立即发布(N) 按钮可立即发布新创建的 Web 页。

Step11. 单击 完成 按钮。

16.3.3 建立超级链接

使用 AutoCAD 的超级链接功能，可以将 AutoCAD 图形对象与其他文档、数据表格等对象建立链接关系。下面用实例来说明其创建的一般操作步骤。

Step1. 打开文件 D:\AutoCAD2017.1\work\ch16.03\Hyperlink.dwg。

Step2. 选择下拉菜单 插入(I) → 块(B)... 命令，将块文件 D:\AutoCAD2017.1\work\ch16.03\new-home1.dwg 作为块，将比例设置为 0.001 插入。

Step3. 创建超级链接。

（1）选择下拉菜单 插入(I) → 超链接(H)... 命令；在 选择对象: 的提示下，选择要建立超链接的图形——刚插入的图形块，按 Enter 键，系统弹出“插入超链接”对话框。

（2）在该对话框的 显示文字(T): 文本框中输入办公用房说明。

（3）单击右侧 浏览: 选项组中的 文件(F)... 按钮，从打开的文件搜索界面中选取文件 D:\AutoCAD2017.1\work\ch16.03\办公用房说明.DOC。

（4）单击 确定 按钮，完成超级链接。

“插入超链接”对话框中的 链接至: 选项组说明如下。

链接至: 选项组用于确定要链接到的位置，该选项组中包括下面几个选项。

- “现有文件或 Web 页”按钮：用于创建链接至现有（当前）文件或 Web 页，此项为默认选项（本例选用此选项）。在该界面中，可以在 显示文字(T): 的文本框中输入链接显示的文字；在 键入文件或 Web 页名称(E): 的文本框中直接输入要链接的文件名，或者 Web 页名称（带路径），或者通过单击 文件(F)... 按钮检索要链接的文件名或者单击 Web 页(W)... 按钮检索要链接的 Web 页名称，或者单击“最近使用的文件”按钮，并从“或者从列表中选择”列表中选择最近使用的文件名，单击“浏览的页面”按钮并在列表中选择浏览过的页面名称，单击“插入的链接”按钮并在列表中选择网站名称。此外，通过 目标(G)... 按钮可以确定要链接到图形中的确切位置。
- “此图形的视图”按钮：显示当前图形中命名视图的树状视图，可以在当前图形中确定要链接的命名视图并确定链接目标。
- “电子邮件地址”按钮：可以确定要链接到的电子邮件地址（包括邮件地址和邮件主题等内容）。

16.4 电子传递文件

在实际工作中，我们经常会把图形转移到其他的计算机上，但有时AutoCAD需要用到许多其他的文件，诸如字体文件和外部参照等。这些文件并不是图形文件的组成部分，如果只将图形文件转移过去就会造成图形的不完整或字体的不匹配。AutoCAD的“电子传递”功能就是解决这一问题的一个很好的工具，它能够创建图形文件及与其相关的所有文件的传送文件集。如果要使用“电子传递”功能传递含外部参照、栅格图像等要素的AutoCAD图形文件，可按如下操作步骤进行。

Step1. 打开文件D:\AutoCAD2017.1\work\ch16.04\email.dwg。

Step2. 选择下拉菜单 文件(F) → 电子传递(T)... 命令，系统弹出“创建传递”对话框。

Step3. 单击 传递设置(T)... 按钮，在系统弹出的“传递设置”对话框中，单击 新建(N)... 按钮后，系统弹出“新传递设置”对话框，单击 继续 按钮。

Step4. 系统弹出“修改传递设置”对话框，为了确保图形传送后，收邮件方在打开图形文件后能够顺利看到图形中的块、外部参照、栅格图像、超链接文件等，建议选中对话框 路径选项 选项组中的 ⊙ 保留文件和文件夹的原有结构(K) 单选项，对话框中的其他参数均采用系统默认设置，单击“修改传递设置”对话框中的 确定 按钮，单击“传递设置”对话框中的 关闭 按钮。

“创建传递”对话框中的各选项组说明如下。

- 当前图形: 选项组：该选项组包含 文件树(F) 和 文件表(B) 两个选项卡。文件树(F) 选项卡以树状形式列出传递集中所包括的文件，文件表(B) 选项卡则以列表的形式显示了图形文件具体的存储位置、版本、日期等信息。
- 添加文件(A)... 按钮：单击该按钮，可向当前图形文件列表中添加需要传递的当前图形以外的其他文件。
- 查看报告(V) 按钮：单击该按钮，可以查看与传递集有关的日志信息，如所有打包文件的相关内容等。
- 输入要包含在此传递包中的说明: 文本框：可在此文本框输入传递说明。
- 选择一种传递设置 列表：可从该列表中选择某个传递设置，也可以单击 传递设置(T)... 按钮，创建一个新的传递设置。

“修改传递设置”对话框中的各选项组说明如下。

- 传递类型和位置 选项组：用于设置传递包的类型、文件格式、传递文件夹、传递文件名等内容。
- 路径选项 选项组：用于设置传递选项，例如是否将所有文件放入一个文件夹，是否包括字体，是否绑定外部参照，是否提示输入密码等内容。

- 传递设置说明(U):选项组：用于输入传递设置说明信息。

Step5. 单击“创建传递”对话框中的 确定 按钮，在系统弹出的“指定 Zip 文件”对话框中输入文件名（email-test.zip），然后单击该对话框中的 保存(S) 按钮。

Step6. 打开电子邮箱，将生成的 email-test.zip 文件发给对方。

Step7. 对方将 email-test.zip 文件解压缩后，即可打开传送的 AutoCAD 图形文件，并可顺利看到图形文件中的外部参照、栅格图像等。

16.5 思考与练习

1. 如何输入和输出 DXF 格式的文件？

2. 试举例说明对象链接（Linking）与嵌入（Embedding）间的区别。

3. AutoCAD 提供的两种图形显示模式（模型空间和图纸空间）有什么区别？如何进行模型空间和图纸空间的切换？

4. 与在模型空间创建的视口相比，图纸空间中的视口有什么特点？

5. 以一个图形为例，说明布局创建的一般过程。

6. 以一个 AutoCAD 的图形为例，先在模型空间进行图纸的打印，再使用布局进行一次打印，然后比较两者打印出图的区别，并总结用布局打印出图的好处。

7. 如何使用 AutoCAD 提供的网上发布向导来完成创建 Web 页的工作？

8. 分别创建一个 EXCEL 表格文件和一个 AutoCAD 的图形文件，再将 EXCEL 文件中的表格以超链接的形式插入到 AutoCAD 的图形中，然后说明超链接的特点和作用。

9. 打开文件 D:\AutoCAD2017.1\work\ch16.05\web.dwg，利用 AutoCAD 2017 提供的网上发布向导创建 Web 页，要求使该 Web 页包含图 16.5.1 所示的图形。

10. 打开文件 D:\AutoCAD2017.1\work\ch16\ch16.05\email.dwg，该文件图形中包含一个光栅图像。请参照 16.4 节中介绍的操作步骤，利用 AutoCAD 的“电子传递”功能，将当前的 email.dwg 图形打包成一个 myemail.zip 文件，并将该打包文件发给朋友，然后询问朋友是否可查看到图 16.5.2 所示的完整的 email.dwg 图形。

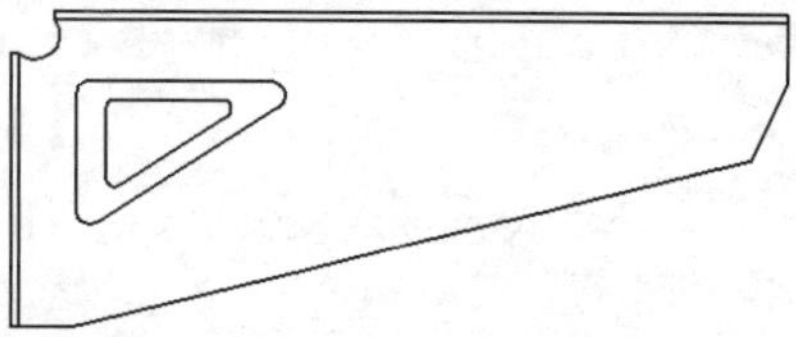

图 16.5.1 创建 Web 页

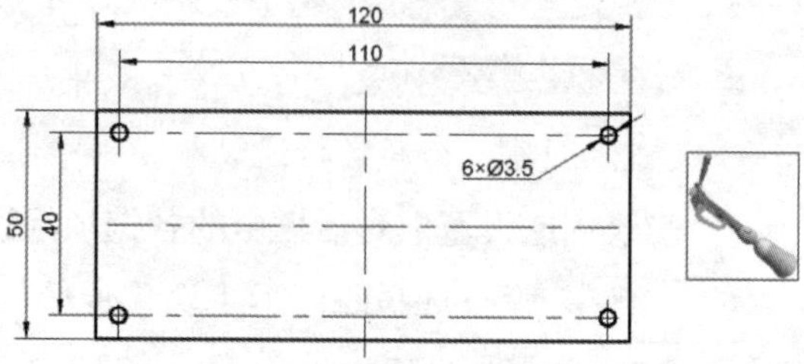

图 16.5.2 创建电子传递

第 17 章 样板文件及应用综合实例

本章提要 本章先介绍了一个 A3 幅面样板文件的创建过程，通过这部分的学习，读者可以了解到样板文件创建的一般过程和样板文件中一般需要设置的项目；接着介绍了几个典型图形的创建过程，通过这几个实例的学习，读者可了解一些图形的创建过程、方法和思路，为进行复杂的产品设计打下基础。本书实例中表面粗糙度的标注方法仍沿用 GB/T 1031—1995 的标准，该标准已被 GB/T 1031—2009 所代替，但在软件中的操作方法未变。

17.1 实例 1——样板文件

下面将创建一个 A3 幅面的样板文件，该样板文件包含图形界限、图层、文字样式、标注样式、表格样式的设置，其创建的一般操作步骤如下。

Task1. 设置样板文件

Step1. 启动 AutoCAD 软件，新建一个空白文件。

Step2. 设置图形界限。选择下拉菜单 格式(O) → 图形界限(I) 命令（或者在命令行输入 LIMITS 命令，并按 Enter 键），接受左下角点的默认值；在 指定右上角点 <420.0000,297.0000>: 的提示下，输入坐标值为（420,297）。

说明：也可通过单击选取矩形的两对角点来确定图形界限。

Step3. 创建图层。创建表 17.1.1 所示的几个图层（0 图层为默认图层），其中粗线线宽为 0.35mm，细线线宽为 0.18mm（在具体绘图时，可以根据图形的复杂程度及图纸大小，分别设置粗线和细线的宽度，此处的设置仅供参考）。

表 17.1.1 设置图层

图层名称	线 型	颜 色	线 宽	用 途
0	Continuous	白	默认	
尺寸线层	Continuous	绿	0.18mm	标注尺寸
轮廓线层	Continuous	白	0.35mm	绘制粗实线
剖面线层	Continuous	蓝	0.18mm	绘制剖面线
双点画线层	PHANTOM2	洋红	0.18mm	绘制双点画线
文字层	Continuous	94	0.18mm	书写文字
细实线层	Continuous	白	0.18mm	绘制细实线
虚线层	HIDDEN2	青	0.18mm	绘制虚线
中心线层	CENTER2	红	0.18mm	绘制中心线

Step4. 设置文字样式。

（1）设置汉字文本样式。选择下拉菜单 格式(O) → 文字样式(S)... 命令，系统弹出“文字样式”对话框，单击 新建(N)... 按钮，在系统弹出的对话框中输入样式名“汉字文本样式”；单击 确定 按钮，在 字体名(F): 下拉列表中选择 仿宋 GB2312 选项；在 高度(T) 文本框中输入数值 0；其他参数采用系统默认设置，单击“文字样式”对话框中的 应用(A) 按钮。

说明：只有 高度(T): 文本框中的数值为 0 时，在以后的工作中才能够任意修改文字的高度值。

（2）设置数字与字母样式。再次单击 新建(N)... 按钮，在系统弹出的对话框中输入样式名“数字与字母样式”；单击 确定 按钮，在 字体名(F): 下拉列表中选择 isocp2.shx 选项；选中 ☑ 使用大字体(U) 复选框；在 大字体(B): 下拉列表中选择 gbcbig.shx 选项；其他参数采用系统默认的设置值，单击“文字样式”对话框中的 应用(A) 按钮；单击 关闭(C) 按钮，完成文字样式的设置。

Step5. 设置标注样式。

（1）修改标注样式。选择下拉菜单 格式(O) → 标注样式(D)... 命令，系统弹出“标注样式管理器”对话框；单击 修改(M)... 按钮，在“修改标注样式：ISO-25”对话框的 符号和箭头 选项卡中将 箭头大小(I): 设置为3.5；在 文字 选项卡的 文字样式(Y): 下拉列表中选择 数字与字母样式 选项，将 文字高度(T): 设置为3.5，将 文字对齐(A) 方式设置为 ⊙ ISO 标准，在 填充颜色(L): 下拉列表中选择 □背景 选项；在 主单位 选项卡的 小数分隔符(C): 下拉列表中选择 “.”（句点）选项；单击“修改标注样式”对话框中的 确定 按钮。

（2）新建标注样式。单击“标注样式管理器”对话框中的 新建(N)... 按钮，系统弹出“创建新标注样式”对话框；在系统弹出的“创建新标注样式”对话框的 用于(U): 下拉列表中选择 角度标注，然后单击 继续 按钮，系统进入“新建标注样式”对话框；在“新建标注样式”对话框的 文字 选项卡中，将 文字对齐(A) 方式设置为 ⊙ 水平；单击“修改标注样式”对话框中的 确定 按钮。

（3）参照步骤（2）的操作步骤，完成其他所需标注样式的创建。

（4）将 ISO-25 标注样式设置为当前样式，然后单击“标注样式管理器”对话框中的 关闭 按钮，完成标注样式的设置。

Task2. 保存并验证样板文件

Step1. 保存样板文件。选择 文件(F) → 另存为(A)... 命令，将文件命名为 temp_A3.dwg，单击 保存(S) 按钮。

Step2. 验证样板文件。

（1）选择下拉菜单 文件(F) → 新建(N)... 命令，系统弹出“选择样板”对话框。

（2）在“选择样板”对话框中，选择 Step1 创建的 temp_A3.dwg，并单击打开(O)按钮。

Step3. 验证样板文件的设置。选择格式(O) → 图层(L)...命令，在系统弹出的“图层特性管理器”对话框中可以看到图 17.1.1 所示的图层设置。

说明：样板文件中的各项设置已经加载到当前的新文件当中，此步骤主要是验证新文件中的图层是否是从样板文件中加载进来的。

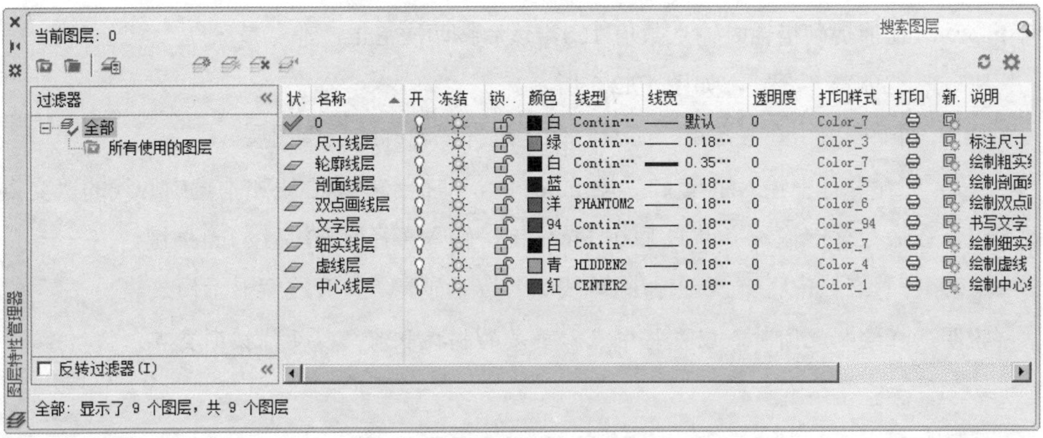

图 17.1.1 “图层特性管理器”对话框

17.2 实例 2——卡环

图 17.2.1 所示是机械零件中的一个卡环的二维图形，下面介绍其创建的一般操作步骤。

Task1. 选用样板文件并绘制和编辑图形

Step1. 使用随书光盘上提供的样板文件。选择下拉菜单文件(F) → 新建(N)...命令，在系统弹出的“选择样板”对话框中，找到样板文件 D:\AutoCAD2017.1\system_file\Part_temp_A3.dwg，然后单击打开(O)按钮。

Step2. 绘制两条中心线。

（1）绘制图 17.2.2 所示的水平中心线。在“图层”工具栏中选择“中心线层”图层；选择下拉菜单绘图(D) → 直线(L)命令，选择点 A 作为中心线的起点；在系统状态栏中按下按钮，打开正交模式，然后在命令行中输入下一点的相对坐标值（@160,0），按两次 Enter 键。

（2）绘制图 17.2.3 所示的垂直中心线。

① 设置对象捕捉。将鼠标移至状态栏中的按钮上，右击，从系统弹出的快捷菜单中选择对象捕捉设置...命令，在“草图设置”对话框的对象捕捉选项卡中单击全部选择按钮。

② 设置极轴追踪。在“草图设置”对话框的极轴追踪选项卡中，将增量角(I):设置为 90，

单击该对话框中的 确定 按钮，系统返回到绘图区。

③ 在状态栏中将（极轴追踪）、（对象捕捉）和（对象捕捉追踪）按钮显亮，以打开极轴、对象捕捉和对象追踪模式。

④ 选择下拉菜单 绘图(D) → 直线(L) 命令，捕捉到水平中心线的“中点”后（图 17.2.4），将光标向中心线上方缓慢移动，并在捕捉到极轴时输入数值 80.0，然后按下 Enter 键，此时已选取直线的第一点；在命令行提示指定下一点或 [放弃(U)]:时，将光标沿竖直方向向下移动，在捕捉到极轴时输入数值 160，然后按两次 Enter 键。

Step3. 绘制第一个圆，如图 17.2.5 所示。

（1）切换图层。在“图层”工具栏中，选择“轮廓线层”图层。

（2）在命令行中输入字母 C 后按 Enter 键，捕捉水平中心线和垂直中心线的“交点”并单击，在命令行中输入字母 D 后按 Enter 键，输入直径值 60 后按 Enter 键。

（3）在状态栏中将（显示/隐藏线宽）按钮显亮，打开线宽显示模式。

说明：在绘制此圆时，应先将中点和垂足的捕捉取消，以便捕捉到交点。

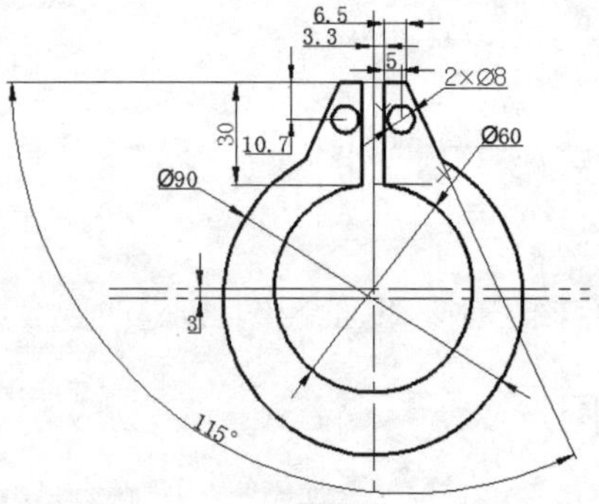

图 17.2.1 卡环实例

图 17.2.2 绘制水平中心线

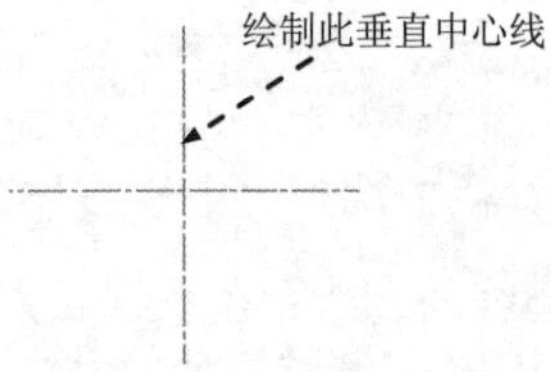

图 17.2.3 绘制垂直中心线

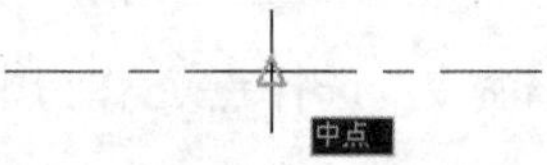

图 17.2.4 捕捉“中心”

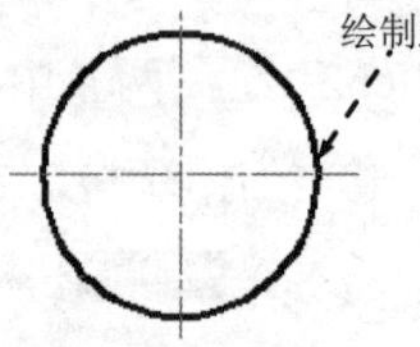

图 17.2.5 绘制第一个圆

Step4. 绘制第二个圆，如图 17.2.6 所示。

（1）创建图 17.2.7 所示的第二条水平中心线。选择下拉菜单 修改(M) → 偏移(S) 命令，输入偏移距离值 3 后按 Enter 键，选取第一条水平中心线为偏移对象，在第一条水平中心线的下方单击以确定偏移方向。

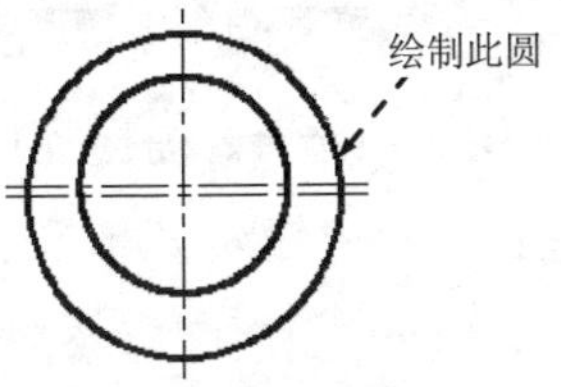

图 17.2.6 绘制第二个圆

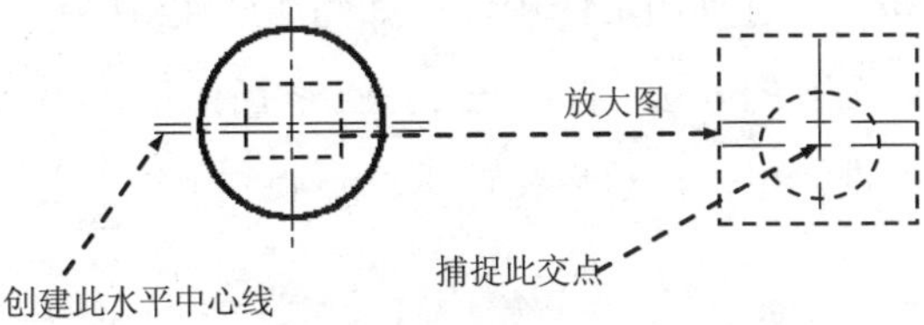

图 17.2.7 创建第二条水平中心线

（2）选择下拉菜单 绘图(D) → 圆(C) → 圆心、直径(D) 命令，捕捉第二条水平中心线和第一条垂直中心线的“交点”并单击，输入直径值 90 后按 Enter 键。

Step5. 绘制图 17.2.8 所示的直线段。

（1）定义用户坐标系（UCS）。在命令行中输入命令 UCS 后按 Enter 键，输入字母 N 后按 Enter 键，捕捉图 17.2.8 所示的交点并单击，此时用户坐标系便移至指定位置，如图 17.2.9 所示。

（2）绘制三条直线段。首先确认动态输入按钮处于关闭状态，然后选择下拉菜单 绘图(D) → 直线(L) 命令，输入坐标值（3.3,-0.5）后按 Enter 键，输入坐标值（@0,30）后按 Enter 键，输入坐标值（@6.5,0）后按 Enter 键，输入坐标值（@60<-65）后按两次 Enter 键。

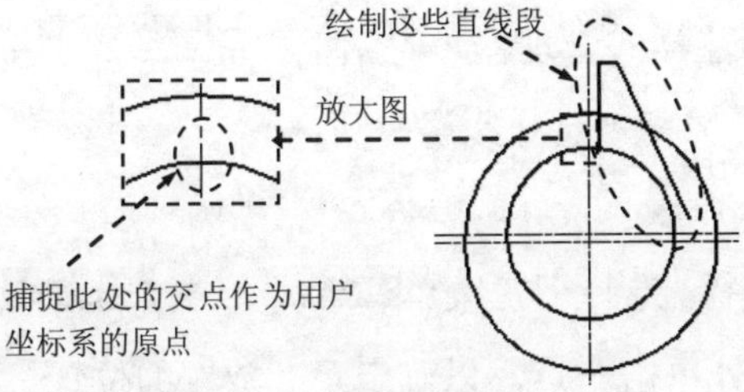

图 17.2.8 绘制直线段

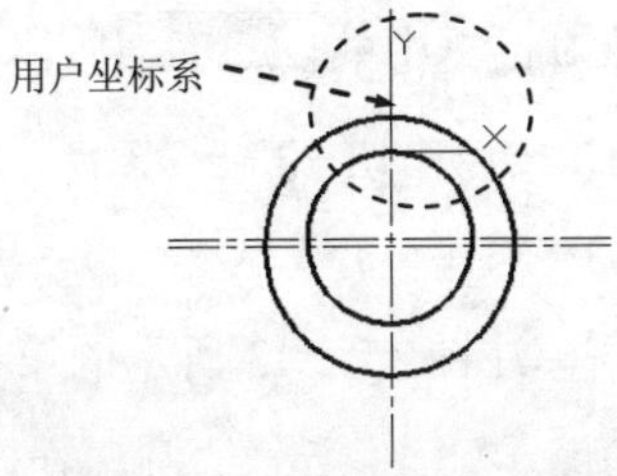

图 17.2.9 用户坐标系的位置

Step6. 编辑图形。选择下拉菜单 修改(M) → 修剪(T) 命令，对图 17.2.10a 进行修剪，修剪后的结果如图 17.2.10b 所示。

Step7. 绘制图 17.2.11 所示的小圆。选择 绘图(D) → 圆(C) → 圆心、直径(D) 命令，输入圆心点坐标值（8.3,18.8）后按 Enter 键，输入直径值 8 后按 Enter 键。

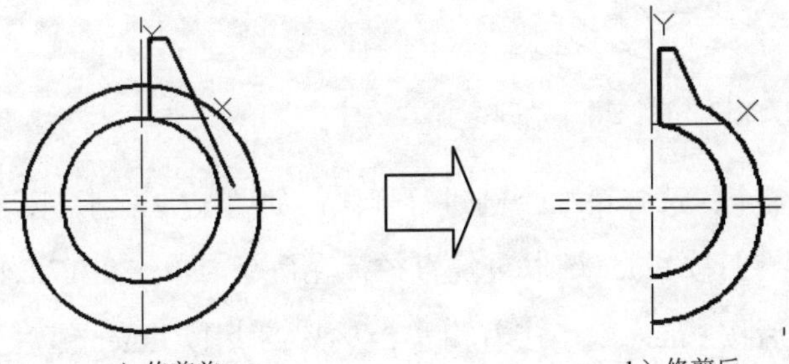

a）修剪前　　b）修剪后

图 17.2.10 进行修剪操作

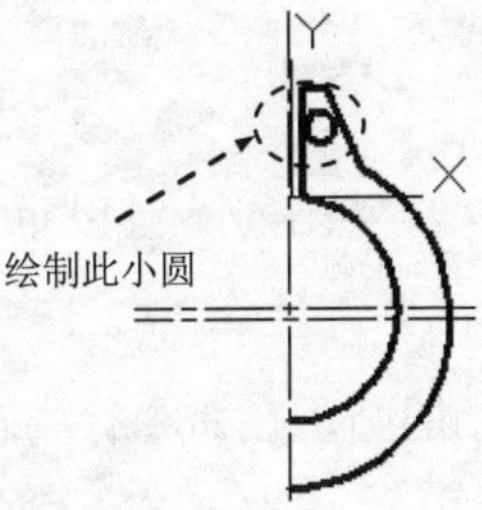

图 17.2.11 绘制小圆

Step8. 进行图形的镜像，如图 17.2.12 所示。选择下拉菜单 修改(M) → 镜像(I) 命令；用窗口选取的方法，选取图 17.2.12a 所示的对象，按 Enter 键结束选择；捕捉垂直中心线上的某一点并单击，然后在该垂直中心线上选取另一点；在命令行中输入字母 N 后按 Enter 键。

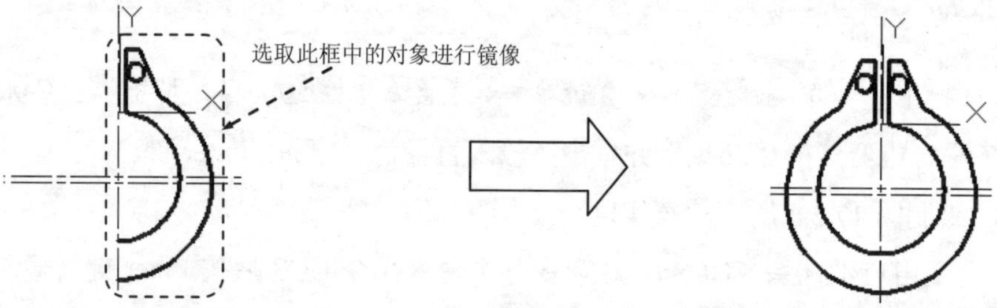

a）镜像前　　b）镜像后

图 17.2.12　进行镜像操作

Task2. 对图形进行图 17.2.1 所示的尺寸标注

Step1. 设置标注样式。选择下拉菜单 格式(O) → 标注样式(D)... 命令；单击“标注样式管理器”对话框中的 修改(M) 按钮，在“修改标注样式”对话框的 符号和箭头 选项卡的 箭头大小(I): 文本框中输入箭头长度值 5，在 文字 选项卡 文字高度(T): 后的文本框中输入文字高度值 5；然后单击该对话框中的 确定 按钮，单击“标注样式管理器”对话框中的 关闭 按钮。

Step2. 切换图层。在“图层”工具栏中，选择“尺寸线层”图层。

Step3. 创建直径标注。

（1）标注图 17.2.13 所示的第一个圆的直径。选择下拉菜单 标注(N) → 直径(D) 命令，然后单击图 17.2.13 所示的圆，在绘图区空白处单击一点，以确定尺寸放置的位置。

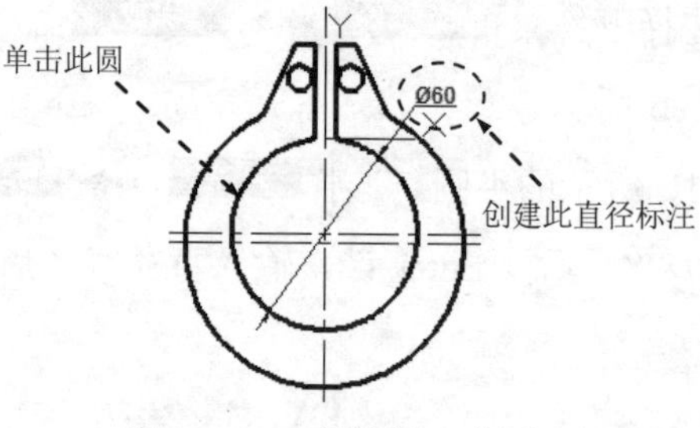

图 17.2.13　标注第一个圆

（2）按 Enter 键以重复直径标注命令，选择第二个圆进行标注，如图 17.2.14 所示。

（3）标注图 17.2.15 所示的第三个圆。按 Enter 键以重复直径标注命令，单击图 17.2.15 中所示的圆，在命令行中输入字母 M 后按 Enter 键，接着输入 2×%%C8 后按 Enter 键，在绘图区中的空白处单击，再在绘图区合适的位置单击以确定尺寸放置的位置。

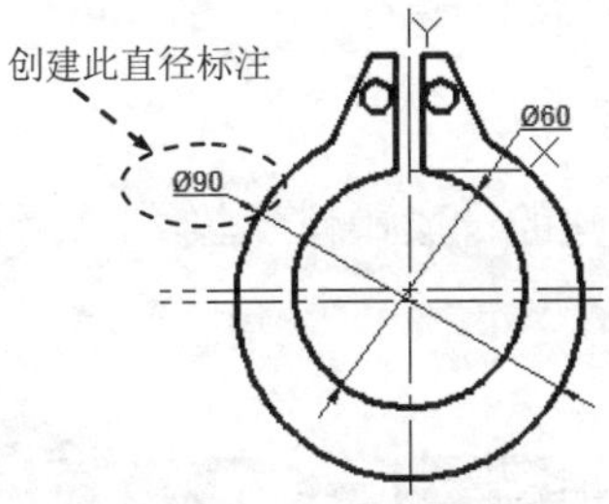

图 17.2.14 标注第二个圆

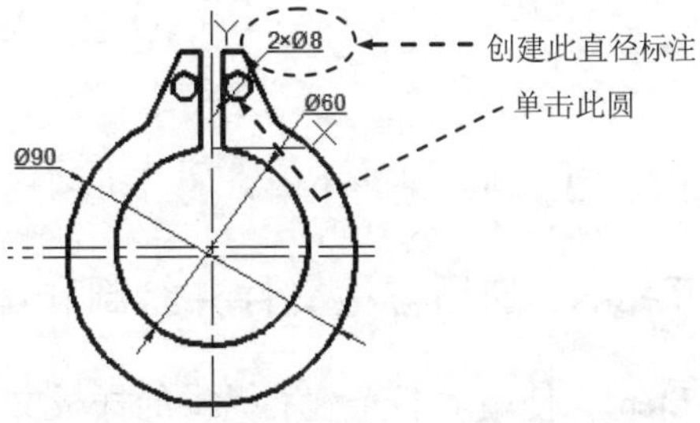

图 17.2.15 标注第三个圆

Step4. 创建线性标注。

（1）创建图 17.2.16 所示的第一个线性标注。选择下拉菜单 标注(N) → 线性(L) 命令，捕捉图 17.2.16 所示的边线的端点并单击，捕捉图 17.2.16 所示的圆心并单击，在绘图区的空白区域单击一点以确定尺寸放置的位置。

（2）参见步骤（1）的选择，创建其他的线性标注，如图 17.2.17 所示。

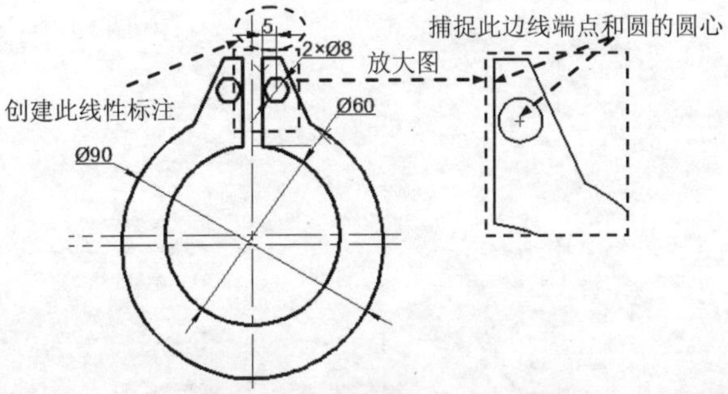

图 17.2.16 创建第一个线性标注

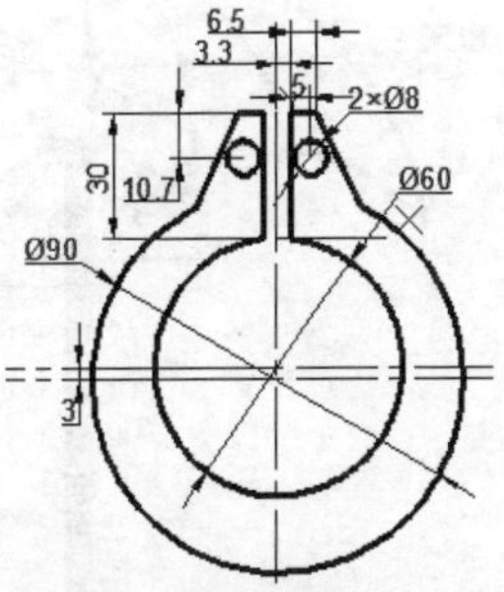

图 17.2.17 创建其他的线性标注

Step5. 创建图 17.2.18 所示的角度标注。选择下拉菜单 标注(N) → 角度(A) 命令，单击图 17.2.18 所示的两条边线，在绘图区的左下角空白区域单击一点，确定尺寸放置的位置。

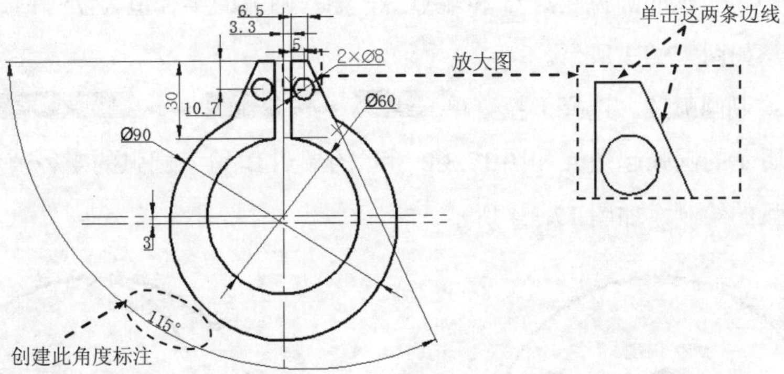

图 17.2.18 创建角度标注

17.3 实例 3——雨伞

图 17.3.1 所示是一个雨伞的二维图形，下面介绍其创建的一般操作步骤。

Task1. 选用样板文件并绘制和编辑图形

Step1. 使用随书光盘上提供的样板文件。选择下拉菜单 文件(F) → 新建(N)... 命令，在弹出的“选择样板”对话框中，找到样板文件 D:\AutoCAD2017.1\work\ch17.03\雨伞.dwg，然后单击 打开(O) 按钮。

Step2. 绘制样条曲线。选择下拉菜单 绘图(D) → 样条曲线(S) → 拟合点(F) 命令；依次选取图 17.3.2 所示的 A、B、C、D、E、F 和 G 七个位置点，按 Enter 键结束样条曲线的绘制，完成后的图形如图 17.3.2 所示。

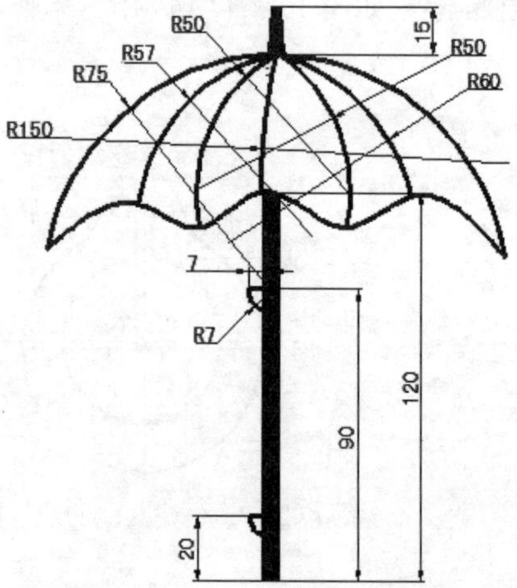

图 17.3.1 雨伞实例

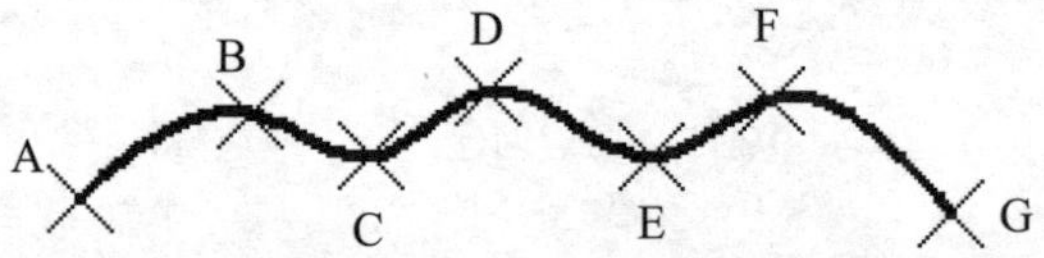

图 17.3.2 绘制样条曲线

Step3. 绘制圆弧 1。选择下拉菜单 绘图(D) → 圆弧(A) → 起点、端点、半径(R) 命令，分别选取图 17.3.2 所示的圆弧起点 G 和端点 A，输入圆弧的半径值为 75 并按 Enter 键，完成圆弧的绘制，如图 17.3.3 所示。

Step4. 绘制圆弧 2。选择下拉菜单 绘图(D) → 圆弧(A) → 起点、端点、半径(R) 命令，选取图 17.3.4 所示的圆弧起点 A 和图 17.3.2 所示的端点 B，输入圆弧的半径值为 75 并按 Enter 键，完成圆弧的绘制，如图 17.3.4 所示。

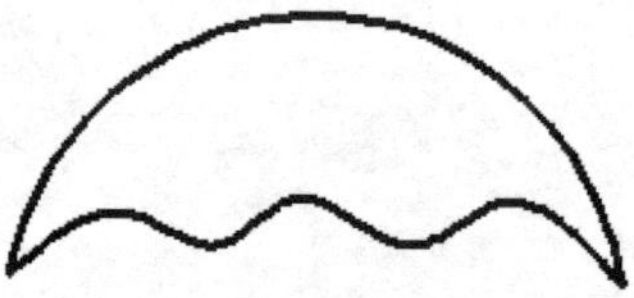
图 17.3.3 绘制圆弧 1

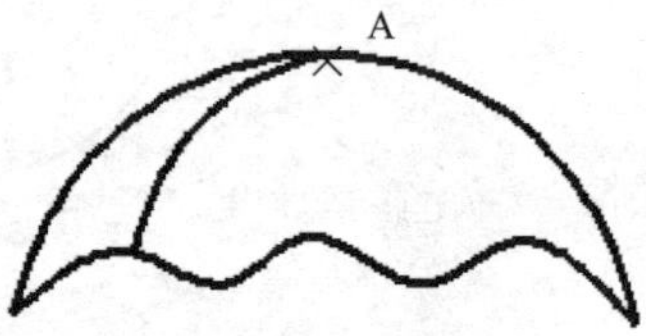

图 17.3.4 绘制圆弧 2

Step5. 绘制其余圆弧，具体操作可参照上一步，圆弧半径值分别为 50、150、50、60，如图 17.3.5 所示。

Step6. 绘制多段线 1。选择下拉菜单 绘图(D) → 多段线(P) 命令，选取图 17.3.6 所示的起点 A，在命令行中输入 W 并按 Enter 键，输入起点宽度值为 5，终点宽度值也为 5，并分别按 Enter 键确认，然后输入线段长度值为 120 并按 Enter 键。

Step7. 绘制多段线 2。选择下拉菜单 绘图(D) → 多段线(P) 命令，选取图 17.3.7 所示的起点 A，在命令行中输入 W 并按 Enter 键，输入起点宽度值为 5，终点宽度值为 3，并分别按 Enter 键确认，然后输入线段长度值为 15 并按 Enter 键。

Step8. 绘制直线 1。首先确认动态输入按钮 处于关闭状态，然后选择下拉菜单 绘图(D) → 直线(L) 命令，选择图 17.3.8 所示点 A 作为直线的起点，向下移动光标，在命令行中输入长度值-90 后按 Enter 键，输入坐标值（@7<180）后按两次 Enter 键，完成后的图形如图 17.3.8 所示。

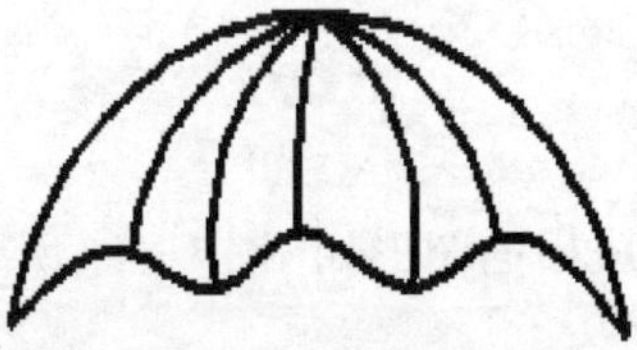

图 17.3.5 绘制其余圆弧

图 17.3.6 绘制多段线 1

图 17.3.7 绘制多段线 2

图 17.3.8 绘制直线 1

Step9. 绘制小圆弧 1。选择下拉菜单 绘图(D) → 圆弧(A) → 圆心、起点、角度(E) 命令，选取图 17.3.9 所示的点 1 为圆弧圆心，选取点 2 为圆弧起点，输入圆弧角度值为 90 并按 Enter 键，完成后的图形如图 17.3.9 所示。

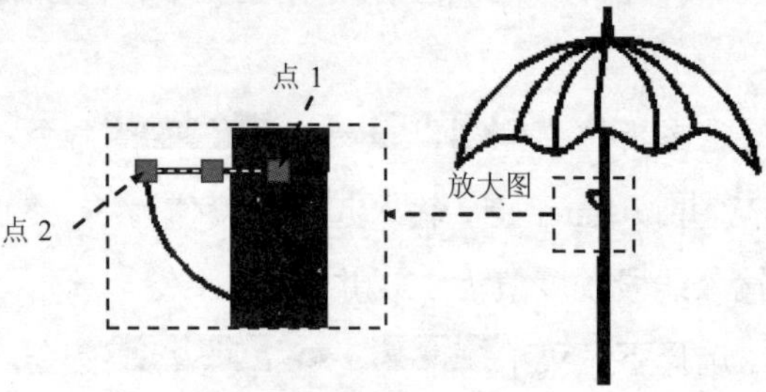

图 17.3.9　绘制小圆弧 1

Step10. 绘制直线 2。首先确认动态输入按钮处于关闭状态，然后选择下拉菜单 绘图(D) → 直线(L) 命令，选择图 17.3.10 所示点 A 作为直线的起点，向下移动光标，在命令行中输入长度值-20 后按 Enter 键，输入坐标值（@7<180）后按两次 Enter 键，完成后的图形如图 17.3.10 所示。

图 17.3.10　绘制直线 2

Step11. 绘制小圆弧 2。具体操作可参照 Step9，完成后的图形如图 17.3.11 所示。

图 17.3.11　绘制小圆弧 2

Task2. 对图形进行尺寸标注

Step1. 设置标注样式。选择下拉菜单 格式(O) → 标注样式(D)... 命令，单击“标注样式管理器”对话框中的 修改(M)... 按钮，将“修改标注样式”对话框的 文字 选项卡中的 文字高度(T): 的值设定为 5。

Step2. 切换图层。在“图层”工具栏中，选择“尺寸线层”图层。

Step3. 用 标注(N) → 线性(L) 命令创建线性尺寸标注，完成后的图形如图 17.3.12 所示。

Step4. 用 标注(N) → 半径(R) 命令创建半径尺寸标注，完成后的图形如图 17.3.13 所示。

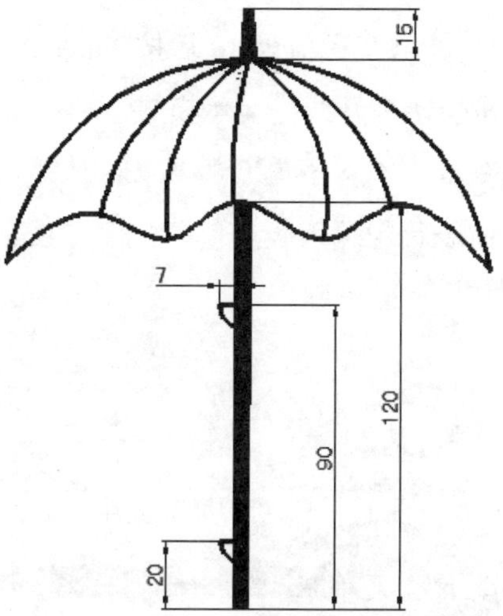

图 17.3.12　添加线性尺寸标注

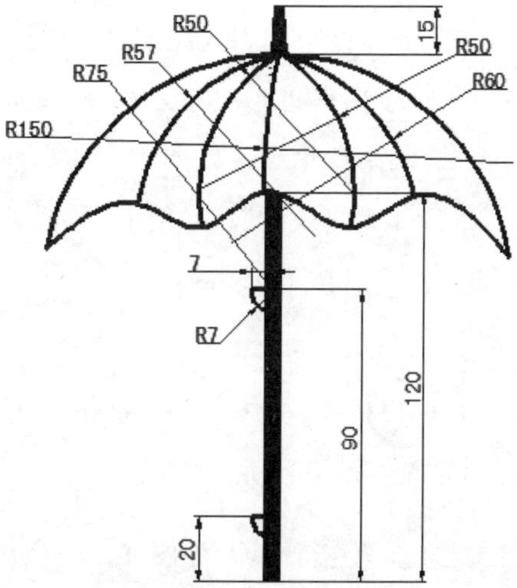

图 17.3.13　添加半径尺寸标注

17.4　实例 4——门把手

图 17.4.1 是一个门把手的二维图形，下面介绍其创建的一般操作步骤。

Task1. 选用样板文件并绘制和编辑图形

Step1. 使用随书光盘上提供的样板文件。选择下拉菜单 文件(F) → 新建(N)... 命令，在系统弹出的“选择样板”对话框中，找到样板文件 D:\AutoCAD2017.1\system_file\Part_temp_A4.dwg，然后单击 打开(O) 按钮。

Step2. 绘制水平中心线。绘制图 17.4.2 所示的水平中心线。在“图层”工具栏中选择“中心线层”图层；选择下拉菜单 绘图(D) → 直线(L) 命令，选择点 A 作为中心线的起点；在系统状态栏中按下 按钮，打开正交模式，然后在命令行中输入下一点的相对坐标值（@120,0），按两次 Enter 键。

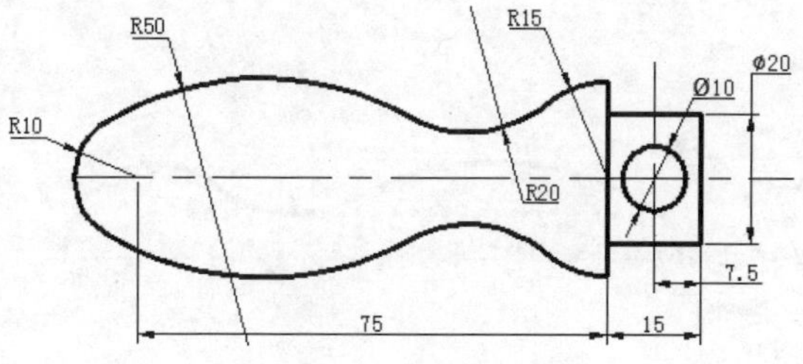

图 17.4.1　门把手实例

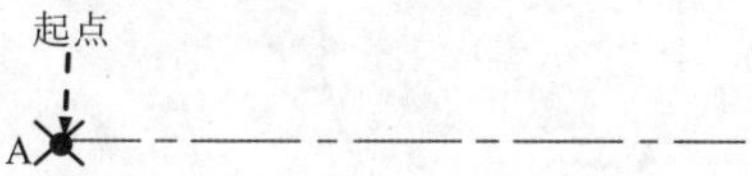

图 17.4.2　绘制水平中心线

Step3. 绘制第一个圆，如图 17.4.3 所示。

（1）切换图层。在“图层”工具栏中，选择“轮廓线层”图层。

（2）在命令行中输入字母 C 后按 Enter 键，选择图中所示点 A 作为直线的起点，向左移动光标，在命令行中输入长度值-10 后按 Enter 键，输入半径值为 10 后按 Enter 键。

（3）在状态栏中将☰（显示/隐藏线宽）按钮显亮，打开线宽显示模式。

Step4. 绘制第二个圆，如图 17.4.4 所示。在命令行中输入字母 C 后按 Enter 键，选择图中所示点 B 作为直线的起点，向右移动光标，在命令行中输入长度值-35 后按 Enter 键，输入半径值为 15 后按 Enter 键。

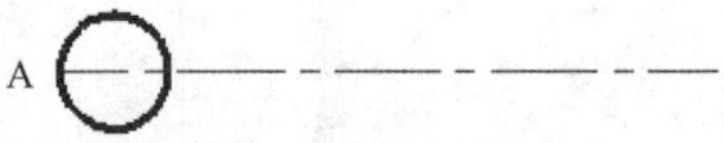

图 17.4.3　绘制第一个圆

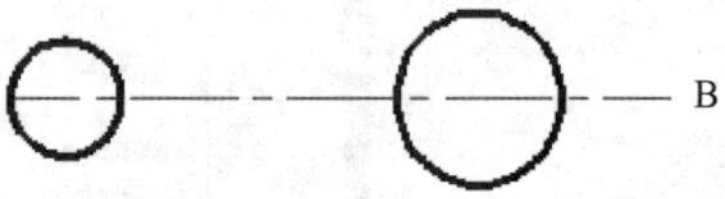

图 17.4.4　绘制第二个圆

Step5. 绘制第三个圆，如图 17.4.5 所示。选择下拉菜单 绘图(D) → 圆(C) → 相切、相切、半径(T) 命令；在参考圆上的某一点（点 A）处单击，以选取第一个切点；在参考直线上的某一点（点 B）处单击，以选取第二个切点；在命令行中输入圆的半径值 50，按 Enter 键。

Step6. 绘制第四个圆，如图 17.4.6 所示。具体操作可参照上一步，圆的半径值为 20。

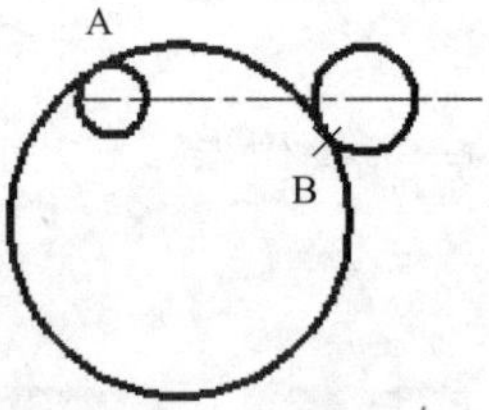

图 17.4.5　绘制第三个圆

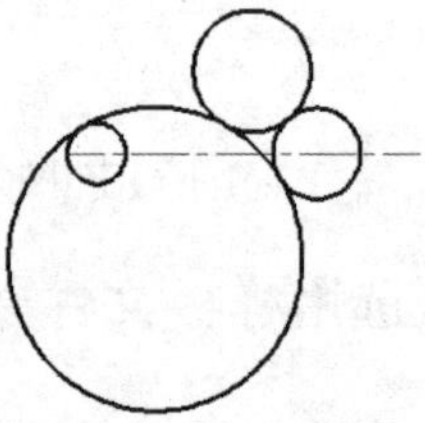

图 17.4.6　绘制第四个圆

Step7. 编辑图形。选择下拉菜单 修改(M) → 修剪(T) 命令，对图 17.4.7a 进行修剪，修剪后的结果如图 17.4.7b 所示。

Step8. 绘制图 17.4.8 所示的直线段 1。首先确认动态输入按钮 处于关闭状态，然后选择下拉菜单 绘图(D) → 直线(L) 命令，选择图中所示点 B 作为直线的起点，向右移动光标，在命令行中输入长度值-20 后按 Enter 键，输入坐标值（@0,10）后按 Enter 键，输入坐标值（@15<180）后按两次 Enter 键。

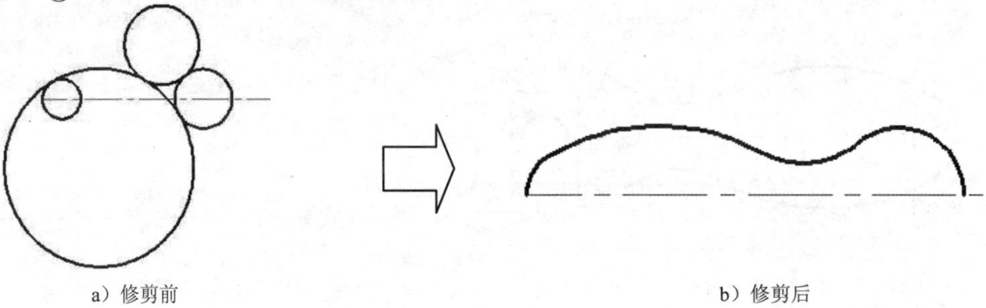

a）修剪前　　　　b）修剪后

图 17.4.7　进行修剪操作（一）

Step9. 绘制图 17.4.9 示的直线段 2。选取图 17.4.9 所示的 A 点为起点，选取 B 点为终点，然后按 Enter 键结束直线命令的操作。

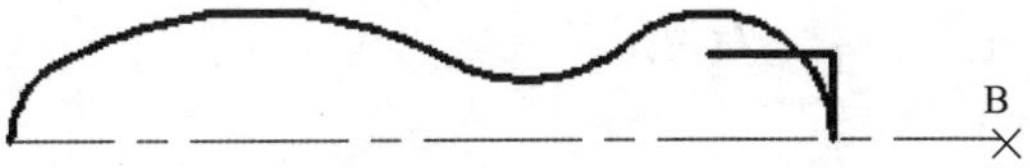

图 17.4.8 绘制直线段 1

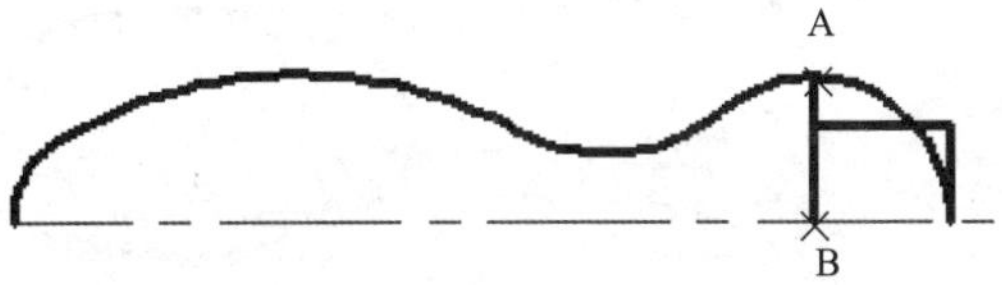

图 17.4.9 绘制直线段 2

Step10. 编辑图形。选择下拉菜单 修改(M) → 修剪(T) 命令，对图 17.4.10a 进行修剪，修剪后的结果如图 17.4.10b 所示。

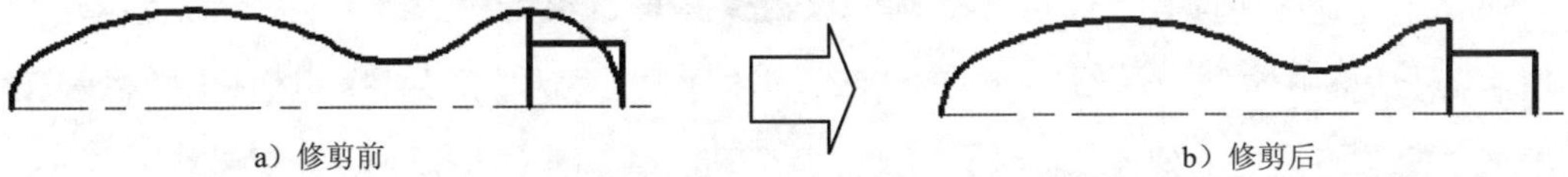

a）修剪前　　b）修剪后

图 17.4.10 进行修剪操作（二）

Step11. 进行图形的镜像，如图 17.4.11 所示。选择下拉菜单 修改(M) → 镜像(I) 命令；用窗口选取的方法，选取图 17.4.11a 所示的对象，按 Enter 键结束选择；捕捉水平中心线上的某一点并单击，然后在该水平中心线上选取另一点；在命令行中输入字母 N 后按 Enter 键。

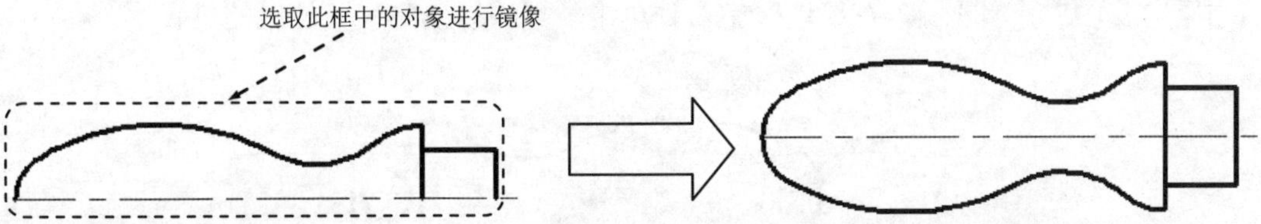

a）镜像前　　b）镜像后

图 17.4.11 镜像操作

Step12. 绘制竖直中心线。绘制图 17.4.12 所示的竖直中心线。在“图层”工具栏中选择“中心线层”图层；选择下拉菜单 绘图(D) → 直线(L) 命令，选择点 A 作为中心线的起点；选取点 B 作为中心线的终点，然后按 Enter 键；选中竖直中心线，通过图形的编辑将其大致调整到图 17.4.13 所示的大小。

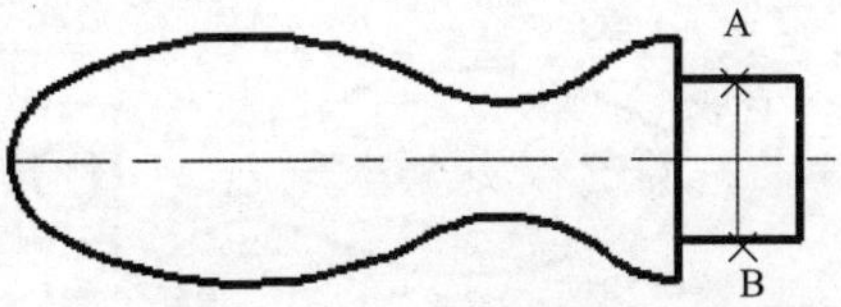

图 17.4.12 绘制竖直中心线

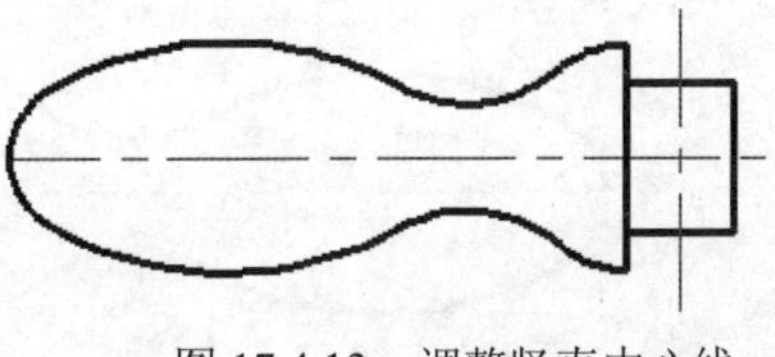

图 17.4.13 调整竖直中心线

Step13. 绘制第五个圆，如图 17.4.14 所示。

（1）切换图层。在“图层”工具栏中，选择“轮廓线层”图层。

（2）在命令行中输入字母 C 后按 Enter 键，捕捉水平中心线和垂直中心线的“交点”

并单击，在命令行中输入字母 D 后按 Enter 键，输入直径值 10 后按 Enter 键。

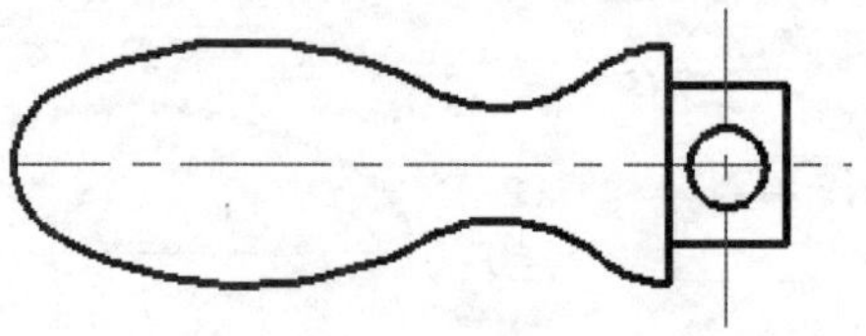

图 17.4.14　绘制第五个圆

Task2. 对图形进行图 17.4.1 所示的尺寸标注

Step1. 设置标注样式。选择下拉菜单 格式(O) → 标注样式(D)... 命令；单击“标注样式管理器”对话框中的 修改(M)... 按钮，在“修改标注样式”对话框的 符号和箭头 选项卡的 箭头大小(I): 文本框中输入箭头长度值 5，在 文字 选项卡 文字高度(T): 后的文本框中输入文字高度值 5；然后单击该对话框中的 确定 按钮，单击“标注样式管理器”对话框中的 关闭 按钮。

Step2. 切换图层。在“图层”工具栏中，选择“尺寸线层”图层。

Step3. 创建半径标注。

（1）标注图 17.4.15 所示的第一个圆的半径。选择下拉菜单 标注(N) → 半径(R) 命令，单击图 17.4.15 所示的圆，在绘图区空白处单击一点，以确定尺寸放置的位置。

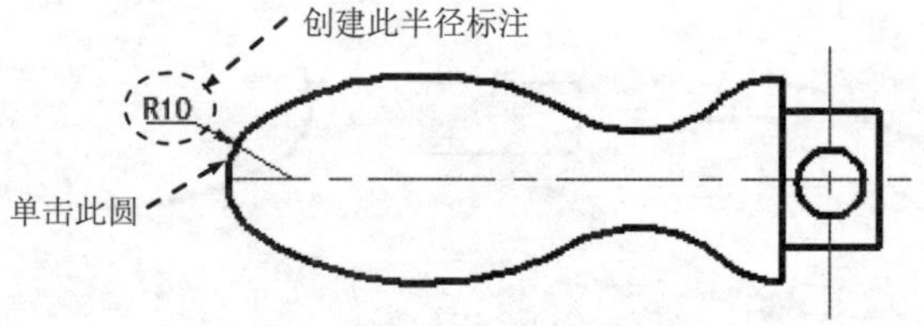

图 17.4.15　标注第一个圆

（2）按 Enter 键以重复半径标注命令，选择第二个圆进行标注，如图 17.4.16 所示。

（3）标注图 17.4.17 所示的其余圆。按 Enter 键以重复半径标注命令。

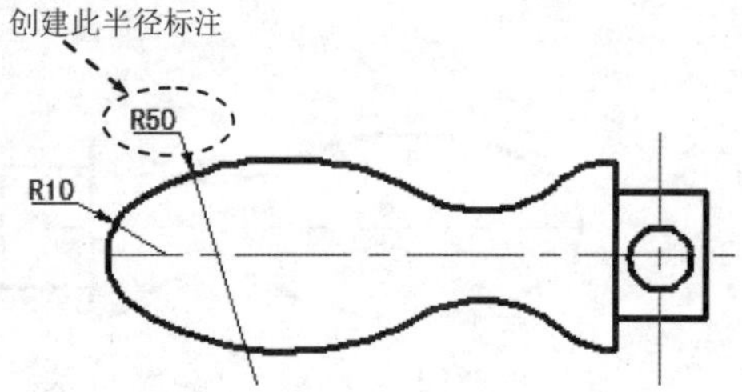

图 17.4.16　标注第二个圆

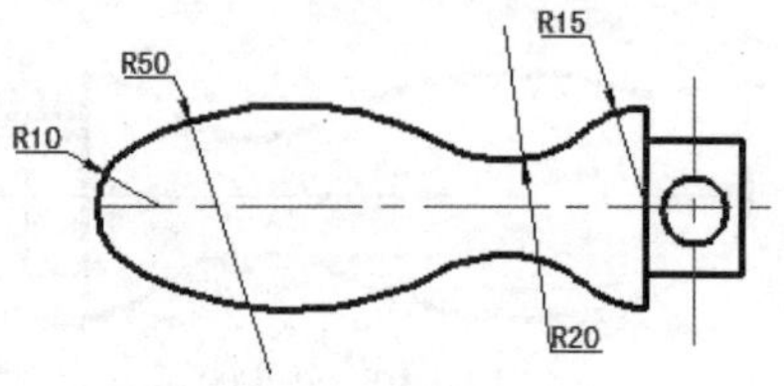

图 17.4.17　标注其余圆

Step4. 创建直径标注。标注图 17.4.18 所示的第一个圆的直径。选择下拉菜单 标注(N) → 直径(D) 命令，单击图 17.4.18 所示的圆，在绘图区空白处单击一点，以确定尺寸放置的位置。

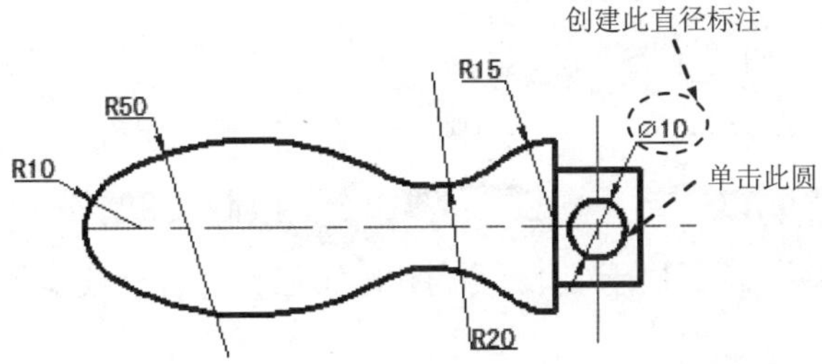

图 17.4.18　标注直径

Step5. 创建线性标注。

（1）创建图 17.4.19 所示的第一个线性标注。选择下拉菜单 标注(N) → 线性(L) 命令，捕捉图 17.4.19 所示的边线的端点并单击，捕捉图 17.4.19 所示的圆心并单击，在绘图区的空白区域单击一点以确定尺寸放置的位置。

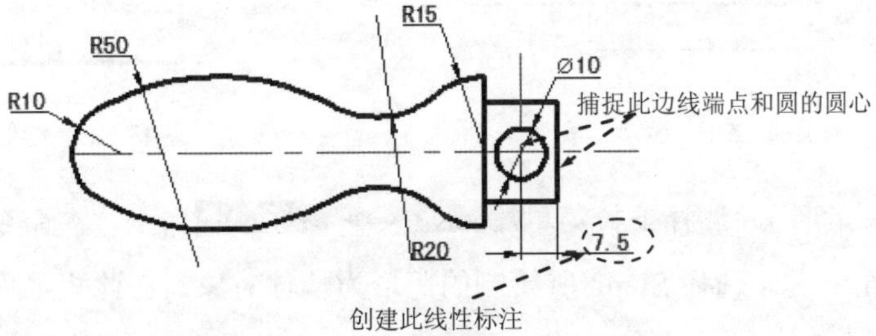

图 17.4.19　创建第一个线性标注

（2）参见步骤（1）的选择，创建其他的线性标注，如图 17.4.20 所示。

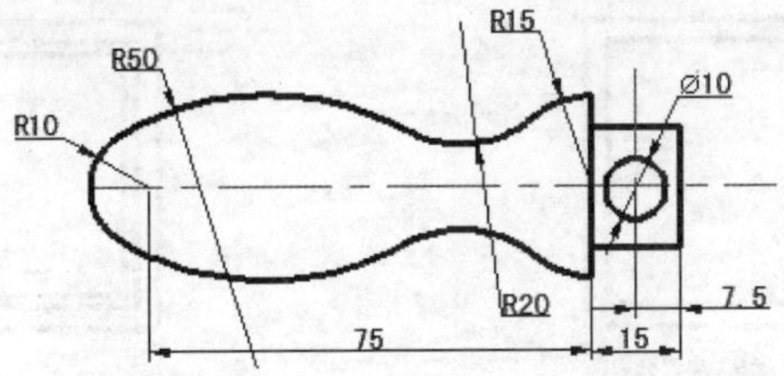

图 17.4.20　创建其他的线性标注

17.5　实例 5——显示器

图 17.5.1 是一个显示器的二维图形，下面介绍其创建的一般操作步骤。

Task1. 选用样板文件并绘制和编辑图形

Step1. 使用随书光盘上提供的样板文件。选择下拉菜单 文件(F) → 新建(N)... 命令，在系统弹出的“选择样板”对话框中，找到样板文件 D:\AutoCAD2017.1\system_file\

Part_temp_A0.dwg，然后单击 打开(O) 按钮。

Step2. 绘制矩形，如图 17.5.2 所示。

（1）切换图层。在“图层”工具栏中，选择“轮廓线层”图层。

（2）选择下拉菜单 绘图(D) → 矩形(G) 命令，绘制长和宽分别为 540 和 420 的矩形。

（3）在状态栏中将 （显示/隐藏线宽）按钮显亮，打开线宽显示模式。

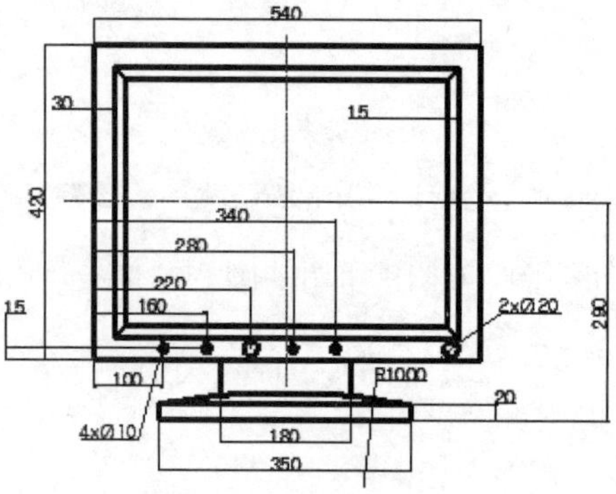

图 17.5.1 显示器实例

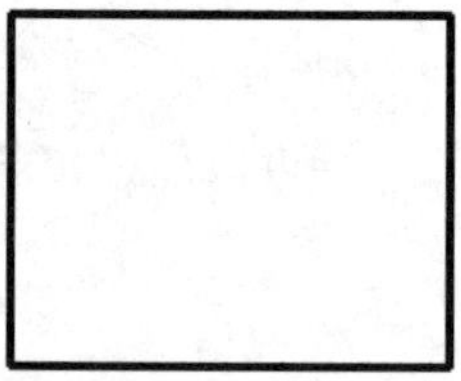

图 17.5.2 绘制矩形

Step3. 偏移矩形 1。选择下拉菜单 修改(M) → 偏移(S) 命令，在命令行中输入偏移距离值 30 并按 Enter 键。选择 Step2 所绘制的矩形为偏移对象，在此矩形内部选取任意一点以确定偏移方向，按 Enter 键结束操作。完成后的图形如图 17.5.3 所示。

Step4. 偏移矩形 2。具体操作可参照上步，选取 Step3 中绘制的矩形为偏移对象，偏移距离为 15，完成后的图形如图 17.5.4 所示。

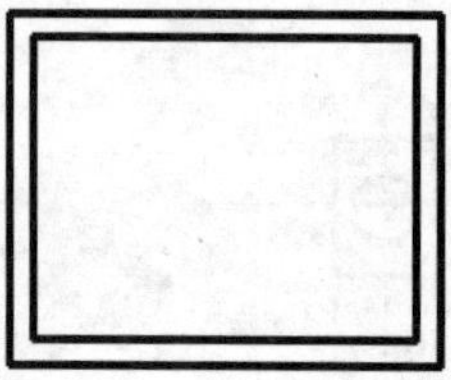

图 17.5.3 偏移矩形 1

图 17.5.4 偏移矩形 2

Step5. 绘制图 17.5.5 所示的直线 1。选择下拉菜单 绘图(D) → 直线(L) 命令，选取图 17.5.5 所示的点 A 为起点，选取图 17.5.5 所示的点 B 为终点，按 Enter 键结束。

Step6. 绘制图 17.5.6 所示的其余直线。具体操作可参照 Step5。

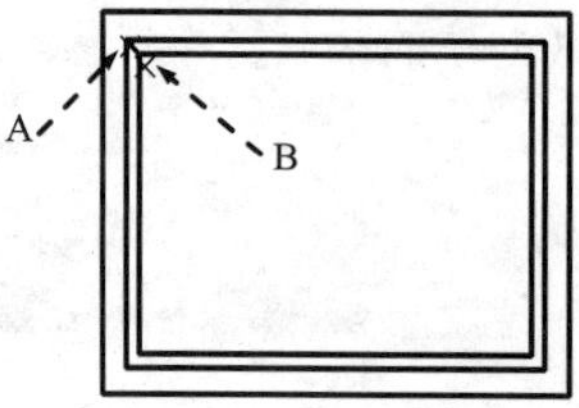

图 17.5.5 绘制直线 1

图 17.5.6 绘制其余直线

Step7. 绘制两条中心线。

（1）绘制图 17.5.7 所示的水平中心线。在“图层”工具栏中选择“中心线层”图层；选择下拉菜单 绘图(D) → 直线(L) 命令，过矩形垂直边线的中点绘制图 17.5.7 所示的水平中心线。

（2）绘制图 17.5.8 所示的竖直中心线。详细操作可参照上一步。

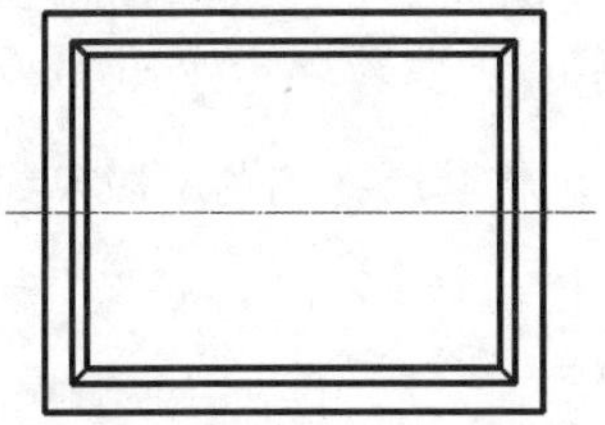

图 17.5.7 绘制水平中心线

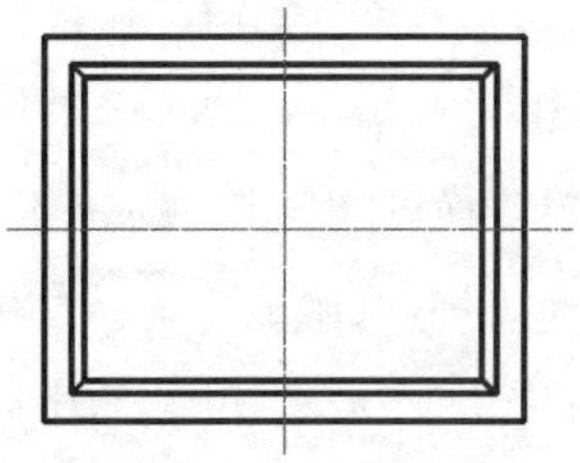

图 17.5.8 绘制竖直中心线

Step8. 绘制矩形。

（1）偏移中心线 1。用 修改(M) → 偏移(S) 命令，将 Step7 中的竖直中心线分别向左右各偏移 175，完成后的图形如图 17.5.9 所示。

（2）偏移中心线 2。用 修改(M) → 偏移(S) 命令，将水平中心线向下偏移，偏移距离值为 290，完成后的图形如图 17.5.10 所示。

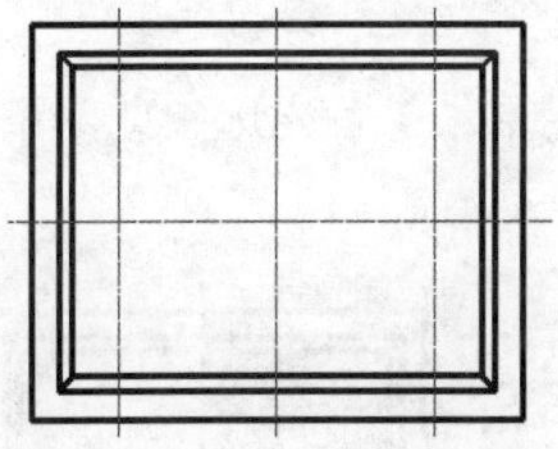

图 17.5.9 偏移中心线 1

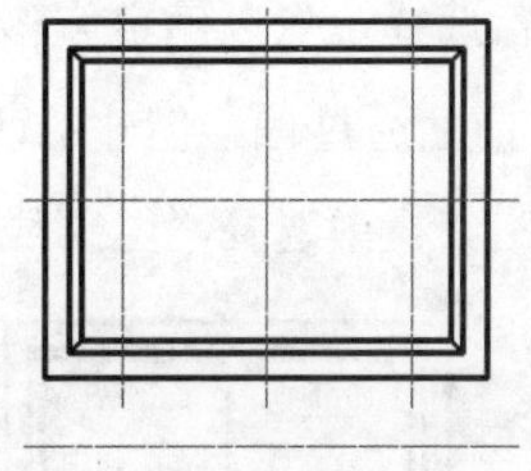

图 17.5.10 偏移中心线 2

（3）偏移中心线 3。详细操作可参照上一步，选取上步创建的偏移中心线 2 为要偏移的对象，偏移方向向上，偏移距离值为 20，完成后的图形如图 17.5.11 所示。

（4）编辑偏移中心线 1。将偏移中心线 1 调整至图 17.5.12 所示的位置。

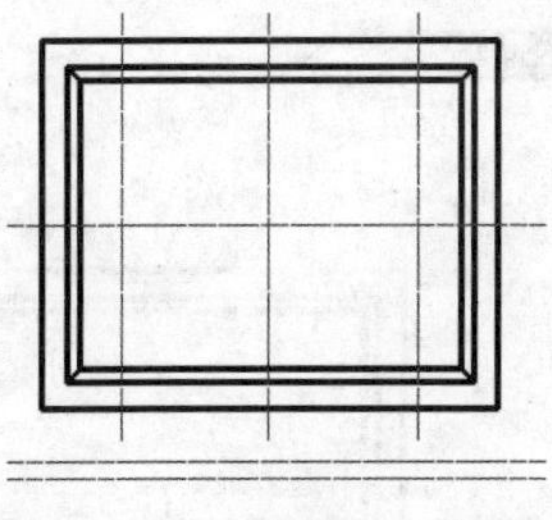

图 17.5.11 偏移中心线 3

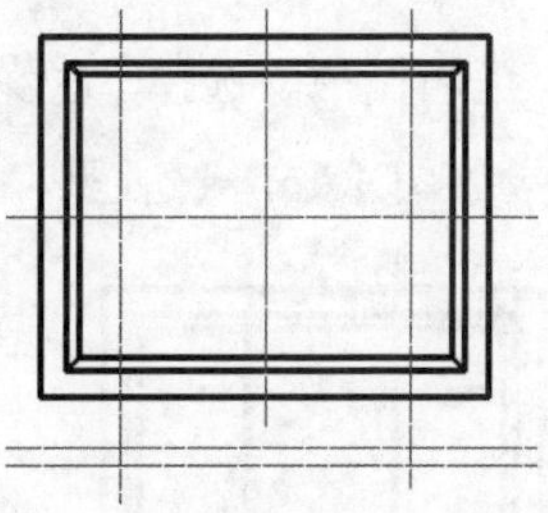

图 17.5.12 编辑偏移中心线 1

（5）修剪图形。选择下拉菜单 修改(M) → 修剪(T) 命令，对图 17.5.13a 进行修剪，修剪后的结果如图 17.5.13b 所示。

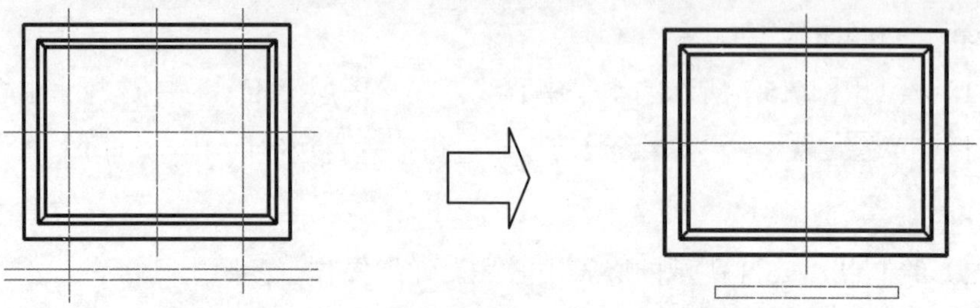

a）修剪前　　b）修剪后

图 17.5.13　进行修剪操作（一）

（6）转换图层。选中上步修剪特征得到的矩形，将其所在的图层切换到轮廓线层。

Step9. 绘制圆弧。

（1）在“图层”工具栏中选择“轮廓线层”图层。

（2）选择下拉菜单 绘图(D) → 圆弧(A) → 起点、端点、半径(R) 命令，分别选取图 17.5.14 所示的起点 A 和端点 B；在命令行中输入圆弧的半径值为 1000 并按 Enter 键，完成后的图形如图 17.5.14 所示。

Step10. 绘制直线。

（1）创建图 17.5.15 所示的两条竖直直线。选择下拉菜单 修改(M) → 偏移(S) 命令，在命令行中输入偏移距离值 90 后按 Enter 键，选择竖直的中心线为偏移对象，并在该中心线的左右方各选择一点以确定偏移方向，通过编辑命令调整直线的长度。

（2）将前面通过偏移创建的两条中心线转换为轮廓线。首先选中此两条中心线，然后在“图层”工具栏中选择“轮廓线层”。

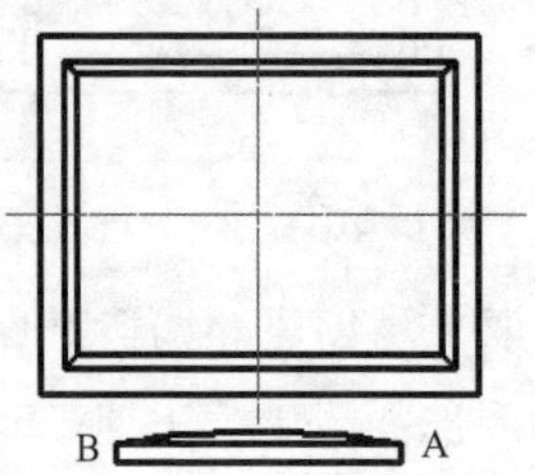

图 17.5.14　绘制圆弧

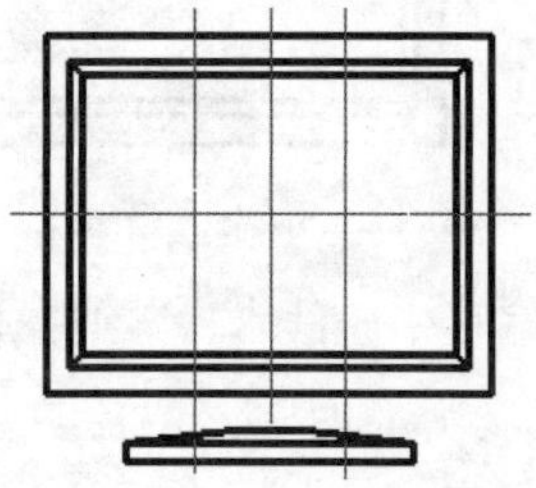

图 17.5.15　绘制两条竖直直线

Step11. 编辑图形。选择下拉菜单 修改(M) → 修剪(T) 命令，对图 17.5.16a 进行修剪，修剪后的结果如图 17.5.16b 所示。

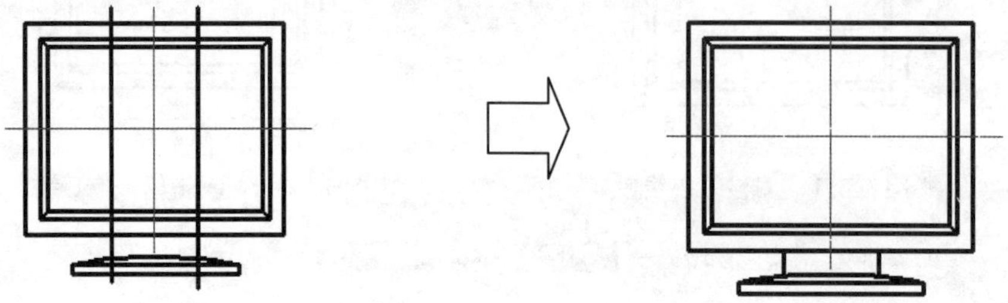

a）修剪前　　b）修剪后

图 17.5.16　进行修剪操作（二）

Step12. 绘制图 17.5.17 所示的圆。

（1）定义用户坐标系（UCS）。在命令行中输入命令 UCS 后按 Enter 键，输入字母 N 后按 Enter 键，捕捉图 17.5.17 所示的交点 A 并单击，此时用户坐标系便移至指定位置，如图 17.5.18 所示。

（2）选择 绘图(D) → 圆(C) → 圆心、直径(D) 命令，输入圆心点坐标值（100,15）后按 Enter 键，输入直径值 10 后按 Enter 键。

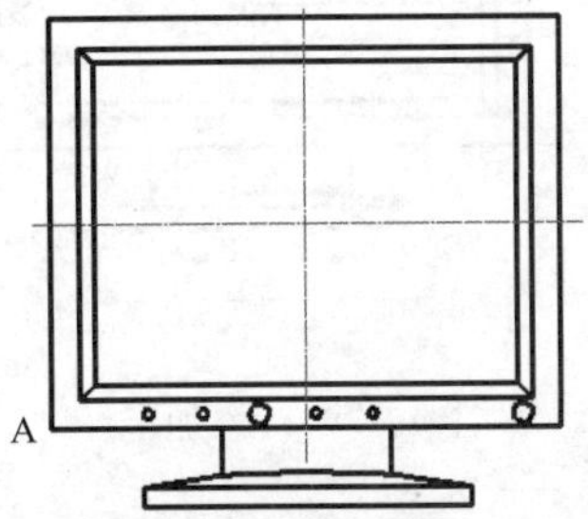

图 17.5.17　绘制圆

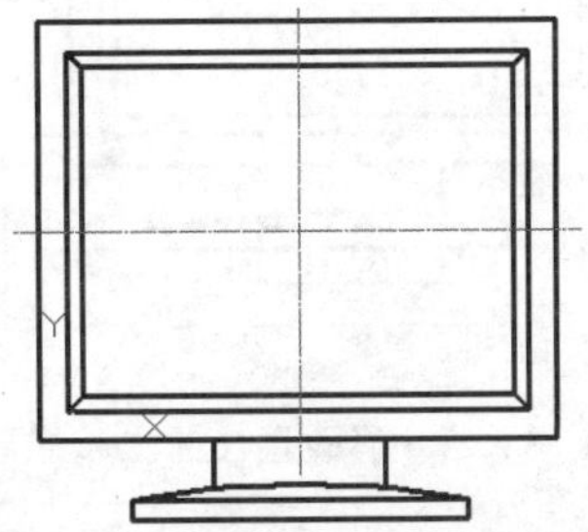

图 17.5.18　定义此用户坐标系

（3）参照上一步创建其余圆，圆心位置坐标分别为（160,15）、（220,15）、（280,15）、（340,15）和（500,15），圆弧半径分别为 5、10、5、5 和 10。

Task2. 对图形进行尺寸标注

Step1. 设置标注样式。选择下拉菜单 格式(O) → 标注样式(D)... 命令，单击“标注样式管理器”对话框中的 修改(M)... 按钮，将“修改标注样式”对话框 文字 选项卡中的 文字高度(T): 值设定为 20。

Step2. 切换图层。在“图层”工具栏中，选择“尺寸线层”图层。

Step3. 用 标注(N) → 线性(L) 命令创建线性尺寸标注，完成后的图形如图 17.5.19 所示。

Step4. 用 标注(N) → 直径(D) 命令创建直径标注。

（1）添加图 17.5.20 所示的直径标注，双击 φ 10 的尺寸，在绘图区域的文本框中 φ 10 前输入 4×，单击“关闭位子编辑器”按钮，标注文字就会变成 4×φ 10。

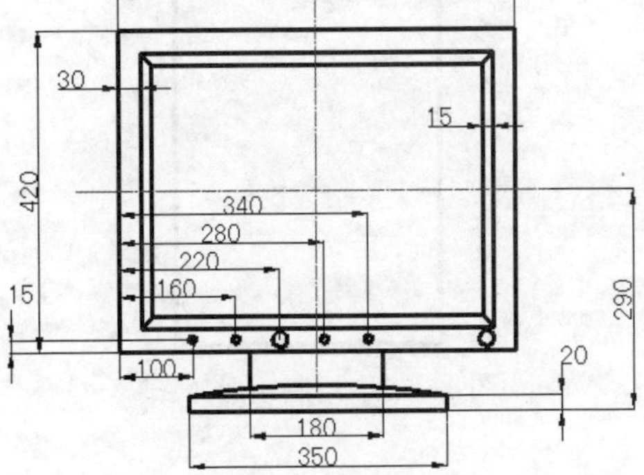

图 17.5.19　标注线性尺寸

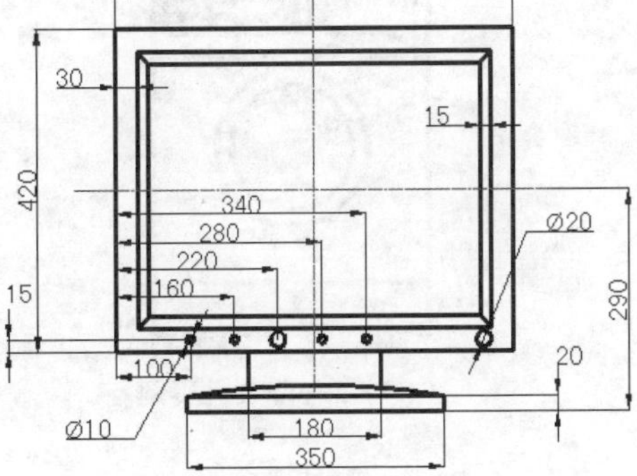

图 17.5.20　添加直径标注

（2）用同样的方式修改另外一个直径标注，完成后的图形如图 17.5.21 所示。

Step5. 用 标注(N) → 半径(R) 命令创建半径标注，完成后的图形如图 17.5.22 所示。

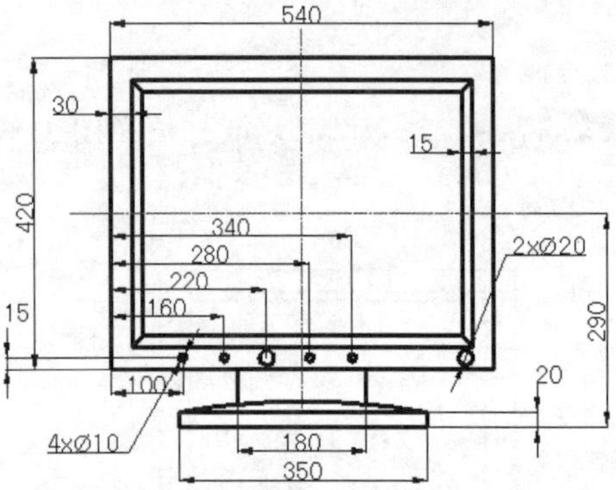

图 17.5.21 修改直径标注

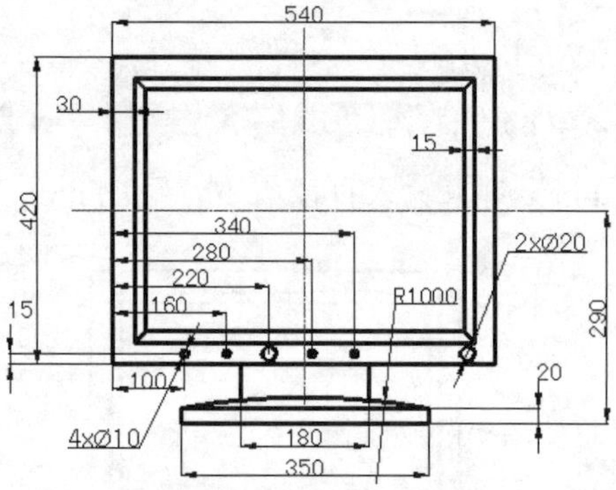

图 17.5.22 添加半径标注

17.6 实例 6——洗衣机

图 17.6.1 是一个洗衣机的二维图形，下面介绍其创建的一般操作步骤。

Task1. 选用样板文件并绘制和编辑图形

Step1. 使用随书光盘上提供的样板文件。选择下拉菜单 文件(F) → 新建(N)... 命令，在弹出的“选择样板”对话框中，找到样板文件 D:\AutoCAD2017.1\work\ch17.06\洗衣机.dwg，然后单击 打开(O) 按钮。

Step2. 绘制矩形，如图 17.6.2 所示。

（1）切换图层。在“图层”工具栏中，选择“轮廓线层”图层。

（2）选择下拉菜单 绘图(D) → 矩形(G) 命令，绘制长和宽分别为 1000 和 1300 的矩形。

（3）在状态栏中将 ☰（显示/隐藏线宽）按钮显亮，打开线宽显示模式。

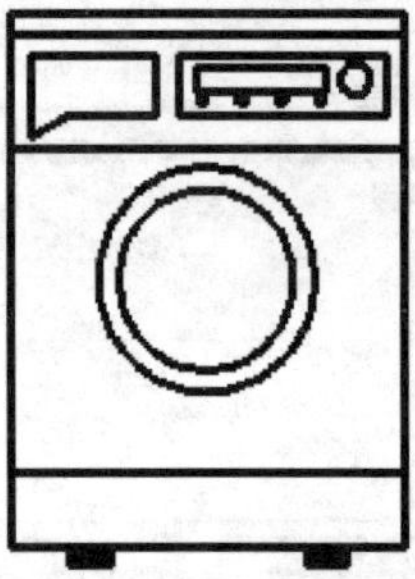

图 17.6.1 洗衣机实例

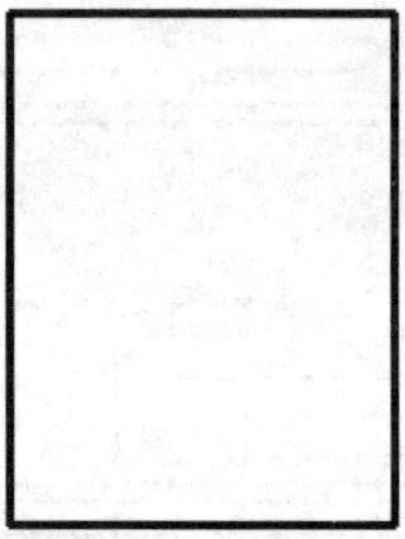

图 17.6.2 绘制矩形（一）

Step3. 矩形边线的偏移。

（1）分解矩形。选择下拉菜单 修改(M) → 分解(X) 命令，选取 Step2 添加的矩形并按 Enter 键。

（2）偏移直线 1。选择下拉菜单 修改(M) → 偏移(S) 命令，将矩形的上边线向内侧偏移，偏移距离值为 50，完成后的图形如图 17.6.3 所示。

（3）偏移直线 2。选择下拉菜单 修改(M) → 偏移(S) 命令，将偏移直线 1 向下偏移，偏移距离值为 280，完成后的图形如图 17.6.4 所示。

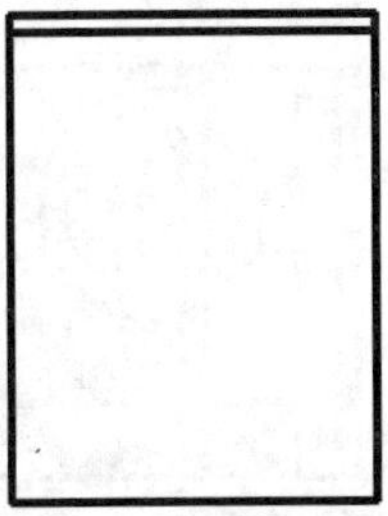
图 17.6.3　偏移直线 1

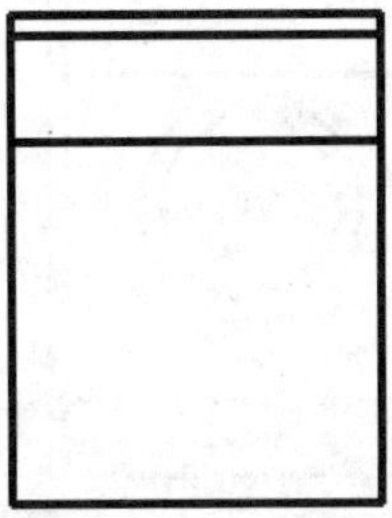
图 17.6.4　偏移直线 2

（4）偏移直线 3。具体操作参照上一步，选取偏移直线 2 为要偏移的对象，偏移距离值为 790，完成后的图形如图 17.6.5 所示。

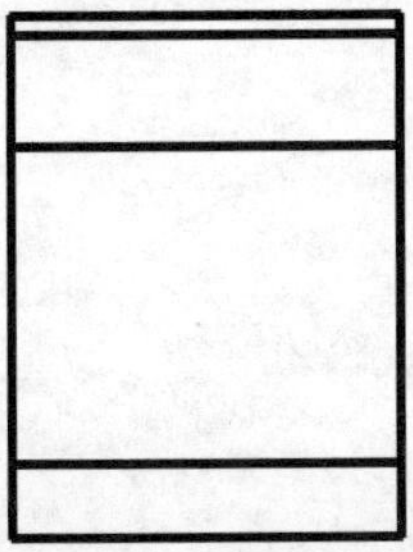
图 17.6.5　偏移直线 3

Step4. 绘制第一个圆。首先确认动态输入按钮 处于关闭状态，选择 绘图(D) → 圆(C) → 圆心、直径(D) 命令，选取图 17.6.6 所示的边线中点，向下移动鼠标，在命令行中输入长度值 650 后按 Enter 键，输入直径值 550 后按 Enter 键，完成后的图形如图 17.6.6 所示。

Step5. 参照上一步创建第二个圆。此圆与圆 1 同心，直径值为 440，完成后的图形如图 17.6.7 所示。

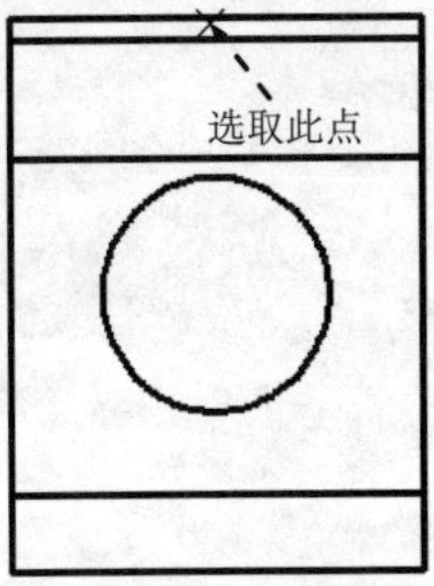

图 17.6.6　绘制圆 1

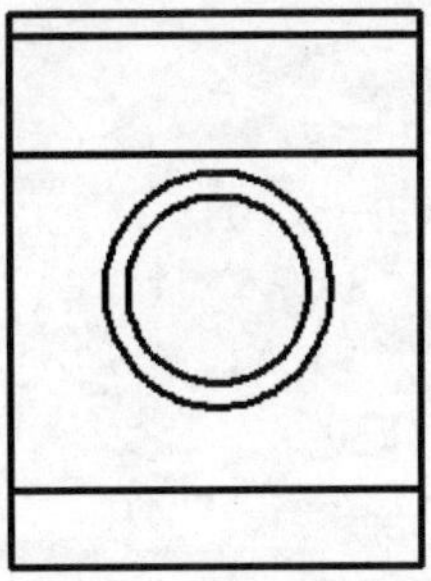
图 17.6.7　绘制圆 2

Step6. 创建偏移直线。

（1）再次偏移直线 1。选择下拉菜单 修改(M) → 偏移(S) 命令，将图 17.6.8 所示的边线向左侧偏移，偏移距离值为 40，完成后的图形如图 17.6.8 所示。

（2）参照上一步依次选取新创建的偏移直线为参考，偏置距离值依次为 530、63、220 和 100，完成后如图 17.6.9 所示。

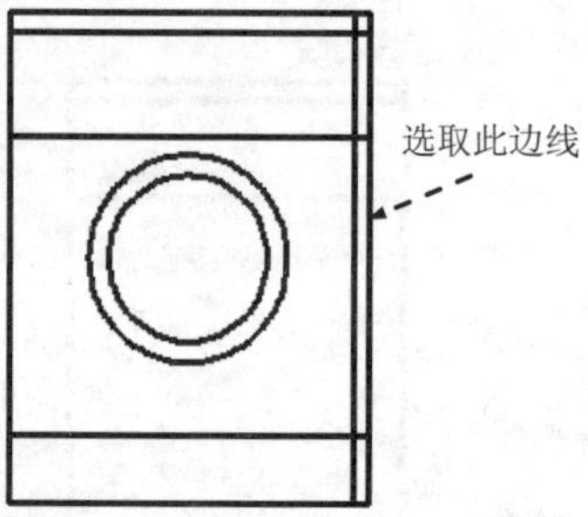

图 17.6.8　再次偏移直线 1

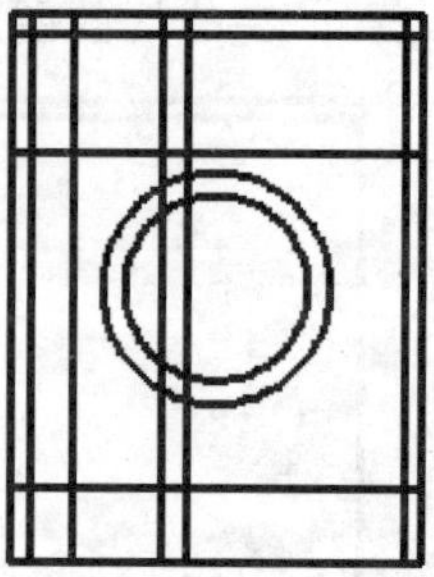

图 17.6.9　偏移其余直线

（3）再次偏移直线 2。选择下拉菜单 修改(M) → 偏移(S) 命令，将图 17.6.10 所示的边线向下侧偏移，偏移距离值为 50，完成后的图形如图 17.6.11 所示。

（4）参照上一步依次选取新创建的偏移直线为参考，偏置距离值依次为 150 与 50，完成后的图形如图 17.6.11 所示。

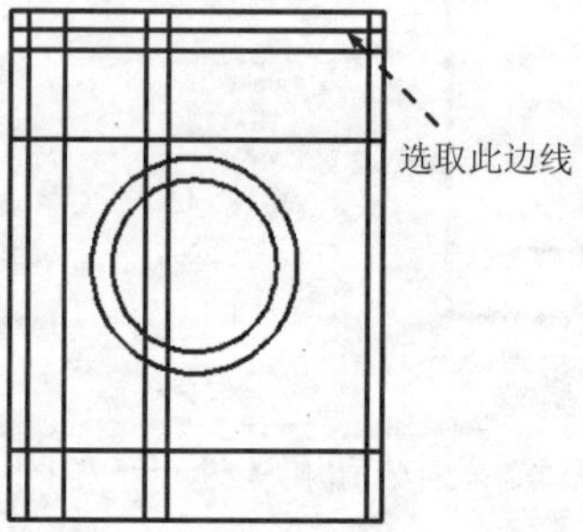

图 17.6.10　再次偏移直线 2

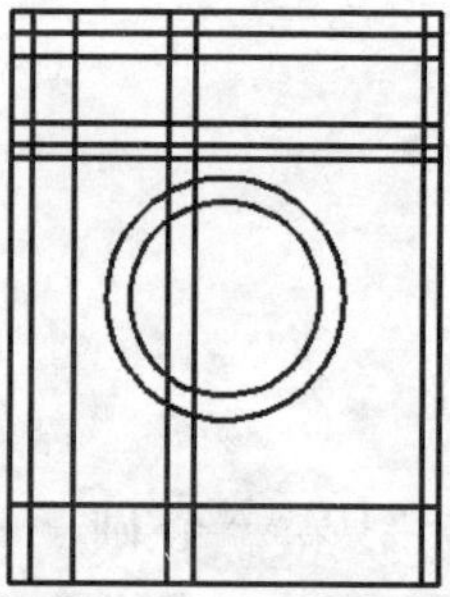

图 17.6.11　再次偏移其余直线

Step7. 绘制直线。选择下拉菜单 绘图(D) → 直线(L) 命令，选取图 17.6.12 所示的点 A 与点 B 为直线的起点与终点，按 Enter 键结束。

图 17.6.12　绘制直线

Step8. 编辑图形。选择下拉菜单 修改(M) → 修剪(T) 命令，对图 17.6.13a 进行修剪，修剪后的结果如图 17.6.13b 所示。

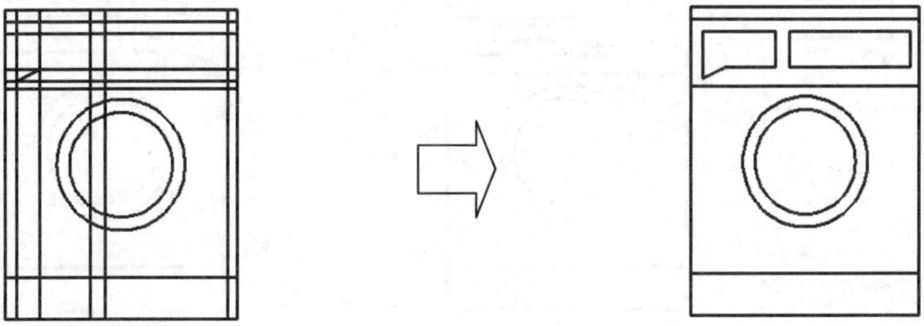

a）修剪前　　b）修剪后

图 17.6.13　进行修剪操作（一）

Step9. 绘制矩形。

（1）定义用户坐标系（UCS）。在命令行中输入命令 UCS 后按 Enter 键，输入字母 N 后按 Enter 键，捕捉图 17.6.14 所示的交点 A 并单击，此时用户坐标系便移至指定位置，如图 17.6.15 所示。

（2）选择下拉菜单 绘图(D) → 矩形(G) 命令，在命令行的提示下输入“45、60”后按 Enter 键，在命令行中输入 D 后按 Enter 键，输入矩形的长度为 330，宽度为 60，在屏幕上相应的位置单击以确定矩形另一个角点，完成矩形的绘制。

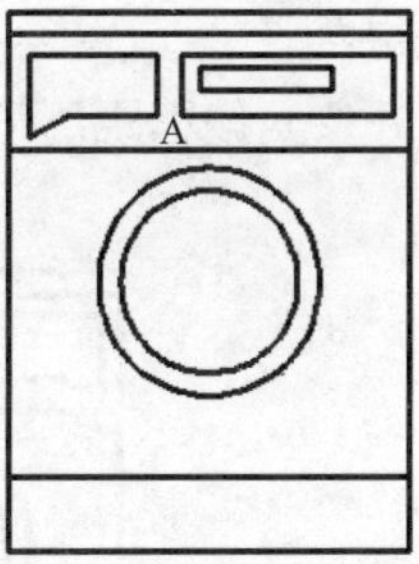

图 17.6.14　绘制矩形（二）

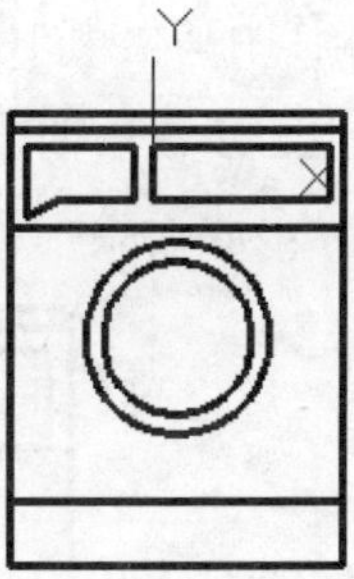

图 17.6.15　定义用户坐标系

Step10. 绘制圆。选择下拉菜单 绘图(D) → 圆(C) → 圆心、半径(R) 命令，在命令行的提示下输入“60、40”后按 Enter 键，输入半径值为 10 后按 Enter 键结束圆的绘制，完成后的图形如图 17.6.16 所示。

Step11. 阵列圆。选择下拉菜单 修改(M) → 阵列 ▸ → 矩形阵列 命令，选取上步创建的圆为要阵列的元素，按 Enter 键，系统弹出“阵列创建”选项卡，在 列 区域的 列数: 文本框中输入值 4，在 介于: 文本框中输入值 100，在 行 ▾ 区域的 行数: 文本框中输入值 1，单击 关闭阵列 按钮，完成阵列的创建，如图 17.6.17 所示。

Step12. 绘制圆。选择下拉菜单 绘图(D) → 圆(C) → 圆心、半径(R) 命令，在命令行的提示下输入“450、90”后按 Enter 键，输入半径值为 37 后按 Enter 键结束圆的绘制，完成后的图形如图 17.6.18 所示。

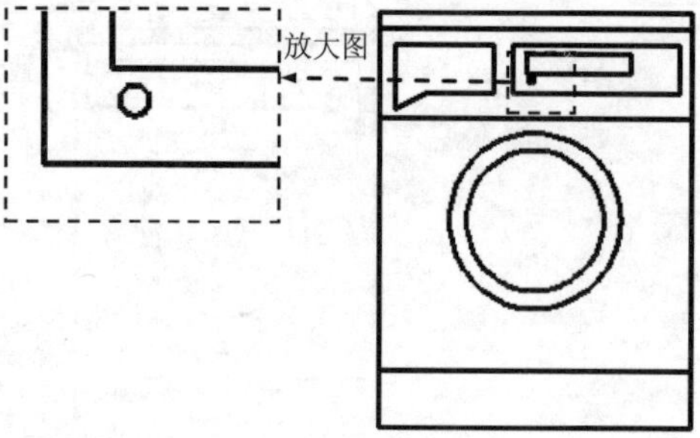

图 17.6.16　绘制圆（一）

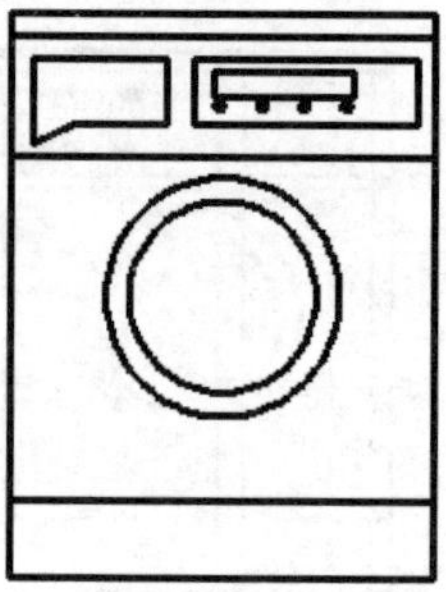
图 17.6.17　阵列圆

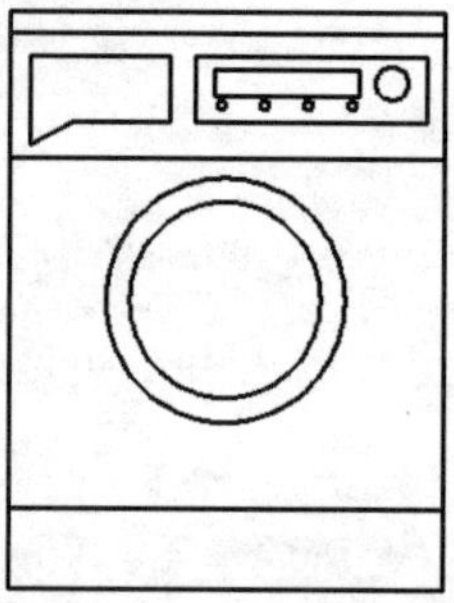
图 17.6.18　绘制圆（二）

Step13. 创建偏移直线。

（1）偏移直线 1。选择下拉菜单 修改(M) → 偏移(S) 命令，将图 17.6.19 所示的边线向下侧偏移，偏移距离值为 10，完成后的图形如图 17.6.19 所示。

（2）参照上一步依次创建其余偏移直线（共偏移出五条）偏移距离值均为 10，完成后的图形如图 17.6.20 所示。

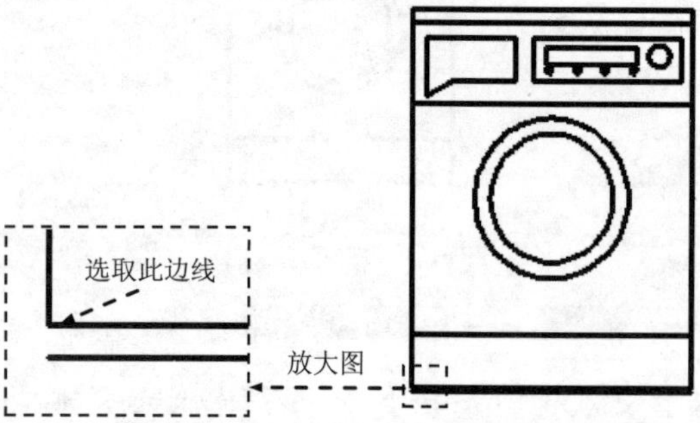

图 17.6.19　又一次偏移直线 1

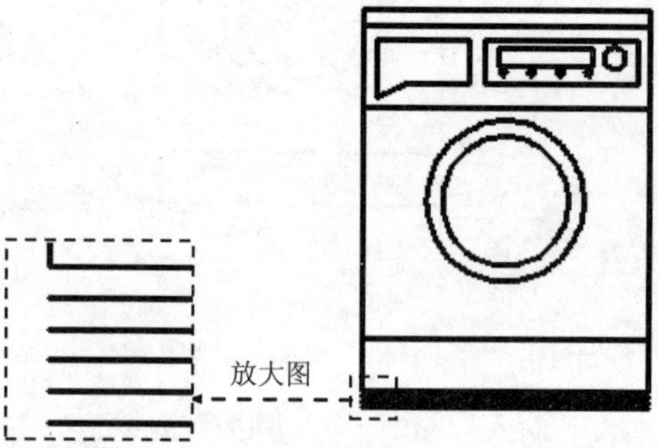

图 17.6.20　偏移其余直线

（3）偏移直线 2。选择下拉菜单 修改(M) → 偏移(S) 命令，将图 17.6.21 所示的边线向右侧偏移，偏移距离值为 147，完成后的图形如图 17.6.21 所示。

（4）参照上一步依次创建其余偏移直线，偏移距离值依次为 106、500 与 106，完成后的图形如图 17.6.22 所示。

Step14. 通过编辑命令调整直线的长度，完成后的图形如图 17.6.23 所示。

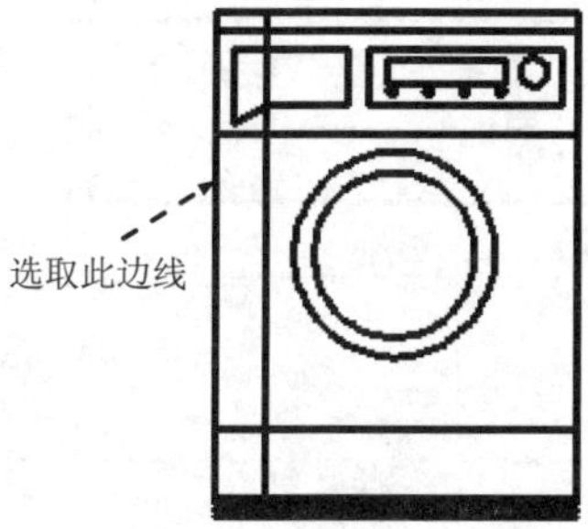

图 17.6.21 又一次偏移直线 2

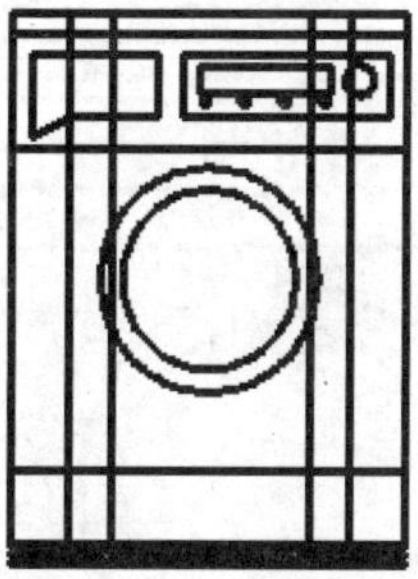

图 17.6.22 又一次偏移其余直线

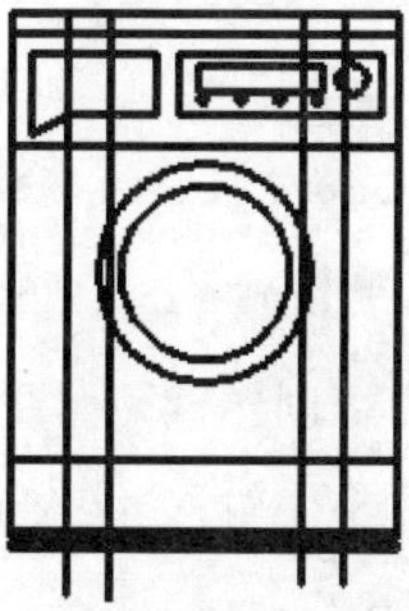

图 17.6.23 调整直线长度

Step15. 编辑图形。选择下拉菜单 修改(M) → 修剪(T) 命令，对图 17.6.24a 进行修剪，修剪后的结果如图 17.6.24b 所示。

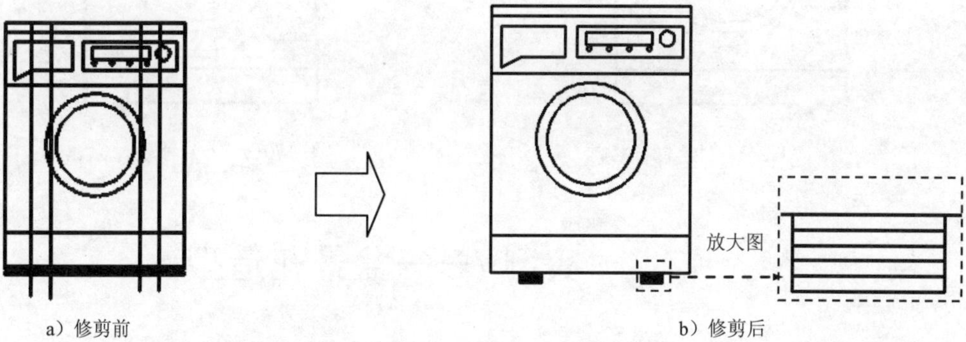

图 17.6.24 进行修剪操作（二）

Task2. 对图形进行尺寸标注

Step1. 设置标注样式。选择下拉菜单 格式(O) → 标注样式(D)... 命令，单击“标注样式管理器”对话框中的 修改(M)... 按钮，将“修改标注样式”对话框 文字 选项卡中的 文字高度(T): 设定为 30。

Step2. 切换图层。在“图层”工具栏中，选择“尺寸线层”图层。

Step3. 用 标注(N) → 线性(L) 命令创建线性标注，完成后的图形如图 17.6.25 所示。

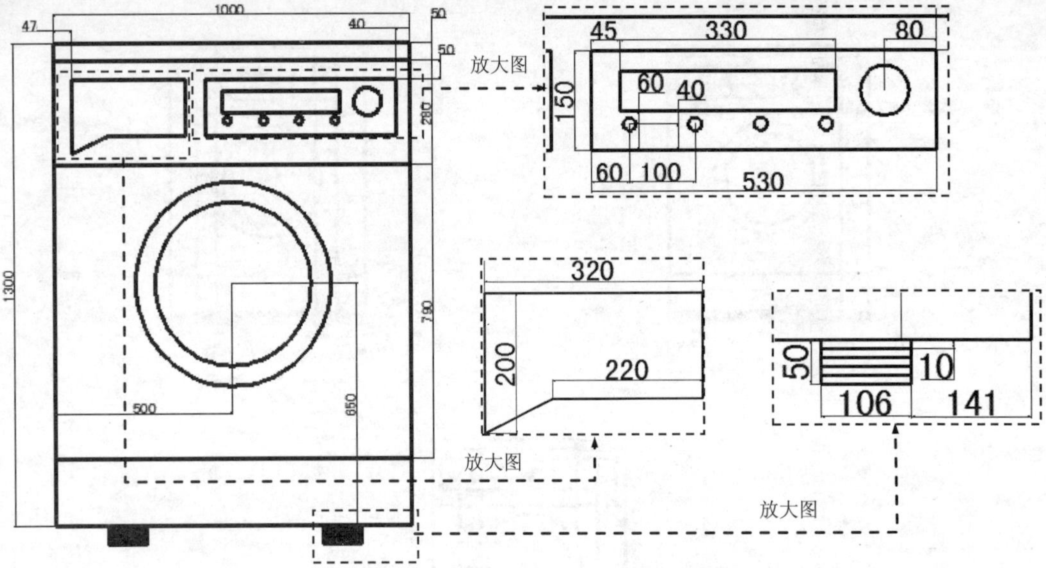

图 17.6.25　创建线性标注

Step4. 用 标注(N) → 直径(D) 命令创建直径标注。完成后的图形如图 17.6.26 所示；双击φ 20 的尺寸，在绘图区域的文本框中输入 4x%%C20；单击“关闭位子编辑器”按钮，标注文字就会变成 4×φ 20，如图 17.6.27 所示。

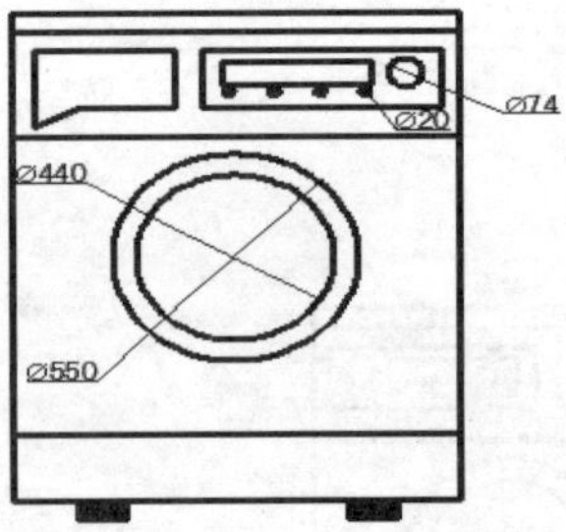

图 17.6.26　创建直径标注

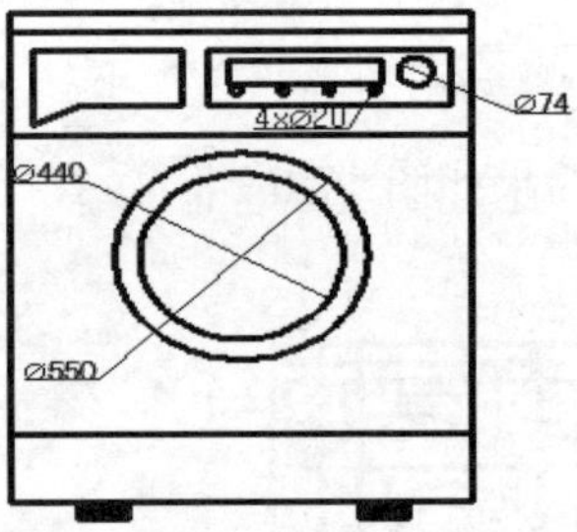

图 17.6.27　编辑直径标注

17.7　实例 7——盆景花造型

图 17.7.1 是一个装饰盆景花的二维图形，下面介绍其创建的一般操作步骤。

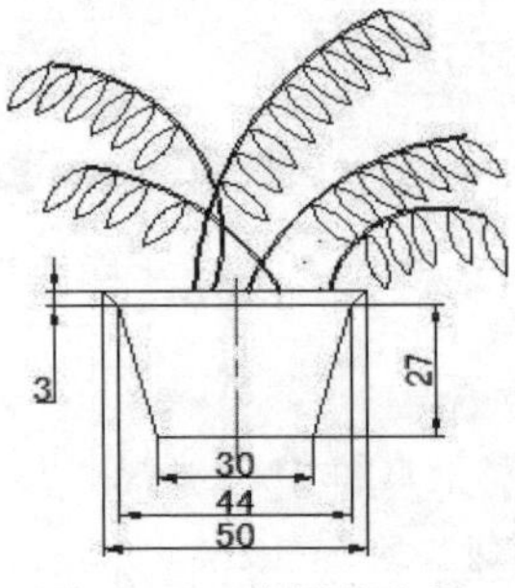

图 17.7.1　盆景花实例

Task1. 选用样板文件并绘制和编辑图形

Step1. 使用随书光盘上提供的样板文件。选择下拉菜单 文件(F) → 新建(N)... 命令，在系统弹出的“选择样板”对话框中，找到样板文件 D:\AutoCAD2017.1\ system_file\ Part_temp_A4.dwg，然后单击 打开(O) 按钮。

Step2. 绘制图 17.7.2 所示的直线 1。在“图层”面板中，选择“轮廓线”图层；选择下拉菜单 绘图(D) → 直线(L) 命令，绘制长度为 50 的水平直线。

Step3. 绘制图 17.7.3 所示直线 2。选择下拉菜单 绘图(D) → 直线(L) 命令，选取图 17.7.3 所示的点 A 为起点，输入第二点的坐标值(@3,-3)后按 Enter 键，输入坐标值(@7,-27)后按两次 Enter 键。

图 17.7.2 绘制直线 1

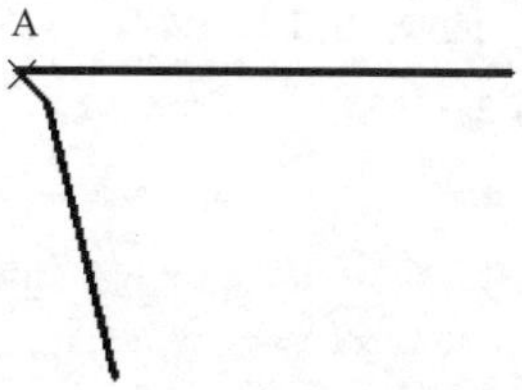

图 17.7.3 绘制直线 2

Step4. 绘制图 17.7.4 所示竖直中心线。在“图层”面板中，选择“中心线”图层；选择下拉菜单 绘图(D) → 直线(L) 命令，选择图中所示的中点 A 作为直线的起点，向上移动光标，在命令行中输入长度值 3 后按 Enter 键，输入坐标值（@35<270）后按两次 Enter 键。

Step5. 镜像直线 2。选择下拉菜单 修改(M) → 镜像(I) 命令，选取 Step3 中创建的直线为要镜像的对象，选取 Step4 中创建的中心线的起点与终点作为镜像线的第一点与第二点，结果如图 17.7.5 所示。

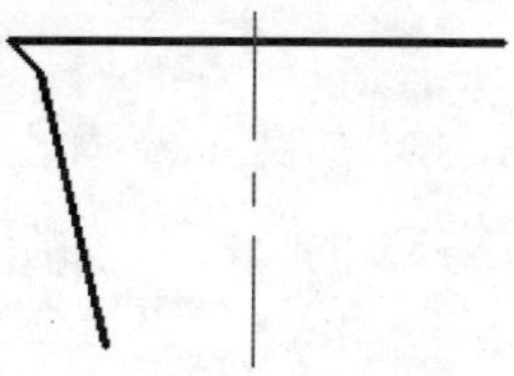

图 17.7.4 绘制中心线

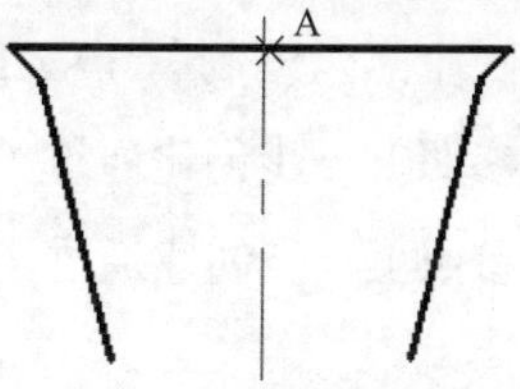

图 17.7.5 镜像直线 2

Step6. 绘制图 17.7.6 所示直线 3。在“图层”面板中，选择“轮廓线”图层；选择下拉菜单 绘图(D) → 直线(L) 命令，选取图 17.7.6 所示的点 A 为直线的第一点，选取点 B 为直线的第二点。

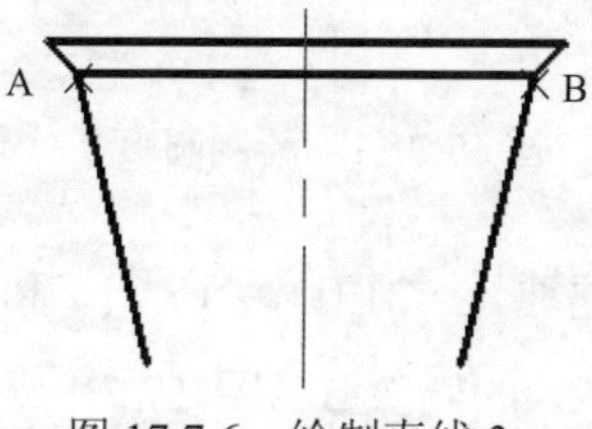

图 17.7.6 绘制直线 3

Step7. 绘制图 17.7.7 所示直线 4。具体操作可参照 Step6。

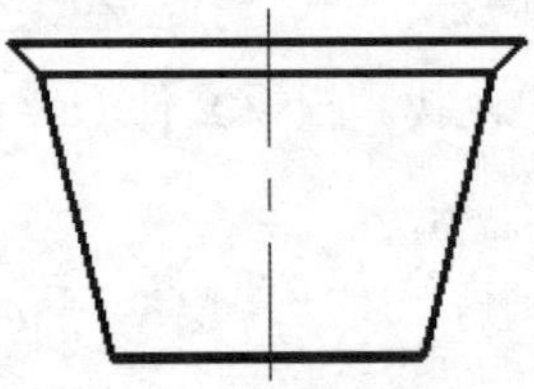

图 17.7.7　绘制直线 4

Step8. 绘制图 17.7.8 所示的三个点。

（1）定义用户坐标系（UCS）。在命令行中输入命令 UCS 后按 Enter 键，输入字母 N 后按 Enter 键，捕捉图 17.7.9 所示的交点并单击，此时用户坐标系便移至指定位置，如图 17.7.9 所示。

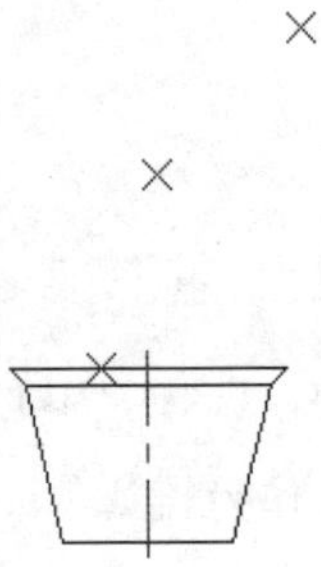

图 17.7.8　绘制点

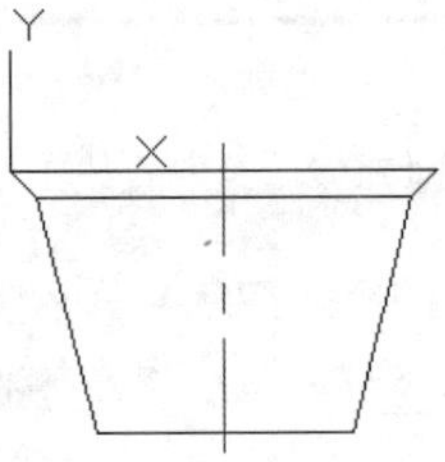

图 17.7.9　定义工作坐标系

（2）绘制点。选择下拉菜单 绘图(D) → 点(O) → 多点(P) 命令，输入各点的坐标分别为（17,0）、（27,33）和（53,58）。

Step9. 绘制圆弧 1。选择下拉菜单 绘图(D) → 圆弧(A) → 三点(P) 命令，依次选取 Step8 创建的三个点，绘制图 17.7.10 所示的圆弧。

Step10. 参照上一步创建通过（27,0）、（44,22）和（69,32）的圆弧 2，如图 17.7.11 所示。

Step11. 参照上一步创建通过（43,0）、（54,15）和（73,15）的圆弧 3，如图 17.7.12 所示。

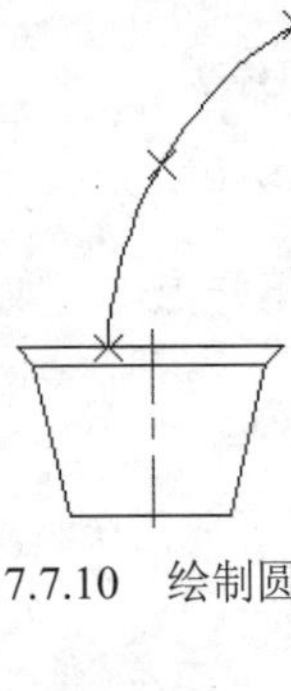

图 17.7.10　绘制圆弧 1

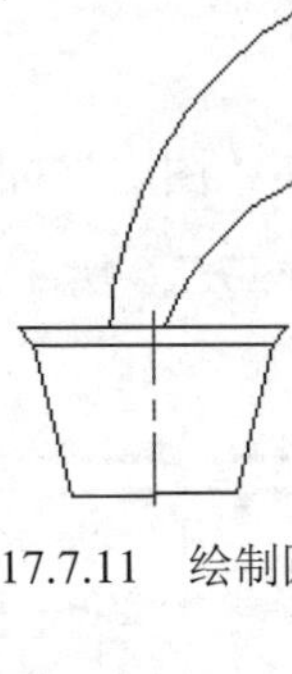

图 17.7.11　绘制圆弧 2

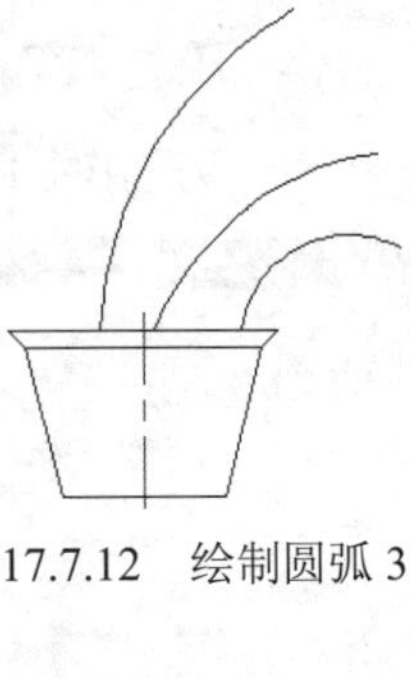

图 17.7.12　绘制圆弧 3

Step12. 参照上一步依次创建通过（21,0）、（17,31）和（-10,47）的圆弧 4（图 17.7.13），通过（34,0）、（20,16）和（-3,26）的圆弧 5（图 17.7.14）。

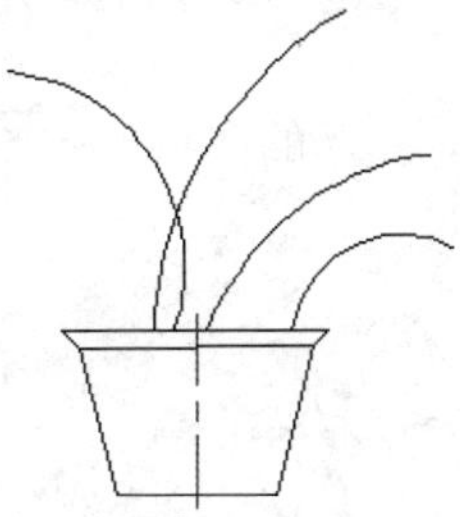

图 17.7.13 绘制圆弧 4

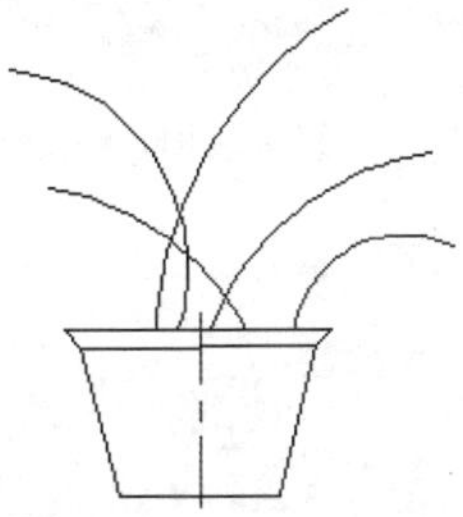

图 17.7.14 绘制圆弧 5

Step13. 偏移圆弧。选择下拉菜单 修改(M) → 偏移(S) 命令，在命令行中输入偏移距离值 0.5 并按 Enter 键，分别选取 Step9~ Step12 所绘制的圆弧为偏移对象，偏移方向沿圆弧内部，分别按 Enter 键结束操作，偏移结果如图 17.7.15 所示。

Step14. 绘制图 17.7.16 所示的圆弧 6，参照 Step12，创建通过(93,40)、(99,37)和(102,32)的圆弧 6。

Step15. 镜像圆弧 6，选择下拉菜单 修改(M) → 镜像(I) 命令；选取圆弧 6 作为镜像对象，按 Enter 键结束选取；选取图 17.7.17 所示的点 A 为镜像第一点，选取点 B 为镜像第二点，完成后的图形如图 17.7.17 所示。

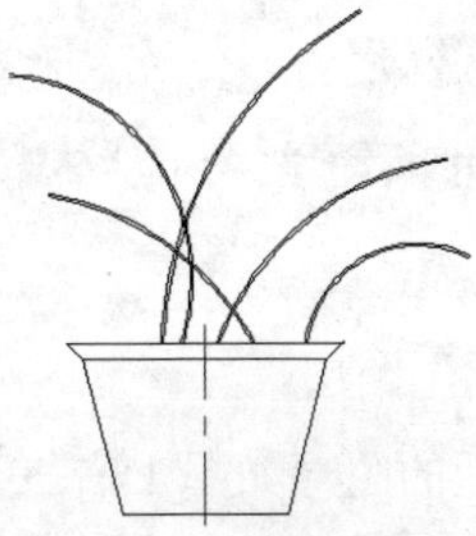

图 17.7.15 偏移圆弧

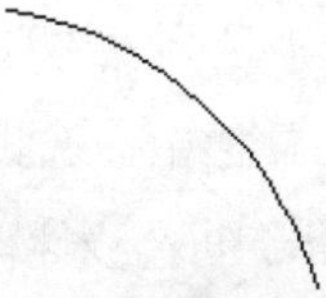

图 17.7.16 绘制圆弧 6

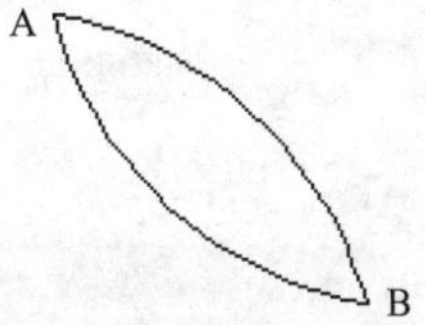

图 17.7.17 镜像圆弧

Step16. 选择下拉菜单 修改(M) → 复制(Y) 命令，选取 Step14 与 Step15 中创建的两端圆弧为要复制的元素，选取图 17.7.17 所示的点 A 为基点，将其复制到图 17.7.18 所示的位置处。

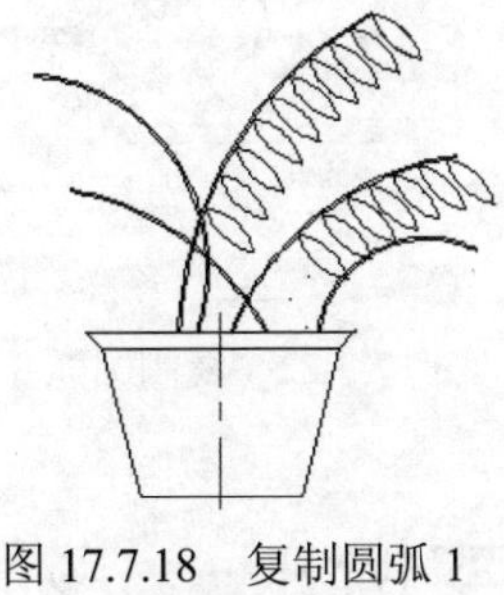

图 17.7.18 复制圆弧 1

Step17. 旋转圆弧 1。选择下拉菜单 修改(M) → 旋转(R) 命令，选取图 17.7.17 所示的圆弧为要旋转的对象，选取点 A 为旋转的基点，指定旋转的角度值为 330，完成后的图形如图 17.7.19 所示。

Step18. 复制旋转后的圆弧，具体操作可参照 Step16，完成后的图形如图 17.7.20 所示。

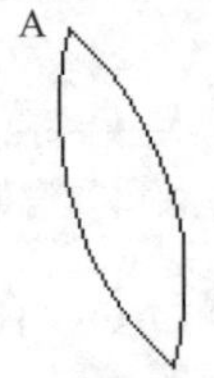

图 17.7.19　旋转圆弧 1

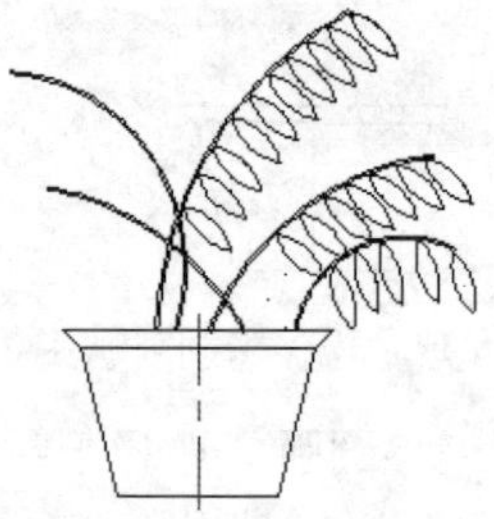

图 17.7.20　复制圆弧 2

Step19. 旋转圆弧。选择下拉菜单 修改(M) → 旋转(R) 命令，选取图 17.7.19 所示的圆弧为要旋转的对象，选取点 A 为旋转的基点，指定旋转的角度值为-33，完成后的图形如图 17.7.21 所示。

Step20. 复制旋转后的圆弧，具体操作可参照 Step16，完成后的图形如图 17.7.22 所示。复制完成后将原始圆弧删除。

Task2．对图形进行尺寸标注

Step1. 设置标注样式。选择下拉菜单 格式(O) → 标注样式(D)... 命令，单击“标注样式管理器”对话框中的 修改(M)... 按钮，将“修改标注样式”对话框 文字 选项卡中 文字高度(T): 的值设定为 5, 在 主单位 选项卡的 精度(P): 下拉列表中选择 0.0。

Step2. 切换图层。在“图层”工具栏中，选择“尺寸线层”图层。

Step3. 用 标注(N) → 线性(L) 命令创建线性标注，完成后的图形如图 17.7.23 所示。

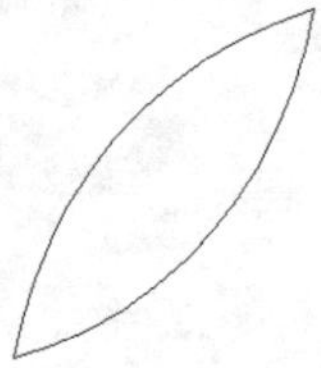

图 17.7.21　旋转圆弧 2

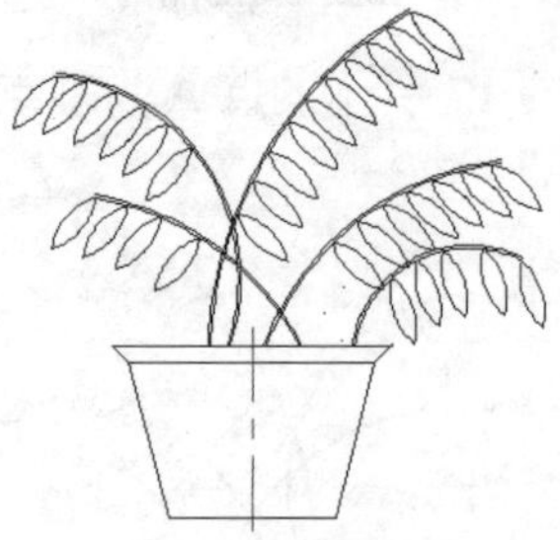

图 17.7.22　复制圆弧 3

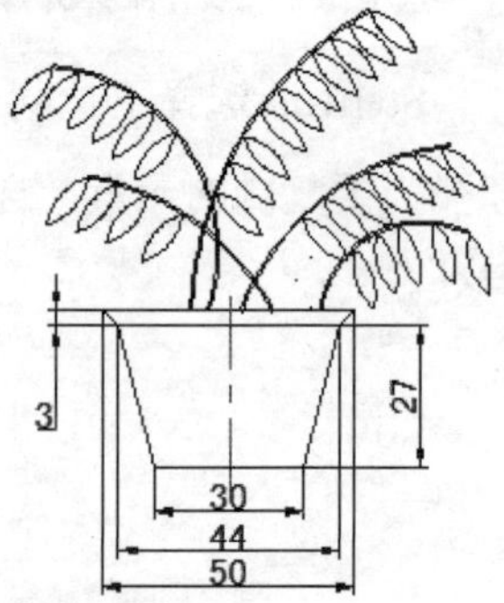

图 17.7.23　标注尺寸

17.8　实例 8——液压原理图

图 17.8.1 是液压原理图，下面介绍其创建的一般操作步骤。

Task1．选用样本文件

使用随书光盘上提供的样板文件。选择下拉菜单 文件(F) → 新建(N)... 命令，在系统弹出的“选择样板”对话框中找到样板文件 D:\AutoCAD2017.1\work\ch17.08\ Part_temp_A2..dwg，然后单击 打开(O) 按钮。

Task2．绘制传动原理图

Step1．绘制图 17.8.2 所示的图形。

（1）绘制图 17.8.3 所示的直线。

① 切换图层。在“图层”面板中，选择“轮廓线层”图层。

② 确认状态栏中的 （正交模式）按钮和 （显示/隐藏线宽）按钮处于显亮状态。

③ 选择下拉菜单 绘图(D) → 直线(L) 命令，在绘图区选取任意一点作为直线的起点。向下移动光标，在命令行中输入数值 10 后按 Enter 键；向右移动光标，在命令行中输入数值 16 后按 Enter 键；向上移动光标，在命令行中输入数值 10 后按两次 Enter 键。结果如图 17.8.3 所示。

④ 按 Enter 键以重复直线命令，结合捕捉命令，以水平直线的中点为直线的起点，向上移动光标，在命令行中输入数值 22 后按两次 Enter 键。

⑤ 选择下拉菜单 修改(M) → 打断(K) 命令，将步骤④绘制的直线打断，并删除多余线段。结果如图 17.8.4 所示。

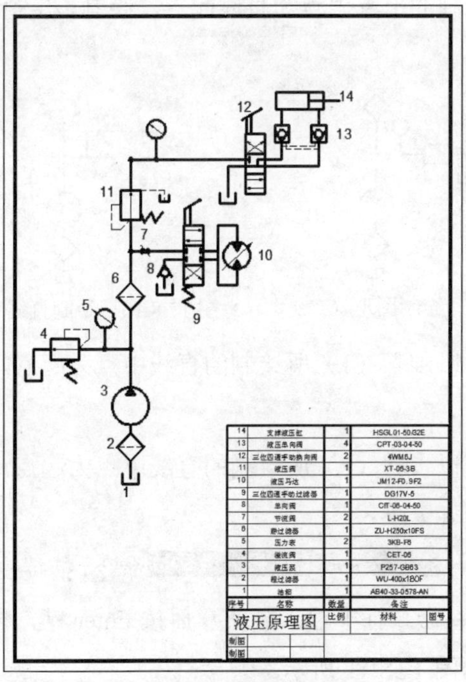

图 17.8.1　液压原理图

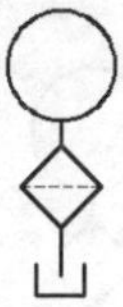

图 17.8.2　绘制图形（一）

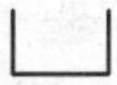

图 17.8.3　绘制直线（一）

图 17.8.4　打断直线

（2）绘制矩形。

① 运用 绘图(D) → 矩形(G) 命令绘制矩形，其长度值和宽度值均为 19，旋转角度值为 45。

② 移动矩形。选择下拉菜单 修改(M) → 移动(V) 命令，以步骤①创建的矩形为移动对象，使矩形的下顶点与直线的上端点重合。绘制的矩形如图 17.8.5 所示。

（3）绘制直线。

① 切换图层。在“图层”工具栏中，选择“虚线层”图层。

② 用 绘图(D) → 直线(L) 命令，绘制图 17.8.6 所示的水平直线。

③ 切换图层。在“图层”工具栏中，选择“轮廓线层”图层。

④ 使用“直线”命令绘制长度值为 8 的垂直直线（图 17.8.7）。

图 17.8.5 绘制矩形（一）

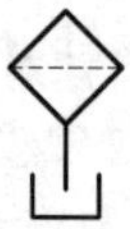
图 17.8.6 绘制水平直线

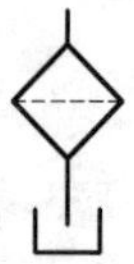
图 17.8.7 绘制垂直直线

（4）绘制圆。选择下拉菜单 绘图(D) → 圆(C) → 圆心、半径(R) 命令，捕捉图 17.8.8 所示的点 A（不要单击），向上移动光标，在命令行中输入数值 18 后按 Enter 键，输入半径值 18 后按 Enter 键结束操作。绘制的圆如图 17.8.8 所示。

Step2. 绘制图 17.8.9 所示的图形。

（1）用 绘图(D) → 直线(L) 命令，以圆的上象限点为直线起点，绘制长度值为 73 的垂直直线（图 17.8.10）。

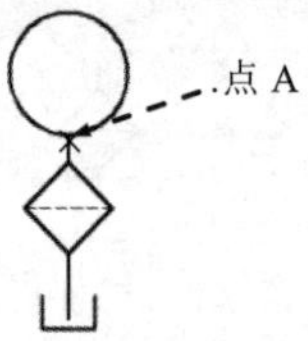

图 17.8.8 绘制圆（一）

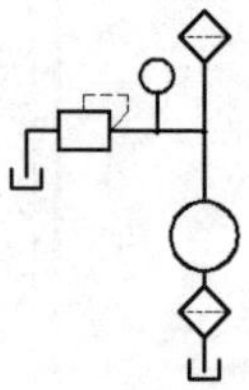
图 17.8.9 绘制图形（二）

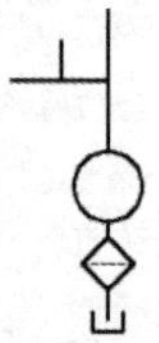
图 17.8.10 绘制直线（二）

（2）按 Enter 键重复“直线”命令，以步骤（1）所绘制的直线中点为起点，绘制长度值为 51 的水平直线（图 17.8.10）。

（3）按 Enter 键重复“直线”命令，以步骤（2）所绘制的直线中点为起点，绘制长度值为 20 的垂直直线（图 17.8.10）。

（4）绘制圆。选择下拉菜单 绘图(D) → 圆(C) → 圆心、半径(R) 命令，捕捉图 17.8.11 所示的点 B（不要单击），向上移动光标，在命令行中输入数值 9 后按 Enter 键，再输入半径值 9 后按 Enter 键结束操作。绘制的圆如图 17.8.11 所示。

（5）绘制矩形。

① 用 绘图(D) → 矩形(G) 命令绘制矩形，其长度值和宽度值分别为 28 与 20。

② 移动矩形。用 修改(M) → 移动(V) 命令，并结合“对象捕捉”命令，使矩形右边线中点与水平直线的左端点重合。绘制的矩形如图 17.8.12 所示。

（6）绘制图 17.8.13 所示的虚线框。

① 切换图层。在“图层”工具栏中，选择“虚线层”图层。

② 选择下拉菜单 绘图(D) → 直线(L) 命令，以矩形上边线的中点为起点，向上移动光标，在命令行中输入数值 9 按 Enter 键，再向右移动光标，在命令行中输入数值 24 按 Enter 键，将光标向下移动，捕捉矩形的水平直线与之的交点并单击，捕捉矩形的右侧边的中点单击，按 Enter 键结束操作。

（7）复制图形。选择下拉菜单 修改(M) → 复制(Y) 命令，选取 Step1 中步骤（2）绘制的矩形和步骤（3）中的虚线为复制对象并按 Enter 键，选取矩形的下端点为基点，将光标向上移动，使其与步骤（1）绘制的直线的上端点重合，单击后按 Enter 键。结果如图 17.8.14 所示。

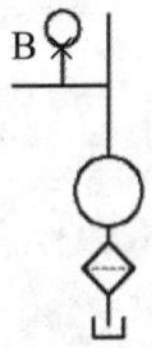

图 17.8.11　绘制圆（二）

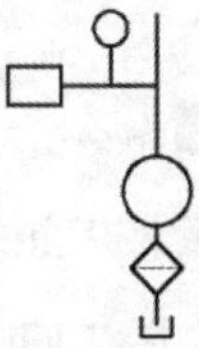
图 17.8.12　绘制矩形（二）

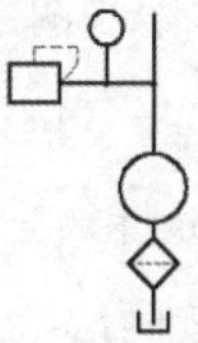
图 17.8.13　绘制虚线框

（8）绘制直线。

① 切换图层。在“图层”面板中，选择“轮廓线层”图层。

② 用 绘图(D) → 直线(L) 命令，选取矩形的左边线中点为起点，绘制水平长度值为 17、垂直长度值为 24 的直线（图 17.8.15）。

（9）复制图形。

① 确认状态栏中的 （正交模式）按钮处于关闭状态， （极轴捕捉）按钮处于显亮状态。

② 选择下拉菜单 修改(M) → 复制(Y) 命令，选取 Step1 中的步骤（1）绘制的直线（一）为复制对象并按 Enter 键，选取水平直线的中点为基点，将其放置在图 17.8.16 所示的位置。

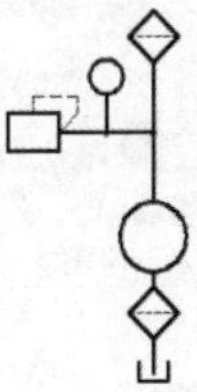
图 17.8.14　复制图形（一）

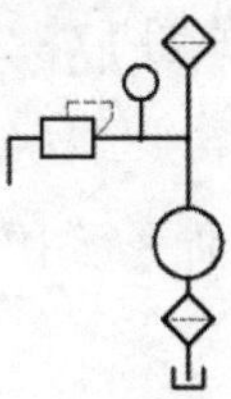
图 17.8.15　绘制直线（三）

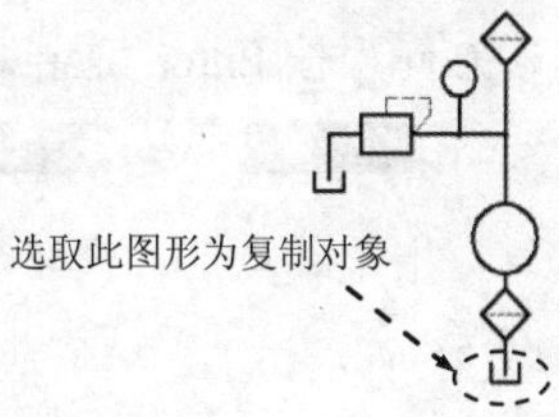

图 17.8.16　复制图形（二）

Step3. 绘制图 17.8.17 所示的图形。

（1）绘制图 17.8.18 所示的两条直线。

① 确认状态栏中的（正交模式）按钮处于显亮状态。

② 用 绘图(D) → 直线(L) 命令，绘制图 17.8.18 所示长度值为 60 的垂直直线。

③ 按 Enter 键以重复“直线”命令，以步骤②绘制的垂直直线的中点为起点，绘制长度值为 55 的水平直线。绘制的直线如图 17.8.18 所示。

（2）绘制图 17.8.19 所示的两条圆弧。

① 确认状态栏中的（正交模式）按钮处于显亮状态。

② 绘制圆弧。选择下拉菜单 绘图(D) → 圆弧(A) → 三点(P) 命令，在绘图区合适位置选取三点，完成图 17.8.19 所示的圆弧的绘制。

③ 选择下拉菜单 修改(M) → 镜像(I) 命令，选取步骤②绘制的圆弧为镜像对象，按 Enter 键结束选择，在步骤（1）绘制的水平直线上选取一点为镜像线的第一点，然后在该直线上选取另一点作为镜像线的第二点，在命令行中输入字母 N 后按 Enter 键。结果如图 17.8.19 所示。

（3）绘制图 17.8.20 所示的直线。

① 选择下拉菜单 绘图(D) → 直线(L) 命令，捕捉步骤（1）绘制的水平直线的右端点，向上移动光标，在命令行中输入数值 2.5 后按 Enter 键，再向下移动光标，在命令行中输入数值 5，按两次 Enter 键结束操作。绘制的直线如图 17.8.20 所示。

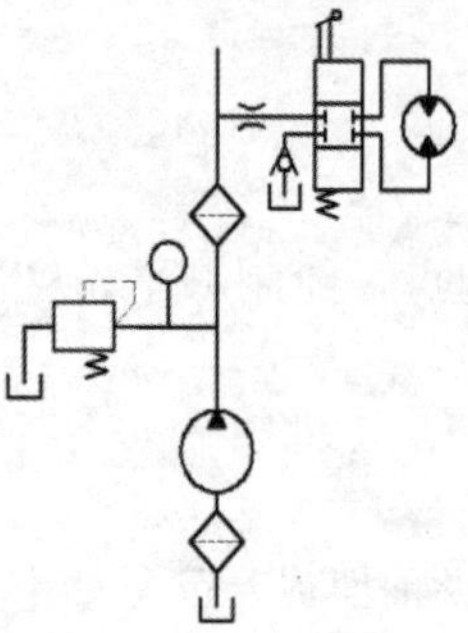

图 17.8.17 绘制图形（三）

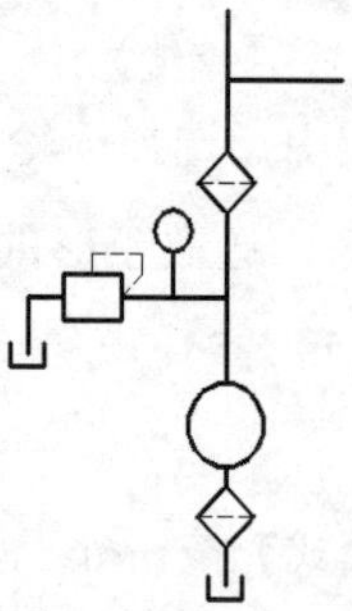

图 17.8.18 绘制直线（四）

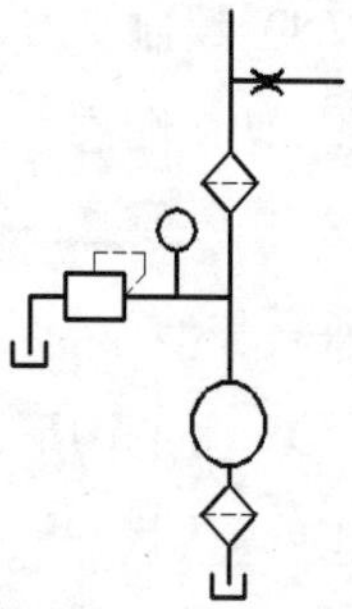

图 17.8.19 绘制圆弧

② 偏移直线。选择下拉菜单 修改(M) → 偏移(S) 命令，在命令行中输入偏移距离值 14 并按 Enter 键，选取步骤①所绘制的直线为偏移对象，在此直线右方选取任意一点以确定偏移方向，按 Enter 键结束操作。结果如图 17.8.21 所示。

③ 用 修改(M) → 复制(Y) 命令，选取步骤①绘制的直线与步骤②偏移后的直线为复制对象，指定基点后，向下移动光标，在命令行中输入数值 8 后按两次 Enter 键。结果如图 17.8.21 所示。

图 17.8.20 绘制直线（五）

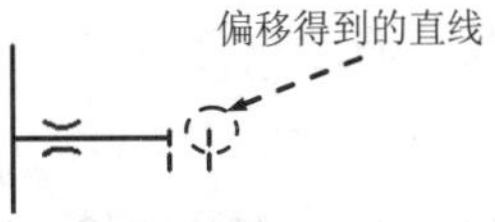

图 17.8.21 复制并移动直线

（4）用【绘图(D)】→【直线(L)】命令，选中复制所得到的左侧直线的中点为起点，分别绘制水平长度值为 21 和垂直长度值为 5 的直线（图 17.8.22）。

（5）绘制图 17.8.23 所示的图形。

① 确认状态栏中的（正交模式）按钮处于关闭状态，（极轴捕捉）按钮处于显亮状态。

② 用【绘图(D)】→【直线(L)】命令，在绘图区合适位置绘制两条长度值为 14 的倾斜直线，夹角为 60°。

③ 用【绘图(D)】→【圆(C)】→【相切、相切、半径(T)】命令，绘制半径值为 4 的圆。

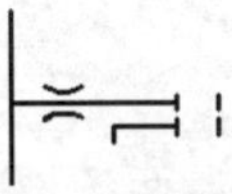

图 17.8.22 绘制直线（六）

图 17.8.23 绘制图形（四）

（6）创建块。选择下拉菜单【绘图(D)】→【块(K)】→【创建(M)...】命令，系统弹出“块定义”对话框，在名称下输入“块 2”，单击【拾取点(K)】左侧的按钮，通过捕捉选取两条倾斜直线的交点并单击，系统自动回到“块定义”对话框；单击【选择对象(T)】左边的按钮，选取步骤（5）绘制的图形，并按 Enter 键，系统自动回到“块定义”对话框，在对话框中选中【删除(D)】单选项，单击【确定】按钮完成块的定义。

（7）插入块。选择下拉菜单【插入(I)】→【块(B)...】命令，系统弹出“插入”对话框，在【名称(N):】的下拉列表中选择“块 2”，单击【确定】按钮，在步骤（4）绘制的垂直直线的下端点处单击，完成块的插入。结果如图 17.8.24 所示。

（8）用【绘图(D)】→【直线(L)】命令，选取插入块中圆的象限点为起点绘制长度值为 11 的垂直直线（图 17.8.25）。

（9）用【修改(M)】→【复制(Y)】命令，将 Step1（1）绘制的图形复制到图 17.8.26 所示的位置。

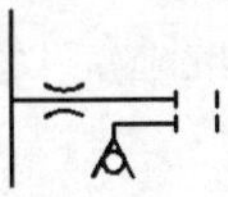

图 17.8.24 插入块（一）

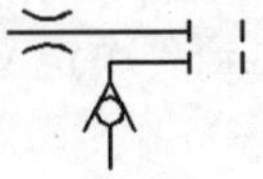

图 17.8.25 绘制直线（七）

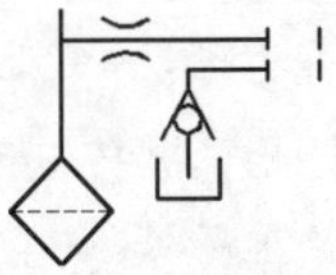

图 17.8.26 复制图形（三）

（10）用 绘图(D) → 矩形(G) 命令绘制矩形，其长度和宽度值分别为 24 与 57。

说明：将该矩形绘制好后使用“移动”命令将其移动至图 17.8.27 所示的大概位置即可。

（11）选择下拉菜单 修改(M) → 分解(X) 命令，选取步骤（10）绘制的矩形为分解对象，按 Enter 键结束操作。

（12）用 修改(M) → 偏移(S) 命令，将矩形的上边线向下偏移，偏移距离值分别为 19 和 38。结果如图 17.8.27 所示。

（13）选择下拉菜单 修改(M) → 复制(Y) 命令，选取步骤（11）分解后的矩形的四条边为复制对象，选取矩形的顶点为移动基点，将其向右移动，移动距离值为 33。

（14）打开极轴显示模式，用 绘图(D) → 直线(L) 命令，绘制图 17.8.28 所示的两条水平直线。

（15） 用 绘图(D) → 圆(C) → 圆心、半径(R) 命令，绘制半径值为 13 的圆（图 17.8.29）。

（16）修剪图形。选择下拉菜单 修改(M) → 修剪(T) 命令，按 Enter 键，然后单击要修剪的直线，按 Enter 键结束操作。结果如图 17.8.29 所示。

（17）用 绘图(D) → 直线(L) 命令，在合适的位置绘制两条长度值分别为 16 和 19 的垂直直线（图 17.8.30）。

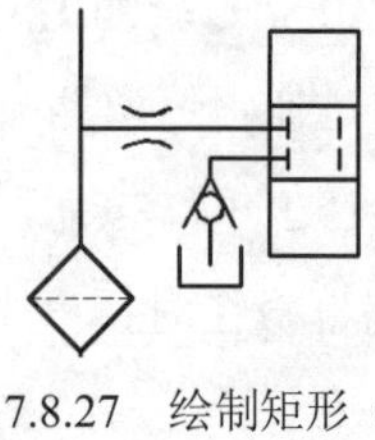
图 17.8.27 绘制矩形（三）

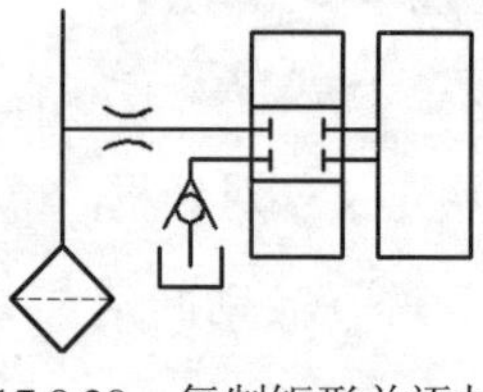
图 17.8.28 复制矩形并添加直线

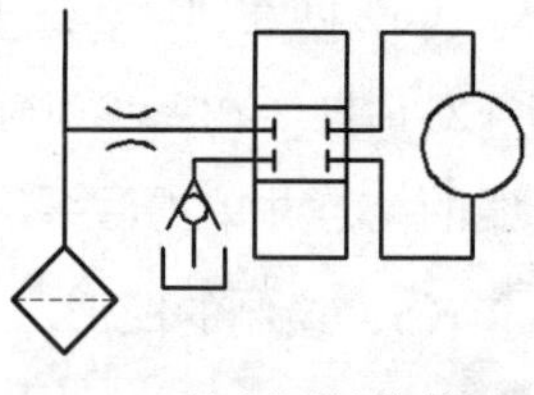
图 17.8.29 绘制圆并修剪图形

（18）关闭极轴追踪模式，按 Enter 键重复“直线”命令，绘制图 17.8.30 所示的斜直线。

（19）用 绘图(D) → 圆(C) → 圆心、半径(R) 命令，绘制半径值为 2 的圆，结果如图 17.8.30 所示。

（20）用 绘图(D) → 直线(L) 命令，绘制图 17.8.31 所示的直线，直线的长度值均为 11。

（21）创建块。选择下拉菜单 绘图(D) → 块(K) → 创建(M)... 命令，系统弹出“块定义”对话框。在名称下输入块名“块 1”，再单击 拾取点(K) 边的按钮，通过捕捉直线的上端点并单击，系统自动回到“块定义”对话框；单击 选择对象(T) 后的按钮，选取步骤（20）绘制的图形，并按 Enter 键，系统自动回到“块定义”对话框；在对话框中选中 删除(D) 单选项，单击 确定 按钮完成块的定义。

（22）插入块。选择下拉菜单 插入(I) → 块(B)... 命令，系统弹出“插入”对话框，在 名称(N): 的下拉列表中选择“块 1”；单击 确定 按钮，在图中所示的位置单击，完成块的插入。结果如图 17.8.32 所示。

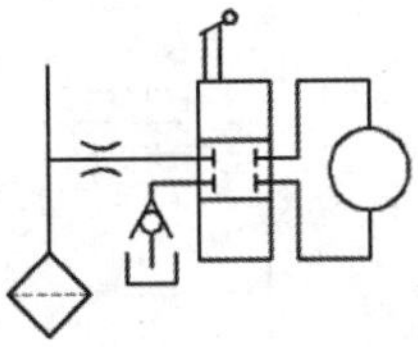

图 17.8.30　绘制斜直线与圆

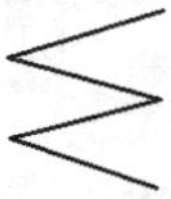

图 17.8.31　绘制直线（八）

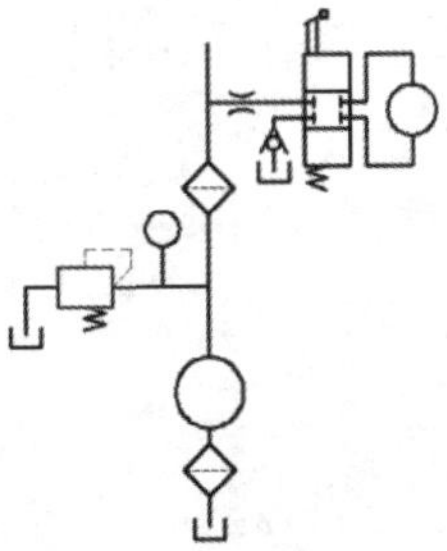

图 17.8.32　插入块（二）

（23）选择下拉菜单 绘图(D) → 多边形(Y) 命令，在 命令: _polygon 输入侧面数 <4>: 的提示下，输入数值 3 后按 Enter 键；在 指定正多边形的中心点或 [边(E)]: 的提示下，在绘图区单击一点；在命令行 输入选项 [内接于圆(I)/外切于圆(C)] <I>: 的提示下输入字母 I 并按 Enter 键；在 指定圆的半径: 的提示下输入半径值 5 后，按 Enter 键结束操作。绘制的三角形如图 17.8.33 所示。

（24）在“图层”工具栏中，选择“剖面线层”图层。

（25）选择下拉菜单 绘图(D) → 图案填充(H)... 命令，在命令行中输入字母 T 并按 Enter 键，系统弹出“图案填充和渐变色”对话框；采用“预定义”类型，单击 图案(P): 选项右侧的 ... 按钮，在 其他预定义 选项卡中选择“SOLID”图案作为填充图案，单击 确定 按钮，然后单击 添加:拾取点 前的 按钮，系统自动切换到绘图区，在要进行图案填充的封闭区域中的任意位置单击；此时系统用加亮的虚线显示这些要填充的区域，按 Enter 键结束填充，完成后的图形如图 17.8.34 所示。

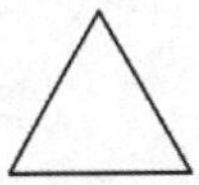

图 17.8.33　绘制三角形

图 17.8.34　图案填充

（26）创建块。选择下拉菜单 绘图(D) → 块(K) → 创建(M)... 命令，输入块名“箭头”，捕捉三角形的上顶点为块的基点，然后选取步骤（23）~（25）创建的图形为块对象，单击 确定 按钮完成块的定义。

（27）插入块。选择下拉菜单 插入(I) → 块(B)... 命令，系统弹出“插入”对话框，在 名称(N): 的下拉列表中选择“箭头”，单击 确定 按钮，在图中所示的位置单击并旋转一定角度按 Enter 键，完成块的插入。结果如图 17.8.35 所示。

Step4. 绘制图 17.8.36 所示的图形。

（1）绘制矩形。

① 在“图层”工具栏中，选择“轮廓线层”图层。

② 用 绘图(D) → 矩形(G) 命令，绘制长度和宽度值分别为 20、28 的矩形。

③ 移动矩形。用 修改(M) → 移动(V) 命令移动矩形，使其下边线中点与垂直直线的上端点重合。结果如图 17.8.37 所示。

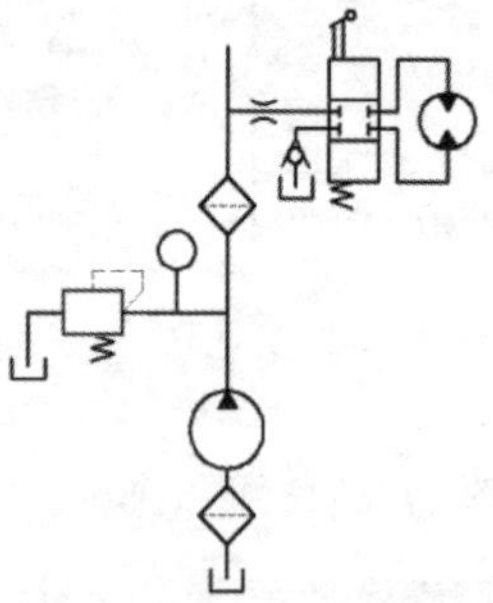

图 17.8.35 插入块（三）

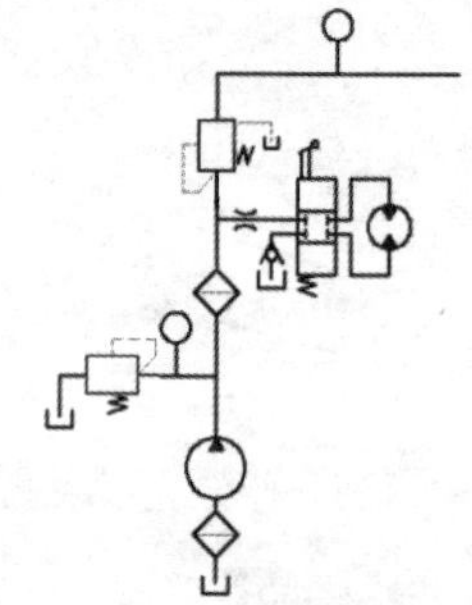

图 17.8.36 绘制图形（五）

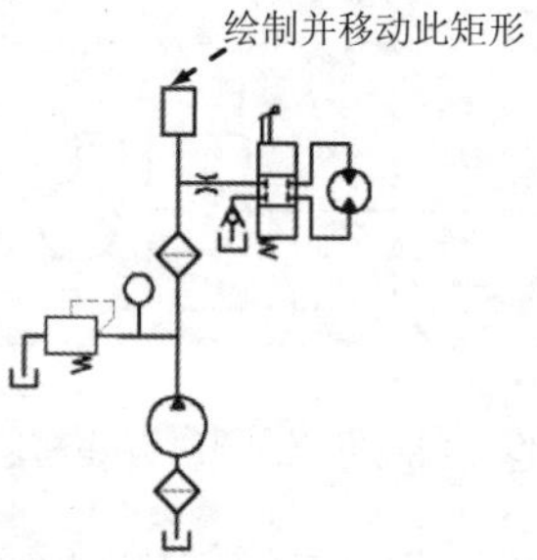

图 17.8.37 绘制矩形（四）

（2）绘制图 17.8.38 所示的直线。

① 切换图层。在“图层”工具栏中，选择“虚线层”图层。

② 选择下拉菜单 绘图(D) → 直线(L) 命令，结合对象捕捉，以矩形左边线的中点为起点，向左移动光标，在命令行中输入数值 9，再向下移动光标；在命令行中输入数值 23，向右移动光标并捕捉矩形左边线使之正交并单击，再选取矩形下边中点为直线的端点，按 Enter 键结束操作。

③ 按 Enter 键以重复“直线”命令，选择矩形右上角点位起点绘制长度值为 24 的水平直线与长度值为 11 的垂直直线。

（3）绘制图 17.8.39 所示的直线。

① 切换图层。在“图层”工具栏中，选择“轮廓线层”图层。

② 用 绘图(D) → 直线(L) 命令，绘制长度值为 9 的水平直线，再捕捉其端点绘制两条长度值为 6 的垂直直线。

（4）按 Enter 键以重复“直线”命令，绘制图 17.8.40 所示的垂直直线与水平直线，长度值分别为 29 和 149。

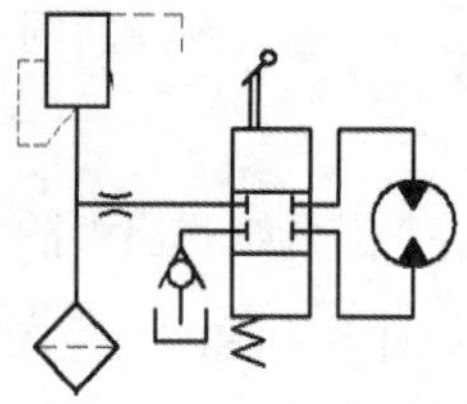

图 17.8.38 绘制直线（九）

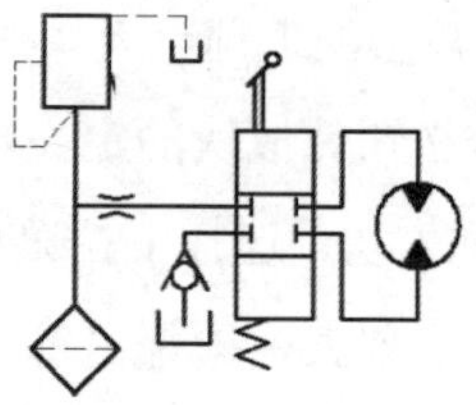

图 17.8.39 绘制直线（十）

（5）插入块。选择下拉菜单 插入(I) → 块(B)... 命令，系统弹出“插入”对话框，在名称(N):的下拉列表中选择“块 1”，输入旋转角度值 90，然后单击确定按钮，在图中所示的位置单击，再按 Enter 键完成块的插入。结果如图 17.8.41 所示。

（6）关闭正交显示模式，用修改(M) ➡ 复制(Y)命令，选取图 17.8.42 所示的图形为复制对象，将其放置在图中所示的位置。

Step5. 绘制图 17.8.43 所示的图形。

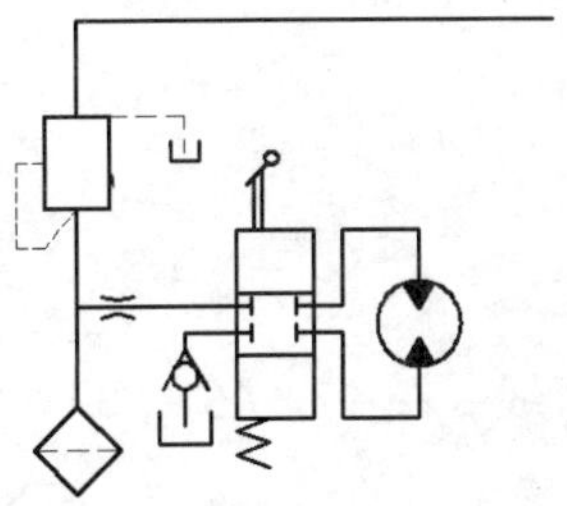

图 17.8.40 绘制直线（十一）

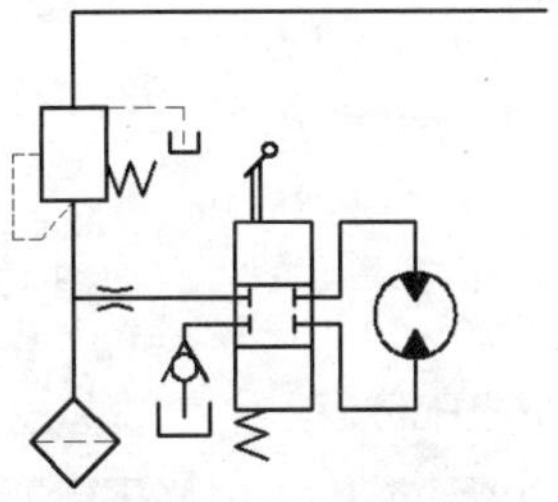

图 17.8.41 插入块（四）

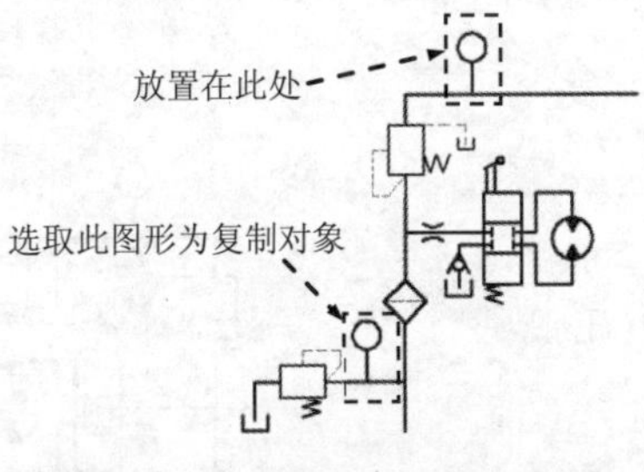

图 17.8.42 复制图形（四）

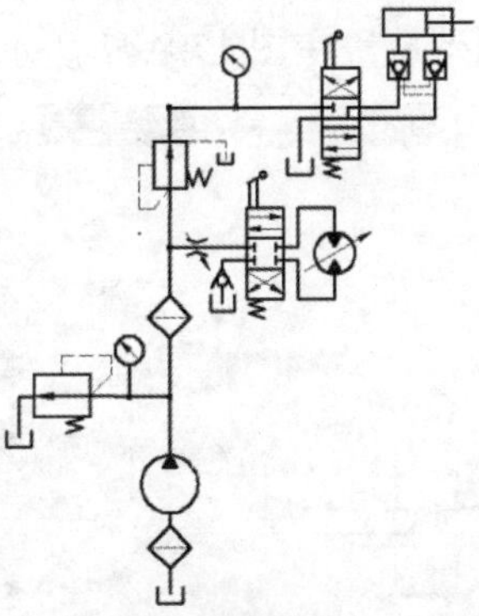

图 17.8.43 绘制图形（六）

（1）用修改(M) ➡ 复制(Y)命令，选取图 17.8.44 所示的图形为复制对象，将其放置在图中所示的位置。

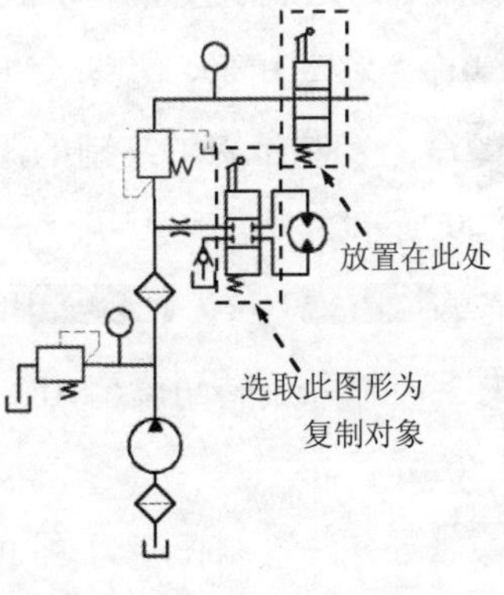

图 17.8.44 复制图形（五）

（2）用绘图(D) ➡ 直线(L)命令，绘制两条长度值分别为 27 和 23 的垂直直线及长度值为 89 的水平直线（图 17.8.45）。

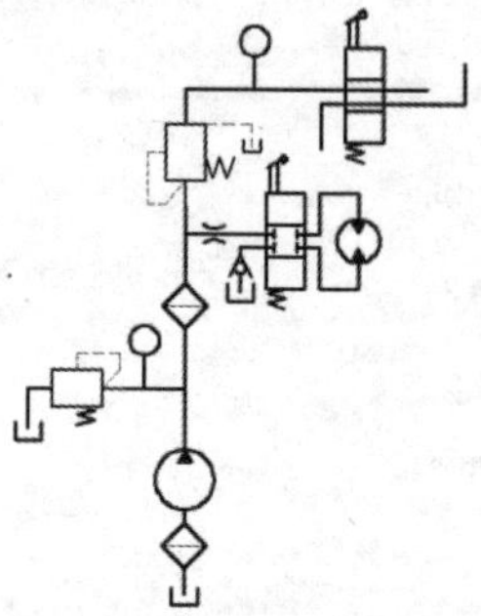

图 17.8.45　绘制直线（十二）

（3）按 Enter 键重复“直线”命令，绘制两条垂直直线（图 17.8.46）。

（4）用 修改(M) → 修剪(T) 命令，对图形进行修剪，修剪后的结果如图 17.8.46 所示。

（5）用 修改(M) → 复制(Y) 命令，选取图 17.8.47 所示的图形为复制对象，将通过复制得到的图形放置在图 17.8.47 所示的适当位置。

（6）用 绘图(D) → 直线(L) 命令，绘制长度值为 14 的垂直直线（图 17.8.48）。

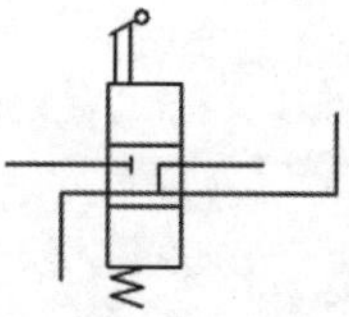

图 17.8.46　绘制图形（七）

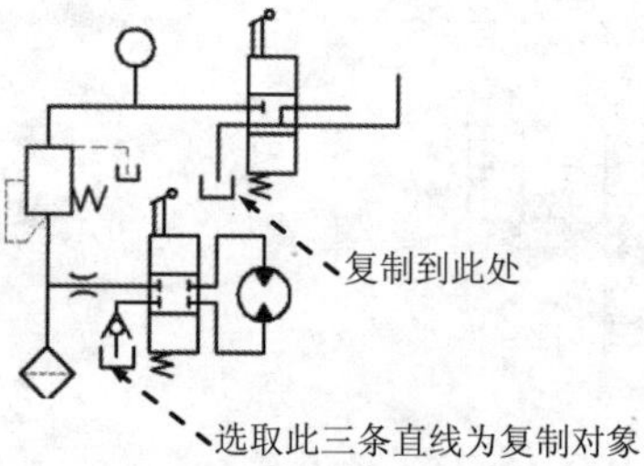

图 17.8.47　复制图形（六）

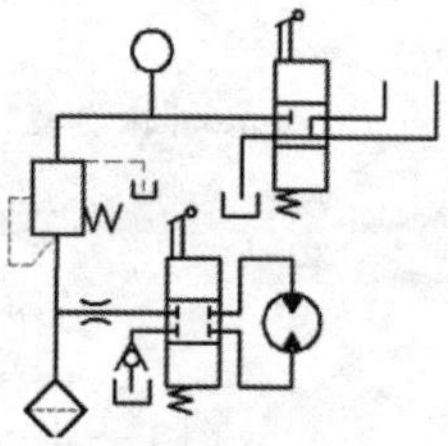

图 17.8.48　绘制直线（十三）

（7）绘制矩形。

① 用 绘图(D) → 矩形(G) 命令，绘制长度和宽度值分别为 14、16 的矩形。

② 用 修改(M) → 移动(V) 命令移动矩形，使其下边线中点与垂直直线的上端点重合。

③ 用 修改(M) → 复制(Y) 命令复制步骤①绘制的矩形，使其下边线中点与垂直直线的上端点重合。结果如图 17.8.49 所示。

（8）插入块。选择下拉菜单 插入(I) → 块(B)... 命令，系统弹出“插入”对话框；在 名称(N): 的下拉列表中选择“块 2”，输入旋转角度值 180 后，单击 确定 按钮；在图中所示的位置单击，结果如图 17.8.50 所示。

（9）用 绘图(D) → 直线(L) 命令，绘制长度为 16 的两条垂直直线（图 17.8.51）。

（10）用 绘图(D) → 矩形(G) 命令，绘制长和宽分别为 46 和 16 的矩形。

（11）用 修改(M) → 移动(V) 命令，将矩形移动到图 17.8.52 所示的位置。

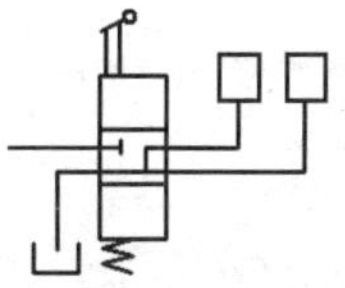

图 17.8.49 绘制矩形（五）

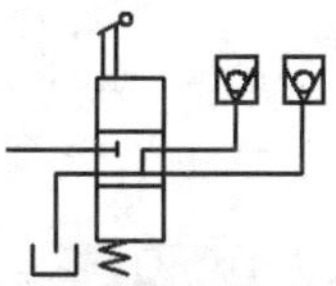

图 17.8.50 插入块（五）

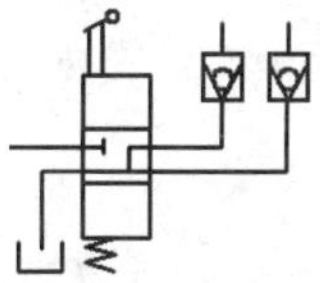

图 17.8.51 绘制直线（十四）

（12）用 绘图(D) → 直线(L) 命令，绘制长度值为 16 的垂直直线以及长度值为 30 的水平直线（图 17.8.53）。

（13）切换图层。将图层切换到“虚线层”图层。

（14）按 Enter 键重复“直线”命令，绘制图 17.8.54 所示的四条直线。

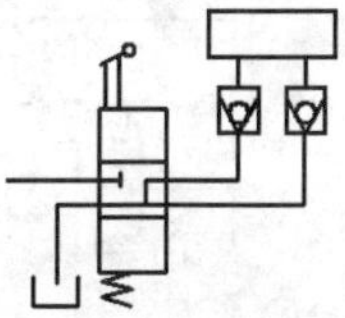

图 17.8.52 移动矩形

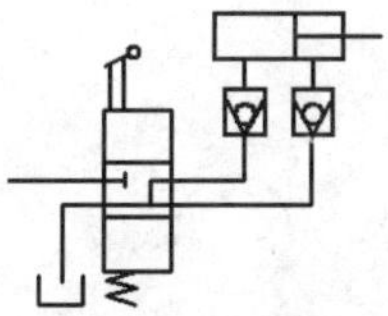

图 17.8.53 绘制直线（十五）

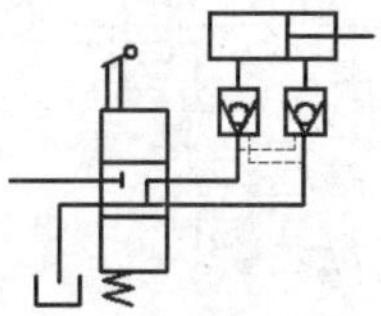

图 17.8.54 绘制直线（十六）

（15）将图层切换至“尺寸线层”。

（16）设置引线样式。在命令行输入命令 QLEADER 后按 Enter 键，在系统 指定第一个引线点或 [设置(S)] <设置>: 的提示下按 Enter 键，在系统弹出的“引线设置”对话框中单击 注释 选项卡，在 注释类型 选项组中选中 ⊙ 无(O) 单选项；单击 引线和箭头 选项卡，在 引线 选项组中选中 ⊙ 直线(S) 单选项，在 箭头 下拉列表中选择 实心闭合 选项，将 点数 选项组中的 最大值 设置为 2，将 角度约束 选项组中的 第一段 设置为“任意角度”，单击 确定 按钮。

（17）设置标注样式。选择下拉菜单 格式(O) → 标注样式(D)... 命令，单击“标注样式管理器”对话框中的 修改(M)... 按钮，将“修改标注样式”对话框的 文字 选项卡中的 文字高度(T): 的值设定为 7，在 文字对齐(A) 选项组中选中 ⊙ 与尺寸线对齐 单选项，将“修改标注样式”对话框的 符号和箭头 选项卡中的 箭头大小(I) 的值设定为 3.5；然后单击该对话框中的 确定 按钮，单击“标注样式管理器”对话框中的 关闭 按钮。

（18）在图形空白处再选取两点，以确定引线的位置（图 17.8.55）。

（19）绘制圆。

① 在“图层”工具栏中，选择“轮廓线层”图层。

② 用 绘图(D) → 圆(C) → 圆心、半径(R) 命令，绘制半径值为 1.5 的圆（图 17.8.56）。

（20）在“图层”工具栏中，选择“剖面线层”图层。

（21）选择下拉菜单 绘图(D) → 图案填充(H)... 命令，在命令行中输入字母 T 并按 Enter 键，系统弹出“图案填充和渐变色”对话框，采用“预定义”类型，单击 图案(P): 选项右侧的 ... 按钮，在 其他预定义 选项卡中选择“SOLID”图案作为填充图案，然后单击 添加:拾取点 前的按钮，系统自动切换到绘图区，在要进行图案填充的封闭区域中的任意位置单击，此时系统用加亮的虚线显示这些要填充的区域，按 Enter 键结束填充，完成后的图形如图 17.8.57 所示。

说明：此处圆点也可以用 绘图(D) → 圆环(D) 命令绘制，其内径值为 0，外径值为 3。

（22）用 修改(M) → 复制(Y) 命令，选取图 17.8.57 所示的图形为复制对象，选取其圆心为基点，在图 17.8.55 中所示的五个点（A～E）处单击，按 Enter 键结束命令。结果如图 17.8.58 所示。

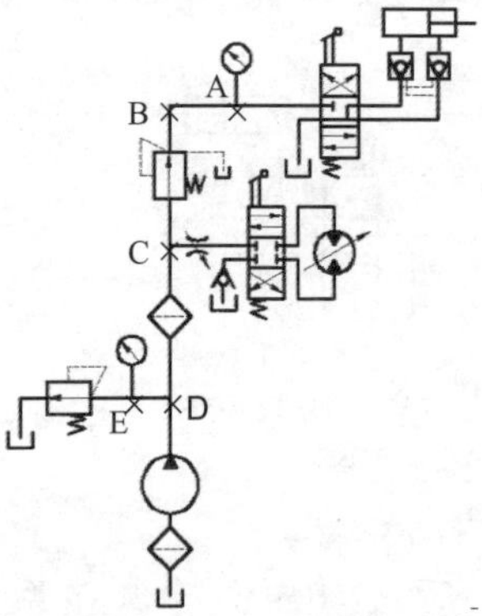

图 17.8.55　添加引线

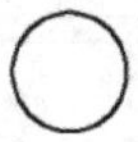
图 17.8.56　绘制圆（三）

图 17.8.57　图案填充

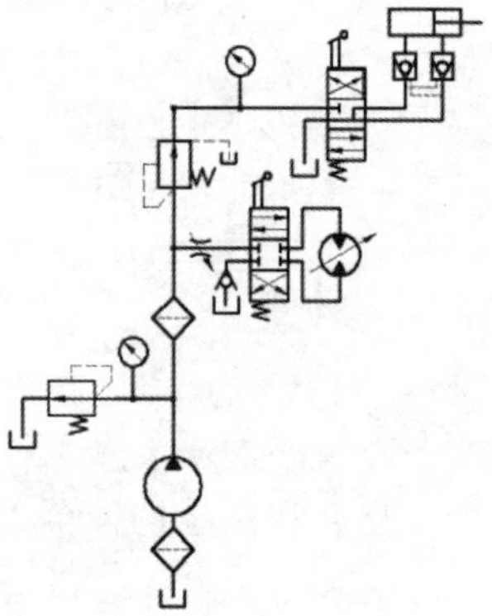
图 17.8.58　绘制图形（八）

Task3. 创建文字注释与明细栏

Step1. 创建文字注释。

（1）将图层切换至“尺寸线层”图层。

（2）用 绘图(D) → 文字(X) → 单行文字(S) 命令创建文字，使用默认的文字样式，文字的高度值为 10，并将其移至合适的位置，完成后的图形如图 17.8.59 所示。

Step2. 创建表格（包括标题栏与明细栏）。

（1）选择下拉菜单 绘图(D) → 表格... 命令，系统弹出“插入表格”对话框，使用默认的表格样式，设置列和行为 6 列 17 行，列宽值为 15，行高值为 1，在 设置单元样式 中均设置为“数据”，单击 确定 按钮。

说明：在插入表格之前，要将默认的表格样式中“数据”单元格的文字高度值设置为 3.5，文字对齐样式设置为 正中 选项，表格的垂直边距与水平边距值均设置为 1。

（2）在绘图平面指定插入点，插入空表格，并显示多行文字编辑器（不输入文字），然后在空白位置单击以确定表格放置。

（3）选中表内所有单元格后，右击，在系统弹出的快捷菜单中选择 特性(P)，系统弹出“特性”窗口；在此窗口内将行高值设置为 7.0 并进行图 17.8.60 所示列宽值的设置。

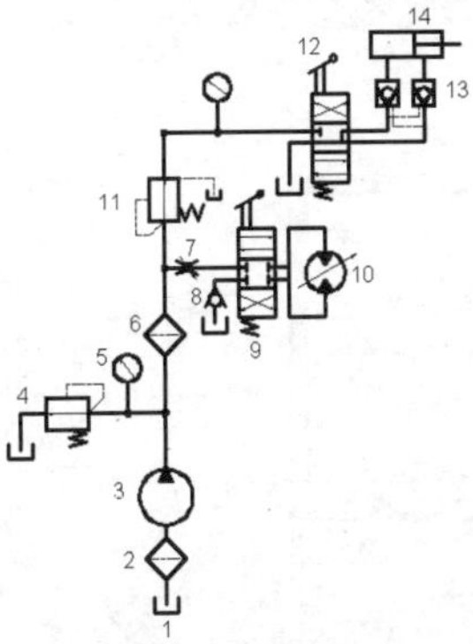

图 17.8.59　编辑单行文字

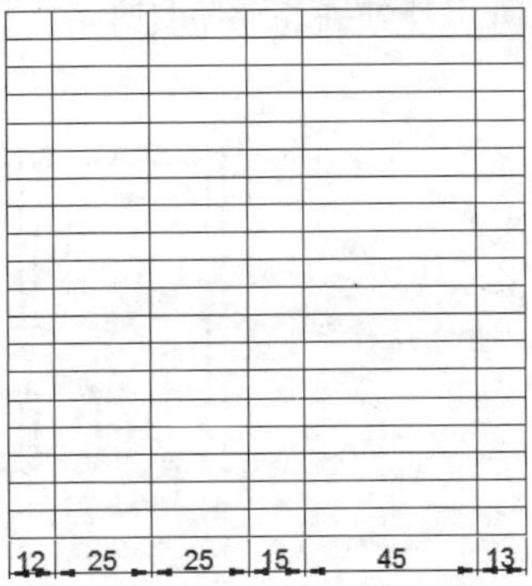

图 17.8.60　改变列宽

（4）合并单元格。选中要合并的单元格，右击，系统弹出快捷菜单，选择 合并 下的命令，合并单元格后如图 17.8.61 所示。

（5）将图层切换至“轮廓线层”图层。

（6）用 绘图(D) → 直线(L) 命令，在相应的边线位置绘制直线，结果如图 17.8.61 所示。

（7）将图层切换至“尺寸线层”图层。

（8）双击单元格，重新打开多行文字编辑器，在单元格中输入图 17.8.62 所示相应的文字或数据，并设置合适的对正方式及字高。

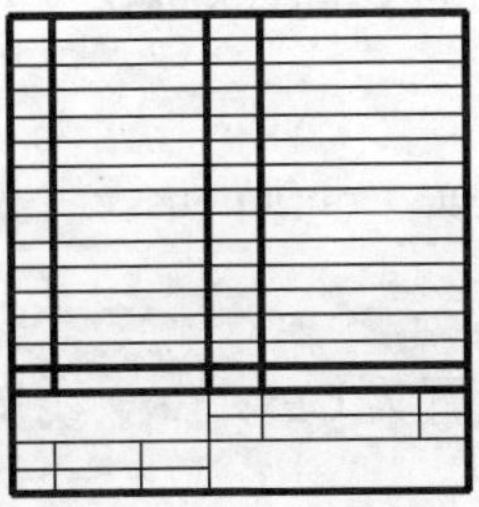

图 17.8.61　合并单元格

14	支撑液压缸	1	HSGL01-50/32E	
13	液压单向阀	4	CPT-03-04-50	
12	三位四通手动换向阀	2	4WM6J	
11	液压阀	1	XT-06-3B	
10	液压马达	1	JM12-F0.9F2	
9	三位四通手动过滤器	1	DG17V-5	
8	单向阀	1	CIT-06-04-50	
7	节流阀	2	L-H20L	
6	静过滤器	1	ZU-H250x10FS	
5	压力表	2	3KB-F6	
4	溢流阀	1	CET-06	
3	液压泵	1	P257-GB63	
2	粗过滤器	1	WU-400x180F	
1	油箱	1	AB40-33-0578-AN	
序号	名称	数量	备注	
液压原理图		比例	材料	图号
制图				
制图				

图 17.8.62　创建明细表

Step3. 移动表格。使用移动命令，将明细栏移动至图 17.8.1 所示的位置。

Task4. 保存文件

选择下拉菜单 文件(F) → 保存(S) 命令，将图形命名为“液压原理图.dwg”，单击 保存(S) 按钮。

17.9　实例 9——建筑平面图的设计

在本例中，将逐步介绍使用 AutoCAD 设计并绘制建筑设计图样的方法与过程。在绘制建筑平面之前，应养成创建符合我国建筑设计制图标准的样板图形的习惯。下面介绍

图 17.9.1 所示建筑平面图创建的一般操作步骤。

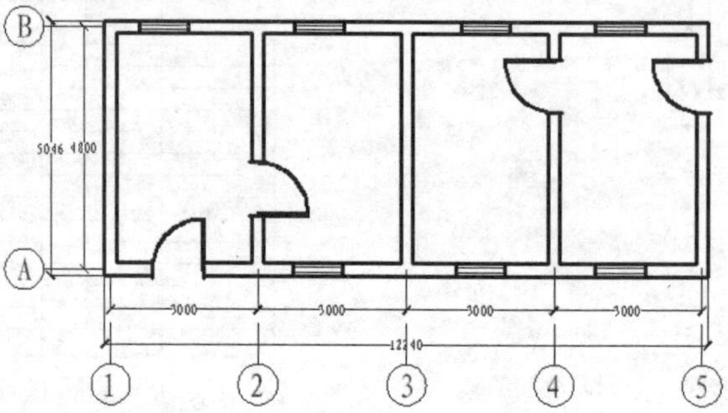

图 17.9.1　建筑平面图

Task1. 创建样板图形

Step1. 启动 AutoCAD 2017，进入绘图环境后创建一个新文件。

Step2. 创建建筑图层。

（1）选择下拉菜单 格式(O) → 图层(L)... 命令。

（2）创建“尺寸和文本”层。在“图层特性管理器”对话框中单击“新建图层”按钮，将新图层命名为“尺寸和文本层”，颜色设置为“青”，线型设置为 Continuous，线宽设置为“0.09 毫米”。

（3）创建“门窗”层。颜色设置为“绿”，线型设置为 Continuous，线宽设置为“0.09 毫米”。

（4）创建“墙体”层。颜色设置为“蓝”，线型设置为 Continuous，线宽设置为“0.30 毫米”。

（5）创建“网轴线”层。颜色设置为“红”，线型设置为 CENTER，线宽设置为“0.09 毫米”。

Step3. 创建文字样式和尺寸标注样式。

（1）创建新的文字样式。选择下拉菜单 格式(O) → 文字样式(S)... 命令，在“文字样式”对话框中单击 新建(N)... 按钮，将 样式名: 设置为 样式 1，将 字体名(F): 设置为 仿宋 GB2312，并将其置为当前。

（2）创建新的尺寸样式。

① 选择下拉菜单 格式(O) → 标注样式(D)... 命令，在“标注样式管理器”对话框中单击 新建(N)... 按钮，在“创建新标注样式”对话框的 新样式名(N): 文本框中，输入“建筑样式 1”，然后单击 继续 按钮。

② 在 符号和箭头 选项卡的 箭头 选项组中，将箭头样式设置为 建筑标记，将 箭头大小(I): 设置为 1.5，将 圆心标记 设置为 ⊙ 标记(M)，在 ⊙ 标记(M) 文本框中输入数值 1，其他参数采用系统默

认的设置值。

③ 在文字选项卡中，将文字样式(Y):设置为样式1，将文字高度(T):设置为2，其他参数采用系统默认的设置值。

④ 在主单位选项卡中，将精度(P):设置为0，将小数分隔符(C):设置为“.”(句点)，将比例因子(E):设置为100（因此在后面的标注过程中的各个标注尺寸值应为测量值的100倍），其他参数采用系统默认的设置值。

⑤ 将新创建的“建筑样式1”置为当前。

Task2．绘制建筑平面图

Step1．绘制轴线和柱网。

（1）切换图层。在“图层”工具栏中，选择“网轴线”图层。

（2）选择下拉菜单绘图(D) → 直线(L)命令，绘制图17.9.2所示的水平和垂直方向的“轴线A”和“轴线1”，其长度应略大于建筑的总体长度和宽度，在两条线之间的起点位置部分交叉（水平方向的轴线长度大约为130，垂直方向的轴线长度大约为70）。

（3）绘制建筑平面图基本的轴线网格。

① 绘制四条垂直方向的轴线。

a）用“偏移”的方法绘制第一条垂直方向的轴线。选择下拉菜单修改(M) → 偏移(S)命令，输入偏移距离值30，选取图17.9.2中的“轴线1”为偏移的对象，然后在“轴线1”的右侧单击一点。

b）用同样的方法绘制其他三条垂直方向的轴线，偏移距离值分别为60、90和120。

② 绘制第二条水平方向的轴线。用同样的方法选取“轴线A”为偏移对象，偏移距离值为48（图17.9.3）。

（4）创建图17.9.4所示的轴线注记符号。

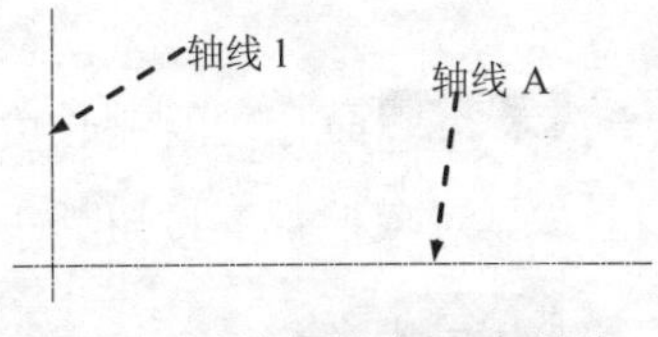

图17.9.2　绘制轴线A和轴线1

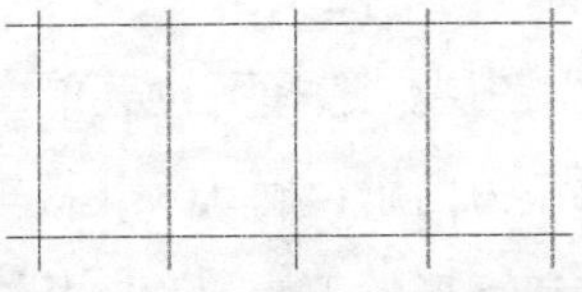

图17.9.3　添加建筑基本的轴线网格

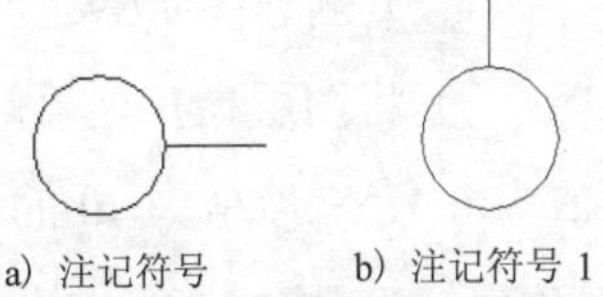

a）注记符号　　b）注记符号1

图17.9.4　创建轴线注记符号

① 将图层切换至“尺寸和文本”图层，运用绘图(D) → 直线(L)命令和绘图(D) → 圆(C) → 圆心、直径(D)命令完成轴线注记符号的创建，圆的直径值为8，直线长度值为8。

② 用绘图(D) → 块(K) → 定义属性(D)...命令，在标记(T):文本框中输入属性的标记为A，在默认(L):文本框中输入属性的值为A；用绘图(D) → 块(K) → 创建(M)...命令创

建带属性的块，将块的名称(N):设置为“注记符号”。

③ 用绘图(D) → 块(K)▸ → 定义属性(D)...命令，在标记(T):文本框中输入属性的标记为 1，在默认(L):文本框中输入属性的值为 1；用绘图(D) → 块(K)▸ → 创建(M)...命令创建带属性的块，将块的名称(N):设置为“注记符号 1”。

④ 用插入(I) → 块(B)...命令将轴线注记符号设置到相关轴线端部，纵向为 1、2、3、4、5，横向为 A、B，完成后的结果如图 17.9.5 所示。

Step2. 绘制墙体。

（1）设置多线样式。将图层切换至“墙体”图层，选择下拉菜单格式(O) → 多线样式(M)...命令，在“多线样式”对话框中单击新建(N)...按钮，在新样式名(N)文本框中输入“240 墙”，将多线元素的偏移距离值设为 1.2 和-1.2，并将其设置为当前多线样式。

（2）选择下拉菜单绘图(D) → 多线(U)命令，在系统指定起点或 [对正(J)/比例(S)/样式(ST)]:的提示下输入字母 J 按 Enter 键，选择对正类型为无(Z)选项，输入字母 S 并按 Enter 键，在输入多线比例 <20.00>:的提示下输入数值 1.0 并按 Enter 键，将多线比例设置为 1.0，用交点捕捉的方法，开始沿轴线绘制多线。选择下拉菜单修改(M) → 对象(O)▸ → 多线(M)...命令，在系统弹出的“多线编辑工具”对话框中，选择适当的多线相交编辑方式对墙角进行修整，完成后的图形如图 17.9.6 所示。

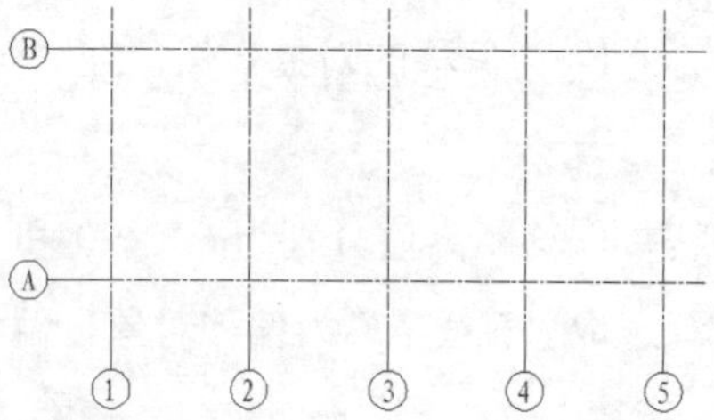

图 17.9.5　标注轴线注记符号的轴线网络

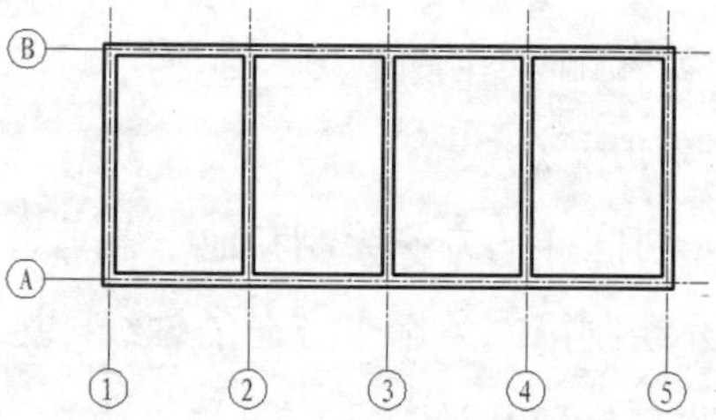

图 17.9.6　绘制墙体轮廓

Step3. 绘制门窗。

（1）创建图 17.9.7 所示的“门”图块。

① 将图层切换至“门窗”图层，选择下拉菜单绘图(D) → 矩形(G)命令，绘制长度值为 0.4、宽度值为 10 的矩形作为门扇；确认（极轴追踪）和（对象捕捉）按钮处于显亮状态，捕捉矩形左上端点和矩形的下水平边，用绘图(D) → 圆弧(A)▸ → 起点、端点、半径(R)命令绘制半径值为 10 的圆弧。

② 将图层切换至“墙体”图层，选择下拉菜单绘图(D) → 直线(L)命令，以矩形右下端点为中心点绘制长度值为 3.5 的竖直线，用复制的方法得到另一条竖直线，其中点位于圆弧的下端点上。

③ 选择下拉菜单绘图(D) → 块(K)▸ → 创建(M)...命令，以 A 点为插入点，建立名为

“门”的单元图块。

（2）创建图 17.9.8 所示的“窗”图块。

① 将图层切换至“门窗”图层，用 绘图(D) → 直线(L) 命令绘制长度值为 10 的水平直线。

② 用 修改(M) → 偏移(S) 命令偏移复制第二条直线，偏移距离值为 0.8。然后用相同的方法偏移其他的两条直线。

③ 将图层切换至“墙体”图层，用 绘图(D) → 直线(L) 命令绘制两条垂直直线将两端封闭。

④ 选择下拉菜单 绘图(D) → 块(K) ▸ → 创建(M)... 命令，以窗平面上面一边中点为插入点，建立名为“窗”的单元图块。

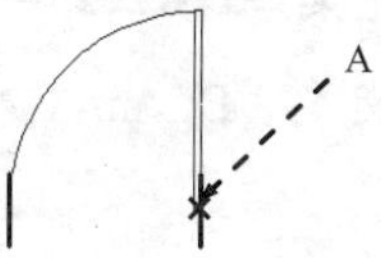

图 17.9.7　创建“门”图块

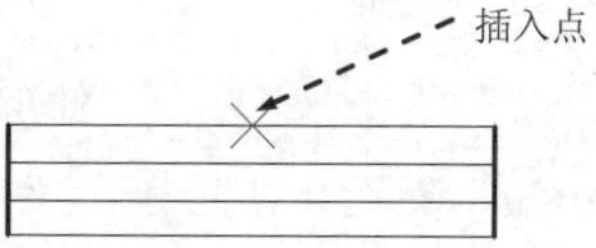

图 17.9.8　创建“窗”图块

（3）插入“门”、“窗”图块。

① 用 插入(I) → 块(B)... 命令将各个门、窗插入到合适的位置。

② 用 EXPLODE 命令打散所有图块，选择下拉菜单 修改(M) → 修剪(T) 命令，将所有多余的墙线和网轴线修剪掉，修剪后的结果如图 17.9.9 所示。

Step4. 尺寸标注。

（1）将图层切换至“尺寸和文本”。

（2）用 标注(N) → 线性(L) 命令完成图 17.9.10 所示的线性标注。

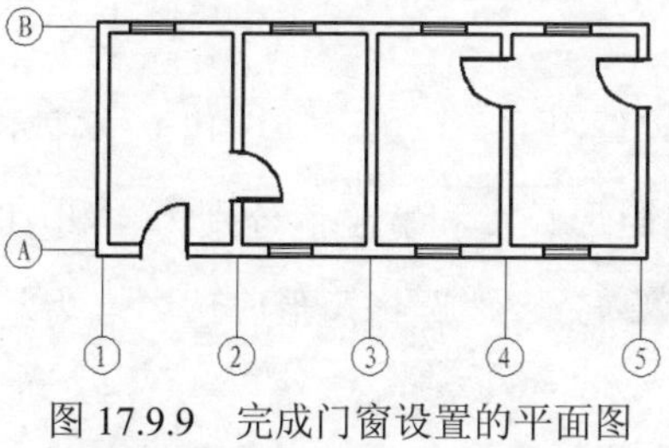

图 17.9.9　完成门窗设置的平面图

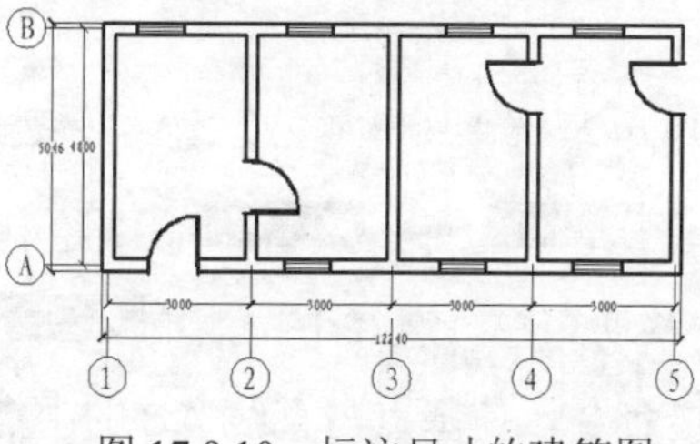

图 17.9.10　标注尺寸的建筑图

17.10　实例 10——电动机控制电路图

图 17.10.1 是电动机的控制电路图，下面介绍其创建的一般操作步骤。

说明：因为电动机控制电路图主要注重的是其控制原理，与图中控制元件的具体尺寸没有关系，所以在绘制此图时有些尺寸并未详细给出，读者在练习过程中可以自己设定。

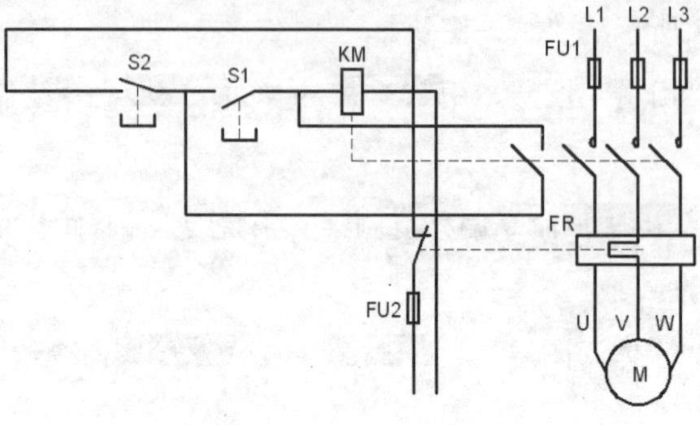

FU1、FU2—熔断器　KM—接触器　FR—热继电器
S1—起动按钮　S2—停止按钮

图 17.10.1　电动机控制电路图

Step1. 使用随书光盘上提供的样板文件。选择下拉菜单 文件(F) → 新建(N)... 命令，在系统弹出的“选择样板”对话框中找到文件 D:\AutoCAD2017.1\system_file\Part_temp_A3.dwg，然后单击 打开(O) 按钮。

Step2. 绘制图 17.10.2 所示的图形。

（1）绘制图 17.10.3 所示的直线 AB。

① 将图层切换到“轮廓线层”。

② 选择下拉菜单 绘图(D) → 直线(L) 命令，选取一点 A 作为直线的起点。

③ 在系统状态栏中将（正交模式）按钮高亮显示，然后在命令行中输入长度值 40，按两次 Enter 键。

（2）绘制图 17.10.4 所示的矩形。

图 17.10.2　绘制图形（一）

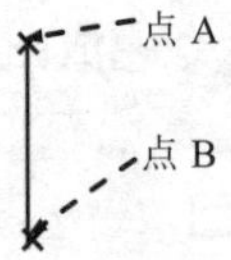

图 17.10.3　绘制直线 AB

图 17.10.4　绘制矩形

① 用 绘图(D) → 矩形(G) 命令绘制矩形，设定矩形长度和宽度值分别为 4 和 10。

② 移动矩形。选择下拉菜单 修改(M) → 移动(V) 命令，选择矩形底边中点为基点，利用捕捉命令，使基点与直线 AB 的中点重合（图 17.10.5）。

（3）绘制半圆。

① 绘制图 17.10.6 所示的圆。选择下拉菜单 绘图(D) → 圆(C) → 两点(2) 命令，以直线 AB 的端点 B 作为圆上一点，鼠标光标竖直向上移动，输入圆的直径值 3，然后按 Enter 键。

② 用 修改(M) → 修剪(T) 命令完成对圆的修剪，完成后的图形如图 17.10.2 所示。

Step3. 阵列图形。

（1）选择下拉菜单 修改(M) → 阵列 → 矩形阵列 命令。

（2）在系统 选择对象: 的提示下选取 Step2 中创建的图形为阵列对象，按 Enter 键结束选取；然后在 选择夹点以编辑阵列或 [关联(AS) 基点(B) 计数(COU) 间距(S) 列数(COL) 行数(R) 层数(L) 退出(X)] <退出>: 的提示下，输入 COL，然后按 Enter 键。

（3）在命令行 输入列数数或 [表达式(E)] <4>: 的提示下，输入数值 3，然后按 Enter 键；在命令行 指定 列数 之间的距离或 [总计(T) 表达式(E)] <6>: 的提示下，输入数值 15，然后按 Enter 键；在系统提示下输入 R，在命令行 输入行数数或 [表达式(E)] <3>: 的提示下，输入数值 1，然后按三次 Enter 键结束操作。完成后的图形如图 17.10.7 所示。

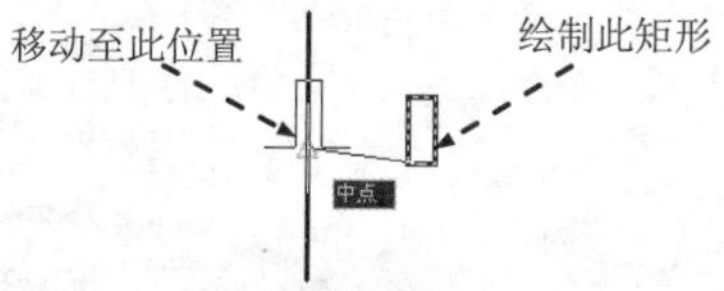

图 17.10.5　绘制并移动矩形（一）

图 17.10.6　绘制圆（一）

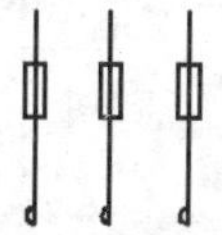
图 17.10.7　阵列图形

Step4. 完成图 17.10.8 所示的主电路图的绘制。

（1）用 绘图(D) → 直线(L) 命令绘制图 17.10.9 所示的直线 1，并使直线与图形中的三个半圆相切。

（2）绘制直线。选择下拉菜单 修改(M) → 偏移(S) 命令，选取直线 1 为偏移对象，偏移距离值分别为 10、30、40 和 70，绘制图 17.10.9 所示的水平线。

（3）延伸直线。

① 选择下拉菜单 修改(M) → 延伸(D) 命令。

② 选取图 17.10.10 所示的直线 2 作为延伸的边界边，按 Enter 键结束选取。

③ 选取直线 3、直线 4 和直线 5 作为延伸的对象，按 Enter 键完成操作。

说明：由于在 Step3 中使用了阵列命令，使直线 3、直线 4 和直线 5 成为一个整体，在选取直线 3、直线 4 和直线 5 进行延伸前需将它们分解。

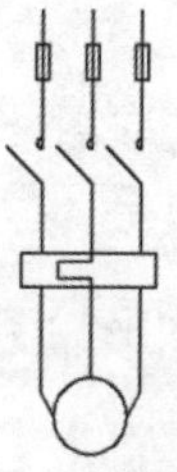
图 17.10.8　绘制图形（二）

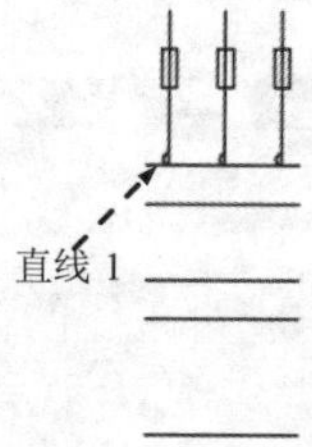

图 17.10.9　绘制直线（一）

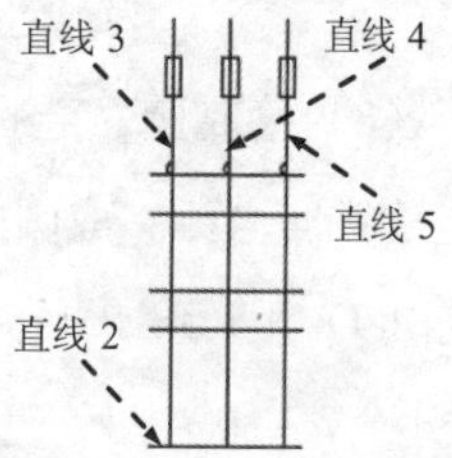

图 17.10.10　延伸直线（一）

（4）修剪与绘制直线。

① 用 修改(M) → 修剪(T) 命令完成对直线的修剪，删除多余的水平线，完成后的图形如图 17.10.11 所示。

② 用 绘图(D) → 直线(L) 命令绘制两条竖直线，将图 17.10.12 所示的中间部分封闭起来。

③ 绘制图 17.10.12 所示的斜线。选择下拉菜单 绘图(D) → 直线(L) 命令，选取点 1 为直线的起点，输入坐标值（@16<145）后按两次 Enter 键，完成图中斜线的绘制。

④ 用 修改(M) → 阵列 → 矩形阵列 命令完成直线的阵列，其中行数设置为 1，列数设置为 3，间距值均为 15。完成后的图形如图 17.10.13 所示。

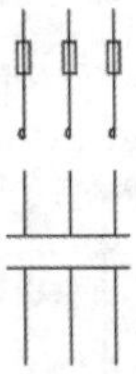

图 17.10.11 修剪直线（一）

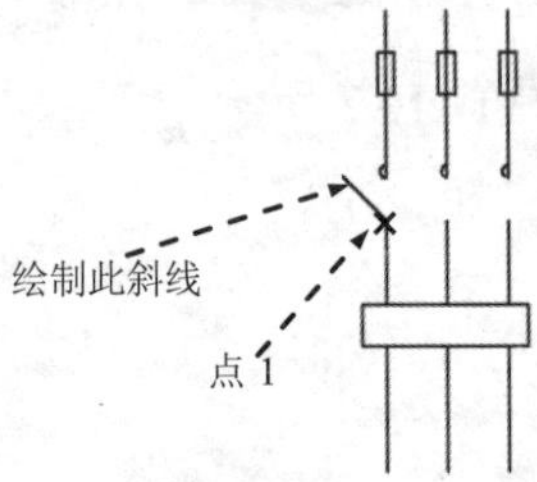

图 17.10.12 绘制直线（二）

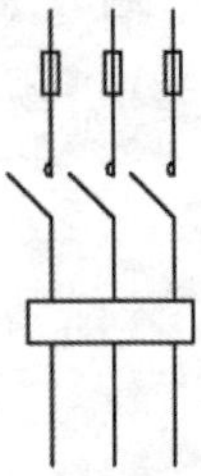

图 17.10.13 阵列直线

（5）用 绘图(D) → 直线(L) 命令绘制图 17.10.14 所示的多条直线。

（6）绘制图 17.10.15 所示的直线。选择 绘图(D) → 直线(L) 命令，选取点 2 作为直线的起点，输入坐标值（@8<300）后按两次 Enter 键。

（7）镜像直线。选择下拉菜单 修改(M) → 镜像(I) 命令；选取图 17.10.16 所示的直线作为镜像对象，按 Enter 键结束选取；选取图 17.10.16 所示的直线作为镜像中心线。

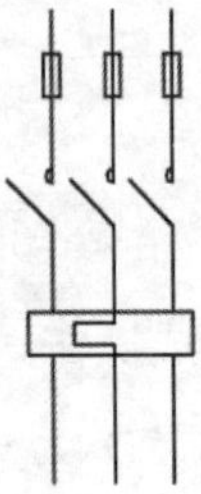

图 17.10.14 绘制直线（三）

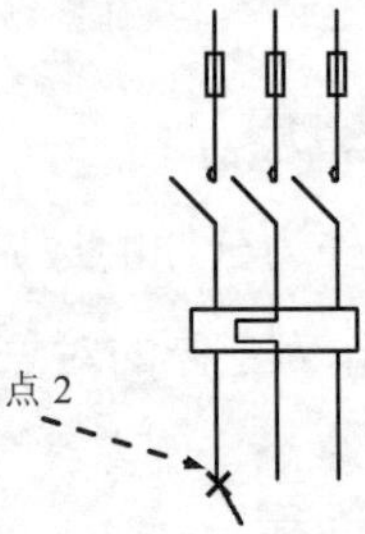

图 17.10.15 绘制直线（四）

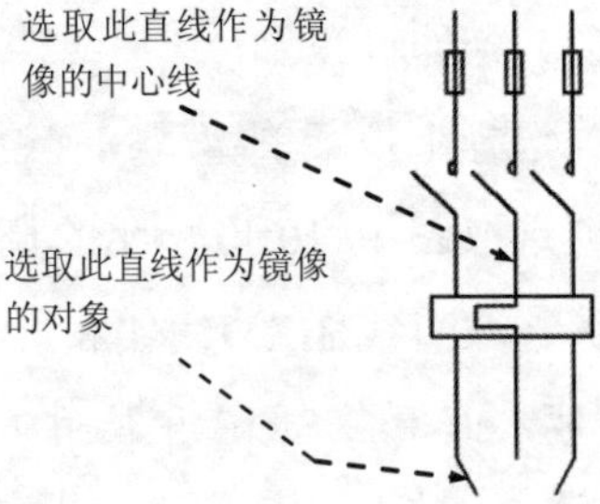

图 17.10.16 镜像直线

（8）绘制圆。选择 绘图(D) → 圆(C) → 两点(2) 命令，分别选取图 17.10.17 所示的点 2 和点 3，完成圆的绘制。

（9）用 修改(M) → 修剪(T) 命令完成对直线的修剪，完成后的图形如图 17.10.18 所示。

Step5. 绘制图 17.10.19 所示的图形。

（1）用 绘图(D) → 直线(L) 命令绘制图 17.10.20 所示的直线 6。

（2）用 修改(M) → 偏移(S) 命令创建直线 7，偏移对象为直线 6，偏移距离值为 8。

（3）绘制直线。确认系统状态栏中的 （对象捕捉）按钮处于显亮状态，用绘图(D) → 直线(L) 命令完成图 17.10.21 所示的直线的绘制。

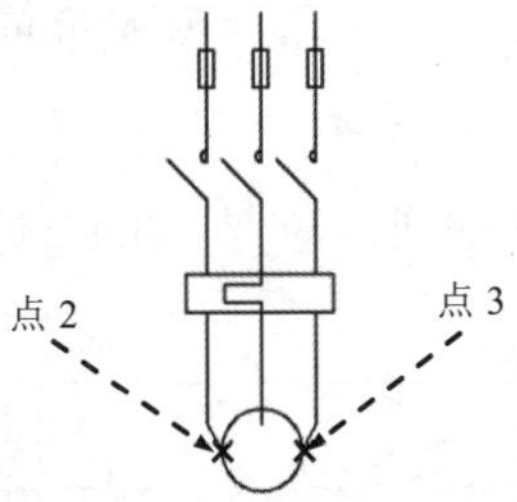

图 17.10.17　绘制圆（二）

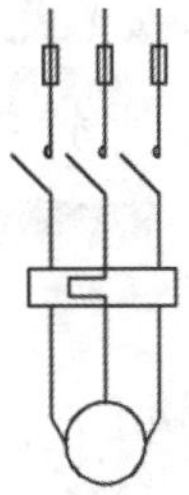

图 17.10.18　修剪直线（二）

注意：绘制图 17.10.21 所示的倾斜直线时，在选中图 17.10.22 所示的捕捉点后，要先单击状态栏中的（正交模式）按钮，使其处于关闭状态，然后单击直线另一端点来完成直线的绘制。

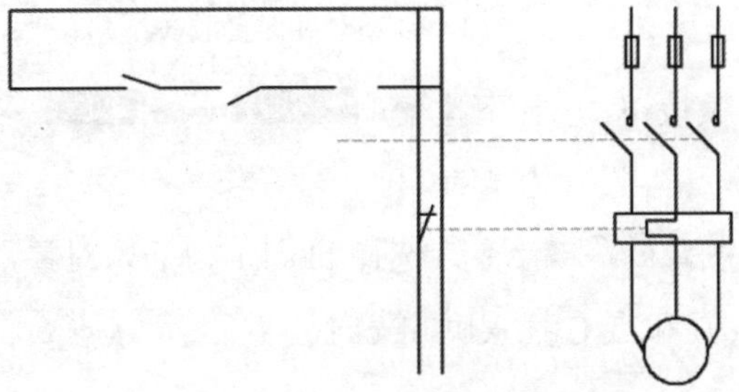

图 17.10.19　绘制图形（三）

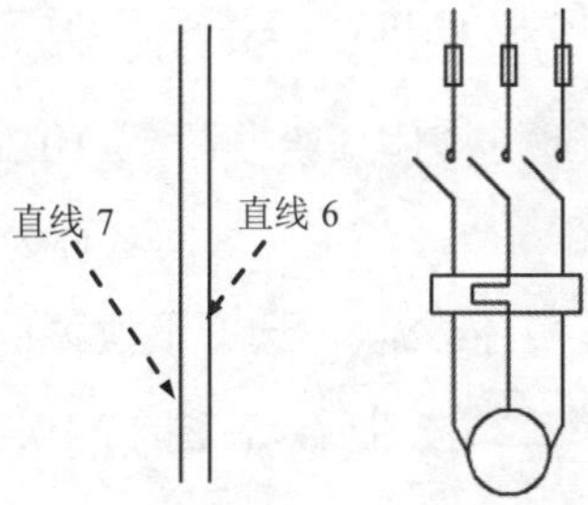

图 17.10.20　绘制直线（五）

（4）在“虚线层”绘制图 17.10.23 所示的直线。

（5）将图层切换至“轮廓线层”，绘制图 17.10.19 所示的多条直线。

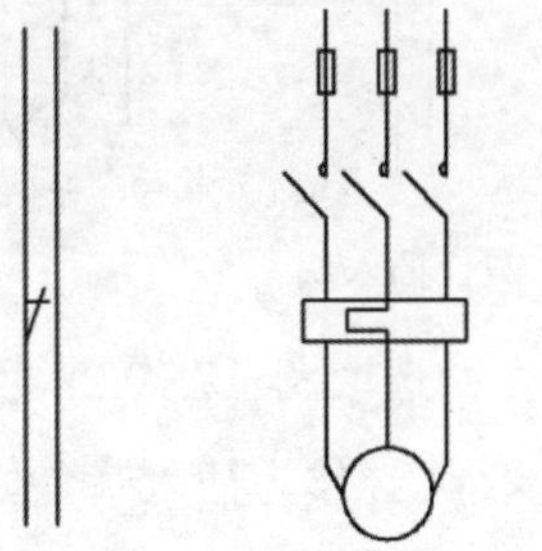

图 17.10.21　绘制直线（六）

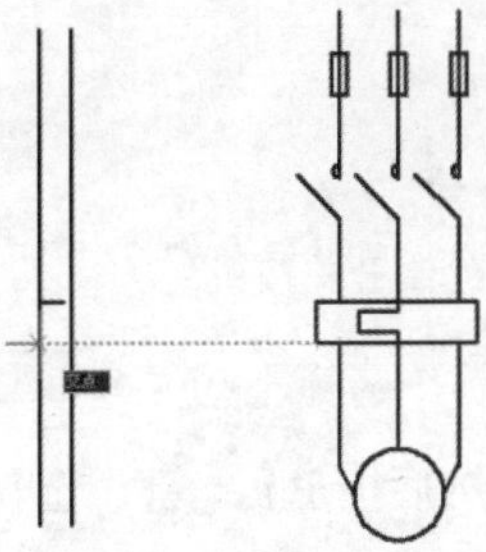

图 17.10.22　运用“正交”与“对象捕捉”命令

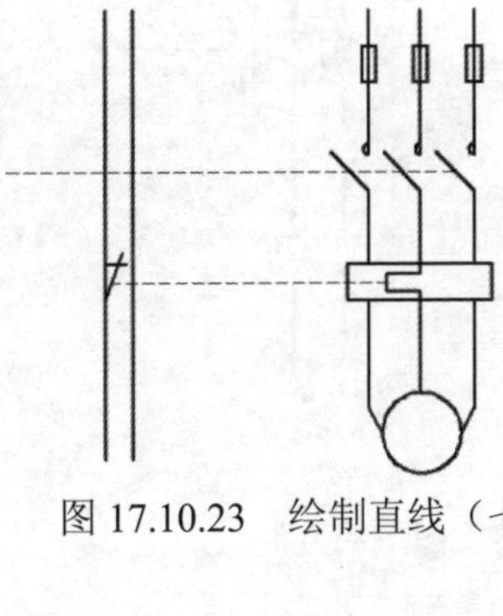

图 17.10.23　绘制直线（七）

Step6. 完成控制电路的绘制。

（1）用 绘图(D) → 矩形(G) 命令绘制矩形，设定矩形长度和宽度值分别为 7 和 15，并将其移动至图 17.10.24 所示的位置。

（2）用 修改(M) → 延伸(D) 命令完成图 17.10.25 所示的直线的延伸。

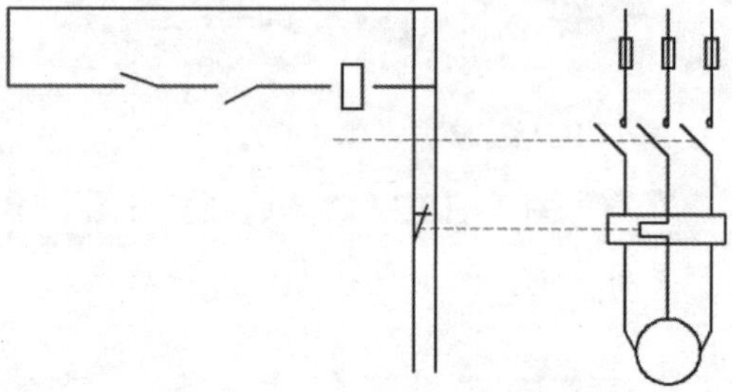

图 17.10.24　绘制并移动矩形（二）

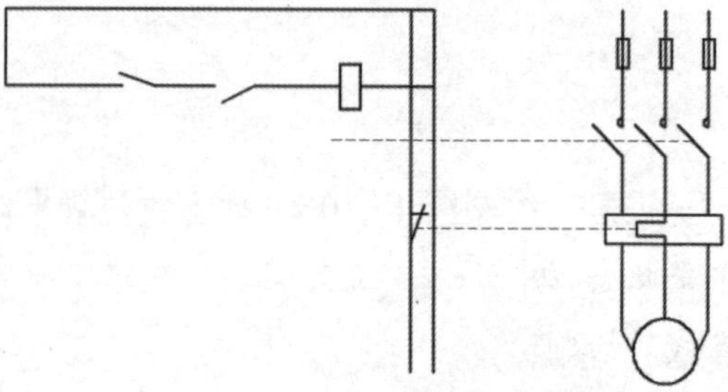

图 17.10.25　延伸直线（二）

（3）创建块。绘制图 17.10.26 所示的开关按钮；选择下拉菜单 绘图(D) → 块(K) → 创建(M)... 命令，定义块的名称为 block1，将点 A 设置为基点。

（4）插入块。选择下拉菜单 插入(I) → 块(B)... 命令，选择 block1 为插入对象，单击 确定 按钮后，在图 17.10.27 所示的点 B 和点 C 插入块 block1。

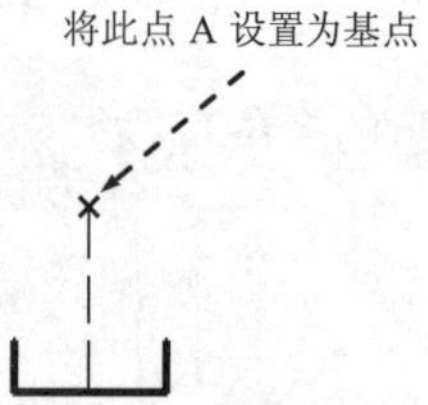

图 17.10.26　绘制开关按钮

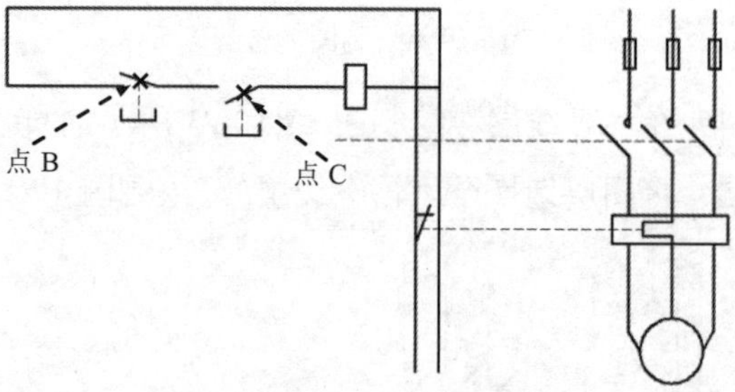

图 17.10.27　插入块

（5）复制图形。选择下拉菜单 修改(M) → 复制(Y) 命令；选取图 17.10.28 所示的矩形 1 为复制对象，然后按 Enter 键。选取点 D 为复制基点；选取点 E 作为插入基点。按 Enter 键完成矩形的复制操作，如图 17.10.28 所示。

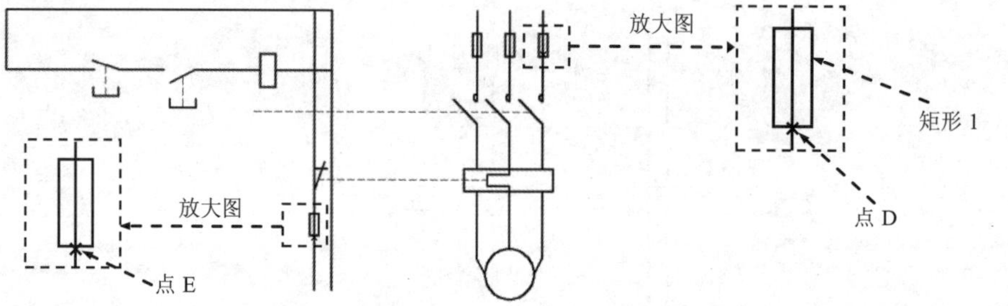

图 17.10.28　图形的复制

（6）绘制直线。完成后的图形如图 17.10.29 所示。

注意：绘制直线时，要进行正确的图层切换。

（7）修剪图形。完成后的图形如图 17.10.30 所示。

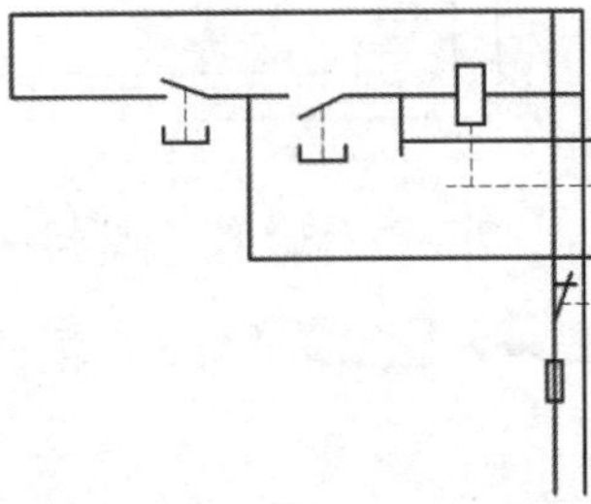

图 17.10.29 绘制直线（八）

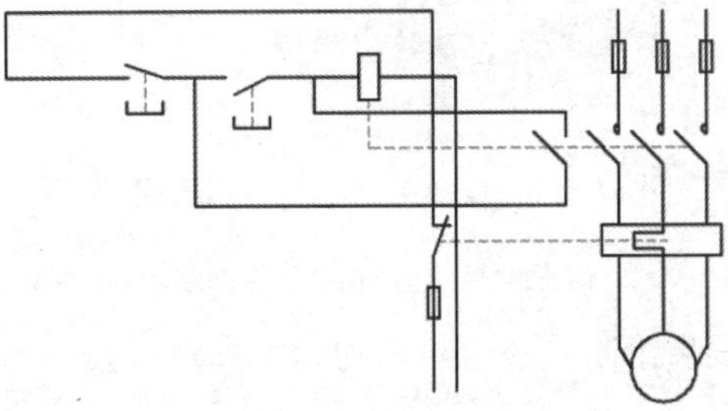

图 17.10.30 修剪图形

Step7. 创建文字标注。选择 格式(O) → 文字样式(S)... 命令，选择“Arial”字体，字体样式设置为“常规”，文字高度值设置为 3；将图层切换至“文字层”；用 绘图(D) → 文字(X) → 单行文字(S) 命令创建文字，并将其移至合适的位置，完成后的图形如图 17.10.31 所示；用 绘图(D) → 文字(X) → 多行文字(M)... 命令创建多行文字。

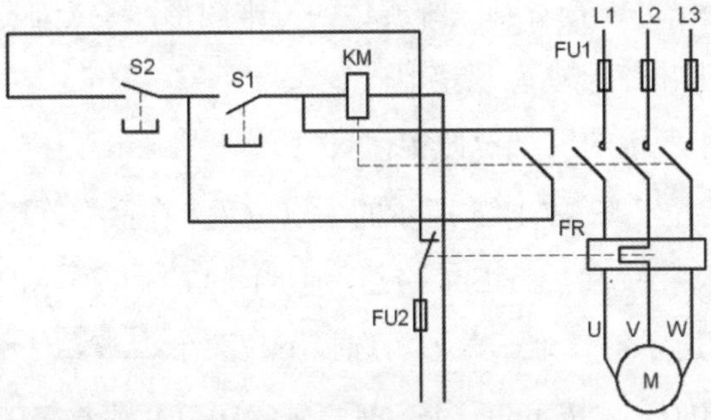

图 17.10.31 创建文字标注

17.11 实例 11——支架的三维实体设计

图 17.11.1 是一个支架的三维实体模型，下面介绍其创建的一般操作步骤。

Step1. 使用随书光盘上提供的样板文件。选择下拉菜单 文件(F) → 新建(N)... 命令，在系统弹出的“选择样板”对话框中找到样板文件 D:\AutoCAD2017.1\system_file\Part_temp_A3.dwg，然后单击 打开(O) 按钮。

Step2. 创建图 17.11.2 所示的三维拉伸实体对象。

（1）切换图层。在“图层”工具栏中，选择“轮廓线层”图层。

（2）绘制一般的二维图形。选择下拉菜单 绘图(D) → 直线(L) 命令，绘制图 17.11.3 所示的封闭的二维图形。

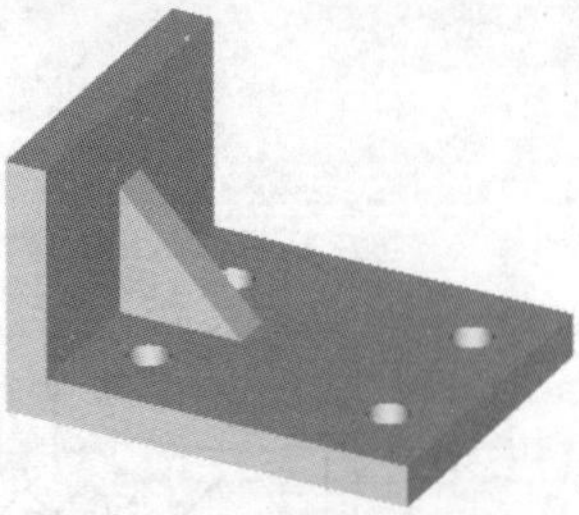

图 17.11.1 支架实例

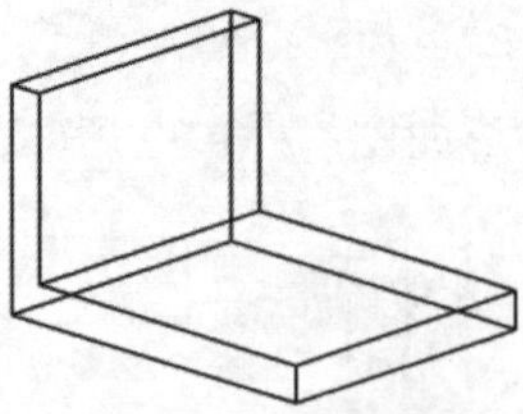

图 17.11.2 三维拉伸实体对象

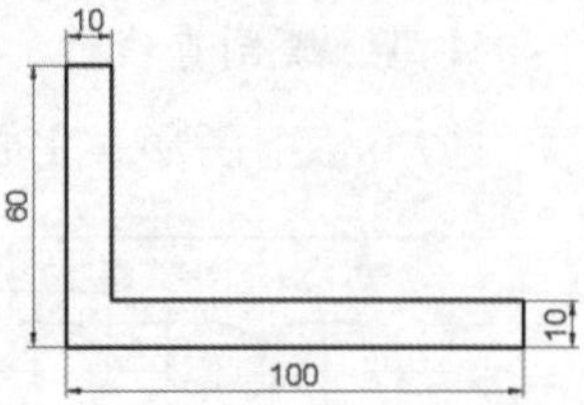

图 17.11.3 封闭的二维图形

（3）将封闭的二维图形转换为面域。选择下拉菜单 绘图(D) → 面域(N) 命令，框选上一步绘制的整个封闭的二维图形，按 Enter 键结束选择。

（4）将二维面域拉伸成三维实体。选择下拉菜单 绘图(D) → 建模(M) → 拉伸(X) 命令；选取步骤（3）中创建的面域作为拉伸截面，按 Enter 键结束选择；在命令行中输入拉伸高度值 80 后按 Enter 键。

Step3. 启动三维动态观察器查看并旋转三维实体。选择下拉菜单 视图(V) → 动态观察(B) → 自由动态观察(F) 命令，系统进入三维查看模式；在观察器中，按住鼠标左键不放，左右、上下拖动光标，可以查看到三维实体的三维图形；将三维实体调整到图 17.11.2 所示的方位；按 Enter 键退出三维动态观察器。

Step4. 创建图 17.11.4 所示的三维拉伸实体对象——肋。

（1）将用户坐标系定位至图 17.11.5 所示的中点位置。在命令行中输入命令 UCS 后按 Enter 键，在命令行中输入字母 N 后按 Enter 键，捕捉图 17.11.6 所示的中点并单击。

（2）绘制图 17.11.7 所示的二维三角形。选择下拉菜单 绘图(D) → 直线(L) 命令，在命令行中输入起点坐标（0,0）后按 Enter 键，接着输入第二点坐标（0,30）后按 Enter 键，输入第三点坐标（30,0）后按 Enter 键，输入字母 C 后按 Enter 键。

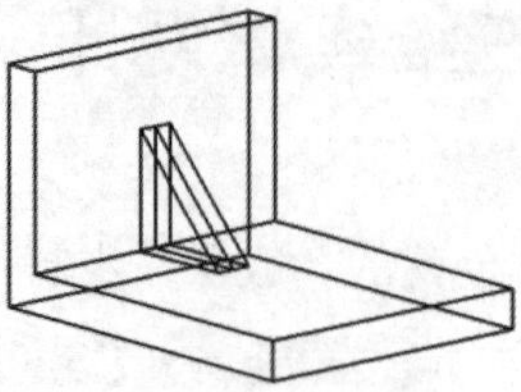

图 17.11.4 三维拉伸实体对象——肋

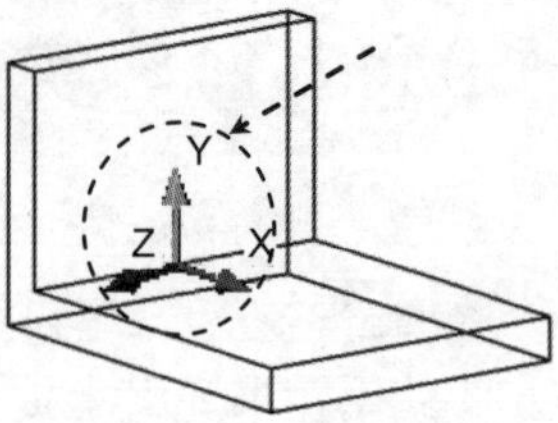

图 17.11.5 定位用户坐标系

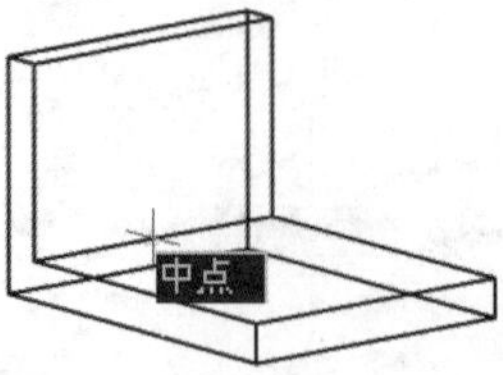

图 17.11.6 捕捉中点

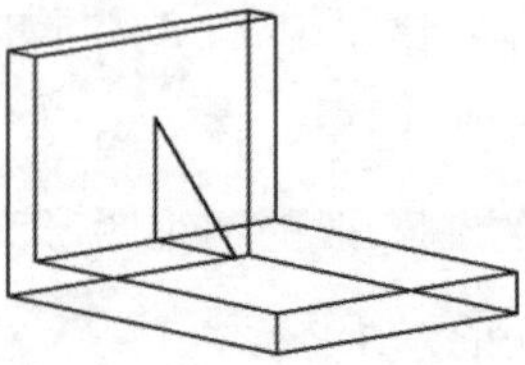

图 17.11.7 绘制三角形

（3）将用直线命令绘制的封闭的二维三角形转换为面域。选择下拉菜单 绘图(D) → 面域(N) 命令，框选上步所创建的整个封闭的三角形，按 Enter 键结束选择。

（4）将二维面域拉伸成图 17.11.8 所示的三维实体。选择下拉菜单 绘图(D) → 建模(M) ▸ → 拉伸(X) 命令进行拉伸，拉伸高度值为 5。

（5）将上一步创建的拉伸实体进行镜像。

① 为了方便镜像操作，先要切换视点。选择下拉菜单 视图(V) → 三维视图(D) ▸ → 前视(F) 命令，此时观察的方位如图 17.11.9 所示。

注意：切换到主视图后，用户坐标系发生改变。

② 进行镜像。选择下拉菜单 修改(M) → 镜像(I) 命令；选取上一步所创建的拉伸实体为要镜像的对象（图 17.11.9），按 Enter 键结束选择；捕捉选取图 17.11.9 中左侧边的终点 A 和端点 B，在命令行中输入字母 N 后按 Enter 键。

③ 用三维动态观察器将模型调整到图 17.11.8 所示的方位。

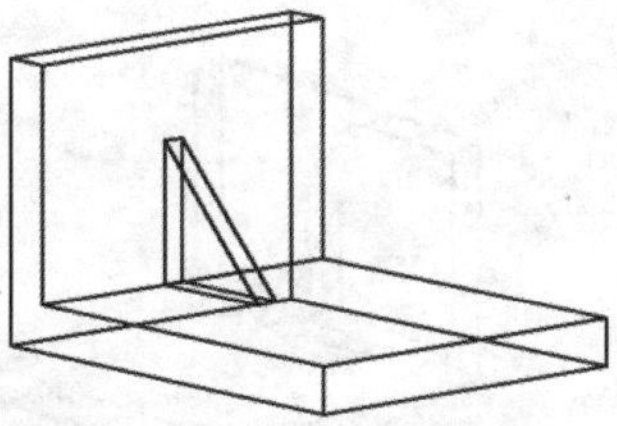

图 17.11.8 拉伸三维实体

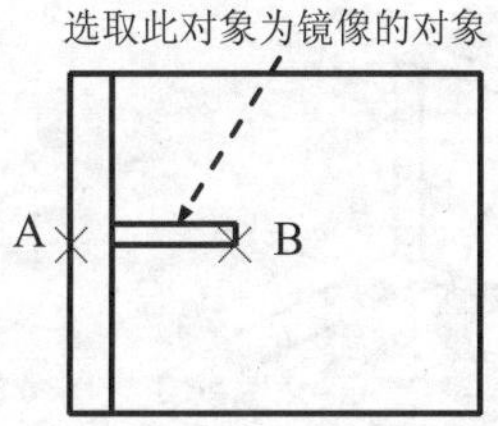

图 17.11.9 特征镜像

Step5. 创建图 17.11.10 所示的三维拉伸实体对象——四个圆柱体。

（1）绘制图 17.11.11 所示的三条构造线。

① 由于所有二维对象的创建、编辑、标注等操作只能在坐标系的 XY 平面内进行，所以须确认此时的坐标系的 XY 平面与图 17.11.11 所示的模型平面平行，这样才能在此平面内创建构造线；在“图层”工具栏中，选择“中心线层”图层；参照边线绘制第一条构造线；选择下拉菜单 绘图(D) → 构造线(T) 命令，在命令行中输入字母 O 后按 Enter 键，接着输入偏移距离值 20 后按 Enter 键，单击图 17.11.11 中的第一条构造线的偏移参照，在该偏移参照边线右边的空白区域单击一点以确定偏移方向，按 Enter 键结束命令。

② 用相同的方法绘制第二条和第三条构造线，偏移距离值均为 15。

（2）绘制图 17.11.12 所示的两个圆。将“图层”转换至“轮廓线层”图层；绘制第一个圆，选择下拉菜单 绘图(D) → 圆(C) ▸ → 圆心、直径(D) 命令，捕捉第一条构造线与第二条构造线的“交点”并单击，输入直径值 10 后按 Enter 键；绘制第二个圆，圆心为第一条构造线与第三条构造线的“交点”，直径值为 10。

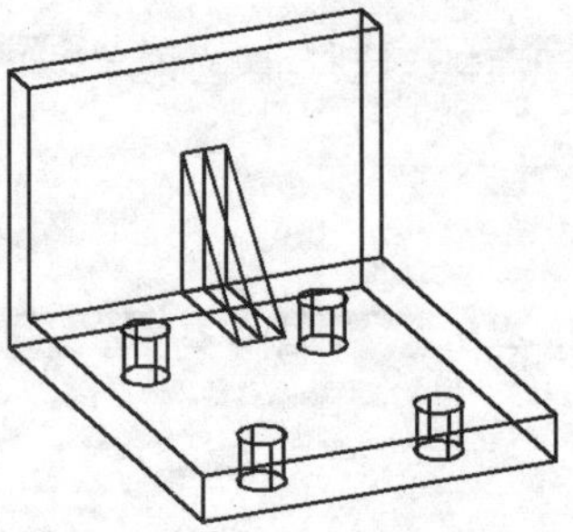

图 17.11.10　三维拉伸实体对象—— 四个圆柱体

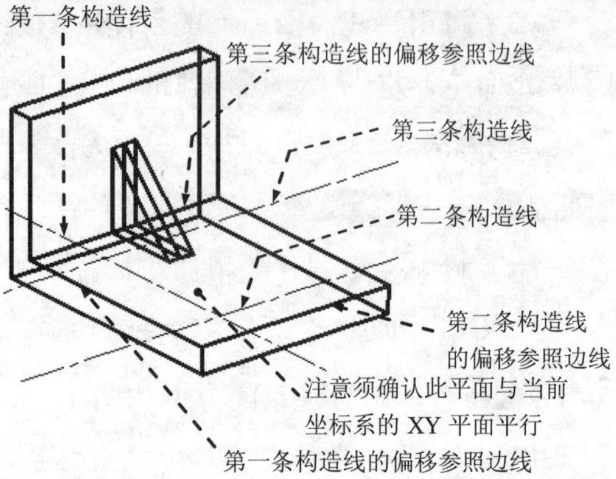

图 17.11.11　绘制三条构造线

（3）镜像前面绘制的两个圆（图 17.11.12）。为了方便镜像操作，先切换视点，选择下拉菜单 视图(V) → 三维视图(D) ▸ → 前视(F) 命令，此时的观察方位如图 17.11.13 所示；选择 修改(M) → 镜像(I) 命令；选取步骤（2）中绘制的两个圆，按 Enter 键结束选择；捕捉选取图 17.11.14 中的中点 A 点和 B 点，在命令行中输入字母 N 后按 Enter 键。

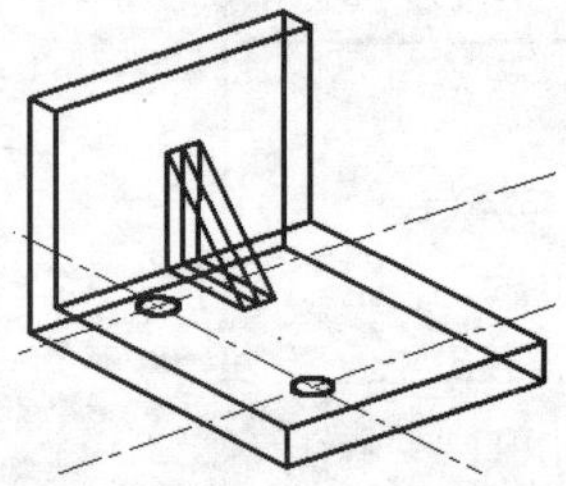

图 17.11.12　绘制两个圆

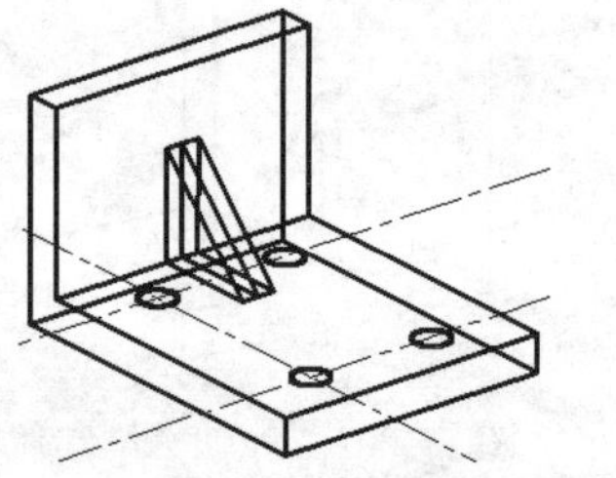

图 17.11.13　圆的镜像

（4）在“图层”面板中，单击“中心线层”的图标，使该图标变为灰色，即关闭状态。

（5）将前面绘制的四个圆拉伸成三维实体。选择下拉菜单 绘图(D) → 建模(M) ▸ → 拉伸(X) 命令；选择前面绘制的四个圆为拉伸截面，按 Enter 键结束选择；在命令行中输入拉伸高度值 10，然后按 Enter 键。

注意：拉伸操作仍然在轮廓线层上进行，在已关闭的中心线层上无法进行操作。

Step6. 将三个独立的三维实体合并为整个实体。选择下拉菜单 修改(M) → 实体编辑(N) ▸ → 并集(U) 命令；分别选择镜像前后两个独立的三维实体“肋”以及 Step2 中创建的三维实体，按 Enter 键结束选择对象。

Step7. 进行差集运算，在三维实体上获得孔。选择下拉菜单 修改(M) → 实体编辑(N) ▸ → 差集(S) 命令；选取 Step6 中创建的整个实体为要从中减去的实体，按 Enter 键结束选择；选取 Step5 中创建的四个圆柱体为要减去的实体，按 Enter 键结束选择。

Step8. 选择下面两项操作之一，对模型进行消隐或着色的外观处理。

（1）选择下拉菜单 视图(V) → 消隐(H) 命令进行消隐处理。

（2）选择下拉菜单 视图(V) → 视觉样式(S) ▸ → 真实(R) 命令进行着色处理。着色后，如果颜色很深，双击三维模型，在系统弹出的“特性”窗口中的“颜色”下拉列表中，将对象的颜色改为较浅的颜色，如图 17.11.15 所示。

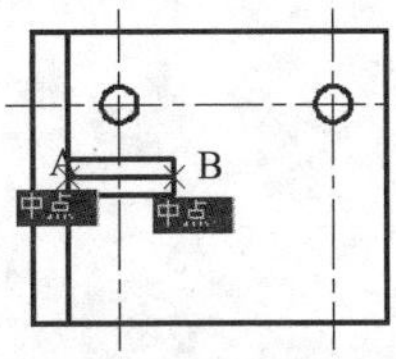

图 17.11.14　捕捉选择“中点”

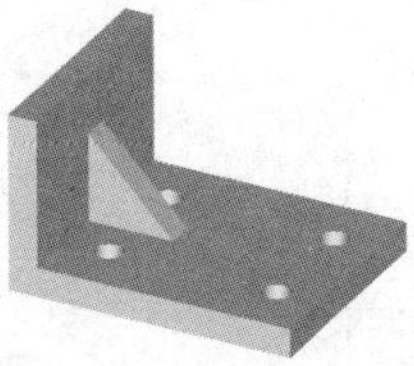

图 17.11.15　实体模型的着色处理

Step9. 保存文件。

17.12　实例 12——报告厅装饰平面图

图 17.12.1 是一个简单的报告厅室内设计方案，下面介绍其创建的一般操作步骤。

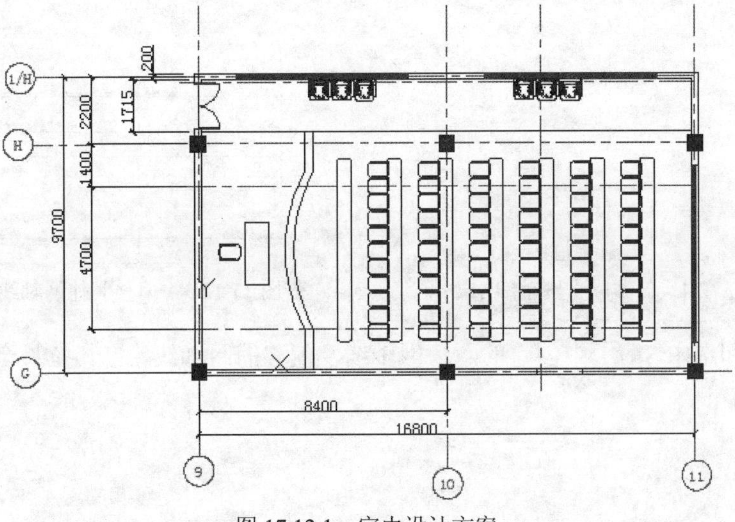

图 17.12.1　室内设计方案

Task1. 绘制网轴线

Step1. 使用随书光盘上提供的样板文件。选择下拉菜单 文件(F) → 新建(N)... 命令，在弹出的“选择样板”对话框中，找到样板文件 D:\AutoCAD2017.1\work\ch17.12\报告厅装饰平面图.dwg，然后单击 打开(O) 按钮。

Step2. 绘制两条基础网轴线。

（1）切换图层。在“图层”面板中，选择“网轴线”图层。

（2）选择下拉菜单 绘图(D) → 直线(L) 命令，在状态栏中将“正交”打开，绘制长度为 16800 的水平网轴线，高度为 12000 的竖直网轴线，绘制完成如图 17.12.2 所示。

（3）选中上步创建的两条直线，右击，在系统弹出的快捷菜单中选择“特性”命令，在“特性”对话框中将线型比例修改为 40，结果如图 17.12.3 所示。

图 17.12.2　绘制水平与竖直的网轴线

图 17.12.3　修改线型比例

Step3. 偏移网轴线。

（1）偏移竖直网轴线 1。选择 修改(M) → 偏移(S) 命令，将上步创建的竖直网轴线向右偏移 8400，完成后的图形如图 17.12.4 所示。

（2）参照上一步，将竖直网轴线向右依次偏移 3150、5250，将水平轴线向上依次偏移 1400、4700、1400、2000、200，完成后的图形如图 17.12.5 所示。

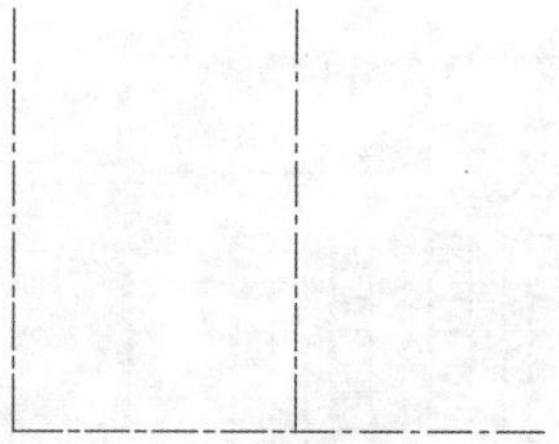
图 17.12.4　偏移竖直网轴线 1

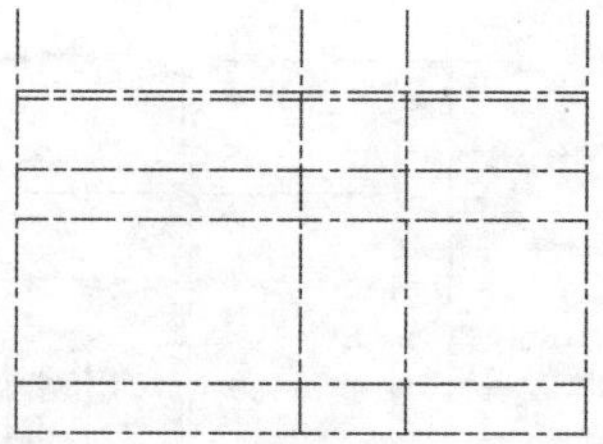
图 17.12.5　偏移其他网轴线

Step4. 分别选中 Step1 中创建的两条网轴线及偏移的网轴线，将其拉长至合适的位置，完成后的图形如图 17.12.6 所示。

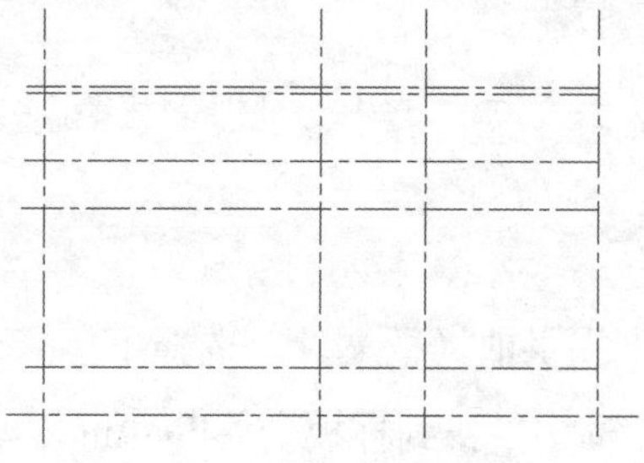
图 17.12.6　修改基础网轴线

Step5. 插入轴号块 1。选择下拉菜单 插入(I) → 块(B)... 命令，在“插入”对话框的 名称(N): 下拉列表中选择轴号，在 插入点 选项组中，选中 ☑ 在屏幕上指定(S) 复选框；在 比例 选项组中选中☑统一比例(U)复选框，并在X:文本框中输入数值 1.0；在旋转选项组的角度(A):文本框中，输入插入块的旋转角度值 0；单击对话框中的确定按钮，将轴号块放置在图 17.12.7 所示的位置，输入轴号 9，然后单击确定按钮。

Step6. 参照 Step5 插入其余轴号块，完成后如图 17.12.8 所示。

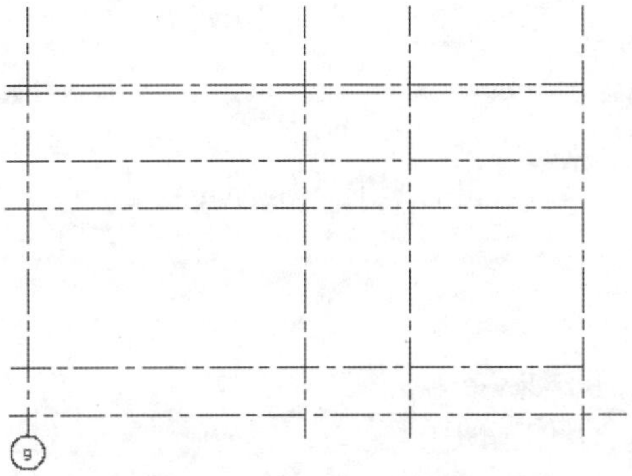

图 17.12.7 插入轴号块 1

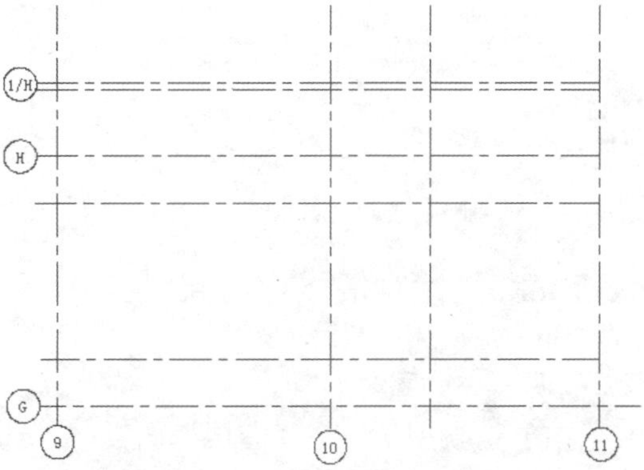

图 17.12.8 插入其余轴号块

Task2. 绘制柱子

Step1. 绘制柱子。

（1）切换图层。在“图层”面板中，选择“柱子”图层。

（2）选择下拉菜单绘图(D) → 矩形(G)命令，在空白区域绘制长度为 500、宽度也为 500 的矩形，如图 17.12.9 所示。

Step2. 创建图 17.12.10 所示的图案填充。选择下拉菜单绘图(D) → 图案填充(H)...命令，采用系统的默认选项，将鼠标移动至上步创建的矩形区域中单击，单击“关闭图案填充创建”按钮完成操作。

图 17.12.9 绘制矩形

图 17.12.10 创建图案填充

Step3. 选择下拉菜单修改(M) → 复制(Y)命令，选取 Step1 与 Step2 中创建的特征为要复制的元素，选取矩形区域中的任意一点为基点，将其复制到图 17.12.11 所示的点处。

Step4. 参照上一步，复制其余位置的柱子，完成后如图 17.12.12 所示，然后将原始的柱子删除。

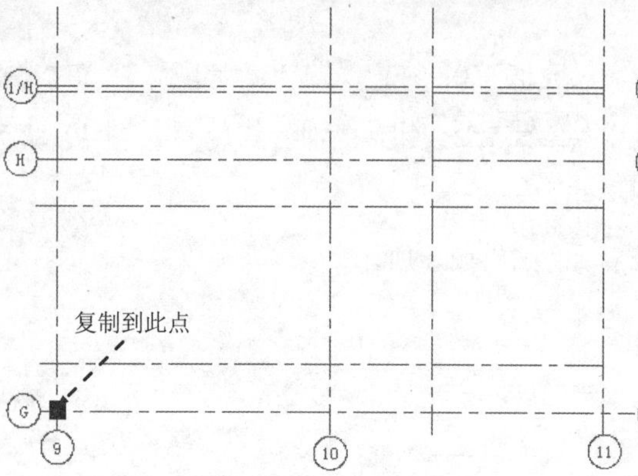

图 17.12.11　复制 1

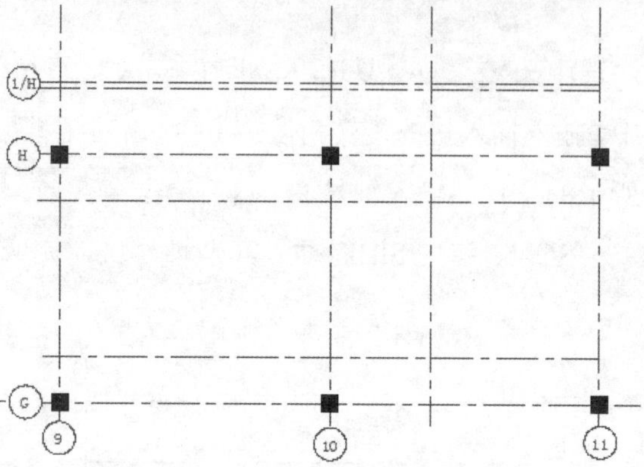

图 17.12.12　创建其余复制

Task3．绘制墙线与门窗

Step1．绘制多线。

（1）切换图层。在“图层”面板中，选择“墙体”图层。

（2）设置多线样式。选择下拉菜单 格式(O) → 多线样式(M)... 命令，确认样式为 200 的为当前使用的多线样式。

（3）选择下拉菜单 绘图(D) → 多线(U) 命令，选取图 17.12.13 所示的点 A 作为多线的起点，选取点 B 为多线的终点，按 Enter 键完成多线 1 的创建，如图 17.12.13 所示。

（4）参照上一步创建其余多线，完成后如图 17.12.14 所示。

说明：在绘制多线前需确认多线样式的对正类型为无，比例为 1。

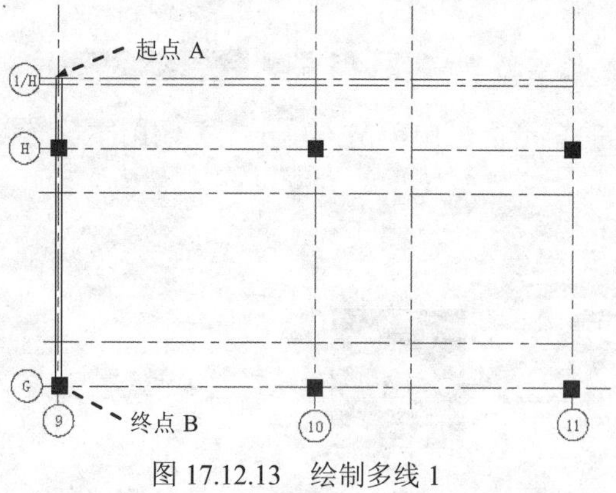

图 17.12.13　绘制多线 1

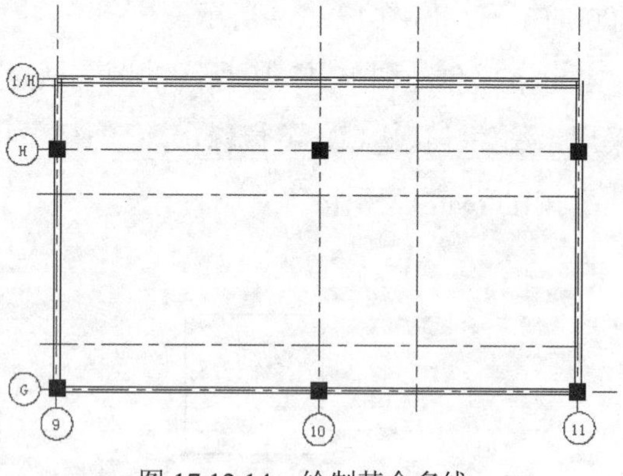

图 17.12.14　绘制其余多线

Step2．编辑多线。

（1）选择下拉菜单 修改(M) → 对象(O) → 多线(M)... 命令，在系统弹出的对话框中单击“角点结合”按钮，选取图 17.12.15 所示的多线 1 与多线 2 为要编辑的多线，按下 Enter 键完成编辑。

（2）参照上一步完成其余三个多线角点结合的操作，完成后如图 17.12.16 所示。

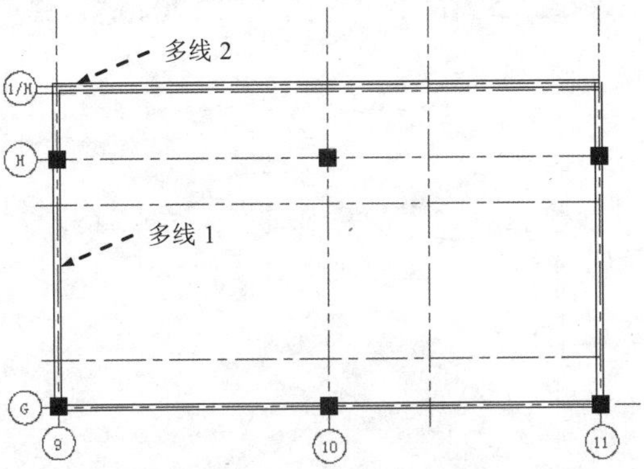

图 17.12.15 编辑多线 1

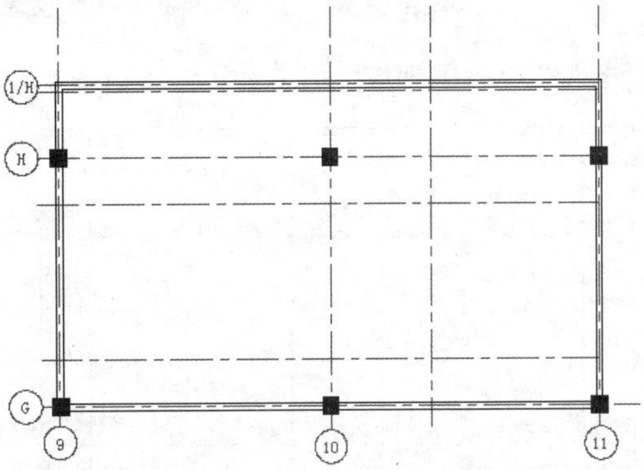

图 17.12.16 编辑其余多线

Step3. 分解多线。选择下拉菜单 修改(M) → 分解(X) 命令，选取 Step1 中创建的四条多线为要分解对象并按 Enter 键。

Step4. 偏移墙线。

（1）在“图层”面板中，选择“门窗”图层，将“网轴线”图层关闭。

（2）选择 修改(M) → 偏移(S) 命令，选取上步创建的竖直网轴线向右偏移 1200，完成后如图 17.12.17 所示。

（3）参照上一步创建其余偏移，偏移距离值分别为 5800、2600、5800。选取图 17.12.18 所示的边线，向上偏移距离值分别为 850 和 5800。

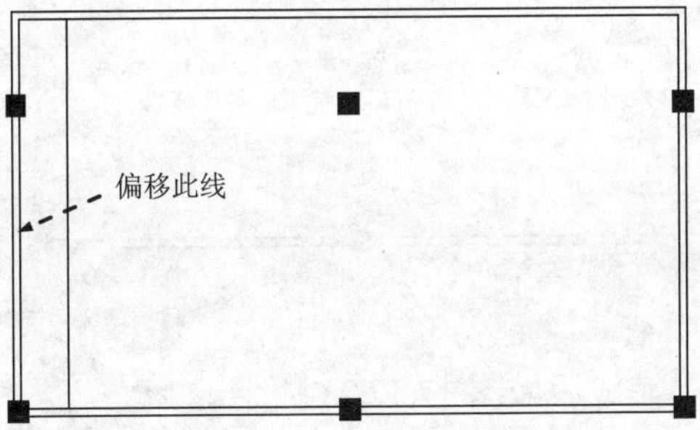

图 17.12.17 偏移墙线

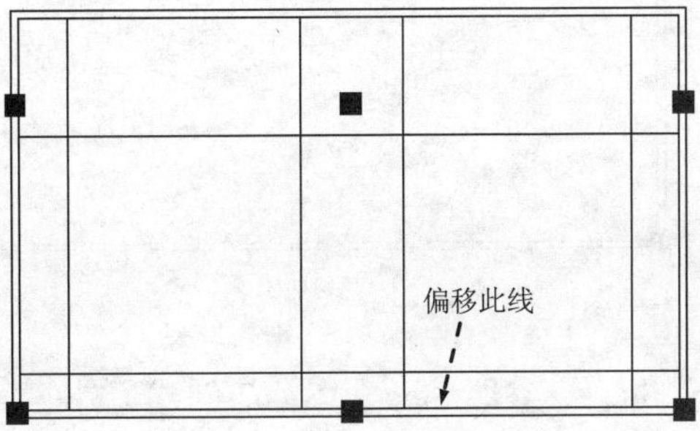

图 17.12.18 其余偏移

（4）将偏移出的直线图层切换到“门窗”图层。首先将创建出来的偏移直线全部选中，然后在“图层”面板中选择“门窗”图层。

（5）选中偏移的直线，将直线的长度大致调整至图 17.12.19 所示的长度。

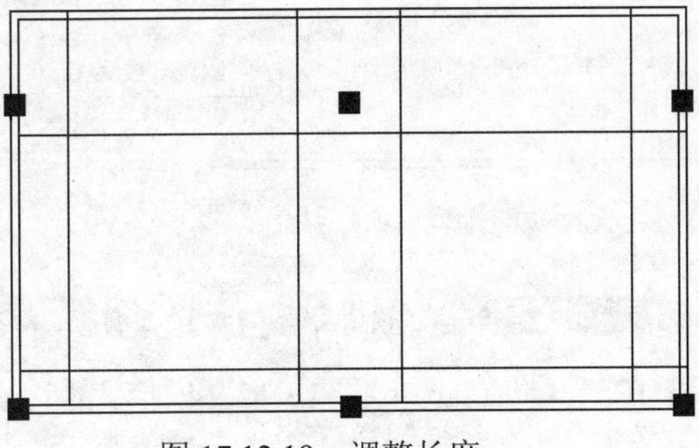

图 17.12.19 调整长度

Step5. 编辑图形。选择下拉菜单 修改(M) → 修剪(T) 命令，对图 17.12.20a 进行修剪，修剪后的结果如图 17.12.20b 所示。

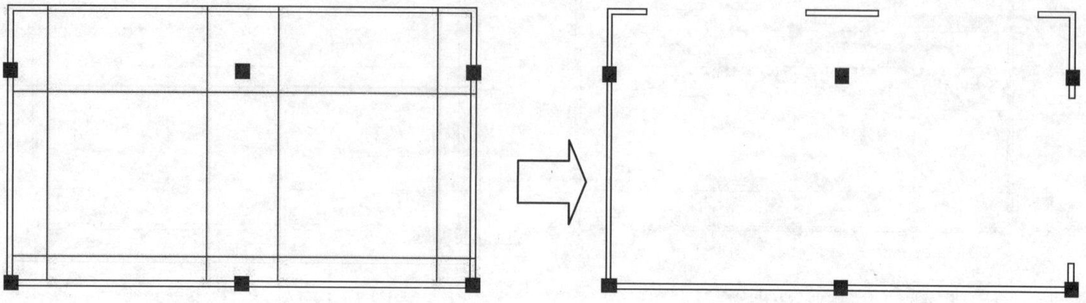

a）修剪前　　b）修剪后

图 17.12.20　进行修剪操作

Step6. 绘制窗线。选择下拉菜单 绘图(D) → 直线(L) 命令，绘制图 17.12.21 所示的直线。

Step7. 偏移窗线。选择 修改(M) → 偏移(S) 命令，选取 Step6 创建的窗线为要偏移的直线，向下偏移距离值分别为 80、40、40、40，完成后如图 17.12.22 所示。

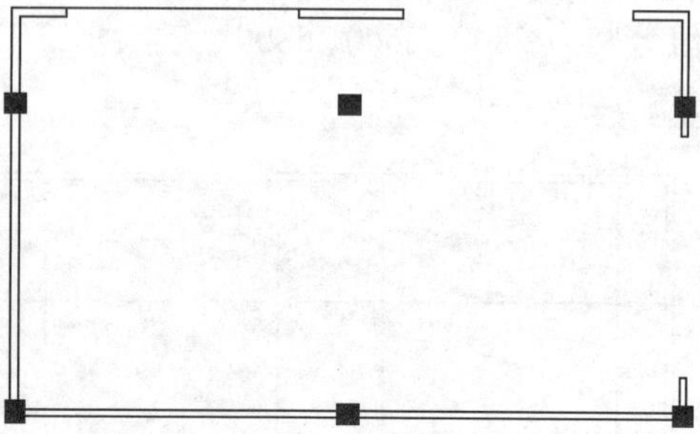

图 17.12.21　绘制窗线

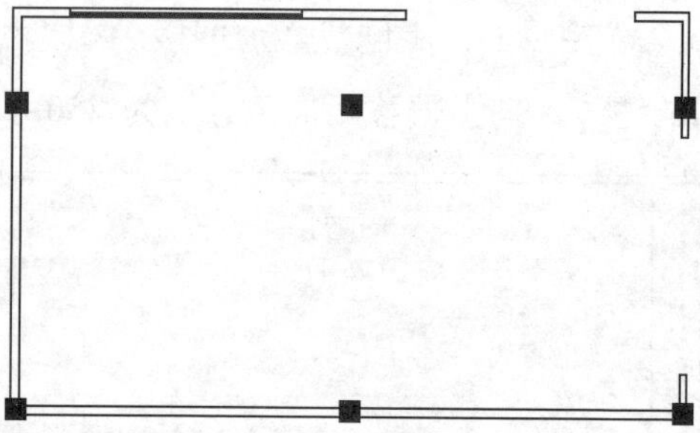

图 17.12.22　偏移窗线

Step8. 参照 Step6、Step7 创建另外的窗线，完成后如图 17.12.23 所示。

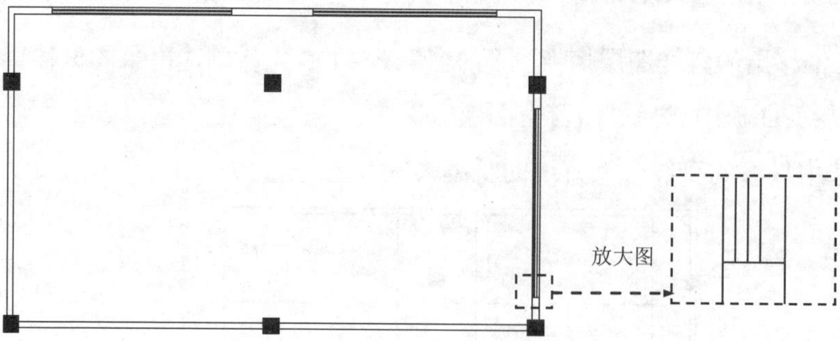

图 17.12.23　创建其余窗线

Step9. 选择 修改(M) → 偏移(S) 命令，选取图 17.12.24 所示的边线 1 为要偏移的直线 1，向下偏移的距离值依次为 125、1500。选取图 17.12.24 所示的边线 2 为要偏移的直线 2，向左偏移的距离值依次为 3750、1500，完成后如图 17.12.24 所示。

Step10. 分别选中 Step9 创建的偏移直线，将其拉长至合适的位置，完成后如图 17.12.25 所示。

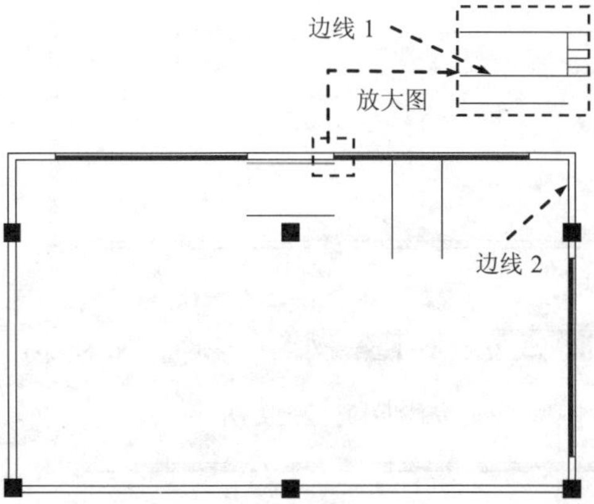

图 17.12.24 偏移直线

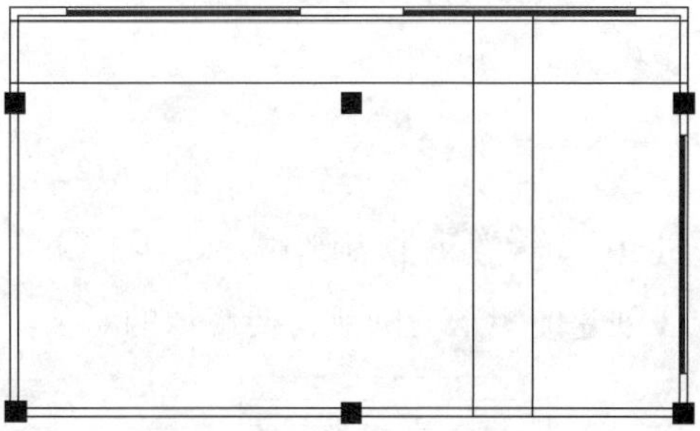

图 17.12.25 编辑偏移直线

Step11. 编辑图形。选择下拉菜单 修改(M) → 修剪(T) 命令，对图 17.12.26a 进行修剪，修剪后的结果如图 17.12.26b 所示。

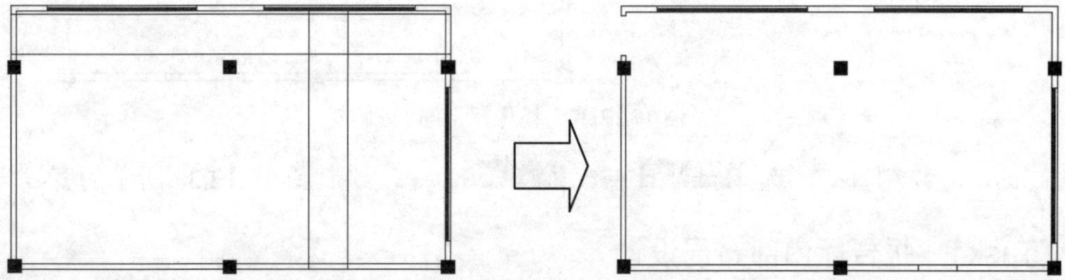

a）修剪前

b）修剪后

图 17.12.26 进行修剪操作

Step12. 绘制矩形，选择下拉菜单 绘图(D) → 矩形(G) 命令，选取图 17.12.27 所示的边线的中点为矩形的第一点，绘制长度为 750、宽度为 40 的矩形，完成后如图 17.12.27 所示。

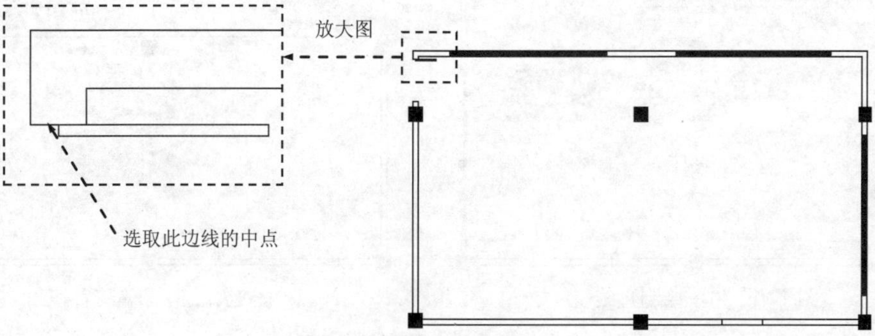

图 17.12.27 绘制矩形

Step13. 绘制圆弧，选择下拉菜单 绘图(D) → 圆弧(A) → 起点、圆心、角度(T) 命令，分别选取图 17.12.28 所示的起点 A 和圆心 C，在命令行中输入包含角度值-90 并按 Enter 键。

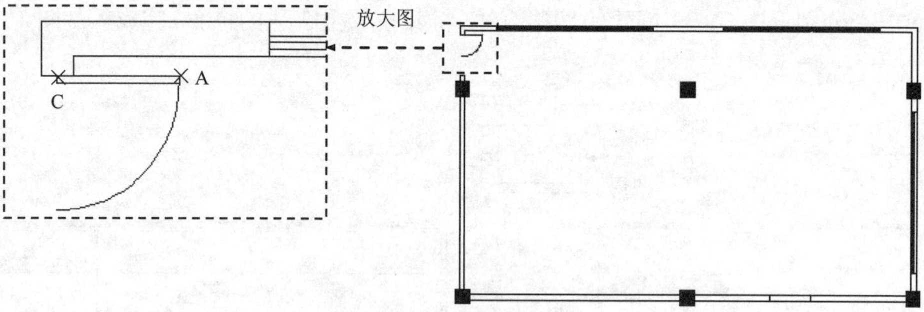

图 17.12.28　绘制圆弧

Step14. 镜像矩形与圆弧。选择下拉菜单 修改(M) → 镜像(I) 命令，选取 Step12 与 Step13 创建的矩形与圆弧为要镜像的对象，镜像完成后如图 17.12.29 所示。

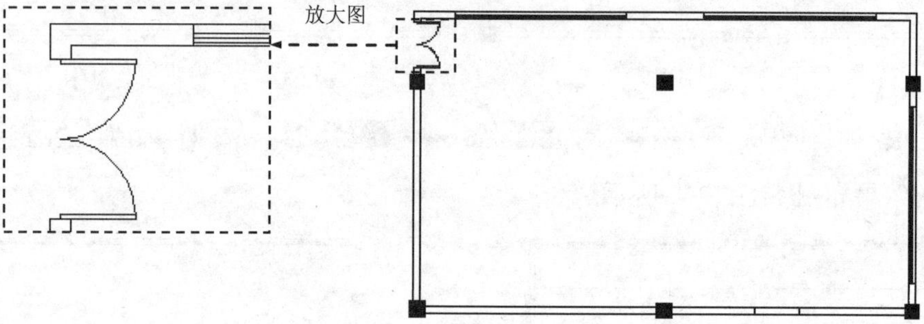

图 17.12.29　镜像矩形与圆弧

Step15. 绘制直线。选择 绘图(D) → 直线(L) 命令，绘制图 17.12.30 所示的直线。

Task4. 报告厅内部布局设计

Step1. 选择 修改(M) → 偏移(S) 命令，选取图 17.12.31 所示的边线 1 为要偏移的直线 1，向下偏移的距离值为 1715，通过编辑命令将偏移出的直线拉长至合适的位置，完成后如图 17.12.31 所示。

图 17.12.30　绘制直线

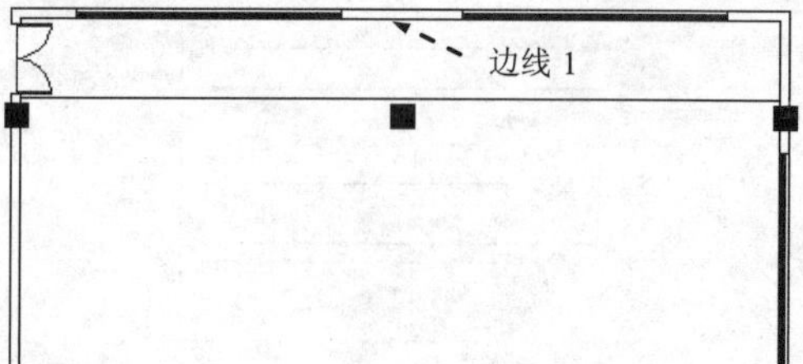

图 17.12.31　偏移直线

Step2. 绘制直线 1。

（1）定义用户坐标系（UCS）。在命令行中输入命令 UCS 后按 Enter 键，输入字母 N

后按 Enter 键，捕捉图形的左下角点并单击，此时用户坐标系便移至指定位置。

（2）切换图层。在“图层”工具栏中，选择“室内台阶”图层。

（3）选择下拉菜单 绘图(D) → 直线(L) 命令，输入坐标值（4000,200）后按 Enter 键，输入坐标值（@1300<90）后按两次 Enter 键，完成后如图 17.12.32 所示。

Step3. 参照 Step2 创建直线 2，完成后如图 17.12.33 所示。

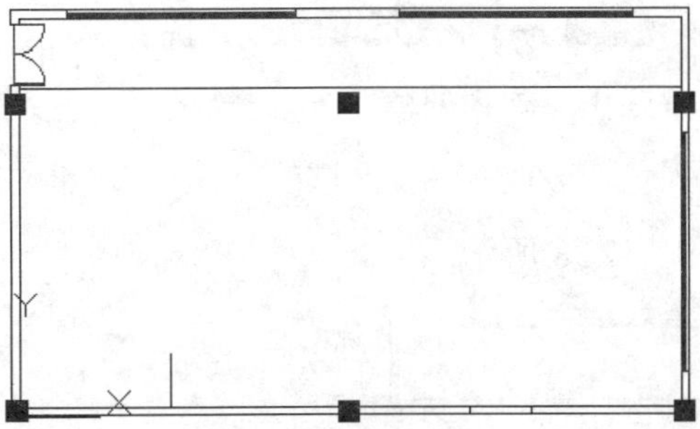

图 17.12.32 绘制直线 1

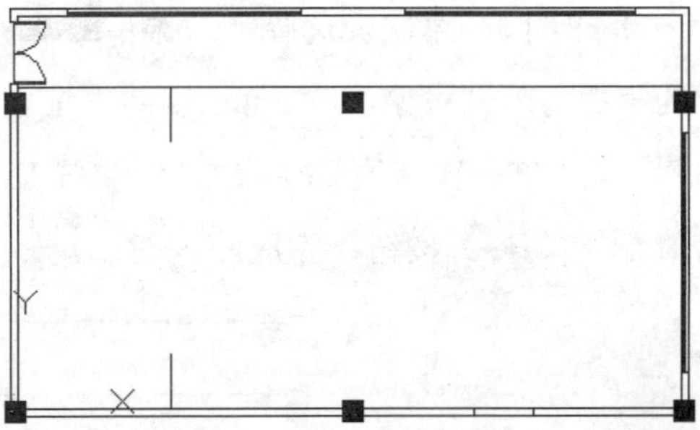

图 17.12.33 绘制直线 2

Step4. 绘制圆弧。选择下拉菜单 绘图(D) → 圆弧(A) → 起点、端点、半径(R)，选取图 17.12.34 所示的点 A 为起点，选取点 B 为终点，圆弧半径值为 5500。

Step5. 选择下拉菜单 修改(M) → 复制(Y) 命令，选取 Step2~ Step4 中绘制的两条直线与一段圆弧为复制的对象，在绘图区域中选取任意一点作为基点，在系统 指定第二个点或 [阵列(A)] 的提示下输入（@300<180）后按两次 Enter 键，完成后如图 17.12.35 所示。

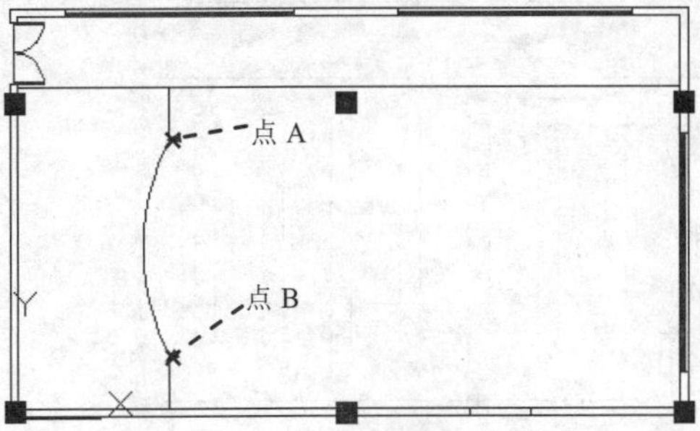

图 17.12.34 绘制圆弧

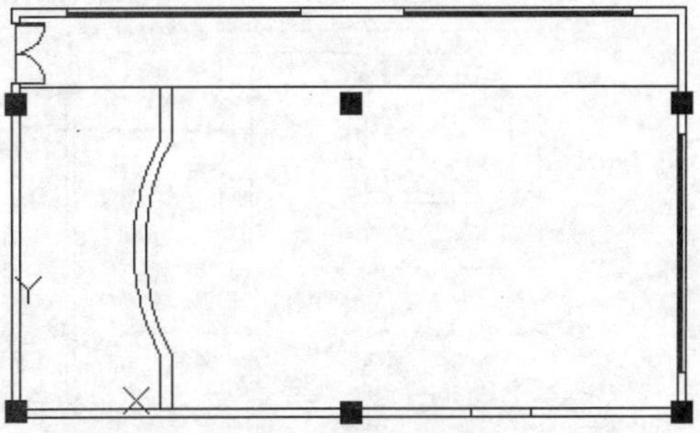

图 17.12.35 复制曲线

Step6. 绘制图 17.12.36 所示的矩形 1。选择下拉菜单 绘图(D) → 矩形(G) 命令，输入矩形的第一点为（1700,5000），设定矩形的长度与宽度值分别为 800 和 2000。

Step7. 绘制图 17.12.37 所示的矩形 2。选择下拉菜单 绘图(D) → 矩形(G) 命令，在命令行中输入 F，指定矩形的圆角大小为数值 100，输入矩形的第一点为（4800,7100），设定矩形的长度与宽度值分别为 500 和 6000。

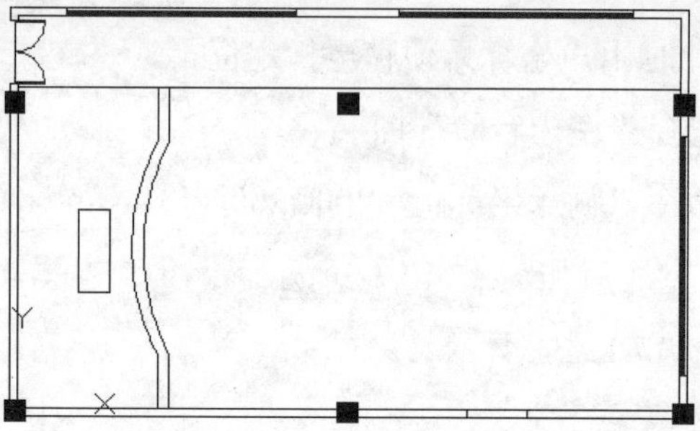

图 17.12.36 绘制矩形 1

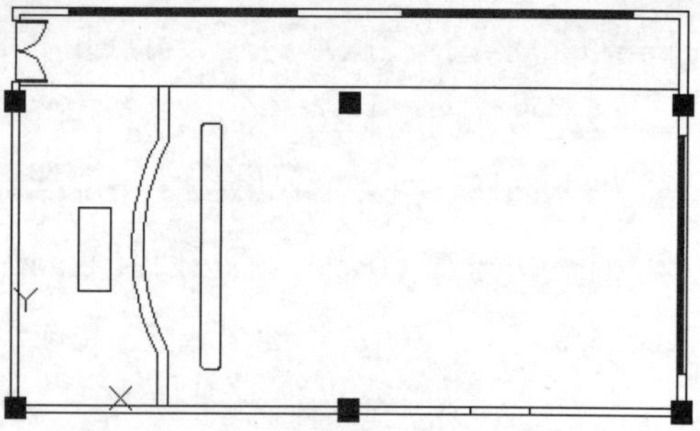

图 17.12.37 绘制矩形 2

Step8. 阵列草图。选择下拉菜单 修改(M) → 阵列 → 矩形阵列 命令，选取 Step7 创建的矩形为阵列对象，按 Enter 键结束选取，系统弹出“阵列创建”选项卡，在 列 区域的 列数: 文本框中输入值 7，在 介于: 文本框中输入值 1700，在 行 区域的 行数: 文本框中输入值 1，单击 关闭阵列 按钮，完成阵列的创建，如图 17.12.38 所示。

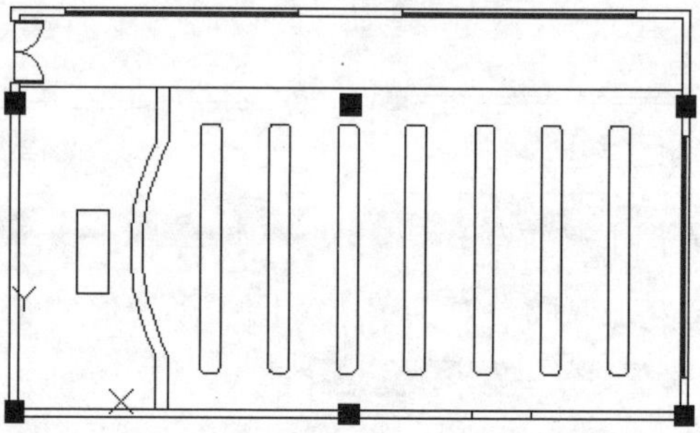

图 17.12.38 阵列草图

Step9. 插入座椅 1。选择下拉菜单 插入(I) → 块(B)... 命令，选择“座椅”为插入对象，单击 确定 按钮，选取图 17.12.39 所示的点为块的插入点，完成后如图 17.12.39 所示。

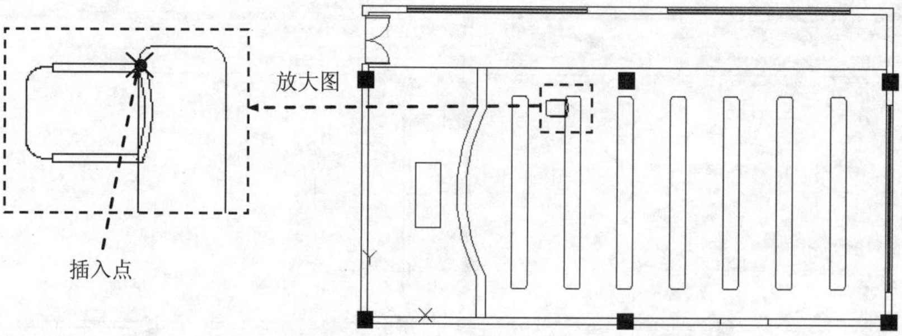

图 17.12.39 插入座椅 1

Step10. 阵列座椅。选择下拉菜单 修改(M) → 阵列 → 矩形阵列 命令，选取 Step9 插入的座椅为阵列对象，按 Enter 键结束选取，系统弹出“阵列创建”选项卡，在 列 区域的 列数: 文本框中输入值 6，在 介于: 文本框中输入值 1700，在 行 区域的 列数: 文本框中输入值 11，在 介于: 文本框中输入值-532，单击 关闭阵列 按钮，完成阵列的创建，如图 17.12.40 所示。

Step11. 插入座椅 2。选择下拉菜单 插入(I) → 块(B)... 命令，选择“座椅”为插入对象，在 角度(A): 文本框中输入值 180，单击 确定 按钮，选取图形区域合适的位置单击以确定块的插入位置，完成后如图 17.12.41 所示。

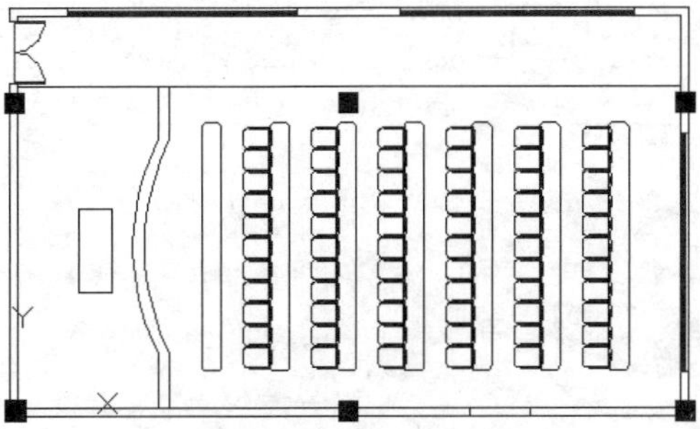

图 17.12.40 阵列座椅

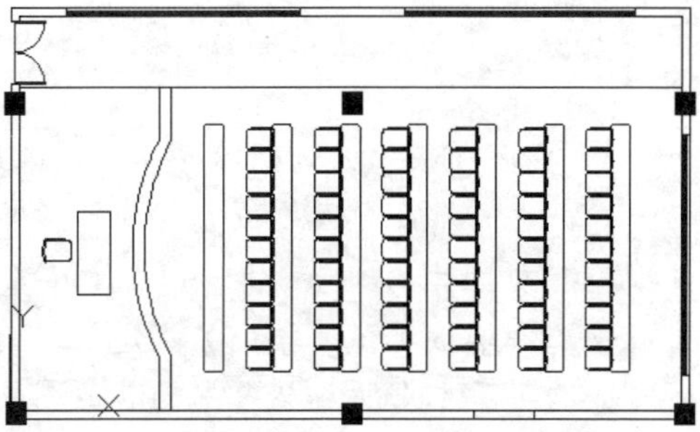

图 17.12.41 插入座椅 2

Step12. 插入沙发 1。选择下拉菜单 插入(I) → 块(B)... 命令，选择“沙发”为插入对象，单击 确定 按钮，在绘图区域合适的位置放置，完成后如图 17.12.42 所示。

Step13. 参照 Step12，插入其余沙发，完成后如图 17.12.43 所示。

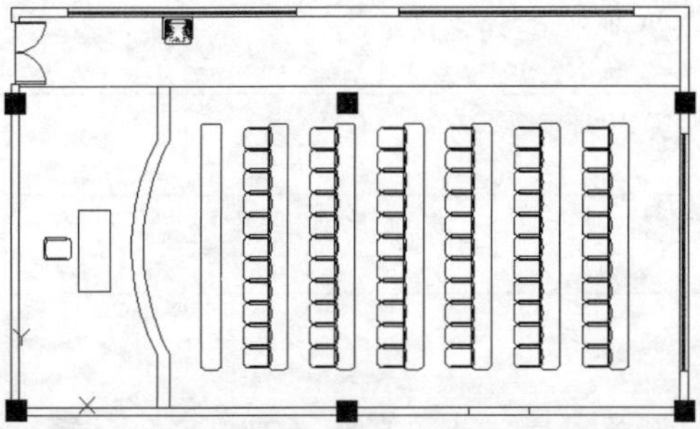

图 17.12.42 插入沙发 1

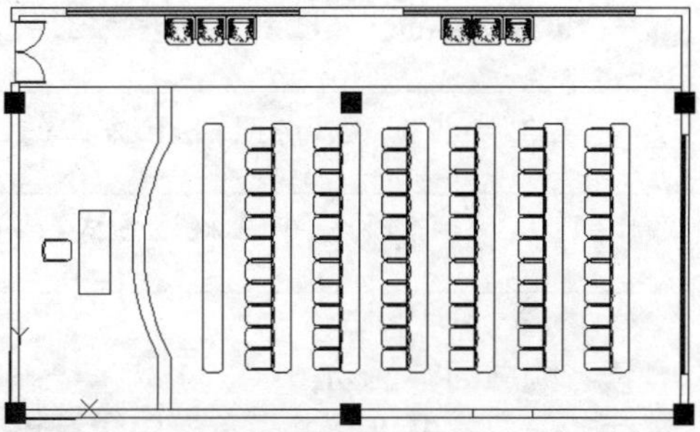

图 17.12.43 插入其余沙发

Task5. 对图形进行尺寸标注

Step1. 设置标注样式。选择下拉菜单 格式(O) → 标注样式(D)... 命令，将“建筑样式”设置为当前标注样式。

Step2. 切换图层。在“图层”工具栏中，选择“尺寸标注”图层，将网轴线图层打开。

Step3. 用 标注(N) → 线性(L) 命令创建线性标注，完成后的图形如图 17.12.1 所示。

读者意见反馈卡

书名：《AutoCAD 快速自学宝典（2017 中文版）》

1. 读者个人资料:

姓名：________性别：___年龄：____职业：________职务：________学历：______

专业：_______单位名称：__________________办公电话：__________手机：_____

QQ：_______________________微信：__________E-mail：____________

2. 影响您购买本书的因素（可以选择多项）：

□内容　　□作者　　□价格

□朋友推荐　　□出版社品牌　　□书评广告

□工作单位（就读学校）指定　　□内容提要、前言或目录　　□封面封底

□购买了本书所属丛书中的其他图书　　□其他__________

3. 您对本书的总体感觉:

□很好　　□一般　　□不好

4. 您认为本书的语言文字水平:

□很好　　□一般　　□不好

5. 您认为本书的版式编排:

□很好　　□一般　　□不好

6. 您认为 AutoCAD 其他哪些方面的内容是您所迫切需要的?

____

7. 其他哪些 CAD/CAM/CAE 方面的图书是您所需要的?

____

8. 您认为我们的图书在叙述方式、内容选择等方面还有哪些需要改进的?

____

读者购书回馈活动:

活动一：本书“随书光盘”中含有该“读者意见反馈卡”的电子文档，请认真填写本反馈卡，并 E-mail 给我们。E-mail：兆迪科技 zhanygjames@163.com，丁锋 fengfener@qq.com。

活动二：扫一扫右侧二维码，关注兆迪科技官方公众微信（或搜索公众号 zhaodikeji），参与互动，也可进行答疑。

凡参加以上活动，即可获得兆迪科技免费奉送的价值 48 元的在线课程一门，同时有机会获得价值 780 元的精品在线课程。